Theoretische Physik: Mechanik

Eckhard Rebhan

Theoretische Physik: Mechanik

Springer Spektrum

Eckhard Rebhan
Institut für Theoretische Physik
Universität Düsseldorf
Düsseldorf, Deutschland

ISBN 978-3-662-45295-0 ISBN 978-3-662-45296-7 (eBook)
DOI 10.1007/978-3-662-45296-7

Die Deutsche Nationalbibliothek verzeichnet diese Publikation in der Deutschen Nationalbibliografie; detaillierte bibliografische Daten sind im Internet über http://dnb.d-nb.de abrufbar.

Springer Spektrum

Planung und Lektorat: Dr. Andreas Rüdinger, Dr. Vera Spillner, Bianca Alton

Gedruckt auf säurefreiem und chlorfrei gebleichtem Papier

Springer Berlin Heidelberg ist Teil der Fachverlagsgruppe Springer Science+Business Media
(www.springer.com)

Vorwort

Die erfreulich positive Aufnahme, die mein bislang in zwei umfangreichen Bänden erschienenes Lehrbuch *Theoretische Physik* bei seinen Lesern erfahren hat, bewog mich und den Spektrum-Verlag dazu, nunmehr eine gründlich überarbeitete und etwas erweiterte Neuauflage in dünneren Einzelbänden herauszubringen. Deren hiermit vorgelegter erster Band enthält die klassische *Mechanik.* (Die relativistische Mechanik ist in dem noch ausstehenden Band über Relativitätstheorie untergebracht.) In sechs weiteren Bänden sollen folgen: *Elektrodynamik, Quantenmechanik, Thermodynamik und Statistik, Spezielle und Allgemeine Relativitätstheorie, Relativistische Quantenmechanik und Quantenfeldtheorie* sowie *Elementarteilchentheorie und Kosmologie.* Darunter befinden sich alle Gebiete, die üblicherweise an deutschen Hochschulen in einem Kurs über Theoretische Physik angeboten werden, und darüber hinausgehend noch einige, die erfahrungsgemäß das besondere Interesse von Studierenden auf sich ziehen. Der Stoffumfang entspricht in etwa den üblichen Anforderungen an deutschen Hochschulen.

Vieles, was in den Vorworten zu der früheren zweibändigen Ausgabe geschrieben steht, trifft auch auf die mit diesem Band begonnene Neuauflage zu. Einiges davon wird im Folgenden wiederholt.

Das ganze Lehrbuch ging aus Vorlesungen über Theoretische Physik hervor, die ich an der Heinrich-Heine-Universität in Düsseldorf gehalten habe und die von mir in zahlreichen Wiederholungen den Bedürfnissen der Studenten angepasst wurden. Es ist so konzipiert, dass es auch nach dem Studium als Nachschlagewerk oder zur Auffrischung geeignet sein sollte. Zu fast allen Kapiteln gibt es Aufgaben, und zu einem großen Teil der Aufgaben sind auch die Lösungen angegeben. Gegenüber der früheren Auflage wurde dabei einerseits die Zahl der Aufgaben und andererseits auch der Prozentsatz von Lösungen erheblich vergrößert.

Sowohl in der hier vorgelegten *Mechanik* als auch in den Gebieten, die in später erscheinenden Einzelbänden behandelt werden, bildet eine sorgfältige Einführung in die grundlegenden Naturgesetze den Ausgangspunkt. Dabei wird gründlich analysiert, was auf Empirie beruht, was logisch deduzierbar ist und welche Rolle grundlegende Definitionen spielen. Bei den Anwendungen ist die Stoffauswahl modernen Gesichtspunkten angepasst. So enthält die *Mechanik* eine ausführliche Einführung in die chaotische Dynamik Hamiltonscher Systeme. Alle Probleme werden gründlich und im Allgemeinen so ausführlich untersucht, dass jeder Schritt im einzelnen nachvollziehbar sein sollte. Das oft mit dem Hinweis auf „wie man leicht nachrechnet“ frustrierende Auslassen wichtiger Rechenschritte wird konsequent vermieden; wo Rechnungen so ausführlich werden, dass sie den gedanklichen Fluss zu behindern drohen, werden sie in vorgerechnete Aufgaben mit Lösungen oder in klein gedruckte „Beweise“ verlagert. Nur gelegentlich, wenn der Leser an sehr moderne oder interessante, aber besonders schwierige Entwicklungen herangeführt wird, die den Rahmen eines Lehrbuchs sprengen würden, wird auf Beweise verzichtet und auf weiterführende Literatur verwiesen. In diesen Fällen wird jedoch der Beweisgang entweder skizziert oder zumindest plausibel gemacht.

Auf Motivation und gute Verständlichkeit ist allergrößter Wert gelegt. Die beim Lernen oft hinderliche Vermischung mathematischer Schwierigkeiten mit Problemen physikalischer Natur wird dadurch zu umgehen versucht, dass wichtige mathematische Methoden in eigenen Kapiteln oder Abschnitten bereitgestellt werden. So enthält dieser Band z.B. einen separaten Abschnitt, in welchem die Euler-Gleichungen der Variationsrechnung abgeleitet werden. Anhand vieler Beispiele und der Aufgaben wird der erarbeitete Stoff vertieft und eingeübt. Entwicklungen, die zwar wichtig sind, jedoch für den ersten Anlauf verzichtbar erscheinen, z.B. die symplektische Formulierung der Mechanik im Kapitel 7, werden in klein gedruckten Exkursen verfolgt. Großer Wert wird auf den Bezug zu Anwendungen gelegt, was sich auch darin niederschlägt, dass als Maßsystem durchgängig das SI-System benutzt wird. Eine wichtige Neuerung gegenüber der früheren Auflage besteht darin, dass jetzt die neue Rechtschreibung benutzt wird.

Zum Gebrauch des Buches sei Folgendes bemerkt: In Formelzeilen mit mehreren Formeln, aber nur einer Formelnummer werden die Formeln gedanklich von links nach rechts oder von oben nach unten mit a, b, c usw. durchnummeriert und später in diesem Sinne zitiert. Rückverweise auf Formeln erfolgen entweder im Text oder innerhalb einer Formel über einem Verbindungszeichen wie = oder > an der Stelle, wo sie benötigt werden. Manchmal ergibt es sich aus sprachlichen Gründen, dass Teile der Erklärungen zu einer Formel erst in den auf diese folgenden Sätzen gegeben werden können. Mir ist das häufig auch in anderen Büchern begegnet, und es gibt dafür einen einleuchtenden Grund: Die Sprache ist linear, während Gedanken oft parallel zueinander verfolgt werden müssten. Dies kann dazu führen, dass man lange darüber nachgrübelt, wie die Formel zustandekommt, und hinterher ist man frustriert, wenn man entdeckt, dass die gesuchte Erklärung auf die Formel folgt. Diesem misslichen Umstand wird in diesem Lehrbuch durch Vorverweise vorzubeugen versucht: Wo zu einer Formel nach ihrer Ableitung noch erklärende Kommentare kommen, wird das z. B. durch $\stackrel{\text{s.u.}}{=}$ gekennzeichnet, wobei „s.u." als Abkürzung für „siehe unten" steht.

Bei der Fertigstellung dieses Lehrbuchs war ich natürlich auf vielfältige Hilfe angewiesen. In der früheren zweibändigen Ausgabe betraf das insbesondere die Eingabe von Teilen des Manuskripts in den Computer, die Computerverarbeitung von Abbildungen sowie das Aufsuchen und Korrigieren von Druckfehlern. Inzwischen wurden Manuskript und Abbildungen jedoch so weit gehend von mir überarbeitet, dass davon nicht mehr viel übrig geblieben ist. Dennoch bildeten diese Hilfen auch für diese Neuauflage eine wichtige Ausgangsbasis, für die ich nach wie vor sehr dankbar bin. Bezüglich der Namen daran beteiligter Personen verweise ich daher gerne auf die Vorworte zur ersten Auflage.

Besonders erwähnen möchte ich jedoch auch an dieser Stelle die von meinem ehemaligen Diplomanden und Doktoranden Ulrik Vieth für Band 1 der früheren Auflage erarbeitete LaTeX-Programmorganisation, die mir erneut wertvolle Dienste geleistet hat. Gregoire Nicolis verdanke ich wichtige Literaturhinweise zum Kapitel über chaotische Mechanik. Bei dessen Ausarbeitung habe ich auch erheblich davon profitiert, dass ich 1986 das von Gregoire Nicolis und Ilya Prigogine verfasste Buch *Die Erforschung des*

Komplexen aus dem Englischen ins Deutsche übersetzt habe und bei dessen deutscher Bearbeitung wichtige Fragen mit den Autoren diskutieren konnte. Es war eine sehr nützliche Vorbereitung auf und Schulung für das Verfassen eigener Bücher, vorübergehend in den Fußstapfen so angesehener Autoren schreiten zu dürfen. Bezüglich des Korrekturlesens möchte ich nochmals meinem Bruder Wolfgang Rebhan danken, der die Erstfassung der *Mechanik* außerordentlich gründlich und sorgfältig durchgelesen und mich auf viele Verbesserungsmöglichkeiten aufmerksam gemacht hat. Wiederholen möchte ich auch meinen Dank an die Freunde und Förderer der Heinrich-Heine-Universität in Düsseldorf für die Anerkennung meiner Arbeit am Band 1 der Erstauflage, die sie mir durch die Beteiligung an dem Reinhard-Heynen- und Emmi-Heynen-Preis gewährt haben. Diese Auszeichnung bildete und bildet für mich eine wichtige Antriebskraft für alle weiteren Arbeiten an diesem Lehrbuch.

Die Zusammenarbeit mit dem Spektrum-Verlag, jetzt Teil des Elsevier-Verlags, hat sich über die Jahre hinweg bestens bewährt, und ich möchte meinen Betreuern Bianca Alton und Andreas Rüdinger herzlich für ihre Geduld und vielfältige Unterstützung danken.

Gerne danke ich auch allen Lesern, die mich auf Druckfehler und andere Fehler hingewiesen haben. Alles an Korrekturbedürftigem, wovon ich erfahren habe, ist in der Neuauflage natürlich berücksichtigt.

Düsseldorf, im Januar 2006 Eckhard Rebhan

Inhaltsverzeichnis

Anmerkungen zur Theoretischen Physik

Die Aussagen der Physik werden in Theorien geordnet, die sich auf ihre logische Verträglichkeit überprüfen lassen. Auf der einen Seite bilden gezielte Experimente und die Beobachtung in der Natur von selbst ablaufender Vorgänge die Grundlage für die Aufstellung physikalischer Theorien. Auf der anderen Seite werden aus diesen Theorien Folgerungen gezogen, die oft weit über die ursprünglichen Beobachtungen hinausgehen und nach Möglichkeit wieder durch Experimente überprüft werden. Zur Formulierung der Theorien und zur Überprüfung ihrer logischen Verträglichkeit werden die Wissenschaften Mathematik und Logik herangezogen, deren Entwicklung in enger Wechselwirkung mit der Physik und anderen Naturwissenschaften erfolgte.

Das Objekt der physikalischen Forschung ist im weitesten Sinne der raum-zeitliche Verlauf von Wechselwirkungen zwischen den Bestandteilen der Materie im Universum. Etwas anders formuliert besteht Physik in der Untersuchung und Beschreibung räumlicher, zeitlicher und raum-zeitlicher Strukturen. Die Möglichkeit zu einer systematischen wissenschaftlichen Behandlung dieser Vorgänge bzw. Strukturen folgt aus einer wesentlichen Eigenschaft der Natur: Es gibt in ihr geordnete Abläufe, die sich durch räumlich und zeitlich gleichbleibende Gesetze beschreiben lassen. Die vollkommen andere Möglichkeit, dass jedes Geschehen in der Natur einmalig und ohne jeglichen Bezug zu anderem Geschehen wäre, ist im Prinzip denkbar. Die Physik und, allgemeiner, jede Naturwissenschaft wäre dann eine rein historische Wissenschaft oder sogar noch weniger als das; es erscheint allerdings zweifelhaft, ob sich in einer so gearteten Natur überhaupt eine zu einer Naturbeschreibung fähige Intelligenz hätte entwickeln können.

Sofern es sich um die Beschreibung zeitlicher Abläufe handelt, fassen die so genannten Naturgesetze alle Gemeinsamkeiten einer möglichst großen Anzahl verschiedener Vorgänge in möglichst einfacher Weise so zusammen, dass sich mit ihrer Hilfe aus gewissen Charakteristika des gegenwärtigen Zustands möglichst viele Einzelheiten aller zukünftigen Zustände voraussagen lassen. Diese Vorhersagen können streng kausal oder statistischer Natur sein. Die hier gegebene Charakterisierung von Naturgesetzen enthält implizit, dass deren Formulierung nicht immer eindeutig und frei von Willkür ist. Sie lässt auch die Möglichkeit offen, dass ein bisher für richtig gehaltenes Naturgesetz durch ein neues mit größerem Gültigkeitsbereich ersetzt wird, ohne dass damit das alte in seinem engeren Anwendungsrahmen völlig falsch würde.

Außenstehende haben oft die Vorstellung, es sei die Aufgabe der Physik, für alle Naturerscheinungen eine Erklärung abzugeben, die Frage nach dem „Warum“ bis ins Allerletzte zu beantworten. Diese Vorstellung ist falsch. Auch die Physik leistet im Grunde nicht mehr als eine Beschreibung von Naturvorgängen, und sie liefert letztlich keine Antwort auf die Frage: Warum gerade so und nicht anders? Die Erklärung eines Vorgangs durch ein Naturgesetz bedeutet nur eine besonders rationelle Beschreibung von diesem, und die Tatsache, dass eine immense Vielfalt von Vorgängen durch relativ wenige Naturgesetze geordnet und beschrieben werden kann, ist eine im Rahmen der Physik nicht weiter erklärbare Gegebenheit. Ist die naturgesetzliche Beschreibung eines Vorgangs in dem vorher genannten Sinn gelungen, so ist eine weitere Frage nach dem Warum im Rahmen der Physik sinnlos. Das bedeutet aber nicht, dass der Vorgang damit im Grunde nicht verstanden wäre. Eine derartige Schlussfolgerung würde auf einem Missverständnis des Wortes „verstehen" beruhen. „Verstehen" bedeutet eben nicht immer und nicht nur das Wissen einer Begründung, sondern auch das Erkennen von Zusammenhängen und Ordnungen.

Die Existenz von Naturgesetzen bedeutet also: Es bestehen Beziehungen zwischen den beobachtbaren Geschehensabläufen im Universum. Nun sieht die Mathematik ihre Aufgabe im Prinzip darin, alle möglichen Beziehungen zwischen den einzelnen Objekten aller möglichen Objektmengen darzustellen. Damit wird auch die logische Struktur der Physik zu einem Teil der Mathematik, und das macht es möglich, für die Physik die konzentrierte Sprache der Mathematik auszunutzen. Natürlich besteht diese Möglichkeit nicht nur für die Physik, sondern auch für andere Wissenschaften wie z. B. die Chemie, die Biologie oder sogar Wissenschaften wie die Soziologie oder die Wirtschaftswissenschaften. Dass die Mathematik dabei bisher den weitesten Eingang in die Physik gefunden hat, liegt wohl daran, dass deren Gesetze vergleichsweise die geringste Komplexität aufweisen. Es ist nun beileibe nicht so, dass die Gesamtheit aller logischen Strukturen in der Mathematik schon erforscht und bekannt wäre. Die Aufgabe des Physikers bestünde dann nur noch darin, diejenigen Strukturen herauszufinden, mit deren Hilfe die Physik vollständig beschrieben werden kann. Für einen Teil der Problemstellungen in der Physik mag das zutreffen. Es gab und gibt in dieser jedoch immer wieder Probleme, für welche die adäquate Mathematik erst entwickelt werden musste bzw. muss. Das ist auch der Grund dafür, warum die Entwicklung dieser beiden Wissenschaften vielfach in parallelen Schritten erfolgte und erfolgt.

Bei der Aufstellung physikalischer Theorien spielen Idealisierungen eine entscheidende Rolle. Wie schon gesagt entspringt die Möglichkeit zur Aufstellung von Theorien einer „naturgegebenen Ordnung" der physikalischen Erscheinungen. Zu dieser Ordnung gehören auch die Reproduzierbarkeit bzw. Duplizierbarkeit von Experimenten, d. h. das Phänomen, dass sich physikalische Vorgänge unter gleichen Umständen „stets auf die gleiche Weise" abspielen. Tatsächlich lassen sich gegebene Umstände nie hundertprozentig reproduzieren. Macht man z. B. mit einem Probekörper Fallversuche, so wird ein anderer Körper gleichen Aufbaus mit Sicherheit nicht exakt dieselbe Anzahl von Atomen bzw. Molekülen in exakt derselben Anordnung aufweisen, störende Einflüsse von außen lassen sich nie ganz fernhalten und erst recht nicht reproduzieren. Man kann denselben Vorgang also immer nur annähernd reproduzieren. Um sich angesichts dieser Situation nicht in der Beschreibung nebensächlicher Einzelheiten zu verlieren, erfindet der Physiker ein idealisierendes Modell, das möglichst alle wichtigen Merkmale des betrachteten Vorgangs enthält und von den unwichtigen absieht. So wird z. B. ein Körper als Massenpunkt idealisiert, wenn er in Wirklichkeit auf die enge Nachbarschaft eines Punktes konzentriert ist und seine endliche Ausdehnung für die untersuchte Fragestellung unwesentlich ist. Der Innenraum eines Vakuumgefäßes wird als absolut leerer Raum idealisiert, wenn er in Wirklichkeit noch unbedeutende Gasreste enthält. Jede physikalische Realisierung bildet ganz zwangsläufig nur eine Näherung an das Idealmodell des betrachteten Vorgangs und umgekehrt. Idealisierungen liefern sozusagen die Sprache, mit der sich Vorgänge in der Natur beschreiben lassen, und die Realität lässt sich häufig am besten durch ihre Abweichungen von einem idealen Modell charakterisieren. Die Entdeckung von Naturgesetzen war schon immer mit der Einführung solcher Idealisierungen verbunden und wurde häufig sogar erst durch diese möglich. Manche Idealisierungen erscheinen uns heute so selbstverständlich, dass der oft mühsame Weg bis zu ihrer endgültigen Konzeption im Nachhinein fast unverständlich wirkt. Ihre Genialität wird oft erst durch den Blick auf die vorangegangenen Irrwege bedeutender Wissenschaftler erkennbar.

Oben wurde gesagt, dass sich physikalische Vorgänge unter gleichen Umständen „stets auf die gleiche Weise" abspielen. Auch hinter dieser Aussage steht eine Idealisierung, die sich genauso auf die Gleichheit der Umstände wie auf die Gleichheit der physikalischen Abläufe bezieht. Durch die Anführungszeichen sollte überdies ein noch viel weitergehender Vorbehalt zum Ausdruck gebracht werden, und dieser bezieht sich auch auf den im gleichen Zusammenhang benutzten Begriff „naturgegebene Ordnung": Wir wissen heute, dass in der Natur chaotische Vorgänge eine wichtige Rolle spielen. Das seit langem bekannte Phänomen der Turbulenz bildet hierfür nur ein typisches Beispiel. Für diese Art von Vorgängen ist es nun gerade charakteristisch, dass „gleiche" Umstände zu Erscheinungsabläufen führen, die im Einzelnen voneinander völlig verschieden sind und die so ungeordnet erscheinen, dass auf sie eben der Begriff „Chaos" zutrifft. Dennoch gibt es auch hier Gesetzmäßigkeiten, auch das Chaos besitzt Struktur, und man kann verschiedene Typen des Chaos voneinander unterscheiden. Es lässt sich dann immer noch sagen, dass dieselben Umstände stets zur selben Art von Chaos führen. Die obigen Ausführungen über Reproduzierbarkeit sind gegebenenfalls in diesem erweiterten Sinne aufzufassen.

Bis zum Beginn dieses Jahrhunderts besaß die Physik überwiegend eine gewisse Anschaulichkeit, da sie sich mit ganz offenkundigen Rätseln der Natur beschäftigte, wie sie vielen Menschen im Alltagsleben erfahrbar waren. Wesentliche physikalische Entwicklungen dieses Jahrhunderts – Atomphysik, Elementarteilchenphysik und Relativitätstheorie – besitzen im Gegensatz zur so genannten klassischen Physik früherer Jahrhunderte eine große Unanschaulichkeit, ja, teilweise scheinen sie den Erfahrungen des täglichen Lebens geradewegs zuwiderzulaufen. So macht es z. B. in der Quantenmechanik keinen Sinn, von der Geschwindigkeit zu reden, die ein Elektron an einer bestimmten Stelle des Raumes besitzt, eine Gegebenheit, die wir z. B. für ein fahrendes Auto als selbstverständlich ansehen. In der Relativitätstheorie verliert der aus dem Alltagsleben so geläufige Begriff der Gleichzeitigkeit von Ereignissen seinen gewohnten Sinn. Diese Unanschaulichkeit der Physik hat ihre Ursache in der gewaltigen Erweiterung unseres Erfahrungshorizonts in diesem Jahrhundert. Ein paar Zahlenbeispiele mögen das illustrieren: Die im alltäglichen Leben erfahrbaren Objekte besitzen Massen, die in etwa zwischen 10^{20} und 10^{35} Elektronenmassen liegen. Als Anhaltspunkt sei dabei erwähnt, dass die Masse einer Ameise ca. 10^{20} und die Masse eines Menschen ca. 10^{31} Elektronenmassen beträgt. Dagegen erstreckt sich der Bereich physikalischer Beobachtungen heute von null Elektronenmassen (Photon, Neutrino) bis zur Masse des Universums mit ca. 10^{81} Elektronenmassen. Es ist kein Wunder, dass in dem riesigen Bereich, der außerhalb unseres alltäglichen Erfahrungshorizonts liegt, die von diesem geprägten „anschaulichen Vorstellungen" versagen.

Erstaunlicherweise ist die Experimentalphysik im heutigen Sinn, also die Durchführung und Auswertung gezielter Experimente, historisch gesehen viel jüngeren Datums als die theoretische Physik. Die in Ägypten und Griechenland betriebene Physik des

Altertums begnügte sich im Wesentlichen mit der Beobachtung von selbst ablaufenden Vorgängen und war viel eher zum Durchdenken theoretischer Hypothesen geneigt. Die systematische Planung von Experimenten kam erst in der Renaissance auf. In der darauf folgenden Hochblüte der Physik waren die meisten Physiker zugleich Experimentatoren und Theoretiker. Die Entwicklung der Physik verläuft heute in einem einigermaßen ausgewogenen Wechselspiel zwischen Naturbeobachtung und gezielten Experimenten einerseits und theoretischen Untersuchungen andererseits. Dabei spezialisiert sich der Physiker zumeist als Experimentalphysiker oder als theoretischer Physiker. Ob das eine besonders glückliche Entwicklung ist, darf zurecht angezweifelt werden. Angesichts der besonders in diesem Jahrhundert dramatisch angewachsenen und ständig zunehmenden Fülle physikalischer Erkenntnisse, die von einem angehenden Physiker ja irgendwie verinnerlicht werden muss, erscheint eine stärkere Spezialisierung jedoch unausweichlich. Gerade deshalb sollte die wechselseitige Abhängigkeit von Theoretischer Physik und Experimentalphysik und das große Potenzial für deren gegenseitige Befruchtung nie aus dem Auge verloren werden.

Die Abgrenzung der Physik gegenüber anderen Wissenschaften wie z. B. der Astronomie, Biologie oder auch Philosophie ist oft recht ungenau und kann sich mit der Zeit auch verändern. Sicher besitzen die verschiedenen Wissenschaften wohlunterschiedene Kernbereiche, aber ihre Grenzen sind oft überlappend. Gerade in diesen Grenzbereichen liegt häufig der Ausgangspunkt für neue Denkansätze und Denkrichtungen.

Wir wollen zum Abschluss dieser kurzen Betrachtung der Frage nachgehen, was den Menschen dazu bewogen hat, sich mit der Physik zu beschäftigen, und was ihm diese Beschäftigung letzten Endes eingebracht hat. Ausgestattet mit Bedürfnissen, die ihm das Leben und Überleben garantieren, und versehen mit der Fähigkeit zu fühlen und zu denken fand sich der Mensch in einer Umwelt vor, die er in vielerlei Hinsicht als feindselig empfand und die sich nur allzu häufig als unberechenbar erwies. Krankheiten, Angriffe von Menschen und Tieren, Naturereignisse wie Hagel, Blitzschlag, Überschwemmungen oder auch Naturkatastrophen größeren Ausmaßes brachten ihn immer wieder in Situationen, die höchst unerwünscht waren, unausweichlich schienen und die dem mit seiner Veranlagung einhergehenden Bedürfnis nach Verlässlichkeit und Berechenbarkeit krass zuwiderliefen.

In dieser Situation entwickelte der Mensch technische Hilfsmittel wie Waffen und Werkzeuge, deren zunehmende Verfeinerung schließlich zur heutigen Technik führte. Und er entwickelte ein Interesse für die Ursache aller Vorgänge und das Wesen der Dinge, eine Neigung zum abstrakten Denken, wohl hoffend, dass er hierdurch der Unberechenbarkeit entrinnen könne. Das führte schließlich zur Philosophie und den exakten Naturwissenschaften, die den Menschen in gewisser Hinsicht vom „Neid der Götter" befreiten. Nach näherem Hinsehen wurde diese „Befreiung" durch die exakten Naturwissenschaften jedoch vielfach als ein Danaergeschenk empfunden: Die absolute Verlässlichkeit, der perfekte Determinismus, den jene anscheinend mit sich brachten, machte die Welt zu einer automatisch funktionierenden Maschine, deren Gang von Anfang bis in alle Ewigkeit festgelegt schien, zu einer Welt, in der es für Freiheit und Entscheidung keinen Platz mehr zu geben schien. Zu Beginn dieses Jahrhunderts trat in dieser Sicht der naturwissenschaftlichen Wirklichkeit eine Wende ein. Die Quantenmechanik zeigte, dass zumindest auf mikroskopischem Niveau kein absoluter Determinismus herrscht: Ihr zufolge entwickelt sich aus einer gegenwärtigen Situation eine Vielfalt verschiedener Folgesituationen, von denen jede mit einer gewissen Wahrscheinlichkeit auftreten kann. Das bedeutet aber nicht die Rückkehr zu absoluter Unberechenbarkeit, denn Determinismus spielt auch in der Quantenmechanik eine wichtige Rolle insofern, als die Wahrscheinlichkeiten der verschiedenen Möglichkeiten präzise vorausberechnet werden können. Das quantenmechanische Element der Zufälligkeit wirkt sich im Allgemeinen jedoch nur auf mikroskopischer Ebene aus, den absoluten Determinismus unserer makroskopischen Welt schien auch die Quantenmechanik nicht zu beheben. Neuerdings erkannte man jedoch, dass auch auf makroskopischem Niveau Vorgänge wichtig sind, bei denen – trotz deterministischer Gleichungen – eine Auswahl zwischen verschiedenen Möglichkeiten offen bleibt, Vorgänge, bei denen sich Zufall und Notwendigkeit in sinnvoller Weise ergänzen. Es scheint so, dass die Naturwissenschaften auf ein Weltbild zuführen, das zwischen den beiden Extremen der absoluten Unberechenbarkeit und des absoluten Determinismus steht, und das man als humaner empfinden kann, weil es innerhalb verlässlicher Grenzen Freiräume lässt, in denen die Möglichkeit zum Wählen und Entscheiden geboten ist.

Die Physik hat nicht nur sehr häufig den Boden für neue technische Errungenschaften bereitet und damit maßgeblich zum Wohlstand und den Freiheiten beigetragen, deren sich heute viele Menschen – zumindest in den industrialisierten Ländern – erfreuen dürfen. Ebenso wichtig ist, dass sie in entscheidender Weise das heutige Weltbild der Menschheit geprägt hat. Insofern bildet sie einen wichtigen Bestandteil unserer Kultur. Nicht übersehen werden darf aber ihre ausgeprägte Janusköpfigkeit: Einerseits hat die Physik die Gefahren der Natur für den Menschen entweder beherrschbar oder besser vorhersehbar und damit weniger bedrohlich gemacht; andererseits hat sie aber neue Bedrohungen mit sich gebracht, die zum Teil gefährlicher sind als die einer unberechenbaren Natur. Nicht zuletzt aus diesem Grund muss der Umgang mit Physik immer von höchstem Verantwortungsbewusstsein getragen sein.

Nachdem der Physik fast im ganzen 20. Jahrhundert im Bewusstsein der Menschen eine Schlüsselrolle unter den Wissenschaften zugewiesen wurde, scheint diesbezüglich zur Zeit eine gewisse Ernüchterung eingetreten zu sein. Einen Grund dafür kann man darin sehen, dass sie eben nicht nur positive Errungenschaften mit sich brachte, sondern dass ihre hohe Potenz auch ins Negative gekehrt werden kann. Auch wurde die Öffentlichkeit im zwanzigsten Jahrhundert durch die epochalen Entdeckungen der Relativitätstheorie, der Quanten- und Elementarteilchenphysik sowie schließlich der Astronomie, Astrophysik, Kosmologie und der Erforschung unserer näheren Umgebung im Weltraum derart verwöhnt, dass Zeiten, in denen nicht permanent Entdeckungen gleichen Kalibers gemacht werden, von manchen schon als Zeiten der Erschöpfung aller Möglichkeiten interpretiert werden.

Am Anfang eines neuen Jahrhunderts stellt sich die Frage, welche Rolle der Physik in diesem zukommen wird und ob sie ihre Schlüsselfunktion beibehalten kann. Eine viel engere Verzahnung mit Nachbargebieten wie der Chemie, Biologie oder Medizin steht zu erwarten, was bedeutet, dass man viele Probleme dieser Gebiete physikalisch verstehen wollen wird. Und als Aufgaben von vorrangiger Bedeutung, zu denen die Physik wesentliche Beiträge leisten kann, warten die Lösung des Energieproblems sowie von Problemen der Umwelt und des Klimas. Das ist eine Ermutigung für alle, die auch im kommenden Jahrhundert Physik zu ihrer Lebensaufgabe machen möchten, und die Theoretische Physik wird dabei eine wichtige Rolle spielen können.

1 Vorbemerkungen zur Mechanik

Die Mechanik befasst sich mit der Einwirkung von Kräften auf materielle Körper und den daraus resultierenden Bewegungen. Es werden Gesetze aufgestellt, denen alle Bewegungen genügen müssen, und mithilfe dieser Bewegungsgesetze werden konkrete Einzelsituationen untersucht.

Wir befassen uns in diesem Band des Lehrbuchs mit der so genannten klassischen Mechanik. Diese umfasst die Newtonsche Mechanik und die aus dieser hervorgegangenen Erweiterungen durch J.-B. d'Alembert, J. L. Lagrange und W. R. Hamilton. Diese Erweiterungen erlauben rein technisch gesehen die Bearbeitung komplizierterer Probleme, gehen aber im prinzipiell Naturgesetzlichen nicht über die Newtonsche Mechanik hinaus.

Erst im 20. Jahrhundert zeigte sich, dass die Voraussagen der klassischen Mechanik unter gewissen Extrembedingungen falsch werden. Das gilt zum einen bei sehr hohen Geschwindigkeiten, die der Lichtgeschwindigkeit nahekommen: Hier werden die klassischen Bewegungsgesetze durch die der Speziellen Relativitätstheorie ersetzt, wobei zugleich die in die klassische Mechanik eingehenden Vorstellungen über Raum und Zeit revidiert werden müssen. Zum anderen erweisen sich die klassischen Bewegungsgesetze im Bereich atomarer und subatomarer Dimensionen als unzureichend: In diesen wird die klassische Mechanik durch die Quantenmechanik ersetzt. Dabei müssen auch die klassischen Vorstellungen über den kausalen Ablauf des mechanischen Geschehens modifiziert werden. Durch diese neueren Theorien wurde die klassische Mechanik jedoch nicht etwa falsch oder gar überflüssig. Die Relativitätstheorie geht für kleine Geschwindigkeiten, die Quantenmechanik für große Quantenzahlen in die Newtonsche Mechanik über. Außerdem geht die Newtonsche Mechanik als ein wesentliches Element in die Formulierung der Quantenmechanik ein und ist allein schon deshalb unverzichtbar.

Es gibt einen weiten Anwendungsbereich, in welchem die Newtonsche Mechanik eine so hervorragende Näherung an die eben genannten Theorien darstellt, dass es völlig sinnlos wäre, sich mit deren viel größerer Komplexität abzumühen. So verlässt man sich z. B. bei der Vorausberechnung der Bahnen von Raumschiffen völlig auf die klassische Mechanik. In den letzten zwei Jahrzehnten kam es in der klassischen Mechanik nochmals zu einer recht unerwarteten Weiterentwicklung. Fast drei Jahrhunderte lang hatte man die klassische Mechanik als Musterbeispiel für Ordnung und Zuverlässigkeit angesehen. Regelmäßige Bewegungen wie das Schwingen eines Pendels oder die Ellipsenbahnen von Planeten betrachtete man als repräsentative Prototypen. Zwar war die Existenz sehr viel komplizierterer Bewegungsabläufe bekannt (H. Poincaré), und die Wurzeln mancher neueren Erkenntnisse reichen zurück bis zum Anfang des letzten Jahrhunderts; im Allgemeinen wurden derartige Vorgänge jedoch als künstliche Ausnahmeerscheinungen angesehen, ihre erst kürzlich entdeckte fundamentale Bedeutung wurde verkannt. Heute wissen wir, dass schon bei so einfachen Systemen wie einer Schaukel im Übergangsbereich zwischen Schwingen und Rotieren starke Unregelmäßigkeiten auftreten – die Schaukelbewegung wird chaotisch. In den letzten Jahren wurde eine zunehmende Zahl relativ einfacher Systeme gefunden, die chaotisches Verhalten aufweisen können. Immer mehr setzt sich die Meinung durch, dass diese Art von Bewegung den Normalfall darstellt, und dass regelmäßige Bewegungsabläufe wie die des Pendels, die lange Zeit den einzigen Inhalt von Mechanikbüchern bildeten, die Ausnahme sind. Auf dieser Basis ist auch zu verstehen, warum so wichtige mechanische Fragen wie die, ob unser Planetensystem stabil ist oder ob die Planeten längerfristig (d. h. in Zeiträumen der Größenordnung von Milliarden Jahren) zusammenstoßen, in die Sonne stürzen oder dem Sonnensystem entfliehen werden – warum solche Fragen nicht beantwortet werden können.

Man sollte aus dieser Entwicklung nicht den Schluss ziehen, dass damit der traditionelle Lehrstoff der Mechanik überflüssig geworden wäre. An ihm wurden die wesentlichen Begriffsbildungen der Mechanik entwickelt, und er besitzt aus diesem Grunde nach wie vor einen hohen didaktischen Wert. Darüber hinaus gibt es viele Situationen, in denen sich der chaotische Charakter der Bewegung erst längerfristig bemerkbar macht, während die kurzfristige Zeitentwicklung hervorragend durch regelmäßige Bewegungsabläufe angenähert wird. Eine Konsequenz sollte hieraus jedoch gezogen werden: In einem Anfangskurs der Mechanik sollten diese neuen Entwicklungen wenigstens ansatzweise aufgenommen werden. Der Versuch hierzu wird im letzten Kapitel dieses Bandes unternommen. Hierbei und schon bei einigen Vorbereitungen darauf muss allerdings in Kauf genommen werden, dass einige sehr schwierige Beweise nicht mehr vollständig gebracht, sondern nur noch skizziert werden. Die Relativistische Mechanik wird ausführlich im Band *Spezielle Relativitätstheorie* dieses Lehrbuchs behandelt, die Quantenmechanik in den Bänden *Quantenmechanik 1* und *Quantenmechanik 2*.

2 Newtons Grundgesetze der Mechanik

In diesem Kapitel werden im Wesentlichen die Grundgesetze der klassischen Mechanik aufgestellt und diskutiert. Um dies ungehindert tun zu können, werden die ihnen zugrunde liegenden Annahmen über Raum und Zeit und einige kinematische Begriffe in einem separaten Abschnitt vorangestellt.

2.1 Grundannahmen und Vorbetrachtungen

Alle mechanischen Vorgänge spielen sich an materiellen Körpern im Raum und in der Zeit ab. In der klassischen Mechanik können für die letzteren die Konzepte des **absoluten euklidischen Raumes** und der **absoluten Zeit** verwendet werden. Wir wollen uns mit diesen Begriffen hier nicht kritisch auseinander setzen, sondern sie nur so beschreiben, wie sie historisch eingeführt wurden. In der Speziellen und Allgemeinen Relativitätstheorie müssen an ihnen wesentliche Korrekturen vorgenommen werden. Auch die Thermodynamik führt im Zusammenhang mit der Frage nach der Zeitrichtung erneut zu einer kritischen Auseinandersetzung mit dem Zeitbegriff. Es soll jedoch nicht der Eindruck erweckt werden, als ob alle sinnvollen Fragen über Raum und Zeit nur in den Naturwissenschaften gestellt und beantwortet werden könnten. Solche Fragen haben immer wieder Denker aller Fachrichtungen angezogen und fasziniert, und es ist vieles Interessante darüber gesagt und geschrieben worden.

Bei einer Definition der Begriffe Raum und Zeit muss auch gesagt werden, wie räumliche und zeitliche Abstände gemessen werden. Sobald das geschehen ist, können Geschwindigkeiten und Beschleunigungen definiert werden. Dabei handelt es sich um rein kinematische Begriffe, mit denen wir uns gleich im Anschluss an unsere Untersuchungen zum Raum- und Zeitbegriff beschäftigen werden.

2.1.1 Absoluter Raum

I. Newton erklärte zum Raumbegriff:

> *Der absolute Raum bleibt vermöge seiner Natur und ohne Beziehung auf einen äußeren Gegenstand stets gleich und unbeweglich.*

Mit *absolutem Raum* ist also gemeint, dass dieser ohne Bezug auf das Vorhandensein materieller Körper „an sich" existiert, dass seine Eigenschaften also nicht von diesen beeinflusst werden und stets gleich bleiben. Wir nehmen es als empirische Tatsache hin, dass der Raum drei Dimensionen besitzt, d. h., dass jeder Raumpunkt eindeutig durch die Angabe von drei Koordinaten festgelegt werden kann, und betrachten es als eine für die Mechanik brauchbare Arbeitshypothese, dass sich der Raum allseits bis ins Unendliche erstreckt und euklidisch ist. Euklidizität des Raumes ist eine Eigenschaft, die gemessen werden kann. Wir denken uns die Messung von Längen und Winkeln in üblicher Weise mit Meterstab und Gradmesser vorgenommen. Der Raum ist euklidisch, wenn in jedem rechtwinkligen Dreieck (= kürzeste Verbindung von drei Punkten) – groß oder klein und beliebig gelegen – der Lehrsatz des Pythagoras gilt. Der euklidische Raum ist **homogen** und **isotrop**, d. h. kein Punkt ist vor irgendeinem anderen und keine Richtung vor irgendeiner anderen ausgezeichnet.

2.1.2 Absolute Zeit

Zum Zeitbegriff erklärte Newton:

> *Die absolute, wahre und mathematische Zeit verfließt an sich und vermöge ihrer Natur gleichförmig und ohne Beziehung auf irgendeinen äußeren Gegenstand. Sie wird auch mit dem Namen Dauer belegt.*

Wir akzeptieren es als empirisches Faktum, dass die Zeit eine einzige Dimension besitzt, und benutzen als eine für die Mechanik brauchbare Arbeitshypothese, dass sie sich sowohl in die Vergangenheit als auch in die Zukunft unendlich weit erstreckt. Sie ist homogen und isotrop, d. h. kein Zeitpunkt ist vor irgendeinem anderen ausgezeichnet, insbesondere also auch die Zukunft nicht vor der Vergangenheit. Die letzte Eigenschaft befindet sich in Übereinstimmung mit den experimentellen Erfahrungen der traditionellen Mechanik. Sie steht jedoch in krassem Gegensatz zu unserem Zeitgefühl, nach dem Vergangenheit und Zukunft sehr verschieden beurteilt werden.

Der Begriff der absoluten Zeit impliziert zusätzlich zu den genannten Eigenschaften noch den Begriff der **absoluten Gleichzeitigkeit**: Zwei Uhren gleicher Bauart, die einmal synchronisiert worden sind, weisen zu allen späteren Zeitpunkten unabhängig von ihrer Lage im Raum und unabhängig von ihrem Bewegungszustand stets den gleichen Zeigerstand auf. (Diese Hypothese muss in der Relativitätstheorie revidiert werden.)

2.1.3 Wichtige Idealisierungen der klassischen Mechanik

Materielle Körper sind die Objekte, mit denen sich die klassische Mechanik befasst. Je nach Problem und Fragestellung können sie für die Zwecke der klassischen Mechanik auf unterschiedliche Weise und mehr oder weniger stark idealisiert werden. Interessiert man sich für die Bewegung eines Körpers über Entfernungen, die im Vergleich zu seinem Durchmesser sehr groß sind, oder ist dieser umgekehrt sehr klein gegenüber den charakteristischen Längen äußerer Kraftfelder, und will man außerdem von der räumlichen Orientierung des Körpers absehen, so kann man ihn als **Massenpunkt** idealisieren: Ein Massenpunkt ist ein mathematischer Punkt, der mit einer endlichen Masse behaftet ist. Spielen bei der Bewegung des Körpers dagegen auch seine Ausdehnung und

Orientierung eine Rolle, so kann er in vielen Fällen als **starrer Körper** idealisiert werden: Ein starrer Körper ist eine räumlich ausgedehnte Ansammlung von Materie, deren Elemente bei jeder Bewegung relativ zueinander konstante Abstände bewahren.[1]

Nicht-starre, ausgedehnte Körper heißen *deformierbar*, ihre klassische Behandlung erfolgt im Rahmen der so genannten **Kontinuumsmechanik**. In dieser wird wiederum eine Idealisierung vorgenommen: Der atomistische Aufbau der Materie wird ignoriert, und man nimmt an, dass ganze Teilgebiete des Raumes kontinuierlich mit Materie erfüllt sind. Wir werden uns im Rahmen der Mechanik jedoch nur mit Massenpunkten und starren Körpern befassen.

2.1.4 Kinematische Vorbetrachtungen

In diesem Abschnitt untersuchen wir einige geometrische Eigenschaften von Bahnen einzelner Massenpunkte, die aufgrund der vorausgesetzten Raum-Zeit-Struktur (kinematisch) möglich wären. Dabei nehmen wir keine Rücksicht darauf, ob und wie sich diese Bahnen physikalisch realisieren lassen. Die hierbei gewonnenen Erkenntnisse werden sich als nützlich erweisen, wenn wir später die in der Natur tatsächlich realisierten Bahnen untersuchen.

Bahn eines Massenpunkts

Bewegt sich ein Massenpunkt im Raum, so lässt sich zu jedem Zeitpunkt t angeben, welche Werte seine drei räumlichen Koordinaten x, y und z besitzen, d. h. es existieren drei Funktionen

$$x = x(t), \qquad y = y(t), \qquad z = z(t),$$

welche die **Bahn** des Massenpunkts beschreiben. Man beobachtet, dass sich x, y und z nur wenig ändern, wenn t sich wenig verändert,

$$x(t) \to x(t_0)\,, \quad y(t) \to y(t_0)\,, \quad z(t) \to z(t_0) \qquad \text{für } t \to t_0\,.$$

Teilchenbahnen sind also stetig, „*natura non facit saltus*“. Dies lässt sich natürlich nicht in voller Strenge nachweisen. Es ist daher als zweckmäßige Idealisierung aufzufassen, wenn wir uns im Folgenden nur mit stetigen Teilchenbahnen beschäftigen, ja sogar deren zweimalige Differenzierbarkeit fordern.

Sind $\boldsymbol{e}_x$, $\boldsymbol{e}_y$ und $\boldsymbol{e}_z$ Einheitsvektoren in x-, y- und z-Richtung, so bezeichnet man den vom Ursprung des Koordinatensystems zu dem Punkt mit den Koordinaten x, y und z führenden Vektor

$$\boldsymbol{r} = x\boldsymbol{e}_x + y\boldsymbol{e}_y + z\boldsymbol{e}_z \tag{2.1}$$

---

1 In der Speziellen Relativitätstheorie erweist sich diese Idealisierung als unhaltbar, die Existenz starrer Körper widerspricht ihren Prinzipien. Beschleunigt man nämlich einen Körper an einer Stelle, so kann sich die Beschleunigung allen anderen Punkten des Körpers höchstens mit Lichtgeschwindigkeit mitteilen, während das bei einem starren Körper unendlich schnell geschehen müsste.

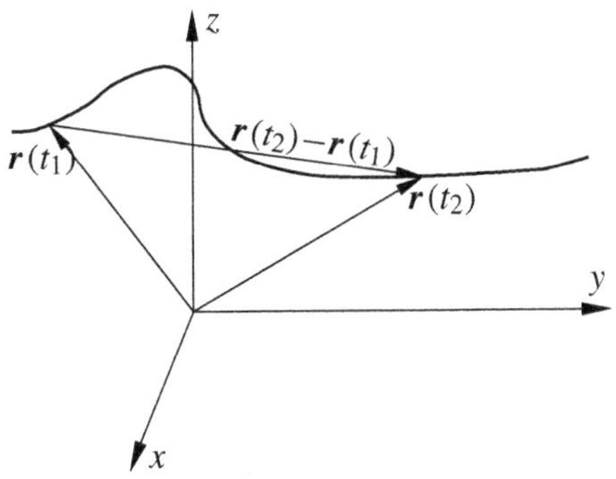

Abb. 2.1: Ortsvektor einer Bahnkurve.

als **Ortsvektor**. $\boldsymbol{r}$ ist im Gegensatz zu den ungebundenen Einheitsvektoren $\boldsymbol{e}_x, \boldsymbol{e}_y$ und $\boldsymbol{e}_z$ ein gebundener Vektor, sein Anfangspunkt liegt stets im Ursprung des Koordinatensystems. Die Vektornotation der Teilchenbahn ist

$$\boldsymbol{r} = \boldsymbol{r}(t) . \tag{2.2}$$

Der Vektor $\Delta\boldsymbol{r} := \boldsymbol{r}(t_2) - \boldsymbol{r}(t_1)$ verbindet die zur Zeit t_1 bzw. t_2 angenommenen Punkte der Bahn (Abb. 2.1) und hat die Länge $|\Delta\boldsymbol{r}| = \sqrt{\Delta\boldsymbol{r}\cdot\Delta\boldsymbol{r}}$. Für $\Delta\boldsymbol{r} \to 0$ geht $|\Delta\boldsymbol{r}|$ gegen die Länge des zwischen $\boldsymbol{r}(t_1)$ und $\boldsymbol{r}(t_2)$ gelegenen Bahnstücks, und wir benutzen für diesen Grenzfall die Schreibweise[2]

$$ds = |d\boldsymbol{r}| = \sqrt{d\boldsymbol{r} \cdot d\boldsymbol{r}} .$$

Die von einem willkürlichen Anfangspunkt $\boldsymbol{r}_0$ bis zum Punkt $\boldsymbol{r}$ gezählte Bogenlänge der Bahn ist

$$s = \int_{\boldsymbol{r}_0}^{\boldsymbol{r}} ds = \int_{\boldsymbol{r}_0}^{\boldsymbol{r}} \sqrt{d\boldsymbol{r}' \cdot d\boldsymbol{r}'} = \int_{t_0}^{t} \sqrt{\dot{\boldsymbol{r}}(t') \cdot \dot{\boldsymbol{r}}(t')}\, dt' . \tag{2.3}$$

Statt durch die Zeit kann die Bahn eines Massenpunkts auch durch die von einem beliebigen Bahnpunkt aus gemessene Bogenlänge parameterisiert werden. $\boldsymbol{r} = \boldsymbol{r}(s)$ gibt allerdings nur ihre geometrische Form an, und um zu wissen, wie schnell sie durchlaufen wird, muss man noch $s = s(t)$ kennen.

---

2 Der Zuwachs einer Funktion $f(x)$ beim Übergang von x nach $x + h$ beträgt

$$\Delta f = f(x+h) - f(x) = f'(x)\,h + \frac{1}{2} f''(x)\,h^2 + \ldots$$

Der lineare Anteil dieses Zuwachses wird als **Differential** bezeichnet, und man schreibt für ihn mit $dx := h$

$$df = f'(x)\,h = f'(x)\,dx .$$

Man darf $\Delta f \approx df$ setzen und bleibt mit dem dabei begangenen Fehler unter einer vorgegebenen Genauigkeitsschranke, wenn dx hinreichend klein gewählt wird. dx muss dazu im Allgemeinen sehr klein sein, weshalb Differentiale oft als unendlich kleine Größen bezeichnet werden. In Analogie dazu ist $d\boldsymbol{r} = \dot{\boldsymbol{r}}(s)\Delta s = \dot{\boldsymbol{r}}(s)\,ds$ der lineare Anteil im Zuwachs $\Delta\boldsymbol{r} = \dot{\boldsymbol{r}}(s)\Delta s + (1/2)\ddot{\boldsymbol{r}}(s)\Delta s^2 + \ldots$ des Ortsvektors. Im Folgenden wird immer angenommen, ds und damit $\Delta\boldsymbol{r}$ seien so klein, dass $d\boldsymbol{r} \approx \Delta\boldsymbol{r}$ gilt.

Geschwindigkeit und Beschleunigung

Auf einer stetig differenzierbaren Bahnkurve $\boldsymbol{r}(t)$ definiert die Richtung des Vektors $\Delta\boldsymbol{r} = \boldsymbol{r}(t_2) - \boldsymbol{r}(t_1)$ im Grenzfall $t_2 \to t_1$ die Richtung der Bahn im Punkte $\boldsymbol{r}(t_1)$. Wir bezeichnen

$$\boldsymbol{v}(t) = \lim_{\Delta t \to 0} \frac{\boldsymbol{r}(t+\Delta t) - \boldsymbol{r}(t)}{\Delta t} = \frac{d\boldsymbol{r}}{dt} = \dot{\boldsymbol{r}}(t) \tag{2.4}$$

als **Geschwindigkeit** und

$$\boldsymbol{a}(t) = \lim_{\Delta t \to 0} \frac{\boldsymbol{v}(t+\Delta t) - \boldsymbol{v}(t)}{\Delta t} = \frac{d\boldsymbol{v}}{dt} = \dot{\boldsymbol{v}}(t) = \ddot{\boldsymbol{r}}(t) \tag{2.5}$$

als **Beschleunigung** des Massenpunkts.

Begleitendes Dreibein

Zu einer möglichst einfachen Beschreibung lokaler Eigenschaften der Bewegung eines Massenpunkts empfiehlt sich manchmal die Benutzung eines Koordinatensystems, dessen Ursprung in dem gerade erreichten Bahnpunkt liegt und dessen Koordinatenachsen durch lokale Eigenschaften der in der Darstellung $\boldsymbol{r} = \boldsymbol{r}(s)$ enthaltenen Bahngeometrie festgelegt werden.

Eine der Achsen legt man dazu in die Richtung der Bahn. Da diese durch die Richtung des Vektors $\Delta\boldsymbol{r}$ für $\Delta s \to 0$ definiert wird, ist

$$\boldsymbol{T} = \frac{d\boldsymbol{r}}{ds} \tag{2.6}$$

der **Tangentenvektor** der Bahn. Wegen $|d\boldsymbol{r}| = ds$ handelt es sich dabei um einen Einheitsvektor, $|\boldsymbol{T}| = 1$. Die Richtung der Bahn ist eine Funktion des betrachteten Bahnpunkts, d. h. $\boldsymbol{T} = \boldsymbol{T}(s)$.

Aus der Taylor-Entwicklung

$$\boldsymbol{r}(s+\Delta s) = \boldsymbol{r}(s) + \frac{d\boldsymbol{r}}{ds}\Delta s + \frac{1}{2}\frac{d^2\boldsymbol{r}}{ds^2}\Delta s^2 + \ldots = \boldsymbol{r}(s) + \boldsymbol{T}\Delta s + \frac{1}{2}\frac{d\boldsymbol{T}}{ds}\Delta s^2 + \ldots$$

erkennt man, dass die Näherungskurve zweiter Ordnung in Δs eine Parabel ist, die in der von $\boldsymbol{T}$ und $d\boldsymbol{T}/ds$ aufgespannten **Schmiegebene** liegt. Die Richtung des Vektors $d\boldsymbol{T}/ds$ bietet sich daher als Richtung der zweiten Koordinatenachse an. Da $\boldsymbol{T}(s)$ nur die Richtung, jedoch nicht die Länge ändern kann, muss $d\boldsymbol{T}$ senkrecht auf $\boldsymbol{T}$ stehen (Abb. 2.2 (a)), d. h.

$$\boldsymbol{T} \cdot \frac{d\boldsymbol{T}}{ds} = 0\,. \tag{2.7}$$

Analytisch zeigt das die einfache Rechnung

$$0 = \frac{d\,1}{ds} = \frac{d\,(\boldsymbol{T}\cdot\boldsymbol{T})}{ds} = 2\,\boldsymbol{T}\cdot\frac{d\boldsymbol{T}}{ds}\,.$$

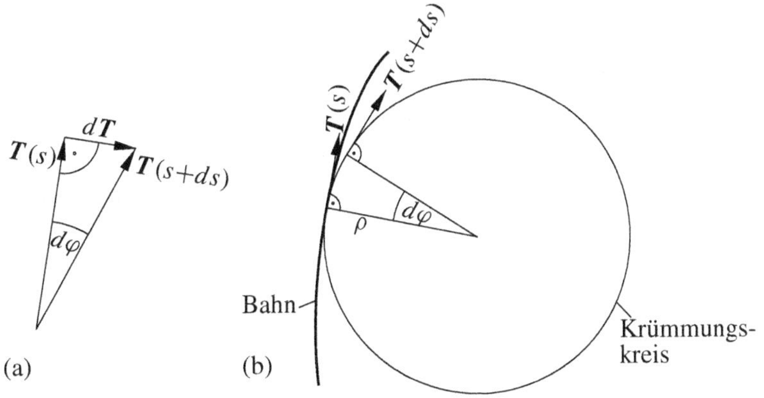

Abb. 2.2: Tangentenvektor und Krümmungskreis einer Bahnkurve. Aus Gründen der Deutlichkeit wurde $d\varphi$ bzw. $d\boldsymbol{T}$ übertrieben groß gewählt.

Die Länge des Vektors $d\boldsymbol{T}/ds$ berechnen wir aufgrund von Abb. 2.2 (b). In dieser gibt ρ den Radius des Krümmungskreises an, der sich in dem betrachteten Punkt $\boldsymbol{r}(s)$ an die Bahnkurve und die oben angegebene Näherungsparabel anschmiegt. Da $\boldsymbol{T}(s)$ senkrecht auf dem Radiusvektor $\boldsymbol{\rho}$ (Abb. 2.2 (b)) des Krümmungskreises steht, ist der Winkel $d\varphi$ zwischen benachbarten Krümmungsradien derselbe wie der Winkel zwischen den Tangentenvektoren benachbarter Kurvenpunkte. Damit gilt

$$1\,d\varphi = |d\boldsymbol{T}|\,, \qquad \frac{d\varphi}{ds} = \left|\frac{d\boldsymbol{T}}{ds}\right|\,, \qquad \rho\,d\varphi = ds\,,$$

und es folgt

$$\left|\frac{d\boldsymbol{T}}{ds}\right| = \frac{1}{\rho}\,. \tag{2.8}$$

Da $d\boldsymbol{T}/ds$ senkrecht (normal) zur Bahnrichtung steht, definiert der – stets zum Mittelpunkt des Krümmungskreises hin weisende – Einheitsvektor

$$\boldsymbol{N} = \frac{d\boldsymbol{T}}{ds}\Big/\left|\frac{d\boldsymbol{T}}{ds}\right| = \rho\,\frac{d\boldsymbol{T}}{ds} \tag{2.9}$$

den **Normalenvektor** der Bahn, der auch **Hauptnormalenvektor** genannt wird.

Schließlich wählen wir als Richtung der dritten Koordinatenachse die Richtung des Vektors

$$\boldsymbol{B} = \boldsymbol{T} \times \boldsymbol{N}\,, \tag{2.10}$$

der als **Binormalenvektor** bezeichnet wird. $\boldsymbol{B}$ ist als Kreuzprodukt zweier aufeinander senkrecht stehender Einheitsvektoren selbst ein Einheitsvektor. Bei ebenen Kurven steht $\boldsymbol{B}$ senkrecht auf der Ebene der Kurve. Die Gesamtheit der drei Vektoren $\boldsymbol{T}$, $\boldsymbol{N}$, $\boldsymbol{B}$, die in der angegebenen Reihenfolge ein rechtshändiges System bilden, nennt man **begleitendes Dreibein** (Abb. 2.3).

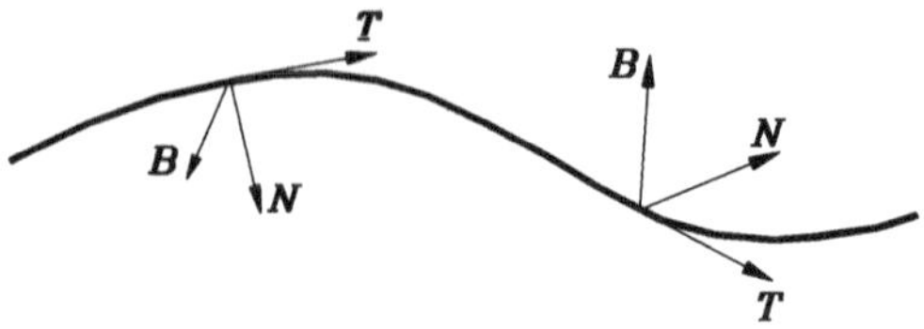

Abb. 2.3: Begleitendes Dreibein einer Bahnkurve.

Natürliche Komponenten von $\boldsymbol{v}$ und $\boldsymbol{a}$

Bei vielen Anwendungen erweist es sich als nützlich, die Vektoren der Geschwindigkeit und Beschleunigung nach den Basisvektoren des begleitenden Dreibeins zu zerlegen. Bei der Geschwindigkeit ist das schon von Hause aus der Fall, es gilt

$$\boldsymbol{v} = \frac{d\boldsymbol{r}}{dt} = \frac{d\boldsymbol{r}}{ds}\frac{ds}{dt} = \frac{ds}{dt}\,\boldsymbol{T} = v\boldsymbol{T}\,. \tag{2.11}$$

Durch Ableiten der letzten Gleichung nach t erhalten mit den üblichen Abkürzungen $\dot{\boldsymbol{v}} = d\boldsymbol{v}/dt$ usw.

$$\boldsymbol{a} = \dot{\boldsymbol{v}} = \dot{v}\boldsymbol{T} + v\dot{\boldsymbol{T}} = \dot{v}\boldsymbol{T} + v\,\frac{d\boldsymbol{T}}{ds}\frac{ds}{dt}$$

und hieraus mit (2.9)

$$\boldsymbol{a} = \dot{v}\boldsymbol{T} + \frac{v^2}{\rho}\,\boldsymbol{N}\,. \tag{2.12}$$

$\boldsymbol{a}$ besitzt demnach im Allgemeinen Komponenten in Richtung von $\boldsymbol{T}$ und von $\boldsymbol{N}$. Ändert $\boldsymbol{v}$ nur seine Richtung, jedoch nicht seinen Betrag, so gilt $\dot{v} = 0$, und wir erhalten

$$\boldsymbol{a} = \frac{v^2}{\rho}\,\boldsymbol{N}\,. \tag{2.13}$$

Auch wenn die Geschwindigkeit dem Betrage nach konstant bleibt, kann die Beschleunigung also von null verschieden sein. Sie weist in diesem Fall in Richtung der Bahn-Normalen und trägt dann den Namen **Zentripetalbeschleunigung**.

2.1.5 Galilei-Transformation

Die Bahn eines Massenpunkts kann in verschiedenen Koordinaten ausgedrückt werden. Der Übergang von einem Koordinatensystem zu einem anderen wird durch eine Koordinatentransformation vermittelt. Für die klassische Mechanik ist die Klasse der **Galilei-Transformationen** von besonderer Bedeutung. Ohne auf diese hier genauer einzugehen (siehe dazu Abschn. 2.2.2), wollen wir die Galilei-Transformation schon jetzt unter rein kinematischen Gesichtspunkten einführen.

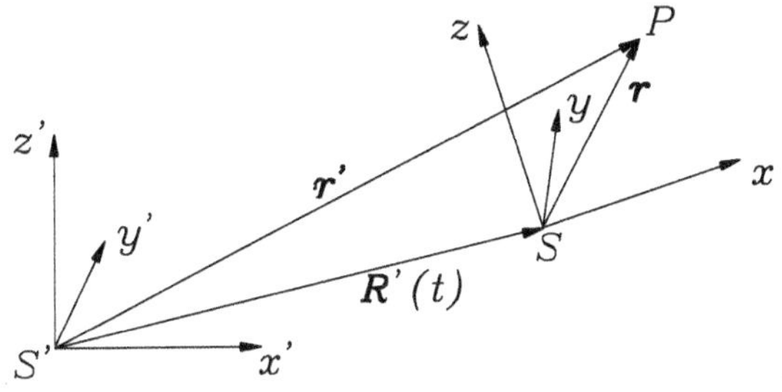

Abb. 2.4: Galilei-Transformation.

Wir betrachten dazu zwei kartesische Koordinatensysteme S und S', die sich unter Beibehaltung ihrer relativen Orientierung relativ zueinander mit der konstanten Geschwindigkeit $\boldsymbol{V}$ bzw. $-\boldsymbol{V}$ bewegen. Wird der Koordinatenursprung des Systems S im System S' durch den Ortsvektor $\boldsymbol{R}'(t)$ beschrieben, so kann die (konstante) Relativgeschwindigkeit $\boldsymbol{V}$ durch

$$\boldsymbol{V} = \dot{\boldsymbol{R}}'(t)$$

ausgedrückt werden. Aus dieser Gleichung folgt durch Integration nach der Zeit

$$\boldsymbol{R}'(t) = \boldsymbol{V}t + \boldsymbol{R}'_0 ,$$

wobei $\boldsymbol{R}'_0$ in S' die Position des Koordinatenursprungs von S zum Zeitpunkt $t = 0$ angibt. Nach dem Additionssatz für Vektoren gilt für einen Raumpunkt P, der in S durch den Ortsvektor $\boldsymbol{r}$ und in S' durch den Ortsvektor $\boldsymbol{r}'$ beschrieben wird, der in Abb. 2.4 graphisch dargestellte Zusammenhang

$$\boldsymbol{r}' = \boldsymbol{R}'(t) + \boldsymbol{r} = \boldsymbol{R}'_0 + \boldsymbol{V}t + \boldsymbol{r} . \tag{2.14}$$

Zwei Systeme S und S', deren Punkte durch (2.14) verknüpft sind, nennt man *miteinander durch eine Galilei-Transformation verbunden.*

Wir beweisen die folgende wichtige

Aussage. *Die gleichförmige geradlinige Bewegung eines Punkts,*

$$\boldsymbol{r}(t) = \boldsymbol{r}_0 + \boldsymbol{v}_0 t , \tag{2.15}$$

wird durch eine Galilei-Transformation in eine Bewegung desselben Typs überführt.

Beweis: Wenn man die spezielle Bewegung (2.15) in den allgemeinen Zusammenhang (2.14) einsetzt und die Abkürzungen

$$\boldsymbol{r}'_0 = \boldsymbol{r}_0 + \boldsymbol{R}'_0 , \qquad \boldsymbol{v}'_0 = \boldsymbol{v}_0 + \boldsymbol{V}$$

benutzt, erhält man

$$\boldsymbol{r}'(t) = \boldsymbol{r}'_0 + \boldsymbol{v}'_0 t , \tag{2.16}$$

also eine gleichförmige geradlinige Bewegung in S'.

Illustrativ ist auch der folgende Alternativbeweis: Aus (2.14) folgt durch zweimalige Differentiation nach der Zeit

$$\ddot{\boldsymbol{r}}'(t) = \ddot{\boldsymbol{r}}(t)\,. \tag{2.17}$$

Setzt man hierin wieder die spezielle Bewegung (2.15) ein, so folgt die Differentialgleichung $\ddot{\boldsymbol{r}}' = 0$, und deren allgemeinste Lösung besitzt die Form (2.16). □

2.1.6 Bahncharakterisierung durch Differentialgleichungen

Wir wollen uns jetzt überlegen, wie man die Bahn eines Massenpunkts charakterisieren kann, ohne ihren ganzen Verlauf angeben zu müssen. Dazu nehmen wir an, dass $\boldsymbol{r}(t)$ so oft wie nötig differenzierbar ist. In vielen Fällen kann $\boldsymbol{r}(t)$ in eine Taylor-Reihe

$$\boldsymbol{r}(t) = \boldsymbol{r}(t_0) + \dot{\boldsymbol{r}}(t_0)(t - t_0) + \tfrac{1}{2}\ddot{\boldsymbol{r}}(t_0)(t - t_0)^2 + \cdots$$

entwickelt werden, die in einem endlichen und t_0 enthaltenden Intervall $t_1 \leq t \leq t_2$ gleichmäßig gegen $\boldsymbol{r}(t)$ konvergiert – $\boldsymbol{r}(t)$ wird dann als **analytische** Funktion bezeichnet. Für das Zeitintervall $[t_1, t_2]$ ist die Angabe der Bahn in diesem Fall gleichbedeutend mit der Angabe aller ihrer Zeitableitungen zum Zeitpunkt t_0. Man könnte dazu sagen: Der Zeitverlauf zu späteren Zeiten $t > t_0$ wird kausal bedingt durch die Gesamtheit der Ableitungen zu dem früheren Zeitpunkt t_0. Das die kausale Verknüpfung bewirkende Gesetz ist hier die Forderung nach Analytizität. Die dadurch gegebene kausale Struktur ist allerdings äußerst komplex, da sie für zeitliche Vorhersagen eine unendlich große Informationsmenge voraussetzt. Eine viel einfachere Situation ergäbe sich, wenn die Bahnen Differentialgleichungen genügen würden. Das ist gerade die Situation der Newtonschen Theorie, die wir daher näher analysieren wollen.

Die einfachste Möglichkeit bestünde darin, dass die Bahnen durch Differentialgleichungen erster Ordnung festgelegt werden. Im allgemeinsten Fall hätte man dann für $\boldsymbol{r}(t)$ ein Gleichungssystem der Form

$$f_i(\boldsymbol{r}(t), \dot{\boldsymbol{r}}(t), t) = 0\,, \qquad i = 1, 2, 3\,.$$

Wir nehmen der Einfachheit halber an, dass dieses – im Allgemeinen nichtlineare – System nach $\dot{\boldsymbol{r}}(t)$ aufgelöst werden kann – hierzu müssen die Funktionen f_i gewisse Voraussetzungen erfüllen, die für unsere jetzige Diskussion allerdings ohne Belang sind – und schreiben

$$\dot{\boldsymbol{r}} = \boldsymbol{g}(\boldsymbol{r}, t)\,.$$

Für diese Differentialgleichung – wir benutzen, dem optischen Eindruck folgend und aus Bequemlichkeit, den Singular, wohl wissend, dass es sich eigentlich um drei Differentialgleichungen handelt – ist die Lösung eindeutig festgelegt, wenn zur Zeit t_0 der Bahnpunkt $\boldsymbol{r}_0 = \boldsymbol{r}(t_0)$ vorgegeben wird: Aus der Differentialgleichung folgt

$$\Delta\boldsymbol{r}|_{t_0} = \boldsymbol{r}(t_0 + \Delta t) - \boldsymbol{r}(t_0) \approx \boldsymbol{g}(\boldsymbol{r}_0, t_0)\,\Delta t$$

und damit

$$\boldsymbol{r}(t_0 + \Delta t) \approx \boldsymbol{r}_0 + \Delta\boldsymbol{r}|_{t_0} = \boldsymbol{r}_0 + \boldsymbol{g}(\boldsymbol{r}_0, t_0)\,\Delta t\,.$$

Nachdem $\boldsymbol{r}(t_0+\Delta t)$ in etwa bestimmt ist, kann der Ort der Bahn zum Zeitpunkt $t_0+2\Delta t$ ganz analog berechnet werden,

$$\boldsymbol{r}(t_0+2\Delta t) \approx \boldsymbol{r}(t_0+\Delta t) + \boldsymbol{g}\big(\boldsymbol{r}(t_0+\Delta t), t_0+\Delta t\big)\,\Delta t\,,$$

und man erhält so Schritt für Schritt eine Näherung für die ganze Bahn. Indem man $\Delta t \to 0$ gehen lässt, kann schließlich der exakte Bahnverlauf beliebig genau approximiert werden. (Ein strenger Beweis ist mühsamer und findet sich in der mathematischen Literatur unter *Satz von Picard und Lindelöf.*)

In der Newtonschen Mechanik genügt die Bahn eines Massenpunkts einer Differentialgleichung zweiter Ordnung der Form

$$\ddot{\boldsymbol{r}} = \boldsymbol{h}(\boldsymbol{r}, \dot{\boldsymbol{r}}, t)\,.$$

Hier ist die Lösung eindeutig durch die Vorgabe der Anfangsbedingungen

$$\boldsymbol{r}(t_0) = \boldsymbol{r}_0, \qquad \dot{\boldsymbol{r}}(t_0) = \boldsymbol{v}_0$$

festgelegt. Im Gegensatz zum Fall einer Differentialgleichung erster Ordnung geht jetzt durch jeden Raumpunkt gleich ein ganzes Büschel verschiedener Lösungen, die sich in den Anfangsgeschwindigkeiten unterscheiden. Zum Beweis dieser Tatsache geht man ähnlich vor wie oben bei der Differentialgleichung erster Ordnung. Aus der Anfangsbedingung für die Geschwindigkeit folgt

$$\Delta\boldsymbol{r}|_{t_0} \approx \boldsymbol{v}_0\,\Delta t\,,$$

und aus der Differentialgleichung selbst

$$\Delta\boldsymbol{v}|_{t_0} = \Delta\dot{\boldsymbol{r}}|_{t_0} \approx \ddot{\boldsymbol{r}}(t_0)\,\Delta t = \boldsymbol{h}(\boldsymbol{r}_0, \boldsymbol{v}_0, t_0)\,\Delta t\,.$$

Hiermit erhalten wir eindeutig

$$\boldsymbol{r}(t_0 + \Delta t) \approx \boldsymbol{r}_0 + \Delta\boldsymbol{r}|_{t_0} = \boldsymbol{r}_0 + \boldsymbol{v}_0\,\Delta t\,,$$

$$\boldsymbol{v}(t_0 + \Delta t) = \boldsymbol{v}_0 + \Delta\dot{\boldsymbol{r}}|_{t_0} = \boldsymbol{v}_0 + \boldsymbol{h}(\boldsymbol{r}_0, \boldsymbol{v}_0, t_0)\,\Delta t\,.$$

Wieder kann man Schritt für Schritt in der Zeit vorwärts rechnen und so die ganze Bahn ermitteln. Aus dem Vorangegangenen dürfte klar geworden sein, was bei einer Differentialgleichung n-ter Ordnung zu erwarten ist. Hier wird die Lösung eindeutig festgelegt, wenn zu einem Zeitpunkt t_0 ein Bahnpunkt $\boldsymbol{r}_0$ und die $n-1$ Ableitungen $d\boldsymbol{r}(t)/dt|_{t_0}, \ldots, d^{n-1}\boldsymbol{r}(t)/dt^{n-1}|_{t_0}$ vorgegeben werden.

Allen Differentialgleichungen gemeinsam ist die Eigenschaft, dass ihre Lösung durch lokale Eigenschaften festgelegt wird. Das heißt: Für die Weiterentwicklung der Bahn sind nur Eigenschaften in der differentiellen Nachbarschaft des gerade erreichten Bahnpunkts maßgeblich.

Ein Naturgesetz könnte natürlich auch ganz anders als in Form einer Differentialgleichung gegeben sein. Insbesondere könnte die zeitliche Entwicklung der Bahnen durch Forderungen an deren ganze Vergangenheit oder auch deren Vergangenheit und Zukunft festgelegt werden. Formal könnte beispielsweise gefordert sein, dass ein Funktional der ganzen Bahn, etwa ein über die ganze Bahn erstrecktes Zeitintegral, bestimmte Bedingungen erfüllen muss.

2.2 Newtonsche Bewegungsgesetze

Die Grundlage der klassischen Mechanik bilden drei Axiome bzw. Gesetze und ein Korollar aus I. Newtons Buch *Philosophiae naturalis principia mathematica* („Mathematische Prinzipien der Naturlehre", Drucklegung 1686). Dessen Erscheinen im Jahre 1687 bedeutete ein kulturhistorisches Ereignis ersten Ranges, und es gibt Wissenschaftler, die die „Principia" für das bedeutendste wissenschaftliche Werk halten, das je geschrieben wurde.

Um die Zeit Newtons hatten sich viele Gelehrte mit der Mechanik beschäftigt, darunter auch sehr bedeutende, und schon vor Newton waren viele wichtige Entdeckungen der Mechanik gemacht worden. J. Keplers berühmte Gesetze über die Bewegung der Planeten wurden 1609 und 1619 formuliert, mehr als zwei Jahrzehnte vor Newtons Geburt (1642). In einer Reihe von Spezialfällen war man auf die Grundgesetzte der Mechanik gestoßen und hatte sie dort mehr oder weniger gut verstanden. G. Galilei hatte z. B. eine spezielle Form des Trägheitsgesetzes gefunden; Ch. Huygens hatte im Rahmen von Stoßgesetzen die Impulserhaltung bei Teilchenstößen entdeckt, die Fliehkraft bei der Kreisbewegung berechnet und wie der große Philosoph R. Descartes wichtige vorbereitende Schritte zur Entwicklung der für die Mechanik so wichtigen Infinitesimalrechnung getan. Der große Durchbruch zu einer umfassenden Theorie war jedoch keinem gelungen, wohl auch deshalb, weil die für die Mechanik erforderliche Mathematik noch nicht zur Verfügung stand. Hier vollbrachte Newton seine erste Glanztat, indem er – unabhängig von G. W. Leibniz, der hier ebenfalls als Entdecker genannt werden muss – die Infinitesimalrechnung erfand. Basierend auf den Arbeiten seiner Vorgänger, über diese jedoch weit hinausgehend, gelangte Newton schließlich zur Formulierung seiner Grundgesetze. Entdeckt hatte er sie übrigens schon einige Zeit vor ihrer Publikation, zu der er überredet werden musste – Newton besaß ein sehr merkwürdiges Verhältnis zum Publizieren und hielt viele seiner Entdeckungen oft jahrelang geheim.

Der Erfolg der Newtonschen Entdeckungen war durchschlagend, denn die Verknüpfung der dynamischen Gesetze der Mechanik mit dem ebenfalls von Newton entdeckten Schweregesetz machte es auf einmal möglich, sowohl die Bewegung der Himmelsgestirne als auch den Wurf oder Fall von Körpern auf der Erde mithilfe einheitlicher Gesetze zu berechnen und zu verstehen. Für uns, die wir mit alledem schon von der Schule her vertraut sind, ist es heute nur schwer nachvollziehbar, als welche Sensation das damals empfunden wurde. Immerhin war nun der Weg zur Erforschung einer riesigen Zahl von Anwendungen geebnet. Die Auswirkungen der Newtonschen Entdeckungen gingen jedoch weit über den naturwissenschaftlichen Rahmen hinaus und wurden zur Grundlage neuer philosophischer Weltanschauungen.

Wir werden in diesem Kapitel zunächst die Newtonschen Grundgesetze – zum Teil in historischer Form – wiedergeben und mit einigen Kommentaren zum Verständnis versehen. Anschließend werden wir sie ziemlich ausführlich auf ihren mathematischen und physikalischen Gehalt hin durchleuchten. Sodann werden wir uns mit Folgerungen und einer Reihe von Anwendungen beschäftigen.

Die Newtonsche Mechanik kann unmittelbar auf alle Systeme mit freien Massenpunkten angewendet werden. (Dabei bedeutet „frei": Es gibt keine Führungen oder Hindernisse, welche die Bewegungen einschränken.) Prinzipiell gilt sie auch für unfreie

Massenpunkte bzw. für Systeme von solchen. Hier ergibt sich allerdings die Schwierigkeit, dass die die Dynamik festlegenden Kräfte nicht alle primär gegeben sind und daher zum Teil simultan mit dem Bewegungsablauf bestimmt werden müssen. Dieses Problem wurde von J.-B. d'Alembert und J. L. Lagrange gelöst. Wir widmen ihrer Methode ein eigenes Kapitel (siehe Kapitel 5). Von W. R. Hamilton und C. G. J. Jacobi wurde die Mechanik schließlich in ihre eleganteste Form gebracht, eine Form, die sich für viele Probleme wie den Übergang zur Quantenmechanik oder die moderne Theorie dynamischer Systeme als besonders nützlich erweist. Diese Form werden wir in den Kapiteln 7 und 8 behandeln.

2.2.1 Newtons vier Grundgesetze

Lex prima. *Jeder Körper beharrt in seinem Zustand der Ruhe oder gleichförmigen geradlinigen Bewegung, wenn er nicht durch einwirkende Kräfte gezwungen wird, seinen Zustand zu ändern.*

Dieses Gesetz bedeutete zur Zeit Newtons eine gewaltige Extrapolation über die erfahrene Realität hinaus. In unserer Umwelt beobachten wir nie Zustände gleichförmiger Bewegung, da alle Bewegungen durch Reibung gebremst werden. Auch der Zustand der Ruhe ist auf der Erde nirgends realisiert, da sich die Erde dreht. Andererseits sind die zur Zeit Newtons am Himmel beobachteten reibungsfreien Bewegungen dort, wo sie am besten verstanden wurden (Planetenbahnen), weder gleichförmig noch geradlinig. „Bewegung" definiert Newton als „Geschwindigkeit vereint mit der Menge der Materie". In unsere heutige Sprache übersetzt ist die „Bewegung" Masse mal Geschwindigkeit bzw. **Impuls** $\boldsymbol{p} = m\boldsymbol{v}$, und das erste Gesetz lautet kurz

$$\boxed{\boldsymbol{p} = m\boldsymbol{v} = \mathbf{const} \qquad \text{für } \boldsymbol{F} = 0\,,} \tag{2.18}$$

wenn $\boldsymbol{F}$ die **Kraft** ist (F für lat. *fors* = Kraft). Natürlich kennen wir heute diejenigen Kräfte recht genau, welche in allen beobachteten Fällen die geradlinige gleichförmige Bewegung verhindern. Für Newton, der mit seinen Gesetzen den Kraftbegriff ja erst wissenschaftlich gültig eingeführt hat, war die Situation ganz anders. Um so mehr muss man die Kühnheit und Weitsicht bewundern, die ihn zur Formulierung seiner Grundgesetze geführt hat.

Lex secunda. *Die Änderung der Bewegung ist der Einwirkung der bewegenden Kraft proportional und erfolgt in Richtung derjenigen geraden Linie, in welcher jene Kraft wirkt.*

Newton war mit der Differentialrechnung vertraut, vermied diese jedoch im Allgemeinen. Daher kann davon ausgegangen werden, dass er unter Änderung der Bewegung endliche Impulsänderungen $\Delta\boldsymbol{p}$ verstand. Die mathematische Formulierung $\Delta\boldsymbol{p} \sim \boldsymbol{F}$ seiner lex secunda macht daher nur für konstante Kräfte Sinn, andernfalls wäre nicht klar, welcher der verschiedenen Werte von $\boldsymbol{F}$ herangezogen werden soll, außerdem ist die Konstanz der Richtung von $\boldsymbol{F}$ explizit angegeben. Das zweite Gesetz ist jedoch auch mit dieser Einschränkung noch in mehrfacher Hinsicht unklar bzw. nicht eindeutig:[3] Im Allgemeinen wirken auf einen Körper mehrere Kräfte, z. B. Gravitations- und Reibungskräfte. Wir nehmen an, dass entweder nur eine Kraft wirkt, oder aber, dass $\boldsymbol{F}$ die Summe aller einwirkenden Kräfte ist. Mit dem zweiten Gesetz verträglich wäre dann die Formel $\Delta \boldsymbol{p} = \boldsymbol{F}\, \Delta t$, wobei Δt die während der Impulsänderung verstrichene Zeit ist, aber z. B. auch der Zusammenhang $\Delta \boldsymbol{p} = \boldsymbol{F}\, c\, (\Delta t)^n$ für beliebige n mit einer dimensionsmäßig geeignet gewählten Konstanten c. Erst das Heranziehen eines der vielen Lemmata, die Newton im Zusammenhang mit seinen Grundgesetzen formuliert hat, hier des

Lemma X : *Die Wege, welche der Körper infolge der Einwirkung irgendeiner endlichen Kraft beschreibt, mag diese bestimmt und unveränderlich sein oder mag sie beständig zu- oder abnehmen, stehen beim Anfang der Bewegung proportional dem Quadrat der Zeiten,*

sowie von Newton konkret behandelte Anwendungen machen die eindeutige Festlegung auf $\Delta \boldsymbol{p} = \boldsymbol{F}\, \Delta t$ möglich. Indem wir zu Differentialen übergehen und $d\boldsymbol{p} = \boldsymbol{F}\, dt$ schreiben, können wir für $\boldsymbol{F}$ auch variable Kräfte zulassen und erhalten nach Division durch dt als moderne Formulierung des zweiten Newtonschen Gesetzes

$$\boxed{\frac{d\boldsymbol{p}}{dt} = \boldsymbol{F}\,.} \tag{2.19}$$

Bei konstanter Masse und unter Einschränkung auf Massenpunkte oder ausgedehnte Körper reiner (und damit einheitlicher) Translationsgeschwindigkeit $\boldsymbol{v}$ kann es auch so formuliert werden: Die Beschleunigung eines Körpers ist proportional zur einwirkenden Kraft und umgekehrt, wobei als – positiv vorausgesetzter – Proportionalitätsfaktor die **(träge) Masse** m auftritt,

$$m\frac{d\boldsymbol{v}}{dt} = m\ddot{\boldsymbol{r}} = \boldsymbol{F}\,. \tag{2.20}$$

Neben der trägen Masse gibt es auch eine schwere Masse, und es wäre daher sinnvoll, m_{tr} statt m zu schreiben. Wir lassen den Index ‘tr’ jedoch wegfallen, da sich später herausstellen wird (Abschn. 2.4), dass *träge Masse* = *schwere Masse* gesetzt werden darf.

Lex tertia. *Die Wirkung ist stets der Gegenwirkung gleich, oder die Wirkungen zweier Körper aufeinander sind stets gleich und von entgegengesetzter Richtung.*

Übt ein Körper j auf einen Körper i eine Kraft $\boldsymbol{F}_{ij}$ aus und erfährt er selbst von jenem die Kraft $\boldsymbol{F}_{ji}$, so soll also gelten

$$\boxed{\boldsymbol{F}_{ij} = -\boldsymbol{F}_{ji}\,.} \tag{2.21}$$

3 I. Szabo schreibt in seinem Buch *Geschichte der mechanischen Prinzipien und ihrer wichtigsten Anwendungen*, Birkhäuser-Verlag, Basel-Boston-Stuttgart (1979) dazu auf S. 16: “Der viel Geduldsarbeit erfordernde logische Aufbau nach mathematischen Gesichtspunkten war eben nicht NEWTONS, des schöpferischen Genies, Stärke. Seine diesbezügliche Unvollkommenheit besteht – neben dem Gebrauch von einzelnen Worten wie zum Beispiel *motus* und *vis* für verschiedene Begriffe – vor allem darin, dass seine *Definitiones* teilweise schon die *Leges* (also die Axiome) vorwegnehmen bzw. diese voraussetzen.

Häufig zitiert man das dritte Grundgesetz auch ganz kurz in der Form

$$\boxed{\textit{actio} = \textit{reactio}\,.}$$

Das vierte Grundgesetz ist bei Newton ein Zusatz zu den Bewegungsgesetzen. In moderner Formulierung lautet es

Lex quarta. *Kräfte addieren sich wie Vektoren.*

Kombinieren wir dieses Gesetz mit dem zweiten, so können wir stattdessen auch sagen: Wirken auf einen Massenpunkt zwei Kräfte, die für sich allein genommen die Impulsänderung $\dot{\boldsymbol{p}}_1 = \boldsymbol{F}_1$ bzw. $\dot{\boldsymbol{p}}_2 = \boldsymbol{F}_2$ hervorrufen, so führt ihre gemeinsame Wirkung zur Impulsänderung

$$\dot{\boldsymbol{p}} = \boldsymbol{F}_1 + \boldsymbol{F}_2 = \dot{\boldsymbol{p}}_1 + \dot{\boldsymbol{p}}_2\,. \tag{2.22}$$

2.2.2 Diskussion der Grundgesetze

Die Newtonschen Grundgesetze enthalten die Begriffe Masse, Geschwindigkeit, Beschleunigung und Kraft. Die Geschwindigkeit $\boldsymbol{v}$ und die Beschleunigung $d\boldsymbol{v}/dt$ sind im Rahmen der von uns zugrunde gelegten Vorstellungen über Raum und Zeit wohldefinierte Größen und können mithilfe von Maßstäben und Uhren gemessen werden. Dagegen werden die Begriffe Masse und Kraft durch die Grundgesetze nicht nur in naturgesetzlicher Weise miteinander verknüpft, sondern – wie wir sehen werden – auch erst definiert, wobei Definition und Naturgesetz miteinander untrennbar verflochten sind. Auch zwischen den verschiedenen Grundgesetzen wird sich eine sehr enge Verknüpfung herausstellen, da sie ihren vollen Sinn erst im Zusammenspiel erhalten.

Zum ersten Grundgesetz

Das erste Grundgesetz sieht beinahe so aus, als wäre es ein Spezialfall des zweiten. (Fälschlicherweise wird es manchmal tatsächlich in diesem Sinne ausgelegt.) Setzt man in (2.19) nämlich $\boldsymbol{F} = 0$, so folgt daraus $\boldsymbol{p} = \mathbf{const}$, und setzt man $d\boldsymbol{p}/dt = 0$, so folgt $\boldsymbol{F} = 0$. Diese Interpretation geht jedoch am Kern des ersten Gesetzes vorbei: Für sich genommen ist das zweite Grundgesetz noch ohne physikalischen Inhalt, es erhält diesen erst durch seine Verknüpfung mit den übrigen Grundgesetzen.

Um diesen Sachverhalt zu verstehen, stellen wir uns eine euklidische Welt vor, in der es nur einen einzigen Massenpunkt gibt. Wollten wir eine Beschleunigung desselben feststellen, so müsste das relativ zu einem fest gewählten Koordinatensystem geschehen. Weil es jedoch ohne den Rückgriff auf weitere Axiome keinerlei Kriterium für die Auswahl dieses Systems gäbe, könnte man je nach Wahl desselben sowohl $\ddot{\boldsymbol{r}} = 0$ und damit $\boldsymbol{F} = 0$ als auch $\ddot{\boldsymbol{r}} \neq 0$ mit $\boldsymbol{F} \neq 0$ erhalten. Da jede Bezugsmöglichkeit fehlt, wäre es eine reine Geschmacksfrage, ob man sagt, dass es sich um eine beschleunigte Bewegung unter Einwirkung von Kräften oder um eine kräftefreie unbeschleunigte Bewegung handelt.

Enthält das betrachtete System jedoch mehr als einen Massenpunkt, so kann sofort eine Relativbeschleunigung der Massenpunkte festgestellt werden, die auch durch eine Koordinatentransformation zwischen euklidischen Bezugsystemen nicht wegtransformiert werden kann. Diese Betrachtung liefert den entscheidenden Hinweis: Es muss ein sinnvolles Referenzsystem geben, relativ zu dem die im zweiten Grundgesetz auftretenden Beschleunigungen gemessen werden. Ein derartiges System wird jedoch gerade durch das erste Grundgesetz festgelegt: Es ist ein System, in dem sich jeder kräftefreie Körper gleichförmig geradlinig bewegt, und jedes System mit dieser Eigenschaft wird als **Inertialsystem** bezeichnet. Von entscheidender Bedeutung ist dabei, dass die Begriffe „kräftefrei" und „gleichförmig geradlinig" als unabhängig voneinander angesehen werden, obwohl oder gerade weil sie durch das zweite Grundgesetz scheinbar voneinander abhängig werden. In Nicht-Inertialsystemen, z. B. einem beschleunigten oder rotierenden Bezugsystem, kann sich ein Körper nämlich ungleichförmig bewegen, obwohl er kräftefrei ist, und umgekehrt können geeignet gewählte Kräfte in Nicht-Inertialsystemen bewirken, dass sich ein Körper gleichförmig geradlinig bewegt. (Siehe dazu die Erläuterungen zum dritten Grundgesetz und Abschn. 3.3; nach dem Studium des letzteren kann man sich klar machen, dass diese Kräfte gerade die in nicht-inertialen Systemen auftretenden „Scheinkräfte" kompensieren müssen.) Das Zusammentreffen von Kräftefreiheit und gleichförmiger Geradlinigkeit sämtlicher Bewegungen gibt es nur in Inertialsystemen.

Nachdem wir definiert haben, was ein Inertialsystem ist, wollen wir noch der Frage nachgehen, wie sich ein solches realisieren lässt und wie man bei einem System feststellen kann, ob es sich um ein Inertialsystem handelt. Die Gleichförmigkeit der Bewegung von Probekörpern auf einer Geraden kann mithilfe von Uhren und Maßstäben festgestellt werden. Beim Begriff der Kraft auf einen Körper wollen wir hier festlegen, dass es sich um eine Wirkung handeln soll, die von anderen Körpern ausgeht, und nicht um eine Eigenschaft des Raumes oder der Zeit an sich. (Damit werden an dieser Stelle die in Nicht-Inertialsystemen auftretenden Scheinkräfte, die gerade die zuletzt angegebene Eigenschaft besitzen, als Kräfte im eigentlichen Sinn ausgeschlossen.) Nach aller Erfahrung können wir davon ausgehen, dass die Kraftwirkungen zwischen Körpern mit zunehmendem Abstand voneinander abnehmen, jedenfalls dann, wenn man so lange wartet, bis alle dynamischen Prozesse abgeklungen sind, die mit der endlichen Ausbreitungsgeschwindigkeit der die Kraftwirkungen vermittelnden Felder verbundenen sind. In einem vorgegebenen Raumgebiet ließe sich der Zustand der Kräftefreiheit demnach theoretisch realisieren, indem man alle in ihm oder in seiner Umgebung befindlichen Körper unendlich weit von ihm entfernt und unendlich lange wartet. Um schließlich ein Inertialsystem zu erhalten, muss man einen Probekörper von einem Punkt des kräftefreien Raumgebietes aus sich in drei zueinander senkrechten Richtungen bewegen lassen. Wählt man dann die durchlaufenen Bahnen als Achsen eines Koordinatensystems, so ist dieses kartesisch und stellt ein Inertialsystem dar.[4](Es ist offensichtlich,

4 Eine Kraft, die bei allen Massenpunkten eines Systems die gleiche Beschleunigung bewirkt, kann durch den Übergang auf ein geeignetes (beschleunigtes) Bezugsystem völlig wegtransformiert werden. Sie

dass jedes praktische Inertialsystem nur eine mehr oder weniger gute Annäherung an diesen Idealfall darstellen kann.) In dem eingangs betrachteten System mit nur einem Massenpunkt würde sich der letztere nach dem dritten Axiom und unserer aus diesem abgeleiteten Festlegung eigentlicher Kräfte kräftefrei bewegen. Ein geeignetes Inertialsystem wäre für ihn daher ein System, in welchem er eine gleichförmige geradlinige Bewegung ausführt.

Kurz zusammengefasst definiert das erste Grundgesetz den Begriff des Inertialsystems und liefert damit den Bezugsrahmen für das zweite Grundgesetz.

Zum zweiten Grundgesetz

Nach den vorangegangenen Betrachtungen muss das zweite Grundgesetz so ausgelegt werden, dass die Beschleunigung relativ zu einem Inertialsystem erfolgt. Damit es jedoch seine volle physikalische Bedeutung erlangt, müssen weitere Präzisierungen bezüglich der Masse und der Kraft vorgenommen werden.

Hinsichtlich der Masse leistet dies das dritte Grundgesetz. Um das zu erkennen, betrachten wir zwei Massenpunkte verschiedener Massen m_1 und m_2, auf die nur die beiderseitigen Wechselwirkungskräfte $\boldsymbol{F}_{12}$ und $\boldsymbol{F}_{21}$ einwirken. m_1 legen wir willkürlich als Einheitsmasse fest. Aus dem zweiten und dritten Grundgesetz folgen dann die Gleichungen

$$m_1\ddot{\boldsymbol{r}}_1 = \boldsymbol{F}_{12} = -\boldsymbol{F}_{21} = -m_2\ddot{\boldsymbol{r}}_2\,, \tag{2.23}$$

und dem Betrage nach gilt daher

$$m_2 = m_1\frac{|\ddot{\boldsymbol{r}}_1|}{|\ddot{\boldsymbol{r}}_2|}\,. \tag{2.24}$$

Nach Wahl der Masseneinheit m_1 kann die Masse m_2 mithilfe dieser Gleichung durch Beschleunigungsmessungen bestimmt werden. Hält man die Masse m_1 des ersten Massenpunkts fest und wechselt den zweiten durch Probekörper beliebiger Masse m aus, so kann man m in jedem Fall als ein Vielfaches der Einheitsmasse bestimmen.

Gleichung (2.24) besitzt einerseits definitorischen Charakter, da sie beliebige Massen auf die Einheitsmasse und Beschleunigungen zurückführt. Andererseits enthält sie jedoch auch Naturgesetzliches, denn sie besagt, dass bei gegebenen Massen m_1 und m_2 das Verhältnis $|\ddot{\boldsymbol{r}}_1|/|\ddot{\boldsymbol{r}}_2|$ konstant ist und dass sich z. B. bei einer Verdopplung der Masse des zweiten Körpers auch das Verhältnis der Beschleunigungen verdoppelt. Hier zeigt sich die oben angesprochene untrennbare Verflechtung von Definition und Naturgesetz: Ein Teil der Größen, die in den Newtonschen Grundgesetzen miteinander verknüpft sind, werden durch diese erst definiert, wobei ihre Definition nicht ohne Verwendung der Gesetzmäßigkeiten oder Folgerungen aus diesen möglich ist.

---

führt zu keinerlei Relativbeschleunigungen und ist daher für alle Relativbewegungen irrelevant. Als Beispiel nehmen wir ein in einem homogenen Schwerefeld frei fallendes Koordinatensystem. In diesem ist für keinen Körper die Schwerkraft zu spüren, und daher wäre auch dieses als Inertialsystem brauchbar. In der *Allgemeinen Relativitätstheorie* wird allerdings gezeigt, dass es kein Schwerefeld geben kann, das überall homogen ist.

Hinsichtlich der Masse findet sich in Newtons „Principia“ als Definition 1 der Satz *Die Menge der Materie wird durch ihre Dichte und ihr Volumen vereint gemessen.* Newton sagt dazu, dass er für „Menge der Materie“ auch das Wort „Masse“ gebrauchen wird. Wenn man diese Definition nicht als Scheindefinition abtun will – Dichte ist ja nichts anderes als Menge oder Masse pro Volumen – bietet sich als Interpretation an, dass die Masse eines zusammengesetzten Körpers gleich der Summe der Massen seiner Bestandteile ist, oder kürzer: *Die Masse ist eine additive Größe.* (Bei homogenen Körpern bedeutet dies, dass ihre Masse proportional zu der durch ihr Volumen messbaren Substanzmenge ist.) Es erscheint allerdings, dass die Additivität der Masse mehr als nur eine Definition darstellt, denn wenn man zwei gleiche Massen $m_1{=}m_2$ zu einer neuen Masse m_3 zusammenfügt, ergibt sich für diese mit $m_3 = 2m_2$ aus (2.24) die experimentell überprüfbare Konsequenz $|\ddot{\boldsymbol{r}}_3| = m_1|\ddot{\boldsymbol{r}}_1|/(2m_2) = |\ddot{\boldsymbol{r}}_1|/2$, die nicht zwangsläufig richtig sein müsste, aber richtig ist. Man könnte sie daher als eine Zusatzpostulat mit naturgesetzlichem Charakter auffassen.

Aus (2.20) folgt, dass die Beschleunigung bei fest vorgegebener Kraft mit zunehmender Masse abnimmt, was bedeutet, dass sich die Masse einer Beschleunigung widersetzt. Man sagt daher, sie sei träge, und bezeichnet die im Zusammenhang mit Beschleunigungen auftretende Masse auch als **träge Masse**.

Kommen wir jetzt zu den Präzisierungen bzgl. der Kraft. In einem Inertialsystem muss das Auftreten einer Beschleunigung nach (2.20) immer auf das Einwirken einer Kraft zurückgeführt werden. Zu deren Bestimmung kann Gleichung (2.20) benutzt werden, nachdem die Masse des betrachteten Massenpunkts mithilfe von (2.24) festgelegt wurde. Dabei werden jedoch nur die (passiven) Eigenschaften des Massenpunkts, auf den die Kraft einwirkt, herangezogen. Da die auf einen Körper einwirkenden echten Kräfte stets von anderen Körpern ausgehen, spielen deren (aktive) Eigenschaften eine ebenso wichtige Rolle. In der Physik hätte man gerne eine Beschreibung der Kräfte, welche den Einfluss aller am Zustandekommen der Kraftwirkung beteiligten Körper mit einbezieht. Newton hat das bei der Schwerkraft getan, und seine diesbezüglichen Ergebnisse werden in Abschn. 2.3 wiedergegeben. Zu den Reibungskräften wird einiges in Abschn. 5.10 gesagt, während die Behandlung elektromagnetischer Kräfte dem Band *Elektrodynamik* dieses Lehrbuchs vorbehalten bleibt. Dies deutet schon darauf hin, dass die vollständige Behandlung von Kräften über den Rahmen der Mechanik hinausgeht. Im Folgenden befassen wir uns nur mit den generellen Eigenschaften von Kräften, die für die Mechanik wichtig sind.

Das zweite Newtonsche Gesetz hängt in entscheidender Weise von der Art der Kräfte ab, die zugelassen werden. Wäre $\boldsymbol{F}$ z. B. eine Funktion von $\boldsymbol{r}$, $\dot{\boldsymbol{r}}$, $\ddot{\boldsymbol{r}}$ und $\dddot{\boldsymbol{r}}$, so wäre die Bewegungsgleichung (2.20) eine Differentialgleichung dritter Ordnung, und der Bahnverlauf würde erst durch die Vorgabe der Anfangswerte von $\boldsymbol{r}$, $\dot{\boldsymbol{r}}$ und $\ddot{\boldsymbol{r}}$ eindeutig festgelegt. Das widerspräche jedoch völlig der Erfahrung. Nach dieser gilt

Newtonsches Prinzip des Determinismus. *Jede Teilchenbahn wird eindeutig durch die Vorgabe von Anfangswerten für Ort und Geschwindigkeit festgelegt.*

Die ausführliche Form von (2.20) lautet in diesem Sinne

$$m\ddot{\boldsymbol{r}} = \boldsymbol{F}(\boldsymbol{r}, \dot{\boldsymbol{r}}, t)\,. \tag{2.25}$$

(Als Argumente von $\boldsymbol{F}$ werden hier explizit nur diejenigen Größen angegeben, welche sich auf die Teilchenbahn des betrachteten Massenpunkts beziehen. Natürlich muss $\boldsymbol{F}$ auch noch von Parametern abhängen, die sich auf den Ursprung der Kraft beziehen, also z. B. von den Bahnparametern derjenigen Teilchen, von denen die Kraftwirkungen ausgehen.) Warum wir in $\boldsymbol{F}$ auch keine Abhängigkeit von $\ddot{\boldsymbol{r}}$ zulassen, werden wir weiter unten diskutieren. Vorher wollen wir uns jedoch erst noch einige typische Beispiele für Kräfte der Form $\boldsymbol{F}(\boldsymbol{r}, \dot{\boldsymbol{r}}, t)$ ansehen.

Beispiel 2.1: *Federkonstante*

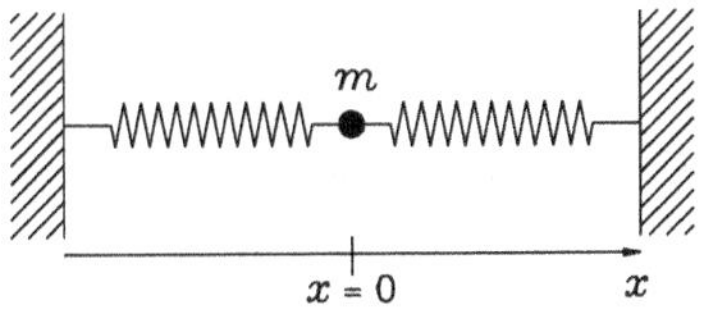

Abb. 2.5: Zwischen zwei Federn eingespannte Masse.

Eine Masse sei zwischen zwei (gleichartigen) Federn eingespannt, die parallel zur x-Achse ausgerichtet sind. Ihre Gleichgewichtslage sei $x = 0$ (Abb. 2.5). Für nicht zu große Auslenkungen aus der Ruhelage gilt

$$\boldsymbol{F} = -kx\, \boldsymbol{e}_x ,$$

worin der Proportionalitätsfaktor k als **Federkonstante** bezeichnet wird.

Beispiel 2.2: *Reibungskräfte*

Reale Bewegungen werden praktisch immer durch Reibung gebremst. Die Kraft, welche die Abbremsung bewirkt, heißt **Reibungskraft** und ist der Geschwindigkeit entgegengerichtet. Bei niedrigen Geschwindigkeiten ist sie oftmals mit guter Näherung proportional zu dieser, d. h. es gilt

$$\boldsymbol{F} = -R\, \boldsymbol{v} = -R\, \dot{\boldsymbol{r}} .$$

Wirkt auf einen Massenpunkt gleichzeitig eine Federkraft wie im vorigen Beispiel und eine lineare Reibungskraft ein, so gilt

$$\boldsymbol{F} = -(kx + R\,\dot{x})\, \boldsymbol{e}_x .$$

Die hier angegebenen Kraftgesetze sind keine universellen Naturgesetze, sondern empirische Formeln mit begrenztem Anwendungsbereich. Die zuletzt angegebene Kraft lässt sich als Näherung niedrigster Ordnung einer Taylor-Reihe

$$F(x, \dot{x}) = F(0, 0) + \left.\frac{\partial F}{\partial x}\right|_{x=0, \dot{x}=0} \cdot x + \left.\frac{\partial F}{\partial \dot{x}}\right|_{x=0, \dot{x}=0} \cdot \dot{x} + \cdots$$

auffassen, in der die Koeffizienten $\partial F/\partial x$ und $\partial F/\partial \dot{x}$ empirisch bestimmt werden können. Terme höherer Ordnung sind möglich, werden tatsächlich beobachtet und können auch wichtig sein.

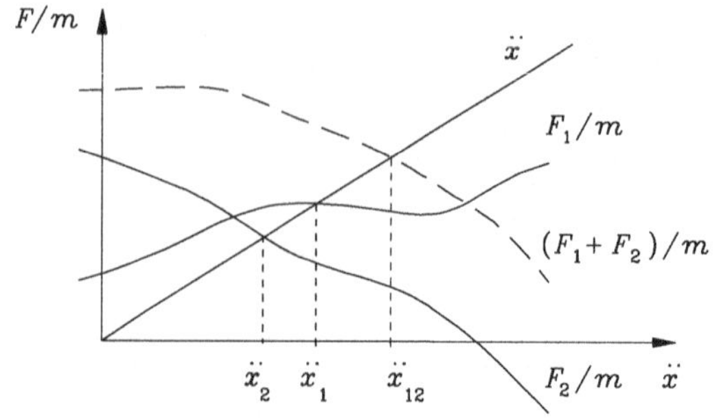

Abb. 2.6: Ein beschleunigungsabhängiges Kraftgesetz würde Widersprüche zum vierten Grundgesetz ergeben.

Das Newtonsche Prinzip des Determinismus enthält die kausale Struktur der gesamten klassischen Mechanik und ist von äußerster Wichtigkeit. Wir wollen jetzt die Frage untersuchen, inwieweit es in den Newtonschen Grundgesetzen enthalten ist.

Man kann das zweite Grundgesetz dahingehend interpretieren, dass es durch Angabe der einwirkenden Kraft $\boldsymbol{F}$ explizit und eindeutig die Beschleunigung festlegen soll. (Es ist sicher, dass Newton sein zweites Grundgesetz in diesem Sinn verstanden hat.) Das ist offensichtlich nur dann der Fall, wenn $\boldsymbol{F}$ Zeitableitungen von $\boldsymbol{r}$ bis höchstens zweiter Ordnung enthält. Kämen noch Zeitableitungen höherer Ordnung vor, so wäre (2.20) eine Differentialgleichung mindestens dritter Ordnung, und $\ddot{\boldsymbol{r}}$ könnte als Anfangswert beliebig vorgegeben werden. Bei Wechselwirkungskräften einer derartigen Struktur könnte das offensichtlich so geschehen, dass das dritte Grundgesetz bzw. Gleichung (2.23) verletzt wird, außerdem könnte gegen das Superpositionsprinzip für Kräfte verstoßen werden. Enthielte $\boldsymbol{F}$ zwar keine höheren Ableitungen mehr, hinge jedoch noch von $\ddot{\boldsymbol{r}}$ ab, so würde $\ddot{\boldsymbol{r}}$ eindeutig durch die Gleichung

$$m\ddot{\boldsymbol{r}} = \boldsymbol{F}(\boldsymbol{r}, \dot{\boldsymbol{r}}, \ddot{\boldsymbol{r}}, t)$$

festgelegt, sofern die Funktion $\boldsymbol{F}$ in Bezug auf $\ddot{\boldsymbol{r}}$ gewisse Monotonieeigenschaften aufwiese. Aber auch aus einer derartigen Form des Kraftgesetzes ergäben sich im Allgemeinen noch Widersprüche zum vierten Grundgesetz.

Wir wollen uns das am Spezialfall der durch

$$m\ddot{x} = F(\ddot{x})$$

beschriebenen eindimensionalen Bewegung klarmachen. Zwei Kräfte $F_1(\ddot{x})$ und $F_2(\ddot{x})$ seien wie in Abb. 2.6 gezeigt vorgegeben. Wirkt nur die Kraft $F_1(\ddot{x})$, so ergibt sich die Beschleunigung $\ddot{x}_1$ aus dem Schnittpunkt der Kurven $F_1(\ddot{x})/m$ und $\ddot{x}$. Wirkt nur die Kraft $F_2(\ddot{x})$, so erhält man analog die in der Abbildung gezeigte Beschleunigung $\ddot{x}_2$. Wirken nun beide Kräfte gemeinsam, so folgt die Beschleunigung nach dem vierten Grundgesetz aus der Gleichung

$$\ddot{x} = F_1(\ddot{x})/m + F_2(\ddot{x})/m\,,$$

deren graphische Lösung den Wert $\ddot{x}_{12}$ liefert. Andererseits müssen sich nach (2.22) auch die Beschleunigungen wie Vektoren addieren, und daher haben wir zusätzlich noch die Gleichung

$$\ddot{x}_1 + \ddot{x}_2 = \ddot{x}_{12}$$

zu erfüllen. Das Beispiel der Abb. 2.6 zeigt, dass das im Allgemeinen nicht möglich ist. Spezielle Funktionen $F_1(\ddot{x})$ und $F_2(\ddot{x})$, die das vierte Grundgesetz nicht verletzen, könnten wohl konstruiert werden. Das würde uns jedoch nur zu einer kleinen Menge künstlicher Ausnahmefälle führen, und nach aller Erfahrung hat die Natur diese Möglichkeit – jedenfalls im Rahmen der klassischen Mechanik – nicht vorgesehen.[5]

Nachdem wir uns mit der Definition und den Eigenschaften der Größen Masse und Kraft in einem festen Inertialsystem auseinander gesetzt haben, interessieren wir uns jetzt für das Transformationsverhalten dieser Größen beim Übergang zwischen verschiedenen Inertialsystemen. Hierfür benutzen wir die

Aussage. *Alle Koordinatensysteme, die aus einem Inertialsystem durch eine Galilei-Transformation hervorgehen, sind ebenfalls Inertialsysteme.*

Nach unseren kinematischen Vorbetrachtungen in Abschn. 2.1.4 sind in ihnen nämlich alle gleichförmigen geradlinigen Bewegungen des ersten Inertialsystems ebenfalls gleichförmig und geradlinig.

Da das zweite Grundgesetz ganz allgemein auf Inertialsysteme bezogen ist und keines von diesen auszeichnet, muss es in sämtlichen Inertialsystemen gelten. Sind nun S und S' zwei verschiedene Inertialsysteme, so gehen sie auseinander durch eine Galilei-Transformation hervor, und es gilt (2.17). In der Newtonschen Theorie ist auch die Masse nicht auf ein spezielles Inertialsystem bezogen, und da sie nach (2.24) nicht von der Geschwindigkeit abhängt, ist es sinnvoll und möglich, sie in allen Inertialsystemen als gleich anzusetzen,

$$m' = m. \tag{2.26}$$

Hiermit folgt aus (2.20)

$$\boldsymbol{F} = m\ddot{\boldsymbol{r}} = m'\ddot{\boldsymbol{r}}' = \boldsymbol{F}', \tag{2.27}$$

d. h. auch die Kraft ist in allen Inertialsystemen dieselbe. Darüber hinaus beweist (2.27) die Gültigkeit des so genannten Galileischen Relativitätsprinzips.

Galileisches Relativitätsprinzip. *Die Newtonschen Bewegungsgleichungen sind unter sämtlichen Galilei-Transformationen invariant.*

(Galilei hat dieses Prinzip nicht so allgemein, sondern nur für spezielle Bewegungsklassen (freier Fall) formuliert, da er die Newtonsche Mechanik noch nicht kannte.)

---

5 Tatsächlich hängt die so genannte *Selbstkraft* des Elektrons (siehe *Elektrodynamik*) auch von $\dddot{\boldsymbol{r}}$ ab und verletzt damit die besprochenen Prinzipien. Dabei handelt es sich jedoch um einen relativistischen Effekt, der mit der endlichen Ausbreitungsgeschwindigkeit aller Wirkungen zusammenhängt: Das Elektron tritt sozusagen mit Spuren aus seiner eigenen Vergangenheit in Wechselwirkung, das der Newtonschen Theorie zugrunde liegende Fernwirkungskonzept für Kräfte wird in der Relativitätstheorie ungültig. Zu anderen Korrekturen kommt in dieser also auch noch ein Effekt hinzu, der in die kausale Struktur der Mechanik eingreift. (Siehe *Relativitätstheorie*, Kap. *Relativistische Formulierung der Elektrodynamik*, Abschn. *Eigenschaften der Lorentz-Dirac-Gleichung*.)

Zum dritten Grundgesetz

Wir haben gesehen, dass das dritte Grundgesetz benötigt wird, um in Verbindung mit dem zweiten die Masse zu definieren, (2.24). Außerdem führte es uns zusammen mit dem vierten zum Newtonschen Kausalitätsprinzip (Determinismus). Wir überzeugen uns jetzt davon, dass es auch dazu benutzt werden kann, um Inertialsysteme zu bestimmen.

Zu diesem Zweck betrachten wir ein gegenüber einem Inertialsystem S beschleunigtes Bezugsystem S', das mit S durch die Transformation

$$\boldsymbol{r}' = \boldsymbol{r} + \boldsymbol{R}'(t)$$

verbunden ist. Für die in S durch $\boldsymbol{r}(t)$ und in S' durch $\boldsymbol{r}'(t)$ beschriebene Bewegung eines Massenpunkts ergibt sich daraus durch zweimalige Ableitung nach t

$$\ddot{\boldsymbol{r}}'(t) = \ddot{\boldsymbol{r}}(t) + \ddot{\boldsymbol{R}}'(t)\,,$$

wobei $\ddot{\boldsymbol{R}}'(t) \neq 0$ gelten muss, damit das System S' wirklich beschleunigt ist. Aus der Bewegungsgleichung $m\ddot{\boldsymbol{r}} = \boldsymbol{F}$ in S folgt in S' die Bewegungsgleichung

$$m\ddot{\boldsymbol{r}}' = \boldsymbol{F} + m\ddot{\boldsymbol{R}}'\,.$$

Diese hat die Form einer Newtonschen Bewegungsgleichung, wenn $m\ddot{\boldsymbol{R}}'$ als Kraft aufgefasst wird. Da diese Kraft jedoch nicht durch die Einwirkung anderer Körper zustande kommt, wird sie als **Scheinkraft** bezeichnet. In Abschn. 6.1 werden wir sehen, dass sich die allgemeinste Bewegung eines in sich unveränderlichen (starren) Koordinatensystems gegenüber einem Inertialsystem aus einer (im Allgemeinen beschleunigten) Translation, die wir eben betrachtet haben, und einer Rotation zusammensetzen lässt. Durch die letztere werden ebenfalls Scheinkräfte hervorgerufen, und in Abschn. 3.3.2 wird gezeigt, dass diese die Form $m\boldsymbol{f}'(\boldsymbol{r}', \dot{\boldsymbol{r}}')$ besitzen (siehe Gleichung (3.59)). Die Bewegungsgleichung für einen Massenpunkt in einem beliebigen Nicht-Inertialsystem lautet daher

$$m\ddot{\boldsymbol{r}}' = \boldsymbol{F} + m\ddot{\boldsymbol{R}}' + m\boldsymbol{f}'(\boldsymbol{r}', \dot{\boldsymbol{r}}')\,.$$

Setzen wir die hieraus mit $\boldsymbol{F} = m\ddot{\boldsymbol{r}}$ folgende Beziehung

$$\ddot{\boldsymbol{r}}(t) = \ddot{\boldsymbol{r}}' - \ddot{\boldsymbol{R}}' - \boldsymbol{f}'(\boldsymbol{r}', \dot{\boldsymbol{r}}')$$

in (2.23) ein, so erhalten wir

$$m_1\ddot{\boldsymbol{r}}_1' = -m_2\ddot{\boldsymbol{r}}_2' + (m_1 + m_2)\ddot{\boldsymbol{R}}' + m_1\boldsymbol{f}'(\boldsymbol{r}_1', \dot{\boldsymbol{r}}_1') + m_2\boldsymbol{f}'(\boldsymbol{r}_2', \dot{\boldsymbol{r}}_2')\,.$$

Hieraus folgt, dass das Prinzip *actio* = *reactio* in Nicht-Inertialsystemen generell verletzt wird, wenn auch nicht bei allen Positionen und Geschwindigkeiten der Teilchen 1 und 2, so doch zumindest bei einigen. (Andernfalls müssten auch die Scheinkräfte $m_i[\ddot{\boldsymbol{R}}' + \boldsymbol{f}'(\boldsymbol{r}_i', \dot{\boldsymbol{r}}_i')]$, $i = 1, 2$, das Prinzip *actio* = *reactio* erfüllen; das ist jedoch nicht der Fall, wenn sich die beiden Massenpunkte z. B. mit gleicher Geschwindigkeit an benachbarten Punkten befinden.) Dagegen gilt das Prinzip automatisch in allen Inertialsystemen, wenn es in einem erfüllt ist.

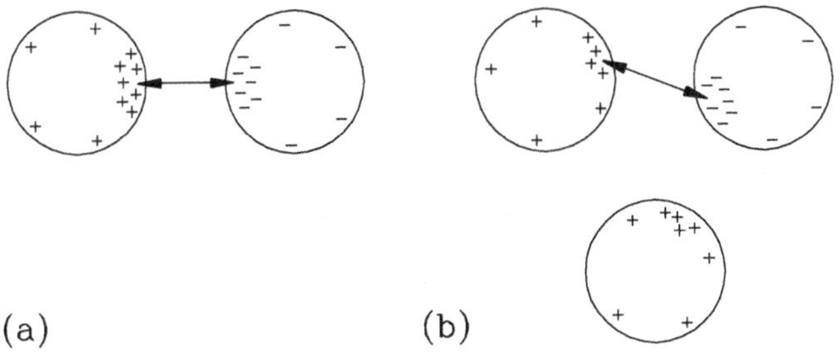

Abb. 2.7: Ungültigkeit des Superpositionsprinzips für geladene leitfähige Metallkugeln. (a) Ladungsverteilung auf zwei benachbarten Kugeln, von denen eine positiv und eine negativ geladen ist, und Wirkungslinie der integralen Wechselwirkungskräfte. (b) Durch Hinzufügen einer dritten, positiv geladenen Kugel verschieben sich die Ladungen auf den beiden ersten Kugeln und die Wirkungslinie der integralen Wechselwirkungskräfte wird gedreht.

Wir können also festhalten:

Ein System, in dem bei der Wechselwirkung zweier Massenpunkte generell das Prinzip „actio = reactio" gilt, ist ein Inertialsystem.[6]

Zum vierten Grundgesetz

Das durch das vierte Grundgesetz zum Ausdruck gebrachte lineare Superpositionsprinzip für Kräfte bedeutet physikalisch, dass sich Kräfte nicht gegenseitig beeinflussen. Das Gegenteil wäre durchaus denkbar: Eine vorhandene Kraft könnte durch Einschalten einer zusätzlichen Kraft verstärkt, geschwächt und/oder in ihrer Richtung verändert werden. Bei ausgedehnten Körpern werden solche Effekte tatsächlich beobachtet.

Betrachten wir z. B. zwei ausgedehnte metallische Leiter, die elektrisch geladen sind. Durch die Wechselwirkung entsteht auf den Leiteroberflächen eine charakteristische Ladungsverteilung, welche die Wechselwirkungskräfte bestimmt (Abb. 2.7). Bringt man in die Nähe der beiden Leiter einen dritten (der z. B. wie in der Abbildung positiv geladen ist), so werden ihre Ladungen durch Influenz umverteilt und ihre Wechselwirkungskräfte verändert. Die genauere Untersuchung zeigt allerdings, dass das Superpositionsprinzip weiterhin für infinitesimale Ladungselemente gültig bleibt.

Was hier am Beispiel ausgedehnter Körper demonstriert wurde, könnte im Prinzip auch auf sehr kleine oder punktförmige Körper zutreffen. Das Superpositionsprinzip schließt diese Möglichkeit aus, doch unsere Betrachtung illustriert, dass das keineswegs

6 In der Elektrodynamik werden wir bei der Wechselwirkung elektrisch geladener Teilchen hoher Relativgeschwindigkeit feststellen, dass das dritte Grundgesetz auch in Inertialsystemen verletzt wird. Hierbei handelt es sich wieder um einen relativistischen Effekt, der damit zu tun hat, dass die Kraftübertragung zwischen entfernten Raumpunkten nicht spontan erfolgt. Wir werden in der Elektrodynamik sehen, dass Kräfte durch Felder übertragen werden, denen eine eigenständige physikalische Bedeutung zukommt und die eine lokalisierte Impulsdichte besitzen. Bezieht man diese Felder in die Betrachtung als physikalische Objekte mit ein, so bleibt *actio = reactio* weiterhin als Nahwirkungsprinzip gültig.

selbstverständlich ist. Tatsächlich gilt für die Gravitationskräfte der ART kein lineares Superpositionsprinzip mehr, und auch zwischen Elementarteilchen gibt es nichtlineare Wechselwirkungskräfte. In der Elementarteilchentheorie werden die Wechselwirkungskräfte zwischen Teilchen dadurch erklärt, dass die letzteren Quanten des Wechselwirkungsfeldes austauschen. Bei Kräften, für die ein lineares Superpositionsprinzip gilt, findet der Austausch immer nur zwischen Teilchenpaaren statt, bei nicht-linearen Wechselwirkungskräften sind mehr als zwei Teilchen am Austausch beteiligt, d. h. ein Teilchen kann mit einem zweiten auf dem Umweg über dritte Quanten austauschen, und man spricht dann von *Vielteilchenkräften*.

2.3 Newtons Grundgesetze der Gravitation

Wir befassen uns in diesem Abschnitt mit der Schwerkraft, die eine der wichtigsten Kräfte der Mechanik darstellt. Newton fand für zwei über die Schwerkraft miteinander wechselwirkende Körper das Newtonsche Gravitationsgesetz, in das als eine der fundamentalen Naturkonstanten die Gravitationskonstante eingeht. Aus ihm kann die Newtonsche Feldgleichung abgeleitet werden, die es ermöglicht, das von einer kontinuierlichen Massenverteilung ausgehende Schwerefeld zu berechnen. Als Anwendung berechnen wir im letzten Teil dieses Abschnitts das Gravitationsfeld einer homogenen Vollkugel.

2.3.1 Schwerkraft und schwere Masse

Auf alle Körper wirkt die Schwerkraft, ganz unabhängig davon, aus welcher Substanz sie bestehen. Umgekehrt geht von allen Körpern eine Schwerewirkung aus. Wir können die auf einen Körper einwirkende Schwerkraft mit einer Feder messen (Abb. 2.8), deren Kraftskala vorher unter Benutzung der Gleichung $m\dot{\boldsymbol{v}}=\boldsymbol{F}$ durch Beschleunigungsversuche geeicht wurde. Quantitativ findet man, dass die an einem gegebenen Ort im Schwerefeld der Erde auf einen Probekörper einwirkende Schwerkraft proportional zu dessen Substanzmenge ist. Daher zieht man aus der Kraft einen zur Substanzmenge proportionalen Faktor m_s heraus, der so gewählt wird, dass $\boldsymbol{g}$ die Dimension einer Beschleunigung erhält,

$$\boldsymbol{F} = m_s \boldsymbol{g} \,. \tag{2.28}$$

m_s wird als **schwere Masse** des Körpers bezeichnet, genauer als **passive schwere Masse**, weil der Probekörper einer von anderen Körpern ausgehenden Wirkung unterworfen ist. Zur Festlegung ihrer Einheit hat man willkürlich eine bestimmte Menge (1 Kilogramm) einer bestimmten Substanz (einer Legierung aus 90% Pt und 10% Ir) gewählt. Das in jedem Raumpunkt definierte Vektorfeld $\boldsymbol{g}(\boldsymbol{r})$ wird als **Schwerefeld** oder **Gravitationsfeld** bezeichnet.

Mit der Festlegung der Masseneinheit m_{s1} ist in dem betrachteten Raumpunkt auch das Schwerefeld definiert, es gilt

$$\boldsymbol{g} = \frac{\boldsymbol{F}}{m_{s1}} \,.$$

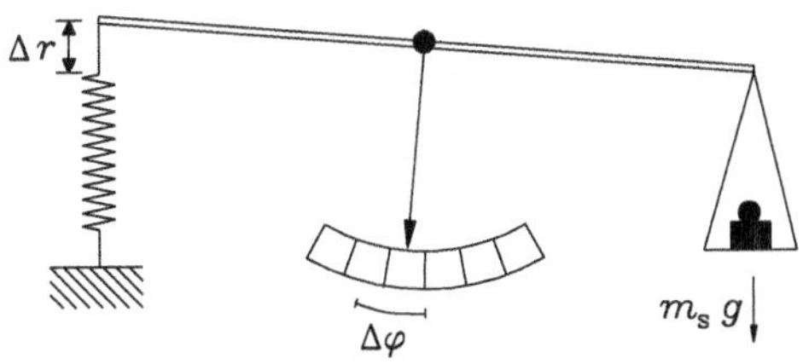

Abb. 2.8: Messung der Schwerkraft.

Sobald $\boldsymbol{g}$ bekannt ist, kann die schwere Masse jeder beliebigen anderen Substanz durch Kraftmessungen bestimmt werden.

2.3.2 Schwerefeld und Newtonsches Gravitationsgesetz

Wir wenden uns jetzt der Bestimmung des Schwerefeldes zu, das von einem gegebenen Körper ausgeht. Experimentell könnte das z. B. durch Kraftmessungen an einer in das Schwerefeld eingebrachten Probemasse bewerkstelligt werden. Zuerst betrachten wir das Schwerefeld in so großem Abstand von dem gravitierenden Körper, dass dessen Durchmesser vernachlässigt und er als Massenpunkt idealisiert werden darf. Man findet, dass das Schwerefeld überall auf diesen zu gerichtet ist, dem Betrage nach wie $1/r^2$ (r = Betrag des vom Ort des Massenpunkts aus gerechneten Ortsvektors $\boldsymbol{r}$) abfällt und bei gegebenem Abstand r proportional zur Substanzmenge des Massenpunkts ist. Zieht man aus $\boldsymbol{g}$ wieder einen zu dieser Substanzmenge proportionalen Faktor $\widetilde{M}_s$ heraus, so gilt also

$$\boldsymbol{g} = -\frac{G\widetilde{M}_s}{r^2}\,\boldsymbol{r}/r\,. \tag{2.29}$$

$\widetilde{M}_s$ heißt **aktive schwere Masse**, weil sie die Schwerkraft hervorruft, und G ist die **Gravitationskonstante**. Experimentell findet man für die letztere den Wert

$$G = 6.6720 \cdot 10^{-11}\,\mathrm{N\,m^2kg^{-2}}\,.$$

Um nun die Kraft der Punktmasse $\widetilde{M}_s$ auf eine Probemasse m_s zu berechnen, müssen wir nur (2.29) in (2.28) einsetzen und erhalten

$$\boldsymbol{F} = -\frac{Gm_s\widetilde{M}_s}{r^2}\,\boldsymbol{r}/r\,. \tag{2.30}$$

Jeder Körper besitzt eine aktive und eine passive schwere Masse, da er sowohl (aktiv) ein Schwerefeld erzeugt als auch (passiv) vom Schwerefeld aller anderen Körper beeinflusst wird. Da beide Massen proportional zur Substanzmenge sind, ist der Quotient $\widetilde{M}_s/M_s$ für eine gegebene Substanzsorte konstant, d. h. unabhängig von der Substanzmenge. Aus dem dritten Newtonschen Grundgesetz, (2.21), folgt nun die generelle Gleichheit von aktiver und passiver schwerer Masse,

$$M_s = \widetilde{M}_s\,, \tag{2.31}$$

denn mit (2.30) und $\boldsymbol{r} \to \boldsymbol{r}_{ij} = \boldsymbol{r}_j - \boldsymbol{r}_i$ ergibt sich aus ihm für die Wechselwirkung zweier Punktmassen 1 und 2

$$\frac{GM_s^{(1)}\widetilde{M}_s^{(2)}}{r_{12}^2}\frac{\boldsymbol{r}_{12}}{r_{12}} = -\frac{GM_s^{(2)}\widetilde{M}_s^{(1)}}{r_{21}^2}\frac{\boldsymbol{r}_{21}}{r_{21}} \tag{2.32}$$

und hieraus mit $\boldsymbol{r}_{12} = -\boldsymbol{r}_{21}$

$$\frac{M_s^{(1)}}{\widetilde{M}_s^{(1)}} = \frac{M_s^{(2)}}{\widetilde{M}_s^{(2)}}\,. \tag{2.33}$$

Das Verhältnis aus aktiver und passiver schwerer Masse ist also für alle Körper unabhängig von der Substanzsorte dasselbe. Dann können jedoch die Einheiten so gewählt werden, dass (2.31) gilt, und die Tilde kann im weiteren weggelassen werden. Indem wir aus Gründen, die in Abschn. 2.4 diskutiert werden, bei m_s und M_s auch noch den Index ‘s’ wegfallen lassen, erhalten wir aus (2.30) das berühmte **Newtonsche Gravitationsgesetz**

$$\boxed{\boldsymbol{F} = -\frac{GmM}{r^2}\frac{\boldsymbol{r}}{r}\,.} \tag{2.34}$$

Wir wollen unser Ergebnis (2.29) für das Schwerefeld einer bei $\boldsymbol{r} = 0$ gelegenen Punktmasse für spätere Zwecke noch etwas umformen, indem wir die bekannte Formel

$$\nabla f(r) = f'(r)\,\frac{\boldsymbol{r}}{r} \qquad \text{mit} \qquad \nabla := \boldsymbol{e}_x\frac{\partial}{\partial x} + \boldsymbol{e}_y\frac{\partial}{\partial y} + \boldsymbol{e}_z\frac{\partial}{\partial z} \tag{2.35}$$

für den Gradienten einer beliebigen Funktion f des Abstands r vom Ursprung benutzen. Nach dieser kann das Feld $\boldsymbol{g}(\boldsymbol{r})$ offensichtlich als negativer Gradient einer Funktion $\Phi(r)$ geschrieben werden,

$$\boldsymbol{g} = -\nabla\Phi(r)\,, \tag{2.36}$$

wenn wir $\Phi(r)$ als Lösung der Gleichung $\Phi'(r) = GM/r^2$ bestimmen. Die Lösung

$$\Phi(r) = -\frac{GM}{r} \tag{2.37}$$

wird aus später ersichtlichen Gründen (Abschn. 3.1.3) als **Potenzial des Schwerefeldes** bezeichnet. An dieser Stelle begnügen wir uns mit der Feststellung, dass wir das dreidimensionale Vektorfeld $\boldsymbol{g}$ jetzt vollständig durch die eine skalare Größe Φ charakterisieren können, was sich bei der Berechnung von Schwerefeldern als wesentlicher Vorteil erweisen wird. Gleichung (2.37) gibt das Potenzial eines bei $\boldsymbol{r} = 0$ gelegenen Massenpunkts an. In Analogie dazu ist das Potenzial eines bei $\boldsymbol{r}_i$ befindlichen Massenpunkts der Masse M_i

$$\boxed{\Phi_i(\boldsymbol{r}) = -\frac{GM_i}{|\boldsymbol{r} - \boldsymbol{r}_i|}\,.} \tag{2.38}$$

2.3.3 Newtonsche Feldgleichung für das Schwerefeld

Nachdem wir das Schwerefeld einzelner Massenpunkte angeben können, wollen wir jetzt untersuchen, wie das Feld einer kontinuierlich mit der Dichte $\varrho(\boldsymbol{r})$ verteilten Masse berechnet werden kann. Dazu gehen wir den Weg über das Feld einer Verteilung vieler Massenpunkte. Es stellt sich als vorteilhaft heraus, wenn wir zur Charakterisierung des Schwerefeldes dessen Divergenz betrachten. Das tun wir zunächst für den Fall eines bei $\boldsymbol{r} = 0$ gelegenen einzelnen Massenpunkts und erhalten aus (2.29) und (2.36)

$$-\operatorname{div}\boldsymbol{g} = \operatorname{div}\nabla\Phi = \Delta\Phi \overset{\text{s.u.}}{=} \begin{cases} 0 & \text{für } \boldsymbol{r} \neq 0\,, \\ 4\pi G \lim\limits_{V\to 0} \dfrac{M}{V} & \text{für } \boldsymbol{r} = 0\,, \end{cases} \tag{2.39}$$

wobei V das Volumen einer Kugel mit dem Zentrum $\boldsymbol{r} = 0$ ist. Für $\boldsymbol{r} \neq 0$ gilt nämlich

$$\begin{aligned} \Delta\Phi &= \operatorname{div}\nabla\Phi = \operatorname{div}(\Phi'\boldsymbol{r}/r) = \boldsymbol{r}\cdot\nabla(\Phi'/r) + (\Phi'/r)\operatorname{div}\boldsymbol{r} \\ &= \Phi'' + 2\Phi'/r = (r^2\Phi')'/r^2\,, \end{aligned} \tag{2.40}$$

wobei $\operatorname{div}\boldsymbol{r}{=}3$ benutzt wurde, und mit $\Phi'{=}GM/r^2$ folgt hieraus $\Delta\Phi{=}0$. Um das für $\boldsymbol{r} = 0$ angegebene Ergebnis abzuleiten, müssen wir auf die Definition der Divergenz,

$$\Delta\Phi = \operatorname{div}\nabla\Phi = \lim_{V\to 0}\frac{1}{V}\oint \nabla\Phi\cdot\boldsymbol{n}\,df\,, \tag{2.41}$$

zurückgreifen. In dieser ist V das Volumen eines Gebiets, das den Punkt $\boldsymbol{r}$ enthält und sich für $V{\to}0$ auf diesen zusammenzieht. Das Oberflächenintegral erstreckt sich über die Oberfläche dieses Gebiets (mit dem Normalenvektor $\boldsymbol{n}$), und df ist ein infinitesimales Element dieser Oberfläche. Wählen wir in unserem Fall für V eine kleine Kugel mit dem Zentrum $\boldsymbol{r}{=}0$, so folgt mit $\nabla\Phi = GM\boldsymbol{r}/r^3$, $\boldsymbol{n}{=}\boldsymbol{r}/r$ und $\oint df/r^2{=}4\pi$ unmittelbar das in (2.39) angegebene Ergebnis. (Man beachte $\lim_{V\to 0} M/V = \infty$.)

Befindet sich im Raum nun nicht nur eine, sondern eine Vielzahl verschiedener Punktmassen M_i $(i = 1, \ldots, N)$, so addieren sich die von diesen ausgehenden Kräfte am Aufpunkt $\boldsymbol{r}$ nach dem Superpositionsprinzip (viertes Grundgesetz). Ist dabei $\boldsymbol{g}_i$ das von der Masse M_i allein erzeugte Feld, so ergibt sich die Gesamtkraft auf ein Probeteilchen der Masse m am Ort $\boldsymbol{r}$ zu

$$\boldsymbol{F}(\boldsymbol{r}) = m\boldsymbol{g}(\boldsymbol{r})\,, \qquad \boldsymbol{g}(\boldsymbol{r}) = \sum_{i=1}^{N}\boldsymbol{g}_i(\boldsymbol{r})\,.$$

Dabei besitzt jedes der Felder $\boldsymbol{g}_i(\boldsymbol{r})$ ein Potenzial $\Phi_i(\boldsymbol{r})$ der Form (2.38), d. h. $\boldsymbol{g}_i = -\nabla\Phi_i$, und wir erhalten

$$\boldsymbol{g}(\boldsymbol{r}) = -\nabla\Phi(\boldsymbol{r})\,, \qquad \Phi = \sum_{i=1}^{N}\Phi_i\,.$$

In Analogie zu (2.39) folgt hieraus

$$\Delta\Phi = \begin{cases} 0 & \text{für } \boldsymbol{r} \neq \boldsymbol{r}_i,\ i = 1, \ldots, N\,, \\ 4\pi G \lim\limits_{V_i\to 0} \dfrac{M_i}{V_i} & \text{für } \boldsymbol{r} = \boldsymbol{r}_i,\ i = 1, \ldots, N\,, \end{cases}$$

wobei V_i das Volumen einer Kugel mit Zentrum $\boldsymbol{r}_i$ ist. Offensichtlich stellt die rechte Seite dieser Gleichung bis auf den Faktor $4\pi G$ die durch unsere verteilten Punktmassen erzeugte Massendichte dar: Sie verschwindet überall dort, wo sich keine Masse befindet, und besitzt am Ort der Punktmassen genau den richtigen Grenzwert (der für eine Punktmasse natürlich unendlich ist).

Es ist nun nahe liegend, für eine kontinuierlich verteilte Masse der endlichen Dichte $\varrho(\boldsymbol{r})$ denselben Zusammenhang zwischen Φ und ϱ anzusetzen, d. h. die Gültigkeit der Gleichung

$$\boxed{\Delta\Phi = 4\pi G\varrho} \tag{2.42}$$

zu fordern. Dies ist die **Newtonsche Feldgleichung für das Schwerefeld**. Sie kann unter Benutzung von Methoden, die wir erst in der Elektrodynamik kennen lernen werden, in aller Strenge aus dem Newtonschen Gravitationsgesetz (2.34) abgeleitet werden. Zu ihrer Überprüfung berechnen wir im Folgenden das Gravitationsfeld einer Kugel homogener Massenverteilung. Falls unsere Feldgleichung richtig ist, sollte sie in großem Abstand von der Kugel wieder auf das Gravitationsgesetz (2.34) zurückführen.

2.3.4 Gravitationsfeld einer homogenen Kugel

Zur Lösung dieses Problems legen wir den Ursprung des Koordinatensystems ins Zentrum der Kugel. Ist R deren Radius, so haben wir die Massenverteilung

$$\varrho = \begin{cases} \varrho_0 = \text{const} & \text{für } r \leq R\,, \\ 0 & \text{für } r > R\,. \end{cases}$$

Da die Massenverteilung Kugelsymmetrie besitzt, d. h. nur vom Abstand r abhängt, ist es vernünftig, wenn wir dieselbe Symmetrie auch bei anderen physikalischen Größen wie dem Gravitationspotenzial Φ voraussetzen. Dementsprechend setzen wir

$$\Phi = \Phi(r)$$

an und erhalten mit (2.40) aus der Feldgleichung (2.42)

$$r^2\Delta\Phi = (r^2\Phi')' = \begin{cases} 4\pi G r^2\varrho_0 & \text{für } r \leq R\,, \\ 0 & \text{für } r > R\,. \end{cases} \tag{2.43}$$

Wir lösen diese Gleichung zuerst im Inneren der Kugel ($r \leq R$) und erhalten durch einmalige Integration der dort gültigen Gleichung

$$r^2\Phi' = A + 4\pi G\varrho_0\frac{r^3}{3}\,.$$

Wüssten wir, dass $\Phi'(r)$ bei $r = 0$ nicht singulär werden darf, so könnten wir aus dem letzten Ergebnis unmittelbar auf $A = 0$ schließen. Da wir ein singuläres Verhalten jedoch nicht von vornherein ausschließen können, gehen wir so vor, dass wir wieder

(2.41) auf eine kleine Kugel mit Zentrum im Ursprung anwenden. Mit unserem Ergebnis für Φ' und (2.42) erhalten wir so

$$4\pi G\varrho_0 = \text{div}(\Phi' \boldsymbol{r}/r) = \lim_{r\to 0} \frac{(A/r^2 + 4\pi G\varrho_0 r/3)\, 4\pi r^2}{4\pi r^3/3}$$

und daraus

$$3A \lim_{r\to 0} \frac{1}{r^3} = 0\,.$$

Dies bedeutet, dass wir $A = 0$ setzen müssen, und die Gleichung

$$\Phi' = 4\pi G\varrho_0 \frac{r}{3}$$

übrig behalten. Deren Lösung lautet

$$\Phi = \Phi_0 + 4\pi G\varrho_0 r^2/6\,, \tag{2.44}$$

wobei Φ_0 wieder eine Integrationskonstante ist.

Außerhalb der Kugel ($r > R$) ist die Massendichte gleich null, und wir erhalten durch zweimalige Integration der zugehörigen Gleichung (2.43) in unmittelbar ersichtlicher Weise die Lösung

$$\Phi = B/r + C$$

mit den Integrationskonstanten B und C. Die eigentliche physikalische Größe ist nun nicht Φ, sondern das Gravitationsfeld $\boldsymbol{g} = -\nabla\Phi$. Dieses wird nicht verändert, wenn wir zu Φ eine beliebige Konstante addieren. Diese kann insbesondere so gewählt werden, dass die Größe C in unserer Lösung für den Außenbereich verschwindet,

$$\Phi = B/r\,. \tag{2.45}$$

Nun müssen wir noch die Lösungen im Innen- und Außenbereich der Kugel so miteinander verbinden, dass am Kugelrand keine Singularitäten auftreten, d. h. wir fordern bei $r{=}R$ die Stetigkeit von Φ und Φ'. (Anderenfalls erhielten wir aus $\Delta\Phi{=}\Phi''{+}2\Phi'/R{=}4\pi G\varrho$ bei $r{=}R$ eine unendliche Massendichte.) Aus (2.44) und (2.45) folgt mit diesen Forderungen

$$\Phi_0 + 4\pi G\varrho_0 \frac{R^2}{6} = \frac{B}{R} \qquad \text{und} \qquad 4\pi G\varrho_0 \frac{R}{3} = -\frac{B}{R^2}\,.$$

Aus diesen zwei Gleichungen können die Integrationskonstanten B und Φ_0 eindeutig zu

$$B = -GM\,, \qquad \Phi_0 = -\frac{3GM}{2R}$$

bestimmt werden. Dabei wurde die Dichte ϱ_0 mithilfe der Beziehung $M{=}4\pi R^3\varrho_0/3$ durch die Gesamtmasse M der Kugel ausgedrückt. Mit diesen Ergebnissen und

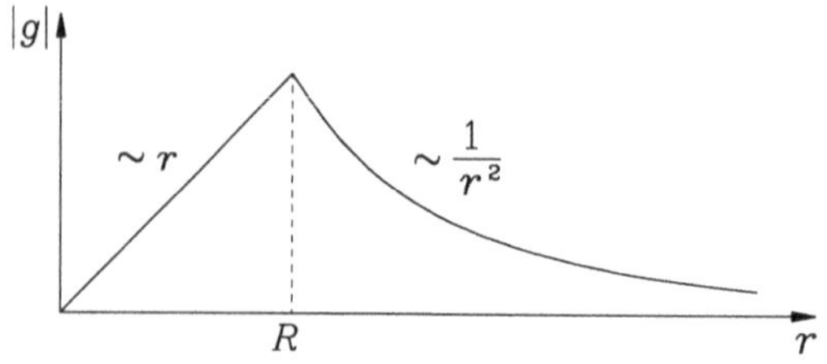

Abb. 2.9: Schwerefeld einer homogenen Kugel.

(2.44)–(2.45) erhalten wir für Φ das Endergebnis

$$\Phi = \begin{cases} \dfrac{GM}{2R}\left(\dfrac{r^2}{R^2} - 3\right) & \text{für } r \leq R\,, \\ -\dfrac{GM}{r} & \text{für } r > R\,. \end{cases} \tag{2.46}$$

Das zugehörige Schwerefeld $\boldsymbol{g} = -\Phi' \boldsymbol{r}/r$ ist

$$\boldsymbol{g} = \begin{cases} -\dfrac{GMr}{R^3}\,\boldsymbol{r}/r & \text{für } r \leq R\,, \\ -\dfrac{GM}{r^2}\,\boldsymbol{r}/r & \text{für } r > R\,. \end{cases} \tag{2.47}$$

Sein Betrag ist in Abb. 2.9 als Funktion von r aufgetragen. Im Zentrum der Kugel ist das Schwerefeld null. Das war zu erwarten, weil die Schwerkraft jedes Kugelelements durch die eines diametral gegenüberliegenden Elementes kompensiert wird. Geht man vom Zentrum auf den Rand der Kugel zu, so wächst das Schwerefeld linear mit r, außerhalb der Kugel fällt es $\sim 1/r^2$ ab. Vergleicht man (2.47) mit (2.29), so erkennt man, dass das Schwerefeld einer homogenen Kugel nicht nur in weiter Entfernung, sondern im ganzen Außenbereich mit dem eines Massenpunkts gleicher Masse übereinstimmt.

2.4 Äquivalenz von träger und schwerer Masse

Wird ein Massenpunkt im Schwerefeld $\boldsymbol{g}$ beschleunigt, so verknüpft die durch Einsetzen von (2.28) in (2.20) erhaltene Bewegungsgleichung

$$\dot{\boldsymbol{v}} = \frac{m_{\mathrm{s}}}{m_{\mathrm{tr}}}\boldsymbol{g}$$

die träge mit der schweren Masse. Da beide proportional zur Substanzmenge sind, ist der Quotient $m_{\mathrm{s}}/m_{\mathrm{tr}}$ für jede Substanzsorte konstant. Er könnte jedoch durchaus noch von Sorte zu Sorte variieren. Schon Galilei entdeckte jedoch, dass alle Körper im Schwerefeld gleich schnell fallen, unabhängig davon, wie schwer sie sind und aus welcher Substanz sie bestehen. Bei geeigneter Wahl der Einheiten können wir daher

$$\boxed{m_{\mathrm{s}} = m_{\mathrm{tr}}} \tag{2.48}$$

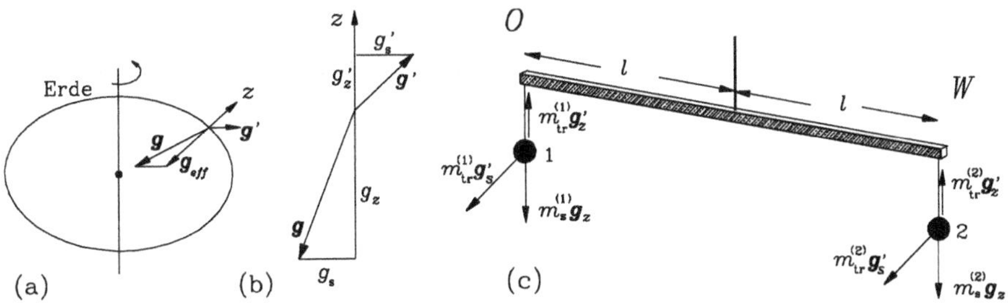

Abb. 2.10: (a) Zerlegung $g_{\text{eff}}=g+g'$. (Abplattung der Erde stark übertrieben!) (b) Zerlegungen $g=-g_z e_z+g_s$ und $g'=g_z' e_z+g_s'$. (c) Versuchsaufbau von Eötvös.

setzen, in Worten: *schwere Masse = träge Masse*. Diese Beziehung ist von außerordentlicher Bedeutung und Tragweite. Für Einstein bildete sie einen der wesentlichen Ausgangspunkte zur Formulierung der Allgemeinen Relativitätstheorie.

Natürlich wurde die Beziehung (2.48) sehr genau durch Experimente überprüft. Dabei spielten historisch gesehen die Messungen von R. von Eötvös eine wichtige Rolle. (Eötvös konnte die Gleichheit auf neun Dezimalen nachweisen.) Wegen der großen Bedeutung der Massenäquivalenz beschreiben wir im Folgenden ein Messverfahren, das im Wesentlichen mit dem von Eötvös übereinstimmt. Dabei benutzen wir einige einfache Begriffe und Beziehungen, die im Rahmen dieser *Mechanik* erst später behandelt werden, den meisten Lesern jedoch vermutlich bekannt sind.

Das effektive Schwerefeld g_{eff} der Erde setzt sich an allen Punkten der Erdoberfläche aus dem zum Erdzentrum gerichteten Gravitationsfeld g und der durch die Erdrotation verursachten Zentrifugalbeschleunigung g' zusammen. Die Oberfläche der Erde hat sich vor deren Verfestigung so eingestellt, dass g_{eff} im Mittel zu ihr senkrecht steht und sie daher in etwa ein Ellipsoid bildet (Abb. 2.10 (a)). g bzw. g' zerlegen wir in einen zur effektiven Schwerkraft $g_{\text{eff}}=-g_{\text{eff}}e_z$ parallelen bzw. antiparallelen Anteil g_z bzw. g_z' und einen dazu senkrechten Anteil g_s bzw. g_s' (Abb. 2.10 (b)).

Wir betrachten nun zwei Körper 1 und 2, die aus verschiedenartigen Substanzen bestehen und so an einer horizontalen Stange befestigt sind, wie das in Abb. 2.10 (c) gezeigt ist. Die Stange soll in ihrer Mitte an einem Draht im Schwerefeld aufgehängt sein, der seiner Verdrillung einen linear mit dieser anwachsenden Widerstand entgegensetzt. Die Massen der beiden Körper seien so bestimmt, dass sie sich wie bei einer Waage das Gleichgewicht halten. Da die Zentrifugalbeschleunigung g' auf der Massenträgheit beruht, ist die Zentrifugalkraft proportional zur trägen Masse. Dagegen ist die Schwerkraft proportional zur schweren Masse. Die Gleichgewichtsbedingung (Gleichheit von Kraft mal Kraftarm auf beiden Seiten des Aufhängepunkts) lautet daher

$$\left(m_{\text{s}}^{(1)} g_z - m_{\text{tr}}^{(1)} g_z'\right) l = \left(m_{\text{s}}^{(2)} g_z - m_{\text{tr}}^{(2)} g_z'\right) l\,.$$

Zieht man auf beiden Seiten der Gleichung die träge Masse aus der Klammer heraus, so erhält man

$$\frac{m_{\text{tr}}^{(1)}}{m_{\text{tr}}^{(2)}} = \left(\frac{m_{\text{s}}^{(2)}}{m_{\text{tr}}^{(2)}}\, g_z - g_z'\right) \Bigg/ \left(\frac{m_{\text{s}}^{(1)}}{m_{\text{tr}}^{(1)}}\, g_z - g_z'\right).$$

Da zu erwarten steht, dass sich das Verhältnis von träger und schwerer Masse nicht wesentlich von 1 unterscheidet, g'_z andererseits wesentlich kleiner als g_z ist, kann der Term g'_z in beiden Klammerausdrücken vernachlässigt werden. (Wir machen diese Vernachlässigung nur, um übersichtlichere Formeln zu erhalten. Die ganze Argumentation lässt sich genauso mit den vollen Formeln durchziehen.) Mit guter Näherung gilt daher

$$\frac{m_{\mathrm{tr}}^{(1)}}{m_{\mathrm{tr}}^{(2)}} = \frac{m_{\mathrm{s}}^{(2)}}{m_{\mathrm{tr}}^{(2)}} \Big/ \frac{m_{\mathrm{s}}^{(1)}}{m_{\mathrm{tr}}^{(1)}} \qquad \text{bzw.} \qquad m_{\mathrm{s}}^{(1)} = m_{\mathrm{s}}^{(2)} . \tag{2.49}$$

Ist die Stange nun so im Schwerefeld aufgehängt, dass die Kraftfelder $\boldsymbol{g}_{\mathrm{s}}$ und $\boldsymbol{g}'_{\mathrm{s}}$ auf ihr senkrecht stehen, also in Ost-West-Richtung (Abb. 2.10 (c)), so bewirken diese ein Drehmoment der Stärke

$$\begin{aligned} N &= l\left(m_{\mathrm{tr}}^{(1)} g'_{\mathrm{s}} - m_{\mathrm{s}}^{(1)} g_{\mathrm{s}} - m_{\mathrm{tr}}^{(2)} g'_{\mathrm{s}} + m_{\mathrm{s}}^{(2)} g_{\mathrm{s}}\right) \\ &\overset{g'_{\mathrm{s}}=g_{\mathrm{s}}}{=} l\, m_{\mathrm{tr}}^{(2)} g_{\mathrm{s}} \left(\frac{m_{\mathrm{tr}}^{(1)}}{m_{\mathrm{tr}}^{(2)}} - \frac{m_{\mathrm{s}}^{(1)}}{m_{\mathrm{tr}}^{(2)}} - 1 + \frac{m_{\mathrm{s}}^{(2)}}{m_{\mathrm{tr}}^{(2)}}\right) \overset{(2.49)}{=} l\, m_{\mathrm{tr}}^{(2)} g_{\mathrm{s}} \left(\frac{m_{\mathrm{s}}^{(2)}}{m_{\mathrm{tr}}^{(2)}} \Big/ \frac{m_{\mathrm{s}}^{(1)}}{m_{\mathrm{tr}}^{(1)}} - 1\right) . \end{aligned}$$

($g'_{\mathrm{s}} = g_{\mathrm{s}}$ gilt, weil $\boldsymbol{g}+\boldsymbol{g}' = g_{\mathrm{eff}}\boldsymbol{e}_z$ keine Komponente senkrecht zu $\boldsymbol{e}_z$ besitzt.) N wäre von null verschieden, wenn sich das Verhältnis $m_{\mathrm{s}}/m_{\mathrm{tr}}$ für die Substanzen 1 und 2 unterscheiden würde, und könnte durch eine Verdrillung des Aufhängeseils der Stange nachgewiesen werden. Experimentell findet man keine Verdrillung. Die von Eötvös erzielte Messgenauigkeit wurde durch heutige Messungen (Eöt-Wash Experiment an der University of Washington) auf

$$m_{\mathrm{s}}/m_{\mathrm{tr}} = 1 \pm 10^{-13}$$

verbessert.

2.5 Schlussbemerkung und Ausblick

Wir haben in den vorangegangenen Abschnitten sämtliche Grundgesetze der Dynamik und ein für die Mechanik sehr wichtiges Kraftgesetz – das Gravitationsgesetz - kennen gelernt. Damit ist im Wesentlichen zusammengetragen, was in die Mechanik an Naturgesetzlichem eingeht. Wohl werden wir später noch andere Wechselwirkungskräfte betrachten. Soweit das Reibungskräfte betrifft, wird es sich dabei um Näherungen handeln. Auch elektromagnetischen Kräften werden wir begegnen. Die Beschreibung und das Verständnis von diesen sind zwar genauso fundamental wie bei der Gravitationskraft, bleiben jedoch der *Elektrodynamik* vorbehalten. Im Wesentlichen handelt es sich daher bei allem, was in der *Mechanik* jetzt noch folgt, um Folgerungen aus der Newtonschen Theorie, um deren Anwendung auf spezielle Probleme und schließlich um deren Umformulierung und formale Vollendung.

Aufgaben

2.1 Beweisen Sie für beliebige Vektoren $\boldsymbol{a}$, $\boldsymbol{b}$, $\boldsymbol{c}$ und $\boldsymbol{d}$ die Identitäten

$$\boldsymbol{a}\times(\boldsymbol{b}\times\boldsymbol{c}) = (\boldsymbol{a}\cdot\boldsymbol{c})\,\boldsymbol{b}-(\boldsymbol{a}\cdot\boldsymbol{b})\,\boldsymbol{c}\,, \qquad (\boldsymbol{a}\times\boldsymbol{b})\cdot(\boldsymbol{c}\times\boldsymbol{d}) = (\boldsymbol{a}\cdot\boldsymbol{c})(\boldsymbol{b}\cdot\boldsymbol{d})-(\boldsymbol{a}\cdot\boldsymbol{d})(\boldsymbol{b}\cdot\boldsymbol{c})\,.$$

2.2 $\boldsymbol{a}$ sei ein beliebiger Vektor und $\boldsymbol{e}$ sei ein Einheitsvektor. Zeigen Sie, dass $\boldsymbol{a} = (\boldsymbol{a}\cdot\boldsymbol{e})\,\boldsymbol{e} + \boldsymbol{e}\times(\boldsymbol{a}\times\boldsymbol{e})$ gilt und deuten Sie die Terme der rechten Seite geometrisch!

2.3 Bestimmen Sie aus den Beziehungen $\boldsymbol{a}\times\boldsymbol{x} = \boldsymbol{b}$ und $\boldsymbol{a}\cdot\boldsymbol{x} = \phi$ den Vektor $\boldsymbol{x}$ in Abhängigkeit von den Vektoren $\boldsymbol{a}$, $\boldsymbol{b}$ und dem Skalar ϕ.

2.4 Berechnen Sie in kartesischen Koordinaten die Ausdrücke

$$\nabla\times\nabla\phi\,,\quad \nabla\cdot\nabla\phi\,,\quad \nabla\times(\nabla\times\boldsymbol{a})\,,\quad \nabla(\nabla\cdot\boldsymbol{a})\,,\quad \nabla\cdot(\nabla\times\boldsymbol{a})$$

mit ϕ = beliebige skalare Funktion und $\boldsymbol{a}$ = beliebiger Vektor.

2.5 $\boldsymbol{a}$ und $\boldsymbol{b}$ seien zwei aufeinander senkrecht stehende Vektoren, $\boldsymbol{a}\cdot\boldsymbol{b} = 0$. Konstruieren Sie einen Vektor $\boldsymbol{\omega}$, für den $\boldsymbol{a} = \boldsymbol{\omega}\times\boldsymbol{b}$ gilt.

2.6 Seien x, y und z die kartesischen Komponenten eines Vektors $\boldsymbol{r}$. Bestimmen Sie in Zylinderkoordinaten ($x = r\cos\varphi$, $y = r\sin\varphi$, $z = z$) und in Kugelkoordinaten ($x = r\sin\vartheta\cos\varphi$, $y = r\sin\vartheta\sin\varphi$, $z = r\cos\vartheta$) die durch

$$\boldsymbol{e}_r = \frac{\partial\boldsymbol{r}/\partial r}{|\partial\boldsymbol{r}/\partial r|}, \qquad \boldsymbol{e}_\varphi = \frac{\partial\boldsymbol{r}/\partial\varphi}{|\partial\boldsymbol{r}/\partial\varphi|}, \qquad \text{usw.}$$

gegebenen Einheitsvektoren $\boldsymbol{e}_r$, $\boldsymbol{e}_\varphi$ und $\boldsymbol{e}_z$ bzw. $\boldsymbol{e}_r$, $\boldsymbol{e}_\vartheta$ und $\boldsymbol{e}_\varphi$. Welches sind die Komponenten von $\boldsymbol{r}$ in Zylinder- bzw. Kugelkoordinaten?

2.7 Ein Radfahrer fährt mit einer Geschwindigkeit von 30 km/h. Mit welcher Winkelgeschwindigkeit drehen sich seine 28-Zoll-Räder? Geben Sie die Koordinaten x und z eines Punkts auf dem Radumfang als Funktionen der Zeit an! Welches sind die zugehörigen Geschwindigkeiten und Beschleunigungen?

2.8 Von zwei in der x, y-Ebene gelegenen und sich schneidenden Geraden rotiere eine in der x, y-Ebene mit konstanter Winkelgeschwindigkeit ω um einen auf ihr liegenden Punkt. Mit welcher Geschwindigkeit bewegt sich der Schnittpunkt der beiden Geraden?

2.9 Auf jedem Eckpunkt eines Quadrats der Seitenlänge a sitzt eine als punktförmig angenommene Wanze. Jede von diesen läuft mit konstanter Geschwindigkeit v im Uhrzeigersinn auf die nächste zu, wobei ihre Geschwindigkeit zu jedem Zeitpunkt auf diese hin gerichtet ist.

(a) Beschreiben Sie die Bahnkurve einer der Wanzen in ebenen Polarkoordinaten (Ursprung im Mittelpunkt des Quadrats, $-\infty < \varphi < +\infty$).
(b) Berechnen Sie die Länge des Weges bis zum Treffpunkt der Wanzen.
(c) Wie verhält sich die Winkelgeschwindigkeit längs der Bahnkurve?

(d) Wie lange dauert es, bis sich die Wanzen treffen?

2.10 Das Potenzial im Feld einer Punktladung Q nimmt mit der Entfernung r nach dem Gesetz $\phi = Q/(4\pi\varepsilon_0 r)$ ab (ε_0 = Dielektrizitätskonstante des Vakuums).

(a) Berechnen Sie die Komponenten der elektrischen Feldstärke $\boldsymbol{E} = -\nabla\phi$ in kartesischen Koordinaten (die Ladung Q liege im Koordinatenursprung).
(b) Berechnen Sie $\nabla \times \boldsymbol{E}$.
(c) Eine Punktladung q bewegt sich in dem oben gegebenen Feld

1. von $P_0 : (1, 1, 0)$ über $P_1 : (1, 2, 0)$ nach $P_2 : (2, 2, 0)$,
2. von $P_0 : (1, 1, 0)$ über $P_3 : (2, 1, 0)$ nach $P_2 : (2, 2, 0)$.

Vergleichen Sie die Arbeit $q \int_{P_0}^{P_2} \boldsymbol{E} \cdot d\boldsymbol{r}$ der beiden Fälle.

2.11 Bestimmen Sie das Schwerefeld

(a) einer unendlich ausgedehnten homogenen Platte (Dicke d, Dichte ϱ_0),
(b) eines unendlich ausgedehnten homogenen Zylinders (Radius r_0, Dichte ϱ_0).

2.12 Bestimmen Sie das Schwerefeld einer homogenen Kugelschale mit

$$\varrho = \begin{cases} \varrho_0 = \text{const} & \text{für } r_1 \leq r \leq r_2, \\ 0 & \text{sonst.} \end{cases}$$

2.13 Bestimmen Sie das Schwerefeld $\boldsymbol{g}$ einer mit der Massendichte μ=Masse/Länge belegten Geraden!
Hinweis: Man kann vom Problem eines homogenen Zylinders (Massendichte ϱ, Radius a) ausgehen und den Grenzübergang $a \to 0$, $\varrho \to \infty$ betrachten.

2.14 Nach dem Hubble-Gesetz entfernen sich Galaxien von der Erde mit einer Geschwindigkeit, die proportional zu ihrem Abstand ist, $v_r = H(t)\,r$, wobei H heute den Wert $H_0 \approx 2,4 \cdot 10^{-18}$/s besitzt.

(a) Bei welchem Abstand erreicht die Fluchtgeschwindigkeit die Lichtgeschwindigkeit ($c = 3 \cdot 10^8$ m/s)?
(b) Bestimmen Sie $H(t)$ so, dass eine sich von uns entfernende Galaxie unbeschleunigt ist und zu allen Zeiten dem Hubble-Gesetz genügt.
(c) Wann befand sich die Galaxie bei $r = 0$?

2.15 Ein einfaches Modell für den Sprint besteht in der Annahme, dass der/die Läufer/in nach einer Anfangsphase konstanter Beschleunigung mit der erreichten Endgeschwindigkeit bis ins Ziel läuft. In der folgenden Tabelle sind die Weltrekordzeiten für 50 m, 60 m und 100 m angegeben:

	50 m	60 m	100 m
Männer	5,61 s	6,39 s	9,77 s
Frauen	5,96 s	6,92 s	10,49 s

(a) Welche Beschleunigung, Beschleunigungszeit, Beschleunigungsstrecke und Endgeschwindigkeit ergibt sich aus den Zeiten für 50 m und 60 m?

(b) Welche Weltrekordzeiten ergäben sich hieraus für den 100 m-Lauf, wenn man dieselbe Beschleunigung und Beschleunigungszeit wie bei den 50 m- und 60 m-Läufen annimmt?

2.16 Ein Auto, das mit dem Kran verladen wird, stürzt aus 40 m (Höhe des Schwerpunkts) herab so auf den Boden, dass es gleichzeitig mit seinen vier Rädern aufsetzt und auf halbe Höhe zusammengestaucht wird (volle Höhe = 1,6 m). Mit welcher Geschwindigkeit erreicht es den Boden? Schätzen Sie die Bremsbeschleunigung (in Vielfachen der Erdbeschleunigung) ab, die sein Schwerpunkt erleidet. (Beim Fall werde die Luftreibung vernachlässigt.)

2.17 Bestimmen Sie für das begleitende Dreibein einer Raumkurve die Koeffizienten α, β, γ der Zerlegung $\boldsymbol{y}(s) = \alpha\boldsymbol{T}(s) + \beta\boldsymbol{N}(s) + \gamma\boldsymbol{B}(s)$ in den Fällen $\boldsymbol{y} = d\boldsymbol{T}/ds$, $\boldsymbol{y} = d\boldsymbol{N}/ds$ und $\boldsymbol{y} = d\boldsymbol{B}/ds$.
Hinweis: Multiplizieren Sie die Zerlegungsgleichung der Reihe nach mit $\boldsymbol{T}$, $\boldsymbol{N}$ und $\boldsymbol{B}$ und benutzen Sie die Orthonormalitätsrelationen $\boldsymbol{T}\cdot\boldsymbol{T} = 1$, $\boldsymbol{T}\cdot\boldsymbol{N} = 0$ etc. sowie die Definitionen Krümmung $\kappa = \boldsymbol{N}\cdot d\boldsymbol{T}/ds$ und Torsion $\tau = \boldsymbol{B}\cdot d\boldsymbol{N}/ds$.

2.18 Die Koordinatenachsen eines Systems S' seien parallel zu denen eines Inertialsystems S, sein Ursprung bewege sich in S auf der Bahn $\boldsymbol{R}(t) = X(t)\boldsymbol{e}_x + Z(t)\boldsymbol{e}_z$.

(a) Wie lautet die Bewegungsgleichung im System S', wenn als einzige Kraft die Schwerkraft $\boldsymbol{g} = -g\boldsymbol{e}_z$ wirkt? Wie muss die Bahn $\boldsymbol{R}(t)$ gewählt werden, damit in S' keine Beschleunigungskräfte auftreten?
(b) Welche Geschwindigkeit muss ein Flugzeug erreichen, das unter 45 Grad schräg nach oben fliegt und in 1000 m Höhe den Motor abstellt, damit in ihm bis zu seiner Rückkunft auf 1000 m Höhe für 20 Sekunden der Zustand der Schwerelosigkeit herrscht?
(c) Mit welcher Schubkraft (Betrag) muss es korrigieren, damit auch unter Einwirkung einer Reibungskraft $-R\boldsymbol{v}$ der Zustand der Schwerelosigkeit gilt?

Lösungen

2.2 Die Behauptung folgt aus $\boldsymbol{e}\times(\boldsymbol{a}\times\boldsymbol{e}) = (\boldsymbol{e}\cdot\boldsymbol{e})\,\boldsymbol{a} - (\boldsymbol{a}\cdot\boldsymbol{e})\,\boldsymbol{e}$.

2.3 $\boldsymbol{a}/|\boldsymbol{a}|$ ist ein Einheitsvektor. Aus Aufgabe 2.2 mit $\boldsymbol{e}\to\boldsymbol{a}/|\boldsymbol{a}|$ und $\boldsymbol{a}\to\boldsymbol{x}$ folgt

$$\boldsymbol{x} = \left(\boldsymbol{x}\cdot\frac{\boldsymbol{a}}{|\boldsymbol{a}|}\right)\frac{\boldsymbol{a}}{|\boldsymbol{a}|} + \frac{\boldsymbol{a}}{|\boldsymbol{a}|}\times\left(\boldsymbol{x}\times\frac{\boldsymbol{a}}{|\boldsymbol{a}|}\right) = \frac{\phi}{|\boldsymbol{a}|^2}\boldsymbol{a} - \frac{1}{|\boldsymbol{a}|^2}\,\boldsymbol{a}\times\boldsymbol{b}\,.$$

2.5 $\boldsymbol{\omega} = (\boldsymbol{b}\times\boldsymbol{a})/|\boldsymbol{b}|^2$

2.7 $\omega = v/R,\ z = r\cos\omega t,\ x = r\sin\omega t.$

2.8 Wahl des Koordinatensystems so, dass die nicht-rotierende Gerade die x-Achse bildet. Rotationspunkt der rotierenden Geraden: x_0, y_0. Für den Schnittpunkt $x(t)$, $y\equiv 0$ gilt $(x-x_0)/y_0 = \tan(\omega t)$, wenn die Geraden zur Zeit $t = 0$ senkrecht stehen. Damit folgt

$$x(t) = x_0 + y_0\tan(\omega t) \quad\Rightarrow\quad v = y_0\omega/\cos^2(\omega t)\,.$$

2.9 Aus Symmetriegründen befinden sich die Wanzen permanent in den Ecken eines Quadrates, das rotiert und sich dabei verkleinert. $\boldsymbol{r} = r\boldsymbol{e}_r$ sei die Position einer Wanze. Es gilt

$$\dot{\boldsymbol{r}} = \dot{r}\boldsymbol{e}_r + r\dot{\varphi}\boldsymbol{e}_\varphi \qquad \text{mit} \qquad -\dot{r} = r\dot{\varphi} = v/\sqrt{2}\,.$$

Bahn: $$\frac{dr}{d\varphi} = \frac{\dot{r}}{\dot{\varphi}} = -r \quad \Rightarrow \quad r = r_0 \mathrm{e}^{-\varphi}\,, \qquad \text{wenn} \quad r = r_0 \quad \text{für} \quad \varphi = 0\,.$$

Weglänge:

$$l = \int \sqrt{dr^2 + r^2 d\varphi^2} = \int \sqrt{(dr/d\varphi)^2 + r^2}\, d\varphi = \sqrt{2} \int r\, d\varphi = \sqrt{2} r_0 \int_0^\infty \mathrm{e}^{-\varphi}\, d\varphi = \sqrt{2} r_0\,.$$

Winkelgeschwindigkeit: $$\dot{\varphi} = \frac{v}{\sqrt{2}\,r} = \frac{v}{\sqrt{2}\,r_0}\mathrm{e}^{\varphi}\,, \qquad \text{Dauer:} \qquad t = \frac{l}{v} = \frac{\sqrt{2}\,r_0}{v}\,.$$

2.11 (a) Ansatz $\phi = \phi(x)$. Damit folgt aus $\Delta\phi = 4\pi G\varrho$

$$\phi''(x) = \begin{cases} 4\pi G\varrho_0 & \text{für} - d/2 \le x \le +d/2\,, \\ 0 & \text{sonst}\,. \end{cases}$$

$$\Rightarrow \quad \boldsymbol{g} = -\phi'(x)\boldsymbol{e}_x = \begin{cases} -(4\pi G\varrho_0 x + c_1)\boldsymbol{e}_x & \text{für} - d/2 \le x \le +d/2\,, \\ c_2\boldsymbol{e}_x & \text{sonst}\,. \end{cases}$$

Aus Symmetriegründen $\boldsymbol{g}$=0 für x=0 $\Rightarrow$ c_1=0; Stetigkeit von $\boldsymbol{g}$ bei $x = \pm\, d/2$ $\Rightarrow$ $c_2 = 2\pi G\varrho_0 d$ für $x \le -d/2$ und $c_2 = -\,2\pi G\varrho_0 d$ für $x \ge +d/2$. Damit folgt

$$\boldsymbol{g} = \begin{cases} 2\pi G\varrho_0\, d\boldsymbol{e}_x & \text{für} \quad x \le -d/2\,, \\ -4\pi G\varrho_0 x\boldsymbol{e}_x & \text{für} \quad -d/2 \le x \le +d/2\,, \\ -2\pi G\varrho_0 d\boldsymbol{e}_x & \text{für} \quad x \ge +d/2\,. \end{cases}$$

(b) Ansatz $\phi = \phi(r)$.

$$\frac{1}{r}\frac{d}{dr}\left(r\phi'(r)\right) = \begin{cases} 4\pi G\varrho_0 & \text{für} \quad r \le r_0\,, \\ 0 & \text{für} \quad r > r_0\,. \end{cases}$$

Forderungen an ϕ: Regularität bei $r = 0$ und Stetigkeit bei r_0.
Ergebnis:

$$\boldsymbol{g} = \begin{cases} -2\pi G\varrho_0 r\boldsymbol{e}_r & \text{für} \quad r \le r_0\,, \\ -2\pi G\varrho_0 r_0^2/r\boldsymbol{e}_r & \text{für} \quad r > r_0\,. \end{cases}$$

2.14 (a) $$\dot{r} = Hr = c \quad \Rightarrow \quad r = c/H = 13{,}2 \cdot 10^9\,\mathrm{Lj}\,.$$

(b) $$\ddot{r} = \dot{H}r + H\dot{r} = (\dot{H} + H^2)\,r = 0 \quad \Rightarrow \quad \dot{H} = -H^2 \quad \Rightarrow \quad H = \frac{H_0}{1 + H_0 t}$$

(c) $$\dot{r}/r = H = H_0/(1 + H_0 t) \quad \Rightarrow \quad r = r_0(1 + H_0 t)\,.$$

$r = 0$ für $t = -1/H_0 = -13{,}2 \cdot 10^9\,\mathrm{Lj}$.

2.15 Beschleunigung: $\dot{v} = a$, Endgeschwindigkeit nach Zeit T: $V = aT$, zurückgelegte Strecke: $S = aT^2/2$. Die restliche Strecke wird mit der Geschwindigkeit V in der Zeit $t - T$ zurückgelegt

$$\Rightarrow \quad s = aT^2/2 + V(t-T) = aT^2/2 + aTt - aT^2 = aT(t - T/2)\,.$$

(a) $$s_1 = aT(t_1 - T/2) = 50\,\text{m}\,, \qquad s_2 = aT(t_2 - T/2) = 60\,\text{m}\,,$$

$$\Rightarrow \quad T = \frac{2(s_2t_1 - s_1t_2)}{s_2 - s_1}\,, \qquad a = \frac{(s_2 - s_1)^2}{2(s_2t_1 - s_1t_2)(t_2 - t_1)}\,.$$

Hiermit können aus der Tabelle T und a berechnet werden und damit

$$\Rightarrow \quad V = aT\,, \qquad S = aT^2/2\,.$$

(b) a und T wie in (a), $100\,\text{m} = s_3 = aT(t_3 - T/2) \Rightarrow t_3 = s_3/(aT) + T/2$.
Einsetzen der Zahlen liefert

	$a/(\text{m/s}^2)$	T/s	$V/(\text{m/s})$	S/m	t_3/s
Männer	3,75	3,42	12,83	21,93	9,51
Frauen	4,49	2,32	10,42	12,08	10,76

2.16 Beschleunigung mit $g = 9{,}81\,\text{m/s}^2$ auf Strecke $s = 40\,\text{m} - 0{,}8\,\text{m}$, v = erreichte Geschwindigkeit, $s = gt^2/2 = 39{,}2\,\text{m}$. Damit ergibt sich

$$t = \sqrt{2s/g} = 2{,}83\,\text{s}\,, \qquad v = gt = 27{,}73\,\text{m/s} = 100\,\text{km/h}\,.$$

Bremsung auf Strecke $S = 0{,}4\,\text{m}$ mit konstanter Beschleunigung a von $v = 27{,}73\,\text{m/s}$ auf $v = 0$: $\quad S = aT^2/2 = a^2T^2/(2a) = v^2/(2a) \quad \Rightarrow \quad a = v^2/(2S) = 98\,g$.

2.17

$$d\boldsymbol{T}/ds = \alpha\boldsymbol{T} + \beta\boldsymbol{N} + \gamma\boldsymbol{B}\,, \qquad \boldsymbol{N}\cdot\boldsymbol{T} = \boldsymbol{N}\cdot\boldsymbol{B} = \boldsymbol{T}\cdot\boldsymbol{B} = 0$$

$$\Rightarrow \quad \boldsymbol{T}\cdot d\boldsymbol{T}/ds = \alpha = 0\,, \quad \boldsymbol{N}\cdot d\boldsymbol{T}/ds = \beta = \kappa\,,$$

$$\Rightarrow \quad \boldsymbol{B}\cdot d\boldsymbol{T}/ds = (\boldsymbol{T}\times\boldsymbol{N})\cdot\frac{d\boldsymbol{T}}{ds} = \boldsymbol{T}\cdot(\boldsymbol{N}\times d\boldsymbol{T}/ds) = \gamma = 0$$

$$\Rightarrow \quad d\boldsymbol{T}/ds = \kappa\boldsymbol{N} \quad \text{mit} \quad \boldsymbol{N} = (1/\varrho)\,d\boldsymbol{T}/ds\,.$$

Ähnlich findet man $\quad d\boldsymbol{N}/ds = -\kappa\boldsymbol{T} + \tau\boldsymbol{B}\,, \quad d\boldsymbol{B}/ds = -\tau\boldsymbol{N}\,.$

2.18 (a) Transformation von S nach S' durch $\boldsymbol{r} = \boldsymbol{R}(t) + \boldsymbol{r}'$. Bewegungsgleichung:

$$m\ddot{\boldsymbol{r}} = m\ddot{\boldsymbol{R}} + m\ddot{\boldsymbol{r}}' = -mg\boldsymbol{e}_z \quad \Rightarrow \quad \ddot{\boldsymbol{r}}' = -(\ddot{\boldsymbol{R}} + g\boldsymbol{e}_z)\,.$$

$$\ddot{\boldsymbol{r}}' = 0 \quad \text{für} \quad \ddot{\boldsymbol{R}} = -g\boldsymbol{e}_z \quad \Rightarrow \quad X(t) = X_0 + U_0t\,, \quad Z(t) = Z_0 + V_0t - gt^2/2\,.$$

(b) $t = 0$ sei der Zeitpunkt, zu dem der Motor abgestellt wird, Flugrichtung für $t = 0$ ist $45°$ $\Rightarrow$ $U_0 = V_0$. Mit T = Zeit bis zur Rückkunft nach Z_0 ergibt sich

$$Z_0 = Z_0 + V_0T - gT^2/2 \quad \Rightarrow \quad U_0 = V_0 = gT/2\,, \quad |\boldsymbol{V}_0| = \sqrt{U_0^2 + V_0^2} = \sqrt{2}U_0 = gT/\sqrt{2}\,.$$

Zahlenergebnisse: $U_0 = 98$ m/s, $|\boldsymbol{V}_0| = 139$ m/s = 500 km/h.

(c) Die Schubkraft (Stärke F_S) muss gerade die durch die Luftreibung bewirkte Gesamtkraft kompensieren, d. h. $F_S = R|\boldsymbol{v}|$. Mit $\boldsymbol{v} = U_0\boldsymbol{e}_x + (U_0 - gt)\boldsymbol{e}_z$ folgt

$$F_S = R\sqrt{2U_0^2 - 2U_0gt + g^2t^2} = RgT\sqrt{1/2 - t/T + (t/T)^2}\,.$$

3 Folgerungen aus den Grundgesetzen

3.1 Einzelner Massenpunkt

Als einfachstes Beispiel für die im ersten Kapitel erarbeiteten Grundgesetze und Konzepte betrachten wir einen einzelnen Massenpunkt, auf den Kräfte der Struktur $\boldsymbol{F}=\boldsymbol{F}(\boldsymbol{r},\dot{\boldsymbol{r}},t)$ einwirken. Rein kinematisch gesehen sei dieser frei beweglich, d. h. er soll im Prinzip an jeden Punkt des Raums gelangen können, ohne daran durch irgendwelche Vorrichtungen gehindert zu werden. Jeder Punkt des Raumes kann demnach auch eine mögliche Anfangsposition darstellen.

3.1.1 Arbeit

Gelangt der betrachtete Massenpunkt bei seiner Bewegung von $\boldsymbol{r}$ nach $\boldsymbol{r}+d\boldsymbol{r}$ (Abb. 3.1), so bezeichnet man das Skalarprodukt

$$dA = \boldsymbol{F} \cdot d\boldsymbol{r} \tag{3.1}$$

(Kraft mal Weg) als **Arbeit**, welche die Kraft $\boldsymbol{F}$ längs des infinitesimalen Wegstückes $d\boldsymbol{r}$ an ihm leistet. Bewegt er sich auf der Bahnkurve $\boldsymbol{r}(t)$ ein endliches Stück weit von $\boldsymbol{r}_1$ bis nach $\boldsymbol{r}_2$, so leistet die Kraft $\boldsymbol{F}$ die Gesamtarbeit

$$\boxed{\Delta A = \int_{\boldsymbol{r}_0}^{\boldsymbol{r}} \boldsymbol{F} \cdot d\boldsymbol{r}' = \int_{t_0}^{t} \boldsymbol{F} \cdot \boldsymbol{v}\, dt'\,,} \tag{3.2}$$

wobei im letzten Schritt $d\boldsymbol{r}' = \dot{\boldsymbol{r}}\, dt' = \boldsymbol{v}\, dt'$ benutzt wurde. In den Argumenten von $\boldsymbol{F}$ muss die durchlaufene Bahn eingesetzt werden, ausführlicher haben wir also $\Delta A = \int_{t_0}^{t} \boldsymbol{F}(\boldsymbol{r}(t'), \dot{\boldsymbol{r}}(t'), t') \cdot \dot{\boldsymbol{r}}(t')\; dt'$.

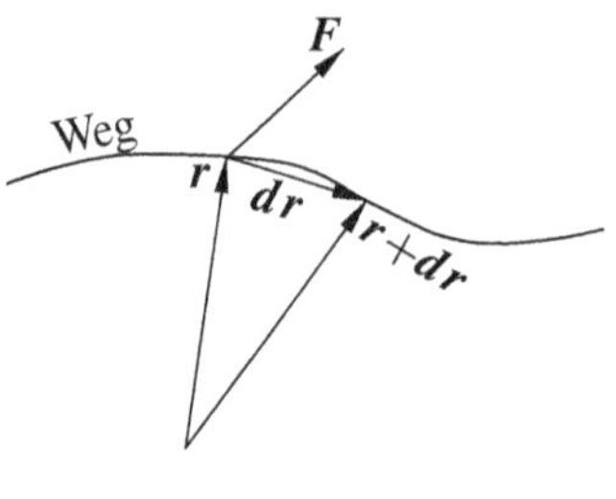

Abb. 3.1: Kraft $\boldsymbol{F}$, die längs eines Weges wirkt.

3.1.2 Kinetische Energie und Energiesatz

Multipliziert man die Bewegungsgleichung (2.20) mit $\dot{\boldsymbol{r}}(t)$ und integriert sie längs des in der Zeit von t_0 bis t durchlaufenen Bahnstücks über die Zeit, so liefert ihre rechte Seite gerade die von der Kraft $\boldsymbol{F}$ geleistete Arbeit ΔA. Die linke Seite führt zu

$$\int_{t_0}^{t} m\ddot{\boldsymbol{r}} \cdot \dot{\boldsymbol{r}}\, dt' = m \int_{t_0}^{t} \frac{d}{dt'}\left(\frac{\dot{\boldsymbol{r}}^2}{2}\right) dt' = \frac{mv^2}{2} - \frac{m{v_0}^2}{2}\,,$$

wobei $\boldsymbol{v}(t_0) = \boldsymbol{v}_0$, usw. gesetzt wurde. Die hier auftretende Größe

$$T = \frac{mv^2}{2} \tag{3.3}$$

wird als **kinetische Energie** (= Bewegungsenergie, von altgriech. *kinein* = fortbewegen) bezeichnet. Das Ergebnis unserer Rechnung lautet damit

$$\boxed{\Delta T = \frac{mv^2}{2} - \frac{mv_0^2}{2} = \Delta A\,,} \tag{3.4}$$

in Worten:

Die Änderung der kinetischen Energie ist gleich der Arbeit der äußeren Kräfte.

Dieses Ergebnis werden wir im Weiteren als **Energiesatz** bezeichnen.

Ist insbesondere die Anfangsgeschwindigkeit $\boldsymbol{v}_0 = 0$, so gilt $mv^2/2 = \Delta A$, d. h. damit ein Massenpunkt von der Geschwindigkeit null auf eine endliche Geschwindigkeit beschleunigt wird, muss eine Kraft an ihm Arbeit leisten. Wirkt auf ihn bei endlicher Anfangsgeschwindigkeit nur eine Reibungskraft $-\alpha\boldsymbol{v}$, so nimmt seine kinetische Energie ab,

$$\frac{mv^2}{2} = \frac{m{v_0}^2}{2} - \alpha \int_{t_0}^{t} v^2\, dt\,.$$

3.1.3 Potenzial und Energieerhaltung in konservativen Kraftfeldern

Mithilfe der soeben definierten Größen sind wir jetzt in der Lage, dem beim Schwerefeld eingeführten Potenzialbegriff (Abschn. 2.3.2) einen physikalischen Sinn beizulegen.

Ein Kraftfeld $\boldsymbol{F}$ heißt **konservativ** (energieerhaltend), wenn es wie die Schwerkraft ein **Potenzial** besitzt, d. h. wenn ein nur von $\boldsymbol{r}$ abhängiges Skalarfeld $V(\boldsymbol{r})$ existiert derart, dass

$$\boxed{\boldsymbol{F} = -\nabla V(\boldsymbol{r})} \tag{3.5}$$

gilt. Wegen $\nabla V(\boldsymbol{r}) = \nabla(V(\boldsymbol{r}) + V_0)$ für beliebige Konstante V_0 ist das Potenzial $V(\boldsymbol{r})$ nur bis auf eine additive Konstante festgelegt. Wenn die Kraft $\boldsymbol{F}$ ein Potenzial besitzt, erhalten wir aus (3.2) für die längs der Bahn $\boldsymbol{r}(t)$ geleistete Arbeit

$$\Delta A = -\int_{\boldsymbol{r}_0}^{\boldsymbol{r}} \nabla V \cdot d\boldsymbol{r} = -\int_{V(\boldsymbol{r}_0)}^{V(\boldsymbol{r})} dV = -\big[V(\boldsymbol{r}) - V(\boldsymbol{r}_0)\big]\,.$$

Dieses Ergebnis hängt nur vom Anfangs- und Endpunkt der Bahn ab, nicht jedoch von deren Verlauf. Das Kraftfeld leistet also auf verschiedenen Bahnen $\boldsymbol{r}(t)$ und $\tilde{\boldsymbol{r}}(t)$ die gleiche Arbeit, sofern diese nur dieselben Punkte verbinden. Wir setzen das soeben erhaltene Ergebnis in unseren Energiesatz (3.4) ein und erhalten

$$T(t) - T(t_0) = -\big[V(\boldsymbol{r}(t)) - V(\boldsymbol{r}(t_0))\big]$$

oder

$$T(t) + V(\boldsymbol{r}(t)) = T(t_0) + V(\boldsymbol{r}(t_0))\,.$$

Da die Zeitpunkte t_0 und t völlig beliebig sind, bedeutet dies, dass die Summe der kinetischen Energie T und des Potenzials V eine Konstante ist,

$$\boxed{T + V = E\,.} \tag{3.6}$$

Diese äußerst wichtige Beziehung ist der **Energie-Erhaltungssatz**. Die Konstante $E = T(t_0) + V(\boldsymbol{r}(t_0))$ bezeichnet man als **Gesamtenergie**, und das Potenzial V wird auch **potenzielle Energie** genannt. Man sieht, dass die kinetische Energie abnimmt, wenn die potenzielle Energie zunimmt, und umgekehrt. Dieses Ergebnis kann in der Weise gedeutet werden, dass T und V nur verschiedene Formen ein und derselben Größe „Energie" darstellen, die so ineinander umgewandelt werden können, dass dabei nichts verloren geht. Wegen der Äquivalenz von $V(\boldsymbol{r})$ und $V(\boldsymbol{r}) + V_0$ kann die Energiekonstante E beliebig und insbesondere auch negativ vorgegeben werden, was darauf hinweist, dass der Gesamtenergie nur eine relative und keine absolute Bedeutung zukommt. Man wird sie im Allgemeinen so wählen, dass sie entweder einen mathematisch bequemen oder einen physikalisch gut interpretierbaren Wert besitzt.

Wir wollen den Energie-Erhaltungssatz wegen seiner großen Bedeutung nochmals auf anderem Wege herleiten. Dazu multiplizieren wir die Bewegungsgleichung $m\ddot{\boldsymbol{r}} = -\nabla V$ auf beiden Seiten mit $\dot{\boldsymbol{r}}$, berücksichtigen

$$\frac{d}{dt} V(\boldsymbol{r}(t)) = \nabla V(\boldsymbol{r}) \cdot \dot{\boldsymbol{r}}(t)\,,$$

und erhalten

$$m\ddot{\boldsymbol{r}} \cdot \dot{\boldsymbol{r}} + \dot{\boldsymbol{r}} \cdot \nabla V(\boldsymbol{r}) = \frac{d}{dt}\left(m\frac{\dot{\boldsymbol{r}}^2}{2} + V(\boldsymbol{r}(t))\right) = \frac{d}{dt}(T + V) = 0\,.$$

Durch Zeitintegration folgt hieraus sofort wieder (3.6).

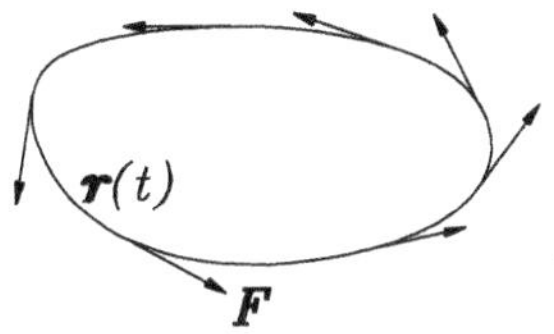

Abb. 3.2: Beispiel eines nicht-konservativen Kraftfelds.

3.1.4 Eigenschaften konservativer Kraftfelder

Die Gültigkeit des Energie-Erhaltungssatzes für konservative Kraftfelder weist diesen eine ganz besondere Rolle in der Mechanik zu. Es ist deshalb nützlich, wenn wir uns im Folgenden noch etwas näher mit konservativen Kraftfeldern beschäftigen. Weil die Rotation jedes Gradienten verschwindet (Beweis durch Ausrechnen in kartesischen Koordinaten), gilt für konservative Kraftfelder $\boldsymbol{F}(\boldsymbol{r})$ generell

$$\operatorname{rot} \boldsymbol{F}(\boldsymbol{r}) = 0 .$$

Umgekehrt ist jedes Kraftfeld $\boldsymbol{F}(\boldsymbol{r})$, dessen Rotation verschwindet, konservativ. Nach einem allgemeinen Satz der Vektoranalysis, den wir ausführlich in der *Elektrodynamik* (Kap. *Mathematische Vorbereitung*, Abschn. *Fundamentalsatz der Vektoranalysis*) behandeln werden, lässt sich nämlich jedes wirbelfreie Vektorfeld als Gradient eines Skalars darstellen. Durchläuft ein Massenpunkt in einem konservativen Kraftfeld eine geschlossene Bahn, so gilt für diese

$$\oint \boldsymbol{F} \cdot d\boldsymbol{r} = -\lim_{\boldsymbol{r}_2 \to \boldsymbol{r}_1} \left[V(\boldsymbol{r}_2) - V(\boldsymbol{r}_1) \right] = 0 .$$

Offensichtlich kann das nur der Fall sein, wenn $\boldsymbol{F} \cdot d\boldsymbol{r}$ längs der Bahn das Vorzeichen wechselt; Kraftfelder wie das in Abb. 3.2 gezeigte können daher nicht konservativ sein.

Es kommt mitunter vor, dass ein Kraftfeld in der Form

$$\boldsymbol{F} = f(u)\, \nabla u$$

mit $u = u(\boldsymbol{r})$ gegeben ist. $\boldsymbol{F}$ ist dann konservativ und besitzt das Potenzial

$$V(u) = V(u_0) - \int_{u_0}^{u} f(u')\, du' ,$$

denn es gilt

$$-\nabla V(u) = -V'(u)\nabla u = f(u)\nabla u = \boldsymbol{F} .$$

Wir betrachten zwei wichtige Spezialfälle.

1. Ist $u = \boldsymbol{e} \cdot \boldsymbol{r}$, wobei $\boldsymbol{e}$ ein gegebener Einheitsvektor mit den (konstanten) kartesischen Komponenten e_x, e_y und e_z ist, dann gilt

$$\frac{\partial u}{\partial x} = \frac{\partial}{\partial x}\left(x e_x + y e_y + z e_z\right) = e_x , \qquad \frac{\partial u}{\partial y} = e_y , \qquad \frac{\partial u}{\partial z} = e_z$$

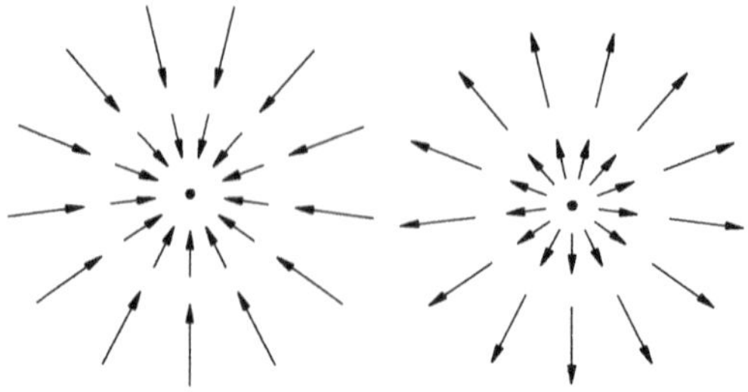

Abb. 3.3: Zentralfelder.

bzw. $\nabla u = \boldsymbol{e}$, und das Kraftfeld

$$\boldsymbol{F} = F(u)\,\boldsymbol{e}$$

besitzt das Potenzial $V = V(u_0) - \int_{u_0}^{u} F(u')\,du'$. Für $\boldsymbol{e} = \boldsymbol{e}_x$ folgt daraus insbesondere

$$\boldsymbol{F} = F(x)\,\boldsymbol{e}_x = -\nabla V(x)\,, \qquad V(x) = V(x_0) - \int_{x_0}^{x} F(x')\,dx'\,. \tag{3.7}$$

2. Gilt $u = r$, d. h. $\nabla u = \nabla r = \boldsymbol{r}/r$ und

$$\boldsymbol{F} = F(r)\,\frac{\boldsymbol{r}}{r}\,, \tag{3.8}$$

so haben wir es mit einem **Zentralfeld** zu tun (Abb. 3.3). Jedes Zentralfeld besitzt ein Potenzial, d. h. es gilt

$$\boldsymbol{F} = -\nabla V(r)\,, \qquad V(r) = V(r_0) - \int_{r_0}^{r} F(r')\,dr'\,. \tag{3.9}$$

3.1.5 Drehimpuls, Drehmoment und Drehimpulssatz

Neben dem Impuls $\boldsymbol{p} = m\boldsymbol{v}$ bildet der **Drehimpuls** um den Bezugspunkt $\boldsymbol{r}'$,

$$\boldsymbol{L}(t) = (\boldsymbol{r}(t) - \boldsymbol{r}') \times \boldsymbol{p}(t)\,, \tag{3.10}$$

eine wichtige Größe in der Dynamik einzelner Massenpunkte. (Liegt der Bezugspunkt im Koordinatenursprung, $\boldsymbol{r}' = 0$, so haben wir einfach $\boldsymbol{L} = \boldsymbol{r} \times \boldsymbol{p}$.) Um uns über die dynamische Bedeutung des Drehimpulses klar zu werden, berechnen wir seine Zeitableitung. Nach der Produktregel setzt sich diese aus zwei Termen zusammen, von denen der eine, $\dot{\boldsymbol{r}} \times \boldsymbol{p} = \dot{\boldsymbol{r}} \times m\dot{\boldsymbol{r}}$, verschwindet. Als Ergebnis erhalten wir mit $\dot{\boldsymbol{p}} = \boldsymbol{F}$ den **Drehimpulssatz**

$$\boxed{\frac{d\boldsymbol{L}}{dt} = \boldsymbol{N}\,,} \tag{3.11}$$

in welchem

$$\boxed{\boldsymbol{N} = (\boldsymbol{r}(t) - \boldsymbol{r}') \times \boldsymbol{F}} \tag{3.12}$$

als **Drehmoment** der Kraft $\boldsymbol{F}$ um den Bezugspunkt $\boldsymbol{r}'$ bezeichnet wird.

Damit sich der Drehimpuls verändert, muss ein endliches Drehmoment einwirken. Bei verschwindendem Drehmoment, $\boldsymbol{N} = 0$, bleibt der Drehimpuls dagegen konstant, und es gilt der **Drehimpuls-Erhaltungssatz**

$$\boxed{\boldsymbol{L} = \boldsymbol{L}_0 = \mathbf{const}\,.}$$

In jedem Zentralfeld verschwindet das Drehmoment um das Zentrum des Feldes, zum Beispiel

$$\boldsymbol{N} = \boldsymbol{r} \times \boldsymbol{F} = \boldsymbol{r} \times \frac{f(r)}{r}\boldsymbol{r} = 0\,,$$

wenn der Koordinatenursprung das Zentrum ist. Daher gilt in jedem Zentralfeld auf dessen Zentrum bezogen der Drehimpuls-Erhaltungssatz.

3.2 Systeme freier Massenpunkte

Wir betrachten jetzt ein System N frei beweglicher Massenpunkte, die aufeinander Wechselwirkungskräfte ausüben. Außerdem sollen noch externe Kräfte einwirken können. Die Bewegungsgleichung für den am Ort $\boldsymbol{r}_i$ befindlichen i-ten Massenpunkt lautet

$$m_i\ddot{\boldsymbol{r}}_i = \boldsymbol{F}_i\,, \qquad i = 1, \ldots N\,. \tag{3.13}$$

Ist $\boldsymbol{F}_i^{(\mathrm{ext})}$ der externe Anteil von $\boldsymbol{F}_i$ und $\boldsymbol{F}_{ij}$ die vom j-ten auf den i-ten Massenpunkt ausgeübte Wechselwirkungskraft, so gilt das Superpositionsprinzip, und wir erhalten

$$\boldsymbol{F}_i = \sum_{j=1, j\neq i}^{N} \boldsymbol{F}_{ij} + \boldsymbol{F}_i^{(\mathrm{ext})}\,. \tag{3.14}$$

Für die Wechselwirkungskräfte gilt das dritte Grundgesetz

$$\boldsymbol{F}_{ij} = -\boldsymbol{F}_{ji}\,. \tag{3.15}$$

Häufig, zum Beispiel bei der gravitativen Wechselwirkung, sind die Wechselwirkungskräfte Zentralkräfte,

$$\boldsymbol{F}_{ij} = F_{ij}(r_{ij})\,\frac{\boldsymbol{r}_i - \boldsymbol{r}_j}{r_{ij}} \qquad \text{mit} \qquad r_{ij} = r_{ji} = |r_i - r_j|\,, \tag{3.16}$$

bei denen das Reaktionsprinzip (3.15) die Gültigkeit der Beziehung

$$F_{ij}(r_{ij}) = F_{ji}(r_{ji}) \tag{3.17}$$

zur Folge hat.

Ein System heißt **abgeschlossen**, wenn auf es keine externen Kräfte einwirken und nur Wechselwirkungskräfte zum Tragen kommen. Greift man aus einem abgeschlossenen System von N Massenpunkten M heraus ($M < N$), so bilden diese ein **offenes** System. Für dieses gilt bei geeigneter Nummerierung wieder (3.14) mit

$$\boldsymbol{F}_i^{(\mathrm{ext})} = \sum_{j=M+1}^{N} \boldsymbol{F}_{ij} \,.$$

3.2.1 Definition von Bewegungsgrößen

Man erhält eine Reihe wichtiger physikalischer Größen, wenn man die bislang für einzelne Massenpunkte definierten Größen über alle Massenpunkte des betrachteten Systems aufsummiert. Auf diese Weise erhält man die **Gesamtmasse**

$$M = \sum_{i=1}^{N} m_i \,, \tag{3.18}$$

den **Gesamtimpuls**

$$\boldsymbol{P} = \sum_{i=1}^{N} \boldsymbol{p}_i = \sum_{i=1}^{N} m_i \dot{\boldsymbol{r}}_i \,, \tag{3.19}$$

den **Gesamtdrehimpuls** um den Punkt $\boldsymbol{r}'$

$$\boldsymbol{L} = \sum_{i=1}^{N} \boldsymbol{L}_i = \sum_{i=1}^{N} (\boldsymbol{r}_i - \boldsymbol{r}') \times m_i \dot{\boldsymbol{r}}_i \,, \tag{3.20}$$

das **Gesamtdrehmoment** um den Punkt $\boldsymbol{r}'$

$$\boldsymbol{N} = \sum_{i=1}^{N} \boldsymbol{N}_i = \sum_{i=1}^{N} (\boldsymbol{r}_i - \boldsymbol{r}') \times \boldsymbol{F}_i \tag{3.21}$$

und die **gesamte kinetische Energie**

$$T = \sum_{i=1}^{N} T_i = \sum_{i=1}^{N} \frac{m_i}{2} \dot{\boldsymbol{r}}_i^{\,2} \,. \tag{3.22}$$

Weiterhin definieren wir als **Schwerpunkt** des Systems

$$\boldsymbol{R} = \Big(\sum_{i=1}^{N} m_i \boldsymbol{r}_i\Big) \Big/ M \,. \tag{3.23}$$

Er ist der mit der relativen Masse der einzelnen Teilchen gewichtete mittlere Teilchenort. Aus der Impuls- und Schwerpunkt-Definition folgt der wichtige Zusammenhang

$$\boxed{M\dot{\boldsymbol{R}} = \boldsymbol{P}\,,} \tag{3.24}$$

der für ein System von Massenpunkten genauso aussieht wie für einen einzelnen Massenpunkt, *Gesamtimpuls=Gesamtmasse mal Schwerpunktsgeschwindigkeit.* Gleichung (3.24) liefert eine nachträgliche Rechtfertigung für unser Idealkonzept des Massenpunkts, denn der Schwerpunkt bewegt sich demnach wie ein Massenpunkt. Führen wir jetzt die vom Schwerpunkt $\boldsymbol{R}$ zum i-ten Massenpunkt führenden **Relativvektoren**

$$\boldsymbol{r}_i' = \boldsymbol{r}_i - \boldsymbol{R} \qquad\qquad i = 1, \ldots, N \tag{3.25}$$

ein, so können wir den Gesamtdrehimpuls (3.20) in

$$\boldsymbol{L} = \sum_{i=1}^{N} \boldsymbol{r}_i' \times m_i \dot{\boldsymbol{r}}_i' + (\boldsymbol{R} - \boldsymbol{r}') \times \boldsymbol{P} \tag{3.26}$$

und die gesamte kinetische Energie (3.22) in

$$T = \sum_{i=1}^{N} \frac{m_i}{2} \dot{\boldsymbol{r}}_i'^2 + \frac{M}{2} \dot{\boldsymbol{R}}^2 \tag{3.27}$$

zerlegen (siehe unten). $\boldsymbol{L}$ setzt sich also aus der Summe der Einzeldrehimpulse um den Schwerpunkt und dem Drehimpuls des im Schwerpunkt konzentrierten Gesamtimpulses um den Bezugspunkt $\boldsymbol{r}'$ zusammen, und T ist die Summe aller kinetischen Einzelenergien relativ zum Schwerpunkt plus kinetische Energie der mit dem Schwerpunkt bewegten Gesamtmasse. Der Beweis für die angegebenen Zerlegungen folgt unter Benutzung von (3.25) bzw. $\boldsymbol{r}_i = \boldsymbol{R} + \boldsymbol{r}_i'$ und

$$\sum_i m_i \boldsymbol{r}_i' \overset{(3.23)}{=} \sum_i m_i \boldsymbol{r}_i - M\boldsymbol{R} = 0 \tag{3.28}$$

aus den kurzen Rechnungen

$$\begin{aligned} \boldsymbol{L} &\overset{(3.20)}{=} \sum_i (\boldsymbol{r}_i' + \boldsymbol{R} - \boldsymbol{r}') \times m_i \dot{\boldsymbol{r}}_i = \sum_i \boldsymbol{r}_i' \times m_i \dot{\boldsymbol{r}}_i + (\boldsymbol{R} - \boldsymbol{r}') \times \sum_i m_i \dot{\boldsymbol{r}}_i \\ &= \sum_i \boldsymbol{r}_i' \times m_i \dot{\boldsymbol{r}}_i' + \sum_i m_i \boldsymbol{r}_i' \times \dot{\boldsymbol{R}} + (\boldsymbol{R} - \boldsymbol{r}') \times \boldsymbol{P} \overset{(3.28)}{=} \sum_i \boldsymbol{r}_i' \times m_i \dot{\boldsymbol{r}}_i' + (\boldsymbol{R} - \boldsymbol{r}') \times \boldsymbol{P} \end{aligned}$$

und

$$T \overset{(3.22)}{=} \sum_i \frac{m_i}{2} \dot{\boldsymbol{r}}_i'^2 + \sum_i m_i \dot{\boldsymbol{r}}_i' \cdot \dot{\boldsymbol{R}} + \frac{M}{2} \dot{\boldsymbol{R}}^2 \overset{(3.28)}{=} \sum_i \frac{m_i}{2} \dot{\boldsymbol{r}}_i'^2 + \frac{M}{2} \dot{\boldsymbol{R}}^2 .$$

Wie wir im nächsten Abschnitt sehen werden, genügen die eben eingeführten Größen unter geeigneten Voraussetzungen denselben Erhaltungssätzen, die wir für einzelne Massenpunkte abgeleitet haben.

Setzt sich ein Gesamtsystem S aus n Teilsystemen S_k mit je N_k Massenpunkten zusammen, deren Massen und Positionen durch

$$m_{ki} \quad \text{und} \quad \boldsymbol{r}_{ki}\,, \qquad i = 1, \ldots, N_k$$

gegeben sind, so liegen die Schwerpunkte der Teilsysteme bei

$$\boldsymbol{R}_k = \frac{\sum_{i=1}^{N_k} m_{ki}\boldsymbol{r}_{ki}}{M_k} \qquad \text{mit} \qquad M_k = \sum_{i=1}^{N_k} m_{ki}\,.$$

Definiert man nun $\boldsymbol{r}'_{ki} = \boldsymbol{r}_{ki} - \boldsymbol{R}_k$, so kann der Drehimpuls völlig analog in

$$\boldsymbol{L}=\sum_{k=1}^{n}\boldsymbol{L}_k+\sum_{k=1}^{n}(\boldsymbol{R}_k-\boldsymbol{r}')\times\boldsymbol{P}_k \quad \text{mit} \quad \boldsymbol{L}_k=\sum_{i=1}^{N_k}\boldsymbol{r}'_{ki}\times m_{ki}\dot{\boldsymbol{r}}'_{ki}\,, \quad \boldsymbol{P}_k=M_k\dot{\boldsymbol{R}}_k \tag{3.29}$$

zerlegt werden. (Sind die Teilchen jedes dieser Systeme starr miteinander verbunden, so hat man ein System n starrer Körper.) Gleichung (3.29) besagt, dass sich der Gesamtdrehimpuls additiv aus den Drehimpulsen der Teilsysteme um ihre Schwerpunkte und den Drehimpulsen der Schwerpunkte um den Bezugspunkt zusammensetzt. Wenn die letzteren verschwinden, ist der Gesamtdrehimpuls gleich der Summe der Drehimpulse um die Schwerpunkte. Dies hat zur Folge, dass auch ein ruhender Festkörper noch einen Drehimpuls besitzen kann, wenn er aus Teilchen aufgebaut ist, die einen von null verschiedenen Spin aufweisen. (Hierauf beruht der **Einstein-de-Haas-Effekt**.)

3.2.2 Impulssatz und Impulserhaltung

Setzen wir in die Zeitableitung des Gesamtimpulses (3.19) die Bewegungsgleichungen der einzelnen Massenpunkte (3.13) mit (3.14) ein, so erhalten wir

$$\dot{\boldsymbol{P}} = \sum_{\substack{i,j=1\\ j\neq i}}^{N} \boldsymbol{F}_{ij} + \sum_{i=1}^{N} \boldsymbol{F}_i^{(\text{ext})}\,.$$

Nun gilt

$$\sum_{\substack{i,j=1\\ j\neq i}}^{N} \boldsymbol{F}_{ij} = \sum_{\substack{i,j=1\\ i<j}}^{N} \boldsymbol{F}_{ij} + \sum_{\substack{i,j=1\\ i>j}}^{N} \boldsymbol{F}_{ij} \overset{\text{s.u.}}{=} \sum_{\substack{i,j=1\\ i<j}}^{N} (\boldsymbol{F}_{ij} + \boldsymbol{F}_{ji}) \overset{\text{s.u.}}{=} 0\,,$$

wobei in einer der Summen die Umbenennung $i \leftrightarrow j$ vorgenommen und das Reaktionsprinzip (3.15) benutzt wurde. Infolgedessen erhalten wir mit (3.24) den **Gesamtimpulssatz**

$$\boxed{M\ddot{\boldsymbol{R}} = \dot{\boldsymbol{P}} = \textstyle\sum_{i=1}^{N} \boldsymbol{F}_i^{(\text{ext})}\,.} \tag{3.30}$$

Der Gesamtimpuls ändert sich also nur, wenn äußere Kräfte einwirken. Dabei bewegt sich der Schwerpunkt wie ein einzelner Massenpunkt, in welchem die Gesamtmasse des Systems vereinigt ist und auf den die Summe aller externen Kräfte einwirkt. Falls es eine Richtung $\boldsymbol{e}$ gibt, in der die Komponente der externen Gesamtkraft permanent verschwindet,

$$\boldsymbol{e}\cdot\sum_{i=1}^{N}\boldsymbol{F}_i^{(\text{ext})}=0\,,$$

bleibt die Gesamtimpuls-Komponente in dieser Richtung wegen $\boldsymbol{e}\cdot\dot{\boldsymbol{P}}=d(\boldsymbol{e}\cdot\boldsymbol{P})/dt=0$ zeitlich konstant, $\boldsymbol{e}\cdot\boldsymbol{P}=\text{const}$.

In abgeschlossenen Systemen gibt es keine externen Kräfte, es ist $\dot{\boldsymbol{P}}=0$, und daher gilt in ihnen der **Gesamtimpuls-Erhaltungssatz**

$$\boxed{\boldsymbol{P}(t)\overset{(3.19)}{=}\textstyle\sum_{i=1}^{N}m_i\dot{\boldsymbol{r}}_i(t)=\boldsymbol{P}(t_0)\,.}\tag{3.31}$$

Durch Integration nach der Zeit ergibt sich aus diesem zusammen mit (3.24) der **Schwerpunktsatz**

$$\boxed{M\boldsymbol{R}(t)=\boldsymbol{P}(t_0)(t-t_0)+M\boldsymbol{R}(t_0)\,,}\tag{3.32}$$

d. h. in abgeschlossenen Systemen bewegt sich der Schwerpunkt gleichförmig auf einer Geraden. (3.31) und (3.32) gelten auch in nicht-abgeschlossenen Systemen, wenn $\sum_{i=1}^{N}\boldsymbol{F}_i^{(\text{ext})}=0$ erfüllt ist.

3.2.3 Drehimpulssatz und Drehimpulserhaltung

Differenzieren wir den Gesamtdrehimpuls (3.20) nach der Zeit, so erhalten wir mit (3.13)–(3.14) zunächst

$$\dot{\boldsymbol{L}}=\sum_{\substack{i,j=1\\i\neq j}}^{N}(\boldsymbol{r}_i-\boldsymbol{r}')\times\boldsymbol{F}_{ij}+\sum_{i=1}^{N}(\boldsymbol{r}_i-\boldsymbol{r}')\times\boldsymbol{F}_i^{(\text{ext})}\,.$$

Mit

$$\begin{aligned}\sum_{\substack{i,j=1\\i\neq j}}^{N}(\boldsymbol{r}_i-\boldsymbol{r}')\times\boldsymbol{F}_{ij}&=\Big(\sum_{\substack{i,j=1\\i<j}}^{N}+\sum_{\substack{i,j=1\\i>j}}^{N}\Big)\big[(\boldsymbol{r}_i-\boldsymbol{r}')\times\boldsymbol{F}_{ij}\big]\\&\overset{\text{z.T. }i\leftrightarrow j}{=}\sum_{\substack{i,j=1\\i<j}}^{N}\big[(\boldsymbol{r}_i-\boldsymbol{r}')\times\boldsymbol{F}_{ij}+(\boldsymbol{r}_j-\boldsymbol{r}')\times\boldsymbol{F}_{ji}\big]\overset{(3.15)}{=}\sum_{\substack{i,j=1\\i<j}}^{N}(\boldsymbol{r}_i-\boldsymbol{r}_j)\times\boldsymbol{F}_{ij}\,,\end{aligned}$$

erhalten wir daraus den **Gesamtdrehimpulssatz**

$$\dot{\boldsymbol{L}} = \sum_{\substack{i,j=1\\i<j}}^{N} \left[(\boldsymbol{r}_i - \boldsymbol{r}_j) \times \boldsymbol{F}_{ij} \right] + \boldsymbol{N}^{(\text{ext})}, \tag{3.33}$$

in dem

$$\boldsymbol{N}^{(\text{ext})} = \sum_{i=1}^{N} (\boldsymbol{r}_i - \boldsymbol{r}') \times \boldsymbol{F}_i^{(\text{ext})} \tag{3.34}$$

das Gesamtdrehmoment aller externen Kräfte ist.

Handelt es sich bei den Wechselwirkungskräften um Zentralkräfte, so ergibt sich aus (3.16) $(\boldsymbol{r}_i - \boldsymbol{r}_j) \times \boldsymbol{F}_{ij} = 0$, und wir erhalten statt (3.33)

$$\dot{\boldsymbol{L}} = \boldsymbol{N}^{(\text{ext})}. \tag{3.35}$$

Gibt es eine Richtung $\boldsymbol{e}$, in der die Komponente des Drehmoments der äußeren Kräfte permanent verschwindet, $\boldsymbol{e}\cdot\boldsymbol{N}^{(\text{ext})} = 0$, so ist die Drehimpulskomponente in dieser Richtung wegen $\boldsymbol{e}\cdot\dot{\boldsymbol{L}} = d(\boldsymbol{e}\cdot\boldsymbol{L})/dt = 0$ konstant, $\boldsymbol{e}\cdot\boldsymbol{L} = \text{const}$. In abgeschlossenen Systemen mit Zentral-Wechselwirkungskräften gilt – unabhängig vom Bezugspunkt $\boldsymbol{r}'$ – der **Gesamtdrehimpuls-Erhaltungssatz**

$$\boldsymbol{L}(t) = \sum_{i=1}^{N} (\boldsymbol{r}_i(t) - \boldsymbol{r}') \times m_i \dot{\boldsymbol{r}}_i(t) = \boldsymbol{L}(t_0). \tag{3.36}$$

Dieser gilt auch in nicht-abgeschlossenen Systemen mit zentralen Wechselwirkungskräften, wenn $\boldsymbol{N}^{(\text{ext})} = 0$ ist.

Wir berechnen zum Abschluss noch das Gesamtdrehmoment, das ein homogenes Schwerefeld $\boldsymbol{g}$ hervorruft. Mit (3.18) und (3.23) erhalten wir dafür

$$\boldsymbol{N}^{(\text{s})} = \sum_{i=1}^{N} (\boldsymbol{r}_i - \boldsymbol{r}') \times m_i \boldsymbol{g} = M(\boldsymbol{R} - \boldsymbol{r}') \times \boldsymbol{g}. \tag{3.37}$$

Für $\boldsymbol{r}' = \boldsymbol{R}$ wird $\boldsymbol{N}^{(\text{s})} = 0$, d. h. das Drehmoment eines homogenen Schwerefeldes um den Schwerpunkt verschwindet.

Wenn sich zwei Galaxien begegnen, können sie aufeinander Drehmomente ausüben. Bei sehr großem Abstand sind diese jedoch sehr klein, weil die sie hervorrufenden Wechselwirkungskräfte nicht nur mit dem Quadrat des inversen Abstands abnehmen, sondern auch über den im Vergleich zum Abstand sehr kleinen Durchmesser der Galaxien beinahe konstant sind. Nur bei nahen Begegnungen werden sie merklich inhomogen. Die heutige Rotation der Galaxien ist daher auf frühere nahe Begegnungen mit anderen Galaxien zurückzuführen, sofern sie nicht schon bei der Entstehung der Galaxien vorhanden war.

3.2.4 Energiesatz und Energieerhaltung

Auch in einem System mehrerer Massenpunkte gilt ein Energiesatz, und man erhält ihn ähnlich wie bei einem einzelnen Massenpunkt. Wir multiplizieren zu diesem Zweck die Bewegungsgleichung für den i-ten Massenpunkt mit $\dot{\boldsymbol{r}}_i$ und summieren über die hierdurch erhaltenen N Gleichungen

$$\frac{d}{dt}\left(\frac{m_i \dot{\boldsymbol{r}}_i{}^2}{2}\right) = \boldsymbol{F}_i \cdot \dot{\boldsymbol{r}}_i \,, \qquad i = 1, \ldots, N \,.$$

Zerlegen wir noch $\boldsymbol{F}_i$ gemäß (3.14) und benutzen die Definition der gesamten kinetischen Energie, (3.22), so führt eine Umformung ähnlich der, die zur Ableitung von (3.33) benutzt wurde, zu

$$\frac{dT}{dt} = \sum_{\substack{i,j=1 \\ i<j}}^{N} (\dot{\boldsymbol{r}}_i - \dot{\boldsymbol{r}}_j) \cdot \boldsymbol{F}_{ij} + \sum_{i=1}^{N} \boldsymbol{F}_i^{(\text{ext})} \cdot \dot{\boldsymbol{r}}_i \,. \tag{3.38}$$

Hieraus folgt durch Zeitintegration von t_0 bis t_1 unmittelbar der **Energiesatz**

$$\boxed{\Delta T = T(t_1) - T(t_0) = \Delta A^{(\text{int})} + \Delta A^{(\text{ext})} \,,} \tag{3.39}$$

wobei

$$\Delta A^{(\text{int})} = \sum_{\substack{i,j=1 \\ i<j}}^{N} \int_{t_0}^{t_1} \big(\dot{\boldsymbol{r}}_i(t) - \dot{\boldsymbol{r}}_j(t)\big) \cdot \boldsymbol{F}_{ij}\big(\boldsymbol{r}_i(t), \boldsymbol{r}_j(t), \dot{\boldsymbol{r}}_i(t), \dot{\boldsymbol{r}}_j(t), t\big)\, dt$$

die Arbeit der internen und

$$\Delta A^{(\text{ext})} = \sum_{i=1}^{N} \int_{t_0}^{t_1} \boldsymbol{F}_i^{(\text{ext})}\big(\boldsymbol{r}_i(t), \dot{\boldsymbol{r}}_i(t), t\big) \cdot \dot{\boldsymbol{r}}_i(t)\, dt$$

die Arbeit der externen Kräfte darstellt.

Besonders wichtig ist der Fall, dass die inneren Wechselwirkungskräfte Zentralkräfte sind, also (3.16) und (3.17) erfüllen. Nach (3.8)–(3.9) (wir ersetzen dort $F \rightarrow F_{ij}$ und $\boldsymbol{r} \rightarrow \boldsymbol{r}_i - \boldsymbol{r}_j$) besitzt die vom j-ten Massenpunkt am Ort $\boldsymbol{r}_i$ ausgeübte Kraft dann für die Normierung $V_{ij}(r_{ij,0}) = 0$ das Potenzial

$$V_{ij}(r_{ij}) = -\int_{r_{ij,0}}^{r_{ij}} F_{ij}(r'_{ij})\, dr'_{ij} \tag{3.40}$$

und kann unter Einführung der Notation

$$\frac{\partial}{\partial \boldsymbol{r}} := \boldsymbol{\nabla} \tag{3.41}$$

für den Gradienten in der Form

$$F_{ij} = -\frac{\partial V_{ij}(r_{ij})}{\partial \boldsymbol{r}_i} \tag{3.42}$$

geschrieben werden. (Diese Notation ist bequem, wenn der Gradient nicht bezüglich x, y, z, sondern Variablen wie x', y', z' oder x_i, y_i, z_i gebildet werden soll.) Wegen der Gültigkeit des Reaktionsprinzips (3.15) bzw. (3.17) erfüllen die Potenziale V_{ij} die Beziehung

$$V_{ij}(r_{ij}) = V_{ji}(r_{ji}) . \tag{3.43}$$

Treffen wir jetzt noch die zusätzliche Voraussetzung, dass auch die externen Kräfte ein Potenzial besitzen,

$$\boldsymbol{F}_i^{(\mathrm{ext})}(\boldsymbol{r}_i) = - \left.\frac{\partial V_i^{(\mathrm{ext})}}{\partial \boldsymbol{r}}\right|_{\boldsymbol{r}=\boldsymbol{r}_i} = -\frac{\partial V_i^{(\mathrm{ext})}(\boldsymbol{r}_i)}{\partial \boldsymbol{r}_i} ,$$

so folgt aus Gleichung (3.38) ein Energie-Erhaltungssatz: Wegen $r_{ij}=|\boldsymbol{r}_j-\boldsymbol{r}_i|=|\boldsymbol{r}_i-\boldsymbol{r}_j|$ gilt dann nach (2.35)

$$\frac{\partial r_{ij}}{\partial \boldsymbol{r}_j} = \frac{\boldsymbol{r}_j - \boldsymbol{r}_i}{r_{ij}} , \qquad \frac{\partial r_{ij}}{\partial \boldsymbol{r}_i} = \frac{\boldsymbol{r}_i - \boldsymbol{r}_j}{r_{ij}} = -\frac{\partial r_{ij}}{\partial \boldsymbol{r}_j} ,$$

weiterhin ist

$$\frac{dV_{ij}}{dt} = \frac{dV_{ij}}{dr_{ij}} \left[\frac{\partial r_{ij}}{\partial \boldsymbol{r}_i} \cdot \dot{\boldsymbol{r}}_i + \frac{\partial r_{ij}}{\partial \boldsymbol{r}_j} \cdot \dot{\boldsymbol{r}}_j \right] = \frac{dV_{ij}}{dr_{ij}} \frac{\partial r_{ij}}{\partial \boldsymbol{r}_i} \cdot (\dot{\boldsymbol{r}}_i - \dot{\boldsymbol{r}}_j) = \frac{dV_{ij}}{dr_{ij}} \cdot (\dot{\boldsymbol{r}}_i - \dot{\boldsymbol{r}}_j) = -\boldsymbol{F}_{ij} \cdot (\dot{\boldsymbol{r}}_i - \dot{\boldsymbol{r}}_j) ,$$

und wir können für den ersten Term der rechten Seite von (3.38)

$$\sum_{\substack{i,j=1 \\ i<j}}^{N} \boldsymbol{F}_{ij} \cdot (\dot{\boldsymbol{r}}_i - \dot{\boldsymbol{r}}_j) = -\frac{d}{dt} \sum_{\substack{i,j=1 \\ i<j}}^{N} V_{ij} = -\frac{d}{dt}\frac{1}{2} \sum_{\substack{i,j=1 \\ i\neq j}}^{N} V_{ij}$$

schreiben. Für den zweiten erhalten wir

$$\sum_{i=1}^{N} \boldsymbol{F}_i^{(\mathrm{ext})} \cdot \dot{\boldsymbol{r}}_i = -\sum_{i=1}^{N} \frac{\partial V_i^{(\mathrm{ext})}}{\partial \boldsymbol{r}_i} \cdot \dot{\boldsymbol{r}}_i = -\frac{d}{dt} \sum_{i=1}^{N} V_i^{(\mathrm{ext})}(\boldsymbol{r}_i(t)) .$$

Damit enthält (3.38) nur Zeitableitungen, und wir bekommen nach einer Integration über die Zeit wieder den **Energie-Erhaltungssatz**

$$\boxed{T + V = E} \tag{3.44}$$

mit einer – wiederum nicht festgelegten – Gesamtenergie E, wenn

$$V = \frac{1}{2} \sum_{\substack{i,j=1 \\ i\neq j}}^{N} V_{ij}\big(|\boldsymbol{r}_i - \boldsymbol{r}_j|\big) + \sum_{i=1}^{N} V_i^{(\mathrm{ext})}(\boldsymbol{r}_i) \tag{3.45}$$

als **gesamte potenzielle Energie** des betrachteten Systems definiert wird.

Wie beim einzelnen Massenpunkt bilden kinetische und potenzielle Energie zwei Formen derselben Quantität „Energie“, die ineinander überführt werden können. Wir erkennen insbesondere, dass die potenzielle Energie der inneren Wechselwirkung unter geeigneten Umständen in Bewegungsenergie der Teilchen überführt werden kann. Dass dabei gewaltige Energiemengen „freigesetzt“ werden können, beweist das Beispiel einer chemischen Explosion. Man kann sich die immense Bedeutung vorstellen, welche die Entdeckung des Energiesatzes für eine Epoche dargestellt haben muss, in der man sich noch ernstlich mit der Konstruktion von Apparaten zur Energiegewinnung aus dem Nichts (**perpetuum mobile erster Art**) beschäftigt hat.

Systeme, in denen der Energie-Erhaltungssatz gilt, bezeichnet man als **konservativ**. In einem abgeschlossenen konservativen System ist die gesamte potenzielle Energie einfach

$$V = \frac{1}{2} \sum_{i,j=1}^{N} V_{ij}\big(|\boldsymbol{r}_i - \boldsymbol{r}_j|\big) . \tag{3.46}$$

Ein Beispiel hierfür bildet ein System von N Massenpunkten, auf die nur wechselseitige Gravitationskräfte einwirken. Nach (2.28), (2.36) und (2.38) haben wir in diesem Fall die Wechselwirkungspotenziale

$$V_{ij} = -G \frac{m_i m_j}{|\boldsymbol{r}_i - \boldsymbol{r}_j|} . \tag{3.47}$$

3.2.5 Konfigurationsraum

Manche Fragen allgemeiner Art lassen sich bei einem System von Massenpunkten ganz ähnlich wie bei einem einzelnen Massenpunkt diskutieren, wenn man das Konzept des **Konfigurationsraumes** benutzt. Ein System von N Massenpunkten wird hier nicht durch N Punkte in einem dreidimensionalen Raum, sondern durch einen einzigen Punkt in einem $3N$-dimensionalen Raum, eben dem Konfigurationsraum, dargestellt. Dabei handelt es sich um einen linearen Vektorraum, der von $3N$ orthogonalen Einheitsvektoren $\boldsymbol{e}_i$ (sie erfüllen die Relationen $\boldsymbol{e}_i \cdot \boldsymbol{e}_k = \delta_{ik}$, $i, k = 1, 2, \ldots, 3N$) aufgespannt und dazu benutzt wird, die Lage der N Massenpunkte durch den Ortsvektor

$$\boldsymbol{X} = \sum_{i=1}^{3N} X_i \, \boldsymbol{e}_i \tag{3.48}$$

mit den Komponenten

$$\{X_1, X_2, X_3, X_4, \ldots, X_{3N}\} = \{x_1, y_1, z_1, x_2, y_2, z_2, \ldots, x_N, y_N, z_N\}$$

zu charakterisieren. (Diese Darstellung ist eindeutig, denn kennt man $\boldsymbol{X}$, so kann man die Koordinaten sämtlicher Teilchen angeben, und umgekehrt.) Offensichtlich folgen aus

$$\dot{\boldsymbol{X}} = \sum_{i=1}^{3N} \dot{X}_i(t) \, \boldsymbol{e}_i \, , \qquad \ddot{\boldsymbol{X}} = \sum_{i=1}^{3N} \ddot{X}_i(t) \, \boldsymbol{e}_i$$

auch eindeutig die Geschwindigkeiten und Beschleunigungen sämtlicher Massenpunkte.

Um die Bewegungsgleichungen des N-Teilchen-Systems auf die Konfigurationsraum-Notation zu übertragen, definieren wir noch einen Kraftvektor

$$\boldsymbol{\mathcal{F}} = \sum_{i=1}^{3N} \mathcal{F}_i \, \boldsymbol{e}_i \tag{3.49}$$

mit den Komponenten

$$\{\mathcal{F}_1, \mathcal{F}_2, \mathcal{F}_3, \mathcal{F}_4, \ldots, \mathcal{F}_{3N}\} = \{F_{1x}, F_{1y}, F_{1z}, F_{2x}, \ldots, F_{Nz}\}$$

sowie eine (diagonale) Masse-Matrix M mit den Elementen $M_{ik} = M_i \delta_{ik}$,

$$\{M_1, M_2, M_3, M_4, \ldots, M_{3N}\} = \{m_1, m_1, m_1, m_2, \ldots, m_N\} .$$

Das Matrixprodukt $\mathsf{M} \cdot \ddot{\boldsymbol{X}}$ hat die Komponenten

$$(\mathsf{M} \cdot \ddot{\boldsymbol{X}})_i = M_i \ddot{X}_i = \mathcal{F}_i ,$$

und daher lassen sich die Bewegungsgleichungen in der Form

$$\boxed{\mathsf{M} \cdot \ddot{\boldsymbol{X}} = \boldsymbol{\mathcal{F}}(\boldsymbol{X}, \dot{\boldsymbol{X}}, t)} \tag{3.50}$$

zusammenfassen. Eine Lösung $\boldsymbol{X}(t)$ dieser Gleichung liefert eine Bahnkurve (**Trajektorie**) im Konfigurationsraum.

Angemerkt sei, dass auch in der Quantenmechanik die Beschreibung des Zustands eines N-Teilchensystems im Konfigurationsraum erfolgt.

3.2.6 Integrationsproblem für N Punktmassen

Wir interessieren uns jetzt für die Frage, wie viele Integrationen im Prinzip durchgeführt werden müssen, bis das durch die Gleichungen (3.50) aufgeworfene Integrationsproblem vollständig gelöst ist. Dabei soll unter vollständiger Lösung verstanden werden, dass man zu sämtlichen Anfangswerten $\boldsymbol{X}(t_0) = \boldsymbol{X}_0$, $\dot{\boldsymbol{X}}(t_0) = \boldsymbol{V}_0$ die Lösung $\boldsymbol{X}(t)$ für alle $t \geq t_0$ angeben kann.

Wir haben es mit einem System von $3N$ (skalaren) gewöhnlichen Differentialgleichungen zweiter Ordnung zu tun, die im Allgemeinen über die Kraftterme miteinander verkoppelt sind. Als **Bewegungsintegral** dieses Systems bezeichnet man jede Funktion $\phi(\boldsymbol{X}, \dot{\boldsymbol{X}}, t)$, die auf den Lösungskurven $\boldsymbol{X} = \boldsymbol{X}(t)$ von (3.50) konstant ist bzw. die Gleichung

$$\frac{d\phi}{dt} = \frac{\partial \phi}{\partial \boldsymbol{X}} \cdot \dot{\boldsymbol{X}} + \frac{\partial \phi}{\partial \dot{\boldsymbol{X}}} \cdot \ddot{\boldsymbol{X}} + \frac{\partial \phi}{\partial t} = 0 \tag{3.51}$$

erfüllt. Jede beliebige differenzierbare Funktion von Bewegungsintegralen ist selbst wieder ein Bewegungsintegral. Für die Funktion $F(\phi)$ eines einzigen Bewegungsintegrals gilt nämlich $dF/dt = (dF/d\phi)\, d\phi/dt = 0$, und ähnlich zeigt man das bei einer Funktion von mehreren Bewegungsintegralen.

In der Theorie der Systeme gewöhnlicher Differentialgleichungen wird bewiesen, dass zur vollständigen Lösung des Bewegungsproblems für jede Gleichung zwei, insgesamt also $6N$ **unabhängige Bewegungsintegrale** benötigt werden. Zwei Bewegungsintegrale heißen dabei unabhängig, wenn sich das eine nicht als Funktion des anderen ausdrücken lässt. Wegen der oben beschriebenen Möglichkeit, aus einem Bewegungsintegral viele weitere erzeugen zu können, existiert zu einem gegebenen Problem offensichtlich eine Vielzahl verschiedener vollständiger Sätze von Bewegungsintegralen. Wir wollen uns die obige Aussage über die Anzahl benötigter Bewegungsintegrale an einem speziell gewählten Satz „formaler" Bewegungsintegrale klar machen. Wie bei einem einzelnen Massenpunkt gilt auch für das System (3.50), dass die Lösung $\boldsymbol{X}(t)$ eindeutig durch die Vorgabe von Anfangswerten $\boldsymbol{X}_0$ und $\boldsymbol{V}_0$ festgelegt wird. Die Abhängigkeit der Lösung von den Anfangswerten bringen wir durch die ausführlichere Notation

$$\boldsymbol{X} = \boldsymbol{X}(t, \boldsymbol{X}_0, \boldsymbol{V}_0)\,, \qquad \dot{\boldsymbol{X}} = \boldsymbol{V}(t, \boldsymbol{X}_0, \boldsymbol{V}_0)$$

zum Ausdruck. Löst man dieses System von $6N$ Gleichungen formal nach $\boldsymbol{X}_0$ und $\boldsymbol{V}_0$ auf, so erhält man

$$\boldsymbol{X}_0 = \boldsymbol{X}_0(t, \boldsymbol{X}, \dot{\boldsymbol{X}})\,, \qquad \boldsymbol{V}_0 = \boldsymbol{V}_0(t, \boldsymbol{X}, \dot{\boldsymbol{X}})\,.$$

Weil alle Punkte einer Bahn im Startpunkt dieselben Anfangswerte $\boldsymbol{X}_0$ und $\boldsymbol{V}_0$ besitzen, erfüllt jede der $6N$ Funktionen $\boldsymbol{X}_0(t, \boldsymbol{X}, \dot{\boldsymbol{X}})$, $\boldsymbol{V}_0(t, \boldsymbol{X}, \dot{\boldsymbol{X}})$ die Gleichung (3.51), d. h. es handelt sich um Bewegungsintegrale. Da man mit diesen andererseits jedes Anfangswertproblem lösen kann, erhält man aus ihnen die vollständige Lösung des Bewegungsproblems.

Im Allgemeinen ist das zuletzt angegebene Schema zur Bestimmung eines vollständigen Satzes von Bewegungsintegralen leider nicht durchführbar. Zwar garantieren Sätze aus der Theorie der gewöhnlichen Differentialgleichungen die Existenz von Lösungen des Systems (3.50) zu beliebigen Anfangswerten. Diese Existenzaussagen gelten jedoch nur für begrenzte Zeitintervalle, während man zur obigen Konstruktion die Lösung für alle Zeiten benötigen würde – wir haben deshalb auch nur von formalen Lösungen gesprochen. Außerdem lässt sich die oben vollzogene Umkehr von Funktionen nicht allgemein durchführen.

Die genauere Untersuchung zeigt, dass sich die zur Lösung benötigten Funktionen zwar für endliche Teilgebiete des zugehörigen **Phasenraums** $\{\boldsymbol{X}, \dot{\boldsymbol{X}}\}$ konstruieren lassen. Die analytische Fortsetzung der Integralflächen $\phi = \text{const}$ in Nachbargebiete führt im Allgemeinen jedoch zu unendlich vielen Selbstüberschneidungen – diese müssen längs Trajektorien $\boldsymbol{X}(t)$ erfolgen, weil es sonst Trajektorien gäbe, die sich selbst schneiden oder berühren, was mit der aus der Theorie gewöhnlicher Differentialgleichungen folgenden Eindeutigkeit der Lösungen nicht verträglich wäre – und liefert daher keine Bewegungsintegrale mit den erforderlichen Eindeutigkeits- und Differenzierbarkeitseigenschaften. Dies bedeutet, dass das durch die Gleichungen (3.50) aufgeworfene Integrationsproblem im Allgemeinen nicht in dem oben angegebenen Sinn vollständig lösbar ist. In den Kapiteln 7 und 8 werden wir auf die Problematik des Integrationsproblems noch einmal ausführlich zurückkommen. Insbesondere werden wir feststellen, dass das Problem dann lösbar ist und auch praktisch gelöst werden kann, wenn man die Hälfte der Bewegungsintegrale gefunden hat und diese eine besondere Form der Unabhängigkeit voneinander aufweisen.

Wir beschließen diese Betrachtung damit, dass wir uns noch gesondert dem Spezialfall abgeschlossener konservativer Systeme mit zentralen Wechselwirkungskräften zuwenden. In diesen Systemen gelten der Schwerpunktsatz und die Erhaltungssätze für den Impuls, den Drehimpuls sowie die Energie, die zusammen $3+3+3+1 = 10$ Bewegungsintegrale liefern. Zur vollständigen Lösung des Integrationsproblems werden also nur noch $6N - 10$ Bewegungsintegrale benötigt. Allerdings stellt sich heraus, dass die Gesamtzahl erhältlicher Bewegungsintegrale im Allgemeinen mit den oben genannten zehn erschöpft ist, es sei denn, dem Problem liegen besondere Symmetrien zugrunde (siehe Abschn. 5.13).

Haben wir ein Problem mit nur einem Massenpunkt vor uns, so werden zu dessen vollständiger Lösung sechs Bewegungsintegrale benötigt, während die Erhaltungssätze sogar zehn liefern. Das bedeutet zum einen, dass die Erhaltungssätze in diesem Fall nicht alle voneinander unabhängig sein können, zum anderen, dass das Ein-Körper-Problem unter den gegebenen Voraussetzungen als gelöst angesehen werden kann.

Die vollständige Lösung des Zwei-Körper-Problems erfordert zwei mal drei mal zwei = zwölf Bewegungsintegrale. Da nach Voraussetzung zehn Erhaltungssätze gelten, müssen nur noch zwei weitere Bewegungsintegrale bestimmt werden, und auch dieses Problem kann generell gelöst werden (siehe Abschn. 4.2.1).

Die vollständige Lösung des Drei-Körper-Problems erfordert schon achtzehn Bewegungsintegrale, so dass zur Ergänzung der zehn Erhaltungssätze noch acht weitere Integrationen durchgeführt werden müssen. Wie schon H. Bruns und H. Poincaré gegen Ende des letzten Jahrhunderts gezeigt haben, ist dieses Problem nicht mehr allgemein durch Quadraturen lösbar (siehe Abschn. 4.2.4 und Kap. 8–9). Allerdings können zu sehr speziellen Anfangsbedingungen Lösungen des Dreikörperproblems angegeben werden (siehe Abschn. 4.2.3), und natürlich kann man die Lösung zu beliebigen Anfangsbedingungen über eine begrenzte Zeitspanne hinweg mithilfe des Computers errechnen.

Die Dinge werden natürlich um so komplizierter, je mehr Massenpunkte man betrachtet. Durch Veränderung der Fragestellung erhält man jedoch gerade bei sehr vielen Massenpunkten wieder sehr präzise Ergebnisse, wenn man statistische Methoden benutzt. Diese werden ausführlich im Band *Thermodynamik und Statistik* dieses Lehrbuchs behandelt.

3.3 Newtonsche Mechanik in rotierenden Bezugsystemen

Ein Labor auf der Erdoberfläche ist kein exaktes Inertialsystem, da es infolge der Erdrotation – und in geringerem Ausmaß auch infolge der Rotation der Erde um die Sonne – eine beschleunigte Bewegung ausführt. Deshalb ist es interessant, die in einem rotierenden Bezugsystem S' gültige Form der Bewegungsgleichungen abzuleiten. Wir nehmen im Folgenden an, dass der Ursprung des rotierenden Bezugsystems S' permanent mit dem Koordinatenursprung eines Inertialsystems S zusammenfällt, also unbeschleunigt ist. Bevor wir die zugehörige Transformation der Bewegungsgleichungen aufsuchen, befassen wir uns mit der mathematischen Beschreibung der Rotation von S'.

3.3.1 Mathematische Beschreibung rotierender Systeme

Wir führen sowohl im Inertialsystem S als auch im rotierenden System S' jeweils ein kartesisches Koordinatensystem ein und bezeichnen die in Richtung der x-, y- und z-Achse von S bzw. der x', y' und z'-Achse von S' weisenden Einheitsvektoren mit $\boldsymbol{e}_1, \boldsymbol{e}_2$ und $\boldsymbol{e}_3$ bzw. $\boldsymbol{e}'_1, \boldsymbol{e}'_2$ und $\boldsymbol{e}'_3$. Mit S' rotieren auch die Einheitsvektoren $\boldsymbol{e}'_i$, weshalb sie zeitabhängig sind: $\boldsymbol{e}'_i = \boldsymbol{e}'_i(t)$. Dabei erfüllen sie identisch in t die **Orthonormalitäts-Relationen**[1]

$$\boldsymbol{e}'_i(t) \cdot \boldsymbol{e}'_j(t) = \delta_{ij}\,, \qquad i, j = 1, 2, 3\,.$$

Durch Ableitung nach t ergeben sich daraus für die Vektoren $\dot{\boldsymbol{e}}'_i(t)$, die angeben, mit welcher Geschwindigkeit die Einheitsvektoren $\boldsymbol{e}'_i(t)$ ihre Richtung ändern, die neun Gleichungen

$$\dot{\boldsymbol{e}}'_i \cdot \boldsymbol{e}'_j + \boldsymbol{e}'_i \cdot \dot{\boldsymbol{e}}'_j = 0\,, \qquad i, j = 1, 2, 3\,. \tag{3.52}$$

Da für $i \neq j$ jeweils zwei (durch Vertauschung der Indizes auseinander hervorgehende) Gleichungen doppelt auftreten, enthält (3.52) insgesamt nur sechs voneinander unabhängige Gleichungen. Rein kinematisch gesehen werden die Bewegungen der Vektoren $\boldsymbol{e}'_i(t)$ nur durch diese eingeschränkt und sind ansonsten beliebig.

Wir versuchen jetzt, die Geschwindigkeitsvektoren $\dot{\boldsymbol{e}}'_i(t)$ in allgemeinster Form so zu bestimmen, dass die geforderten Bedingungen (3.52) automatisch erfüllt werden. Das könnte z. B. in der Art geschehen, dass wir drei der neun Geschwindigkeitskomponenten $\dot{\boldsymbol{e}}'_i \cdot \boldsymbol{e}'_j$ willkürlich festlegen und die verbleibenden sechs aus den sechs unabhängigen Gleichungen des Systems (3.52) bestimmen. Wir gehen im Folgenden jedoch einen anderen Weg.

Da $\boldsymbol{e}'_i$ ein Einheitsvektor ist, muss die Geschwindigkeit $\dot{\boldsymbol{e}}'_i$ auf ihm senkrecht stehen (drei der Gleichungen (3.52), $i{=}j{=}1, 2, 3$, beschreiben gerade diese Tatsache), und daher muss es einen Vektor $\boldsymbol{\omega}_i$ geben, mit dessen Hilfe sich $\dot{\boldsymbol{e}}'_i$ in der Form

$$\dot{\boldsymbol{e}}'_i = \boldsymbol{\omega}_i \times \boldsymbol{e}'_i\,, \qquad i = 1, 2, 3$$

darstellen lässt (Aufgabe 3.8). Nach der vorangegangenen Überlegung werden die Geschwindigkeiten $\dot{\boldsymbol{e}}'_i$ schon durch drei skalare Größen festgelegt, während wir neun Bestimmungsgrößen hätten, wenn alle $\boldsymbol{\omega}_i$ voneinander unabhängig wären. Daher muss $\boldsymbol{\omega}_1{=}\boldsymbol{\omega}_2{=}\boldsymbol{\omega}_3{=}\boldsymbol{\omega}$ gelten, woraus sich

$$\dot{\boldsymbol{e}}'_i = \boldsymbol{\omega} \times \boldsymbol{e}'_i \tag{3.53}$$

ergibt. $\boldsymbol{\omega}$ kann allerdings noch beliebig von der Zeit abhängen, $\boldsymbol{\omega}{=}\boldsymbol{\omega}(t)$. Gleichung (3.53) bietet die gesuchte Darstellung der Geschwindigkeiten. Die kurze

---

1 δ_{ij} ist das durch

$$\delta_{ij} = \begin{cases} 1 & \text{für} \quad i = j\,, \\ 0 & \text{für} \quad i \neq j \end{cases}$$

definierte **Kronecker-Symbol**.

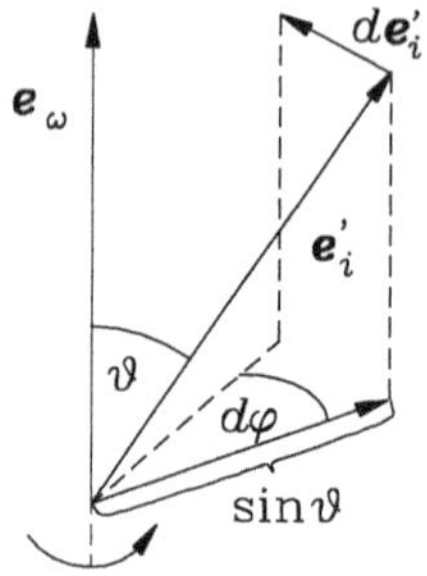

Abb. 3.4: Zur Definition des Vektors $\boldsymbol{\omega}$.

Rechnung

$$\dot{e}_i' \cdot e_j' + e_i' \cdot \dot{e}_j' = (\boldsymbol{\omega} \times e_i') \cdot e_j' + e_i' \cdot (\boldsymbol{\omega} \times e_j') = \boldsymbol{\omega} \cdot (e_i' \times e_j' + e_j' \times e_i') = 0$$

zeigt, dass diese die Gleichungen (3.52) tatsächlich automatisch, also ohne dass noch irgendwelche Forderungen übrig bleiben, erfüllen.

Die Bedeutung der Größe

$$\boldsymbol{\omega} = \omega \, e_\omega$$

entnehmen wir der Abb. 3.4. Nach dieser, nach (3.53) und der Definition des Vektorprodukts gilt

$$|de_i'| = \sin\vartheta \; \omega \, dt = \sin\vartheta \; d\varphi$$

und daraus folgend

$$\omega = \frac{d\varphi}{dt}\,.$$

Dabei ist $d\varphi$ der Winkel, um den die Projektion von e_i' auf eine zu e_ω senkrechte Ebene während der Zeit dt gedreht wird. ω ist daher die **Winkelgeschwindigkeit** der Drehung, und e_ω weist in Richtung der Achse, um die gedreht wird. $\boldsymbol{\omega}$ wird als **vektorielle Winkelgeschwindigkeit** bezeichnet.

3.3.2 Transformation der Bewegungsgleichungen

Um jetzt die Bewegungsgleichungen transformieren zu können, müssen wir wissen, wie sich Zeitableitungen im Inertialsystem S durch Zeitableitungen im rotierenden Bezugsystem S' ausdrücken lassen. Wir betrachten zu diesem Zweck einen beliebigen Vektor $\boldsymbol{a}(t)$, den wir nach den Einheitsvektoren e_i' zerlegen,

$$\boldsymbol{a}(t) = a_i'(t) \, e_i'(t)\,. \qquad (3.54)$$

Dabei haben wir die **Einsteinsche Summenkonvention** benutzt. Diese besteht darin, dass in Summen, bei denen ein Summationsindex in jeweils einem Summanden zweimal auftritt, das Summenzeichen einfach weggelassen wird. Man schreibt dann z. B.

a_{ii} statt $\sum_i a_{ii}$ oder $a_i b_i$ statt $\sum_i a_i b_i$. (Man beachte allerdings, dass $a_i + b_i$ nicht $\sum_i (a_i + b_i)$ bedeutet, weil es sich nicht um einen, sondern zwei Summanden handelt.) Im Allgemeinen führt diese Vorschrift zu keinen Missverständnissen. Soll über einen doppelt auftretenden Index einmal ausnahmsweise nicht summiert werden, so markiert man das z. B. durch Unterstreichen von Indizes, über die nicht summiert werden soll, am besten so, dass von den betreffenden Indizes höchstens einer ununterstrichen bleibt, also z. B. $a_{\underline{i}} b_{\underline{i}}$ oder $a_{\underline{i}} b_i$ und $a_{\underline{i}} b_{\underline{i}\,i}$. Gelegentlich begegnet man auch dreifach auftretenden Indizes, über die summiert werden soll. Um hier in Einklang mit der angegebenen Regel zu bleiben, unterstreicht man einen der Indizes, z. B. $a_{\underline{i}} \delta_{ii}$ für $\sum_i a_i \delta_{ii}$.

Nachdem wir den Vektor $\boldsymbol{a}$ nach den $\boldsymbol{e}'_i$ zerlegt haben, berechnen wir seine Zeitableitung in System S', wobei wir Zeitableitungen in S' generell mit d'/dt bezeichnen. Da die Einheitsvektoren $\boldsymbol{e}'_i$ in S' ruhen, erhalten wir

$$\frac{d'\boldsymbol{a}}{dt} = \dot{a}'_i \boldsymbol{e}'_i\,. \tag{3.55}$$

Dabei wurde

$$\frac{d'a'_i(t)}{dt} = \frac{da'_i(t)}{dt} = \dot{a}'_i(t)$$

gesetzt und die Zeitableitung in S mit d/dt bzw. einem Punkt bezeichnet, denn zeitliche Veränderungen (ortsunabhängiger) nicht-vektorieller Größen wie a'_i werden in S und S' gleich beurteilt, weil es bei ihnen anders, als bei den Vektoren $\boldsymbol{e}'_i(t)$, keine Orientierung gibt, die sich ändern könnte. Für die Zeitableitung von $\boldsymbol{a}$ in S erhalten wir andererseits aus (3.54) mit (3.53) und (3.55)

$$\frac{d\boldsymbol{a}}{dt} = \dot{a}'_i \boldsymbol{e}'_i + a'_i \dot{\boldsymbol{e}}'_i = \frac{d'\boldsymbol{a}}{dt} + a'_i\, \boldsymbol{\omega} \times \boldsymbol{e}'_i$$

oder

$$\boxed{\frac{d\boldsymbol{a}}{dt} = \frac{d'\boldsymbol{a}}{dt} + \boldsymbol{\omega} \times \boldsymbol{a}\,.} \tag{3.56}$$

Würde der Vektor $\boldsymbol{a}$ in S' ruhen, so hätten wir $d'\boldsymbol{a}/dt = 0$ und $d\boldsymbol{a}/dt = \boldsymbol{\omega} \times \boldsymbol{a}$, d. h. der Beitrag $\boldsymbol{\omega} \times \boldsymbol{a}$ in (3.56) rührt von der Rotation des Systems S' her. Der Beitrag $d'\boldsymbol{a}/dt$ beschreibt demnach die Relativbewegung gegenüber S'.

Als erstes wenden wir unser Ergebnis (3.56) auf den Ortsvektor $\boldsymbol{r}(t)$ der Bahn eines Massenpunkts an und erhalten mit $\boldsymbol{a} \to \boldsymbol{r}$ unmittelbar

$$\frac{d\boldsymbol{r}}{dt} = \frac{d'\boldsymbol{r}}{dt} + \boldsymbol{\omega} \times \boldsymbol{r} \tag{3.57}$$

bzw.

$$\boldsymbol{v} = \boldsymbol{v}' + \boldsymbol{\omega} \times \boldsymbol{r} \tag{3.58}$$

als Transformationsgleichung für Geschwindigkeiten. ($\boldsymbol{v}'$ ist die Geschwindigkeit des Massenpunkts in S'.) Setzen wir in (3.56) jetzt $\boldsymbol{a} = d\boldsymbol{r}/dt$ und benutzen das Ergebnis (3.57), so erhalten wir für die Transformation von Beschleunigungen

$$\frac{d^2\boldsymbol{r}}{dt^2} = \frac{d'}{dt}\left(\frac{d'\boldsymbol{r}}{dt} + \boldsymbol{\omega} \times \boldsymbol{r}\right) + \boldsymbol{\omega} \times \left(\frac{d'\boldsymbol{r}}{dt} + \boldsymbol{\omega} \times \boldsymbol{r}\right)$$

oder

$$\frac{d^2\boldsymbol{r}}{dt^2} = \frac{d'^2\boldsymbol{r}}{dt^2} + \frac{d'\boldsymbol{\omega}}{dt} \times \boldsymbol{r} + 2\boldsymbol{\omega} \times \frac{d'\boldsymbol{r}}{dt} + \boldsymbol{\omega} \times (\boldsymbol{\omega} \times \boldsymbol{r}) \ .$$

Der Ortsvektor $\boldsymbol{r}$ kann sowohl nach den Einheitsvektoren $\boldsymbol{e}_i$ als auch nach den Einheitsvektoren $\boldsymbol{e}'_i$ zerlegt werden,

$$\boldsymbol{r} = x_i\, \boldsymbol{e}_i = x'_i\, \boldsymbol{e}'_i \ .$$

Es ist sinnvoll, $x'_i\boldsymbol{e}'_i$ mit $\boldsymbol{r}'$ zu bezeichnen, was für die Teilchenbahn die äquivalenten Schreibweisen

$$\boldsymbol{r}(t) = \boldsymbol{r}'(t)$$

zur Folge hat. (Man beachte, dass dieser Zusammenhang nicht für Vektoren wie $\boldsymbol{v}$ gelten kann, die als Zeitableitungen anderer Vektoren definiert sind.) Ersetzen wir in unserer Transformationsgleichung für die Beschleunigung nun rechts überall $\boldsymbol{r}$ durch $\boldsymbol{r}'$ und setzen das Ergebnis in die Newtonsche Bewegungsgleichung, (2.20), ein, so erhalten wir schließlich

$$\boxed{m\frac{d'^2\boldsymbol{r}'}{dt^2} = \boldsymbol{F}' - m\frac{d'\boldsymbol{\omega}}{dt} \times \boldsymbol{r}' - 2m\boldsymbol{\omega} \times \frac{d'\boldsymbol{r}'}{dt} - m\boldsymbol{\omega} \times \left(\boldsymbol{\omega} \times \boldsymbol{r}'\right)} \qquad (3.59)$$

als **Bewegungsgleichung im rotierenden System**. Dabei wurde $\boldsymbol{F}$ mit derselben Begründung, die wir für $\boldsymbol{r} \to \boldsymbol{r}'$ angegeben haben, durch $\boldsymbol{F}'$ ersetzt. Wenn man die neben $\boldsymbol{F}'$ stehenden Terme als Kräfte interpretiert, besitzt (3.59) genau dieselbe Struktur wie die Bewegungsgleichung (2.25) in einem Inertialsystem. Da es sich jedoch nicht um Kräfte im eigentlichen Sinne, also in Inertialsystemen definierte Kräfte handelt, bezeichnet man sie als **Scheinkräfte**. im Einzelnen sind folgende Bezeichnungen üblich:

$$\boxed{\begin{aligned} -m\frac{d'\boldsymbol{\omega}}{dt} \times \boldsymbol{r}' &= \text{lineare Beschleunigungskraft,} \\ -2m\boldsymbol{\omega} \times \frac{d'\boldsymbol{r}'}{dt} &= \text{Coriolis-Kraft,} \\ -\, m\boldsymbol{\omega} \times \left(\boldsymbol{\omega} \times \boldsymbol{r}'\right) &= \text{Zentrifugalkraft.} \end{aligned}}$$

Wir wollen Gleichung (3.59) jetzt auf den Fall spezialisieren, dass sich ein Massenpunkt in einem Laborsystem auf der Erdoberfläche unter Einwirkung der Schwerkraft ($\boldsymbol{F}' = m\boldsymbol{g}'$) bewegt. Zunächst einmal ist die Winkelgeschwindigkeit der Erdrotation praktisch konstant, so dass wir $d'\boldsymbol{\omega}/dt = 0$ setzen dürfen. Ist die Ausdehnung des Labors hinreichend klein, so können in diesem Schwerkraft und Zentrifugalkraft als konstant angesehen werden. Bei der experimentellen Bestimmung der effektiven

Schwerkraft $m\boldsymbol{g}'_{\text{eff}}$ (die wegen der Coriolis-Kraft statisch, also bei der Geschwindigkeit $d'\boldsymbol{r}'/dt = 0$ erfolgen muss) misst man immer die Summe aus der eigentlichen Erdanziehung und der Zentrifugalkraft, d. h. wir haben

$$\boldsymbol{g}'_{\text{eff}} = \boldsymbol{g}' - \boldsymbol{\omega} \times (\boldsymbol{\omega} \times \boldsymbol{r}') \ . \tag{3.60}$$

Damit reduziert sich Gleichung (3.59) auf

$$\boxed{m\frac{d'^2\boldsymbol{r}'}{dt^2} = m\boldsymbol{g}'_{\text{eff}} - 2m\boldsymbol{\omega} \times \frac{d'\boldsymbol{r}'}{dt} \ .} \tag{3.61}$$

Als einzige Scheinkraft verbleibt explizit nur die Coriolis-Kraft. Diese macht sich z. B. dadurch bemerkbar, dass ein Stein von einem Turm nicht senkrecht zur Erde fällt, sondern leicht seitlich abgelenkt wird. Sie bewirkt auch, dass ein *Foucault-Pendel* nicht in einer Ebene schwingt, sondern dass die Schwingungsebene um eine vertikale Achse rotiert. Es gibt eine Fülle weiterer Auswirkungen der Coriolis-Kraft, die jedoch aus Platzgründen nicht weiter besprochen werden können.

Aufgaben

3.1 In einem starren homogenen Zylinder (Radius a, Höhe $2a$) befinden sich N Atome. Die Drehimpulse dieser Atome seien zunächst statistisch ungeordnet, so dass sie sich in der Summe aufheben. Durch Anlegen eines Magnetfelds werden sie so ausgerichtet, dass jedes eine Drehimpulskomponente der Stärke $\hbar/2$ in Richtung der Symmetrieachse aufweist. Mit welcher Winkelgeschwindigkeit rotiert der Zylinder nach Einschalten des Magnetfelds?

3.2 Ein Seil der Massendichte ϱ und Dicke d liegt spiralförmig aufgewickelt am Boden.

(a) Welche Kraft muss aufgewandt werden, um es mit konstanter Geschwindigkeit v im Schwerefeld senkrecht nach oben zu ziehen?
(b) Wann ist seine kinetische Energie gleich seiner potenziellen Energie?

Hinweis: Vernachlässigen Sie alle horizontalen Bewegungen!

3.3 Ein Seil der Länge l, Dicke $d \ll l$ und Dichte ϱ rutscht im Schwerefeld reibungsfrei über die Kante eines Tisches (Länge l, Beinhöhe $> l$) nach unten. Welche Geschwindigkeit erreicht es in dem Moment, wo sein hinteres Ende gerade die Tischplatte verlässt, wenn es anfangs mit $v = 0$ ganz auf der Tischplatte lag?

Hinweis: Benutzen Sie den Energie-Erhaltungssatz.

3.4 Eine Rakete erhält ihren Antrieb, indem sie Treibstoff verbrennt und die Verbrennungsgase mit hoher Geschwindigkeit nach hinten ausstößt.

(a) Berechnen Sie die Beschleunigung der Rakete im schwerefreien Raum aus dem für das Gesamtsystem Rakete + Treibstoff gültigen Erhaltungssatz für den Gesamtimpuls.
(b) Mit welcher Geschwindigkeit $v(t)$ müssen die Antriebsgase (Dichte ϱ) durch das zylindrische Rückstoßrohr (Durchmesser d) strömen, damit die Rakete permanent eine Beschleunigung der Stärke g (Erdbeschleunigung) erfährt?
(c) Welche Schubkraft wirkt auf die Rakete, ausgedrückt in Vielfachen von Mg mit $M =$ Masse der Rakete?
(d) Welche Endgeschwindigkeit erreicht die Rakete, wenn der Treibstoff 90 Prozent des Startgewichts ausmacht?

3.5 Wie lautet die Bewegungsgleichung für eine Rakete im Schwerefeld? Integrieren Sie diese für eine im homogenen Schwerefeld der Erde senkrecht nach oben steigende Rakete mit den Anfangsbedingungen $v = 0$, $z = 0$ und $m = m_0$ zur Zeit $t = 0$ für den Fall, dass die pro Zeiteinheit ausgestoßene Masse konstant ist.

3.6 Ein Teilchen bewegt sich mit konstanter Winkelgeschwindigkeit ω auf einer Kreisbahn (Radius ρ, Zentrum bei $x = x_0$ auf der x-Achse) in der x, y-Ebene. Berechnen Sie seinen Drehimpuls um die z-Achse.

3.7 Ein Teilchen der Masse m bewege sich im Potenzial V. Zeigen Sie:

(a) aus $V = V(\boldsymbol{r})$ folgt Energieerhaltung,
(b) aus $V = V(\dot{\boldsymbol{r}}, t)$ folgt Impulserhaltung,
(c) aus $V = V(|\boldsymbol{r}|, \dot{\boldsymbol{r}}, t)$ folgt Drehimpulserhaltung.

3.8 Beweisen Sie, dass es einen Vektor $\boldsymbol{\omega}_i$ gibt, mit dessen Hilfe sich $\dot{\boldsymbol{e}}'_i$ in der Form $\dot{\boldsymbol{e}}'_i = \boldsymbol{\omega}_i \times \boldsymbol{e}'_i$, $\; i = 1, 2, 3$ darstellen lässt.

3.9 Ein Massenpunkt bewege sich kräftefrei auf einer Ebene. Bestimmen Sie seine Bewegungsgleichung in Polarkoordinaten r' und φ' eines gleichmäßig rotierenden Polarkoordinatensystems und lösen Sie diese.

3.10 Eine Kugel der Masse m wird auf der Erde mit der Geschwindigkeit v_0 parallel zum Erdboden abgeschossen. Eine Zwangskraft verhindert, dass sich die Kugel vom Boden entfernt.

(a) Berechnen Sie die Bahn $\varphi(\vartheta)$ im nicht-rotierenden System und transformieren Sie die Lösung auf das rotierende System.
(b) Berechnen Sie die Lösung im rotierenden System.
(c) Berechnen Sie mit der Annahme $\boldsymbol{g}' := \boldsymbol{g} - \boldsymbol{\omega} \times (\boldsymbol{\omega} \times \boldsymbol{r}) \approx \boldsymbol{g}$ eine Näherungslösung im rotierenden System. Welchen Fehler begeht man dabei?
(d) Wo auf der Erde bekommt man die stärkste Auswirkung der Coriolis-Kraft?

Hinweis: Führen Sie Kugelkoordinaten im ruhenden und rotierenden System ein und leiten sie die Transformationsgleichungen ab.

3.11 Ein Massenpunkt der Masse m fällt im homogenen Gravitationsfeld $\boldsymbol{g} = -g\,\boldsymbol{e}_z$ mit der Startgeschwindigkeit $\boldsymbol{v}_0 = 0$ reibungslos von dem Punkt $x = y = 0$,

$z = h$ auf die Ebene $z = -x \cot\alpha$ herunter und wird von dieser elastisch reflektiert. Man bestimme:

(a) die Zeit T, bis der Massenpunkt die Ebene berührt, und die Geschwindigkeit V beim Eintreffen in diesem Punkt,
(b) die Bahnkurve nach der Reflexion von der Ebene,
(c) die x-Koordinate des Punktes, in dem er die Ebene nach der Reflexion wieder berührt.
(d) Welche x-Koordinaten können für zwei verschiedene Werte des Winkels α erreicht werden?
(e) Bei welchem Winkel α erreicht der reflektierte Massenpunkt in der x, y-Ebene ($z = 0$!) den größten Abstand von der z-Achse?

3.12 Ein Massenpunkt rutscht im Schwerefeld $\boldsymbol{g} = -g\,\boldsymbol{e}_z$ auf der Kurve $z = a + x^2$ $(x \leq 0)$ hinab auf eine Grube zu, die bei $x = 0$ beginnt und bei $x = a$ durch eine Ebene der Höhe $z = a/2$ beendet wird.

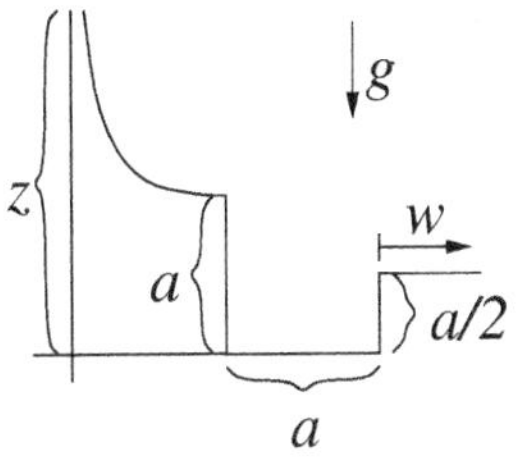

(a) In welcher Mindesthöhe z_0 muss er starten, damit er über die Grube wegfliegt?
(b) Welches ist die Sprungweite $w = x - a$ in Abhängigkeit von der Anfangshöhe z?

3.13 (a) Berechnen Sie unter Berücksichtigung der Coriolis-Kraft die Bahn eines Massenpunkts, der aus dem Zustand der Ruhe im Schwerefeld $\boldsymbol{g}_{\text{eff}}$ der Erde, das als homogenes Feld angenähert werde, frei nach unten fällt.
(b) Welche horizontale Ablenkung ergibt sich näherungsweise beim Fall aus kleiner Höhe h?

Hinweis: Es empfiehlt sich, ein kartesisches Koordinatensystem zu benutzen, dessen Ursprung auf der Erdoberfläche liegt und dessen z-Achse in Richtung des Vektors $\boldsymbol{\omega}$ der Erdrotation weist. Die beiden anderen Achsen wählt man am besten so, dass $\boldsymbol{g} \cdot \boldsymbol{e}_y = 0$ gilt, also $\boldsymbol{g} = -g_x\,\boldsymbol{e}_x - g_z\,\boldsymbol{e}_z$. Durch Addition einer konstanten Geschwindigkeit lassen sich die Geschwindigkeiten so transformieren, dass die Bewegungsgleichungen für v_x und v_y homogen werden. Zur Berechnung der genäherten Horizontalabweichung dreht man das Koordinatensystem so, dass die z-Achse in Richtung von $-\boldsymbol{g}$ weist.

3.14 Welches externe Drehmoment übt eine bei $\boldsymbol{r}_0$ festgehaltenen Masse m_0 durch ihre Gravitationswirkung auf ein System von Massenpunkten (Masse m_i bei $\boldsymbol{r}_i$, $i = 1, \ldots, N$) um einen Punkt $\boldsymbol{R}$ aus? Was ergibt sich für $\boldsymbol{R} = \boldsymbol{r}_0$? Wie lautet der Drehimpulssatz, wenn die zwischen den N Teilchen wirkenden Kräfte Zentralkräfte sind? Wie lautet in diesem Fall der Energiesatz?

3.15 Gibt es ein System freier Massenpunkte, dessen Gesamtdrehimpuls für jede beliebige Lage des Bezugspunktes verschwindet? Beispiel!

Lösungen

3.1 Wird jedes Atom als System von Massenpunkten aufgefasst, so gilt (3.29),

$$\boldsymbol{L} = \sum_{k=1}^{N} \boldsymbol{L}_k + \sum_{k=1}^{N} (\boldsymbol{R}_k - \boldsymbol{r}') \times \boldsymbol{P}_k \,.$$

Vor Einschalten des Magnetfelds ist $\boldsymbol{L} = 0$, $\boldsymbol{P}_k = 0$ für $k = 1, \ldots, N$ und daher $\sum_{k=1}^{N} \boldsymbol{L}_k = 0$; nach dem Einschalten gilt $\sum_{k=1}^{N} \boldsymbol{L}_k = L\,\boldsymbol{e}_z$ mit $L = N\hbar/2$. Da das Magnetfeld kein Drehmoment bewirkt, bleibt der Gesamtdrehimpuls unverändert gleich null,

$$\boldsymbol{L} = 0 = L\,\boldsymbol{e}_z + \sum_{k=1}^{N} (\boldsymbol{R}_k - \boldsymbol{r}') \times \boldsymbol{P}_k \,.$$

Wegen $L \neq 0$ muss auch der zweite Term $\neq 0$ sein, d. h. der Zylinder beginnt als starrer Körper zu rotieren. $\boldsymbol{r}' = 0$ sei der Schwerpunkt des Zylinders, r_k der Abstand des k-ten Atoms von der z-Achse. Dann gilt mit $v_k = r_k \omega$

$$\sum_{k=1}^{N} \boldsymbol{R}_k \times \boldsymbol{P}_k = \boldsymbol{e}_z \sum_{k=1}^{N} r_k m_k v_k = \omega\, \boldsymbol{e}_z \sum_{k=1}^{N} r_k^2 m_k \,.$$

Mit $m_k \to \varrho\, d\tau = \varrho 2\pi r\, dr\, dz$ und Zylinderhöhe = $2a$, Zylinderradius = a folgt

$$\sum_{k=1}^{N} \boldsymbol{R}_k \times \boldsymbol{P}_k \to 2a\varrho\omega\, \boldsymbol{e}_z 2\pi \int_0^a r^3\, dr = \omega\, \boldsymbol{e}_z \pi \varrho a^5 \stackrel{!}{=} L\,\boldsymbol{e}_z = \frac{N\hbar}{2}\boldsymbol{e}_z \quad \Rightarrow \quad \omega = \frac{N\hbar}{2\pi\varrho a^5}.$$

3.2 Für das angehobene Stück des Seiles (halber Durchmesser $r = d/2$, Dichte ϱ, höchster Punkt h, Masse $m = \varrho r^2 \pi h$) gilt

$$E_{\text{kin}} = mv^2/2 = \varrho\pi r^2 h v^2/2\,, \quad E_{\text{pot}} = \int_0^h \varrho g z\, d\tau = g\varrho\pi r^2 \int_0^h z\, dz = g\varrho\pi r^2 h^2/2$$

Die Arbeitsleistung der Kraft F_z, also $F_z\, dz = F_z\, dh$ muss die Energieerhöhung herbeiführen, d. h.

$$dE = d(E_{\text{kin}} + dE_{\text{pot}}) = \varrho\pi r^2 (v^2/2 + gh)\, dh = F_z\, dh \quad \Rightarrow \quad F_z = \varrho r^2 \pi (v^2/2 + gh).$$

$E_{\text{kin}} = E_{\text{pot}}$ für $h = v^2/g$.

3.3 Wegen $d \ll l$ muss die Seildicke bei der Länge h des über die Tischkante herab hängenden sowie der Höhe z des am Tisch verbleibenden Seilstücks nicht berücksichtigt werden. Anfangs liegt das gesamte Seil in der Höhe $z = 0$ auf dem Tisch, seine Geschwindigkeit ist $v = 0$ und es gilt

$$E_{\text{kin}} = mv^2/2 = 0\,, \quad E_{\text{pot}} = \int_0^l \varrho g z\, d\tau = 0 \quad \Rightarrow \quad E_{\text{Anf}} = E_{\text{kin}} + E_{\text{pot}} = 0\,.$$

Wenn ein Stück Seil der Länge h über die Tischkante senkrecht nach unten hängt, gilt, da das Seil auf seiner ganzen Länge l die gleiche Geschwindigkeit v besitzt,

$$E_{\text{kin}} = \varrho\pi r^2 l v^2/2 \qquad \text{und} \qquad E_{\text{pot}} = -\varrho g \pi r^2 h^2/2\,.$$

Aus dem Energie-Erhaltungssatz folgt

$$E = E_{\text{kin}} + E_{\text{pot}} = \varrho\pi r^2 l v^2/2 - \varrho g\pi r^2 h^2/2 = E_{\text{Anf}} = 0 \qquad \Rightarrow \qquad v = \sqrt{\frac{g}{l}}\, h\,.$$

Wenn das hintere Ende des Seil die Tischplatte verlässt, gilt $h = l$ und

$$v = \sqrt{g\,l}\,.$$

3.4 Masse der Rakete = $M(t)$, Masse des Treibstoffs = $m(t)$,
Massenerhaltung $M(t) + m(t) = M_0 \;\Rightarrow\; \dot m = -\dot M$.
Geschwindigkeit Rakete $\boldsymbol{V} = V(t)\,\boldsymbol{e}_x$,
Geschwindigkeit Treibstoff $\boldsymbol{v} = [V(t) - v(t)]\,\boldsymbol{e}_x$.
Impuls Rakete $P = MV$.
Impuls Treibstoff $p = \int_0^t dm(t')\,\left[V(t') - v(t')\right] = \int_0^t \dot m(t')\left(V(t') - v(t')\right)\,dt'$.

(a) Impulserhaltung $P + p = \text{const} \;\Rightarrow$

$$\dot P + \dot p = \dot M V + M\dot V + \dot m(V - v) = M\dot V + \dot M v = 0 \quad \Rightarrow \quad \dot V = -(\dot M/M)v\,.$$

(b) $\dot m = -\dot M = \pi d^2 \varrho v/4 \;\Rightarrow\; v = -4\dot M/(\pi d^2 \varrho)$
Forderung $\dot V = g = \text{const} \;\Rightarrow$

$$-\frac{\dot M}{M}v = \frac{4\dot M^2}{\pi d^2 \varrho M} = g \quad \Rightarrow \quad \dot M = -\frac{d}{2}\sqrt{\pi\varrho g M}$$

$$\Rightarrow \quad \sqrt{M} = \sqrt{M_0} - \frac{d}{4}\sqrt{\pi\varrho g}\,t\,, \quad v = \frac{2}{d}\sqrt{\frac{M_0 g}{\pi\varrho}} - \frac{gt}{2}\,.$$

(c) $F = \dot P = M\dot V + \dot M V,\ \dot V = g,\ V = gt \quad \Rightarrow$

$$F = Mg\left(1 + \frac{\dot M}{M}t\right) = Mg\left(1 - \frac{d\sqrt{\pi\varrho g}\,t}{2\sqrt{M}}\right) = Mg\left(1 - \frac{d\sqrt{\pi\varrho g}\,t}{2\sqrt{M_0} - (d/2)\sqrt{\pi\varrho g}\,t}\right)$$

(d) Treibstoff verbraucht für $M(T) = M_0/10 \quad \Rightarrow$

$$\sqrt{M_0/10} = \sqrt{M_0} - \frac{d}{4}\sqrt{\pi\varrho g}\,T\,,$$

$$T = \frac{4\sqrt{M_0}}{d\sqrt{\pi\varrho g}}\left(1 - \frac{1}{\sqrt{10}}\right), \qquad V = gT = \frac{4}{d}\sqrt{\frac{M_0 g}{\pi\varrho}}\left(1 - \frac{1}{\sqrt{10}}\right).$$

3.6 Ergebnis: $L_z = m\varrho\omega[\varrho + x_0\cos(\omega t)]$.

3.7 Bewegungsgleichung: $m\ddot{\boldsymbol{r}} = \boldsymbol{F} = -\boldsymbol{\nabla}V$, Notation $|\boldsymbol{r}| = r$.
$V = V(\boldsymbol{r}) \;\Rightarrow\; dV/dt = \dot{\boldsymbol{r}}\cdot\boldsymbol{\nabla}V \;\Rightarrow\; d(mv^2/2 + V)/dt = 0$.
$V = V(\dot{\boldsymbol{r}}, t) \;\Rightarrow\; \boldsymbol{\nabla}V = 0 \;\Rightarrow\; m\dot{\boldsymbol{v}} = 0$.
$V = V(r, \dot{\boldsymbol{r}}, t) \;\Rightarrow\; \boldsymbol{F} = -\boldsymbol{\nabla}V = -(\partial V/\partial r)\,\boldsymbol{r}/r \;\Rightarrow\; d(\boldsymbol{r}\times m\boldsymbol{v})/dt = \boldsymbol{r}\times\boldsymbol{F} = 0$.

3.8 Lösung: $\boldsymbol{\omega}_i = \boldsymbol{e}'_i \times \dot{\boldsymbol{e}}'_i \qquad (\Rightarrow \quad \boldsymbol{\omega}_i \times \boldsymbol{e}'_i = (\boldsymbol{e}'_i \times \dot{\boldsymbol{e}}'_i) \times \boldsymbol{e}'_i = \dot{\boldsymbol{e}}'_i\ )$.

3.9 Die x, y-Ebene sei die Ebene der Bewegung mit $\ddot x = \ddot y = 0$. Erst Transformation auf nicht-rotierende Polarkoordinaten $x = r\cos\varphi$, $y = r\sin\varphi \;\Rightarrow$
$\ddot x = (\ddot r - r\dot\varphi^2)\cos\varphi - (r\ddot\varphi + 2\dot r\dot\varphi)\sin\varphi = 0$ für alle $\varphi \;\Rightarrow$

$$\ddot r = r\dot\varphi^2\,, \qquad r\ddot\varphi + 2\dot r\dot\varphi = 0\,.$$

(Aus $\ddot{y} = 0$ erhält man dasselbe Ergebnis.) Transformation auf rotierendes System: $r' = r$, $\varphi' = \varphi + \omega t \quad \Rightarrow$

$$\ddot{r}' = r'(\dot{\varphi}' - \omega)^2 , \qquad r'\ddot{\varphi}' + 2\dot{r}'(\dot{\varphi}' - \omega) = 0 .$$

Lösung zuerst in ebenen Koordinaten: $x = x_0 + u_0 t$, $y = y_0 + v_0 t$

$$\Rightarrow \quad r' = r = \sqrt{(x_0 + u_0 t)^2 + (y_0 + v_0 t)^2}$$

$$\varphi' = \omega t + \varphi \qquad \text{mit} \qquad \varphi = \arctan \frac{y_0 + v_0 t}{x_0 + u_0 t} .$$

3.11 Winkel zwischen z-Achse und Normale der Ebene: $\beta = \pi/2 - \alpha$.
Reflexionswinkel gegenüber x-Achse: $\gamma = \pi/2 - 2\beta = 2\alpha - \pi/2$.

$$\sin\gamma = -\cos 2\alpha = -(\cos^2\alpha - \sin^2\alpha) , \qquad \cos\gamma = \sin 2\alpha = 2\sin\alpha\,\cos\alpha .$$

(a)
$$T = \sqrt{2h/g} , \qquad V = \sqrt{2hg}$$

(b)
$$v_x = V\cos\gamma = V\sin 2\alpha \quad \Rightarrow \quad x = Vt\sin 2\alpha$$
$$v_z = -gt - V\cos 2\alpha \quad \Rightarrow \quad z = -[gt^2/2 + Vt\cos 2\alpha]$$
$$\Rightarrow \quad z = -\frac{x}{\sin 2\alpha}\left(\cos 2\alpha + \frac{gx}{2V^2 \sin 2\alpha}\right)$$

(c) Schnitt mit $z = -x\cot\alpha$ für

$$\cot\alpha = \frac{1}{\sin 2\alpha}\left(\cos 2\alpha + \frac{gx}{2V^2\sin 2\alpha}\right) \quad \Rightarrow \quad x = 8h\sin\alpha\cos\alpha .$$

(d) Zwei Lösungen für $\sin\alpha\sqrt{1 - \sin^2\alpha} = x/(8h) \quad \Rightarrow$

$$\sin^2\alpha = \frac{1}{2} \pm \sqrt{\frac{1}{4} - \frac{x^2}{64h^2}} \quad \Rightarrow \quad |x| \le 4h .$$

(e) $z = 0$ für $x = -2(V^2/g)\cos 2\alpha\sin 2\alpha = 4h\sin\gamma\cos\gamma$.
$dx/d\gamma = 0$ für $\cos^2\gamma - \sin^2\gamma = 0 \quad \Rightarrow \quad \sin\gamma = \cos\gamma = 1/\sqrt{2} \quad \Rightarrow$

$$\gamma = \pi/4 , \quad \alpha = 3\pi/8 , \qquad x = 2h .$$

3.13 (a)
$$\dot{\boldsymbol{v}} = -\boldsymbol{g} - 2\boldsymbol{\omega} \times \boldsymbol{v} , \qquad \boldsymbol{\omega} = \omega\,\boldsymbol{e}_z , \qquad \boldsymbol{g} = -g_x\,\boldsymbol{e}_x - g_z\,\boldsymbol{e}_z .$$

$$\Rightarrow \quad \dot{v}_x = -g_x + 2\omega v_y , \quad \dot{v}_y = -2\omega v_x , \quad \dot{v}_z = -g_z$$

Zwischenschritt: $\tilde{v}_y := v_y - g_x/(2\omega) \Rightarrow \dot{v}_x = 2\omega\tilde{v}_y$, $\dot{\tilde{v}}_y = -2\omega v_x$.
Lösung zu $\boldsymbol{v} = 0$ für $t = 0$:

$$v_x = -\frac{g_x}{2\omega}\sin 2\omega t , \quad v_y = \frac{g_x}{2\omega}(1 - \cos 2\omega t) , \quad v_z = -g_z t$$

$$x = x_0 + \frac{g_x}{4\omega^2}\cos 2\omega t - \frac{g_x}{4\omega^2} , \quad y = y_0 + \frac{g_x}{2\omega}t - \frac{g_x}{4\omega^2}\sin 2\omega t , \quad z = z_0 - \frac{g_z}{2}t^2 .$$

(b) Beim Fall aus geringer Höhe kurze Flugzeit, daher
Näherung $\cos 2\omega t = 1 - 2\omega^2 t^2$, $\sin 2\omega t = 2\omega t - 4\omega^3 t^3/3$.
Setzt man außerdem noch $y_0 = 0 \quad \Rightarrow$

$$x = x_0 - g_x t^2/2\,, \qquad y = g_x \omega t^3/3\,, \qquad z = z_0 - g_z t^2/2\,.$$

Zur Berechnung der Horizontalabweichung wird auf ein kartesisches Koordinatensystem S' transformiert, dessen z-Achse in Richtung von $-\boldsymbol{g}$ weist,

$$x' = x \cos\vartheta - z \sin\vartheta\,, \qquad z' = z\cos\vartheta + x \sin\vartheta\,.$$

Mit $g_x{=}g \sin\vartheta$, $g_z{=}g\cos\vartheta$, $x_0'{:=}x_0 \cos\vartheta - z_0 \sin\vartheta$ und $z_0'{:=}z_0\cos\vartheta + x_0 \sin\vartheta$ ergibt sich

$$x' = x_0'\,, \qquad y = g \sin\vartheta\; \omega t^3/3\,, \qquad z' = z_0' - g t^2/2\,.$$

$z_0' = h_0$ ist die Fallhöhe, der Erdboden $z' = 0$ wird zur Zeit $t = \sqrt{2h_0/g}$ erreicht

$$\Rightarrow \quad \text{Horizontalverschiebung } \Delta y \approx \frac{g\omega}{3}(2h_0/g)^{3/2} \sin\vartheta\,, \qquad \Delta x' \approx 0\,.$$

3.15 Wir schreiben den Gesamtdrehimpuls in der Form von Gleichung (3.26) und erhalten für sein Verschwinden die Bedingung

$$\boldsymbol{L} = \boldsymbol{L}_\mathrm{S} + (\boldsymbol{R} - \boldsymbol{r}') \times \boldsymbol{P} = 0 \qquad \text{mit} \qquad \boldsymbol{L}_\mathrm{S} = \sum_{i=1}^{N} \boldsymbol{r}_i' \times m_i \dot{\boldsymbol{r}}_i'\,.$$

Durch skalare Multiplikation mit $\boldsymbol{R} - \boldsymbol{r}'$ ergibt sich daraus

$$(\boldsymbol{R} - \boldsymbol{r}') \cdot \boldsymbol{L}_\mathrm{S} = 0\,.$$

Da $\boldsymbol{L}_\mathrm{S}$ vom Bezugspunkt $\boldsymbol{r}'$ unabhängig ist und diese Gleichung für beliebige Bezugspunkte $\boldsymbol{r}'$ gelten soll, folgt aus ihr $\boldsymbol{L}_\mathrm{S} = 0$. Hiermit ergibt sich aus der Bedingung für das Verschwinden des Gesamtdrehimpulses

$$(\boldsymbol{R} - \boldsymbol{r}') \times \boldsymbol{P} = 0\,,$$

was wegen der Beliebigkeit von $\boldsymbol{r}'$ die Folge $\boldsymbol{P} = 0$ hat.

Ein System freier Massenpunkte, dessen Gesamtdrehimpuls für jede beliebige Lage des Bezugspunktes verschwindet, muss also die Bedingungen

$$\boldsymbol{L}_\mathrm{S} = 0 \qquad \text{und} \qquad \boldsymbol{P} = 0$$

erfüllen.

Ein Beispiel, das beide Bedingungen erfüllt, liefert ein System zweier Massenpunkte der Massen $m_1 = m_2 = m$, die auf einer Geraden mit den Geschwindigkeiten $\boldsymbol{v}_1 = -\,\boldsymbol{v}_2 = \boldsymbol{v}$ auseinander laufen:

$$\boldsymbol{P} = m_1 \boldsymbol{v}_1 + m_2 \boldsymbol{v}_2 = m(\boldsymbol{v} - \boldsymbol{v}) = 0$$

und

$$\boldsymbol{L}_\mathrm{S} = \boldsymbol{r}_1' \times m_1 \boldsymbol{v}_1' + \boldsymbol{r}_2' \times m_2 \boldsymbol{v}_2' = 2m\boldsymbol{v}t \times \boldsymbol{v} = 0$$

wegen $\boldsymbol{r}_1 = \boldsymbol{R} + \boldsymbol{v}t$ und $\boldsymbol{r}_2 = \boldsymbol{R} - \boldsymbol{v}t$ sowie $\boldsymbol{r}_i' = \boldsymbol{r}_i - \boldsymbol{R}$ mit der Folge $\dot{\boldsymbol{r}}_1' = \boldsymbol{v}_1' = \boldsymbol{v}$ und $\dot{\boldsymbol{r}}_2' = \boldsymbol{v}_2' = -\,\boldsymbol{v}$.

4 Anwendungen der Newtonschen Mechanik

4.1 Einzelner Massenpunkt

Es gibt eine Reihe von Problemen, bei denen die Bewegung eines einzelnen Massenpunkts im $\mathbb{R}^3$ als eindimensional betrachtet werden darf. Man kann es z. B. mit einem Massenpunkt zu tun haben, der von einer Feder längs einer Geraden beschleunigt wird, wobei eventuell Reibungskräfte im Spiel sind. Oder man könnte ein Auto, das auf einer Straße fährt, als Massenpunkt idealisieren, der sich auf einer vorgegebenen Raumkurve bewegt. Wir behandeln im Folgenden einige typische Fälle, die mit elementaren Methoden gelöst werden können. Es sei jedoch bereits hier darauf hingewiesen, dass es schon bei der eindimensionalen Bewegung eines einzelnen Massenpunkts ganz außerordentlich komplexe Phänomene gibt.

4.1.1 Eindimensionale Bewegung ohne Reibung

Wir führen auf der Geraden, auf der sich die eindimensionale Bewegung abspielt, die Koordinate x ein und betrachten zuerst den besonders einfachen Fall, dass die auf den Massenpunkt einwirkende Kraft nur von x abhängt (keine Reibung). Die Bewegungsgleichung lautet in diesem Fall

$$m\ddot{x} = F(x)\,. \tag{4.1}$$

Nach (3.7) besitzt $F(x)$ das Potenzial $V(x) = V(x_0) - \int_{x_0}^{x} F(x')\,dx'$, und daher gilt der Energie-Erhaltungssatz (3.6),

$$\frac{m}{2}\dot{x}^2 + V(x) = E\,. \tag{4.2}$$

Die Auflösung dieser Gleichung nach $\dot{x}$ führt zu dem Integrationsproblem

$$\frac{dx}{dt} = \pm\sqrt{\frac{2}{m}\big[E - V(x)\big]}\,, \tag{4.3}$$

das auch in der Form

$$\frac{dx}{\sqrt{2\,[E - V(x)]\,/m}} = \pm dt$$

geschrieben werden kann. Durch Ausführung der Integration erhält man die implizite Lösung

$$\int_{x_0}^{x} \frac{dx'}{\sqrt{2\,[E - V(x')]\,/m}} = \pm\big(t(x) - t(x_0)\big)\,. \tag{4.4}$$

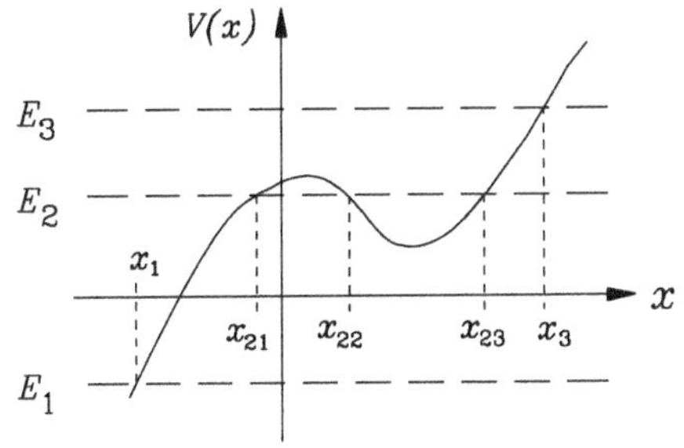

Abb. 4.1: Potenzialgebirge mit einem Maximum und einem Minimum.

Da die zum Durchlaufen der Strecke $x - x_0$ benötigte Zeit reell sein muss, ist diese Lösung nur dann physikalisch sinnvoll, wenn

$$E - V(x') \geq 0 \qquad \text{für alle} \qquad x' \in [x_0, x]\,. \tag{4.5}$$

Geht man in (4.4) von $t(x)$ zur Umkehrfunktion über, was wie die x-Integration nicht immer mithilfe elementarer Funktionen möglich ist, so erhält man die explizite Lösung $x(t)$. Diese enthält die zwei Integrationskonstanten x_0 und E. Welches der beiden Vorzeichen in (4.4) zu wählen ist, hängt von der Richtung der Anfangsgeschwindigkeit am Ort x_0 ab.

Alle qualitativen Eigenschaften der Lösung $x(t)$ lassen sich bereits aus dem Energie-Erhaltungssatz (4.2) ablesen. Wir betrachten zu diesem Zweck ein beliebiges Potenzial $V(x)$ wie z. B. das in Abb. 4.1 aufgetragene. Die Forderung, dass $m\dot{x}^2/2 = E - V(x)$ positiv sein muss, führt uns wieder zu der Bedingung (4.5) zurück. Für die weitere Diskussion können wir uns eine wichtige Analogie zunutze machen: Die Bewegung des Massenpunkts erfolgt so, als würde er im Schwerefeld reibungsfrei auf einer Kurve $z(x) = V(x)/(mg)$ entlangleiten, denn in diesem Fall gilt der Energie-Erhaltungssatz $m\dot{x}^2/2 + mgz(x) = E$. Man interpretiert $V(x)$ daher oft als „Potenzialgebirge".

Drei typische Fälle können unterschieden werden. Im ersten, $E{=}E_1$, ist die Gesamtenergie kleiner als das kleinste lokale Minimum der potenziellen Energie. Im zweiten, $E{=}E_2$, liegt sie zwischen einem lokalen Minimum und dem kleineren von zwei benachbarten lokalen Maxima. Im dritten, $E{=}E_3$, ist ihr Wert schließlich größer als der des lokalen Maximums. Wir wollen diese Fälle der Reihe nach diskutieren.

1. Fall: $E = E_1$ und $V{>}E$ *für alle Extrema.*
Hier ist die Bedingung (4.5) nur im Bereich $x \leq x_1$ erfüllt. Bewegt sich der Massenpunkt anfangs nach rechts (+ -Zeichen in (4.3)), so wird seine kinetische Energie zusammen mit $E - V(x)$ bei zunehmenden x-Werten immer kleiner, bis er bei $x = x_1$ zum Stillstand kommt. Er klettert also den Potenzialberg hinauf, bis ihm der Schwung ausgeht. Bei x_1 bleibt er allerdings nicht stehen, denn dort wirkt auf ihn die Kraft $-\partial V/\partial x|_{x_1} < 0$ und beschleunigt ihn aus der momentanen Ruhelage heraus wieder nach links zurück – in unserem Analogiebeispiel treibt ihn die Schwerkraft zurück, den Berg wieder hinunter. (Dies bedeutet, dass die Geschwindigkeit $\dot{x}$ ihr Vorzeichen umkehrt und wir daher in (4.3) bzw. (4.4) vom positiven auf den negativen Lösungszweig übergehen müssen.) Dabei gewinnt er genau so viel an kinetischer Energie, wie

er an potenzieller Energie verliert. Wäre die Geschwindigkeit schon zu Beginn negativ gewesen, so wäre er schon gleich den Potenzialberg hinuntergerutscht.

2. Fall: $E = E_2$ und $V < E$ *im Minimum.*
In diesem Fall existieren nur in den Bereichen $x \leq x_{21}$ und $x_{22} \leq x \leq x_{23}$ Lösungen. Für den Bereich $x \leq x_{21}$ verläuft die Diskussion der Bewegung genauso wie im Fall $E = E_1$. Wenn die Integrationskonstante x_0 im Intervall $x_{22} \leq x \leq x_{23}$ gelegen ist, findet die Bewegung in diesem statt. Fällt der Massenpunkt in diesem Fall zuerst von x_{22} aus den Potenzialberg hinunter, so erhöht er seine Geschwindigkeit solange, bis er die Talsohle erreicht hat, um von dort aus beim Erklettern des rechts gelegenen Potenzialbergs zunehmend langsamer zu werden. Bei x_{23} kehrt er um und läuft nach x_{22} zurück, er schwingt also zwischen den beiden Endpunkten des Intervalls hin und her. Dabei ist die Situation jedes Mal, wenn er an eine der beiden Intervallgrenzen gelangt, genau dieselbe wie beim vorherigen Mal. (Mathematisch findet das seinen Ausdruck darin, dass Gleichung (4.1) gegenüber Zeittranslationen invariant ist. Gehen wir nämlich von t zu der neuen Variablen $t' = t + t_0$ über, in der t_0 eine beliebige Zeitverschiebung darstellt, so gilt offensichtlich $d^2x/dt^2 = d^2x/dt'^2 = F(x)$ – wäre die Kraft F zeitabhängig, so würde diese Invarianz offensichtlich nicht mehr bestehen.) Für alle vollen Oszillationen wird daher dieselbe Zeitspanne benötigt, die Schwingung ist **periodisch**. Die für eine volle Oszillation $x_{22} \rightarrow x_{23} \rightarrow x_{22}$ benötigte Zeit T wird als Schwingungsperiode bezeichnet und ergibt sich unmittelbar aus (4.4) zu

$$T = 2\big[t(x_{23}) - t(x_{22})\big] = 2 \int_{x_{22}}^{x_{23}} \frac{dx'}{\sqrt{2\,(E - V(x'))\,/m}}\,, \tag{4.6}$$

wobei x_{22} und x_{23} durch

$$V(x_{22}) = V(x_{23}) = E$$

bestimmt sind. (Auch (4.6) lässt die Invarianz der Schwingungsdauer erkennen.)

3. Fall: $E = E_3$ und $V < E$ *für alle Extrema.*
In diesem Fall ist die Bewegung auf den Bereich $x \leq x_3$ eingeschränkt. Ist die Anfangsgeschwindigkeit an irgend einem Punkt $x < x_3$ desselben ursprünglich nach rechts gerichtet, so läuft der Massenpunkt zunächst bis zum Punkt x_3. Dabei erhöht oder verringert sich seine Geschwindigkeit, je nachdem, ob er im „Potenzialgebirge“ gerade aufwärts oder abwärts läuft. Bei x_3 kehrt er um, und nachdem er alle Extrema passiert hat, fällt er schließlich monoton bergabwärts, wobei er dann ständig seine Geschwindigkeit erhöht.

Es sei angemerkt, dass man häufig auch in anderen Bereichen der Physik auf Gleichungen vom Typ (4.1) stößt, z. B. bei der Behandlung elektrischer Schwingungen. In all diesen Fällen erweist sich eine qualitative Diskussion der Lösungen anhand des Energie-Erhaltungssatzes (4.2), wie wir sie eben durchgeführt haben, als äußerst nützlich.

Beispiel 4.1: *Freier Fall im Schwerefeld*

Für $\boldsymbol{g} = -g\boldsymbol{e}_z$ lautet die Bewegungsgleichung

$$\ddot{z} = -g$$

und wird durch

$$z(t) = z_0 + v_{z0}t - g\frac{t^2}{2}$$

mit $z_0{=}z(0)$ und $v_{z0}{=}\dot{z}(0)$ gelöst. Es gilt der Energie-Erhaltungssatz

$$m\dot{z}^2/2 + mgz = E = mv_{z0}^2/2 + mgz_0\,,$$

und man überzeugt sich leicht davon, dass er von der Lösung $z(t)$ erfüllt wird.

Beispiel 4.2: *Harmonischer Oszillator*

Ein besonders wichtiges Beispiel ist der **harmonische Oszillator**. Bei ihm ist die Kraft $F(x)$ eine Zentralkraft, die auf den Punkt $x = 0$ zu gerichtet ist und linear mit dem Abstand von diesem anwächst. Der Name „harmonisch" rührt daher, dass die Bewegung $x(t)$ durch Sinus- und Kosinus-Funktionen beschrieben wird (siehe unten), Funktionen also, die auch bei der als besonders harmonisch empfundenen gleichmäßigen Rotation auf einer Kreisbahn auftreten. Die große Bedeutung des harmonischen Oszillators für die Physik rührt daher, dass viele Probleme wie z. B. das Verhalten elektrischer Schwingkreise, die Abstrahlung elektromagnetischer Wellen oder die Berechnung der spezifischen Wärme von Festkörpern zumindest näherungsweise zur Bewegungsgleichung des harmonischen Oszillators führen. Dieser bildet den Prototyp für ganze Klassen wichtiger Phänomene. Die Bewegungsgleichung, die den harmonischen Oszillator definiert und als **Schwingungsgleichung** bezeichnet wird, lautet

$$\boxed{m\ddot{x} + kx = 0\,.} \tag{4.7}$$

Ein Potenzial der Kraft $-kx$ ist $V(x) = kx^2/2$ (Abb. 4.2 (a)). Nach den vorangegangenen Betrachtungen (siehe insbesondere (4.2) und (4.5)) ist die Bewegung für jede Energie E eine Oszillation zwischen den Umkehrpunkten $x_u = \pm\sqrt{2E/k}$. Die Bewegungsgleichung (4.7) besitzt die beiden linear unabhängigen Lösungen $\cos(\sqrt{k/m}\,t)$ und $\sin(\sqrt{k/m}\,t)$. Die allgemeinste Lösung ist eine lineare Superposition der beiden,

$$x(t) = A\cos\Big(\sqrt{k/m}\,t\Big) + B\sin\Big(\sqrt{k/m}\,t\Big)\,.$$

Wenn wir hierin die Integrationskonstanten A und B durch die Anfangswerte von Ort und Geschwindigkeit des Massenpunkts zur Zeit $t = 0$ auszudrücken wollen, müssen wir deren Bestimmungsgleichungen

$$x_0 := x(0) = A\,, \qquad v_0 := \dot{x}(0) = \sqrt{k/m}\,B$$

nach A und B auflösen und erhalten

$$x(t) = x_0\cos\omega t + \frac{v_0}{\sqrt{k/m}}\sin\omega t \qquad \text{mit} \qquad \omega = \sqrt{k/m}\,. \tag{4.8}$$

$x(t)$ ist eine periodische Funktion mit der Periode

$$T = \frac{2\pi}{\omega}\,,$$

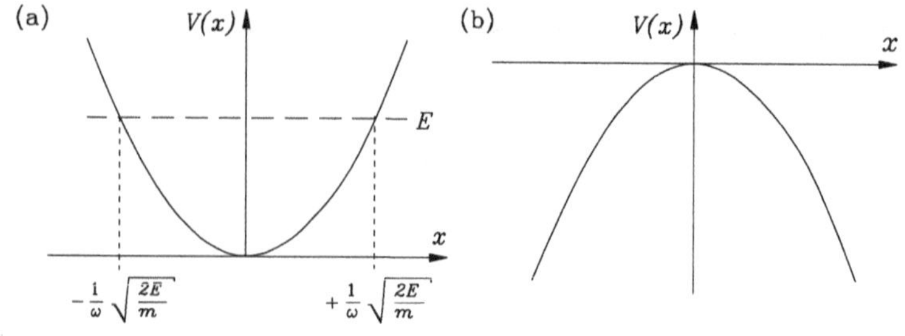

Abb. 4.2: (a) Potenzial des harmonischen Oszillators. (b) Potenzial $V(x) = -kx^2/2$.

es gilt $x(t+T) = x(t)$ für beliebiges t. Die Frequenz der Schwingungen beträgt $\nu = 1/T$, und $\omega = 2\pi\nu$ wird als **Kreisfrequenz** bezeichnet.

Für $x_0 = 0$ und $v_0 = 0$ folgt aus (4.8), dass auch $x(t) \equiv 0$ eine Lösung ist. Das bedeutet: Der Punkt $x = 0$ bildet eine **Gleichgewichtslage**. Eine kleine Auslenkung aus dieser führt zu Lösungen der Form (4.8) mit kleinen Werten von x_0 und v_0, also zu einer Bewegung, die auf die unmittelbare Nachbarschaft der Gleichgewichtslage beschränkt bleibt. Man sagt in diesem Fall, die Gleichgewichtslage sei **stabil**. Im nächsten Beispiel werden wir im Gegensatz dazu eine **instabile** Gleichgewichtslage kennen lernen.

Beispiel 4.3: *Bewegung im Potenzial* $V(x) = -kx^2/2$

Das zur Diskussion stehende Potenzial wird wie beim harmonischen Oszillator durch eine Parabel dargestellt, nur dass diese jetzt nach unten geöffnet ist (Abb. 4.2 (b)). Der Ablauf aller möglichen Bewegungen ist anschaulich klar. Entweder das Teilchen fällt auf einer Seite der Parabel den Potenzialberg hinunter, oder aber es klettert ihn zunächst hinauf. Im letzten Fall gibt es zwei Möglichkeiten: Wenn der Schwung ausreicht, kommt das Teilchen über den Gipfel hinweg auf die andere Seite und fällt dann auf dieser monoton bergab. Wenn der Schwung nicht ausreicht, kehrt das Teilchen vor dem Gipfel um und fällt auf der Ausgangsseite den Berg hinunter. Zur Übung wollen wir auch noch die explizite Lösung bestimmen. Die Bewegungsgleichung lautet

$$m\ddot{x} - kx = 0\,.$$

Bei linearen gewöhnlichen Differentialgleichungen mit konstanten Koeffizienten gilt die Regel, dass für die Lösung ein Exponentialansatz zum Ziel führt. Dieser liefert in unserem Fall die beiden linear unabhängigen Lösungen $\mathrm{e}^{\sqrt{k/m}\,t}$ und $\mathrm{e}^{-\sqrt{k/m}\,t}$, und durch lineare Superposition erhalten wir die allgemeine Lösung

$$x(t) = A\,\mathrm{e}^{\sqrt{k/m}\,t} + B\,\mathrm{e}^{-\sqrt{k/m}\,t}.$$

Die Auflösung des Zusammenhangs zwischen dem Anfangswert $x_0 = x(0)$, der Anfangsgeschwindigkeit $v_0 = v(0)$ und den Integrationskonstanten A und B nach den letzteren führt zu der alternativen Darstellung

$$x(t) = \frac{1}{2}\left[\left(x_0 + \frac{v_0}{\sqrt{k/m}}\right)\mathrm{e}^{\sqrt{k/m}\,t} + \left(x_0 - \frac{v_0}{\sqrt{k/m}}\right)\mathrm{e}^{-\sqrt{k/m}\,t}\right]$$

der Lösung. Sind x_0 und v_0 beide gleich null, so erhalten wir wieder die spezielle Lösung $x(t) \equiv 0$, d. h. der Punkt $x = 0$ ist wiederum eine Gleichgewichtslage. Diese ist jetzt jedoch instabil, denn ändern wir die Anfangsbedingungen nur ganz wenig, z. B. so, dass v_0 den sehr kleinen Wert Δv_0 annimmt, so lautet die Lösung

$$x(t) = \frac{\Delta v_0}{2\sqrt{k/m}}\left(e^{\sqrt{k/m}\,t} - e^{-\sqrt{k/m}\,t}\right) = \frac{\Delta v_0}{\sqrt{k/m}} \tanh\sqrt{\frac{k}{mt}}\,.$$

Hieraus folgt jedoch $|x| \to \infty$ für $t \to \infty$, d. h. die Bewegung führt den Massenpunkt unabhängig davon, wie klein die Störung ist, schließlich beliebig weit von der Gleichgewichtslage weg.

4.1.2 Linear gedämpfter harmonischer Oszillator

Wirkt auf einen Massenpunkt außer einer linearen rücktreibenden Kraft $-kx$ noch eine zur Geschwindigkeit proportionale Reibungskraft $-\alpha\dot{x}$, so kann man die Bewegungsgleichung durch geeignete Normierung der Proportionalitätskonstanten (z. B. $k = m{\omega_0}^2$, so dass ω_0 im Fall verschwindender Reibung zur Schwingungsfrequenz wird) in die Form

$$m\ddot{x} + 2m\gamma\dot{x} + m\omega_0^2 x = 0 \tag{4.9}$$

bringen. In dieser muss $\gamma = \alpha/(2m) > 0$ sein, damit die Reibungskraft der Bewegung entgegengerichtet ist und dem Massenpunkt keine Energie zuführt.

Auch (4.9) ist eine lineare Differentialgleichung mit konstanten Koeffizienten, weshalb der Lösungsansatz $x(t) = e^{pt}$ möglich ist. Nach Einsetzen in (4.9) kann der gemeinsame Faktor e^{pt} herausgekürzt werden, und es verbleibt die Gleichung

$$p^2 + 2\gamma p + \omega_0^2 = 0\,.$$

Man bezeichnet sie als **charakteristische Gleichung** der Differentialgleichung (4.9). Deren Lösungen sind

$$p = \begin{cases} p_1 = -\gamma + \sqrt{\gamma^2 - \omega_0^2}\,, \\ p_2 = -\gamma - \sqrt{\gamma^2 - \omega_0^2}\,. \end{cases} \tag{4.10}$$

Der hier auftretende Wurzelausdruck kann reell, null oder imaginär sein. Dementsprechend müssen wir drei Fälle unterscheiden.

1. Fall: $\gamma^2 > \omega_0^2$:
Die Wurzel ist reell, es gilt $\sqrt{\gamma^2 - \omega_0^2} < \gamma$, und wir haben $p_2 < p_1 < 0$. Die allgemeine Lösung lautet in diesem Fall

$$x(t, A, B) = A\,e^{p_1 t} + B\,e^{p_2 t}$$

bzw.

$$x(t) = \frac{1}{2\sqrt{\gamma^2 - \omega_0^2}}\left[(v_0 - p_2 x_0)\,e^{p_1 t} + (p_1 x_0 - v_0)\,e^{p_2 t}\right], \tag{4.11}$$

wenn wir A und B wieder durch die Anfangswerte x_0 und v_0 ausdrücken. Die Lösung weist kein periodisches Verhalten auf und geht für $t \to \infty$ gegen null, da p_1 und p_2 beide negativ sind. Man bezeichnet die Bewegung als **aperiodisch gedämpft**.

2. Fall: $\gamma^2 = \omega_0^2$:
In diesem Fall wird $p_1 = p_2 = -\gamma$, und die beiden partikulären Lösungen fallen zusammen, d. h. wir haben nur die eine Lösung $x = \mathrm{e}^{-\gamma t}$ bzw. allgemeiner $x = C\,\mathrm{e}^{-\gamma t}$, wobei C eine Integrationskonstante ist. Nun hatten wir allerdings eine Differentialgleichung zweiter Ordnung zu lösen, und diese muss zwei voneinander linear unabhängige partikuläre Lösungen besitzen. Um die noch fehlende zweite zu bestimmen, bedienen wir uns der aus der Theorie gewöhnlicher Differentialgleichungen bekannten Methode der *Variation der Konstanten*. Diese besteht darin, dass man in der bereits bekannten Lösung die Integrationskonstante durch eine Funktion der unabhängigen Variablen ersetzt und damit als Ansatz in die Differentialgleichung eingeht. In unserem Fall bedeutet das, dass wir

$$x(t) = f(t)\,\mathrm{e}^{-\gamma t}$$

ansetzen und dies in (4.9) einsetzen. Wenn wir dann den gemeinsamen Faktor $e^{-\gamma t}$ herauskürzen, erhalten wir für $f(t)$ die einfache Differentialgleichung

$$\ddot{f} = 0\,,$$

da sich die meisten Terme gegenseitig wegheben. Deren Lösung ist

$$f = At + B\,,$$

und für $x(t)$ ergibt sich damit die allgemeine Lösung

$$x(t, A, B) = (At + B)\,\mathrm{e}^{-\gamma t}$$

bzw.

$$x(t) = \left[(v_0 + \gamma x_0)t + x_0\right]\mathrm{e}^{-\gamma t}\,. \tag{4.12}$$

Sie ist wie im Fall $\gamma^2 > \omega_0^2$ **aperiodisch gedämpft**. Da die Lösungen für $\gamma^2 < \omega_0^2$ periodisch gedämpft sind (siehe unten), bezeichnet man den Fall $\gamma^2 = \omega_0^2$ als **aperiodischen Grenzfall**. Auch in diesem ergibt sich wegen $\lim_{t\to\infty}(t\,\mathrm{e}^{-\gamma t}) = 0$ das asymptotische Verhalten $x(t) \to 0$ für $t \to \infty$.

3. Fall: $\gamma^2 < \omega_0^2$:
In diesem Fall ist es zweckmäßig, die Lösungen (4.10) der charakteristischen Gleichung in der Form

$$p_{1,2} = -\gamma \pm \mathrm{i}\Omega\,, \qquad \Omega = \omega_0\sqrt{1 - \gamma^2/\omega_0^2}$$

zu schreiben. Die als $x(t) = \mathrm{e}^{pt}$ angesetzte Lösung wird damit komplex, während physikalisch eine reelle Lösung benötigt wird. Da die Bewegungsgleichung jedoch linear ist und reelle Koeffizienten besitzt, bilden sowohl der Real- als auch der Imaginärteil der komplexen Funktionen $\mathrm{e}^{p_{1,2}t}$ Lösungen. Aus $x = u + \mathrm{i}v$ und $\ddot{x} + 2\gamma\dot{x} + \omega_0^2 x = 0$ folgt nämlich

$$\left(\ddot{u} + 2\gamma\dot{u} + \omega^2 u\right) + \mathrm{i}\left(\ddot{v} + 2\gamma\dot{v} + \omega^2 v\right) = 0\,,$$

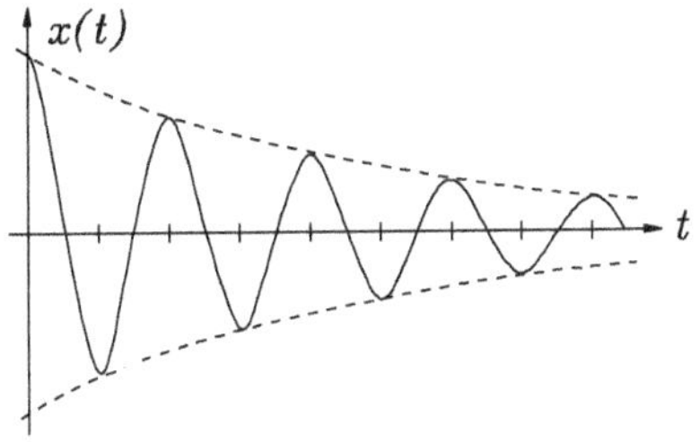

Abb. 4.3: Zeitverlauf der Amplitude einer gedämpften Schwingung.

und da eine komplexe Zahl nur dann verschwindet, wenn sowohl ihr Real- als auch ihr Imaginärteil das tun, folgt sofort die Behauptung.[1]

Damit erhalten wir die zwei reellen Lösungen $x_1(t) = \mathrm{Re}(\mathrm{e}^{p_1 t}) = \mathrm{Re}(\mathrm{e}^{p_2 t})$ und $x_2(t) = \mathrm{Im}(\mathrm{e}^{p_1 t}) = -\mathrm{Im}(\mathrm{e}^{p_2 t})$. Mit der bekannten **Eulerschen Formel**

$$\mathrm{e}^{\mathrm{i}\Omega t} = \cos \Omega t + \mathrm{i} \sin \Omega t$$

lautet die allgemeine Lösung daher

$$x(t, A, B) = \mathrm{e}^{-\gamma t} \, (A \cos \Omega t + B \sin \Omega t)$$

bzw.

$$x(t) = \left[x_0 \cos \Omega t + \frac{1}{\Omega}(v_0 + \gamma x_0) \sin \Omega t \right] \mathrm{e}^{-\gamma t} \, .$$

Dieses Ergebnis lässt sich noch in die Form

$$x(t) = C \, \mathrm{e}^{-\gamma t} \cos(\Omega t - \delta) \tag{4.13}$$

bringen, in der C und δ durch

$$C = \sqrt{x_0{}^2 + \frac{1}{\Omega^2}(v_0 + \gamma x_0)^2} \, , \qquad \delta = \arctan \frac{v_0 + \gamma x_0}{\Omega x_0}$$

gegeben sind. Es handelt sich um eine Schwingung mit exponentiell abnehmender Amplitude (Abb. 4.3). Offensichtlich gilt $\Omega < \omega_0$, d. h. durch Reibung wird die Schwingungsfrequenz gegenüber dem ungedämpften Fall verringert.

4.1.3 Erzwungene Schwingungen des gedämpften harmonischen Oszillators

Wir lassen jetzt auf den gedämpften harmonischen Oszillator noch zusätzlich eine periodische Kraft $F^{(\mathrm{ext})} = F_0 \sin \omega t$ einwirken und erhalten in diesem Fall anstelle von (4.9)

1 Die Möglichkeit, auch komplexe Lösungen zuzulassen und deren Real- bzw. Imaginärteil als reelle Lösung zu benutzen, besteht allgemein für lineare Differentialgleichungen mit reellen Koeffizienten oder Systeme von solchen. Manchmal benutzt man auch zur Lösung nichtlinearer Differentialgleichungen mit Vorteil die komplexe Notation, muss dann allerdings durch geeignete Superposition für die Realität der Lösungen sorgen und sehr sorgfältig vorgehen.

die Bewegungsgleichung

$$\ddot{x} + 2\gamma\dot{x} + \omega_0^2 x = \frac{F_0}{m}\sin\omega t\,. \tag{4.14}$$

Dies ist eine inhomogene lineare Differentialgleichung zweiter Ordnung, deren allgemeine Lösung nach der Theorie gewöhnlicher Differentialgleichungen aus der Summe einer ihrer partikulären Lösungen und der allgemeinen Lösung $x_{\text{hom}}(t, A, B)$ der zugehörigen homogenen Gleichung (4.9) besteht. Da wir die letztere schon im vorangegangenen Abschnitt berechnet haben, müssen wir uns nur noch eine partikuläre Lösung von (4.14) beschaffen. Ein systematischer Weg zu deren Bestimmung bestünde wieder in der Variation der Konstanten, die zu einfachen Quadraturen führt (Aufgabe 4.1). Da die Kraft $F^{(\text{ext})}$ eine harmonische Funktion der Zeit ist, liegt die Annahme nahe, dass das auch für die Lösung $x(t)$ gilt. Wir kommen daher schneller zum Ziel, wenn wir einfach

$$x(t) = a\sin\omega t + b\cos\omega t$$

ansetzen und damit in die Bewegungsgleichung (4.14) eingehen. Die Differenz der linken und der rechten Seite von (4.14) wird dadurch zu einer Linearkombination von $\sin\omega t$ und $\cos\omega t$, die verschwinden muss, was nur möglich ist, wenn die Koeffizienten von $\sin\omega t$ und $\cos\omega t$ einzeln verschwinden,

$$-\omega^2 a - 2\gamma\omega b + \omega_0^2 a = \frac{F_0}{m}\,, \qquad -\omega^2 b + 2\gamma\omega a + \omega_0^2 b = 0\,.$$

Aus diesen Gleichungen können a und b berechnet werden, womit unser Ansatz zu der partikulären Lösung

$$x(t) = \frac{F_0/m}{(\omega_0^2 - \omega^2)^2 + 4\gamma^2\omega^2}\left[(\omega_0^2 - \omega^2)\sin\omega t - 2\gamma\omega\cos\omega t\right] \tag{4.15}$$

führt. Die beiden Winkelfunktionen können durch Einführung eines Phasenfaktors noch zu einer zusammengefasst werden, und wir erhalten schließlich die allgemeine Lösung

$$x(t) = x_{\text{hom}}(t, A, B) + V\frac{F_0}{m}\sin(\omega t - \delta)\,. \tag{4.16}$$

Der **Verzerrungsfaktor** V und die **Phasenverschiebung** δ sind dabei durch

$$V = \frac{1}{\sqrt{(\omega_0^2 - \omega^2)^2 + 4\gamma^2\omega^2}}\,, \qquad \delta = \arctan\frac{2\gamma\omega}{\omega_0^2 - \omega^2}$$

gegeben. Der Lösungsanteil $x_{\text{hom}}(t, A, B)$ stellt entweder eine gedämpfte Schwingung mit der Eigenfrequenz des gedämpften Systems dar, oder er ist aperiodisch gedämpft. Die ihn bestimmenden Parameter A und B werden durch die Anfangsbedingungen für Ort und Geschwindigkeit festgelegt, also dadurch, wie die Schwingung beginnt, den so genannten **Einschaltvorgang**. Da $x_{\text{hom}}(t, A, B)$ nach einiger Zeit abklingt, spricht man, bis das geschehen ist, von einem **Einschwingvorgang**. Nachdem dieser vorbei ist, wird das Geschehen im Wesentlichen nur noch von der Partikularlösung (4.15) beherrscht, die eine **erzwungene Schwingung** darstellt. Abb. 4.4 zeigt deren Amplitude in Abhängigkeit von der Kreisfrequenz ω der externen Kraft. Bei der Frequenz

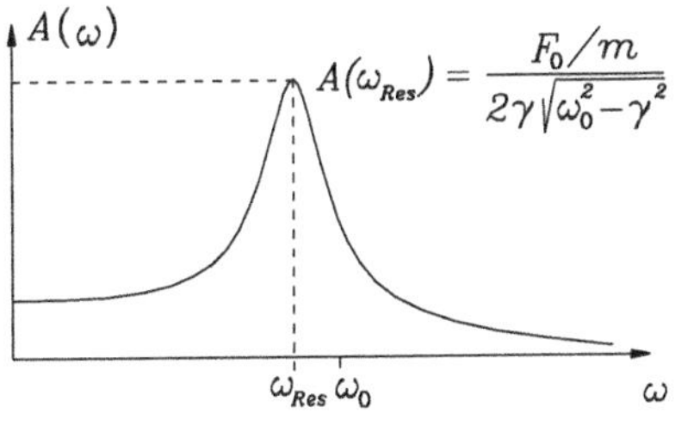

Abb. 4.4: Frequenzabhängigkeit der Amplitude einer erzwungenen Schwingung.

$\omega_{\text{Res}} = \omega_0\sqrt{1 - 2\gamma^2/\omega_0^2}$, also etwas unterhalb der Eigenfrequenz ω_0 des ungetriebenen Oszillators (Fall $F_0 = 0$), erreicht die Amplitude des getriebenen Oszillators ein Maximum, und man spricht von **Resonanz**. Wenn der Reibungskoeffizient γ gegen null geht, rückt diese Frequenz gegen ω_0, und das Maximum wird unendlich groß. Dieser Fall wird als **Resonanzkatastrophe** bezeichnet.

4.1.4 Phasenebene der eindimensionalen Bewegung

Viele dynamische Probleme werden besonders übersichtlich, wenn man neben den Teilchenorten die Teilchenimpulse als selbständige Variablen einführt und dementsprechend von Differentialgleichungen zweiter Ordnung auf doppelt so viele Differentialgleichungen erster Ordnung übergeht. Wir führen diesen Übergang im Folgenden an dem gegenwärtig behandelten Fall der eindimensionalen Bewegung eines einzelnen Massenpunkts durch und beschränken uns dabei auf zeitunabhängige Kräfte $\tilde{F}(x, \dot{x})$. Indem wir $F(x, p)=\tilde{F}(x, \dot{x})$ setzen ($p=m\dot{x}$), kommen wir von der einen Gleichung $m\ddot{x} = \tilde{F}(x, \dot{x})$ zu dem Gleichungssystem

$$\dot{x} = p/m\,, \qquad \dot{p} = F(x, p)\,. \tag{4.17}$$

Es ist nahe liegend, die Dynamik dieses Systems im **Phasenraum** der Koordinaten x, p zu verfolgen. Wenn wir in diesem in Richtung der x- und p-Achse die Einheitsvektoren $\boldsymbol{e}_x$ und $\boldsymbol{e}_p$ einführen, können wir die Phasenraumpunkte durch Ortsvektoren $\boldsymbol{R}=x\boldsymbol{e}_x+p\boldsymbol{e}_p$ darstellen. Der Teilchenbahn $x(t)$ im – hier eindimensionalen – Konfigurationsraum entspricht die **Phasenraumkurve** oder **Phasenraumtrajektorie**

$$\boldsymbol{R}(t) = x(t)\,\boldsymbol{e}_x + p(t)\,\boldsymbol{e}_p \tag{4.18}$$

im – hier zweidimensionalen – Phasenraum, der **Phasenebene**, die von dem für das mechanische System **repräsentativen Phasenraumpunkt *R*** durchlaufen wird.

Da nach Ergebnissen der Theorie gewöhnlicher Differentialgleichungen zu gegebenen Anfangswerten $x_0 = x(t_0)$ und $p_0 = p(t_0)$ nur genau eine Lösung des Gleichungssystems (4.17) existiert, geht durch jeden Punkt der Phasenebene genau eine Trajektorie. Das bedeutet: *Phasenraumtrajektorien können sich nicht schneiden.* Diese Eigenschaft steht im Gegensatz zur Situation im Konfigurationsraum, wo durch jeden Punkt ein ganzes Büschel von Trajektorien hindurchläuft, die sich in den Geschwindigkeiten unterscheiden; sie bildet einen der entscheidenden Vorteile der *Phasenraumdarstellung*.

Die Phasenraumtrajektorien werden mit der Geschwindigkeit

$$\boldsymbol{V} = \dot{\boldsymbol{R}}(t) = \dot{x}\,\boldsymbol{e}_x + \dot{p}\,\boldsymbol{e}_p = \frac{p}{m}\,\boldsymbol{e}_x + F(x, p)\,\boldsymbol{e}_p \tag{4.19}$$

durchlaufen. Innerhalb eines gewissen Definitionsbereichs ist diese für jeden Phasenraumpunkt erklärt, d. h. (4.19) definiert ein Strömungsfeld $\boldsymbol{V} = \boldsymbol{V}(x, p)$. In konservativen Systemen ist F von p unabhängig, $F = F(x)$, und wir erhalten[2]

$$\operatorname{div} \boldsymbol{V} := \frac{\partial V_x}{\partial x} + \frac{\partial V_p}{\partial p} = \frac{\partial p/m}{\partial x} + \frac{\partial F(x)}{\partial p} = 0\,, \tag{4.20}$$

d. h. die durch $\boldsymbol{V}(x, p)$ beschriebene **Phasenraumströmung** ist **inkompressibel** (Strömungselemente können sich zwar verformen, behalten dabei jedoch ihr Volumen bei).

In einem System mit Reibung, das durch die Gleichung

$$m\ddot{x} = F(x) - m\gamma\dot{x}$$

beschrieben wird, gilt mit $\boldsymbol{V} = (p/m)\,\boldsymbol{e}_x + (F(x) - \gamma p)\,\boldsymbol{e}_p$ dagegen

$$\operatorname{div} \boldsymbol{V} = -\gamma < 0\,, \tag{4.21}$$

die Phasenraumströmung wird überall und andauernd komprimiert.

Wir veranschaulichen uns die soeben eingeführten Begriffe anhand einfacher Beispiele.

Beispiel 4.4: *Harmonischer Oszillator*

Beim harmonischen Oszillator lautet der Energie-Erhaltungssatz ((4.2) mit $\dot{x}=p/m$ und $V=kx^2/2=m\omega_0{}^2x^2/2$)

$$\frac{p^2}{2m} + \frac{m\omega_0{}^2x^2}{2} = E = \text{const}\,. \tag{4.22}$$

Offensichtlich ist das eine Darstellung für die geometrische Form der Phasenraumtrajektorien. Es handelt sich um Ellipsen, die im Uhrzeigersinn durchlaufen werden (Abb. 4.5 (a)), wobei die zuletzt genannte Eigenschaft z. B. aus $\dot{p} = -m\omega_0{}^2x > 0$ für $x < 0$ folgt. Bei verschwindender Energie E degeneriert die Phasenraumkurve zu dem Punkt $x = 0$, $p = 0$, der eine (stabile) Gleichgewichtslage repräsentiert.

Beispiel 4.5: *Bewegung im Potenzial* $V(x) = -m\gamma^2x^2/2$

Hier werden die Phasenraumkurven durch die Energiegleichung

$$\frac{p^2}{2m} - \frac{m\gamma^2x^2}{2} = E$$

definiert. Für $E = 0$ erhalten wir als Lösungen die beiden durch den Ursprung laufenden Geraden

$$p = \pm m\gamma x\,.$$

---

2 Die genauere Bedeutung der Divergenz div $\boldsymbol{V}$ wird in der *Elektrodynamik*, Kap. *Mathematische Vorbereitung*, Abschn. *Grundlagen aus der Vektoranalysis* behandelt.

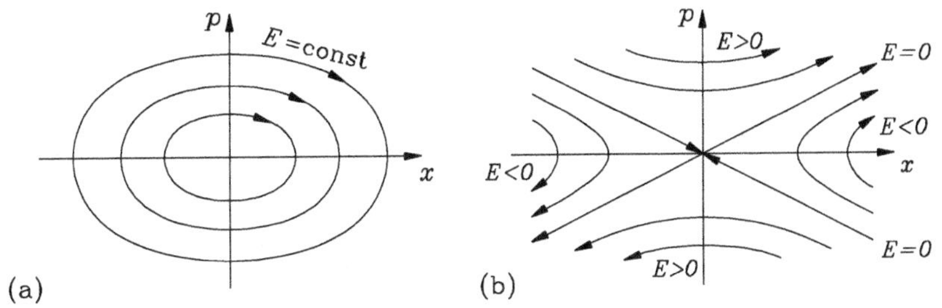

Abb. 4.5: (a) Phasenraumporträt des harmonischen Oszillators. (b) Phasenraumporträt des Potenzials $V(x) = -kx^2/2$.

Für $E > 0$ ergeben sich die in Abb. 4.5 (b) gezeigten Hyperbeln, welche die p-Achse durchstoßen, $E<0$ führt zu den durch die x-Achse hindurchlaufenden Hyperbeln. Man überlegt sich leicht den in der Abbildung eingetragenen Durchlaufsinn. Bei $x=0$, $p=0$ liegt wieder ein (diesmal instabiler) Gleichgewichtspunkt. Die Phasenraumkurven $p=\pm m\gamma x$ schneiden sich dort nur scheinbar, in Wirklichkeit enden sie jedoch, da die Phasenraumgeschwindigkeit $\boldsymbol{V}=(p/m)\,\boldsymbol{e}_x+m\gamma^2 x\,\boldsymbol{e}_p$ gleich null wird.

Beispiel 4.6: *Oszillierendes und rotierendes Schwerependel*

Wir untersuchen jetzt die Bewegung im Potenzial

$$V(x) = -mgl\cos(x/l) = -m\omega^2 l^2 \cos(x/l) \qquad \text{für} \qquad -\infty \leq x \leq \infty\,.$$

Dieses wird uns später beim starren Schwerependel begegnen, wobei x/l den Auslenkungswinkel bedeutet. Dementsprechend werden wir die Punkte x und $x + 2\pi l n$ (mit n = ganze Zahl) miteinander identifizieren. $\omega = \sqrt{g/l}$ ist die Schwingungsfrequenz für kleine Auslenkungen, jedoch nicht für große. Der für ungedämpfte Bewegungen in einem Potenzial gültige Energie-Erhaltungssatz

$$\frac{p^2}{2m} - m\omega^2 l^2 \cos(x/l) = E \tag{4.23}$$

liefert wieder eine Darstellung der Phasenraumtrajektorien. Gleichgewichtslagen werden durch $p = 0$ und

$$\frac{\partial V}{\partial x} = m\omega^2 l \sin(x/l) = 0$$

festgelegt und befinden sich bei

$$p = 0\,, \qquad x/l = n\pi \quad (n \text{ ganzzahlig})\,.$$

Um die Trajektorien in der Nähe des für $n = 0$ erhaltenen Gleichgewichtspunktes zu untersuchen, betrachten wir kleine Werte von x, nähern für diese $\cos(x/l) \approx 1 - x^2/(2l^2)$, setzen $E + m\omega^2 l^2 = E'$ und erhalten aus dem Energie-Erhaltungssatz näherungsweise die Gleichung

$$\frac{p^2}{2m} + \frac{m\omega^2 x^2}{2} = E' = \text{const}\,.$$

Sie liefert dieselbe Situation wie unser erstes Beispiel (Abb. 4.5 (a)), also Ellipsen, die um die Gleichgewichtslage $x = 0$, $p = 0$ herumlaufen.

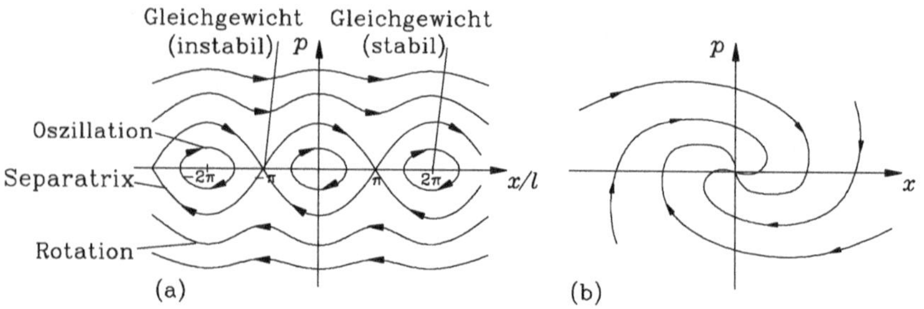

Abb. 4.6: (a) Phasenraumporträt der Pendelbewegung. (b) Phasenraumporträt des gedämpften Pendels. Die Pfeile geben an, in welcher Richtung die Trajektorien durchlaufen werden.

Jetzt betrachten wir die Nachbarschaft der für $n = \mp 1$ erhaltenen Gleichgewichtslagen $z/l := x/l \pm \pi = 0$. Dort nähern wir $\cos(x/l) \approx -\left[1 - z^2/(2l^2)\right]$, setzen $E^* = E - m\omega^2 l^2$ und erhalten die Gleichung

$$\frac{p^2}{2m} - \frac{m\omega^2 z^2}{2} = E^* = \text{const}\,.$$

Dies ist die Situation unseres zweiten Beispiels (Abb. 4.5 (b)). Da das Pendelpotenzial in x/l die Periodizität 2π besitzt, wiederholen sich in der Nachbarschaft der Gleichgewichtslagen abwechselnd die Situationen der Abbildungen 4.5 (a) und 4.5 (b). In großem Abstand von der x-Achse (große Impulse $p \gg m\omega l$) können wir in der Energiegleichung die potenzielle Energie vernachlässigen und erhalten näherungsweise

$$p = \pm\sqrt{2mE}\,,$$

also zur x-Achse parallele Geraden.

Abb. 4.6 (a) zeigt, wie sich die so weit erzielten Ergebnisse zu einem Gesamtbild, dem **Phasenraumporträt** zusammenfügen. Die geschlossenen Trajektorien repräsentieren den periodischen Vorgang des Hin- und Herpendelns. (Da x/l und $x/l + 2\pi n$ dieselbe Pendellage darstellen, wird derselbe Vorgang im Phasenraumporträt unendlich oft dargestellt.) Die von links nach rechts bzw. rechts nach links bis $x = \pm\infty$ durchlaufenden Trajektorien repräsentieren Rotationen des Pendels, also Bewegungen, bei denen der Winkel monoton zunimmt. Diejenigen Trajektorien, welche die Grenze zwischen Rotation und Oszillation markieren, werden als **Separatrizes** (Plural von lat. *separatrix* = Trennende) bezeichnet. Offensichtlich werden sie durch $E^* = 0$ bzw. $E = m\omega^2 l^2$ definiert und haben daher nach (4.23) die Darstellung

$$p = \pm\sqrt{2}\,m\omega l\sqrt{1 + \cos(x/l)}\,.$$

Beispiel 4.7: *Gedämpfter harmonischer Oszillator*

Der gedämpfte harmonische Oszillator genügt der Gleichung (4.9), und die mechanische Gesamtenergie bleibt nicht mehr erhalten. Stattdessen haben wir den Energiesatz (3.4), den wir mit $\dot{x} = p/m$ in die Form

$$\frac{p^2}{2m} + \frac{m\omega_0^2 x^2}{2} = E_0 - \frac{2\gamma}{m}\int_{t_0}^{t} p^2(t')\,dt' = E'(t)$$

bringen können. (E_0 ist der Wert der linken Seite zur Zeit t_0. Am einfachsten erhält man die angegebene Gleichung, indem man (4.9) mit $\dot{x}$ multipliziert und über die Zeit integriert.) Der repräsentative Phasenraumpunkt bewegt sich nicht mehr auf den Ellipsen (4.22) des ungedämpften harmonischen Oszillators, sondern wandert quer zu diesen nach innen, da $E'(t)$ abnimmt, solange $p \neq 0$ ist. Die Trajektorien sind daher Spiralen, die sich auf den Punkt $x = 0$, $p = 0$ zusammenziehen (Abb. 4.6 (b) und Aufgabe 4.2).

4.1.5 Bewegung eines Massenpunkts im Zentralfeld

Wir wenden uns jetzt allgemeineren Bewegungsformen als den eindimensionalen zu und betrachten die Bewegung eines Massenpunkts in einem Zentralfeld. Diese wird durch die Bewegungsgleichung

$$m\ddot{\boldsymbol{r}} = F(r)\,\frac{\boldsymbol{r}}{r} = -\nabla V(r) \qquad \text{mit} \qquad V(r) = -\int_{r_0}^{r} F(r')\,dr' \tag{4.24}$$

beschrieben. Nach Abschn. 3.1.3 und 3.1.5 gelten für sie die Erhaltungssätze für die Energie und den Drehimpuls (um das Kraftzentrum $\boldsymbol{r}=0$). Das bedeutet, dass wir vier Bewegungsintegrale haben und zur vollständigen Lösung des Problems nur noch zwei weitere bestimmen müssen. Dies kann in der Form geschehen, dass wir einfach die Erhaltungssätze weiterintegrieren.

Betrachten wir zuerst den Drehimpuls-Erhaltungssatz $\boldsymbol{r}(t)\times\boldsymbol{p}(t)=\boldsymbol{L}_0$. Durch skalare Multiplikation mit $\boldsymbol{r}(t)$ folgt aus diesem

$$\boldsymbol{L}_0 \cdot \boldsymbol{r}(t) = 0\,,$$

d. h. der Ortsvektor $\boldsymbol{r}(t)$ des Massenpunkts steht während der ganzen Bewegung senkrecht auf dem konstanten Drehimpulsvektor $\boldsymbol{L}_0$, und die Bewegung verläuft in einer Ebene. Wählen wir die Achsen eines kartesischen Koordinatensystems so, dass $\boldsymbol{L}_0$ in Richtung der z-Achse weist,

$$\boldsymbol{L}_0 = L_0\,\boldsymbol{e}_z\,, \tag{4.25}$$

so erhalten wir $\boldsymbol{L}_0 \cdot \boldsymbol{r}(t) = L_0 z(t) = 0$ oder $z(t) = 0$, d. h. die x, y-Ebene wird zur Ebene der Bewegung.

Es ist zweckmäßig, in dieser Ebene Polarkoordinaten r und φ mit dem Zentrum $x = y = 0$ und die beiden orthogonalen Einheitsvektoren

$$\boldsymbol{e}_r = \boldsymbol{r}/r\,, \qquad \boldsymbol{e}_\varphi = \boldsymbol{e}_z \times \boldsymbol{e}_r \tag{4.26}$$

einzuführen (Abb. 4.7). Beide hängen von φ ab, und wegen

$$\begin{aligned} \boldsymbol{e}_r \cdot \boldsymbol{e}_x &= \cos\varphi\,, & \boldsymbol{e}_r \cdot \boldsymbol{e}_y &= \sin\varphi\,, \\ \boldsymbol{e}_\varphi \cdot \boldsymbol{e}_x &= -\sin\varphi\,, & \boldsymbol{e}_\varphi \cdot \boldsymbol{e}_y &= \cos\varphi \end{aligned}$$

gelten die Zerlegungen

$$\begin{aligned} \boldsymbol{e}_r &= \cos\varphi\,\boldsymbol{e}_x + \sin\varphi\,\boldsymbol{e}_y\,, \\ \boldsymbol{e}_\varphi &= -\sin\varphi\,\boldsymbol{e}_x + \cos\varphi\,\boldsymbol{e}_y\,. \end{aligned} \tag{4.27}$$

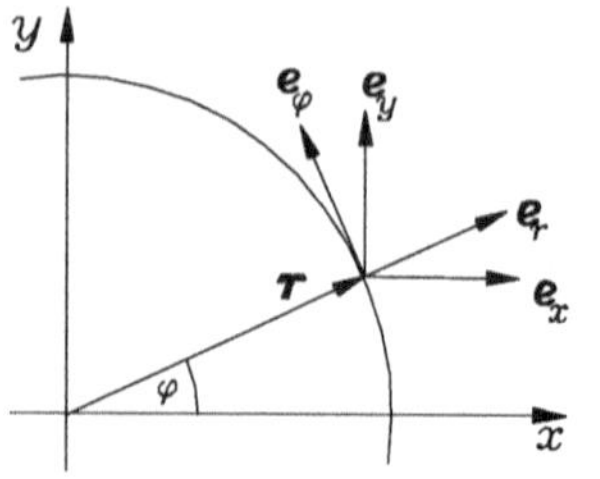

Abb. 4.7: Einführung ebener Polarkoordinaten.

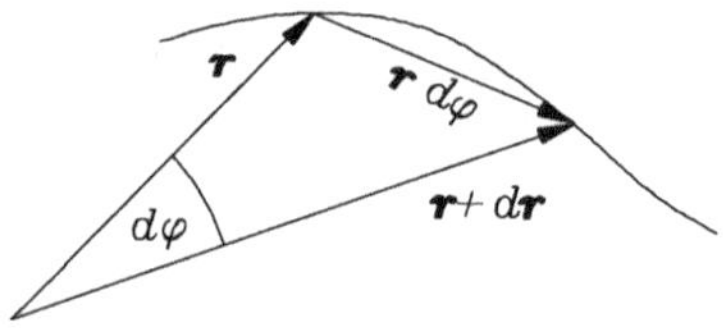

Abb. 4.8: Zweites Keplersches Gesetz: Flächensatz.

Durch Ableitung nach φ folgen hieraus die wichtigen Relationen

$$\boxed{\frac{d\boldsymbol{e}_r}{d\varphi} = \boldsymbol{e}_\varphi\,, \qquad \frac{d\boldsymbol{e}_\varphi}{d\varphi} = -\boldsymbol{e}_r\,.} \tag{4.28}$$

Mit diesen Formeln drücken wir jetzt den Drehimpuls in Polarkoordinaten aus. Aus $\boldsymbol{r} = r\,\boldsymbol{e}_r$, $\dot{\boldsymbol{r}} = \dot{r}\,\boldsymbol{e}_r + r\,\dot{\boldsymbol{e}}_r$, $\dot{\boldsymbol{e}}_r = (d\boldsymbol{e}_r/d\varphi)\dot{\varphi}$ und (4.28) folgt zunächst

$$\boldsymbol{v} = \dot{\boldsymbol{r}} = \dot{r}\,\boldsymbol{e}_r + r\dot{\varphi}\,\boldsymbol{e}_\varphi\,. \tag{4.29}$$

Hiermit und mit (4.25)–(4.26) erhalten wir für den Drehimpuls um den Koordinatenursprung

$$\boldsymbol{r} \times m\boldsymbol{v} = mr\,\boldsymbol{e}_r \times (\dot{r}\,\boldsymbol{e}_r + r\dot{\varphi}\,\boldsymbol{e}_\varphi) = mr^2\dot{\varphi}\,\boldsymbol{e}_z = L_0\,\boldsymbol{e}_z\,. \tag{4.30}$$

Die Auflösung dieser Beziehung nach $\dot{\varphi}$ führt zu der **Azimutalgleichung**

$$\dot{\varphi} = \frac{L_0}{mr^2}\,. \tag{4.31}$$

Da $(r^2/2)\,d\varphi = dF$ die Fläche ist, die der Ortsvektor $\boldsymbol{r}(t)$ in der Zeit dt überstreicht (Abb. 4.8), ist die Azimutalgleichung äquivalent mit

$$\frac{dF}{dt} = \frac{L_0}{2m}\,. \tag{4.32}$$

(Man erhält dieses Ergebnis auch direkt aus (4.30), wenn man mit $d\boldsymbol{F}{=}\boldsymbol{r}{\times}d\boldsymbol{r}/2$ ein vektorielles Flächenelement einführt.) Dies ist das zweite Keplersche Gesetz, das J. Kepler für die Planetenbahnen gefunden hat, in Worten:

Zweites Keplersches Gesetz. *Der „Fahrstrahl" $\boldsymbol{r}(t)$ vom Zentrum der Zentralkraft zu dem sich unter deren Einfluss bewegenden Körper überstreicht in gleichen Zeiten gleiche Flächen.*

Wenden wir uns dem Energie-Erhaltungssatz (3.6) zu. Mit (3.8)–(3.9) und (4.29)–(4.31) lautet dieser hier

$$\frac{m}{2}(\dot{r}^2 + r^2\dot{\varphi}^2) + V(r) = \frac{m}{2}\dot{r}^2 + U(r) = E\,, \tag{4.33}$$

wobei die Abkürzung

$$U(r) = V(r) + \frac{L_0^2}{2mr^2} \tag{4.34}$$

eingeführt wurde. Da (4.33) genau die Form des Energie-Erhaltungssatzes (4.2) für die eindimensionale Bewegung eines einzelnen Massenpunkts besitzt, wenn $U(r)$ als potenzielle Energie interpretiert wird, bezeichnet man $U(r)$ als **effektives Potenzial**. $L_0^2/(2mr^2)$ kann als Potenzial der Zentrifugalkraft gedeutet werden, die wegen $v_\varphi = r\dot{\varphi} = L_0/(mr)$ durch $m v_\varphi^2/r = L_0^2/(mr^3)$ gegeben ist. Lösen wir jetzt den Energie-Erhaltungssatz nach $\dot{r}$ auf, so erhalten wir die **Radialgleichung**

$$\dot{r} = \pm\sqrt{\frac{2}{m}\big(E - U(r)\big)}\,. \tag{4.35}$$

Da diese von φ unabhängig ist, kann sie unmittelbar integriert werden (vgl. (4.4)), und wir erhalten damit die Lösung $r(t)$ für die Radialbewegung in der impliziten Form

$$t(r) = t(r_0) \pm \int_{r_0}^{r} \frac{dr'}{\sqrt{2\,(E - U(r'))\,/m}}\,. \tag{4.36}$$

Bei verschwindender Radialgeschwindigkeit ($\dot{r}=0$) erzwingt die aus (4.33) zu $\ddot{r} = -\,U'(r)/m \neq 0$ folgende Radialbeschleunigung den Übergang von dem momentan durchlaufenen Lösungszweig (z. B. dem mit dem $+$Zeichen) auf den anderen (mit dem $-$ Zeichen).

Mit der impliziten Lösung (4.36) kennt man – wenigstens im Prinzip – auch die explizite Lösung $r(t)$ (selbst wenn sich der Übergang zur Umkehrfunktion nicht in allen Fällen mithilfe elementarer Funktionen durchführen lässt). Setzt man diese in die Azimutalgleichung (4.31) ein, so kann auch diese integriert werden,

$$\varphi(t) - \varphi(t_0) = \frac{L_0}{m}\int_{t_0}^{t} \frac{1}{r^2(t')}\,dt'\,. \tag{4.37}$$

(4.36) und (4.37) ergeben zusammen die vollständige Lösung unseres Problems. Allerdings kann man an dieser die wesentlichen physikalischen Eigenschaften nicht so leicht erkennen. Für diesen Zweck ist es sinnvoller, auf die Erhaltungssätze zurückzugehen.

Bevor wir das tun, wollen wir jedoch noch eine Gleichung für die Bahngeometrie ableiten. Hierzu dividieren wir (4.31) durch (4.35),

$$\frac{d\varphi}{dr} = \frac{\dot{\varphi}}{\dot{r}} = \pm L_0 \frac{1}{r^2\sqrt{2m\big(E - U(r)\big)}}\,, \tag{4.38}$$

integrieren über r und erhalten so die **Bahngleichung**

$$\varphi(r) = \varphi(r_0) \pm L_0 \int_{r_0}^{r} \frac{dr'}{r'^2\sqrt{2m\big(E - U(r')\big)}}\,. \tag{4.39}$$

Für spezielle Potenziale $V(r)$ lässt sich die Bahngleichung durch elementare Funktionen ausdrücken. Das trifft insbesondere auf das Potenzial $V = -\,\alpha/r$ mit $\alpha > 0$ des

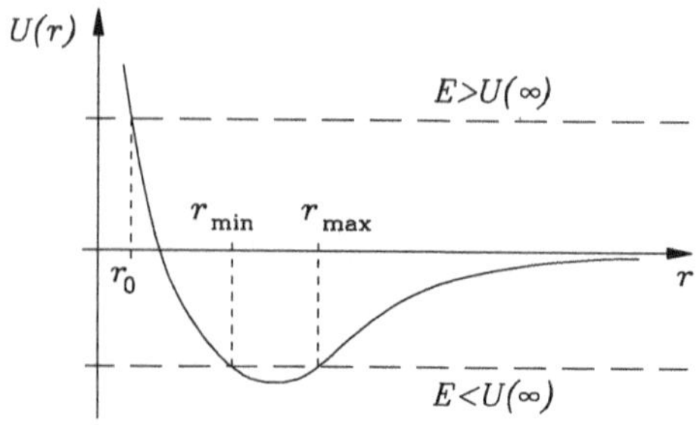

Abb. 4.9: Effektives Potenzial bei der Bewegung in einem Zentralfeld.

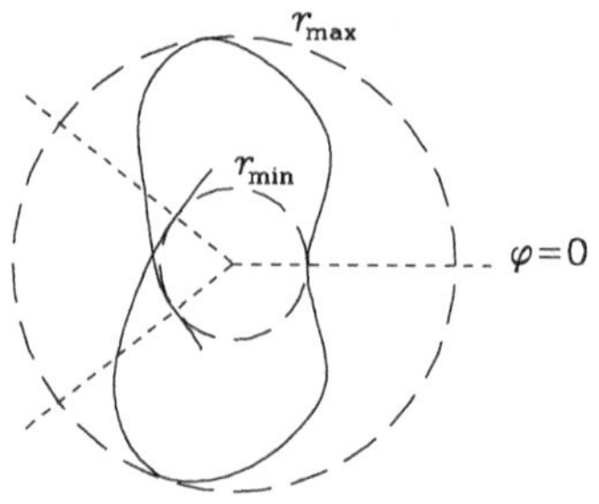

Abb. 4.10: Gebundene Bahn.

Kepler-Problems und das Potenzial $V=kr^2/2=k(x^2+y^2+z^2)/2$ des isotropen harmonischen Oszillators zu.

Wie bereits gesagt, lassen sich auch jetzt die wichtigsten Eigenschaften der Lösungen schon aus den Erhaltungssätzen ablesen, ganz ähnlich, wie das bei der eindimensionalen Bewegung eines Massenpunkts der Fall war. Der Spezialfall $L_0 = 0$ führt wegen $\dot{\varphi} = 0$, (4.31), zu der schon ausführlich diskutierten Bewegung längs einer Geraden und muss hier nicht nochmals erörtert werden. (Physikalisch handelt es sich für $V=-\alpha/r$ um einen freien Fall in Richtung der Schwerkraft oder einen Wurf nach oben mit anschließendem Fall.) Wir betrachten im Folgenden daher nur noch $L_0 \neq 0$.

Von besonderem Interesse ist hier die Frage, ob und unter welchen Umständen die Radien $r=0$ und $r=\infty$ erreicht werden können. Sie kann, wie überhaupt die ganze Radialbewegung, schon allein anhand des Energie-Erhaltungssatzes (4.33) erörtert werden. Bei $r=0$ wird das (abstoßende) Potenzial $L_0/(2mr^2)$ der Zentrifugalkraft (zusammen mit dieser selbst) unendlich. Das kommt daher, dass die Winkelgeschwindigkeit $\dot{\varphi}$ nach (4.31) wie $1/r^2$ divergiert. Nach (4.33)–(4.34) kann der Punkt $r=0$ daher nur erreicht werden, wenn $V(r)$ bei kleinen Radien negativ wird und dem Betrage nach mindestens wie $L_0{}^2/(2mr^2)$ divergiert. Diese Möglichkeit erscheint jedoch etwas künstlich und soll nicht weiter diskutiert werden. Im Folgenden werden wir deshalb annehmen, dass das effektive Potenzial $U(r)$ im Ursprung gegen $+\infty$ strebt (Abb. 4.9). Dann muss die Radialbewegung jedoch für jeden endlichen Wert der Gesamtenergie E bei einem endlichen Wert r_0 umkehren, sofern sie anfänglich auf das Zentrum $r=0$ zu gerichtet war. Wenn die Gesamtenergie des Massenpunkts den Wert des effektiven Potenzials im Unendlichen übersteigt ($E>U(\infty)=V(\infty)$), wird dieser für $t\to\infty$ immer nach $r\to\infty$ gelangen. Gegebenenfalls geschieht das erst, nachdem er vorher eine Zeitlang auf das Zentrum zugelaufen und dann umgekehrt ist.

Falls das effektive Potenzial $U(r)$ ein lokales Minimum besitzt (Abb. 4.9), eröffnet sich die Möglichkeit zu **gebundenen Bewegungen**. Diese sind dadurch charakterisiert, dass die Teilchenbahn ganz innerhalb eines endlichen Kreisrings $r_{\min}\leq r\leq r_{\max}$ verläuft, und werden für $E < U(\infty)$ realisiert (Abb. 4.10). In diesem Fall interessiert besonders die Frage, ob und unter welchen Umständen die Bahn **geschlossen** ist. Wie bei der eindimensionalen Bewegung eines Massenpunkts ist klar, dass die Radialbewegung für sich allein genommen zwischen den Radien $r_{\min}$ und $r_{\max}$ **periodisch** ist.

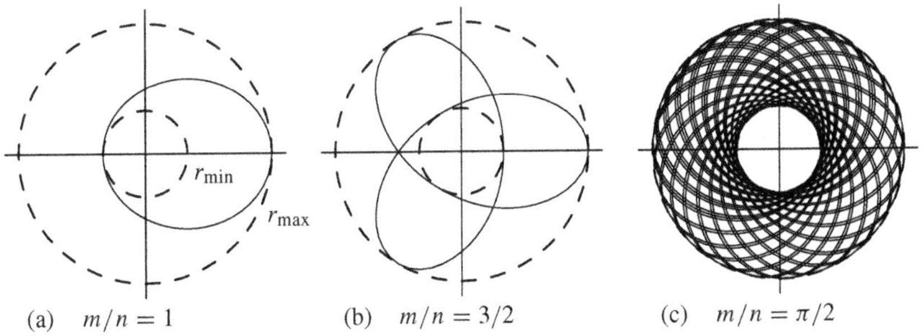

Abb. 4.11: (a) und (b) Geschlossene Bahnen. (c) Ergodische Bahn: $r(\varphi)$ verläuft zwischen den gestrichelten Kreisen r_{min} und r_{max}. Im Laufe der Zeit wird der Kreisring dicht überdeckt, weshalb die Aufzeichnung der Bahn nach etwa 50 Umläufen abgebrochen wurde.

Nach (4.39) verschiebt sich der Winkel φ, wenn der Radius nach einer vollen Periode wieder zum selben Wert zurückgekehrt ist, um

$$\Delta\varphi = 2L_0 \int_{r_{min}}^{r_{max}} \frac{dr}{r^2\sqrt{2m\big(E - U(r)\big)}} . \tag{4.40}$$

(Das Integral konvergiert, weil $E-U(r)$ an den Integrationsgrenzen proportional zu $r - r_{min}$ bzw. $r - r_{max}$ ist.) Damit sich die Bahn nun schließt, muss die nach endlich vielen Perioden der Radialbewegung zusammengekommene Winkelverschiebung zum Ausgangswinkel zurückführen, also ein ganzzahliges Vielfaches von 2π betragen, sagen wir $2\pi m$ (Abb. 4.11 (a) und (b)). Da die Gesamtwinkelverschiebung nach n Perioden $n\Delta\varphi$ beträgt, erhalten wir somit die **Schließungsbedingung**

$$\frac{\Delta\varphi}{2\pi} = \frac{m}{n} \quad (m, n \text{ ganzzahlig}), \tag{4.41}$$

d. h. $\Delta\varphi/(2\pi)$ muss einen rationalen Wert besitzen.

Wenn das nicht der Fall ist, kommt die Bahn jedem Punkt des Kreisrings irgendwann einmal beliebig nahe, d. h. der Kreisring $r_{min} \le r \le r_{max}$ wird von der Bahn dicht überdeckt (Abb. 4.11 (c)), und man bezeichnet diese als **ergodisch** (von altgriech. *ergodäs* = mühsam)

Beweis: Wenn die Zahl $\Delta\varphi/(2\pi)=q$ irrational ist, kann sie beliebig gut durch eine rationale Zahl m/n angenähert werden, und zwar um so besser, je größer die ganzen Zahlen n und $m(n)$ gewählt werden. Das bedeutet jedoch, dass eine bei r_0, φ_0 mit $0 \le \varphi_0 \le 2\pi$ startende Bahn nach n Perioden der Radialbewegung zum selben Radius r_0 zurückkehrt und dabei zum Winkel $\varphi=\varphi_0+2\pi m+D\varphi$ gelangt, nach kn Perioden kommt sie zum Winkel $\varphi=\varphi_0+2\pi km+kD\varphi$. Die kleine Korrektur $D\varphi$ beruht dabei auf der Irrationalität von q. Wählt man nun im Fall $D\varphi>0$ zu beliebigem φ^* aus dem Intervall $\varphi_0 \le \varphi^* \le \varphi_0+2\pi$ für k diejenige ganze Zahl, die $(\varphi^*-\varphi_0)/D\varphi$ am nächsten liegt, so kommt φ wegen $kD\varphi \approx \varphi^*-\varphi_0$ dem Winkel $2\pi km+\varphi^*$ sehr nahe. (Im Fall $D\varphi<0$ wählt man k genauso für beliebiges φ^* aus dem Intervall $\varphi_0-2\pi \le \varphi^* \le \varphi_0$.)

Je größer n gewählt wurde, desto kleiner ist die Korrektur $D\varphi$, und umso näher kommt die Bahn dem Punkt r, $\varphi^*\text{mod}(2\pi)$. □

Aus dem Beweis folgt auch, dass die Bahn jedem Punkt des Kreisrings nicht nur einmal, sondern immer wieder beliebig nahe kommt.

Der Normalfall eines Zentralfeldes ist der, dass es in ihm sowohl geschlossene als auch ergodische Bahnen gibt. In Abschn. 4.1.6 werden wir jedoch sehen, dass alle gebundenen Bahnen geschlossen sind, wenn das Zentralfeld ein Gravitationsfeld ist. In dem folgenden Exkurs wird gezeigt, dass diese Eigenschaft eine Besonderheit darstellt, die außer dem Gravitationsfeld nur noch ein weiteres Feld aufweist.

Exkurs 4.1: Potenziale mit ausschließlich geschlossenen Bahnen

In diesem Exkurs soll der folgende Satz bewiesen werden:

Satz. *Unter allen zweimal stetig differenzierbaren Potenzialen $V(r)$ eines Zentralfeldes, in denen zu beliebig vorgegebenen Werten $r_{\min}$ und $r_{\max}$ des minimalen und maximalen Bahnabstands vom Zentrum eine Bahn existiert, sind das Gravitationspotenzial $V=-\alpha/r$ und das Potenzial des isotropen harmonischen Oszillators $V=kr^2/2$ die einzigen Potenziale, für die alle gebundenen Bahnen geschlossen sind.*

Beweis: 1. Als erstes zeigen wir, dass die Forderung nach der Geschlossenheit sämtlicher gebundenen Bahnen notwendig zu den angegebenen Potenzialen führt.

Bei $r=r_{\min}$ und $r=r_{\max}$ verschwindet $\dot{r}$, und da die Gesamtenergie E auf der Bahn überall denselben Wert besitzt, erhalten wir aus (4.33)–(4.34)

$$E = V(r_{\min}) + \frac{L_0^2}{2mr_{\min}^2} = V(r_{\max}) + \frac{L_0^2}{2mr_{\max}^2}\,.$$

Hieraus folgt

$$L_0^2 = \frac{2m\,r_{\min}^2 r_{\max}^2}{(r_{\min}+r_{\max})}\,\frac{[V(r_{\max})-V(r_{\min})]}{(r_{\max}-r_{\min})} \tag{4.42}$$

und mit (4.34)

$$E - U(r) = \frac{L_0^2}{2m}\left(\frac{1}{r_{\max}^2}-\frac{1}{r^2}\right) + V(r_{\max}) - V(r)\,. \tag{4.43}$$

Durch Einsetzen von (4.42) und (4.43) in (4.40) erkennt man, dass $\Delta\varphi$ nur von $r_{\min}$ und $r_{\max}$ abhängt, und das stetig. Da wir nämlich nur Potenziale betrachten, in denen zu beliebigen Werten von $r_{\min}$ und $r_{\max}$ eine gebundene Bahn existiert, dürfen $r_{\min}$ und $r_{\max}$ in (4.43) tatsächlich stetig verändert werden. Nun muss die Größe $\Delta\varphi/(2\pi)$ nach (4.41) auf geschlossenen Bahnen rational sein. Falls sie sich mit den Radien $r_{\min}$ und $r_{\max}$ verändern würde, könnten diese aus Stetigkeitsgründen so gewählt werden, dass sie irrational wird. Wenn es in $V(r)$ jedoch nur geschlossene Bahnen geben soll, darf das nicht passieren, d. h. $\Delta\varphi/(2\pi)$ muss für alle gebundenen Bahnen denselben unveränderlichen Wert besitzen, für den wir

$$\frac{\Delta\varphi}{2\pi} = \frac{1}{\sqrt{\alpha}} \tag{4.44}$$

schreiben.

Das muss insbesondere auch für Bahnen gelten, auf denen $r_{\min}$ und $r_{\max}$ sehr nahe beisammen liegen. In diesem Fall können wir

$$r_{\min} = r_0 - \varepsilon\,, \qquad r_{\max} = r_0 + \varepsilon$$

mit $\varepsilon \ll r_0$ setzen, sowie

$$r = r_0 + \varepsilon x\,, \qquad -1 \le x \le 1$$

für Bahnpunkte, die dazwischen liegen. Für derartige Bahnen berechnen wir jetzt $\Delta\varphi$ aus (4.40) durch Entwicklung nach ε und lassen dann $\varepsilon \to 0$ gehen. Zunächst erhalten wir die Entwicklungen

$$\begin{aligned}
V(r_{\max})-V(r) &= V(r_0+\varepsilon)-V(r_0+\varepsilon x)=\varepsilon V'(r_0)(1-x)+\frac{\varepsilon^2}{2}V''(r_0)(1-x^2)+\mathcal{O}(\varepsilon^3)\,,\\
\frac{1}{r_{\max}^2}-\frac{1}{r^2} &= \frac{1}{(r_0+\varepsilon)^2}-\frac{1}{(r_0+\varepsilon x)^2}=\frac{1}{r_0^2}\left[\frac{1}{(1+\varepsilon/r_0)^2}-\frac{1}{(1+\varepsilon x/r_0)^2}\right]\\
&= \frac{1}{r_0^2}\left[-\frac{2\varepsilon(1-x)}{r_0}+\frac{3\varepsilon^2(1-x^2)}{r_0^2}\right]+\mathcal{O}(\varepsilon^3)\,,\\
\frac{L_0^2}{2m} &\overset{(4.42)}{=} \frac{(r_0-\varepsilon)^2(r_0+\varepsilon)^2}{(r_0-\varepsilon+r_0+\varepsilon)}\,\frac{V(r_0+\varepsilon)-V(r_0-\varepsilon)}{r_0+\varepsilon-r_0+\varepsilon} = \frac{r_0^3\,V'(r_0)}{2}+\mathcal{O}(\varepsilon^2)\,.
\end{aligned}$$

Setzen wir diese Ausdrücke in (4.43) ein, so erhalten wir in niedrigster Ordnung

$$E - U(r) = \frac{\varepsilon^2}{2}(1-x^2)\left(V''(r_0)+\frac{3V'(r_0)}{r_0}\right)\,. \tag{4.45}$$

Mit den beiden letzten Entwicklungen sowie mit $r = r_0 + \varepsilon x$ und $dr = \varepsilon\, dx$ erhalten wir aus (4.40) schließlich

$$\frac{\Delta\varphi}{2\pi} = \frac{1}{\pi}\sqrt{\frac{V'(r_0)}{r_0V''(r_0)+3V'(r_0)}}\int_{-1}^{+1}\frac{dx}{\sqrt{1-x^2}} = \sqrt{\frac{V'(r_0)}{r_0V''(r_0)+3V'(r_0)}}\,, \tag{4.46}$$

wobei wir

$$\int_{-1}^{+1}\frac{dx}{\sqrt{1-x^2}} = \pi$$

benutzt haben. Da $r_{\min} = r_0 - \varepsilon$ und $r_{\max} = r_0 + \varepsilon$ nach Voraussetzung beliebig gewählt werden können, muss (4.46) für beliebige Werte von r_0 gelten; andererseits besitzt $\Delta\varphi/(2\pi)$ nach (4.44) den konstanten Wert $1/\sqrt{\alpha}$, und daher erhalten wir mit der Umbenennung $r_0 \to r$ für $V(r)$ die Differentialgleichung

$$rV'' + (3-\alpha)V' = \frac{(r^{3-\alpha}V')'}{r^{2-\alpha}} = 0\,, \tag{4.47}$$

die durch $V' \sim r^{\alpha-3}$ und

$$V(r) = ar^{\gamma} \qquad \text{mit} \qquad \gamma = \alpha - 2 \tag{4.48}$$

gelöst wird. Dabei haben wir zuletzt in $V(r)$ eine additive Integrationskonstante weggelassen, da sie für die aus $V(r)$ folgende Kraft ohne Bedeutung ist.

(4.48) ist nur eine notwendige Bedingung für geschlossene Bahnen, jedoch nicht hinreichend. Eine weitere notwendige Bedingung lässt sich noch durch die Betrachtung des Falls $r_{\text{min}} \to 0$, $r_{\text{max}} \to \infty$ ableiten. Dazu führen wir die neue Variable

$$y = \frac{r_{\text{min}}}{r}$$

ein. Ersichtlich wird

$$y(r_{\text{max}}) = y_{\text{min}} = \frac{r_{\text{min}}}{r_{\text{max}}}, \qquad y(r_{\text{min}}) = y_{\text{max}} = 1,$$

und mit $dr = -(r_{\text{min}}/y^2)\,dy$ erhalten wir aus (4.40)

$$\frac{\Delta\varphi}{2\pi} = \frac{L_0}{\pi r_{\text{min}}\sqrt{2m}} \int_{y_{\text{min}}}^{1} \frac{dy}{\sqrt{[E - U(r(y))]}}. \tag{4.49}$$

Jetzt benutzen wir unser Teilergebnis (4.48) und betrachten der Reihe nach die Fälle $\gamma > 0$ und $\gamma < 0$. (Im Fall $\gamma = 0$ gibt es kein Zentralfeld.)

1. Fall: $\gamma > 0$:
In diesem Fall erhalten wir aus (4.42)–(4.43) für $r_{\text{min}} \to 0$ und $r_{\text{max}} \to \infty$

$$L_0^2 \to 2mar_{\text{min}}^2\, r_{\text{max}}^{\gamma},$$

$$E - U(r) \to ar_{\text{max}}^{\gamma}\left[1 + y_{\text{min}}^2 - y^2 - (y_{\text{min}}/y)^{\gamma}\right]$$

und damit

$$\frac{\Delta\varphi}{2\pi} \to \frac{1}{\pi} \lim_{y_{\text{min}}\to 0} \int_{y_{\text{min}}}^{1} \frac{dy}{\sqrt{1 + y_{\text{min}}^2 - y^2 - (y_{\text{min}}/y)^{\gamma}}}.$$

An der unteren Integrationsgrenze wird der Integrand unendlich, und daher zerlegen wir das Integral in zwei Anteile $J_1 + J_2$,

$$J_1 = \int_{y_{\text{min}}}^{A\,y_{\text{min}}} \frac{dy}{\sqrt{1+y_{\text{min}}^2 - y^2 - (y_{\text{min}}/y)^{\gamma}}}, \qquad J_2 = \int_{A\,y_{\text{min}}}^{1} \frac{dy}{\sqrt{1+y_{\text{min}}^2 - y^2 - (y_{\text{min}}/y)^{\gamma}}}$$

mit $1 \ll A < \infty$ und $Ay_{\text{min}} < 1$. Wir substituieren $y = y_{\text{min}}(1+x)$ zur Berechnung des ersten Integrals und erhalten

$$J_1 = y_{\text{min}} \int_0^{A-1} \frac{dx}{\sqrt{1 + y_{\text{min}}^2 - y_{\text{min}}^2(1+x)^2 - 1/(1+x)^{\gamma}}}.$$

Von dem neben y_{min} stehenden Integral lässt sich nun zeigen, dass es endlich ist, und da der Beitrag aller $x \geq \varepsilon$ offensichtlich endlich ist, kommt es für den Beweis nur auf den Beitrag aus dem Intervall $0 \leq x \leq \varepsilon \ll 1$ an. Für diesen erhalten wir durch Entwicklung nach x

$$\int_0^{\varepsilon} \frac{dx}{\sqrt{(\gamma - 2y_{\text{min}}^2)\,x}} \sim \sqrt{\varepsilon}.$$

Damit folgt jedoch $J_1 \to 0$ für $y_{\text{min}} \to 0$. In J_2 haben wir $(y_{\text{min}}/y)^{\gamma} \leq 1/A^{\gamma} \ll 1$ wegen $y \geq A\,y_{\text{min}}$, und daher können wir für kleine y_{min}

$$J_2 \approx \int_{A\,y_{\text{min}}}^{1} \frac{dy}{\sqrt{1 - y^2}}$$

nähern. Für $y_{\min} \to 0$ erhalten wir daher insgesamt

$$\frac{\Delta\varphi}{2\pi} \to \frac{1}{\pi}\int_0^1 \frac{dy}{\sqrt{1-y^2}} = \frac{1}{2}\,.$$

Mit (4.44) und (4.48b) folgt daraus

$$\frac{1}{\sqrt{\gamma+2}} = \frac{1}{2}$$

oder

$$\gamma = 2 \quad \Rightarrow \quad V(r) = ar^2\,,$$

also die Struktur des Potenzials des harmonischen Oszillators.

2. Fall: $\gamma < 0$:
Für $r_{\max} \to \infty$ und $r_{\min} \to 0$ geht in diesem Fall $r_{\max}^{\gamma} \to 0$ und $r_{\min}^{\gamma} \to \infty$, aus (4.42)–(4.43) folgt mit (4.48)–(4.49)

$$L_0^2 \to -2mar_{\min}^{2+\gamma}\,, \qquad E - U(r) \to -ar_{\min}^{\gamma}\left[y^{-\gamma} - y^2\right],$$

und mit $y_{\min} \to 0$ erhalten wir

$$\frac{\Delta\varphi}{2\pi} \to \frac{1}{\pi}\int_0^1 \frac{dy}{\sqrt{y^{-\gamma}-y^2}} = \frac{1}{\pi}\int_0^1 \frac{y^{\gamma/2}dy}{\sqrt{1-y^{2+\gamma}}} = \frac{2}{(2+\gamma)\pi}\int_0^1 \frac{dx}{1-x^2} = \frac{1}{(2+\gamma)}\,.$$

Dabei wurde die Substitution $x = y^{(\gamma+2)/2}$ vorgenommen. Mit dieser führen uns die Gleichungen (4.44) und (4.48b) zu $\gamma = -1$ und $V = ar^{-1}$. Damit wir hiermit aus (4.42) einen reellen Drehimpuls erhalten, muss $a = -\alpha < 0$ sein, so dass wir schließlich das Potenzial

$$V(r) = -\alpha/r$$

erhalten, also ein Potenzial der Struktur des Gravitationspotenzials.

2. Dass im Gravitationsfeld alle gebundenen Bahnen tatsächlich geschlossen sind, werden wir im folgenden Abschnitt sehen. Dasselbe für das Potenzial des harmonischen Oszillators zu beweisen wird dem Leser als Aufgabe überlassen (Aufgabe 4.4). □

4.1.6 Kepler-Problem

Modell. Wir kommen jetzt zur Krönung der Newtonschen Theorie, der Berechnung der Planetenbahnen und damit zur theoretischen Begründung der Keplerschen Planetengesetze. Allerdings benutzen wir hierfür ein ziemlich einfaches Modell, bei dem die Sonne als Zentrum eines zentralen Gravitationsfeldes mit dem Potenzial

$$V(r) = -\frac{\alpha}{r}\,, \qquad \alpha = GmM \tag{4.50}$$

(M = Sonnenmasse, m = Planetenmasse, G = Gravitationskonstante) behandelt wird und die Wechselwirkungskräfte zwischen den Planeten vernachlässigt werden.

Die letzte Annahme erfährt ihre Rechtfertigung daraus, dass die Massen der Planeten um Größenordnungen kleiner als die Sonnenmasse sind (Jupiter als schwerster aller Planeten besitzt nur ca. 10^{-3}, Saturn als zweitschwerster ca. $3 \cdot 10^{-4}$ und die Erde sogar nur ca. $3 \cdot 10^{-6}$ Sonnenmassen) und dass ihre wechselseitigen Anziehungskräfte über Distanzen von der Größenordnung ihres Sonnenabstands nach dem Gravitationsgesetz (2.34) im selben Verhältnis zur Sonnenanziehung stehen wie ihre Massen zur Sonnenmasse. Wegen des Prinzips *actio = reactio* übt jeder Planet auf die Sonne dem Betrage nach die gleiche Anziehungskraft aus wie die Sonne auf ihn. Infolgedessen wird auch die Sonne beschleunigt und durchläuft eine Bahn. Allerdings ist ihre Beschleunigung nach der Newtonschen Bewegungsgleichung umgekehrt proportional zu ihrer Masse und daher wiederum um das Verhältnis Sonnenmasse zu Planetenmasse kleiner als die Beschleunigung der Planeten.

Der Ansatz $V(r) = -\alpha/r$ ist nur für eine kugelsymmetrische Verteilung der Sonnenmasse exakt (siehe Abschn. 2.3.4). Eine solche liegt jedoch nicht hundertprozentig vor, vielmehr ist die Sonne etwas abgeplattet und besitzt daher ein schwaches Quadrupolmoment ihrer Massenverteilung. (Was das genauer bedeutet, kann in der *Elektrodynamik*, Kap. *Elektrostatik*, Abschn. *Multipolentwicklung des Fernfeldes*, nachgelesen werden.) Dieses äußert sich darin, dass zu dem Potenzial $-\alpha/r$ noch ein schwaches Störpotenzial $\sim 1/r^3$ hinzutritt und führt zu einer (schwachen) Periheldrehung der Ellipsenbahnen, die unser einfaches Modell der Planetenbewegungen liefert.

Das letztere führt für relativ kurze Zeiten zu sehr guten Näherungen. Längerfristige Aussagen hoher Genauigkeit bilden allerdings eines der schwierigsten Probleme der Mechanik überhaupt. Der Frage, warum das so ist, wird in Kapitel 9 nachgegangen.

Bahngeometrie. Zur Behandlung des hier betrachteten Modells können alle Ergebnisse des vorigen Abschnitts herangezogen werden, nachdem dazu (4.50a) in die das effektive Potenzial definierende Gleichung (4.34) eingesetzt wurde,

$$U(r) = -\frac{\alpha}{r} + \frac{L_0^2}{2mr^2}\,. \tag{4.51}$$

Zur Berechnung der Bahngleichung benutzen wir (4.39) und gehen dabei unter Vorwegnahme der Tatsache, dass das hiermit erhaltene Endergebnis besonders einfach wird, von den Bahnparametern E und L_0 zu den neuen Parametern

$$p = \frac{L_0^2}{m\alpha}\,, \qquad \varepsilon = \sqrt{1 + \frac{2EL_0^2}{m\alpha^2}} \tag{4.52}$$

über. (Wer die Rechnung zum ersten Mal durchführt, wird an dieser Stelle natürlich nicht auf diese Ersetzungen kommen und muss sich mit umfangreicheren Ausdrücken abmühen.) Zunächst formen wir damit einen Term im Integranden der rechten Seite von (4.39) um,

$$2m\big[E-U(r')\big] \overset{(4.51)}{=} 2mE-\frac{L_0^2}{r'^2}+\frac{2m\alpha}{r'} = \frac{m^2\alpha^2}{L_0^2}\left[\frac{2EL_0^2}{m\alpha^2}+1-\left(\frac{L_0^2}{m\alpha r'}-1\right)^2\right]$$

$$= \frac{m\alpha}{p}\left[\varepsilon^2-\left(\frac{p}{r'}-1\right)^2\right]. \tag{4.53}$$

Dann substituieren wir

$$u' = \frac{p}{r'}-1\,, \qquad du' = -\frac{p}{r'^2}\,dr'$$

und erhalten aus (4.39) schließlich

$$\varphi = \varphi_0 \mp \int_{u_0}^{u} \frac{du'}{\sqrt{\varepsilon^2-u'^2}} = \varphi_0 \mp \left[\arccos\left(\frac{u}{\varepsilon}\right) - \arccos\left(\frac{u_0}{\varepsilon}\right)\right] = \varphi_0' - \arccos\left(\frac{u}{\varepsilon}\right).$$

Lösen wir diese Beziehung nach u auf, setzen die Integrationskonstante $\varphi_0'=0$ und gehen von u zu r zurück, so erhalten wir schließlich als Ergebnis die **Bahngleichung**

$$\boxed{r = \frac{p}{1+\varepsilon\cos\varphi}} \tag{4.54}$$

mit ε und p aus (4.52). Das ist die bekannte Polarkoordinaten-Darstellung von Kegelschnitten. Wegen $\alpha=GmM>0$ ist $p=L_0^2/(m\alpha)>0$, und damit ergibt sich aus (4.54) die folgende Klassifizierung der Bahnen.

Kreise	für $\varepsilon=0$	bzw.	$E=-m\alpha^2/(2L_0^2) \overset{(4.52a)}{=} -\alpha/(2p)=U_{\min}\,,$
Ellipsen	für $0<\varepsilon<1$	bzw.	$-\alpha/(2p)<E<0\,,$
Parabeln	für $\varepsilon=1$	bzw.	$E=0\,,$
Hyperbeln	für $\varepsilon>1$	bzw.	$E>0\,.$

In Abb. 4.12 sind außer dem effektiven Potenzial $U(r)$ für alle diese Situationen entsprechende Energiewerte eingetragen. Bei den Ellipsen ($E<0$) liegt einer der beiden Brennpunkte bei $r=0$. Gleichung (4.51) beinhaltet also auch das folgende Planetengesetz von Kepler.

Erstes Keplersches Gesetz. *Die Planeten bewegen sich auf Ellipsen, in deren einem Brennpunkt die Sonne steht.*

Aus (4.54) mit (4.52) erhalten wir für die **große Halbachse** der Ellipsen (Abb. 4.13)

$$a = \frac{1}{2}\big(r_{\min}+r_{\max}\big) = \frac{1}{2}\left(\frac{p}{1+\varepsilon}+\frac{p}{1-\varepsilon}\right) = \frac{p}{1-\varepsilon^2} = -\frac{\alpha}{2E}\,. \tag{4.55}$$

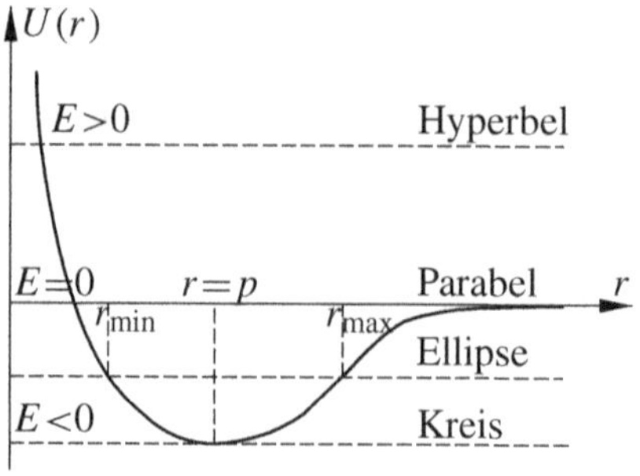

Abb. 4.12: Effektives Potenzial des Kepler-Problems und Energie $E{=}U(r){+}m\dot{r}^2/2{=}\text{const}$ von Kreis, Ellipse, Parabel und Hyperbel.

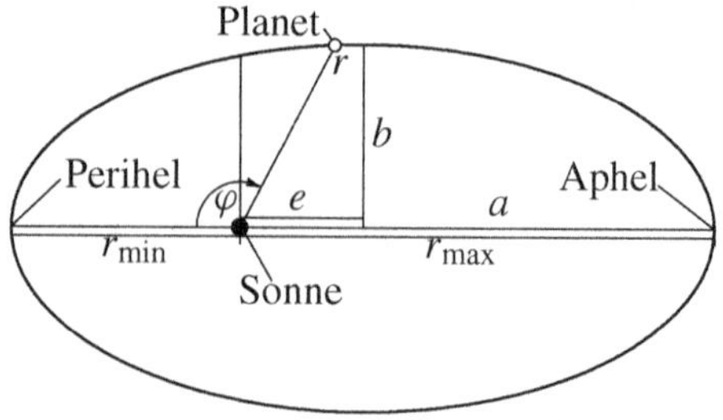

Abb. 4.13: Definition der Ellipsenbahnparameter r_{min}, r_{max}, a (große Halbachse) und b (kleine Halbachse).

Mit der bekannten Formel $b/a{=}\sqrt{1{-}\varepsilon^2}$ und (4.52) lässt sich die **kleine Halbachse** b dann aus

$$\frac{b}{a} = \frac{|L_0|}{\alpha}\sqrt{-\frac{2E}{m}}$$

berechnen. ε wird als **numerische Exzentrizität** bezeichnet. Ihr Zusammenhang mit der **linearen Exzentrizität** $e = (a^2 - b^2)^{1/2}$ ist

$$\varepsilon = e/a\,.$$

Für den Bahnradius zum Winkel $\varphi = \pi/2$ folgt aus (4.54)

$$r(\pi/2) = p = \frac{L_0^2}{m\alpha}\,, \tag{4.56}$$

weshalb p manchmal als **Halbparameter** bezeichnet wird.

Wir fassen als Ergebnis zusammen:

$$r(\pi/2){=}p{=}\frac{L_0^2}{m\alpha}\,,\qquad a{=}\frac{\alpha}{2|E|}{=}\frac{p}{1{-}\varepsilon^2}\,,\qquad b{=}\frac{|L_0|}{\sqrt{2m|E|}}{=}\sqrt{1{-}\varepsilon^2}\,a\,. \tag{4.57}$$

Die große Halbachse a wird eindeutig durch die Gesamtenergie E und der Halbparameter p eindeutig durch den Drehimpuls L_0 festgelegt, während die kleine Halbachse von E und L_0 abhängt. Unter Berücksichtigung dieser Ergebnisse erhalten wir die Abbildungen 4.14 (a) und 4.14 (b), in denen Bahnen gleicher Energie zu verschiedenen Drehimpulsen bzw. Bahnen gleichen Drehimpulses zu verschiedener Energie aufgetragen sind.

Bei den Parabel- und Hyperbelbahnen ergibt sich wie bei den Ellipsen

$$r(\pi/2) = p\,,\qquad r_{\text{min}} = \frac{p}{1+\varepsilon}\,. \tag{4.58}$$

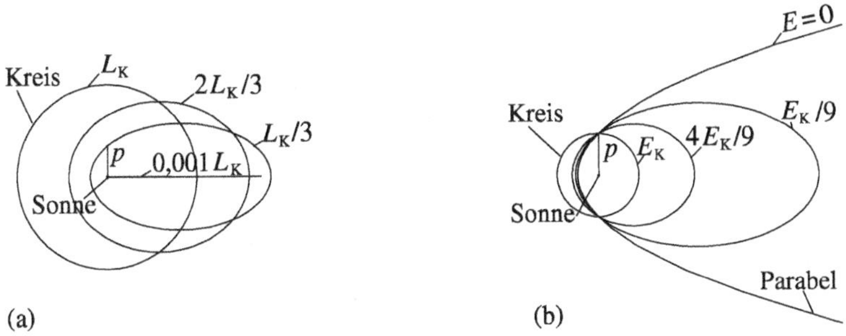

Abb. 4.14: (a) Ellipsenbahnen gleicher Energie E für verschiedene Drehimpulse $L_0{=}\alpha L_K$, wobei $L_0{=}L_K$ der Drehimpuls der Kreisbahn ist. (b) Ellipsenbahnen gleichen Drehimpulses L_0 für verschiedene Energien $E{=}\alpha E_K$ mit $E{=}E_K$ für die Kreisbahn.

Runge-Lenz-Vektor. Wir befassen uns im Folgenden noch mit einer zweiten Ableitung der Bahngleichung (4.54), die ausführlicher von der Vektorrechnung Gebrauch macht, besonders einfach ist und zeigt, dass unter gewissen Umständen neben den schon bekannten Erhaltungssätzen noch ein weiterer existiert.

Für die Bewegung in einem beliebigen Zentralfeld $\boldsymbol{F} = F(r)\,\boldsymbol{e}_r$ folgt aus der Erhaltung des Drehimpulses $\boldsymbol{L}$ um den Koordinatenursprung ganz allgemein

$$\frac{d}{dt}\big(\dot{\boldsymbol{r}} \times \boldsymbol{L}\big) = \ddot{\boldsymbol{r}} \times \boldsymbol{L} = \frac{F(r)}{m}\,\boldsymbol{e}_r \times (\boldsymbol{r} \times m\dot{\boldsymbol{r}}) = F(r)\,r^2\,\boldsymbol{e}_r \times (\boldsymbol{e}_r \times \dot{\boldsymbol{e}}_r) = -r^2 F(r)\,\dot{\boldsymbol{e}}_r$$

und daraus

$$0 = \frac{d}{dt}\big(\dot{\boldsymbol{r}} \times \boldsymbol{L}\big) + r^2 F(r)\,\dot{\boldsymbol{e}}_r = \frac{d}{dt}\Big(\dot{\boldsymbol{r}} \times \boldsymbol{L} + r^2 F(r)\,\boldsymbol{e}_r\Big) - \boldsymbol{e}_r \frac{d}{dt}\Big(r^2 F(r)\Big)\,.$$

Im Gravitationsfeld gilt $F(r) = -\alpha/r^2$ bzw. $r^2 F(r) = -\alpha$, und der zweite Term auf der rechten Seite der letzten Gleichung verschwindet. Dies bedeutet, dass der Vektor

$$\alpha\boldsymbol{\varepsilon} := \dot{\boldsymbol{r}} \times \boldsymbol{L} - \alpha\,\boldsymbol{e}_r \tag{4.59}$$

im Gravitationsfeld zeitlich konstant ist und damit eine Erhaltungsgröße darstellt. Dies wurde zuerst von P. S. de Laplace entdeckt, heute wird der Vektor jedoch **Runge-Lenz-Vektor** genannt. Multiplizieren wir ihn skalar mit $m\boldsymbol{r}$, so erhalten wir

$$m(\boldsymbol{r} \times \dot{\boldsymbol{r}}) \cdot \boldsymbol{L} = \boldsymbol{L} \cdot \boldsymbol{L} = L_0^2 = m\alpha(r + r\varepsilon\cos\varphi)\,,$$

wobei φ der von den beiden Vektoren $\boldsymbol{r}$ und $\boldsymbol{\varepsilon}$ eingeschlossene Winkel ist. Die Auflösung dieser Beziehung nach r führt mit (4.52a) unmittelbar zu der Bahngleichung (4.54). Wegen $\boldsymbol{r}{\cdot}\boldsymbol{\varepsilon}{=}r\varepsilon\cos\varphi$ liegt der Runge-Lenz-Vektor in Richtung der Bezugslinie für den Winkel φ (Abb. 4.13) und weist vom Gravitationszentrum zum Perihel der Bahn.

Laufzeiten. Nachdem wir die Bahngeometrie explizit berechnet haben, interessieren wir uns jetzt noch für die Zeiten, die zum Durchlaufen der Bahnen bzw. von Bahnstücken benötigt werden. Dabei beschränken wir uns auf den Fall elliptischer Bahnen;

für Parabel- und Hyperbelbahnen können entsprechende Ergebnisse auf ähnliche Weise berechnet werden.

Integrieren wir beide Seiten des zweiten Keplerschen Gesetzes, (4.32), über eine volle Umlaufperiode T nach der Zeit, so erhalten wir die Beziehung

$$F = \frac{|L_0|}{2m} T .$$

In dieser kann die Ellipsenfläche F mit der bekannten Formel $F{=}\pi ab$ durch die Halbachsen a und b ausgedrückt werden. Mit der aus (4.57) folgenden Beziehung $b{=}|L_0|\sqrt{a/(m\alpha)}$ sowie mit $\alpha{=}GmM$ führt sie zu

$$T = 2\pi\sqrt{\frac{m}{\alpha}}\, a^{3/2} = \frac{2\pi}{\sqrt{GM}}\, a^{3/2} . \tag{4.60}$$

Da die große Halbachse a nur von der Energie und nicht vom Drehimpuls abhängt, gilt dasselbe auch für die Umlaufzeit T. Für zwei verschiedene Ellipsenbahnen im gleichen Gravitationsfeld, die auch zu zwei verschiedenen Massen gehören dürfen, erhalten wir aus (4.60)

$$\boxed{\left(\frac{T_1}{T_2}\right)^2 = \left(\frac{a_1}{a_2}\right)^3 ,} \tag{4.61}$$

in Worten

Drittes Keplersches Gesetz. *Die Quadrate der Umlaufzeiten verhalten sich wie die dritten Potenzen der großen Halbachsen.*

Der detaillierte Zeitverlauf für Teilstücke einer Ellipsenbahn ergibt sich mit der aus (4.53) unter Benutzung von $1{-}\varepsilon^2{=}p/a$ (siehe (4.55)) folgenden Umrechnung

$$\frac{2}{m}\big[E{-}U(r)\big] = \frac{\alpha}{mp}\left(\varepsilon^2{-}\frac{p^2}{r^2}{+}\frac{2p}{r}{-}1\right) = \frac{\alpha}{ma}\,\frac{(2ar{-}pa{-}r^2)}{r^2} = \frac{\alpha}{ma}\,\frac{[a^2\varepsilon^2{-}(r{-}a)^2]}{r^2}$$

aus (4.36) zu

$$t = t_0 \pm \sqrt{\frac{ma}{\alpha}} \int_{r_0}^{r} \frac{r'dr'}{\sqrt{a^2\varepsilon^2 - (r'-a)^2}} .$$

Damit t reell ist, muss die Ungleichung $|r'{-}a| \le a\varepsilon$ erfüllt sein, deren Gültigkeit aus (4.54)–(4.55) oder Abb. 4.13 folgt. Infolgedessen können wir

$$r' - a = -a\varepsilon\cos\xi , \qquad dr' = a\varepsilon\sin\xi\, d\xi$$

substituieren, was zu

$$t = t_0 \pm \sqrt{\frac{ma^3}{\alpha}} \int_{\xi_0}^{\xi} (1 - \varepsilon\cos\xi')\, d\xi'$$

und bei geeigneter Wahl von t_0 zu

$$t = \pm\sqrt{\frac{ma^3}{\alpha}}\, (\xi - \varepsilon\sin\xi) \tag{4.62}$$

führt. Der zum Bahnpunkt r, φ gehörige Parameterwert ξ ist dabei aufgrund der Definition von ξ durch

$$\xi = \arccos\left(\frac{a - r(\varphi)}{a\,\varepsilon}\right) \tag{4.63}$$

gegeben.

4.1.7 Rutherfordsche Streuformel

In diesem Abschnitt befassen wir uns ausführlicher mit den ungebundenen Bahnen im Potenzial $V = -\alpha/r$. Diese sind nicht nur in der Himmelsmechanik von Bedeutung, sondern auch bei der **Streuung** geladener Teilchen, der wir hier unsere besondere Aufmerksamkeit zuwenden wollen. Daher lassen wir jetzt auch negative Werte von α, also abstoßende Zentralkräfte zu. Das *Coulomb-Gesetz* liefert für die Wechselwirkungskraft zwischen zwei elektrischen Ladungen q_1 und q_2 ein Potenzial der angegebenen Form mit

$$\alpha = -0.3\frac{q_1 q_2}{4\pi\varepsilon_0}, \tag{4.64}$$

wobei der Fall $q_1q_2<0$ die Anziehung ungleichartiger und der Fall $q_1q_2>0$ die Abstoßung gleichartiger Ladungen beschreibt. (ε_0 ist die *Dielektrizitätskonstante*; bei abstoßendem Potenzial sind die Bahnen überall vom Kraftzentrum weg gekrümmt, weshalb es gar keine gebundenen Bahnen gibt.)

Schießt man einen Strahl gleich schneller, parallel laufender Alphateilchen (Helium-Kerne) auf ein **Target** (von engl. *target* = Zielscheibe; Substanz, die z. B. mit geladenen Teilchen beschossen wird, um an ihren Atomen oder Kernen Messungen vorzunehmen), so werden diese von den Kernen der Atome des Targets abgelenkt (Abb. 4.15). Die Elektronenhülle spielt für die Ablenkung eines Alphateilchens bei dessen Begegnung mit einem herausgegriffenen Einzelatom wegen der sehr viel kleineren Elektronenmasse nur eine untergeordnete Rolle. Sie sorgt jedoch für die elektrische Abschirmung der positiven Kernladung, so dass das eingeschossene Alphateilchen diese erst nach Durchdringung der Hülle zu spüren bekommt. Da jedoch auch bei deren Fehlen die wesentliche Ablenkung erst bei Abständen unterhalb des Hüllenradius erfolgt, wo das von den Elektronen erzeugte Feld aus Symmetriegründen verschwindet, werden wir die Effekte der Elektronen vernachlässigen. Außerdem vernachlässigen

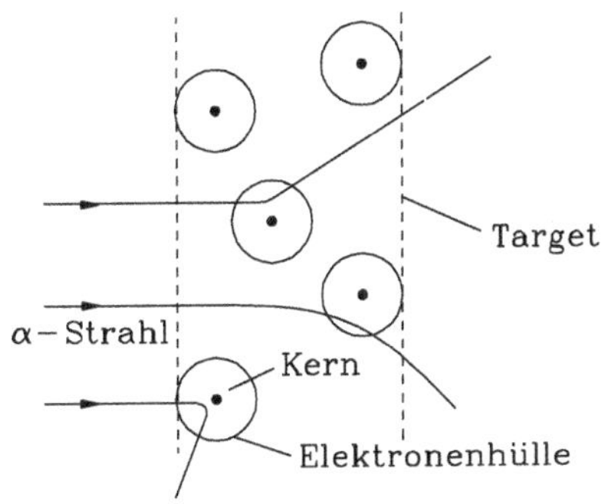

Abb. 4.15: Streuung von α-Strahlung an Atomkernen.

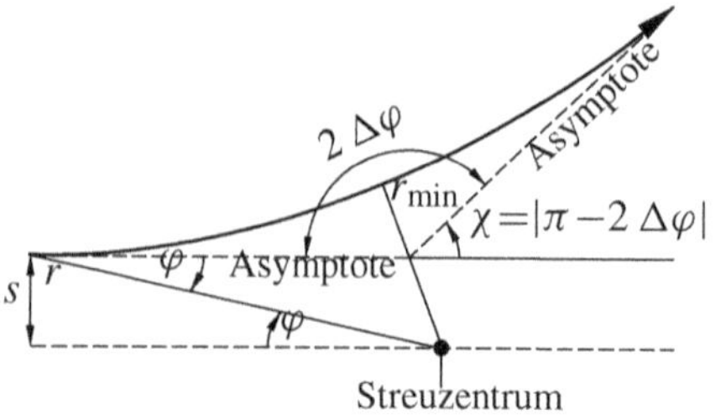

Abb. 4.16: Streuung im abstoßenden Potenzial ($\alpha<0$): Bahnverlauf (4.54) für $\varepsilon>1$.

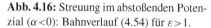

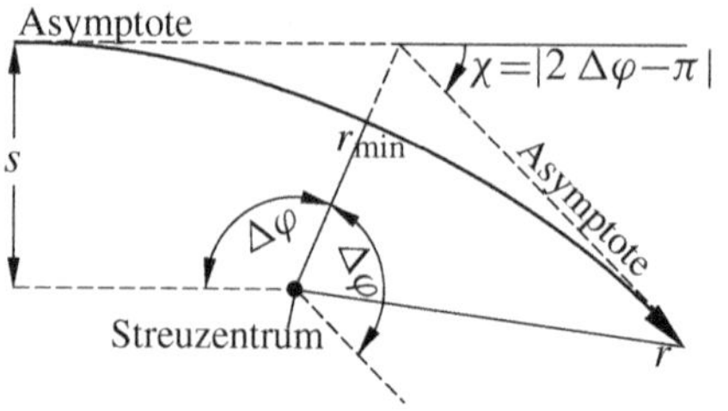

Abb. 4.17: Streuung im anziehenden Potenzial ($\alpha>0$): Bahnverlauf (4.54) für $\varepsilon>1$.

wir in diesem Abschnitt auch die Rückwirkung der α-Teilchen auf die als hinreichend schwer angenommenen Streukerne, so dass deren Kraftfeld als festes Zentralfeld aufgefasst wird.

Für die hier betrachteten Potenziale geht die Kraft $|\nabla V(r)| = |\alpha|/r^2 \to 0$ für $r \to \infty$. Weil kraftfreie Bewegungen auf Geraden erfolgen, gehen die ungebundenen Bahnen daher in großem Abstand vom Kraftzentrum asymptotisch in Geraden über. Läuft ein Massenpunkt nun von $r = \infty$ auf das Streuzentrum zu, so ändert sich sein Polarwinkel φ nach (4.39) mit (4.34) bis zum Erreichen des minimalen Abstands $r_{\rm min}$ um

$$\Delta\varphi = \int_{r_{\rm min}}^{\infty} \frac{L_0}{r^2\sqrt{2m\big(E - V(r) - L_0^2/(2mr^2)\big)}}\,dr\,. \tag{4.65}$$

Da der Lösungszweig $r(\varphi)$, der den weiteren Bahnverlauf von $r_{\rm min}$ bis zurück ins Unendliche beschreibt, aus dem vorher durchlaufenen durch Spiegelung hervorgeht (Abb. 4.16), erfährt der Polarwinkel auf ihm nochmals dieselbe Verschiebung $\Delta\varphi$.

Bei Streuproblemen erweist es sich nun als zweckmäßig, wenn man die in (4.65) enthaltenen Bahnparameter E und L_0 durch die asymptotische Teilchengeschwindigkeit im Unendlichen, v_∞, und den senkrechten Abstand s der Bahnasymptoten vom Kraftzentrum – den **Stoßparameter** – ausdrückt (Abb. 4.16 und 4.17). Wegen $U(\infty){=}0$ (siehe (4.51)) folgt einerseits aus dem Energie-Erhaltungssatz (4.33)

$$E = \frac{m}{2}v_\infty^2\,, \tag{4.66}$$

andererseits gilt

$$L_0 = \lim_{r\to\infty} |\boldsymbol{r} \times m\boldsymbol{v}| = m \lim_{r\to\infty} rv\sin\varphi = msv_\infty\,. \tag{4.67}$$

Damit erhalten wir schließlich aus (4.65) den **Streuwinkel**

$$\chi = \big|\pi - 2\Delta\varphi\big| = \left|\pi - 2\int_{r_{\rm min}}^{\infty} \frac{s\,dr}{r^2\sqrt{1 - s^2/r^2 - 2V(r)/(mv_\infty^2)}}\right| \tag{4.68}$$

(Abb. 4.16 für $\alpha<0$ und Abb. 4.17 für $\alpha>0$), der in der angegebenen Form noch für ganz allgemeine Potenziale $V(r)$ gilt.

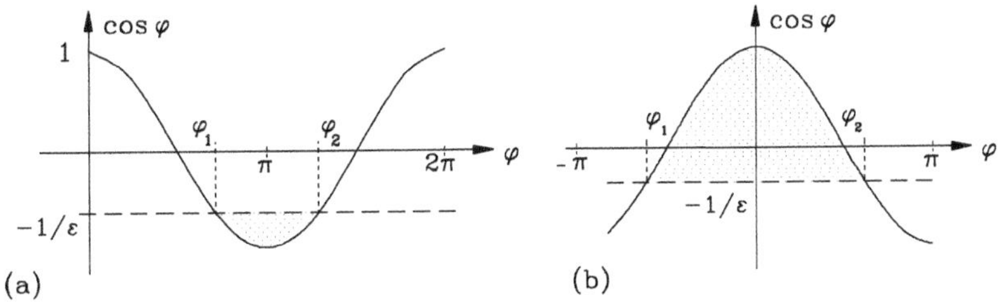

Abb. 4.18: (a) Lage der Streuwinkel im abstoßenden Potenzial. (b) Lage der Streuwinkel im anziehenden Potenzial.

Für die Potenziale $V=-\alpha/r$, denen unser eigentliches Interesse gilt, können wir den Streuwinkel auf einfachere Weise direkt aus der Bahngleichung (4.54) ableiten. Betrachten wir dazu zuerst den in Abb. 4.16 dargestellten Fall eines abstoßenden Potenzials, $\alpha < 0$ bzw. $p=L_0^2/(m\alpha) < 0$ nach (4.52). Damit der durch (4.54) gegebene Bahnradius positiv ist, muss $1+\varepsilon\cos\varphi \leq 0$ gelten, was nur für $\varepsilon \geq 1$ möglich ist. Die Bahn ist dann auf das Winkelintervall $\varphi_1 \leq \varphi \leq \varphi_2$ eingeschränkt, in dem $\cos\varphi \leq -1/\varepsilon$ ist (Abb. 4.18 (a)). Dessen Grenzen, an denen $r = \infty$ wird, sind durch

$$\cos\varphi_1 = \cos\varphi_2 = -\frac{1}{\varepsilon}$$

definiert. Offensichtlich gilt

$$2\Delta\varphi = \varphi_2 - \varphi_1 = 2(\pi - \varphi_1)\,,$$

und für den Streuwinkel $\chi = \pi - 2\Delta\varphi$ ergibt sich hieraus

$$\sin\frac{\chi}{2} = \sin\left(\frac{\pi}{2} - \Delta\varphi\right) = \cos\Delta\varphi = \cos(\pi - \varphi_1) = -\cos\varphi_1 = \frac{1}{\varepsilon}\,.$$

Im Fall eines anziehenden Potenzials, $\alpha > 0$ bzw. $p > 0$, der in Abb. 4.17 dargestellt ist, muss nach der hinter (4.54) folgenden Tabelle ebenfalls $\varepsilon \geq 1$ sein, und für positive Bahnradien muss nach (4.54) $1+\varepsilon\cos\varphi \geq 0$ bzw. $\cos\varphi \geq -1/\varepsilon$ gelten (Abb. 4.18 (b)). Letzteres ist im Intervall $\varphi_1 = -\varphi_2 \leq \varphi \leq \varphi_2$ erfüllt, wobei φ_2 wieder durch $\cos\varphi_2 = -1/\varepsilon$ definiert ist. Jetzt gilt

$$2\Delta\varphi = 2\varphi_2$$

und

$$\sin\frac{\chi}{2} = \sin\left(\Delta\varphi - \frac{\pi}{2}\right) = \sin\left(\varphi_2 - \frac{\pi}{2}\right) = -\cos\varphi_2 = \frac{1}{\varepsilon}\,.$$

In beiden Fällen erhalten wir also für den Streuwinkel dasselbe Ergebnis, das mit (4.52) und (4.66)–(4.67) in die Form

$$\cot^2(\chi/2) = \frac{\cos^2(\chi/2)}{\sin^2(\chi/2)} = \varepsilon^2 - 1 = \frac{2EL_0^2}{m\alpha^2} = \frac{m^2 s^2 v_\infty^4}{\alpha^2}$$

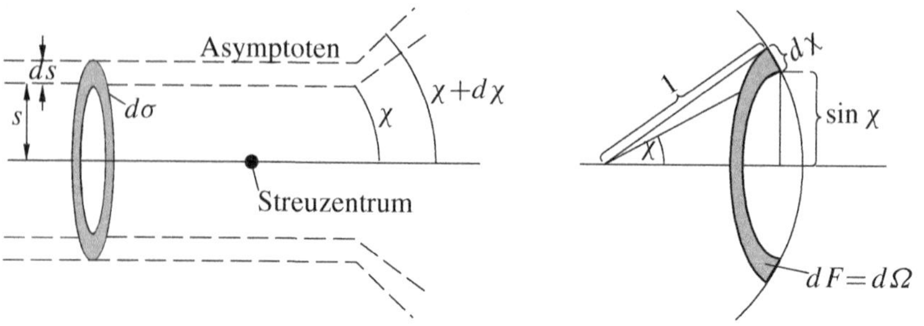

Abb. 4.19: Zur Definition des differentiellen Wirkungsquerschnitts $d\sigma/d\Omega$.

gebracht werden kann. Aus dieser ergibt sich schließlich

$$s = s(\chi, m, v_\infty) = \frac{|\alpha| \cot(\chi/2)}{m v_\infty^2} . \tag{4.69}$$

Aus diesem Ergebnis für die Streuung eines Einzelteilchens an einem festen Streuzentrum erhält man durch Mittelung über die Streuprozesse zwischen den Teilchen eines homogenen Teilchenstrahls und den Streuzentren eines Targets die berühmte Rutherfordsche Streuformel. Deren Ableitung gehört an sich zur statistischen Mechanik. Da man bei ihr jedoch auf keine weiteren Schwierigkeiten stößt, wollen wir diese kleine Exkursion in ein Nachbargebiet hier dennoch durchführen.

Betrachten wir dazu einen homogenen Teilchenstrahl, der auf ein einzelnes Streuzentrum zuläuft. „Homogen" soll heißen, dass vor der Streuung (bei $r = \infty$) alle Teilchen nach Betrag und Richtung dieselbe Geschwindigkeit aufweisen und dass durch jedes senkrecht zum Teilchenstrahl verlaufende Flächenelement ΔF in der Zeit Δt dieselbe Anzahl ΔN von Teilchen hindurchläuft. Die Größe

$$I = \frac{\Delta N}{\Delta F \Delta t} \tag{4.70}$$

definiert die **Intensität** des Teilchenstrahls. In einem homogenen Teilchenstrahl ist sie vom Stoßparameter unabhängig. Wir lassen vorerst noch ziemlich allgemeine Potenziale $V(r)$ zu und setzen nur voraus, dass der Streuwinkel χ für sie wie in (4.69) mit zunehmendem Wert des Stoßparameters s monoton abnimmt. Als **Wirkungsquerschnitt** $d\sigma$ des Kraftzentrums für die Streuung in den Winkelbereich $d\chi$ um χ bezeichnen wir nun den Flächeninhalt derjenigen weit vor dem Streuzentrum gelegenen und senkrecht zum Teilchenstrahl verlaufenden Ringfläche, durch die alle in das Winkelintervall $[\chi, \chi + d\chi]$ abgelenkten Teilchen hindurchtreten (Abb. 4.19 links),

$$d\sigma = 2\pi\, s(\chi, m, v_\infty)\, |ds| = 2\pi s(\chi, m, v_\infty) \left| \frac{\partial s}{\partial \chi} \right| d\chi .$$

($\partial s/\partial\chi$ ist positiv oder negativ, je nachdem ob ein abstoßendes oder anziehendes Streuzentrum vorliegt; da wir $d\sigma$ als positive Größe definieren, wurde der Absolutwert von $\partial s/\partial\chi$ genommen.) Wird die Streuung auf den Raumwinkel

$$d\Omega = 2\pi \sin\chi \, d\chi \tag{4.71}$$

bezogen, der sich zwischen den beiden in Abb. 4.19 rechts gezeigten Kegeln mit den Öffnungswinkeln χ und $\chi + d\chi$ erstreckt – dieser ist gleich der Ringfläche, welche die beiden Kegel aus einer Einheitskugel um die Kegelspitzen herausschneiden –, so erhalten wir zwischen $d\sigma$ und $d\Omega$ den Zusammenhang

$$\frac{d\sigma}{d\Omega} = \frac{s(\chi, m, v_\infty)\,|\partial s/\partial \chi|}{\sin\chi}\,. \tag{4.72}$$

$d\sigma/d\Omega$ wird als **differentieller Wirkungsquerschnitt** bezeichnet. Das Integral

$$\sigma_{\text{tot}} = \int_0^{4\pi} (d\sigma/d\Omega')\,d\Omega' \tag{4.73}$$

über den differentiellen Wirkungsquerschnitt heißt **totaler Wirkungsquerschnitt**. Für Kräfte unendlicher Reichweite (wie z. B. im Fall $V=-\alpha/r$) gilt $\sigma_{\text{tot}}=\int_0^\infty d\sigma=\infty$.

Im Fall des Potenzials $V = -\alpha/r$, das auch bei der Streuung an Atomkernen heranzuziehen ist, entnehmen wir aus (4.69) s sowie

$$\left|\frac{\partial s}{\partial \chi}\right| = \frac{|\alpha|}{2mv_\infty^2}\,\frac{1}{\sin^2(\chi/2)}$$

und kommen mit $\sin\chi = 2\sin(\chi/2)\cos(\chi/2)$ zu

$$\boxed{\frac{d\sigma}{d\Omega} = \left(\frac{\alpha}{2mv_\infty^2}\right)^2 \frac{1}{\sin^4(\chi/2)}\,.} \tag{4.74}$$

Um den Wirkungsquerschnitt experimentell zu bestimmen, muss man die einfallende Intensität I und die **Streuintensität**

$$I_\Omega = \frac{\Delta N_\Omega}{\Delta\Omega\,\Delta t} \tag{4.75}$$

messen, die durch die Anzahl ΔN_Ω derjenigen Teilchen definiert wird, die während der Zeit Δt in den Raumwinkel $\Delta\Omega$ gestreut werden. Da bei der Streuung kein Teilchen verloren geht, gilt die Teilchenerhaltungs-Gleichung

$$I\,\Delta\sigma\,\Delta t = \Delta N = \Delta N_\Omega = I_\Omega\,\Delta\Omega\,\Delta t\,.$$

Aus dieser folgt nach Herauskürzen von Δt und Übergang zu Differentialen der Zusammenhang

$$\frac{d\sigma}{d\Omega} = \frac{I_\Omega}{I} \tag{4.76}$$

zwischen dem differentiellen Wirkungsquerschnitt und den gemessenen Intensitäten.

Indem man die Abhängigkeit des Intensitätsverhältnisses I_Ω/I vom Winkel χ misst und das Ergebnis mit (4.74) vergleicht, kann man überprüfen, ob die Annahme eines Potenzials der Form $V = -\alpha/r$ gerechtfertigt war. Falls das zutrifft, gibt es einen Wert α, für den im ganzen Definitionsbereich von χ Übereinstimmung zwischen (4.74) und (4.76) besteht. Mit dem derart bestimmten Wert von α bekommt man Informationen über charakteristische Parameter von Streukernen. Rutherford hat auf diese Weise nachgewiesen, dass das Innere des Atoms im Wesentlichen leer ist und dass in dessen Zentrum ein geladener Kern sitzt, der ein Coulomb-Feld erzeugt.

Wenn die radiale Abhängigkeit des Streupotenzials unbekannt ist, kann sie aus den Streudaten (genauer: aus der Winkelabhängigkeit des differentiellen Streuquerschnitts) erschlossen werden. Wie dieses *inverse Streuproblem* gelöst werden kann, wird in dem auf diesen Abschnitt folgenden Exkurs untersucht.

Unser Ergebnis (4.74) kann leicht auf den Fall verallgemeinert werden, dass die Streuung nicht an einem, sondern an vielen (sagen wir N_s) Streuzentren erfolgt. Offensichtlich vergrößern sich in diesem Fall der Wirkungsquerschnitt und die Streuintensität einfach um den Faktor N_s, da jedes Streuzentrum aus dem homogenen Teilchenstrahl dieselbe Zahl von Teilchen ablenkt,

$$d\sigma_{N_s} = N_s d\sigma\,, \qquad I_{\Omega,N_s} = N_s I_\Omega\,. \tag{4.77}$$

Damit dieser einfache Zusammenhang gilt, muss allerdings garantiert sein, dass jedes einfallende Teilchen nur an einem einzigen Streuzentrum gestreut wird und dass sich die Wirkungsquerschnitte der verschiedenen Streuzentren nicht überlappen. Mehrfachstreuungen können vermieden werden, indem man die Streuung an einer sehr dünnen Schicht des Streumaterials stattfinden und den Teilchenstrahl senkrecht zu dieser einfallen lässt. Die Überlappung der Streupotenziale wird zwar im Fall der Streuung an atomaren Targets durch die abschirmende Wirkung der Elektronenhüllen verhindert. Wir werden die letztere jedoch in der gleich folgenden Rechnung vernachlässigen und dadurch bedingte eventuelle Überlappungseffekte dennoch nicht berücksichtigen. (In unserem Ergebnis wird es hierdurch hauptsächlich für große Werte des Stoßparameters bzw. kleine Streuwinkel zu kleinen Fehlern kommen.) Man beachte übrigens, dass Gleichung (4.77) nur Teilchen betrifft, die wirklich abgelenkt werden ($\chi \neq 0$); die Intensität ungestreuter Teilchen nimmt im Gegensatz zu (4.77b) mit zunehmender Zahl von Streuzentren ab.

Ist das Target eine Folie der Dicke Δx und Fläche F mit der Streuzentren-Dichte n, so erhalten wir mithilfe von (4.77) und $N_s = nF\Delta x$ analog zu (4.76)

$$\frac{I_{\Omega,N_s}}{I} = \frac{d\sigma_{N_s}}{d\Omega} = nF\Delta x \frac{d\sigma}{d\Omega}\,.$$

Im speziellen Fall des Potenzials $V = -\alpha/r$ können wir für $d\sigma/d\Omega$ Gleichung (4.74) einsetzen und erhalten schließlich (bei Unterdrückung des Subskripts N_s) die **Rutherfordsche Streuformel**

$$\boxed{\frac{I_\Omega}{I} = nF\Delta x \left(\frac{\alpha}{2mv_\infty^2}\right)^2 \frac{1}{\sin^4(\chi/2)}\,.} \tag{4.78}$$

Exkurs 4.2: Inverses Streuproblem

Mathematische Vorbetrachtung

Zur mathematischen Vorbereitung unserer Beschäftigung mit dem inversen Streuproblem betrachten wir das Doppelintegral

$$\int_0^y dx \left[\frac{1}{\sqrt{y-x}} \int_0^x \frac{f(t)}{\sqrt{x-t}}\, dt\right] \overset{\text{s.u.}}{=} \int_0^y dt \left[f(t) \int_t^y \frac{dx}{\sqrt{y-x}\sqrt{x-t}}\right] \overset{\text{s.u.}}{=} \pi \int_0^y f(t)\, dt\,.$$

Hierin haben wir die Reihenfolge der Integrationen vertauscht, dabei die aus Abb. 4.20 hervorgehende Änderung der Integrationsgrenzen berücksichtigt und schließlich

$$\begin{aligned}\int_t^y \frac{dx}{\sqrt{y-x}\sqrt{x-t}} &= \int_t^y \frac{dx}{\sqrt{-x^2+(t+y)x-yt}}\\ &= -\arcsin\left(\frac{t+y-2x}{y-t}\right)\Bigg|_t^y = -\arcsin(-1)+\arcsin(+1) = \pi\end{aligned}$$

benutzt. Differenzieren wir die erhaltene Gleichung nach y, so folgt

$$f(y) = \frac{1}{\pi}\frac{d}{dy}\int_0^y dx \left[\frac{1}{\sqrt{y-x}} \int_0^x \frac{f(t)}{\sqrt{x-t}}\, dt\right],$$

und mit der Definition

$$g(x) = \int_0^x \frac{f(t)}{\sqrt{x-t}}\, dt \tag{4.79}$$

gilt

$$f(y) = \frac{1}{\pi}\frac{d}{dy}\int_0^y \frac{g(x)}{\sqrt{y-x}}\, dx\,. \tag{4.80}$$

Wirft man nun das Problem auf, zu vorgegebener Funktion $g(x)$ die Funktion $f(t)$ so zu bestimmen, dass Gleichung (4.79) erfüllt ist, so stellt diese eine **Abelsche Integralgleichung** für $f(t)$ dar. Deren Lösung ist dann durch (4.80) mit $y \to t$ gegeben, also

$$f(t) = \frac{1}{\pi}\frac{d}{dt}\int_0^t \frac{g(x)}{\sqrt{t-x}}\, dx\,. \tag{4.81}$$

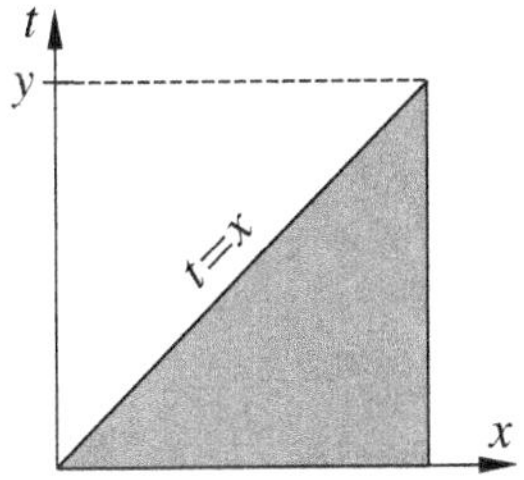

Abb. 4.20: Integrationsgebiet des betrachteten Doppelintegrals in der x, t-Ebene, schattiert.

Lösung des inversen Streuproblems

Wie schon kurz besprochen besteht das inverse Streuproblem darin, aus Gleichung (4.68) das Potenzial $V(r)$ zu bestimmen, wenn die Funktion $\chi(s)$ (z. B. auf Grund von Messungen) gegeben ist. Zu seiner Lösung beschränken wir uns auf den Fall eines abstoßenden Potenzials $V(r) > 0$ mit $V \to 0$ für $r \to \infty$. Mit den Abkürzungen bzw. Definitionen

$$x = \frac{1}{s^2}, \qquad w(r) = \sqrt{1 - \frac{2V(r)}{mv_\infty^2}}, \qquad \tilde{\chi}(x) = \chi(s(x)) = \chi(s) \tag{4.82}$$

kann (4.68) in der Form

$$\frac{\pi - \tilde{\chi}(x)}{2} = \int_{r_{\min}}^{\infty} \frac{dr}{r^2 w(r)\sqrt{x - 1/(r^2 w^2)}}\,. \tag{4.83}$$

geschrieben werden (bzgl. der Vorzeichen siehe Abb. 4.18). Dabei ist $r_{\min}$ der Radius, für den die Wurzel verschwindet. Nun substituieren wir

$$t(r) = \frac{1}{r^2 w^2(r)}\,, \tag{4.84}$$

wobei $t(r) > 0$ für $r < \infty$, $t(r_{\min}) = x$ und $t(\infty) = 0$ gilt. Damit $r(t)$ eine eindeutige Funktion ist, müssen wir $t'(r) < 0$ oder daraus folgend $w' > -w/r$ bzw.

$$\frac{rV'}{mv_\infty^2} < 1 - \frac{2V(r)}{mv_\infty^2}$$

verlangen. Da für $r \geq r_{\min}$ die rechte Seite dieser Ungleichung > 0 ist (für $r = r_{\min}$ hat sie den Wert $s^2/r_{\min}^2$), wird diese Bedingung z. B. von einem monoton abfallenden Potenzial automatisch erfüllt. Mit der Substitution (4.84) nimmt (4.83) die Form

$$\frac{\tilde{\chi}(x) - \pi}{2} = \int_0^x \frac{\sqrt{t}\, dr/dt}{r(t)\sqrt{x - t}}\, dt$$

einer Abelschen Integralgleichung für die unbekannte Funktion $f(t) = (\sqrt{t}\, dr/dt)/r(t)$ bei vorgegebener Funktion $(\tilde{\chi}(x) - \pi)/2$ an, die gemäß (4.81) durch

$$\frac{\sqrt{t}\, dr/dt}{r(t)} = \frac{1}{\pi}\frac{d}{dt}\int_0^t \frac{\tilde{\chi}(x) - \pi}{2\sqrt{t - x}}\, dx$$

gelöst wird. Mit $\alpha := \sqrt{t}$, daraus folgend $dt = 2\alpha\, d\alpha$ und (4.85) bzw. $w = 1/(r\alpha)$ sowie mit

$$\int_0^t \frac{dx}{2\sqrt{t - x}} = \sqrt{t}\,,$$

$$\int_0^t \frac{\tilde{\chi}(x)\, dx}{2\sqrt{t - x}} = -\int_0^t \tilde{\chi}(x)\frac{d}{dx}\sqrt{t - x}\, dx = \tilde{\chi}(0)\sqrt{t} + \int_0^t \tilde{\chi}'(x)\sqrt{t - x}\, dx\,,$$

und daraus folgend

$$\frac{d}{dt}\int_0^t \frac{\tilde{\chi}(x) - \pi}{2\sqrt{t - x}}\, dx = \frac{d}{dt}\left(\int_0^t \tilde{\chi}'(x)\sqrt{t - x}\, dx - \pi\sqrt{t}\right) = \int_0^t \frac{\tilde{\chi}'(x)\, dx}{2\sqrt{t - x}} - \frac{\pi}{2\sqrt{t}}$$

(dabei wurde $\tilde{\chi}(0) = 0$ benutzt) wird daraus eine Differentialgleichung für $r(\alpha)$ bzw. $w(\alpha)$,

$$-\frac{d}{d\alpha}\ln w = \frac{1}{r}\frac{dr}{d\alpha} + \frac{1}{\alpha} = \frac{1}{\pi}\int_0^{\alpha^2}\frac{\tilde{\chi}'(x)\,dx}{\sqrt{\alpha^2 - x}}\,.$$

Durch Integration über α von $\alpha=0$ (entsprechend $t=0$, $r=\infty$ und $w=1$) bis $\alpha=1/(rw)$ ergibt sich aus dieser

$$-\ln w = \frac{1}{\pi}\int_0^{\frac{1}{rw}} d\alpha \int_0^{\alpha^2}\frac{\tilde{\chi}'(x)\,dx}{\sqrt{\alpha^2 - x}} = \frac{1}{\pi}\int_0^{\frac{1}{(rw)^2}} dx\left[\tilde{\chi}'(x)\int_{\sqrt{x}}^{\frac{1}{rw}}\frac{d\alpha}{\sqrt{\alpha^2 - x}}\right]$$

$$= \frac{1}{\pi}\int_0^{\frac{1}{(rw)^2}}\left[\tilde{\chi}'(x)\,\mathrm{arcosh}\left(\frac{1}{rw\sqrt{x}}\right)\right]dx \overset{(4.82)}{=} -\frac{1}{\pi}\int_{rw}^{\infty}\left[\chi'(s)\,\mathrm{arcosh}\left(\frac{s}{rw}\right)\right]ds\,.$$

Nach einer partiellen Integration, bei der $\chi(\infty)=0$ und $\lim_{s\to\infty}\chi(s)\,\mathrm{arcosh}\,(s/rw))=0$ vorausgesetzt wird, erhalten wir hieraus schließlich das Ergebnis

$$w = \exp\left(-\int_{rw}^{\infty}\frac{\chi(s)\,ds}{\pi\sqrt{s^2 - r^2w^2}}\right). \tag{4.85}$$

Mit (4.82b) wird das zu einer impliziten Gleichung zur Bestimmung des Potenzials $V(r)$ im Bereich $r_{\min} \leq r \leq \infty$.

4.2 Systeme mehrerer Massenpunkte

4.2.1 Zwei-Körper-Problem

Den einfachsten Fall eines Systems mit mehreren Massenpunkten liefert das **Zwei-Körper-Problem**. Wir betrachten im Folgenden dazu speziell das abgeschlossene System zweier Massenpunkte, die aufeinander Zentralwechselwirkungskräfte mit dem Potenzial

$$V_{12}(u) = V_{21}(u) = V(u) = -\frac{\alpha}{u}, \quad \alpha = Gm_1m_2, \quad u = |r_1 - r_2| \tag{4.86}$$

ausüben. Dabei werden mit $\alpha=Gm_1m_2$ Gravitations-Wechselwirkungen und mit $\alpha=q_1q_2/(4\pi\varepsilon_0)$ Coulomb-Wechselwirkungen erfasst. Es führt zu einer erheblichen Vereinfachung des Problems, wenn man zuerst die durch den **Relativvektor**

$$\boldsymbol{r}_{12} = x_{12}\,\boldsymbol{e}_x + y_{12}\,\boldsymbol{e}_y + z_{12}\,\boldsymbol{e}_z = (x_2-x_1)\,\boldsymbol{e}_x + (y_2-y_1)\,\boldsymbol{e}_y + (z_2-z_1)\,\boldsymbol{e}_z = \boldsymbol{r}_2 - \boldsymbol{r}_1 \tag{4.87}$$

beschriebene Relativbewegung der beiden Massenpunkte untersucht. ($\boldsymbol{r}_{12}$ wird wie $\boldsymbol{r}_1$ und $\boldsymbol{r}_2$ als gebundener Ortsvektor aufgefasst, der vom Ursprung des Koordinatensystems aus abgetragen wird.) Indem wir von den zwei Bewegungsgleichungen

$$m_1\ddot{\boldsymbol{r}}_1 = -\frac{\partial V}{\partial \boldsymbol{r}_1}, \qquad m_2\ddot{\boldsymbol{r}}_2 = -\frac{\partial V}{\partial \boldsymbol{r}_2}$$

unseres Problems die erste mit m_2, die zweite mit m_1 multiplizieren und die Differenz bilden, erhalten wir für die Dynamik von $\boldsymbol{r}_{12}$ die Gleichung

$$\mu \ddot{\boldsymbol{r}}_{12} \overset{\text{s.u.}}{=} -\frac{\partial V(|\boldsymbol{r}_{12}|)}{\partial \boldsymbol{r}_{12}} . \tag{4.88}$$

Dabei haben wir zum einen die als **reduzierte Masse** bezeichnete Größe

$$\mu = \frac{m_1 m_2}{m_1 + m_2} \tag{4.89}$$

eingeführt und zum anderen die aus $V(u) = V(|\boldsymbol{r}_{12}|)$ folgenden Beziehungen

$$\frac{\partial V}{\partial x_1} = \frac{\partial V}{\partial x_{12}} \frac{\partial x_{12}}{\partial x_1} = -\frac{\partial V}{\partial x_{12}}, \ldots \qquad \Rightarrow \qquad \frac{\partial V}{\partial \boldsymbol{r}_1} = -\frac{\partial V}{\partial \boldsymbol{r}_2} = -\frac{\partial V}{\partial \boldsymbol{r}_{12}}$$

benutzt. Die durch (4.88) beschriebene Bewegung des Relativvektors $\boldsymbol{r}_{12}(t)$ stimmt nach (4.24) mit der eines Massenpunkts der Masse μ in einem Zentralfeld mit dem Potenzial $V(r)$ überein und wird als **fiktive Bewegung der reduzierten Masse** bezeichnet (Abb. 4.21).

Sobald $\boldsymbol{r}_{12}(t)$ bestimmt ist, können auch die realen Bahnen $\boldsymbol{r}_1(t)$ und $\boldsymbol{r}_2(t)$ angegeben werden. Dazu muss man nur in das als **Schwerpunktsystem** bezeichnete System gehen, in welchem der Schwerpunkt der beiden Massen m_1 und m_2 ruht und das diesen zum Ursprung hat. (Da der Schwerpunkt eines abgeschlossenen Systems unbeschleunigt bleibt, kann dieses so gewählt werden, dass es ein Inertialsystem ist.) Eliminieren wir nämlich aus der im Schwerpunktsystem gültigen Beziehung

$$m_1 \boldsymbol{r}_1(t) + m_2 \boldsymbol{r}_2(t) = 0$$

und der dort ebenfalls geltenden Beziehung (4.87) entweder $\boldsymbol{r}_1$ oder $\boldsymbol{r}_2$ und benutzen noch (4.89), so erhalten wir

$$\boldsymbol{r}_1(t) = -\frac{\mu}{m_1} \boldsymbol{r}_{12}(t) , \qquad \boldsymbol{r}_2(t) = \frac{\mu}{m_2} \boldsymbol{r}_{12}(t) . \tag{4.90}$$

Aufgrund der Linearität dieser Zusammenhänge sind die realen Bahnen der fiktiven Bahn *ähnlich.*

Durch die Rückführung der Bahnen $\boldsymbol{r}_1(t)$ und $\boldsymbol{r}_2(t)$ der beiden Massen m_1 und m_2 auf die Bahn $\boldsymbol{r}_{12}(t)$ der fiktiven Masse μ in einem Zentralfeld ist es gelungen, das Zwei-Körper-Problem auf ein Ein-Körper-Problem zu reduzieren. Das erscheint vielleicht überraschend, hat jedoch einen einleuchtenden Grund: Wie wir in Abschn. 3.2.6 gesehen haben, müssen zur vollständigen Lösung unseres speziellen Zwei-Körper-Problems nur zwei Bewegungsintegrale bestimmt werden, da von den zwölf benötigten zehn durch Erhaltungssätze geliefert werden; zwei war allerdings auch genau die Zahl von Bewegungsintegralen, die bei der Bewegung eines Massenpunkts im Zentralfeld ermittelt werden mussten.

Da sich die fiktive Masse wie ein einzelner Massenpunkt in einem Zentralfeld bewegt, kann auch sie **gebundene** und **freie** Bewegungen ausführen. Wir beschränken uns jetzt auf den Fall gravitativer Wechselwirkungen und wenden uns zuerst den gebundenen Bewegungen zu.

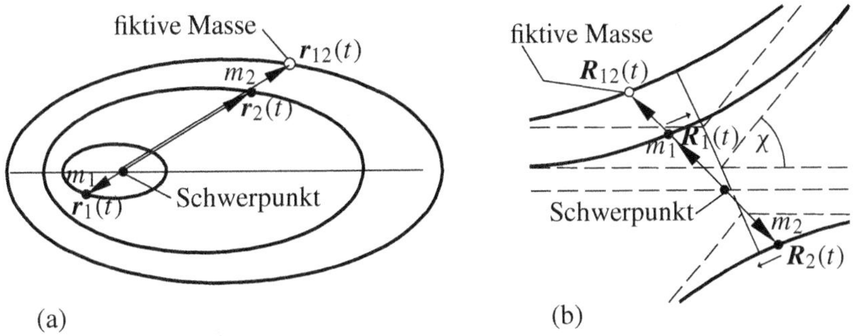

Abb. 4.21: (a) Ellipsenlösungen und (b) Streulösungen des Zwei-Körper-Problems.

Gebundene Bewegungen. Nach Abschn. 4.1.6 erfolgen diese auf Ellipsenbahnen. Die zugehörigen Umlaufzeiten erhalten wir aus (4.60a), indem wir die für den Übergang zum hier behandelten Fall erforderlichen Ersetzungen $\alpha \to G m_1 m_2$ sowie $m \to \mu$ vornehmen. Wenn wir die große Halbachse hier mit a_{12} bezeichnen, erhalten wir

$$T = \frac{2\pi a_{12}{}^{3/2}}{\sqrt{G(m_1 + m_2)}} \,. \tag{4.91}$$

Aus einer (4.54) analogen Ellipsengleichung für $|\boldsymbol{r}_{12}|$ folgt mit (4.90) sofort, dass auch $\boldsymbol{r}_1(t)$ und $\boldsymbol{r}_2(t)$ Ellipsenbahnen beschreiben, nur, dass bei diesen alle Längen um den Faktor $\mu/m_1 = m_2/(m_1 + m_2)$ bzw. $\mu/m_2 = m_1/(m_1 + m_2)$ verkürzt sind. Von allen drei Ellipsen liegt einer der beiden Brennpunkte im Schwerpunkt $\boldsymbol{r} = 0$ (Abb. 4.21 (a)). Da $\boldsymbol{r}_1(t)$ und $\boldsymbol{r}_2(t)$ antiparallel sind, liegen sich die Massen m_1 und m_2 zu jedem Zeitpunkt auf den Ursprung $\boldsymbol{r} = 0$ bezogen diametral gegenüber. Wenn $\boldsymbol{r}_{12}(t)$ eine volle Ellipse durchlaufen hat, gilt das auch für $\boldsymbol{r}_1(t)$ und $\boldsymbol{r}_2(t)$, d. h. die oben berechnete Periode T ist auch die Umlaufzeit der beiden realen Massen. Für die großen Halbachsen a_1 und a_2 der Bahnen $\boldsymbol{r}_1(t)$ und $\boldsymbol{r}_2(t)$ ergibt sich aus den Ähnlichkeitsbeziehungen (4.90)

$$a_1 = \frac{m_2}{m_1 + m_2}\, a_{12} \,, \qquad a_2 = \frac{m_1}{m_1 + m_2}\, a_{12} \,. \tag{4.92}$$

Im Fall $m_1/m_2 \gg 1$, der z. B. beim Verhältnis Sonnenmasse (m_1) zu Erdmasse (m_2) gegeben ist, wird $a_1/a_2 = m_2/m_1 \ll 1$. Das bedeutet, dass die schwerere Masse eine Ellipse durchläuft, die auf die unmittelbare Nachbarschaft des Massenschwerpunkts beschränkt ist.

Alle Sterne, die wie die Sonne von einem oder mehreren Planeten umlaufen werden, führen daher kleine Bewegungen aus. Diese können zu einem indirekten Nachweis dafür benutzt werden, dass ein Stern Planeten besitzt. Sie stellen derzeit neben einer im Allgemeinen extrem schwachen und sehr selten auftretenden Verdunkelung des Sternenlichts durch den Planeten beim Durchqueren der Sichtlinie zu dem Stern die einzige Möglichkeit zum Nachweis der Existenz von Planeten dar.

Ersetzen wir in (4.91) a_{12} mithilfe von (4.92) durch a_1 oder a_2, so erhalten wir die Umlaufzeit in Abhängigkeit von den Bahndaten der realen Massen,

$$T = \frac{2\pi}{\sqrt{G}}(m_1 + m_2)\left(\frac{a_1}{m_2}\right)^{3/2} = \frac{2\pi}{\sqrt{G}}(m_1 + m_2)\left(\frac{a_2}{m_1}\right)^{3/2} .$$

Mit den Umbenennungen $m_1 \to M$, $m_2 \to m$ und $a_2 \to a$ schreibt sich die zweite dieser Beziehungen

$$T = \frac{2\pi}{\sqrt{GM}} \left(1 + \frac{m}{M}\right) a^{3/2}, \tag{4.93}$$

die Umlaufzeit ist gegenüber dem Ergebnis (4.60) für das Ein-Körper-Problem größer geworden. Vergleichen wir jetzt bei gegebener Masse M die Umlaufzeiten zweier Massen $m = m_1$ und $m = m_2$, die auf Ellipsen mit den Halbachsen a_1 und a_2 umlaufen, so erhalten wir für deren Quotienten

$$\left(\frac{T_1}{T_2}\right)^2 = \left(\frac{1 + m_1/M}{1 + m_2/M}\right)^2 \left(\frac{a_1}{a_2}\right)^3. \tag{4.94}$$

Dieses Ergebnis kann als **verbesserte Version des dritten Keplerschen Gesetzes**, (4.61), aufgefasst werden, bei der zwar die Mitbewegung der Sonne berücksichtigt, aber die Wechselwirkung der Planeten nach wie vor vernachlässigt ist. Das Verhältnis T_1/T_2 hängt jetzt nicht mehr nur von den Halbachsen, sondern auch von den Massen ab; für $m_1/M \ll 1$ und $m_2/M \ll 1$ oder für $m_1 \approx m_2$ wird es von diesen näherungsweise unabhängig.

Ungebundene Bewegungen. Wenden wir uns jetzt den ungebundenen Lösungen des Zwei-Körper-Problems zu. Bei diesen verläuft die fiktive Bewegung der reduzierten Masse auf einer Parabel oder Hyperbel, und nach (4.90) gilt das auch für die realen Massen m_1 und m_2 (Abb. 4.21 (b)). Betrachten wir den Bewegungsablauf von $t = -\infty$ bis $t = \infty$, so finden wir, dass die beiden Massen erst aufeinander zulaufen, um sich nach Erreichen eines Minimalabstandes wieder voneinander zu entfernen. Dabei wird die Ablenkung aus ihrer momentanen Bewegungsrichtung um so stärker, je näher sie beisammen sind, während sie sich in großem Abstand voneinander ($t \to \pm\infty$) praktisch geradlinig bewegen. Diesen Bewegungstyp bezeichnet man als **Streuung**.

Wir untersuchen das Streuproblem zuerst im **Schwerpunktsystem** und verändern unsere bisherige Notation dahingehend, dass wir dort zur Bezeichnung des Orts und der Geschwindigkeit große Buchstaben verwenden. Im Anschluss daran transformieren wir das erhaltene Ergebnis in ein **Laborsystem**, in welchem wir Orte und Geschwindigkeiten durch kleine Buchstaben charakterisieren. Das Laborsystem wählen wir so, dass die Masse m_2 „vor dem Stoß" (das soll heißen: für $t \to -\infty$) in ihm ruht und daher das Target (oder Streuzentrum) bildet, während sich die Masse m_1 in Richtung der x-Achse bewegt,

$$\boldsymbol{v}_1 = v_{1\infty}\, \boldsymbol{e}_x, \quad \boldsymbol{v}_2 = 0 \qquad \text{für } t = -\infty.$$

Im Schwerpunktsystem, das sich gegenüber dem Laborsystem mit der (konstanten) Geschwindigkeit

$$\boldsymbol{v}_S = \frac{m_1 \boldsymbol{v}_1 + m_2 \boldsymbol{v}_2}{m_1 + m_2} = \frac{m_1}{m_1 + m_2}\, v_{1\infty}\, \boldsymbol{e}_x = \frac{\mu}{m_2}\, v_{1\infty}\, \boldsymbol{e}_x \tag{4.95}$$

bewegt, gilt damit vor dem Stoß (d. h. für $t \to -\infty$)

$$\dot{\boldsymbol{R}}_{12} = \boldsymbol{V}_2 - \boldsymbol{V}_1 = \boldsymbol{v}_2 - \boldsymbol{v}_1 = -v_{1\infty}\, \boldsymbol{e}_x. \tag{4.96}$$

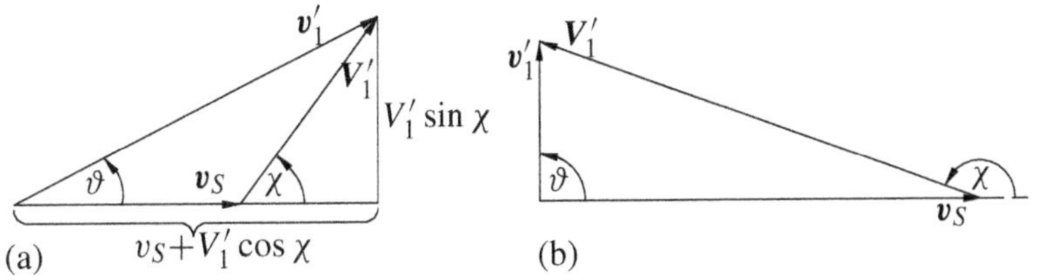

Abb. 4.22: (a) Transformation der Streuwinkel in das Laborsystem. (b) Rückstreuung gleicher Massen aneinander.

Da die fiktive Masse μ den Gleichungen für die Bewegung in einem Zentralfeld genügt, erhalten wir für ihre „Streuung" in den Winkelbereich $d\Omega$ um χ nach (4.69), (4.72) und (4.74) zunächst den Stoßparameter

$$s = s(\chi, \mu, v_{1\infty}) = \frac{|\alpha| \cot(\chi/2)}{\mu v_{1\infty}^2}$$

und den Wirkungsquerschnitt

$$d\sigma = \frac{s(\chi, \mu, v_{1\infty})\,|\partial s/\partial \chi|}{\sin \chi}\,d\Omega = \left(\frac{\alpha}{2\mu v_{1\infty}^2}\right)^2 \frac{d\Omega}{\sin^4(\chi/2)}\,. \tag{4.97}$$

Hieraus ergibt sich für den Wirkungsquerschnitt der Masse m_1 wegen der Ähnlichkeit ihrer Bahn mit der der fiktiven Masse (alle Längen müssen mit dem Faktor μ/m_1 multipliziert werden) im Schwerpunktsystem das Ergebnis

$$d\sigma_1 = \left(\frac{\mu}{m_1}\right)^2 d\sigma = \left(\frac{\alpha}{2m_1 v_{1\infty}^2}\right)^2 \frac{d\Omega}{\sin^4(\chi/2)}\,. \tag{4.98}$$

Zur Umrechnung dieses Ergebnisses auf das Laborsystem benötigen wir den Zusammenhang zwischen dem Streuwinkel χ im Schwerpunktsystem und dem Streuwinkel ϑ im Laborsystem. Aus Abb. 4.22 (a), in der $\boldsymbol{v}_1'$ und $\boldsymbol{V}_1' = \boldsymbol{v}_1' - \boldsymbol{v}_S$ die Geschwindigkeit der Masse m_1 nach dem Stoß ($t \to \infty$) im Laborsystem bzw. im Schwerpunktsystem bezeichnen, entnehmen wir hierfür

$$\tan \vartheta = \frac{V_1' \sin \chi}{v_S + V_1' \cos \chi}\,. \tag{4.99}$$

v_S kann nun mithilfe von (4.95) durch $v_{1\infty}$ ausgedrückt werden, und dasselbe wird uns im Folgenden auch für V_1' gelingen. Aus Symmetriegründen besitzt $\dot{\boldsymbol{R}}_{12}$ vor und nach dem Stoß denselben Betrag – die Bahn wird vor und hinter dem Punkt des Minimalabstandes durch zwei verschiedene Lösungszweige beschrieben, die sich nur im Vorzeichen unterscheiden (vgl. (4.39)) – und daher haben wir mit (4.96)

$$|\boldsymbol{V}_2' - \boldsymbol{V}_1'| = |\dot{\boldsymbol{R}}_{12}'| = |\dot{\boldsymbol{R}}_{12}| = |\boldsymbol{V}_2 - \boldsymbol{V}_1| = v_{1\infty}\,.$$

Andererseits gilt im Schwerpunktsystem natürlich

$$\boldsymbol{V}_2' = -\frac{m_1}{m_2}\boldsymbol{V}_1'\,,$$

und die Kombination der beiden letzten Gleichungen liefert

$$V_1' = \frac{\mu}{m_1} v_{1\infty} \,. \tag{4.100}$$

Damit erhalten wir für den Zusammenhang zwischen ϑ und χ schließlich

$$\tan\vartheta = \frac{\sin\chi}{(m_1/m_2) + \cos\chi} \,. \tag{4.101}$$

Bei der Umrechnung auf das Laborsystem müssen wir auch noch den in (4.71) auf χ bezogenen Raumwinkel $d\Omega$ durch den Raumwinkel

$$d\Omega_\vartheta = 2\pi \sin\vartheta \, d\vartheta \tag{4.102}$$

ausdrücken, der durch die beiden Kegel mit den Öffnungswinkeln ϑ und $\vartheta + d\vartheta$ begrenzt wird. Dies wird erreicht, indem wir (4.98a) in

$$d\sigma_1 = \left(\frac{\mu}{m_1}\right)^2 \frac{d\sigma}{d\Omega} \frac{d\Omega}{d\Omega_\vartheta} d\Omega_\vartheta$$

umschreiben. Nach (4.71) und (4.102) gilt

$$\frac{d\Omega}{d\Omega_\vartheta} = \frac{\sin\chi}{\sin\vartheta} \frac{d\chi}{d\vartheta} \,,$$

und daher erhalten wir schließlich

$$d\sigma_1 = \left(\frac{\mu}{m_1}\right)^2 \frac{d\sigma}{d\Omega} \frac{\sin\chi}{\sin\vartheta} \frac{d\chi}{d\vartheta} d\Omega_\vartheta \,. \tag{4.103}$$

Wir berechnen das explizite Ergebnis in zwei Spezialfällen:

1. Im Fall $m_1/m_2 \ll 1$ gilt $\mu \approx m_1$, $\tan\vartheta \approx \tan\chi$, und (4.103) liefert

$$\frac{d\sigma_1}{d\Omega_\vartheta} \approx \frac{d\sigma}{d\Omega} \,, \tag{4.104}$$

also praktisch dasselbe Ergebnis wie im Fall der Streuung an einem festen Zentrum.

2. Im Fall $m_1 = m_2 = m$ gilt $\mu = m/2$ und

$$\tan\vartheta = \frac{\sin\chi}{1 + \cos\chi} = \frac{2\sin(\chi/2)\cos(\chi/2)}{2\cos^2(\chi/2)} = \tan(\chi/2)$$

bzw. $\chi = 2\vartheta$ sowie $d\chi/d\vartheta = 2$. Damit, mit $\sin 2\vartheta = 2\sin\vartheta\cos\vartheta$ und (4.97) erhalten wir den Wirkungsquerschnitt

$$d\sigma_1 = \frac{d\sigma}{d\Omega} \cos\vartheta \, d\Omega_\vartheta = \left(\frac{\alpha}{m_1 v_{1\infty}^2}\right)^2 \frac{\cos\vartheta}{\sin^4\vartheta} d\Omega_\vartheta \,. \tag{4.105}$$

Dabei ist zu beachten, dass $\vartheta = \chi/2$ wegen $0 \leq \chi \leq \pi$ auf den Bereich $0 \leq \vartheta \leq \pi/2$ eingeschränkt ist. Wird das Teilchen im Schwerpunktsystem um etwas weniger als 180° nach rückwärts gestreut, so beträgt seine Winkelablenkung im Laborsystem nur knapp 90°, und es ergibt sich die in Abb. 4.22 (b)) gezeigte Situation. Wird es dagegen exakt nach rückwärts gestreut (zentraler elastischer Stoß), so überträgt es seine ganze kinetische Energie auf das Streuzentrum und bleibt stehen, denn nach (4.95) und (4.100) gilt für $m_1{=}m_2{=}2\mu$

$$\boldsymbol{v}_S = \frac{\boldsymbol{v}_{1\infty}}{2} = \boldsymbol{V}_1',$$

und die Streugeschwindigkeit im Laborsystem ist

$$\boldsymbol{v}_1' = \boldsymbol{v}_S + \boldsymbol{V}_1' = 0\,.$$

4.2.2 Restringiertes Drei-Körper-Problem

Mit dem **Drei-Körper-Problem**, der freien Dynamik dreier Punktmassen unter gravitativen Wechselwirkungen, überschreitet man bereits die Grenze dessen, was in der Mechanik durch Integrationen exakt gelöst werden kann. Schon H. Bruns (1887) und der französische Physiker und Mathematiker H. Poincaré (1892) haben gezeigt, dass die Zahl algebraischer Bewegungsintegrale mit den zehn klassischen Erhaltungssätzen (dem Schwerpunktsatz sowie den Erhaltungssätzen für Impuls, Drehimpuls und Energie) ausgeschöpft ist, alle weiteren Bewegungsintegrale sind Funktionen von diesen. Angesichts dieser Situation beschäftigte man sich daher intensiv mit Vereinfachungen des Drei-Körper-Problems, unter denen das **restringierte Drei-Körper-Problem** vorrangige Bedeutung erlangte. Bei diesem wird eine der drei Massen, m, im Vergleich zu den beiden anderen, M_1 und M_2, als so klein angenommen, dass ihre Gravitationswirkung auf diese vernachlässigt werden darf. Für die zwei schweren Massen erhält man daher die bekannten Lösungen des Zwei-Körper-Problems, und es verbleibt das Problem, die Bewegung $\boldsymbol{r}(t)$ der kleinen Masse in dem bekannten Gravitationsfeld der beiden schweren zu berechnen. Nach Herauskürzen des gemeinsamen Faktors m erhält man hierfür die Gleichung

$$\ddot{\boldsymbol{r}} = GM_1 \frac{\boldsymbol{r}_1(t) - \boldsymbol{r}}{|\boldsymbol{r}_1(t) - \boldsymbol{r}|^3} + GM_2 \frac{\boldsymbol{r}_2(t) - \boldsymbol{r}}{|\boldsymbol{r}_2(t) - \boldsymbol{r}|^3}\,, \tag{4.106}$$

in der für $\boldsymbol{r}_1(t)$ und $\boldsymbol{r}_2(t)$ eine bekannte Lösung (4.90) einzusetzen ist.

Eine weitere Vereinfachung ergibt sich, wenn man nur Bewegungen betrachtet, bei denen sich die kleine Masse m in derselben Ebene wie die beiden schweren bewegt. Gleichung (4.106) hat dann nur noch zwei Komponenten, und es handelt sich um ein Problem mit zwei Freiheitsgraden, das als **ebenes restringiertes Drei-Körper-Problem** bezeichnet wird. Wenn die zwei schweren Massen gebundene Bewegungen ausführen, werden $\boldsymbol{r}_1(t)$ und $\boldsymbol{r}_2(t)$ zu periodischen Funktionen der Zeit, und m führt eine Bewegung in einem periodisch veränderlichen Kraftfeld aus. Es hat sich gezeigt, dass selbst dieses Problem schon nicht mehr durch Integrationen exakt gelöst werden kann, vielmehr birgt es in sich im Wesentlichen schon die ganze Komplexität des vollen

Drei-Körper-Problems. Das über das restringierte Drei-Körper-Problem erarbeitete Wissen ist außerordentlich umfangreich und kann nicht Gegenstand dieses Buches sein. Wir beschränken uns im Weiteren auf die Berechnung exakter Lösungen zu sehr speziellen Anfangsbedingungen.

4.2.3 Spezielle Lösungen des Drei-Körper-Problems

Die in diesem Abschnitt berechneten Lösungen des Drei-Körper-Problems wurden von dem französischen Mathematiker J. L. Lagrange gefunden. Sie stellen die Verallgemeinerung einer noch spezielleren Lösung dar, die unmittelbar einsichtig ist: Stellen wir uns vor, drei gleiche Massen befinden sich in den Ecken eines gleichseitigen Dreiecks und rotieren in der Dreiecksebene mit konstanter Winkelgeschwindigkeit um dessen Mittelpunkt (Abb. 4.23 (b)). Die Gesamtanziehungskraft zweier Massenpunkte auf den dritten ist stets auf den Mittelpunkt zugerichtet, während die Zentrifugalkraft von ihm wegweist. Es ist klar, dass stets eine Rotationsgeschwindigkeit gefunden werden kann, bei der die Zentrifugalkraft die Gravitationskraft gerade kompensiert. Damit ist eine Lösung des Drei-Körper-Problems gefunden, die darin besteht, dass die drei Massenpunkte in der sie enthaltenden Ebene mit der soeben charakterisierten Winkelgeschwindigkeit um ihren gemeinsamen Schwerpunkt rotieren.

Wir versuchen das jetzt auf den Fall zu verallgemeinern, dass drei verschiedene Massen m_1, m_2 und m_3 in den Ecken eines beliebigen Dreiecks sitzen und in der Dreiecksebene um ihren gemeinsamen Schwerpunkt mit konstanter Winkelgeschwindigkeit $\boldsymbol{\omega}$ rotieren. (Die Rotation muss um den Schwerpunkt erfolgen, weil dieser andernfalls mit rotieren und damit eine beschleunigte Bewegung ausführen müsste, und das stünde wegen der Abwesenheit externer Kräfte im Widerspruch zum Schwerpunktsatz.) Wir suchen die allgemeinste Lösung dieser Art in dem rotierenden Bezugsystem S', und die Positionen der Massenpunkte bestimmen wir dementsprechend so, dass jeder von ihnen relativ zu S' im Einklang mit den Bewegungsgleichungen ruht.

x und y seien kartesische Koordinaten der Ebene, in der die Bewegung der Massenpunkte stattfindet. Ortsvektoren in dieser Ebene bezeichnen wir mit $\boldsymbol{r}$, und das gemeinsame Rotationszentrum befinde sich bei $\boldsymbol{r} = 0$. Da $\boldsymbol{\omega}$ senkrecht zur Bewegungsebene steht, gilt $\boldsymbol{\omega}\times(\boldsymbol{\omega}\times\boldsymbol{r})=-\omega^2\boldsymbol{r}$. Die Bewegungsgleichung (3.59) in einem rotierenden

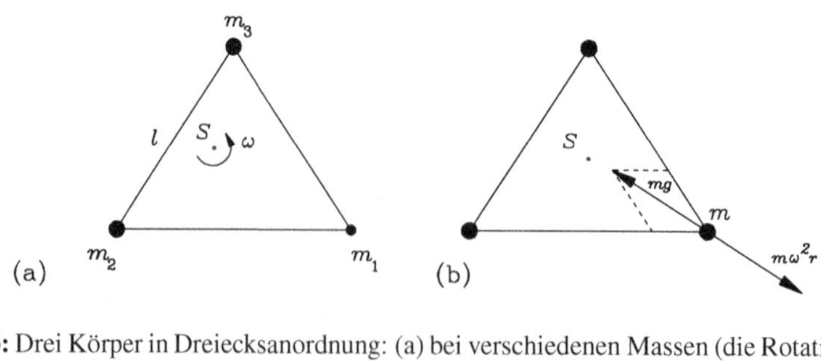

Abb. 4.23: Drei Körper in Dreiecksanordnung: (a) bei verschiedenen Massen (die Rotation erfolgt um den Schwerpunkt S), (b) bei gleichen Massen. Es gibt immer eine Frequenz, bei der sich die Gravitationskraft und die Zentrifugalkraft gerade kompensieren).

Bezugsystem reduziert sich damit für Ruhelagen auf $\boldsymbol{F}-m\omega^2\boldsymbol{r}=0$, und nach Einsetzen der auf jede Masse einwirkenden Gravitationskräfte der beiden anderen Massen erhält man für die gesuchten Ruhelagen $\boldsymbol{r}_1$, $\boldsymbol{r}_2$ und $\boldsymbol{r}_3$ der Massenpunkte die Gleichungen

$$\begin{aligned} Gm_1m_2\frac{\boldsymbol{r}_2-\boldsymbol{r}_1}{r_{12}{}^3}+Gm_1m_3\frac{\boldsymbol{r}_3-\boldsymbol{r}_1}{r_{13}{}^3}+m_1\omega^2\boldsymbol{r}_1&=0\,,\\ Gm_2m_3\frac{\boldsymbol{r}_3-\boldsymbol{r}_2}{r_{23}{}^3}+Gm_2m_1\frac{\boldsymbol{r}_1-\boldsymbol{r}_2}{r_{12}{}^3}+m_2\omega^2\boldsymbol{r}_2&=0\,,\\ Gm_3m_1\frac{\boldsymbol{r}_1-\boldsymbol{r}_3}{r_{13}{}^3}+Gm_3m_2\frac{\boldsymbol{r}_2-\boldsymbol{r}_3}{r_{23}{}^3}+m_3\omega^2\boldsymbol{r}_3&=0\,, \end{aligned} \tag{4.107}$$

wobei $|\boldsymbol{r}_j-\boldsymbol{r}_i|=r_{ij}$ gesetzt wurde. (Die Markierung der Vektoren durch einen Strich wurde der Einfachheit halber weggelassen.) Addieren wir die drei Gleichungen (4.107), so heben sich die Gravitationskräfte paarweise gegenseitig weg, und wir erhalten

$$\omega^2\,(m_1\boldsymbol{r}_1+m_2\boldsymbol{r}_2+m_3\boldsymbol{r}_3)=\omega^2M\boldsymbol{R}=0\,, \tag{4.108}$$

wobei $M=m_1+m_2+m_3$ die Gesamtmasse und $\boldsymbol{R}$ der Schwerpunkt des aus den drei Massenpunkten zusammengesetzten Systems ist. Hieraus folgt $\boldsymbol{R}=0$, d. h. der Schwerpunkt des Systems muss, wie schon anschaulich erläutert, mit dem Rotationszentrum zusammenfallen.

Teilen wir nun die erste Bewegungsgleichung (4.107) durch Gm_1 und ziehen sie von der durch Gm_2 geteilten zweiten ab, so folgt

$$(\boldsymbol{r}_2-\boldsymbol{r}_1)\left[\frac{\omega^2}{G}-\frac{m_1+m_2}{r_{12}{}^3}\right]+(\boldsymbol{r}_3-\boldsymbol{r}_1+\boldsymbol{r}_1-\boldsymbol{r}_2)\frac{m_3}{r_{23}{}^3}-(\boldsymbol{r}_3-\boldsymbol{r}_1)\frac{m_3}{r_{13}{}^3}=0\,.$$

Wir schreiben diese Gleichung etwas um und fügen noch eine analog zu ihr aus der ersten und dritten Bewegungsgleichung abgeleitete Gleichung hinzu,

$$\begin{aligned} \left[\frac{\omega^2}{G}-\frac{m_1+m_2}{r_{12}{}^3}-\frac{m_3}{r_{23}{}^3}\right](\boldsymbol{r}_2-\boldsymbol{r}_1)-m_3\left(\frac{1}{r_{13}{}^3}-\frac{1}{r_{23}{}^3}\right)(\boldsymbol{r}_3-\boldsymbol{r}_1)&=0\,,\\ \left[\frac{\omega^2}{G}-\frac{m_1+m_3}{r_{13}{}^3}-\frac{m_2}{r_{23}{}^3}\right](\boldsymbol{r}_3-\boldsymbol{r}_1)-m_2\left(\frac{1}{r_{12}{}^3}-\frac{1}{r_{23}{}^3}\right)(\boldsymbol{r}_2-\boldsymbol{r}_1)&=0\,. \end{aligned} \tag{4.109}$$

Für die weitere Rechnung nehmen wir an, dass der Koordinatenursprung entsprechend der Forderung (4.108) gewählt wurde, und haben dann nur noch die beiden Gleichungen (4.109) zu erfüllen. Es gibt nun zwei Möglichkeiten:

1. Die drei Massenpunkte liegen nicht auf einer Geraden. Die beiden Vektoren $(\boldsymbol{r}_2-\boldsymbol{r}_1)$ und $(\boldsymbol{r}_3-\boldsymbol{r}_1)$ sind dann linear unabhängig, und die beiden Gleichungen (4.109) können nur gelten, wenn sämtliche Linearfaktoren in ihnen verschwinden. Aus dieser Forderung ergibt sich

$$\frac{1}{r_{12}{}^3}=\frac{1}{r_{23}{}^3}=\frac{1}{r_{13}{}^3}=:\frac{1}{l^3}\qquad\text{und}\qquad\omega^2=\frac{GM}{l^3}\,.$$

Das bedeutet: Die Massenpunkte liegen in den Ecken eines gleichseitigen Dreiecks, und die Winkelgeschwindigkeit der Rotation um den Schwerpunkt wird eindeutig durch die Gesamtmasse M und die Größe dieses Dreiecks festgelegt (Abb. 4.23 (a)). Für jede beliebige Wahl von l erhält man eine Lösung des Problems, wenn ω passen dazu gewählt wird, alle Gleichungen (4.108)–(4.109) sind erfüllt.

2. Alle drei Massenpunkte liegen auf einer Geraden, d. h.

$$\boldsymbol{r}_i = x_i\,\boldsymbol{e}\,, \qquad i = 1, 2, 3\,,$$

wobei $\boldsymbol{e}$ ein Einheitsvektor in Richtung der Geraden ist und die durch die x_i beschriebenen Lagen der Massenpunkte noch bestimmt werden müssen. Setzen wir in diesem Fall

$$x_{ij} = -x_{ji} = x_j - x_i \qquad \Rightarrow \qquad \boldsymbol{r}_j - \boldsymbol{r}_i = x_{ij}\,\boldsymbol{e}\,, \quad r_{ij} = |x_{ij}|\,,$$

so erhalten die zwei noch verbliebenen Gleichungen (4.109) die Gestalt

$$\begin{aligned} \left[\frac{\omega^2}{G} - \frac{m_1 + m_2}{|x_{12}|^3} - \frac{m_3}{|x_{23}|^3}\right] x_{12} - m_3 \left(\frac{1}{|x_{13}|^3} - \frac{1}{|x_{23}|^3}\right) x_{13} = 0\,, \\ \left[\frac{\omega^2}{G} - \frac{m_1 + m_3}{|x_{13}|^3} - \frac{m_2}{|x_{23}|^3}\right] x_{13} - m_2 \left(\frac{1}{|x_{12}|^3} - \frac{1}{|x_{23}|^3}\right) x_{12} = 0\,. \end{aligned} \tag{4.110}$$

Hieraus eliminieren wir jetzt x_{23} und x_{13}, indem wir als neue Variablen das Abstandsverhältnis

$$y = \frac{x_{23}}{x_{12}} \tag{4.111}$$

einführen und die offensichtliche Beziehung

$$x_{13} = x_{12} + x_{23} = (y + 1)\,x_{12} \tag{4.112}$$

benutzen. Die erste der Gleichungen (4.110) ergibt damit

$$\omega^2 = \frac{G}{x_{12}{}^3}\left[m_1 + m_2 + m_3\left(\frac{1}{(y+1)^2} - \frac{1}{y^2}\right)\right]. \tag{4.113}$$

Dabei haben wir eine Nummerierung der x_i vorausgesetzt, bei der x_{12}, x_{13}, x_{23} (und damit auch y) positiv sind (Abb. 4.24). Aus der zweiten Gleichung (4.110) erhalten wir mit (4.111)–(4.113)

$$f(y) := m_1\left(1 - \frac{1}{(y+1)^3}\right) + m_2\,\frac{y}{y+1}\left(1 - \frac{1}{y^3}\right) + m_3\,y\left(\frac{1}{(y+1)^3} - \frac{1}{y^3}\right) = 0\,.$$

Die Funktion $f(y)$ ist für $y{>}0$ stetig, besitzt dort keine Pole und hat daher wegen $f(0){=}{-\infty}$ und $f(\infty){=}m_1{+}m_2{>}0$ mindestens eine Nullstelle $y^*{>}0$. Setzten wir diese in (4.113) ein, so können wir sogar noch x_{12} beliebig (jedoch positiv) vorgeben und erhalten einen entsprechenden Wert von ω. Die zugehörigen Abstände x_{13} und x_{23} folgen aus (4.111)–(4.112). Damit ist gezeigt, dass es auch Lösungen des Drei-Körper-Problems gibt, bei denen alle drei Massenpunkte auf einer Geraden liegen.

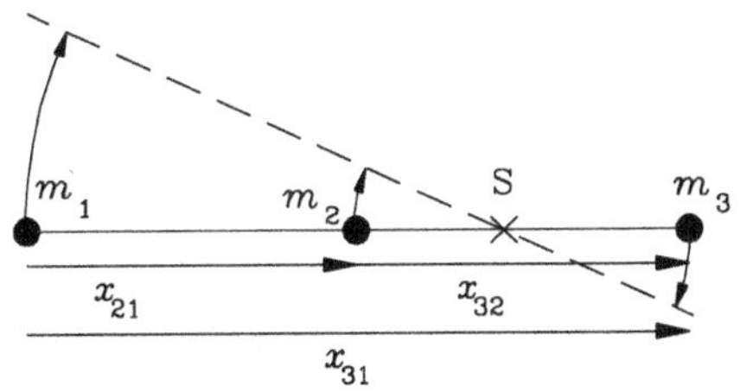

Abb. 4.24: Drei Körper auf einer Geraden.

4.2.4 Lösung des Drei-Körper-Problems durch Reihenentwicklung

Wie wir in Kap. 9 sehen werden, bedeutet die Nicht-Integrabilität des n-Körper-Problems für $n \geq 3$, dass dieses chaotische Lösungen besitzt. Dies hat zur Folge, dass sich bei der numerischen Integration der Bewegungsgleichungen Abschneide- und Rundungsfehler viel schneller als bei integrablen Problemen aufsummieren (siehe Abschn. 9.12), so dass langfristige Vorhersagen selbst bei extremer Rechengenauigkeit praktisch unmöglich werden.

Natürlich lassen sich Lösungen des n-Körper-Problems dadurch gewinnen, dass man die Teilchenbahnen $\boldsymbol{r}_i(t)$, $i=1, \ldots, n$, in Taylor-Reihen nach der Zeit entwickelt, diese in die Bewegungsgleichungen einsetzt und die Reihenkoeffizienten durch Koeffizientenvergleich bestimmt. Der Vorteil gegenüber der numerischen Integration besteht darin, dass es bei den Reihen keine Fehlerfortpflanzung gibt, vielmehr erhält man für jeden Zeitpunkt im Prinzip ein beliebig genaues Ergebnis, indem man hinreichend viele Terme der Reihe hinreichend genau berücksichtigt. Dabei können jedoch verschiedene Probleme auftreten: 1. Die Reihen müssen konvergieren, und die Konvergenz muss auch bewiesen werden. 2. Für langfristige Vorhersagen muss der Konvergenzradius hinreichend groß sein. 3. Teilchenzusammenstöße führen zu Singularitäten, die sich im Allgemeinen konvergenzzerstörend auswirken. 4. Selbst wenn die Reihen konvergieren, kann ihre Konvergenz mit wachsendem Zeitabstand vom Anfangszeitpunkt zunehmend schlechter werden, so dass für eine gewünschte Genauigkeit immer mehr Reihenterme berücksichtigt werden müssen. Dies kann so weit gehen, dass jeglicher Vorteil gegenüber der direkten numerischen Integration der Differentialgleichungen verloren geht. (Bei dieser muss zur Verbesserung der Genauigkeit ab einer gewissen Stufe die Verkleinerung der Schrittweiten mit einer Erhöhung der Rechengenauigkeit bei der Zahlendarstellung kombiniert werden.)

K. F. Sundmann ist im Jahre 1913 für fast alle Anfangsbedingungen eine Lösung des Drei-Körper-Problems durch eine singularitätenfreie und konvergente Potenzreihenentwicklung gelungen.[3] Indem er forderte, dass der Gesamtdrehimpuls nicht verschwindet, schloss er Dreierstöße aus, und die durch Zweierstoß-Singularitäten entstehenden Schwierigkeiten umging er dadurch, dass er statt der Zeit t einen neuen Entwicklungsparameter ω so einführte, dass die Teilchenkoordinaten über Zweierstöße hinweg reguläre Funktionen von ω bleiben. (Die Stoßsingularität wird in die Transformationsgleichung $t \rightarrow \omega$ geschoben.)

---

3 Siehe z. B. C. L. Siegel, J. K. Moser, *Lectures on Celestial Mechanics*, Springer-Verlag, 1971, Kap. 1.

Es muss allerdings gesagt werden, dass die durch Sundmanns Lösung gebotene Möglichkeit, die Bewegung der drei Körper über Zweierstöße hinweg verfolgen zu können, aus verschiedenen Gründen für konkrete Anwendungen nicht besonders interessant ist: Himmelskörper werden bei einem Zusammenstoß im Allgemeinen in Bruchstücke zerfallen, so dass es sich nach dem Stoß nicht mehr um ein Drei-Körper-Problem handelt; selbst dann, wenn sie beim Stoß nicht zerfallen, werden ausgedehnte Körper im Allgemeinen keinen zentralen und elastischen Stoß ausführen, wie das von Sundmann angenommen wurde, der Massenpunkte betrachtete. Schließlich ist die Konvergenz der Sundmannschen Reihen über den Stoß hinweg so schlecht, dass man bei praktischen Anwendungen zu viele Terme mitnehmen müsste, um ein brauchbares Ergebnis zu erhalten. Andererseits ist die Zahl der Anfangsbedingungen, die in einer endlichen Zeitspanne zu Zweierstößen führen, vom Maße null, während die Sundmannsche Entwicklung gerade auf deren Einbezug abgestellt ist. Eine direkte Reihenentwicklung nach der Zeit wird daher im Allgemeinen praktikabler sein.

Aufgaben

4.1 Bestimmen Sie durch Variation der Konstanten der homogenen Lösung $x(t)=C\,\mathrm{e}^{-\gamma t}\cos(\Omega t-\delta)$ eine spezielle Lösung der inhomogenen Gleichung

$$\ddot{x}+2\gamma\dot{x}+\omega_0^2 x=\frac{F_0}{m}\cos\omega t$$

für den periodisch getriebenen harmonischen Oszillator.

4.2 Zeigen Sie, dass die in Abb. 4.6 (b) dargestellten Bahnen des gedämpften periodischen Pendels in der Phasenebene unendlich oft um den Punkt $x=0$, $p=0$ herumlaufen. Wie ist das asymptotische Verhalten der Phasenraumtrajektorien für $t\to\infty$ bei aperiodischer Dämpfung und im aperiodischen Grenzfall?

4.3 Ein Skifahrer fährt einen 45 Grad steilen Abhang hinunter, an dessen Ende sich eine aus zwei $\frac{1}{8}$-Kreisen mit Radius a zusammengesetzte S-förmige Bodenmulde befindet und eine Art Sprungschanze bildet. (Die beiden Kreisstücke seien mit stetiger horizontaler Tangente und antiparalleler Normaler stetig aneinander gefügt.) Für seine Bewegung werde die Reibung vernachlässigt. Der Start erfolge in der Höhe h über dem tiefsten Punkt der Mulde mit der Geschwindigkeit $v=0$.

(a) Geben Sie in Abhängigkeit von der Starthöhe h den Polarwinkel φ des abwärts geneigten Kreises an, bei dem der Skifahrer vom Boden abhebt.
(b) Ab welcher Höhe hebt er bei $\varphi=0$ ab?
(c) Berechnen Sie für den Fall $\varphi=0$ seine Sprungweite s (horizontale Flugweite bis zum Erreichen der Höhe null) als Funktion von h.

4.4 Untersuchen Sie die Bahnen eines Massenpunkts in einem Zentralfeld mit dem Potenzial $V(r)=ar^2$.

4.5 Bestimmen Sie im Zentralfeld $V(r)=ar^{\gamma}$ für zwei Kreisbahnen das Verhältnis der Umlaufzeiten in Abhängigkeit vom Verhältnis der Radien.

4.6 Erfüllt das Potenzial $V(r)=ar^2-\alpha/r$ die Bedingungen für die Existenz ausschließlich geschlossener Bahnen?

4.7 Besitzt das Kraftfeld $\boldsymbol{F}=-\boldsymbol{r}/r^{3+\varepsilon}$, $0<\varepsilon\ll 1$, ein Potenzial? Welche Arten von Bahnen gibt es, ungebundene, geschlossene gebundene und/oder ungeschlossene gebundene Bahnen? Begründung!

4.8 Ein Massenpunkt, der am Ende einer reibungsfrei durch eine dünne Röhre in z-Richtung geführten masselosen Schnur befestigt ist, rotiere senkrecht zum unteren Röhrenende im Abstand r um die z-Achse (siehe Abbildung; der Röhrendurchmesser sei zu vernachlässigen). Zieht man die Schnur in z-Richtung, so vermindert sich r.

(a) Wie lauten die Bewegungsgleichungen des Massenpunkts?
(b) Welche Erhaltungssätze gelten?
(c) Berechnen Sie die Arbeit (ausgedrückt durch die Anfangsenergie), die geleistet werden muss, um den Massenpunkt von einer stationären Kreisbahn mit dem Radius r_0 auf eine stationäre Kreisbahn mit dem Radius $r_1=r_0/2$ zu bringen?
(d) Bestimmen Sie die Bahn $\varphi(r)$ für den Fall, dass der Abstand sich gemäß $r=kt$ (k=const) ändert!

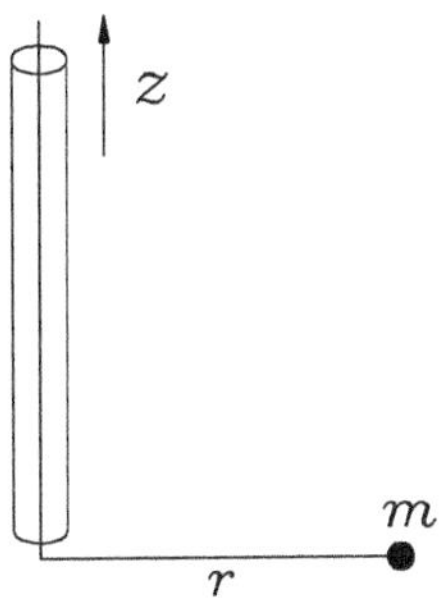

4.9 Ein Massenpunkt der Masse m ist mit einem Faden an einer Feder (lineare Federkraft, Federkonstante k) befestigt, die ihrerseits am oberen Ende einer zylindrischen Röhre befestigt ist. Am unteren Ende der Röhre wird der Faden um 90° umgelenkt, so dass der Massenpunkt um dieses mit variablem Abstand rotieren kann. Die Fadenlänge ist so bemessen, dass sich der Massenpunkt gerade am Umlenkungspunkt befindet, wenn die Feder entspannt ist.

(a) Welche Erhaltungssätze gelten und wie lauten sie?
(b) Wie lautet die Bestimmungsgleichung für die Bahnkurven $r(\varphi)$?
(c) Welche Typen von Bahnen gibt es? (Keine Rechnung!)
(d) Bei welchem Radius gibt es Kreisbahnen?

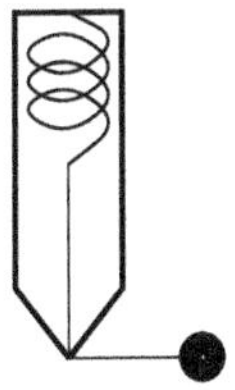

4.10 Ein an einer Schnur befestigter Massenpunkt rotiere um einen festgehaltenen Kreiszylinder (Radius R_0) in einer Ebene senkrecht zur Zylinderachse. Dabei wickle sich die Schnur auf den Zylinder auf. Der Abstand zwischen dem Massenpunkt und dem Berührungspunkt von Zylinder und Schnur in der Rotationsebene sei l.

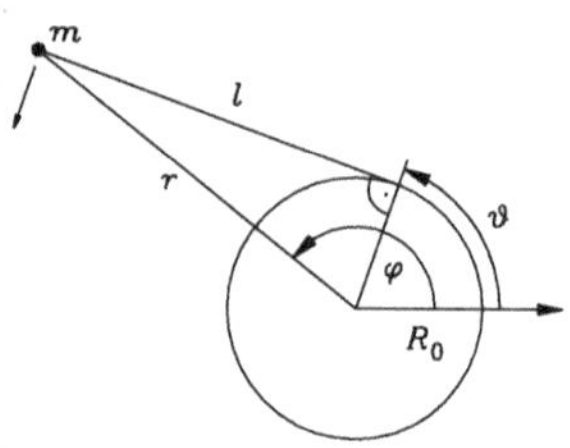

(a) Berechnen Sie mithilfe des Energiesatzes die Bahnkurve $r = r(t)$ des Massenpunkts!
(b) Wie lautet die auf den Massenpunkt wirkende Kraft?

Hinweis: Betrachten Sie r und l für zwei infinitesimal benachbarte Werte!

4.11 Die Erde befindet sich auf ihrer Bahn um die Sonne am 2. Januar im Perihel (sonnennächster Punkt), der kürzeste Tag auf der Nordhalbkugel (Winteranfang) ist der 22. Dezember (Radius des Perihels $r_P = 14,71 \cdot 10^7$ km, Radius des Aphels $r_A = 15,21 \cdot 10^7$ km).

(a) Wie liegt der Drehimpuls $\boldsymbol{L} = \theta \boldsymbol{\omega}$ der Erde am 22. Dezember?
(b) Berechnen Sie den zum 20. März (Frühlingsanfang auf der Nordhalbkugel) gehörenden Polarwinkel φ_F (gemessen von der Verbindungslinie Sonne–Perihel) des Fahrstrahls Sonne–Erde!
(c) Der den Herbstanfang kennzeichnende Winkel φ_H ist durch $\varphi_H = \varphi_F + \pi$ gegeben. Berechnen Sie den Zeitpunkt des Herbstanfangs und vergleichen Sie den errechneten Wert mit dem Kalender!
(d) Verifizieren Sie, dass das Sommerhalbjahr (Frühling und Sommer) auf der Nordhalbkugel länger dauert als auf der Südhalbkugel! Wie viele Tage beträgt der Unterschied?
(e) Berechnen Sie die im Sommer- bzw. Winterhalbjahr vom Fahrstrahl Sonne–Erde überstrichenen Flächen!
(f) Wie müsste der Drehimpuls der Erde orientiert sein, damit der Sommer auf der Süd- und auf der Nordhalbkugel gleich lange dauert?

Hinweis: Wegen der Kleinheit der Exzentrizität $\varepsilon = 0,0167$ können bei der Integration Glieder zweiter Ordnung in ε vernachlässigt werden. (Gegebenenfalls transzendente Gleichungen durch Reihenentwicklung lösen!)

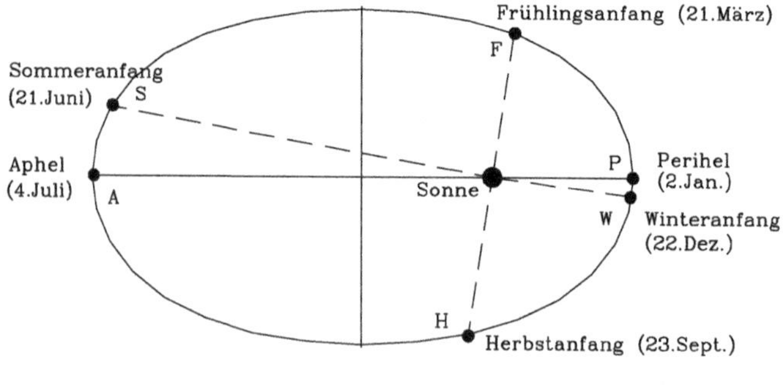

4.12 Ein Massenpunkt werde von der Erdoberfläche aus abgeschossen, die Luftreibung sei zu vernachlässigen.

(a) Welche Geschwindigkeit muss er mindestens haben (Fluchtgeschwindigkeit), damit er das Schwerefeld der Erde verlassen kann, wenn man annimmt, dass die Erde nicht rotiert? Gibt es einen günstigsten Abschusswinkel?
(b) Dasselbe bei Berücksichtigung der Erdrotation: Welche Relativgeschwindigkeit zur Erdoberfläche muss man ihm geben? Welcher Abschussort ist am günstigsten? Welcher prozentuale Unterschied besteht zwischen den günstigsten und den ungünstigsten Abschussbedingungen? Diskutieren Sie qualitativ, welchen Einfluss die Berücksichtigung der Luftreibung haben wird.
(c) Welche minimale Abschussgeschwindigkeit wird benötigt, um den Massenpunkt von der Erde aus aus dem Sonnensystem herauszuschießen, ohne die Katapultwirkung anderer Planeten zu benutzen? Überlegen Sie sich ein geeignetes Modell!

4.13 Warum kommt man bei einer Rakete, die das Sonnensystem verlassen soll, mit einer kleineren als der in Aufg. 4.13 berechneten Startgeschwindigkeit aus, wenn man sie in geeigneter Weise nahe an einem anderen Planeten vorbeischießt? Welches ist die Bedingung für eine derartige Katapultwirkung? Wie groß ist der durch diese erzielte Zugewinn an kinetischer Energie, ausgedrückt durch die auf das System der Erde bezogene Startgeschwindigkeit der Rakete und die Geschwindigkeit des Planeten? Welches ist der größtmögliche Zugewinn?
Anleitung: Gehen Sie zunächst ins Ruhesystem des Planeten und vergleichen Sie die Geschwindigkeit in zwei symmetrisch zum Punkt der nächsten Begegnung gelegenen und weit von diesem entfernten Bahnpunkten. Sodann gehen Sie zu den entsprechenden Geschwindigkeiten im Abschusssystem (Ruhesystem der Erde) über.

4.14 (a) Welches ist die Maximalgeschwindigkeit eines die Erde auf einer Kreisbahn umrundenden Satelliten, und wo befindet er sich bei dieser Geschwindigkeit?
(b) Welche Höhe hat ein geostationärer Satellit auf einer Kreisbahn?
(c) Gibt es geostationäre Satelliten auf einer Kreisbahn, die über die beiden Pole führt?

4.15 Aus der Forderung, dass Satellitenbahnen nicht die Erdoberfläche durchstoßen, ergeben sich Einschränkungen an die Halbachsen a und b. Wie lauten diese?

4.16 Wie groß ist der totale Wirkungsquerschnitt der Erde bezüglich des Einfangs von Meteoren der Masse m und der Geschwindigkeit $v|_{r=\infty}=v_\infty$?

4.17 Ein Massenpunkt falle im Schwerefeld $\boldsymbol{g}=-g\,\boldsymbol{e}_z$ von der Höhe $z=h$ nach $z=0$ längs einer monotonen Kurve $z(x)$, Anfangsgeschwindigkeit $v=0$. Zeigen Sie, dass es nur auf die Bogenlänge s der Kurve ankommt, wenn gefordert wird, dass die Fallzeit T zu einer vorgegebenen Funktion $T(h)$ der Fallhöhe h wird, und berechnen Sie $s(h)$ zu gegebener Funktion $T(h)$.

4.18 Betrachtet werde die Streuung an einem festen Streuzentrum mit monoton abfallendem Potenzial $V(r) \geq 0$ (Normierung: $V|_{r=\infty}=0$) und vorgegebener Einlaufgeschwindigkeit v_∞ des Streuteilchens.

(a) Zeigen Sie zuerst, dass der Stoßparameter s eine monotone Funktion des Streuwinkels χ ist, und drücken Sie diese durch den differentiellen Wirkungsquerschnitt $d\sigma/d\Omega$ aus.

(b) Um zu zeigen, dass zu jedem $s(\chi)$ ein eindeutiges Potenzial $V(r)$ gehört, wird angenommen, es gäbe dazu zwei Potenziale $V_1(r)$ und $V_2(r)$. Leiten Sie die Gleichung ab, der beide Potenziale genügen müssen, wenn Sie denselben Zusammenhang $\chi=\chi(s)$ liefern sollen.

(c) Substituieren Sie zuerst $1/r=u$ und $1/s^2=x$. Transformieren Sie dann die gewonnene Gleichung, deren beide Seiten von x abhängen, mithilfe der Transformation

$$g(p) = \int_0^p \frac{f(x)}{\sqrt{p-x}} dx,$$

und benutzen Sie

$$\int_a^b \frac{dx}{\sqrt{b-x}\sqrt{x-a}} = \pi.$$

Nun verlangen Sie, dass die transformierte Gleichung für jedes p gelten muss, und differenzieren nach p. Leiten Sie aus der so erhaltenen Gleichung schließlich $V_1(r)=V_2(r)$ ab.

4.19 Drei gravitierende Massenpunkte derselben Masse m werden in gleichen Abständen voneinander auf dem Umfang eines Kreises vom Radius r_0 festgehalten. Zur Zeit $t=0$ werden sie losgelassen, und jeder Massenpunkt bewegt sich nun frei im Gravitationsfeld der beiden anderen.

(a) Wie lauten die Bewegungsgleichungen?

(b) Zu welcher Zeit t und mit welcher Geschwindigkeit treffen sich die Massen im Mittelpunkt?

4.20 (a) Formulieren Sie in kartesischen Koordinaten die Gleichungen des ebenen restringierten Drei-Körper-Problems für den Fall, dass sich die beiden schweren Massen auf einer Kreisbahn bewegen, so, dass die explizite Zeitabhängigkeit der Anziehungskräfte erkennbar wird.

(b) Wie ändern sich für die kleine Masse μ die Energie $\mu v^2/2+V_1+V_2$ und der Drehimpuls um den Schwerpunkt der beiden schweren Massen? Wann gilt näherungsweise ein Energie-Erhaltungssatz?

Lösungen

4.2 Im Fall einer gedämpften periodischen Bewegung gilt (4.13), und man kann den Zeitnullpunkt so festlegen, dass $\delta=0$ wird. Dann ist

$$x(t) = C\,\mathrm{e}^{-\gamma t}\cos\Omega t\,, \qquad p(t) = m\dot{x}(t) = -\gamma m x - m\Omega C\,\mathrm{e}^{-\gamma t}\sin\Omega t\,.$$

Für $p=-\gamma m x$ würde im Phasenraum eine periodisch gedämpfte Bewegung auf einer durch den Punkt $x=p=0$ hindurchführenden Geraden erfolgen. Durch den Zusatzterm ist p bei sukzessiven Nulldurchgängen von x einmal positiv, einmal negativ, was bedeutet, dass der Punkt $x=p=0$ unendlich oft umwandert wird.
Im Fall aperiodischer Dämpfung gilt $x \to A\,e^{p_1 t}$ und $p \to m p_1 x$ für $t \to \infty$. Die Phasenraumtrajektorien erreichen $x=p=0$ auf der Geraden $p=m p_1 x$ von einer Seite her ohne zu oszillieren. Analoges gilt im aperiodischen Grenzfall.

4.5 Kreisbahnen für $U'(r)=\dfrac{d}{dr}\left(\dfrac{L_0^2}{2mr^2}+ar^\gamma\right)=0 \quad \Rightarrow \quad L_0=\sqrt{\gamma a m r^{(\gamma+2)}}$.
Umlaufzeit aus $2\pi/T=\dot\varphi=L_0/(mr^2) \quad \Rightarrow \quad T=2\pi\sqrt{m/(a\gamma)}\,r^{(1-\gamma/2)}$

$$\Rightarrow \quad T_1/T_2=(r_1/r_2)^{(1-\gamma/2)}\,.$$

4.6 Es müssen die Gleichungen (4.44) und (4.47) erfüllt sein, mit $\alpha \to \beta$ also

$$\frac{\Delta\varphi}{2\pi}=\frac{1}{\sqrt{\beta}} \quad \text{und} \quad rV''+(3-\beta)V'=0\,.$$

Für $V(r)=ar^2-\alpha/r$ ergibt sich $rV''+(3-\beta)V'=2ar(4-\beta)+\alpha(1-\beta)/r^2$, und es gibt kein β, mit dem diese Größe für alle r gleich null würde.

4.8 (a) $m(\ddot r-r\dot\varphi^2)=F$, $\quad r\ddot\varphi+2\dot r\dot\varphi=0$ mit $\boldsymbol{F}=F\,\boldsymbol{e}_r$ = Kraft auf den Massenpunkt.
(b) Drehimpulserhaltung: $\quad mr^2\dot\varphi=L_0$.
Energieerhaltung: $\quad m\dot r^2/2+L_0^2/(2mr^2)+V(r)=E$, falls $\boldsymbol{F}=-\nabla V(r)$.
(c) Auf der äußeren bzw. inneren Kreisbahn gilt
$E_0=mr_0^2\dot\varphi^2/2=mL_0^2/(2r_0^2)$ bzw. $E_1=mL_0^2/(2r_1^2)=4mL_0^2/(2r_0^2)=4E_0$

$$\Rightarrow \quad \Delta A=E_1-E_0=3E_0\,.$$

(d) $\dot\varphi=L_0/(mr^2)$, $\quad r=kt \Rightarrow \dot r=k$, $\quad d\varphi/dr=\dot\varphi/\dot r=L_0/(kmr^2)$

$$\Rightarrow \quad \varphi=\varphi_0+\frac{L_0}{km}\left(\frac{1}{r_0}-\frac{1}{r}\right).$$

4.10 (a) Position des Massenpunkts: $\boldsymbol{r}=R_0\,\boldsymbol{e}_r+l\,\boldsymbol{e}_\varphi$, $\quad l=l_0-R_0\varphi$,
wobei l_0 = Anfangslänge des Fadens.

$$\dot{\boldsymbol{r}}=R_0\,\dot{\boldsymbol{e}}_r-R_0\,\dot\varphi\boldsymbol{e}_\varphi+(l_0-R_0\varphi)\,\dot{\boldsymbol{e}}_\varphi\,, \quad \dot{\boldsymbol{e}}_r=\dot\varphi\,\boldsymbol{e}_\varphi\,, \quad \dot{\boldsymbol{e}}_\varphi=-\dot\varphi\,\boldsymbol{e}_r\,,$$

$$\Rightarrow \quad \dot{\boldsymbol{r}}=-(l_0-R_0\varphi)\dot\varphi\,\boldsymbol{e}_r\,.$$

Energieerhaltung:

$$m(l_0-R_0\varphi)^2\dot\varphi^2/2=E \quad \Rightarrow \quad \varphi=(l_0/R_0)\left(1-\sqrt{1-2\sqrt{2E/m}\,R_0t/l_0^2}\right)$$

$$\Rightarrow \quad r=\sqrt{R_0^2+l^2}=\sqrt{R_0^2+(l_0-R_0\varphi)^2}=\sqrt{R_0^2+l_0^2-2\sqrt{2E/m}\,R_0\,t}\,.$$

(b) $F_r=m(\ddot r-r\dot\varphi^2)$, $F_\varphi=m(r\ddot\varphi+2\dot r\dot\varphi)$. Einsetzen der Lösung $\Rightarrow$

$$F_r=-\frac{2E}{r}\,, \qquad F_\varphi=-\frac{2E}{r\sqrt{r^2/R_0^2-1}}\,.$$

4.11 (a) Der 22. Dezember ist der kürzeste Tag auf der Nordhalbkugel. An diesem Tag ist die Projektion des Drehimpulses $\boldsymbol{L}=\theta\boldsymbol{\omega}$ bzw. von $\boldsymbol{\omega}$ auf die Ebene der Erdbewegung radial von der Sonne weggerichtet. (Wegen $\boldsymbol{L}=\mathbf{const}$ entsteht hierdurch die Unsymmetrie zwischen Süd- und Nordhalbkugel!)
(b) Zur Berechnung von φ_F muss die Gleichung $r^2\dot{\varphi}=\text{const}=C$ gelöst werden. Mit (4.54), $r=p/(1+\varepsilon\cos\varphi)$, ergibt sich $\dot{\varphi}=C(1+\varepsilon\cos\varphi)^2/p^2$

$$\Rightarrow \quad Ct/p^2 = \int \frac{d\varphi}{(1+\varepsilon\cos\varphi)^2} \approx \int (1-2\varepsilon\cos\varphi)\,d\varphi = \varphi - 2\varepsilon\sin\varphi\,.$$

oder

$$t = (p^2/C)(\varphi - 2\varepsilon\sin\varphi) \quad \Rightarrow \quad \varphi = (C/p^2)\,t + 2\varepsilon\sin[(C/p^2)\,t]\,.$$

(Das Ergebnis für φ erhält man aus dem für t durch Iteration oder die Reihenentwicklung $\varphi=\varphi_0+\varepsilon\varphi_1$.) Um das Ergebnis auswerten zu können, benötigt man den Wert von C/p^2. Diesen erhält man aus dem zweiten Keplerschen Gesetz (Flächensatz):

$$dF/dt = r^2\dot{\varphi}/2 = C/2 = \text{const} = F/T \quad \Rightarrow \quad C = 2F/T$$

mit $T=1$ Jahr und $F=\int_0^{2\pi}(r^2/2)\,d\varphi=(1/2)\int_0^{2\pi} p^2/(1+\varepsilon\cos\varphi)^2\,d\varphi$ $\approx (1/2)\int_0^{2\pi} p^2(1-2\varepsilon\cos\varphi)\,d\varphi=p^2\pi$ zu $C/p^2=2\pi/T$. Damit ergibt sich schließlich

$$\varphi_F = 2\pi t_F/T + \varepsilon\sin(2\pi t_F/T)\,.$$

Der Frühlingsanfang (20. März) liegt 77 Tage nach dem 2. Januar,
d. h. $t_F/T=77/365 \Rightarrow$

$$\varphi_F = 1{,}358\,.$$

(c) $\varphi_H=\varphi_F+\pi=4{,}500 \quad \Rightarrow \quad t_H=(T/2\pi)(\varphi_H-2\varepsilon\sin\varphi_H) \approx 263{,}3$ Tage.
263 Tage nach dem 2. Januar liegt der 22. September, nach dem Kalender ist Herbstanfang am 23. September.
(d) $\Delta t_{\text{Sommer}}=t_H-t_F=263-77=186\,, \quad \Delta t_{\text{Winter}}=365-\Delta t_{\text{Sommer}}=365-186=179.$

$$\Delta t^{\text{Süd}}_{\text{Sommer}} = \Delta t^{\text{Nord}}_{\text{Winter}} = 179$$

Der Sommer dauert auf der Nordhalbkugel 7 Tage länger als auf der Südhalbkugel.
(e) $dF/dt = C/2 \;\Rightarrow$

$\Delta F_{\text{Sommer}}=(C/2)\Delta t_{\text{Sommer}}=\pi p^2\Delta t_{\text{Sommer}}/T=0{,}51F, \quad \Delta F_{\text{Winter}}=0{,}49F.$

(f) Die Projektion des Drehimpulses $\boldsymbol{L}=\theta\boldsymbol{\omega}$ auf die Ebene der Erdbewegung müsste am Perihelpunkt antitangential zur Bahn gerichtet sein, und es wäre Frühlingsanfang. Im Sommer- und Winterhalbjahr würde dann vom Fahrstrahl jeweils eine der durch die große Halbachse abgeschnittenen Ellipsenhälften überstrichen.

4.12 (a) Es gilt der Energie-Erhaltungssatz

$$\frac{m}{2}\boldsymbol{v}^2 - \frac{\alpha}{r} = E = \text{const}\,.$$

Das Schwerefeld der Erde kann nur auf Bahnen verlassen werden, die in Bezug auf dieses ungebunden sind. Ungebundene Bahnen (Parabeln oder Hyperbeln) wiederum gibt es nach Abschn. 4.1.6 nur für $E \geq 0$, was

$$\frac{m}{2}\boldsymbol{v}^2 \geq \frac{\alpha}{r} = \frac{GmM}{r}$$

zur Folge hat. Auf der Erdoberfläche gilt $r = R$ mit $R =$ Erdradius, und die kleinste Geschwindigkeit ergibt sich dort für das Gleichheitszeichen zu

$$v_{\min} = \sqrt{\frac{2GM}{R}} = 11,18\,\mathrm{km\,s^{-1}}\,.$$

($M = 5,98\cdot 10^{24}$ kg, $R = 6,38\cdot 10^{6}$ m und $G = 6,67\cdot 10^{1}\,\mathrm{N\,m^2\,kg^{-2}}$.) Dieser Minimalwert ist unabhängig von der Abschussrichtung, d. h. es gibt keinen günstigsten Abschusswinkel.
(b) Wir benutzen im Folgenden Polarkoordinaten mit dem Zentrum im Erdmittelpunkt. Die z-Achse, auf die der Polarwinkel ϑ bezogen wird, falle mit der Rotationsachse der Erde zusammen. Die (noch vom Breitengrad abhängige) Rotationsgeschwindigkeit der Erde auf der Erdoberfläche ist $v_{\varphi 0}\,\boldsymbol{e}_\varphi$, und die auf die rotierende Erdoberfläche bezogene Abschussgeschwindigkeit der Rakete ist $\boldsymbol{v} = v_r\,\boldsymbol{e}_\varphi + v_\varphi\,\boldsymbol{e}_\varphi + v_\vartheta\,\boldsymbol{e}_\vartheta$. Auf ein im Erdmittelpunkt verankertes inertiales Polarkoordinatensystem bezogen lautet sie $\boldsymbol{v}_{\text{in}} = v_r\,\boldsymbol{e}_\varphi + (v_\varphi + v_{\varphi 0})\,\boldsymbol{e}_\varphi + v_\vartheta\,\boldsymbol{e}_\vartheta$. Der letzte Wert muss in die oben für ungebundene Bahnen abgeleitete Ungleichung eingesetzt werden, was auf der Erdoberfläche zu der Bedingung

$$v_r{}^2 + (v_\varphi + v_{\varphi 0})^2 + v_\vartheta{}^2 \geq \frac{2GM}{R}$$

führt. Für die auf die rotierende Erde bezogene Abschussgeschwindigkeit ergibt sich daraus die Ungleichung

$$v^2 = v_r{}^2 + v_\varphi{}^2 + v_\vartheta{}^2 \geq \frac{2GM}{R} - v_{\varphi 0}{}^2 - 2v_{\varphi 0}\,v_\varphi\,.$$

v^2 wird am kleinsten, wenn $v_{\varphi 0}$ am größten wird (Äquator) und wenn für $v_{\varphi 0}\,v_\varphi \geq 0$ (v_φ in Richtung der Erdrotation) auch noch die nach oben durch den Wert v beschränkte Geschwindigkeit v_φ maximal wird, wenn also $v_\varphi = v$ gilt (Abschuss tangential zur Erdoberfläche in Richtung der Erdrotation). Die kleinste Abschussgeschwindigkeit erhalten wir demnach für einen Abschuss am Äquator tangential zur Erdoberfläche in Richtung der Erdrotation, wobei die auf die rotierende Erde bezogene Abschussgeschwindigkeit die Bedingung

$$v^2 + v_{\varphi 0}{}^2 + 2v_{\varphi 0}\,v = (v + v_{\varphi 0})^2 \geq \frac{2GM}{R} \qquad \Rightarrow \qquad v \geq \sqrt{\frac{2GM}{R}} - v_{\varphi 0}$$

erfüllen muss. Mit

$$v_{\varphi 0} = \frac{2\pi R}{24\cdot 3600\,\mathrm{s}} = 0,46\,\mathrm{km\,s^{-1}}$$

und dem zuerst ohne Berücksichtigung der Erdrotation erhaltenen Ergebnis ergibt sich hieraus als kleinste Abschussgeschwindigkeit

$$v_{\min} = 10,72\,\mathrm{km\,s^{-1}}\,.$$

Analog ergibt sich als größte Mindest-Abschussgeschwindigkeit $(11,18 + 0,46)\,\mathrm{km\,s^{-1}}$ $= 11,64\,\mathrm{km\,s^{-1}}$, d. h. 8,6 Prozent mehr als die kleinste. Der durch Ausnutzung der Erdrotation erhaltene zusätzliche Schwung reduziert die mindestens erforderliche Abschussgeschwindigkeit nur um 4,1 Prozent. Man profitiert von ihm auch noch bei senkrechtem Abschuss, erhält allerdings nur eine Reduktion von 1 Promille ($v_{\min\perp} = [(11,18)^2 - (0.46)^2]^{-1/2}\,\mathrm{km\,s^{-1}}$).

Für praktische Anwendungen muss natürlich die Luftreibung berücksichtigt werden, die sich bei horizontalem Abschuss wegen des viel längeren Wegs durch die Erdatmosphäre viel stärker auswirkt als bei senkrechtem Abschuss. Die bei senkrechtem Abschuss erzielte Energieeinsparung wird den relativ geringfügigen Verlust bei der Ausnutzung der Erdrotation mehr als wettmachen.

(c) Wie im Teil (a) der Aufgabe gilt der Energie-Erhaltungssatz, nur dass wegen der beim Verlassen des Sonnensystems viel größeren involvierten Entfernungen auch die potenzielle Energie im Schwerefeld der Sonne berücksichtigt werden muss,

$$\frac{m}{2}\boldsymbol{v}^2 - \frac{2GmM_\mathrm{E}}{|\boldsymbol{r}-\boldsymbol{r}_\mathrm{E}|} - \frac{2GmM_\mathrm{S}}{|\boldsymbol{r}-\boldsymbol{r}_\mathrm{S}|} = E = \text{const}\,.$$

($M_\mathrm{E} =$ Masse der Erde, $\boldsymbol{r}_\mathrm{E} =$ Position des Erdzentrums, $M_\mathrm{S} =$ Masse der Sonne und $\boldsymbol{r}_\mathrm{S} =$ Position des Sonnenzentrums.) Der Massenpunkt kann dem Sonnensystem gerade noch entweichen, wenn für $|\boldsymbol{r}| \to \infty$ die Geschwindigkeit $|\boldsymbol{v}| = 0$ erreicht wird, was bedeutet, dass für Entweichen $E \geq 0$ gelten muss. Für einen Abschusspunkt auf der Erdoberfläche ergibt sich damit sowie mit $|\boldsymbol{r}-\boldsymbol{r}_\mathrm{S}| = R_\mathrm{S}$ und $|\boldsymbol{r}-\boldsymbol{r}_\mathrm{E}| = R_\mathrm{E}$, wobei $R_\mathrm{S} =$ Abstand Erde-Sonne und $R_\mathrm{E} =$ Erdradius gilt, die Bedingung

$$v \geq \sqrt{2G\left(\frac{M_\mathrm{S}}{R_\mathrm{S}} + \frac{M_\mathrm{E}}{R_\mathrm{E}}\right)} = 43{,}6\,\mathrm{km\,s^{-1}}\,.$$

($M_\mathrm{S} = 1{,}99 \cdot 10^{30}$ kg und $R_\mathrm{S} = 149{,}6 \cdot 10^9$ m.) Die durch Ausnutzung der Rotation der Erde um die Sonne erzielbare Geschwindigkeitseinsparung ist dabei nicht berücksichtigt. Um das zu tun, berechnen wir die Umlaufgeschwindigkeit der Erde um die Sonne zu

$$v_\varphi = \frac{2\pi\, R_\mathrm{S}}{\mathrm{a}} = 29{,}8\,\mathrm{km\,s^{-1}}\,.$$

Mit der gleichen Schlussweise wie im Teil (a) der Aufgabe ergibt sich damit als minimale Abschussgeschwindigkeit bei Abschuss tangential zur Erdumlaufbahn

$$v_\mathrm{min} = (43{,}6 - 29{,}8)\,\mathrm{km\,s^{-1}} = 13{,}8\,\mathrm{km\,s^{-1}}\,.$$

4.13 Bei der Begegnung der Rakete mit dem zum Katapultieren benutzten Planeten können die Gravitationsfelder der Erde und der Sonne während der wesentlichen Ablenkungsphase gegenüber dem des Planeten vernachlässigt werden. Im Ruhesystem des Planeten beschreibt die Raketenbahn eine Hyperbel. Wir nehmen an, dass diese in der x, y-Ebene liegt, durch den rechten Zweig von $x^2/a^2 - y^2/b^2 = 1$ gegeben ist (Öffnung nach rechts) und von unten nach oben (monoton zunehmende Werte von y) durchlaufen wird. Ist die asymptotische Einlaufgeschwindigkeit auf der Hyperbel

$$\boldsymbol{v} = -u\,\boldsymbol{e}_x + v\,\boldsymbol{e}_y \qquad \text{mit} \qquad u > 0\,,$$

so beträgt die asymptotische Auslaufgeschwindigkeit

$$\boldsymbol{v}' = u\,\boldsymbol{e}_x + v\,\boldsymbol{e}_y\,.$$

Im Abschusssystem der Erde tritt zu diesen Geschwindigkeiten noch die Geschwindigkeit

$$\boldsymbol{V} = U\,\boldsymbol{e}_x + V\,\boldsymbol{e}_y$$

des Planeten hinzu, die entsprechenden Geschwindigkeiten der Rakete sind in diesem

$$\boldsymbol{w} = (U-u)\,\boldsymbol{e}_x + (V+v)\,\boldsymbol{e}_y = \boldsymbol{w}_\mathrm{Start}\,, \qquad \boldsymbol{w}' = (U+u)\,\boldsymbol{e}_x + (V+v)\,\boldsymbol{e}_y\,.$$

Der Zugewinn an kinetischer Energie ist

$$\Delta E_{\text{kin}} = \frac{m}{2}\left(\boldsymbol{w}'^2 - \boldsymbol{w}^2\right) = \frac{m}{2}\left[(U+u)^2 + (V+v)^2 - (U-u)^2 - (V+v)^2\right] = 2muU.$$

Eine Katapultwirkung besteht nur dann, wenn dieser Zugewinn positiv ist. Dafür muss (wegen der früheren Annahme $u > 0$)

$$U > 0$$

gelten, die Projektionen der Raketen-Einlaufgeschwindigkeit $(-u)$ und der Planetengeschwindigkeit $(+U)$ auf die Symmetrieachse der Hyperbel müssen entgegengesetzt gerichtet sein, oder anders gesagt: Die Rakete muss so abgeschossen werden, dass sie die Bahn des Planeten hinter diesem kreuzt.

Für die Startgeschwindigkeit gilt

$$(U-u)^2 + (V+v)^2 = \boldsymbol{w}_{\text{Start}}^2 \qquad \Rightarrow \qquad u = U \pm \sqrt{\boldsymbol{w}_{\text{Start}}^2 - (V+v)^2}\,,$$

und daher ist

$$\Delta E_{\text{kin}} = 2mU\left(U \pm \sqrt{\boldsymbol{w}_{\text{Start}}^2 - (V+v)^2}\right).$$

Im Fall des Minuszeichens ergibt sich für $V+v = \pm\, w_{\text{Start}}$ als größter Wert $\Delta E_{\text{kin}} = 2mU^2$. Im Fall des Pluszeichens ergibt sich der Maximalwert $\Delta E_{\text{kin}} = 2mU(U + w_{\text{Start}})$ für $V+v=0$. Da dieser größer als der für das Minuszeichen erhaltene Maximalwert ist, handelt es sich um den insgesamt größten Wert.

4.14 (a) Auf einer Kreisbahn (Radius r) gilt

$$mv^2/r = GmM/r^2 \quad \Rightarrow \quad v = \sqrt{GM/r}$$

mit M = Masse der Erde. v wird maximal für den kleinsten möglichen Wert von r, also $r=R$, wenn R der Erdradius ist. In diesem Fall ergibt sich $v=8\,\text{km/s}$.

(b) Der geostationäre Satellit muss auf einer Kreisbahn in der Ebene des Äquators den Erdmittelpunkt so umrunden, dass er sich stets oberhalb eines Punkts am Äquator befindet, der mit der Erde rotiert. Daraus ergibt sich für die Geschwindigkeit des Satelliten $v=r\omega$ mit $\omega=2\pi/\text{Tag}$. Mit $v=r\omega=\sqrt{GM/r}$ ergibt sich $r=(GM/\omega^2)^{1/3}$ und

$$h = (GM/\omega^2)^{1/3} - R \approx 36\,000\,\text{km}.$$

(c) Nein.

4.15 Ist R der Erdradius, so läuft die Ellipsenbahn des Satelliten an der Erde vorbei für $r_{\min} > R$ bzw. mit (4.54) für $p/(1+\varepsilon) > R$.

Mit $\quad a = \frac{1}{2}\left(\frac{p}{1+\varepsilon} + \frac{p}{1-\varepsilon}\right) = \frac{p}{1-\varepsilon^2}\,, \quad \frac{b}{a} = \sqrt{1-\varepsilon^2} \;\Rightarrow\; p = \frac{b^2}{a}\,, \quad \varepsilon = \sqrt{1-\frac{b^2}{a^2}}$

ergibt sich daraus

$$\frac{b^2}{a+\sqrt{a^2-b^2}} > R \quad \Rightarrow \quad \frac{b^2\left(a-\sqrt{a^2-b^2}\right)}{\left(a+\sqrt{a^2-b^2}\right)\left(a-\sqrt{a^2-b^2}\right)} = a-\sqrt{a^2-b^2} > R\,.$$

Hieraus folgen die beiden Bedingungen

$$a > R\,, \qquad b > R\sqrt{2a/R-1}\,.$$

4.16 Das Erdzentrum ist der Brennpunkt der Parabel oder Hyperbel, auf der die Meteore ankommen. Diese werden für alle Werte des Streuparameters s eingefangen, für die $s \leq s_0$ gilt, wenn s_0 der Wert ist, für den die Bahn die Erdoberfläche streift (siehe Abb. 4.17). Die streifende Bahn ergibt sich aus (4.52) und (4.54) für

$$R = r_{\min} = \frac{p}{1+\varepsilon} = \frac{L_0^2}{m\alpha\left(1+\sqrt{1+2EL_0^2/(m\alpha^2)}\right)},$$

wobei R = Erdradius. Ist v_∞ die Geschwindigkeit, die der Meteor in unendlicher Entfernung von der Erde besitzt, so gilt $L_0{=}ms_0v_\infty$, $E{=}mv_\infty^2/2$, und aus obiger Gleichung folgt

$$1+\sqrt{1+mv_\infty^2 m^2 s_0^2 v_\infty^2/(m\alpha^2)} = m^2 s_0^2 v_\infty^2/(m\alpha R) \quad \Rightarrow \quad s_0^2 = R^2[1+2\alpha/(mv_\infty^2 R)].$$

Hieraus ergibt sich schließlich als Wirkungsquerschnitt für den Einfang

$$\sigma = s_0^2\pi = R^2\pi[1+2\alpha/(mv_\infty^2 R)]\,.$$

4.17 Energieerhaltung: $\quad mv_\infty^2/2{+}gz{=}gh \qquad \Rightarrow ds/dt{=}v{=}\sqrt{2g/m}\,\sqrt{h{-}z}.$

$$\Rightarrow \quad \int_0^s \frac{ds'}{\sqrt{h-z(s')}} = -\int_h^0 \frac{ds/dz}{\sqrt{h-z}}\,dz = \int_0^h \frac{ds/dz}{\sqrt{h-z}}\,dz \stackrel{!}{=} \sqrt{\frac{2g}{m}}\,T(h)\,.$$

Dies ist eine Abelsche Integralgleichung für die Funktion $g(z){=}s'(z)$, die nach (4.81) die Lösung

$$s'(z) = \frac{1}{\pi}\frac{d}{dz}\int_0^z \sqrt{\frac{2g}{m}}\,\frac{T(x)}{\sqrt{z-x}}\,dx$$

besitzt. Integriert man diese Gleichung von 0 bis h, so erhält man mit $s(0){=}0$

$$s(h) = \frac{1}{\pi}\sqrt{\frac{2g}{m}}\int_0^h \frac{T(x)}{\sqrt{z-x}}\,dx\,.$$

4.19 Befinden sich die Massen auf einem Kreis vom Radius r, so berechnet sich ihr Abstand x aus $x/2{=}r\cos(\pi/6){=}r\sqrt{3}/2$ zu $x{=}\sqrt{3}\,r$. Die direkte Anziehungskraft zweier Massen aufeinander beträgt $F{=}Gm^2/x^2{=}Gm^2/(3r^2)$. Davon wirkt in Richtung des Kreiszentrums $F_r{=}F\cos\pi/6{=}\sqrt{3}F/2$. Die Bewegung jeder Masse ist auf das Kreiszentrum zu gerichtet und erfolgt mit der Kraft $2F_r$. Damit ergibt sich als Bewegungsgleichung

$$m\ddot{r} = -\frac{m\alpha}{r^2} \qquad \text{mit} \qquad \alpha = \frac{Gm}{\sqrt{3}}\,.$$

Die hierin auftretende Kraft besitzt das Potenzial $V{=}-m\alpha/r$, und es gilt der Energie-Erhaltungssatz ($\dot{r}{=}0$ für $r{=}r_0$)

$$\frac{m\dot{r}^2}{2} - \frac{m\alpha}{r} = -\frac{m\alpha}{r_0}, \quad \Rightarrow \quad \dot{r} = -\sqrt{\frac{2\alpha}{r_0}}\sqrt{\frac{r_0-r}{r}}\,.$$

Mit $u{=}r/r_0$ ergibt sich hieraus

$$\int \frac{\sqrt{u}\,du}{\sqrt{1-u}} = -\frac{1}{r_0}\sqrt{\frac{2\alpha}{r_0}}\,t + \text{const}\,.$$

Das Integral kann mit der Substitution $u{=}\sin^2\alpha$ ausgeführt werden, und als implizite Lösung erhält man schließlich

$$\frac{1}{r_0}\sqrt{\frac{2\alpha}{r_0}}\,t = \frac{\pi}{2} + \sin\alpha\,\cos\alpha - \alpha\,.$$

Dabei gilt $u{=}1$ bzw. $\alpha{=}\pi/2$ für $t{=}0$. Bis $r{=}0$ bzw. $\alpha{=}0$ erreicht wird, vergeht die Zeit

$$t = \frac{\pi}{2\sqrt{2\alpha}}\,r_0^{3/2}\,.$$

Für $r{=}0$ wird $\dot{r}{=}{-}\infty$.

4.20 (a) Koordinatenursprung im Schwerpunkt der beiden rotierenden schweren Massen. Positionen der letzteren: $\boldsymbol{R}_1(t){=}\boldsymbol{R}(t)$, $\boldsymbol{R}_2(t){=}{-}\boldsymbol{R}(t)$.
Für ihre Bewegung gilt: $Mv^2/R{=}gM^2/(2R)^2 \quad\Rightarrow\quad v{=}\sqrt{GMR}/(2R){=}R\dot{\varphi} \quad\Rightarrow$ $\varphi{=}\omega t$ mit $\omega{=}(1/2R)\sqrt{GM/R}$ und
$x_1(t){=}R\cos\omega t{=}{-}x_2(t)\,,\qquad y_1(t){=}R\sin\omega t{=}{-}y_2(t)$.
Bewegungsgleichungen für die kleine Masse μ bei $x(t)$, $y(t)$ mit $r{=}\sqrt{x^2{+}y^2}$:

$$\ddot{x}{=}GM\left[\frac{R\cos\omega t{-}x}{[R^2{+}r^2{-}2R(x\cos\omega t{+}y\sin\omega t)]^{3/2}}-\frac{R\cos\omega t{+}x}{[R^2{+}r^2{+}2R(x\cos\omega t{+}y\sin\omega t)]^{3/2}}\right]$$

$$\ddot{y}{=}GM\left[\frac{R\sin\omega t{-}y}{[R^2{+}r^2{-}2R(x\cos\omega t{+}y\sin\omega t)]^{3/2}}-\frac{R\sin\omega t{+}y}{[R^2{+}r^2{+}2R(x\cos\omega t{+}y\sin\omega t)]^{3/2}}\right].$$

(b) Mit

$$V_1 = V_1(\boldsymbol{r},\boldsymbol{R}_1(t)) = \frac{G\mu M}{|\boldsymbol{r}-\boldsymbol{R}_1(t)|}\,,\qquad V_2 = V_2(\boldsymbol{r},\boldsymbol{R}_2(t)) = \frac{G\mu M}{|\boldsymbol{r}-\boldsymbol{R}_2(t)|}$$

kann die Bewegungsgleichung für die kleine Masse kürzer in der Form

$$\mu\ddot{\boldsymbol{r}} = -\frac{\partial V_1}{\partial\boldsymbol{r}} - \frac{\partial V_2}{\partial\boldsymbol{r}}$$

geschrieben werden. Multipliziert man diese Gleichung mit $\dot{\boldsymbol{r}}$ und benutzt

$$\frac{dV_i}{dt} = \frac{\partial V_i}{\partial\boldsymbol{r}}\cdot\dot{\boldsymbol{r}} + \frac{\partial V_i}{\partial\boldsymbol{R}_i}\cdot\dot{\boldsymbol{R}}_i\,,\quad i=1,2\,,$$

so erhält man den Energiesatz

$$\frac{dE}{dt} := \frac{d}{dt}\left(\frac{\mu\dot{\boldsymbol{r}}^2}{2}+V_1+V_2\right) = \frac{\partial V_1}{\partial\boldsymbol{R}_1}\cdot\dot{\boldsymbol{R}}_1 + \frac{\partial V_2}{\partial\boldsymbol{R}_2}\cdot\dot{\boldsymbol{R}}_2$$

und daraus nach Einsetzen von V_1 und V_2

$$\frac{dE}{dt} := -\boldsymbol{r}\cdot\dot{\boldsymbol{R}}\left(\frac{1}{|\boldsymbol{r}-\boldsymbol{R}(t)|^3}-\frac{1}{|\boldsymbol{r}+\boldsymbol{R}(t)|^3}\right),$$

wobei benutzt wurde, dass auf der Kreisbahn $\boldsymbol{R}\cdot\dot{\boldsymbol{R}}{=}0$ ist.

Es gilt $dE/dt\approx 0$ entweder für $|\boldsymbol{r}|\gg|\boldsymbol{R}|$ oder für $|\dot{\boldsymbol{R}}|\to 0$.
Für den Drehimpuls erhält man:

$$\dot{\boldsymbol{L}} = \boldsymbol{r}\times\mu\ddot{\boldsymbol{r}} = G\mu M\boldsymbol{r}\times\boldsymbol{R}\left(\frac{1}{|\boldsymbol{r}-\boldsymbol{R}(t)|^3}-\frac{1}{|\boldsymbol{r}+\boldsymbol{R}(t)|^3}\right).$$

5 Lagrangesche Mechanik

Bei unseren bisherigen Anwendungen der Newtonschen Mechanik waren sämtliche einwirkenden Kräfte entweder explizit vorgegeben oder leicht zu bestimmen. Wie schon angedeutet wurde, muss das nicht immer der Fall sein. Es gibt eine Vielzahl wichtiger mechanischer Probleme, bei denen sich Kräfte erst aus Reaktionen auf den Bewegungsablauf ergeben, so dass sie simultan mit diesem bestimmt werden müssen. Diese Situation tritt immer dann auf, wenn ein mechanisches System **Zwangsbedingungen** unterworfen wird, welche die kinematische Bewegungsfreiheit des Systems einschränken. Solche Einschränkungen können die Lage, die Geschwindigkeit oder beide betreffen – möglicherweise auch noch höhere Ableitungen der Lagekoordinaten, eine Möglichkeit, die wir jedoch nicht weiter verfolgen werden. Sie erzwingen bestimmte Eigenschaften des Bewegungsablaufs wie z. B. die Krümmung von Teilchenbahnen, die Reflexion von Teilchen und ähnliches, Eigenschaften, die nach der Newtonschen Theorie nur mit der Einwirkung entsprechender Kräfte vereinbar sind. Derartige Kräfte werden als **Zwangskräfte** bezeichnet. Sie treten bei der Bewegung als Reaktion auf die Einschränkungen genau in der Stärke und nach der Richtung auf, wie das zum Einhalten der Zwangsbedingungen erforderlich ist, und sie gehen von Elementen des mechanischen Systems wie Führungsschienen oder festen Wänden aus. Hervorgerufen werden sie in diesen nach dem Prinzip *actio = reactio*.

Newton hatte keine allgemeingültige Antwort auf die Frage, wie solche Kräfte berechnet werden können. Es war der französische Mathematiker J. L. Lagrange, der für große Klassen derartiger Probleme einheitliche Lösungsverfahren entwickelte und der Newtonschen Mechanik zugleich eine neue und sehr elegante Gestalt verlieh. Viele Probleme werden in dieser neuen Form auch erheblich einfacher. Die Lagrangesche Formulierung der Mechanik ist ziemlich abstrakt – Lagrange war stolz darauf, dass sein Buch darüber keine einzige Abbildung enthielt – und wurde zunächst nur von wenigen Zeitgenossen verstanden. Die Bedeutung der Lagrangeschen Formulierung hat jedoch ständig zugenommen. Sie kann heute am besten daran gemessen werden, dass der Ausgangspunkt jeder Feldtheorie darin besteht, eine nach dem Vorbild der Mechanik konstruierte Lagrange-Funktion zu bestimmen.

5.1 Zwangsbedingungen

Wir wollen uns im Folgenden zuerst an einer Reihe verschiedener und zum Teil verschiedenartiger Beispiele mit dem Konzept der Zwangsbedingungen vertraut machen. Erst dann werden wir für gewisse Klassen von Zwangsbedingungen eine allgemeine Klassifizierung angeben. Dabei lassen wir mechanische Systeme zu, die aus einem oder mehreren Massenpunkten oder starren Körpern bestehen.

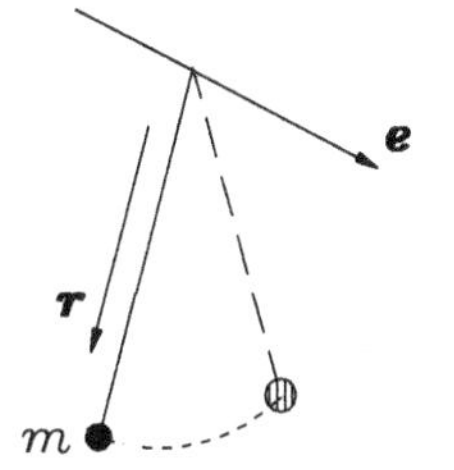

Abb. 5.1: Pendel.

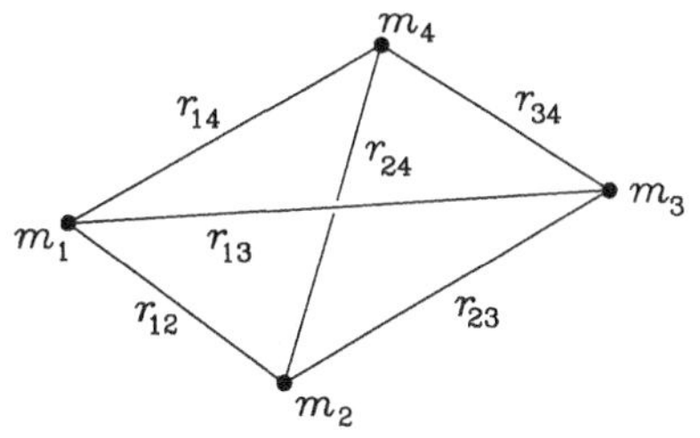

Abb. 5.2: System von vier starr miteinander verbundenen Massenpunkten.

Beispiel 5.1: *Pendel*

Die Bewegung eines Massenpunkts wird von einer durch eine Achse geführten Pendelstange auf eine Kreisbahn gezwungen (Abb. 5.1). (Beim idealen Pendel ist die Masse der Pendelstange so gering, dass sie vernachlässigt werden darf.) Die Zwangsbedingungen lauten

$$\boldsymbol{r} \cdot \boldsymbol{r} = l^2 , \qquad \boldsymbol{r} \cdot \boldsymbol{e} = 0 ,$$

wenn der Ursprung des Koordinatensystems im Aufhängepunkt des Pendels liegt, l die Pendellänge angibt und $\boldsymbol{e}$ ein Einheitsvektor in Richtung der Pendelachse ist.

Beispiel 5.2: *System starr verbundener Massenpunkte*

Zwei oder mehrere Massenpunkte sind durch ein Gerüst starr miteinander verbunden (Abb. 5.2). Die Zwangsbedingungen lauten

$$(\boldsymbol{r}_i - \boldsymbol{r}_j)^2 = r_{ij}{}^2, \qquad i < j, \quad \text{mit} \quad r_{ij} = \text{const}_{ij} .$$

Beispiel 5.3: *Draht mit Perle*

Eine durchbohrte Perle ist auf einen geraden Draht gefädelt und kann sich in dessen Längsrichtung frei bewegen (Abb. 5.3). Die Zwangsbedingung lautet

$$\boldsymbol{r} \times \boldsymbol{e} = 0 .$$

Dabei liegt der Koordinatenursprung auf der Drahtachse, und $\boldsymbol{e}$ ist ein Einheitsvektor in Richtung des Drahtes.

Beispiel 5.4: *Rotierender Draht mit Perle*

Ein Draht mit aufgefädelter Perle rotiert mit konstanter Winkelgeschwindigkeit ω in einer Ebene um ein festes Zentrum (Abb. 5.4). Dann gilt für den Einheitsvektor in Drahtrichtung

$$\boldsymbol{e}(t) = \cos \omega t \, \boldsymbol{e}_x + \sin \omega t \, \boldsymbol{e}_y ,$$

und die Zwangsbedingung lautet

$$\boldsymbol{r} \times \boldsymbol{e}(t) = 0,$$

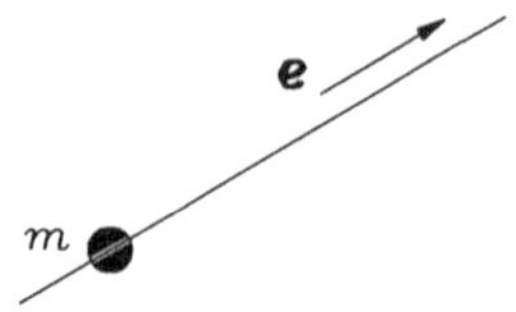

Abb. 5.3: Perle, die sich längs eines Drahtes bewegen kann.

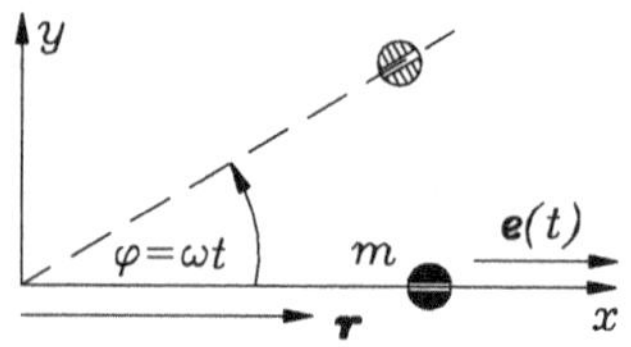

Abb. 5.4: Perle, die sich längs eines rotierenden Drahtes bewegen kann.

wenn der Koordinatenursprung im Rotationszentrum liegt.

Beispiel 5.5: *Massenpunkt auf einer schiefen Ebene*

Ein Massenpunkt bewegt sich auf oder oberhalb der Oberseite einer geneigten ebenen Platte, die unendlich ausgedehnt ist. Bezeichnet $\boldsymbol{n}$ den Normalenvektor zur Plattenoberfläche, in der sich auch der Koordinatenursprung befinden möge, so hat die Zwangsbedingung diesmal die Form einer Ungleichung

$$\boldsymbol{r} \cdot \boldsymbol{n} \geq 0.$$

Beispiel 5.6: *Massenpunkt auf einer Kugel*

Ein Massenpunkt gleitet im Schwerefeld auf der Oberfläche einer Kugel vom Radius a (Abb. 5.5). Liegt der Koordinatenursprung im Zentrum der Kugel, so lautet die Zwangsbedingung

$$|\boldsymbol{r}| \geq a.$$

Beispiel 5.7: *Würfelförmiges Gasgefäß*

Die Moleküle eines Gases seien innerhalb eines würfelförmigen Gefäßes eingesperrt. Liegt der Koordinatenursprung im Zentrum des Würfels (Kantenlänge $2a$), so lauten die Zwangsbedingungen für das i-te Molekül

$$-a \leq x_i \leq +a\,, \qquad -a \leq y_i \leq +a\,, \qquad -a \leq z_i \leq +a\,.$$

Beispiel 5.8: *Rollendes Rad*

In den bisherigen Beispielen bezog sich die Zwangsbedingung nur auf die Lagekoordinaten. Wir untersuchen jetzt eine Einschränkung, die auch die Geschwindigkeiten mit einbezieht. Dazu betrachten wir ein Rad (Radius a), das nicht umfallen kann und das ohne zu rutschen – *ohne Schlupf* – auf einer Ebene (Koordinaten x, y) rollt, von der es nicht hochspringen kann. Als Koordinaten zur Beschreibung der Bewegung wählen wir die kartesischen Koordinaten x, y und z des Radzentrums, den Drehwinkel φ eines auf dem Radumfang markierten Punktes P und den Winkel ϑ, unter dem die Radebene die y-Achse schneidet (Abb. 5.6) – sie legen die Lage des Rades vollständig fest.

Die Geschwindigkeit der Punkte des Radumfangs ist $a\dot{\varphi}$. Da das Rad ohne Schlupf rollt, bewegt sich sein Auflagepunkt in der x, y-Ebene mit derselben Geschwindigkeit wie die Punkte des Radumfangs, also mit

$$v = a\dot{\varphi}\,.$$

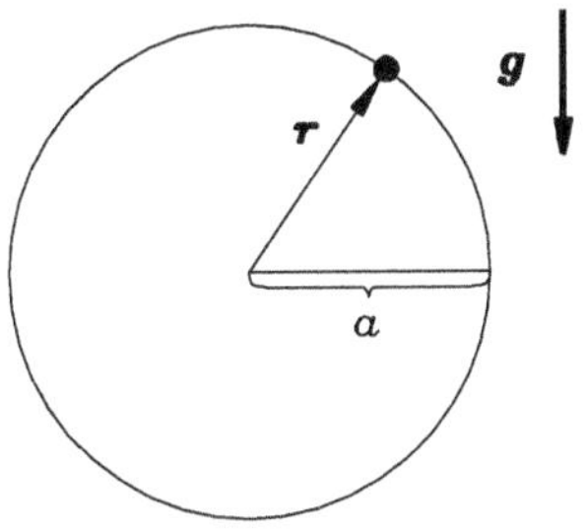

Abb. 5.5: Massenpunkt, der auf einer Kugeloberfläche gleitet.

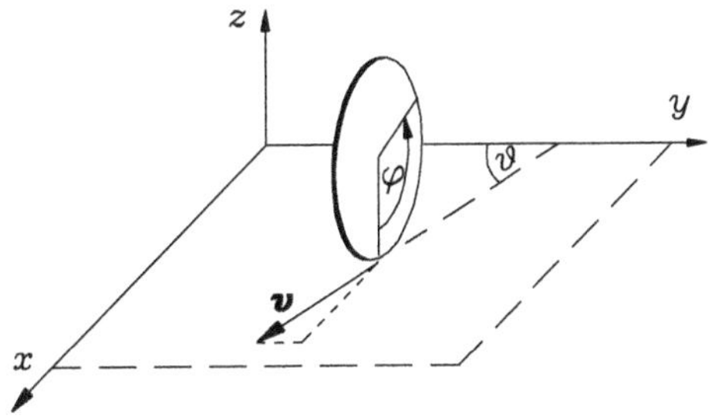

Abb. 5.6: Rollendes Rad in der Ebene.

Das Radzentrum steht senkrecht über dem Auflagepunkt und bewegt sich folglich ebenfalls mit der Geschwindigkeit $a\dot{\varphi}$, in Komponenten (Abb. 5.6)

$$\dot{x} = a\dot{\varphi} \sin\vartheta\,, \qquad \dot{y} = -a\dot{\varphi}\cos\vartheta\,. \tag{5.1}$$

Das sind die gesuchten Zwangsbedingungen. Es ist üblich, sie durch Multiplikation mit dt in Bedingungen an die Differentiale der Koordinaten umzuschreiben,

$$dx = a\sin\vartheta\, d\varphi\,, \qquad dy = -a\cos\vartheta\, d\varphi\,. \tag{5.2}$$

Als Bedingung, die das Umfallen des Rades sowie das Abheben von der x, y-Ebene verhindert, kommt noch

$$z = a$$

hinzu.

5.1.1 Klassifizierung der Zwangsbedingungen

Wird ein mechanisches System vollständig durch f Lagekoordinaten $x_1, \ldots, x_f$ beschrieben, so bezeichnet man f als Zahl der **Freiheitsgrade** des Systems – bei N freien Massenpunkten ist $f{=}3N$, und beim rollenden Rad (Beispiel 5.8) gilt $f{=}5$. In den Beispielen 5.1–5.4 des vorigen Abschnitts ließen sich die Zwangsbedingungen durch Gleichungen zwischen Lagekoordinaten ausdrücken. Zwangsbedingungen, die durch – im Allgemeinen zeitabhängige – Gleichungen zwischen den Lagekoordinaten dargestellt werden, im allgemeinsten Fall also durch ein Gleichungssystem der Form

$$\boxed{f_i(x_1, \ldots, x_f, t) = 0\,, \qquad i = 1, \ldots, s\,,} \tag{5.3}$$

werden als **holonome Zwangsbedingungen** (*holonom* = ganzgesetzlich, im Sinne von integrabel, wenn die Zwangsbedingungen, wie weiter unten, in differentieller Form geschrieben werden) bezeichnet. Dabei muss die Zahl s der Zwangsbedingungen kleiner als die Zahl f der Freiheitsgrade sein, damit überhaupt noch eine Bewegung möglich ist. Alle Zwangsbedingungen, die sich nicht in diese Form bringen lassen, wie z. B. die durch Ungleichungen ausgedrückten Zwangsbedingungen der Beispiele 5.5–5.7, heißen **nicht-holonom** oder **anholonom**.

Eine nahe liegende Verallgemeinerung der Zwangsbedingungen (5.3) bestünde darin, dass man die Funktionen f_i auch noch von den Geschwindigkeiten abhängen lässt, also

$$f_i(x_1, \ldots, x_f, \dot{x}_1, \ldots, \dot{x}_f, t) = 0\,, \qquad i = 1, \ldots, s \tag{5.4}$$

verlangt. Von dieser Art sind auch die Zwangsbedingungen für das rollende Rad, (5.1) bzw. (5.2), die allerdings in den Geschwindigkeiten linear sind. Die allgemeine Form von Zwangsbedingungen, die in den Geschwindigkeiten linear sind, ist bei einem durch f Lagekoordinaten beschriebenen Problem

$$\sum_{k=1}^{f} a_{ik}(x_1, \ldots, x_f, t)\,\dot{x}_k(t) + b_i(x_1, \ldots, x_f, t) = 0\,, \qquad i = 1, \ldots, s$$

oder nach Multiplikation mit dt unter Verwendung von $\dot{x}_k(t)\,dt = dx_k$

$$\boxed{\textstyle\sum_{k=1}^{f} a_{ik}(x_1, \ldots, x_f, t)\,dx_k + b_i(x_1, \ldots, x_f, t)\,dt = 0\,, \qquad i = 1, \ldots, s\,.} \tag{5.5}$$

Im letzten Fall spricht man von **linearen differentiellen Zwangsbedingungen**. Wie wir gleich sehen werden, können diese holonom oder nicht-holonom sein.

Falls die linke Seite einer der Gleichungen (5.5) ein totales Differential ist,

$$\sum_{k=1}^{f} a_{ik}(x_1, \ldots, x_f, t)\,dx_k + b_i(x_1, \ldots, x_f, t)\,dt = df_i(x_1, \ldots, x_f, t)\,,$$

kann man integrieren und erhält die holonome Zwangsbedingung

$$f_i(x_1, \ldots, x_f, t) - C_i = 0\,. \tag{5.6}$$

Umgekehrt lässt sich jede holonome Zwangsbedingung $f_i(x_1, \ldots, x_f, t) = 0$ als lineare differentielle Zwangsbedingung schreiben, denn aus ihr folgt

$$df_i = \sum_{k=1}^{f} \frac{\partial f_i}{\partial x_k}\,dx_k + \frac{\partial f_i}{\partial t}\,dt = 0\,.$$

Damit eine lineare differentielle Zwangsbedingung integrierbar ist, muss für alle k und l

$$\frac{\partial a_{ik}}{\partial x_l} = \frac{\partial a_{il}}{\partial x_k}\,, \qquad \frac{\partial b_i}{\partial x_k} = \frac{\partial a_{ik}}{\partial t} \tag{5.7}$$

gelten. Die Notwendigkeit der **Integrabilitätsbedingungen** (5.7) ergibt sich daraus, dass die Existenz eines Integrals f_i die Beziehungen

$$a_{ik} = \frac{\partial f_i}{\partial x_k}\,, \qquad b_i = \frac{\partial f_i}{\partial t}$$

zur Folge hat und dass die doppelten Ableitungen von f_i in ihrer Reihenfolge vertauschbar sind,

$$\frac{\partial a_{ik}}{\partial x_l} = \frac{\partial^2 f_i}{\partial x_l\, \partial x_k} = \frac{\partial^2 f_i}{\partial x_k\, \partial x_l} = \frac{\partial a_{il}}{\partial x_k}$$

und

$$\frac{\partial b_i}{\partial x_k} = \frac{\partial^2 f_i}{\partial x_k\, \partial t} = \frac{\partial^2 f_i}{\partial t\, \partial x_k} = \frac{\partial a_{ik}}{\partial t}\,.$$

In der Differentialrechnung für Funktionen mehrerer Veränderlicher wird gezeigt, dass die Integrabilitätsbedingungen (5.7) auch hinreichend sind. Lineare differentielle Zwangsbedingungen, die integriert werden können, sind **verkappte holonome Zwangsbedingungen**. Falls sie nicht integrierbar sind, das System der Gleichungen (5.7) also nicht erfüllt ist, handelt es sich um nicht-holonome Zwangsbedingungen. In unserem Beispiel 5.8 (rollendes Rad) führen die Integrabilitätsbedingungen (5.7) mit $dx-a\sin\vartheta\; d\varphi=a_{11}dx+a_{12}d\varphi+b_1 dt=0$, also $a_{11}=1$, $a_{12}=-a\sin\vartheta$ und $b_1=0$, zu der einzigen nichttrivialen Beziehung

$$-\frac{\partial(a\sin\vartheta)}{\partial t} = -a\cos\vartheta\,\frac{\partial\vartheta}{\partial t} = \frac{\partial a_{12}}{\partial t} = \frac{\partial b_1}{\partial x_2} = 0.$$

Diese ist nur erfüllt, wenn ϑ zeitunabhängig ist, d. h., wenn das Rad nicht umgelenkt wird, und die Zwangsbedingungen lauten dann in integrierter Form

$$x - a\varphi\sin\vartheta = x_0\,, \qquad y + a\varphi\cos\vartheta = y_0\,, \qquad \vartheta = \vartheta_0, \qquad z = a\,,$$

wobei $\vartheta=\vartheta_0$ als eine zusätzliche, die Holonomie garantierende Zwangsbedingung zu den integrierten Bedingungen (5.2) hinzugetreten ist; falls diese nicht erfüllt ist, unterliegt das Rad nicht-holonomen Zwangsbedingungen.

Die Lagrangesche Mechanik befasst sich nur mit holonomen und linearen differentiellen nicht-holonomen Zwangsbedingungen. Andere nicht-holonome Zwangsbedingungen wie z. B. (5.4) sind im Allgemeinen sehr viel schwieriger zu behandeln. Nicht-holonome Zwangsbedingungen in der Form von Ungleichungen lassen sich übrigens manchmal durch Gleichungen ersetzen. Das setzt ganz spezielle Anfangsbedingungen voraus, die bewirken, dass in Ungleichungen mit einem $\leq$ oder $\geq$Zeichen stets das Gleichheitszeichen gilt. Beispiele für diese Möglichkeit bilden das in Beispiel 5.8 behandelte rollende Rad, das unter geeigneten Anfangsbedingungen auch dann nicht von seiner Unterlage (der x, y-Ebene) abspringt, wenn das nicht durch eine Zwangsbedingung verhindert wird, oder ein Massenpunkt, der unter der Einwirkung der Schwerkraft eine schiefe Ebene herunterrutscht. Befindet sich die Anfangslage des Massenpunkts jedoch oberhalb der schiefen Ebene, so wird er die im rechten Teilbild von Abb. 5.7 gezeigten sprunghaften Bewegungen ausführen.

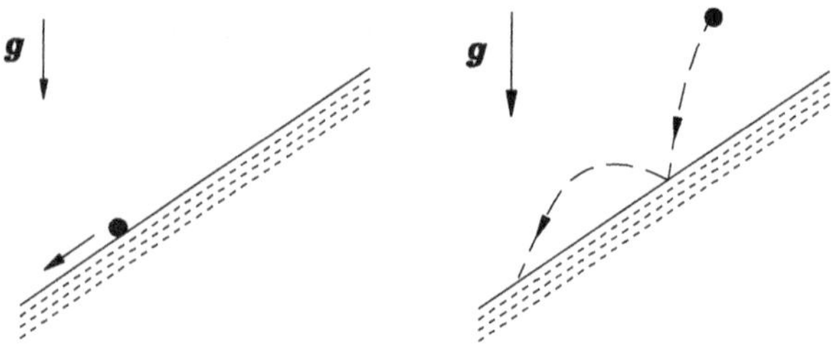

Abb. 5.7: Bewegungen eines Massenpunkts auf oder oberhalb einer schiefen Ebene.

Zwangsbedingungen werden wir im Folgenden auch noch danach unterscheiden, ob sie von der Zeit abhängen oder nicht. Zeitabhängige Zwangsbedingungen, also holonome Bedingungen mit $\partial f_i/\partial t \neq 0$ wie im Beispiel 5.4 und lineare differentielle nichtholonome Bedingungen mit $\sum_k[(\partial a_{ik}/\partial t)^2 + (\partial b_i/\partial t)^2] \neq 0$ heißen **rheonom** (fließendgesetzlich), zeitunabhängige Zwangsbedingungen heißen **skleronom** (starrgesetzlich).

5.2 Dynamik von Massenpunkten unter Zwangsbedingungen

Wie wir schon in der Einleitung zu diesem Kapitel festgestellt haben, können Zwangsbedingungen nur dadurch eingehalten werden, dass reaktive Zwangskräfte das erzwingen. Diese Zwangskräfte sind zunächst unbekannt und müssen simultan mit dem Bewegungszustand bestimmt werden. Die am leichtesten verständliche Methode der Behandlung dieses Problems führt zu den **Lagrange-Gleichungen erster Art**. Wir leiten die letzteren zunächst für einen einzelnen Massenpunkt ab. Die direkte Übertragung auf ein System von Massenpunkten stößt zunächst auf Schwierigkeiten. Sie wird uns jedoch später unter Benutzung des d'Alembertschen Variationsprinzips gelingen, das in diesem Zusammenhang formuliert wird.

5.2.1 Einzelner Massenpunkt

In den Newtonschen Bewegungsgleichungen berücksichtigen wir die Anwesenheit von Zwangsbedingungen, indem wir zu einer eventuell einwirkenden bekannten Kraft $\boldsymbol{F}$ – wir nennen sie **eingeprägte Kraft** – die zunächst noch unbekannte **Zwangskraft** $\boldsymbol{F}'$ addieren,

$$m\ddot{\boldsymbol{r}} = \boldsymbol{F} + \boldsymbol{F}' . \tag{5.8}$$

Zuerst betrachten wir den Fall holonomer Zwangsbedingungen. Damit für den Massenpunkt überhaupt noch eine Bewegungsmöglichkeit besteht, können maximal zwei holonome Zwangsbedingungen auferlegt werden.

Eine holonome Zwangsbedingung. Ist nur eine holonome Zwangsbedingung

$$f(x, y, z, t) = f(\boldsymbol{r}, t) = 0$$

gegeben, so bedeutet dies, dass die Bewegung auf der durch diese Gleichung beschriebenen – eventuell zeitlich veränderlichen – Fläche im Raum erfolgen muss. Da der Massenpunkt innerhalb dieser Fläche frei beweglich ist, muss $\boldsymbol{F}'$ nur Bewegungen senkrecht zur Fläche verhindern und steht daher senkrecht auf dieser. Infolgedessen können wir

$$\boldsymbol{F}' = \lambda \nabla f \tag{5.9}$$

ansetzen. Im Fall einer skleronomen Zwangsbedingung ($\partial f / \partial t = 0$) ist unsere Argumentation unmittelbar einsichtig. Falls sich die Fläche dagegen zeitlich verändert, überzeugen wir uns von ihrer Richtigkeit dadurch, dass wir in ein – eventuell beschleunigtes – Bezugsystem gehen. Dieses wählen wir so, dass in ihm die durch den Massenpunkt hindurch führende Tangentialebene an die Fläche momentan unbeschleunigt ruht. In diesem System muss offensichtlich wie vorher $\boldsymbol{F}' = \lambda \nabla f$ gelten, nur tritt zur Zwangskraft $\boldsymbol{F}'$ jetzt neben der eingeprägten Kraft $\boldsymbol{F}$ noch eine durch die Beschleunigung des Bezugsystems hervorgerufene Scheinkraft $\boldsymbol{F}''$ hinzu. Gehen wir nun in unser ursprüngliches System zurück, so fällt nur die Scheinkraft $\boldsymbol{F}''$ weg, und als Kraftterm bleibt $\boldsymbol{F} + \lambda \nabla f$.

Wir müssen zunächst annehmen, dass λ von der Position des Massenpunkts auf der Fläche, seinem Bewegungszustand und von der Zeit abhängt. Da die Position und der Bewegungszustand nach dem Newtonschen Prinzip des Determinismus jedoch zu eindeutigen Funktionen der Zeit werden, sobald der mechanische Anfangszustand vorgegeben ist, muss sich λ letztlich immer als Funktion der Zeit ausdrücken lassen,

$$\lambda = \lambda(t) \,. \tag{5.10}$$

Setzen wir unseren Ansatz (5.9) in die Bewegungsgleichung (5.8) ein und ergänzen das Resultat durch die Zwangsbedingung selbst,

$$\boxed{\begin{aligned} m\ddot{\boldsymbol{r}} &= \boldsymbol{F} + \lambda \nabla f, \\ f(\boldsymbol{r}, t) &= 0, \end{aligned}} \tag{5.11}$$

so haben wir ein System von vier Gleichungen (drei Differentialgleichungen zweiter Ordnung und eine gewöhnliche Gleichung, die als entartete Differentialgleichung für λ aufgefasst werden kann) für die vier Unbekannten $x(t)$, $y(t)$, $z(t)$ und $\lambda(t)$ vor uns. Man bezeichnet dieses Gleichungssystem als **Lagrange-Gleichungen erster Art**. Wie in der Theorie gewöhnlicher Differentialgleichungen gezeigt wird, besitzt ein derartiges System unter recht allgemeinen Voraussetzungen eine eindeutige Lösung. Ist diese bestimmt, so kennt man sowohl die Teilchenbahn als auch die Zwangskraft $\boldsymbol{F}' = \lambda \nabla f$.

Beispiel 5.9: *Massenpunkt auf einer bewegten Ebene*

Als Beispiel untersuchen wir die Bewegung eines Massenpunkts auf der mit konstanter Geschwindigkeit bewegten Ebene $f = x + y + z - ct = 0$ im Schwerefeld $\boldsymbol{F} = -mg\,\boldsymbol{e}_z$.

Unser Ansatz für die Zwangskraft liefert

$$\boldsymbol{F}' = \lambda \nabla f = \lambda(\boldsymbol{e}_x + \boldsymbol{e}_y + \boldsymbol{e}_z)\,,$$

und das System der Lagrange-Gleichungen erster Art lautet in Komponenten

$$m\ddot{x} = \lambda, \qquad m\ddot{y} = \lambda, \qquad m\ddot{z} = \lambda - mg,$$

$$x + y + z = ct\,.$$

Da wir die Zeitabhängigkeit von λ noch nicht kennen, können wir die ersten drei Gleichungen nicht integrieren. Setzen wir jedoch in der letzten Gleichung, nac'dem sie zweimal nach der Zeit differenziert wurde, die ersten drei Gleichungen ein, so erhalten wir

$$\ddot{x} + \ddot{y} + \ddot{z} = \frac{3\lambda}{m} - g = 0 \qquad \Rightarrow \qquad \lambda = \frac{mg}{3}\,.$$

λ ist also zeitlich konstant, und die Zwangskraft (5.9) ist

$$\boldsymbol{F}' = \frac{mg}{3}(\boldsymbol{e}_x + \boldsymbol{e}_y + \boldsymbol{e}_z)\,.$$

Setzen wir jetzt λ in die Differentialgleichungen für $x(t)$, $y(t)$ und $z(t)$ ein, so lautet deren allgemeine Lösung

$$x = \frac{g}{6}t^2 + u_0 t + x_0, \qquad y = \frac{g}{6}t^2 + v_0 t + y_0, \qquad z = -\frac{g}{3}t^2 + w_0 t + z_0\,.$$

Dafür, dass diese mit der Zwangsbedingung verträglich ist, erhalten wir die Bedingung

$$x + y + z - ct = \left(\frac{g}{6} + \frac{g}{6} - \frac{g}{3}\right)t^2 + (u_0 + v_0 + w_0 - c)t + (x_0 + y_0 + z_0) = 0\,.$$

Diese muss zu allen Zeiten erfüllt sein, und daher muss der Koeffizient jeder Potenz von t für sich verschwinden, d. h.

$$w_0 = c - u_0 - v_0\,, \qquad z_0 = -(x_0 + y_0)\,.$$

Aus unserer allgemeinen Lösung für die Bewegung wird damit

$$x = \frac{g}{6}t^2 + u_0 t + x_0\,, \quad y = \frac{g}{6}t^2 + v_0 t + y_0\,, \quad z = -\frac{g}{3}t^2 + (c - u_0 - v_0)t - (x_0 + y_0)\,.$$

Zwei holonome Zwangsbedingungen. Wir untersuchen jetzt den Fall, dass zwei holonome Zwangsbedingungen

$$f_1(x, y, z, t) = 0\,, \qquad f_2(x, y, z, t) = 0$$

gegeben sind. Dies bedeutet, dass sich der Massenpunkt auf der Schnittlinie der durch die beiden Gleichungen dargestellten Flächen bewegen muss, also auf einer – eventuell zeitlich veränderlichen – Raumkurve. Es müssen Zwangskräfte vorhanden sein, die jede Bewegung senkrecht zu dieser Raumkurve verhindern. $\lambda_1 \nabla f_1$ steht senkrecht zur Fläche $f_1 = 0$ und damit zu jeder in dieser liegenden Raumkurve, $\lambda_2 \nabla f_2$ steht senkrecht zu jeder Raumkurve in der Fläche $f_2 = 0$. Da die betrachtete Raumkurve in beiden Flächen liegt, stehen $\lambda_1 \nabla f_1$, $\lambda_2 \nabla f_2$ und damit auch $\lambda_1 \nabla f_1 + \lambda_2 \nabla f_2$ senkrecht auf ihr. Durch geeignete Wahl von λ_1 und λ_2 kann erreicht werden, dass die Summe der beiden Zwangskräfte in jede beliebige Richtung senkrecht zur Raumkurve weist. Wir können deshalb

$$\boldsymbol{F}' = \lambda_1 \nabla f_1 + \lambda_2 \nabla f_2 \tag{5.12}$$

ansetzen und erhalten durch Einsetzen in die Bewegungsgleichungen (5.8) das System

$$\boxed{\begin{gathered} m\ddot{\boldsymbol{r}} = \boldsymbol{F} + \lambda_1 \nabla f_1 + \lambda_2 \nabla f_2, \\ f_1(x, y, z, t) = 0, \qquad f_2(x, y, z, t) = 0 \end{gathered}} \tag{5.13}$$

von fünf Gleichungen für die fünf Unbekannten und $x(t)$, $y(t)$, $z(t)$, $\lambda_1(t)$ und $\lambda_2(t)$. Auch diese Gleichungen werden als **Lagrange-Gleichungen erster Art** bezeichnet. Wieder ist die Existenz von Lösungen unter recht allgemeinen Bedingungen garantiert, und die vollständige Lösung liefert die Information über Bahndynamik und Zwangskräfte.

Beispiel 5.10: *Massenpunkt auf einem Kreis*

Als Beispiel untersuchen wir die Bewegung eines Massenpunkts auf dem Kreis

$$f_1 = x^2 + y^2 - a^2 = 0\,, \qquad f_2 = z = 0\,;$$

äußere Kräfte sollen nicht einwirken. Mit

$$\nabla f_1 = 2x\,\boldsymbol{e}_x + 2y\,\boldsymbol{e}_y\,, \qquad \nabla f_2 = \boldsymbol{e}_z\,,$$

$$\boldsymbol{F}' = 2\lambda_1 x\,\boldsymbol{e}_x + 2\lambda_1 y\,\boldsymbol{e}_y + \lambda_2\,\boldsymbol{e}_z$$

lautet das System der Lagrange-Gleichungen erster Art

$$m\ddot{x} = 2\lambda_1 x\,, \qquad m\ddot{y} = 2\lambda_1 y\,, \qquad m\ddot{z} = \lambda_2,$$

$$x^2 + y^2 = a^2\,, \qquad z = 0\,.$$

Aus der dritten und der letzten dieser Gleichungen folgt $\ddot{z} = \lambda_2/m = 0$ und $\lambda_2 = 0$. Durch zweimalige Zeitableitung der ersten Zwangsbedingung erhalten wir

$$\dot{x}^2 + \dot{y}^2 + x\ddot{x} + y\ddot{y} = 0\,.$$

Drücken wir hierin die Beschleunigungen durch ihre aus den Bewegungsgleichungen folgenden Werte aus und benutzen nochmals die Kreisgleichung, so erhalten wir

$$\lambda_1 = -\frac{m}{2a^2}\left(\dot{x}^2 + \dot{y}^2\right).$$

Erneute Zeitableitung und nochmalige Benutzung der Bewegungsgleichung liefert

$$\dot{\lambda}_1 = -\frac{m}{a^2}\left(\dot{x}\ddot{x} + \dot{y}\ddot{y}\right) = -\frac{2\lambda_1}{a^2}\left(x\dot{x} + y\dot{y}\right) = -\frac{\lambda_1}{a^2}\frac{d}{dt}\left(x^2 + y^2\right) = -\frac{\lambda_1}{a^2}\frac{da^2}{dt} = 0\,.$$

Hieraus folgt schließlich

$$\lambda_1 = \text{const}\,,$$

wobei die Konstante nach unserem vorherigen Ergebnis für λ_1 negativ sein muss. Dieses Resultat hätten wir natürlich von vornherein vermuten und durch Einsetzen verifizieren können. Wir sind jedoch einen ausführlicheren Weg gegangen, um zu zeigen, dass man es auch systematisch ableiten kann. Setzt man es in die Bewegungsgleichungen ein, so ergibt sich aus diesen

$$x = a\cos(\omega t + \delta)\,, \qquad y = a\sin(\omega t + \delta)\,.$$

Dabei ist ω durch

$$\omega^2 = -\frac{2\lambda_1}{m}$$

gegeben, und die Integrationskonstanten wurden schon so gewählt, dass die erste Zwangsbedingung automatisch erfüllt ist. Offensichtlich ist die Bewegung eine gleichmäßige Rotation um das Zentrum der erzwungenen Kreisbahn. Die Winkelgeschwindigkeit ω ist zeitlich konstant und kann über λ_1 beliebig vorgegeben werden. Für die Zwangskraft ergibt sich mit (5.12)

$$\boldsymbol{F}' = -m\omega^2 a\Big[\cos(\omega t + \delta)\,\boldsymbol{e}_x + \sin(\omega t + \delta)\,\boldsymbol{e}_y\Big] = -m\omega^2 a\,\boldsymbol{e}_r\Big|_{\varphi=\omega t+\delta}\,.$$

In einem mit der Winkelgeschwindigkeit ω rotierenden Bezugsystem kompensiert sie gerade die Zentrifugalkraft. Da sie auf das Rotationszentrum zu gerichtet ist, wird sie **Zentripetalkraft** (von lat. *petere* = nach etwas streben) genannt.

Eine lineare differentielle Zwangsbedingung. Wir betrachten jetzt die Bewegung eines einzelnen Massenpunkts, der durch eine lineare differentielle Zwangsbedingung

$$\sum_{k=1}^{3} a_k(\boldsymbol{r}, t)\,dx_k + b(\boldsymbol{r}, t)\,dt = 0$$

eingeschränkt wird. Fassen wir die a_k zu dem Vektor

$$\boldsymbol{a}(\boldsymbol{r}, t) = a_1\boldsymbol{e}_x + a_2\boldsymbol{e}_y + a_3\boldsymbol{e}_z$$

zusammen, so können wir die Zwangsbedingung auch kürzer in der Form

$$\boldsymbol{a}(\boldsymbol{r}, t)\cdot d\boldsymbol{r} + b(\boldsymbol{r}, t)\,dt = 0 \tag{5.14}$$

anschreiben. Für

$$\boldsymbol{a} = \boldsymbol{\nabla} f(\boldsymbol{r}, t)\,, \qquad b = \partial f/\partial t$$

ist der Spezialfall einer holonomen Zwangsbedingung $f(\boldsymbol{r}, t)=0$ mit enthalten. Der Vergleich mit dem Ansatz $\boldsymbol{F}' = \lambda\boldsymbol{\nabla} f$ bei einer holonomen Zwangsbedingung legt für die Zwangskraft den Ansatz

$$\boldsymbol{F}' = \lambda\boldsymbol{a} \tag{5.15}$$

nahe. Setzen wir ihn in die Bewegungsgleichung (5.8) ein, so erhalten wir zusammen mit der durch dt dividierten Zwangsbedingung das Gleichungssystem

$$m\ddot{\boldsymbol{r}} = \boldsymbol{F} + \lambda\boldsymbol{a}(\boldsymbol{r}, t)\,, \qquad \boldsymbol{a}(\boldsymbol{r}, t)\cdot\dot{\boldsymbol{r}} + b(\boldsymbol{r}, t) = 0\,. \tag{5.16}$$

Diese Lagrange-Gleichungen erster Art für den Fall einer linearen differentiellen nichtholonomen Zwangsbedingung bilden ein System von vier Differentialgleichungen für die vier Unbekannten $x(t)$, $y(t)$, $z(t)$ und $\lambda(t)$. Dieses besitzt eine eindeutige Lösung für alle Anfangsbedingungen $\boldsymbol{r} = \boldsymbol{r}_0$, $\dot{\boldsymbol{r}} = \boldsymbol{v}_0$, die mit der Zwangsbedingung verträglich sind.

Wir wollen den durch einen Analogieschluss gewonnenen Ansatz (5.15) jetzt noch näher begründen. Zu diesem Zweck differenzieren wir die Zwangsbedingung (5.16b) einmal nach der Zeit,

$$\boldsymbol{a} \cdot \ddot{\boldsymbol{r}} + (\dot{\boldsymbol{r}} \cdot \nabla \boldsymbol{a} + \partial \boldsymbol{a}/\partial t) \cdot \dot{\boldsymbol{r}} + \dot{\boldsymbol{r}} \cdot \nabla b + \partial b/\partial t = 0\,,$$

und drücken $\ddot{\boldsymbol{r}}$ mithilfe von (5.8) durch die Kräfte aus. Das Ergebnis ist die Gleichung

$$\boldsymbol{a} \cdot \boldsymbol{F}' = -\Big[\boldsymbol{a} \cdot \boldsymbol{F} + m\,(\dot{\boldsymbol{r}} \cdot \nabla \boldsymbol{a} + \partial \boldsymbol{a}/\partial t) \cdot \dot{\boldsymbol{r}} + m\,(\dot{\boldsymbol{r}} \cdot \nabla b + \partial b/\partial t)\Big]\,. \tag{5.17}$$

Herkunftsgemäß drückt sie den Einfluss der Zwangsbedingung auf die Zwangskraft aus. Da die Funktionen $\boldsymbol{a}(\boldsymbol{r}, t)$ und $b(\boldsymbol{r}, t)$ bekannt sind, wird ihre rechte Seite und mit dieser auch die Komponente von $\boldsymbol{F}'$ in Richtung von $\boldsymbol{a}$ eindeutig durch den Bewegungszustand $(\boldsymbol{r}, \dot{\boldsymbol{r}})$ des Massenpunkts und die Zwangsbedingung festgelegt. Zu Komponenten der Zwangskraft in anderen Richtungen gibt die Zwangsbedingung keinen Anlass. Hätte $\boldsymbol{F}'$ noch eine Komponente senkrecht zu $\boldsymbol{a}$, so würde damit eine durch nichts ausgezeichnete Raumrichtung bevorzugt. Aus Symmetriegründen müssen daher alle Komponenten senkrecht zu $\boldsymbol{a}$ verschwinden, was bedeutet, dass unsere Zwangsbedingung nur zu einer Zwangskraft der Form (5.15) führen kann.

Zwei lineare differentielle Zwangsbedingungen. Bei zwei linearen differentiellen Zwangsbedingungen

$$\boldsymbol{a}_1 \cdot d\boldsymbol{r} + b_1\,dt = 0\,, \qquad \boldsymbol{a}_2 \cdot d\boldsymbol{r} + b_2\,dt = 0$$

ergeben sich analog zu (5.16) die Lagrange-Gleichungen

$$\begin{gathered} m\ddot{\boldsymbol{r}} = \boldsymbol{F} + \lambda_1 \boldsymbol{a}_1 + \lambda_2 \boldsymbol{a}_2\,, \\ \boldsymbol{a}_1 \cdot \dot{\boldsymbol{r}} + b_1 = 0\,, \qquad \boldsymbol{a}_2 \cdot \dot{\boldsymbol{r}} + b_2 = 0\,, \end{gathered} \tag{5.18}$$

die Zwangskraft ist $\boldsymbol{F}' = \lambda_1 \boldsymbol{a}_1 + \lambda_2 \boldsymbol{a}_2$.

5.2.2 System mehrerer Massenpunkte

Bei einem System von N Massenpunkten berücksichtigen wir die Anwesenheit von Zwangsbedingungen wie bei einem einzelnen Massenpunkt, indem wir in den Bewegungsgleichungen zu den eingeprägten Kräften $\boldsymbol{F}_i$ noch – zunächst unbekannte – Zwangskräfte $\boldsymbol{F}_i'$ addieren,

$$m_i \ddot{\boldsymbol{r}}_i = \boldsymbol{F}_i + \boldsymbol{F}_i'\,, \qquad i = 1, \ldots, N\,. \tag{5.19}$$

Holonome und lineare differentielle nicht-holonome Zwangsbedingungen lassen sich nach der Art von (5.14) einheitlich in der Form

$$\sum_{l=1}^{N} \boldsymbol{a}_{kl} \cdot d\boldsymbol{r}_l + b_k\, dt = 0\,, \qquad k = 1, \ldots, s < 3N \tag{5.20}$$

zusammenfassen, wobei die darunter enthaltenen holonomen Zwangsbedingungen gewisse Integrabilitätsbedingungen erfüllen müssen.

Mit der Konfigurationsraum-Notation von Abschn. 3.2.5 nehmen die Bewegungsgleichungen die Form

$$\mathsf{M} \cdot \ddot{\boldsymbol{R}} = \boldsymbol{\mathcal{F}} + \boldsymbol{\mathcal{F}}' \tag{5.21}$$

an, wenn $\boldsymbol{\mathcal{F}}$ die eingeprägten Kräfte, $\boldsymbol{\mathcal{F}}'$ die Zwangskräfte und $\boldsymbol{R}$ die Ortsvektoren $\boldsymbol{r}_i$ gemäß (3.48) zu $3N$-dimensionalen Konfigurationsraum-Vektoren zusammenfasst. Mit

$$\boldsymbol{A} = \sum_{i=1}^{3N} A_i(\boldsymbol{R}, t)\, \boldsymbol{e}_i = \{A_1, A_2, \ldots, A_{3N}\} = \{a_{1x}, a_{1y}, a_{1z}, a_{2x}, \ldots, a_{Nz}\} \tag{5.22}$$

bei einer und $\boldsymbol{A} \to \boldsymbol{A}_k, k{=}1, \ldots, s$ bei s Zwangsbedingungen (5.20) erhalten diese die Form

$$\boldsymbol{A}_k \cdot d\boldsymbol{R} + b_k\, dt = 0\,, \qquad k = 1, \ldots, s < 3N\,. \tag{5.23}$$

Zunächst einmal muss sichergestellt sein, dass diese 1. voneinander unabhängig und 2. miteinander verträglich sind. Hierzu müssen die Vektoren $\boldsymbol{A}_k$, $k = 1, \ldots, s$, linear unabhängig sein.

Beweis: Den Beweis dieser Behauptungen führen wir durch Widerlegung ihres Gegenteils, d. h. wir nehmen an, die Gleichungen $\sum_{k=1}^{s} c_k \boldsymbol{A}_k = 0$ besäßen eine nichttriviale Lösung für die c_k. Aus den Zwangsbedingungen würde dann

$$\sum_{k=1}^{s} c_k b_k = 0$$

folgen.
1. Wenn diese Gleichung nun erfüllt wäre, hätten wir linear abhängige Zwangsbedingungen, denn $\sum_{k=1}^{s} c_k(\boldsymbol{A}_k \cdot d\boldsymbol{R} + b_k\, dt) = 0$ würde dann für beliebige Verschiebungen $d\boldsymbol{R}$ gelten, nicht nur für eine durch die Zwangsbedingungen eingeschränkte Teilmenge von Vektoren $d\boldsymbol{R}_Z$.
2. Wäre die Gleichung nicht erfüllt, so wären die Zwangsbedingungen nicht miteinander verträglich, denn dann würde $\sum_{k=1}^{s} c_k(\boldsymbol{A}_k \cdot d\boldsymbol{R}_Z + b_k\, dt) \neq 0$ gelten, während aus den Zwangsbedingungen das Gleichheitszeichen sogar für ganz beliebige c_k folgt. □

Jetzt wenden wir uns der Bestimmung der durch die Zwangsbedingungen (5.23) hervorgerufenen Zwangskräfte zu. Der französische Mathematiker und Philosoph J.-B. d'Alembert hat ein Variationsprinzip aufgestellt, aus dem sich diese ableiten lassen. Um dieses formulieren zu können, benötigen wir zuerst den Begriff der *virtuellen Verrückungen*.

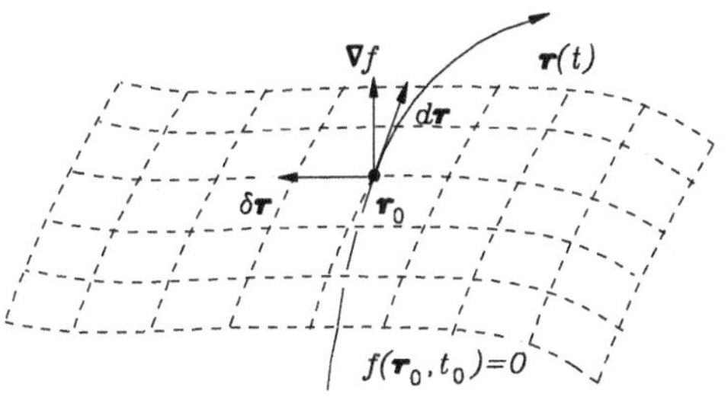

Abb. 5.8: Die virtuelle Verrückung $\delta\boldsymbol{r}$ steht senkrecht auf ∇f.

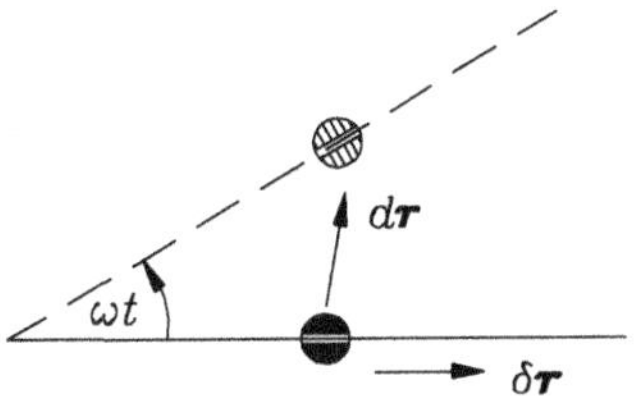

Abb. 5.9: Bei der rotierende Perle von Abb. 5.4 (zeitabhängige Zwangsbedingung) stimmt die virtuelle Verrückung $\delta\boldsymbol{r}$ mit keiner tatsächlichen Verschiebung $d\boldsymbol{r}$ überein.

5.3 Virtuelle Verrückungen

Wir machen uns mit der Definition virtueller Verrückungen zunächst am allereinfachsten Beispiel der Bewegung eines einzelnen Massenpunkts unter einer holonomen Zwangsbedingung $f(\boldsymbol{r}, t) = 0$ vertraut. Ist $\boldsymbol{r}(t)$ die Bahn des Massenpunkts, so geht die (bewegte) Fläche $f(\boldsymbol{r}, t) = 0$ zu jedem Zeitpunkt t durch den Bahnpunkt $\boldsymbol{r}(t)$. Wir greifen nun einen speziellen Bahnpunkt $\boldsymbol{r}_0 = \boldsymbol{r}(t_0)$ heraus und betrachten alle Raumpunkte $\boldsymbol{r} = \boldsymbol{r}_0 + \delta\boldsymbol{r}$, die auf der durch diesen hindurchführenden, unbewegten Fläche

$$f(\boldsymbol{r}, t_0) = 0$$

liegen und ihm differentiell benachbart sind. Dabei haben wir den infinitesimalen Abstandsvektor mit $\delta\boldsymbol{r}$ bezeichnet, um ihn von der Verschiebung $d\boldsymbol{r} = \dot{\boldsymbol{r}}(t_0)\,dt$ zu unterscheiden, die der betrachtete Massenpunkt bei seiner Bewegung ausführt. Nachbarpunkte $\boldsymbol{r} = \boldsymbol{r}_0 + \delta\boldsymbol{r}$ müssen die Gleichung

$$f(\boldsymbol{r}_0 + \delta\boldsymbol{r}, t_0) = f(\boldsymbol{r}_0, t_0) + \nabla f|_{\boldsymbol{r}_0, t_0} \cdot \delta\boldsymbol{r} = 0$$

bzw.

$$\nabla f \cdot \delta\boldsymbol{r} = 0 \tag{5.24}$$

erfüllen, da $f(\boldsymbol{r}_0, t_0)=0$ ist. Die Abstandsvektoren $\delta\boldsymbol{r}$ stehen also senkrecht auf ∇f (Abb. 5.8).

Es ist üblich, die durch (5.24) definierten Abstandsvektoren $\delta\boldsymbol{r}$ als **virtuelle Verrückungen** zu bezeichnen. Dahinter steckt der folgende Sachverhalt: Die Gesamtheit aller virtuellen Verrückungen besteht aus denjenigen Verschiebungen $\delta\boldsymbol{r}$, die der Massenpunkt rein kinematisch gesehen von $\boldsymbol{r}_0$ aus durchführen könnte, wenn die Zwangsbedingung $f = 0$ zeitunabhängig wäre. In der Literatur werden virtuelle Verrückungen häufig als unendlich schnelle Probeverrückungen des zu diesem Zweck als trägheitslos aufgefassten Massenpunkts interpretiert, was mitunter zu Missverständnissen führt. Festzuhalten ist, dass alle derartigen Interpretationsversuche nur der Veranschaulichung von Gleichung (5.24) dienen sollen und nichts weiter als diese beinhalten.

Zwischen den virtuellen Verrückungen $\delta \boldsymbol{r}$ und der tatsächlichen Verschiebung $d\boldsymbol{r} = \dot{\boldsymbol{r}}(t_0)\,dt$ des Massenpunkts auf seiner Bahn $\boldsymbol{r}(t)$ besteht folgender Zusammenhang: Ist die Zwangsbedingung f zeitunabhängig, so liegt $d\boldsymbol{r}$ in der Fläche $f(\boldsymbol{r}) = 0$ und fällt mit einer der virtuellen Verrückungen zusammen. Tatsächlich ist dann sogar jede virtuelle Verrückung eine mögliche reelle Verschiebung des Massenpunkts, da dessen Anfangsgeschwindigkeit $\boldsymbol{v}_0$ am Ort $\boldsymbol{r}_0$ so gewählt werden kann, dass $\boldsymbol{v}_0\,dt = \delta\boldsymbol{r}$ gilt. Ist f dagegen zeitabhängig, so fällt $d\boldsymbol{r}$ im Allgemeinen mit keinem $\delta\boldsymbol{r}$ zusammen (Abb. 5.9).

Wir wenden uns jetzt dem Fall eines einzelnen Massenpunkts unter linearen differentiellen Zwangsbedingungen zu. Ist nur eine Zwangsbedingung $\boldsymbol{a} \cdot d\boldsymbol{r} + b\,dt = 0$ gegeben, so bezeichnen wir als virtuelle Verrückungen alle infinitesimalen Abstandsvektoren $\delta\boldsymbol{r}$, die senkrecht zum Vektor $\boldsymbol{a}$ stehen,

$$\boldsymbol{a} \cdot \delta\boldsymbol{r} = 0\,. \tag{5.25}$$

(Man beachte, dass diese Definition bei einer holonomen Zwangsbedingung mit $\boldsymbol{a}=\nabla f$ zu (5.24) zurückführt.) Sind dagegen zwei lineare differentielle Zwangsbedingungen $\boldsymbol{a}_1 \cdot d\boldsymbol{r} + b_1\,dt = 0$ und $\boldsymbol{a}_2 \cdot d\boldsymbol{r} + b_2\,dt = 0$ gegeben, so sind alle Verschiebungsvektoren $\delta\boldsymbol{r}$, die senkrecht auf $\boldsymbol{a}_1$ und $\boldsymbol{a}_2$ stehen,

$$\boldsymbol{a}_1 \cdot \delta\boldsymbol{r} = 0\,, \qquad \boldsymbol{a}_2 \cdot \delta\boldsymbol{r} = 0\,,$$

virtuelle Verrückungen. Damit ist klar, wie die Verallgemeinerung auf ein System von N Massenpunkten unter s linearen differentiellen Zwangsbedingungen (5.23) aussieht. Virtuelle Verrückungen sind hier alle Abstandsvektoren oder „Verschiebungen" $\delta\boldsymbol{R}$, die mit den Zwangsbedingungen bei festgehaltener Zeit ($dt = 0$) verträglich sind, d. h. alle Lösungen des Gleichungssystems

$$\boldsymbol{A}_k \cdot \delta\boldsymbol{R} = 0\,, \qquad k = 1, \ldots, s\,. \tag{5.26}$$

5.4 D'Alembertsches Prinzip

J.-B. d'Alembert stellte zur Bestimmung der Zwangskräfte das folgende Variationsprinzip auf.

D'Alembertsches Prinzip. *Für alle virtuellen Verrückungen, d. h. alle $\delta\boldsymbol{R}$, welche die Bedingungen*

$$\boldsymbol{A}_k \cdot \delta\boldsymbol{R} = \sum_{i=1}^{3N} A_{ki}\,\delta X_i = \sum_{i=1}^{N} \boldsymbol{a}_{ki} \cdot \delta\boldsymbol{r}_i = 0\,, \qquad k = 1, \ldots, s \tag{5.27}$$

erfüllen, gilt

$$\boxed{\boldsymbol{\mathcal{F}}' \cdot \delta\boldsymbol{R} = (\mathsf{M} \cdot \ddot{\boldsymbol{R}} - \boldsymbol{\mathcal{F}}) \cdot \delta\boldsymbol{R} = \sum_{i=1}^{3N} (M_i \ddot{X}_i - F_i)\,\delta X_i = \sum_{i=1}^{N} (m_i \ddot{\boldsymbol{r}}_i - \boldsymbol{F}_i) \cdot \delta\boldsymbol{r}_i = 0\,.} \tag{5.28}$$

In Worten: „*Die Zwangskräfte leisten bei virtuellen Verrückungen insgesamt keine Arbeit.*"
Die zuletzt angegebene verbale Veranschaulichung ist wiederum mit Vorsicht zu genießen und wird am besten nur als Merkregel benutzt. Die Größe $\boldsymbol{\mathcal{F}}' \cdot \delta \boldsymbol{R}$ besitzt zwar die Dimension einer Arbeit, hat aber im Allgemeinen nur eine formale Bedeutung. Nur bei zeitunabhängigen Zwangsbedingungen und auch da nur für diejenige virtuelle Verrückung $\delta \boldsymbol{R}$, die mit der realen Verrückung $d\boldsymbol{R}$ zusammenfällt, ist die Arbeit der Zwangskräfte eine real geleistete Arbeit, die allerdings in der Summe verschwindet.

Das d'Alembertsche Prinzip wird im Allgemeinen als ein grundlegendes Prinzip angesehen, das nur in besonders einfach gelagerten Fällen bewiesen werden kann (Aufgabe 5.4) und seine Rechtfertigung durch die Richtigkeit der aus ihm abgeleiteten Konsequenzen erfährt. Wir werden aus ihm zuerst Bewegungsgleichungen mit Zwangskräften ableiten, dann zeigen, dass diese mit ihm äquivalent sind, und uns schließlich anhand konkreter Beispiele von deren Nutzen überzeugen. Sodann werden wir uns nochmals dem Problem einer Ableitung des d'Alembertschen Prinzips zuwenden.

5.4.1 Lagrange-Gleichungen erster Art für Systeme von Massenpunkten

Um aus dem d'Alembertschen Prinzip Bewegungsgleichungen abzuleiten, gehen wir von den Definitionsgleichungen (5.26) für virtuelle Verrückungen aus und multiplizieren jede von ihnen mit einem **Lagrangeschen Multiplikator** $\lambda_k(t)$. (Das ist eine vorerst beliebige Funktion der Zeit, über die wir später in geeigneter Weise verfügen werden.) Durch Aufsummieren der so erhaltenen Gleichungen erhalten wir

$$\sum_{k=1}^{s} \lambda_k \boldsymbol{A}_k \cdot \delta \boldsymbol{R} = \sum_{k=1}^{s} \lambda_k \sum_{i=1}^{3N} A_{ki}\, \delta X_i = \sum_{i=1}^{3N} \Big(\sum_{k=1}^{s} \lambda_k A_{ki} \Big) \delta X_i = 0\,.$$

Die zuletzt erhaltene Gleichung subtrahieren wir von (5.28) und erhalten

$$\sum_{i=1}^{3N} \Big(M_i \ddot{X}_i - F_i - \sum_{k=1}^{s} \lambda_k A_{ki} \Big) \delta X_i = 0\,.$$

Jetzt legen wir die so weit beliebigen Lagrangeschen Multiplikatoren $\lambda_k(t)$ durch die Forderung fest, dass die Gleichungen

$$M_i \ddot{X}_i - F_i - \sum_{k=1}^{s} \lambda_k A_{ki} = 0\,, \qquad i = 1, \ldots, s$$

gelten sollen. Es handelt sich dabei um ein System von s linearen inhomogenen Gleichungen für die λ_k, das eine eindeutige Lösung besitzt, sofern die Determinante der Koeffizienten der λ_k nicht verschwindet. Das dürfen wir jedoch bei geeigneter Nummerierung der Massenpunkte voraussetzen, weil die Vektoren $\boldsymbol{A}_k = \{A_{k1}, \ldots, A_{k\,3N}\}$

nach Abschn. 5.2.2 linear unabhängig sind und die aus ihnen gebildete Matrix

$$\begin{pmatrix} A_{11} & \dots & A_{1\,3N} \\ \vdots & & \vdots \\ A_{s1} & \dots & A_{s\,3N} \end{pmatrix}$$

daher mindestens eine $s \times s$ Untermatrix mit nichtverschwindender Determinante besitzt.

Mit der getroffenen Wahl der λ_k reduziert sich das d'Alembertsche Prinzip auf

$$\sum_{i=s+1}^{3N} \Big(M_i \ddot{X}_i - F_i - \sum_{k=1}^{s} \lambda_k A_{ki} \Big) \delta X_i = 0 \,. \tag{5.29}$$

Bei der obigen Nummerierung der Massenpunkte bzw. X_i können die Komponenten $\delta X_{s+1}, \dots, \delta X_{3N}$ einer virtuellen Verrückung $\delta \boldsymbol{R} = \sum_{i=1}^{3N} \delta X_i \, \boldsymbol{e}_i$ beliebig gewählt werden, denn schreibt man die Bedingungen (5.27) in der Form

$$\begin{aligned} A_{11}\delta X_1 + \dots + A_{1s}\delta X_s &= -(A_{1\,s+1}\delta X_{s+1} + \dots + A_{1\,3N}\delta X_{3N}) \,, \\ &\vdots \\ A_{s1}\delta X_1 + \dots + A_{ss}\delta X_s &= -(A_{s\,s+1}\delta X_{s+1} + \dots + A_{s\,3N}\delta X_{3N}) \,, \end{aligned}$$

so können sie wegen des Nicht-Verschwindens der Koeffizientenmatrix der linken Seite nach den $\delta X_1, \dots, \delta X_s$ aufgelöst und damit erfüllt werden. Wählen wir insbesondere für die δX_i auf der rechten Seite

$$\delta X_i = \mu^2 \Big(M_i \ddot{X}_i - F_i - \sum_{k=1}^{s} \lambda_k A_{ki} \Big) \,, \qquad s+1 \le i \le 3N \,,$$

so wird die linke Seite von (5.29) eine Summe über lauter positiv definite Ausdrücke, die nur verschwindet, wenn

$$M_i \ddot{X}_i = F_i + \sum_{k=1}^{s} \lambda_k A_{ki} \,, \qquad s+1 \le i \le 3N \,.$$

Diese Gleichungen, die aufgrund unserer Wahl der λ_k auch für $i = 1, \dots, N$ gelten, bilden zusammen mit den Zwangsbedingungen (5.23) das System der **Lagrange-Gleichungen erster Art**

$$\begin{aligned} \mathsf{M} \cdot \ddot{\boldsymbol{R}} &= \boldsymbol{\mathcal{F}} + \sum_{k=1}^{s} \lambda_k \boldsymbol{A}_k \,, \\ \boldsymbol{A}_k \cdot \dot{\boldsymbol{R}} + b_k &= 0 \,, \qquad k = 1, \dots, s \end{aligned} \tag{5.30}$$

in der Konfigurationsraum-Darstellung bzw.

$$\boxed{\begin{aligned} &m_i\ddot{\boldsymbol{r}}_i = \boldsymbol{F}_i + \sum_{k=1}^{s}\lambda_k \boldsymbol{a}_{ki}\,, && i = 1,\ldots,N\,, \\ &\sum_{l=1}^{N}\boldsymbol{a}_{kl}\cdot\dot{\boldsymbol{r}}_l + b_k = 0\,, && k = 1,\ldots,s < 3N \end{aligned}} \tag{5.31}$$

in der Ortsraum-Darstellung. Aus ihnen können sowohl $\boldsymbol{R}(t)$ bzw. die $\boldsymbol{r}_i(t)$ als auch die Lagrangeschen Multiplikatoren $\lambda_k(t)$ berechnet werden. Die Zwangskräfte sind offensichtlich

$$\boldsymbol{\mathcal{F}}' = \sum_{k=1}^{s}\lambda_k \boldsymbol{A}_k \qquad \text{bzw.} \qquad \boldsymbol{F}_i' = \sum_{k=1}^{s}\lambda_k \boldsymbol{a}_{ki}\,. \tag{5.32}$$

Bei holonomen Zwangsbedingungen erhalten wir statt (5.31)

$$\boxed{\begin{aligned} &m_i\ddot{\boldsymbol{r}}_i = \boldsymbol{F}_i + \sum_{k=1}^{s}\lambda_k \frac{\partial f_k}{\partial \boldsymbol{r}_i}\,, && i = 1,\ldots,N\,, \\ &f_k(\boldsymbol{r}_1,\ldots,\boldsymbol{r}_N,t) = 0\,, && k = 1,\ldots,s \end{aligned}} \tag{5.33}$$

mit den Zwangskräften

$$\boldsymbol{F}_i' = \sum_{k=1}^{s}\lambda_k \frac{\partial f_k}{\partial \boldsymbol{r}_i}\,. \tag{5.34}$$

Wie zu fordern, reduzieren sich diese aus dem d'Alembertschen Prinzip abgeleiteten Gleichungssysteme in den Fällen von einem bzw. zwei Massenpunkten auf die früheren Gleichungen, (5.16) und (5.18) bzw. (5.11) und (5.13).

Die Lagrange-Gleichungen sind dem d'Alembertschen Prinzip völlig äquivalent. Um das einzusehen, müssen wir nur noch zeigen, dass das letztere auch aus ihnen folgt. Zu diesem Zweck multiplizieren wir (5.30a) mit einer beliebigen virtuellen Verrückung $\delta\boldsymbol{R}$ und erhalten wegen (5.26) sofort das d'Alembertsche Prinzip (5.28), $(\mathsf{M}\cdot\ddot{\boldsymbol{R}}-\boldsymbol{\mathcal{F}})\cdot\delta\boldsymbol{R}=0$.

Beispiel 5.11: *Massenpunkte in parallelen Ebenen*

Als Beispiel betrachten wir zwei Massenpunkte, von denen der erste an die Ebene $z = a$ und der zweite an die Ebene $z = -a$ gebunden ist. Als eingeprägte Kräfte sollen zentrale Wechselwirkungskräfte

$$\boldsymbol{F}_{12} = -\boldsymbol{F}_{21} = \alpha\,(\boldsymbol{r}_1 - \boldsymbol{r}_2) \qquad \text{mit} \qquad \alpha = f\Big(|\boldsymbol{r}_1 - \boldsymbol{r}_2|\Big) \tag{5.35}$$

wirken. Die (holonomen) Zwangsbedingungen lauten

$$\begin{aligned} f_1 &= z_1 - a = 0\,, \\ f_2 &= z_2 + a = 0\,, \end{aligned} \tag{5.36}$$

und mit $\partial f_1/\partial \boldsymbol{r}_1 = (\partial(z_1-a)/\partial z_1)\,\boldsymbol{e}_z = \boldsymbol{e}_z$, $\partial f_1/\partial \boldsymbol{r}_2 = 0$ sowie $\partial f_2/\partial \boldsymbol{r}_1 = 0$ und $\partial f_2/\partial \boldsymbol{r}_2 = \boldsymbol{e}_z$ erhalten wir als Lagrange-Gleichungen erster Art aus (5.33) das System

$$\begin{aligned} m_1\ddot{\boldsymbol{r}}_1 &= \alpha\,(\boldsymbol{r}_1 - \boldsymbol{r}_2) + \lambda_1\,\boldsymbol{e}_z, & m_2\ddot{\boldsymbol{r}}_2 &= \alpha\,(\boldsymbol{r}_2 - \boldsymbol{r}_1) + \lambda_2\,\boldsymbol{e}_z \\ z_1 &= +a, & z_2 &= -a\,. \end{aligned}$$

Die z-Komponenten der beiden Bewegungsgleichungen liefern

$$m_1\ddot{z}_1 = \alpha\,(z_1 - z_2) + \lambda_1\,, \qquad m_2\ddot{z}_2 = \alpha\,(z_2 - z_1) + \lambda_2\,,$$

aus den Zwangsbedingungen folgt

$$z_1 - z_2 = 2a, \qquad \ddot{z}_1 = \ddot{z}_2 = 0\,,$$

womit die Bewegungsgleichungen zu

$$\lambda_1 = -2\alpha a, \qquad \lambda_2 = 2\alpha a$$

führen. Damit und mit (5.36) lautet das Ergebnis für die Zwangskräfte (5.34)

$$\boldsymbol{F}_1' = -2\alpha a\,\boldsymbol{e}_z\,, \qquad \boldsymbol{F}_2' = 2\alpha a\,\boldsymbol{e}_z\,.$$

Für die Bewegung der Massenpunkte in ihren Bewegungsebenen erhalten wir

$$\begin{aligned} m_1\ddot{x}_1 &= \alpha\,(x_1 - x_2)\,, & m_2\ddot{x}_2 &= \alpha\,(x_2 - x_1)\,, \\ m_1\ddot{y}_1 &= \alpha\,(y_1 - y_2)\,, & m_2\ddot{y}_2 &= \alpha\,(y_2 - y_1)\,. \end{aligned}$$

Wegen

$$|\boldsymbol{r}_1 - \boldsymbol{r}_2|^2 = (x_2-x_1)^2+(y_2-y_1)^2+(z_2-z_1)^2 \overset{z_1-z_2=2a}{=} (x_2-x_1)^2+(y_2-y_1)^2 + 4a^2$$

hängt α nur von $(x_2-x_1)^2+(y_2-y_1)^2$ ab, und daher sind die erhaltenen Gleichungen dieselben wie die, welche man bekäme, wenn sich zwei Massenpunkte unter etwas anderen zentralen Wechselwirkungskräften in derselben Ebene bewegen würden. Dieses verbleibende Zwei-Körper-Problem lässt sich nach Abschn. 4.2.1 auf die Bewegung eines Massenpunkts in einem Zentralfeld reduzieren und kann in schon bekannter Weise gelöst werden.

5.4.2 Arbeitsleistung der Zwangskräfte

Wir wollen jetzt berechnen, welche Gesamtarbeit von den Zwangskräften bei der Bewegung der Massenpunkte geleistet wird. Die auf den i-ten Massenpunkt wirkende Zwangskraft $\boldsymbol{F}_i'$ liefert bei der Verschiebung $d\boldsymbol{r}_i$ hierzu nach (5.32) den Beitrag

$$dA_i' = \boldsymbol{F}_i' \cdot d\boldsymbol{r}_i = \sum_{k=1}^{s} \lambda_k \boldsymbol{a}_{ki} \cdot d\boldsymbol{r}_i\,.$$

Die Gesamtarbeit aller Zwangskräfte ist daher

$$dA' = \sum_{i=1}^{N} dA_i' = dt \sum_{k=1}^{s} \lambda_k \sum_{i=1}^{N} \boldsymbol{a}_{ki} \cdot \dot{\boldsymbol{r}}_i \overset{(5.31b)}{=} -dt \sum_{k=1}^{s} \lambda_k b_k\,. \tag{5.37}$$

Wenn sämtliche b_k verschwinden, leisten die Zwangskräfte keine Arbeit. Das ist insbesondere bei skleronomen holonomen Zwangsbedingungen der Fall. Bei zeitabhängigen Zwangsbedingungen ist die von den Zwangskräften geleistete Arbeit dagegen im Allgemeinen von null verschieden.

Beispiel 5.12: *Arbeitsleistung einer bewegten Ebene*

Als einfache Anwendung berechnen wir die Arbeit, die eine mit konstanter Geschwindigkeit bewegte Ebene an einem an sie gebundenen Massenpunkt leistet. Für die Geschwindigkeit des Massenpunkts und die auf ihn einwirkende Zwangskraft erhalten wir mit den für das Beispiel 5.9 gewonnenen Ergebnissen

$$\dot{\boldsymbol{r}} = \left(\frac{gt}{3} + u_0\right)\boldsymbol{e}_x + \left(\frac{gt}{3} + v_0\right)\boldsymbol{e}_y + \left(-\frac{2}{3}gt + c - u_0 - v_0\right)\boldsymbol{e}_z$$

und

$$\boldsymbol{F}' = \frac{mg}{3}\,(\boldsymbol{e}_x + \boldsymbol{e}_y + \boldsymbol{e}_z)\,.$$

Daher leistet die Zwangskraft die Arbeit

$$\frac{dA'}{dt} = \boldsymbol{F}' \cdot \dot{\boldsymbol{r}} = \frac{mg}{3}\left[\frac{gt}{3} + u_0 + \frac{gt}{3} + v_0 - \frac{2}{3}gt + c - u_0 - v_0\right] = \frac{mg\,c}{3}\,.$$

Der Massenpunkt wird durch die Ebene im Schwerefeld hochgehoben, und die dazu notwendige Arbeit muss von der Zwangskraft geleistet werden.

Exkurs 5.1: Ableitung des d'Alembertschen Prinzips

Bei einem einzelnen Massenpunkt unter Zwangsbedingungen war es uns gelungen, die Bewegungsgleichung und damit das d'Alembertsche Prinzip abzuleiten. Dasselbe ist auch bei einem System starr verbundener Massenpunkte möglich, wenn man annimmt, dass die Zwangskräfte der Starrheit in Richtung der Verbindungslinien der Massenpunkte wirken und das Prinzip *actio = reactio* erfüllen (Aufgabe 5.4). Eine Verallgemeinerung derselben Vorgehensweise auf ein System nicht starr verbundener Massenpunkte ist jedoch nicht ohne weiteres durchführbar. Die aus den Zwangsbedingungen (5.30b),

$$\boldsymbol{A}_k \cdot \dot{\boldsymbol{R}} + b_k = 0\,, \qquad k = 1, \ldots, s$$

folgenden Gleichungen

$$\boldsymbol{A}_k \cdot \ddot{\boldsymbol{R}} = -(\dot{\boldsymbol{A}}_k \cdot \dot{\boldsymbol{R}} + \dot{b}_k) \tag{5.38}$$

und die aus (5.21) folgende Form

$$\ddot{\boldsymbol{R}} = \mathsf{M}^{-1} \cdot (\boldsymbol{\mathcal{F}} + \boldsymbol{\mathcal{F}}')$$

der Bewegungsgleichung ergeben zusammen die Gleichungen

$$\boldsymbol{A}_k \cdot (\mathsf{M}^{-1} \cdot \boldsymbol{\mathcal{F}}') = -\boldsymbol{A}_k \cdot (\mathsf{M}^{-1} \cdot \boldsymbol{\mathcal{F}}) - (\dot{\boldsymbol{A}}_k \cdot \dot{\boldsymbol{R}} + \dot{b}_k)\,, \qquad k = 1, \ldots, s\,,$$

deren rechte Seiten Funktionen von $\boldsymbol{R}$, $\dot{\boldsymbol{R}}$ und t sind. Bei einem einzelnen Massenpunkt führte die diesen entsprechende Gleichung (5.17) für die Zwangskräfte zu dem Ansatz (5.15). Ein Analogieschluss würde jetzt den Ansatz

$$\mathsf{M}^{-1} \cdot \mathcal{F}' = \sum_k \tilde{\lambda}_k \boldsymbol{A}_k \qquad \text{bzw.} \qquad \mathcal{F}' = \sum_k \tilde{\lambda}_k \, \mathsf{M} \cdot \boldsymbol{A}_k$$

nahe legen oder in der Einzelteilchennotation

$$\boldsymbol{F}_i' = m_i \sum_k \tilde{\lambda}_k \boldsymbol{a}_{ki} \,.$$

Dieses Ergebnis hätte zur Folge, dass die Zwangskraft auf den i-ten Massenpunkt unverändert bleibt, wenn die Masse des j-ten verändert wird, auch wenn beide durch eine Zwangsbedingung miteinander verknüpft sind. Hierdurch würde jedoch von den Zwangskräften das Prinzip *actio = reactio* verletzt.

Der tiefere Grund für unseren Misserfolg liegt in einer Anisotropie des Konfigurationsraums, die immer vorliegt, wenn die Massen verschiedener Massenpunkte differieren, und die dadurch entsteht, dass sich der Zusammenhang zwischen Kraft und Beschleunigung für Koordinatenrichtungen unterscheidet, die Teilchen verschiedener Masse zugeordnet sind. Durch einen Kunstgriff wird es jedoch möglich, das Problem in eines mit isotropem Konfigurationsraum abzuwandeln. Dazu ersetzen wir die Massen, die z. B. in kg angegeben sein mögen, durch rationale Massen

$$m_i = \frac{p_i}{q_i} \,\text{kg} \,,$$

die möglichst genau mit den ursprünglichen Massen übereinstimmen. Damit wird die i-te Masse zu einem ganzzahligen Vielfachen der festen Masse

$$m = \frac{1}{\prod_{l=1}^N q_l} \,\text{kg} \,,$$

es gilt

$$m_i = \left(\frac{p_i}{q_i} \prod_{l=1}^N q_l \right) m = N_i m \qquad \text{mit} \qquad N_i = \text{ganze Zahl} \,.$$

Nun ersetzen wir (für $i{=}1, \ldots, N$) den i-ten Massenpunkt durch N_i verschiedene Massenpunkte der Massen $m_{i1}{=}m_{i2}{=}\cdots{=}m_{i\,N_i}{=}m$, die sich bei $\boldsymbol{r}_{i1}, \ldots, \boldsymbol{r}_{iN_i}$ befinden, und stellen zusätzlich zu den gegebenen s Zwangsbedingungen noch die holonomen Bedingungen, dass die Massen $m_{i1}, \ldots, m_{i\,N_i}$ permanent beisammen bleiben sollen. Die zum Index i gehörige Gesamtmasse hat sich also nicht geändert, sondern ist nur auf N_i gleich große Teilmassen mit verschwindendem Abstand voneinander verteilt worden. Sowohl die äußeren Kräfte $\boldsymbol{F}_i$ als auch die ursprünglich gegebenen Zwangsbedingungen

$$\sum_k \boldsymbol{a}_{ki} \cdot \dot{\boldsymbol{r}}_i + b_k = 0 \,, \qquad k = 1, \ldots, s \tag{5.39}$$

lassen wir nur auf die Massen m_{i1} wirken und bezeichnen die zugehörigen Zwangskräfte mit $\boldsymbol{F}_i'$. Die zusätzlichen, auf die Massen $m_{i2}, \ldots, m_{iN_i}$ einwirkenden Zwangsbedingungen

$$(\boldsymbol{r}_{i2} - \boldsymbol{r}_{i1})^2 = 0 \,, \quad (\boldsymbol{r}_{i3} - \boldsymbol{r}_{i1})^2 = 0 \,, \quad \ldots \,, \quad (\boldsymbol{r}_{i\,N_i} - \boldsymbol{r}_{i1})^2 = 0$$

(verschwindender Abstand) können durch Ableitung nach der Zeit in die Form

$$(\boldsymbol{r}_{ik}-\boldsymbol{r}_{i1})\cdot\dot{\boldsymbol{r}}_{ik}-(\boldsymbol{r}_{ik}-\boldsymbol{r}_{i1})\cdot\dot{\boldsymbol{r}}_{i1}=:\sum_l \boldsymbol{a}_{ikl}\cdot\dot{\boldsymbol{r}}_{il}=0\,,\qquad k=2,\ldots,N_i \tag{5.40}$$

gebracht werden, die durch sie auf den bei $\boldsymbol{r}_{ik}$ befindlichen Massenpunkt der Masse $m_{ik}=m$ ausgeübte Zwangskraft bezeichnen wir mit $\boldsymbol{G}'_{ik}$. Damit erhalten wir die Gleichungen

$$\begin{aligned} m\ddot{\boldsymbol{r}}_{i1} &= \boldsymbol{F}_i+\boldsymbol{G}'_{i1}+\boldsymbol{F}'_i\,,\\ m\ddot{\boldsymbol{r}}_{i2} &= \boldsymbol{G}'_{i2}\,,\\ &\;\vdots\\ m\ddot{\boldsymbol{r}}_{i\,N_i} &= \boldsymbol{G}'_{i\,N_i}\,,\qquad i=1,\ldots,N\,. \end{aligned} \tag{5.41}$$

In Konfigurationsraum-Notation können wir dafür mit offensichtlicher Bezeichnungsweise kürzer

$$m\ddot{\boldsymbol{R}}=\boldsymbol{\mathcal{F}}+\boldsymbol{\mathcal{G}}'+\boldsymbol{\mathcal{F}}' \tag{5.42}$$

schreiben, und die Zwangsbedingungen lassen sich wieder zu

$$\boldsymbol{A}_k\cdot\dot{\boldsymbol{R}}+b_k=0\,,\qquad k=1,\ldots,S\gg s$$

zusammenfassen, wobei sich nur der Laufbereich von k geändert hat. Durch Zeitableitung folgen hieraus Gleichungen der Form (5.38), die zusammen mit (5.42) zu dem Gleichungssystem

$$\boldsymbol{A}_k\cdot(\boldsymbol{\mathcal{G}}'+\boldsymbol{\mathcal{F}}')=-\boldsymbol{A}_k\cdot\boldsymbol{\mathcal{F}}-m(\dot{\boldsymbol{A}}_k\cdot\dot{\boldsymbol{R}}+\dot{b}_k)$$

führen. Jetzt haben wir ein Problem in einem isotropen Raum, aus dem wir wie bei einem einzelnen Massenpunkt auf

$$\boldsymbol{\mathcal{G}}'+\boldsymbol{\mathcal{F}}'=\sum_{k=1}^{S}\lambda_k\boldsymbol{A}_k$$

schließen können.

Mit diesem Ergebnis gehen wir zur Einzelteilchennotation (5.41) zurück und unterscheiden dabei unter Abänderung unserer Bezeichnungsweise zwischen Lagrangeschen Parametern λ_k, $k=1,\ldots,s$, mit denen die Zwangsbedingungen (5.39) berücksichtigt werden und die nur die Massen $m_{i1}, i=1,\ldots,N$, betreffen, und Parametern $\lambda_{ik}, i=1,\ldots,N\,;\ k=2,\ldots,N_i$, welche die Zwangsbedingungen (5.40) berücksichtigen und nur die Massen $m_{i2},\ldots,m_{iN_i}$ betreffen. Auf diese Weise erhalten wir für die Zwangskräfte in der ausführlicheren Notation (5.41)

$$\boldsymbol{G}'_{il}=\sum_{k=2}^{N_i}\lambda_{ik}\boldsymbol{a}_{ikl}\,,\qquad \boldsymbol{F}'_i=\sum_{k=1}^{s}\lambda_k\boldsymbol{a}_{ki}\,.$$

Jetzt summieren wir in (5.41) über alle Massen am gleichen Ort und benutzen dabei, dass aus den Zwangsbedingungen $\boldsymbol{r}_{i1}(t)=\boldsymbol{r}_{i2}(t)=\cdots=\boldsymbol{r}_{i\,N_i}(t)=\boldsymbol{r}_i(t)$ folgt. Außerdem stellen wir jetzt die Forderung, dass die den Zusammenhalt der Massen m_i garantierenden Zwangskräfte $\boldsymbol{G}'_{il}$ das Prinzip *actio = reactio* erfüllen sollen, woraus

$$\sum_k \boldsymbol{G}'_{ik}=0$$

resultiert. Mit $N_i\, m = \widetilde{m}_i$ erhalten wir auf diese Weise schließlich

$$\widetilde{m}_i \ddot{\boldsymbol{r}}_i = \boldsymbol{F}_i + \sum_{k=1}^{s} \lambda_k \boldsymbol{a}_{ki} \, .$$

Dies ist im Wesentlichen das aus dem d'Alembertschen Prinzip abgeleitete Ergebnis (5.31a). Es stimmt mit ihm wegen der geringfügig modifizierten Massen ($\widetilde{m}_i \neq m_i$) im Allgemeinen nicht exakt überein, approximiert es jedoch so gut, wie man nur will, wenn man die Masse m nur klein genug und dementsprechend die Anzahl der Massen groß genug wählt, weil dann $\widetilde{m}_i \to m_i$ gilt. Da die hier abgeleiteten Lagrange-Gleichungen erster Art dem d'Alembertschen Prinzip äquivalent sind, wurde dieses somit aus zwei einfachen Prämissen abgeleitet: einer Symmetrieforderung, die besagt, dass die Zwangskräfte nur Komponenten in Richtungen besitzen dürfen, die durch die Zwangsbedingungen ausgezeichnet werden, und dem Prinzip *actio = reactio* für die Zwangskräfte $\boldsymbol{G}'_{ik}$.

5.5 Prinzip der virtuellen Arbeit

Ein System von N Massenpunkten unter Zwangsbedingungen befindet sich im Gleichgewicht, wenn alle Koordinaten X_i der Massenpunkte konstant bleiben. Mit $\ddot{X}_i = 0$, $i = 1, \ldots, 3N$, vereinfacht sich das d'Alembertsche Prinzip (5.27)–(5.28) in diesem Fall zum Prinzip der virtuellen Arbeit.

Prinzip der virtuellen Arbeit. *Im Gleichgewicht gilt für alle virtuellen Verrückungen δX_i, die mit den Bedingungen*

$$\sum_{i=1}^{3N} A_{ki}\, \delta X_i = 0\,, \qquad k = 1, \ldots, s$$

verträglich sind,

$$\sum_{i=1}^{3N} F_i\, \delta X_i = 0\,. \tag{5.43}$$

in Worten:

„Im Gleichgewicht leisten die eingeprägten Kräfte bei virtuellen Verrückungen insgesamt keine Arbeit.“

In der Einzelteilchennotation lautet das Prinzip:

Für alle $\delta \boldsymbol{r}_i$, die mit den Bedingungen

$$\sum_{i=1}^{N} \boldsymbol{a}_{ki} \cdot \delta \boldsymbol{r}_i = 0\,, \qquad k = 1, \ldots, s \tag{5.44}$$

verträglich sind, gilt

$$\sum_{i=1}^{N} \boldsymbol{F}_i \cdot \delta \boldsymbol{r}_i = 0\,. \tag{5.45}$$

Man kann die Gleichgewichtslage auch direkt aus dem Variationsprinzip (5.44)–(5.45) bestimmen, ohne auf die zugehörigen Lagrange-Gleichungen erster Art zurückzugehen.

Beispiel 5.13: *Massenpunkte in parallelen Ebenen*

Wir suchen eine Gleichgewichtslage der zwei an verschiedene Parallelebenen gebundenen Massenpunkte unter zentralen Wechselwirkungskräften aus Beispiel 5.11. Mit den Kräften (5.35) lautet (5.45)

$$\boldsymbol{F}_{12} \cdot \delta \boldsymbol{r}_1 + \boldsymbol{F}_{21} \cdot \delta \boldsymbol{r}_2 = \alpha(\boldsymbol{r}_1 - \boldsymbol{r}_2) \cdot (\delta \boldsymbol{r}_1 - \delta \boldsymbol{r}_2) = 0\,. \tag{5.46}$$

Aus den Zwangsbedingungen (5.36) und den (5.24) analogen Definitionsgleichungen

$$\nabla f_1 \cdot \delta \boldsymbol{r}_1 = \boldsymbol{e}_z \cdot \delta \boldsymbol{r}_1 = \boldsymbol{e}_z \cdot \delta \boldsymbol{r}_2 = \nabla f_2 \cdot \delta \boldsymbol{r}_2 = 0$$

für virtuelle Verrückungen folgt

$$\boldsymbol{e}_z \cdot (\delta \boldsymbol{r}_1 - \delta \boldsymbol{r}_2) = 0\,.$$

(5.46) reduziert sich damit auf

$$\alpha(x_1 - x_2)\,(\delta x_1 - \delta x_2) + \alpha(y_1 - y_2)\,(\delta y_1 - \delta y_2) = 0\,.$$

Da $\delta x_1 - \delta x_2$ und $\delta y_1 - \delta y_2$ unabhängig voneinander beliebige Werte annehmen können, müssen ihre Koeffizienten einzeln verschwinden, und wir erhalten die anschaulich unmittelbar einsichtigen Gleichgewichtsbedingungen

$$x_1 = x_2, \qquad y_1 = y_2\,.$$

Beispiel 5.14: *Perle auf einem rotierenden Draht*

Eine durchbohrte Perle ist auf einen kreisförmig gebogenen Draht aufgefädelt. Dieser ist so positioniert, dass ein Kreisdurchmesser die z-Achse eines Zylinderkoordinaten-Systems (r, φ, z) bildet, und rotiert gleichmäßig um die z-Achse mit der Winkelgeschwindigkeit ω (Abb. 5.10 (a)). Gesucht sind Gleichgewichtslagen der Perle.

Die Rechnung wird am besten im rotierenden Bezugsystem durchgeführt. In diesem wirkt neben der Schwerkraft $-mg\,\boldsymbol{e}_z$ noch die Zentrifugalkraft $m\omega^2 r\,\boldsymbol{e}_r$ auf die Perle ein, und das Prinzip der virtuellen Arbeit lautet

$$F_r \delta r + F_z \delta z = m(\omega^2 r\, \delta r - g\, \delta z) = 0\,.$$

Aus der Zwangsbedingung

$$r^2 + z^2 = R^2$$

folgt $r\,\delta r + z\,\delta z = 0$, so dass wir

$$mr\left(\omega^2 + \frac{g}{z}\right)\delta r = 0$$

erhalten. Da δr beliebig ist, muss entweder $r = 0$ oder $z = -g/\omega^2$ sein. Damit ergeben sich aus

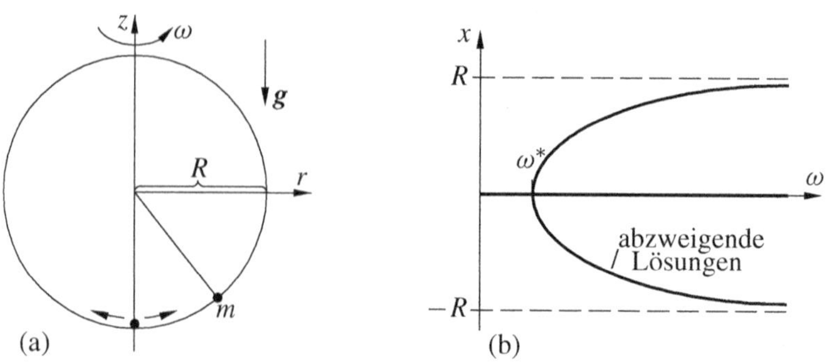

Abb. 5.10: (a) Perle, die sich auf einem rotierenden Kreis bewegen kann. (b) Bifurkation von Gleichgewichtslagen der Perle.

der Zwangsbedingung die beiden auch im ursprünglichen System ruhenden Gleichgewichtslagen

$$r = 0, \qquad z = \pm R \qquad \text{für alle} \quad \omega$$

sowie die im ursprünglichen System eine Rotation beschreibende Gleichgewichtslösung

$$r = \sqrt{R^2 - g^2/\omega^4}\,, \qquad z = -g/\omega^2 \qquad \text{für} \quad \omega > \omega^* = \sqrt{g/R}\,.$$

Der Winkel φ kann dabei in einem rotierenden Zylinderkoordinaten-System die beiden Werte φ_0 und $\varphi_0+\pi$ haben; dem entspricht, dass x die Werte $x=\pm(R^2-g^2/\omega^4)^{1/2}$ annehmen kann, wenn sich die Perle in der x, z-Ebene eines rotierenden Systems mit kartesischen Koordinaten befindet. In Abb. 5.10 (b) sind die x-Werte der beiden Lösungen als Funktionen von ω aufgetragen. Für $\omega<\omega^*$ gibt es nur die eine Lösung $r=0$ bzw. $x=0$, für $\omega>\omega^*$ existieren drei Lösungen. Man findet leicht, dass die Lösung $x=0$ für kleine ω bis zu $\omega=\omega^*$ stabil ist und für $\omega>\omega^*$ instabil wird, während die beiden *abzweigenden Lösungen* $x=\pm\,(R^2-g^2/\omega^4)^{1/2}$ stabil sind (Aufgabe 5.15).

Dieses Beispiel demonstriert das Phänomen der **Bifurkation** (von lat. *bifurcus* = zweizinkig), dessen große Bedeutung für die Physik und viele andere Gebiete erst in den letzten Jahrzehnten voll erkannt wurde: Unter gegebenen Bedingungen kann ein System mehrere Zustände einnehmen, die bei Veränderung eines Parameters – hier ω – stetig aus einem einzigen Zustand hervorgegangen sind.

5.6 Generalisierte Koordinaten

Wir haben bisher zur Lagebeschreibung von Massenpunkten unter Zwangsbedingungen ausschließlich kartesische Koordinaten benutzt. Eine wesentliche Vereinfachung bei der Lösung von Bewegungsproblemen mit Zwangsbedingungen ergibt sich durch die Benutzung **generalisierter Koordinaten**. Recht allgemein könnte man diese als Koordinaten bezeichnen, die dem spezifischen Problem besonders angepasst sind. Wir werden sehen, dass man durch ihre Benutzung in vielen Fällen dem Problem aus dem

Weg gehen kann, die Zwangskräfte simultan mitbestimmen zu müssen. Das stellt natürlich eine erhebliche Vereinfachung dar, wenn man sich für diese gar nicht interessiert. Nachdem das Bewegungsproblem gelöst ist, kann man sie sogar noch im Nachhinein berechnen. Natürlich erweist es sich auch bei vielen Problemen ohne Zwangsbedingungen als nützlich, wenn man problemangepasste Koordinaten benutzt, die man dann ebenfalls als generalisierte Koordinaten bezeichnen kann. In diesem Sinne sind wir z. B. schon bei unserer Behandlung der Bewegung eines Massenpunkts im Zentralfeld durch die Benutzung von Polarkoordinaten zu generalisierten Koordinaten übergegangen. Wir betrachten im Folgenden zunächst holonome Zwangsbedingungen und beginnen mit dem besonders einfachen Fall der Bewegung eines Massenpunkts auf einer zeitunabhängigen Raumkurve.

5.6.1 Ein Massenpunkt unter holonomen Zwangsbedingungen

Die Bewegung eines Massenpunkts unter zwei skleronomen holonomen Zwangsbedingungen $f_1(\boldsymbol{r}) = f_2(\boldsymbol{r}) = 0$ erfolgt auf einer Raumkurve, die auch durch die Parameterdarstellung $\boldsymbol{r} = \boldsymbol{r}(s)$ beschrieben werden kann. Dabei ist s die von einem bestimmten Anfangspunkt $\boldsymbol{r}_0$ aus gezählte Bogenlänge. Die Lage des Massenpunkts kann eindeutig durch Angabe der Bogenlänge als Funktion der Zeit, $s = s(t)$, gekennzeichnet werden, denn die Lage im Raum ergibt sich dann einfach aus $\boldsymbol{r} = \boldsymbol{r}(s(t))$. Wir benutzen daher s als generalisierte Koordinate. Da diese Wahl impliziert, dass sich der Massenpunkt auf der Raumkurve bewegt, sind die Zwangsbedingungen automatisch eingehalten.

Wir versuchen jetzt, die Bewegungsgleichung so umzuformulieren, dass sie nur noch die Koordinate s enthält. Für die Geschwindigkeit des Massenpunkts ergibt sich

$$\dot{\boldsymbol{r}} = \frac{d\boldsymbol{r}}{ds}\dot{s} \overset{(2.6)}{=} \boldsymbol{T}\dot{s}\,,$$

wenn $\boldsymbol{T}$ der Tangentenvektor an die Raumkurve ist. Die Beschleunigung ist

$$\ddot{\boldsymbol{r}} = \frac{d\boldsymbol{T}}{ds}\dot{s}^2 + \boldsymbol{T}\ddot{s}\,.$$

Nun setzen wir das in die hier gültige Lagrange-Gleichung (5.13) ein und multiplizieren diese mit $\boldsymbol{T}$. Da die Gradienten ∇f_1 und ∇f_2 senkrecht auf der in beiden Flächen liegenden Raumkurve stehen, verschwindet ihr Beitrag, und mit $\boldsymbol{T}\cdot d\boldsymbol{T}/ds{=}0$ erhalten wir

$$m\boldsymbol{T}\cdot\left(\frac{d\boldsymbol{T}}{ds}\,\dot{s}^2 + \boldsymbol{T}\ddot{s}\right) = m\ddot{s} = \boldsymbol{T}\cdot\boldsymbol{F}\,.$$

In dieser Gleichung taucht nur noch die eingeprägte Kraft $\boldsymbol{F}$ auf, die als Funktion von $\boldsymbol{r}$, $\dot{\boldsymbol{r}}$ und t gegeben ist. Auf der Raumkurve gilt

$$\boldsymbol{T}\cdot\boldsymbol{F}(\boldsymbol{r},\dot{\boldsymbol{r}},t) = \boldsymbol{T}(s)\cdot\boldsymbol{F}\big(\boldsymbol{r}(s),\boldsymbol{T}(s)\cdot\dot{s},t\big) =: F_T(s,\dot{s},t),$$

d. h. wir haben eine eindimensionale Bewegungsgleichung

$$m\ddot{s} = F_T(s,\dot{s},t)$$

für $s(t)$. Aus dieser können wir $s(t)$ – wenigstens im Prinzip – direkt berechnen, ohne auch die Zwangskräfte bestimmen zu müssen. Wie man diese im Nachhinein ermitteln kann, wird später gleich allgemein für ein System von N Massenpunkten unter s holonomen Zwangsbedingungen gezeigt.

5.6.2 System von Massenpunkten unter holonomen Zwangsbedingungen

Die Wahl generalisierter Koordinaten ist ein rein kinematisches Problem, für das es keine eindeutige Vorschrift gibt. Ein und dasselbe Problem kann mit vielen verschiedenen generalisierten Koordinaten behandelt werden, und man wird sich um eine Koordinatenwahl bemühen, die das untersuchte Problem möglichst einfach macht. Wir betrachten zuerst eine systematische Wahl, die immer möglich ist und den Vorteil generalisierter Koordinaten prinzipiell erkennen lässt. Allerdings wird sie im Allgemeinen nicht die geschickteste sein, ja mitunter sogar zu recht mühsamen Rechnungen führen.

In einem System von N Massenpunkten seien s voneinander unabhängige holonome Zwangsbedingungen in kartesischen Koordinaten $X_1, \ldots, X_{3N}$ gegeben,

$$\begin{aligned} f_1(X_1, \ldots, X_{3N}, t) &= 0\,, \\ &\vdots \\ f_s(X_1, \ldots, X_{3N}, t) &= 0\,. \end{aligned} \tag{5.47}$$

Handelt es sich dabei um voneinander unabhängige lineare Gleichungen, so kann man sie z. B. nach den s Variablen $X_{3N-s+1}, \ldots, X_{3N}$ auflösen,

$$\begin{aligned} X_{3N-s+1} &= X_{3N-s+1}(X_1, \ldots, X_{3N-s}, t)\,, \\ &\vdots \\ X_{3N} &= \quad X_{3N}(X_1, \ldots, X_{3N-s}, t)\,. \end{aligned}$$

Die $3N - s$ Variablen $X_1, \ldots, X_{3N-s}$ können dann innerhalb ihres Definitionsbereichs frei variiert werden, und wir wählen sie als generalisierte Koordinaten. Werden dann die restlichen Variablen $X_{3N-s+1}, \ldots, X_{3N}$ mithilfe der obigen Gleichungen durch die generalisierten Koordinaten ausgedrückt, so sind die Zwangsbedingungen erfüllt.

Wir definieren nun die **Zahl der Freiheitsgrade** eines Systems als Anzahl derjenigen Variablen, die unter Einhaltung aller Zwangsbedingungen unabhängig voneinander in einem endlichen Intervall kontinuierlich variiert werden können. Bei s linear unabhängigen linearen Zwangsbedingungen haben wir $f = 3N - s$ Freiheitsgrade. Bei s nichtlinearen Zwangsbedingungen kann die Zahl der Freiheitsgrade auch kleiner sein. So zerstört z. B. schon die eine nichtlineare holonome Zwangsbedingung

$$x^2 + y^2 + z^2 = 0$$

bei einem einzelnen Massenpunkt gleich drei Freiheitsgrade. Sie besitzt nämlich nur die Lösung $x = y = z = 0$, die keine Bewegung mehr erlaubt. Weiterhin kann durch nichtlineare Zwangsbedingungen der Variabilitätsbereich von Koordinaten auf einen Teil des

Definitionsbereichs reduziert werden. Wird die Bewegung eines Massenpunkts z. B. auf die Kugelschale

$$x^2 + y^2 + z^2 = R^2$$

eingeschränkt, so können wir z durch x und y ausdrücken,

$$z = \pm\sqrt{R^2 - x^2 - y^2}\,,$$

und x, y als generalisierte Variablen wählen. Deren Variabilitätsbereich wird durch die Reellwertigkeitsforderung an z jedoch auf

$$-R \le x \le +R, \qquad -\sqrt{R^2 - x^2} \le y \le +\sqrt{R^2 - x^2}$$

eingeschränkt.

Unter gewissen Voraussetzungen an die Funktionen $f_1, \ldots, f_s$ aus (5.47) (Unabhängigkeit, Stetigkeit usw.) gilt ganz allgemein

$$f \le 3N - s\,.$$

Bei f Freiheitsgraden können die Zwangsbedingungen definitionsgemäß z. B. nach den letzten $3N - f$ Variablen aufgelöst werden,

$$\begin{aligned} X_{3N-f+1} &= X_{3N-f+1}(X_1, \ldots, X_f)\,, \\ &\;\;\vdots \\ X_{3N} &= \quad X_{3N}(X_1, \ldots, X_f)\,. \end{aligned}$$

Die „freien Variablen" $X_1, \ldots, X_f$ können dann unter Einhaltung aller Zwangsbedingungen innerhalb gewisser Grenzen frei gewählt und als generalisierte Koordinaten benutzt werden, während alle übrigen Variablen durch sie festgelegt sind.

Die s holonomen Zwangsbedingungen (5.47) definieren bei f Freiheitsgraden eine f-dimensionale Punktmannigfaltigkeit oder Hyperfläche im $3N$-dimensionalen Konfigurationsraum, auf der sich der Ortsvektor $\boldsymbol{R}$ des Systems bewegen muss. So, wie eine durch zwei zeitabhängige holonome Zwangsbedingungen definierte Raumkurve die Parameterdarstellung $\boldsymbol{r} = \boldsymbol{r}(q, t)$ zulässt (wir wählten im Abschn. 5.6.1 speziell $q = s$), kann eine zeitlich veränderliche f-dimensionale Hyperfläche durch f Parameter $\boldsymbol{q}=\{q_1, \ldots, q_f\}$ beschrieben werden, die innerhalb gewisser Bereiche frei wählbar sind,

$$\boldsymbol{R} = \boldsymbol{R}(\boldsymbol{q}, t) \qquad \text{bzw.} \qquad X_i = X_i(q_1, \ldots, q_f, t)\,, \qquad i = 1, \ldots, 3N\,. \tag{5.48}$$

Wie bei der Bewegung auf einer Raumkurve können hier die Parameter $q_1, \ldots, q_f$ als generalisierte Koordinaten benutzt werden. Da dieselbe Fläche viele verschiedene Parameterdarstellungen besitzt, und da man von einer Parameterdarstellung durch Transformationen zu beliebigen anderen übergehen kann, ergeben sich hier viele Möglichkeiten zur Einführung generalisierter Koordinaten. (Mit $X_1{=}q_1, \ldots, X_f{=}q_f$, $X_{f+1}{=}X_{f+1}(\boldsymbol{q}, t), \ldots, X_{3N}{=}X_{3N}(\boldsymbol{q}, t)$ ist die anfangs getroffene systematische Wahl generalisierter Koordinaten in dem zuletzt angegebenen Schema enthalten.) Wir werden jeden Satz von Variablen $q_1, \ldots, q_f$, der die kartesischen Koordinaten X_i der Massenpunkte durch Gleichungen (5.48) unter Einhaltung aller holonomen Zwangsbedingungen eindeutig festlegt und selbst von diesen eindeutig durch Gleichungen

$$q_k = q_k(X_1, \ldots, X_{3N}, t), \qquad k = 1, \ldots, f \tag{5.49}$$

festgelegt wird, als **Satz generalisierter Koordinaten** bezeichnen. (Man beachte, dass (5.49) keine Zeitabhängigkeit der q_k impliziert, sondern nur bedeutet, dass der Zusammenhang zwischen kartesischen und generalisierten Koordinaten zeitabhängig sein kann.)

Die physikalische Dimension der generalisierten Koordinaten $q_1, \ldots, q_f$ muss nicht die von Längen sein, zur Lagebeschreibung können z. B. genauso gut (dimensionslose) Winkel dienen, jedoch auch Koordinaten mit den Dimensionen der Energie oder Geschwindigkeit. Dabei können im gleichen Variablensatz $q_1, \ldots, q_f$ auch verschiedene Dimensionen auftreten. Wichtig ist nur, dass durch die Angabe der generalisierten Koordinaten die Lage des betrachteten Systems unter Einhaltung aller holonomen Zwangsbedingungen eindeutig festgelegt wird.

Beispiel 5.15: *Kreispendel im Schwerefeld*

Die Bewegung der Pendelmasse ist an den Kreis

$$y = 0, \qquad x^2 + z^2 = l^2$$

gebunden, und das Problem besitzt nur einen Freiheitsgrad. Aus der Parameterdarstellung (Abb. 5.11)

$$x = l \sin\varphi, \qquad z = -l \cos\varphi,$$

kann φ als generalisierte Koordinate entnommen werden.

Beispiel 5.16: *Doppelpendel*

Die Masse m_1 sei an den Kreis

$$y_1 = 0, \qquad {x_1}^2 + {z_1}^2 = {l_1}^2$$

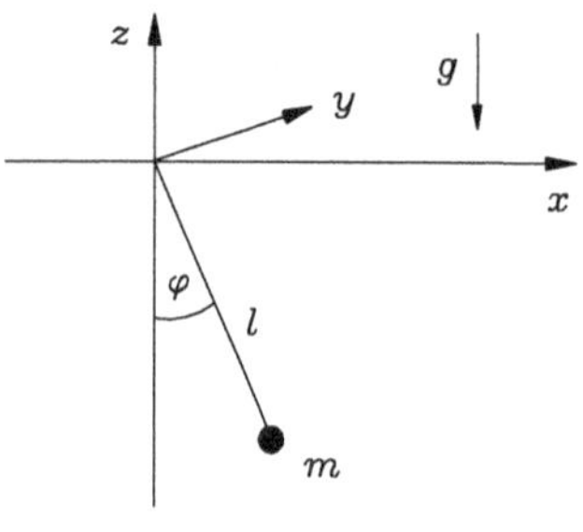

Abb. 5.11: Kreispendel in generalisierten Koordinaten.

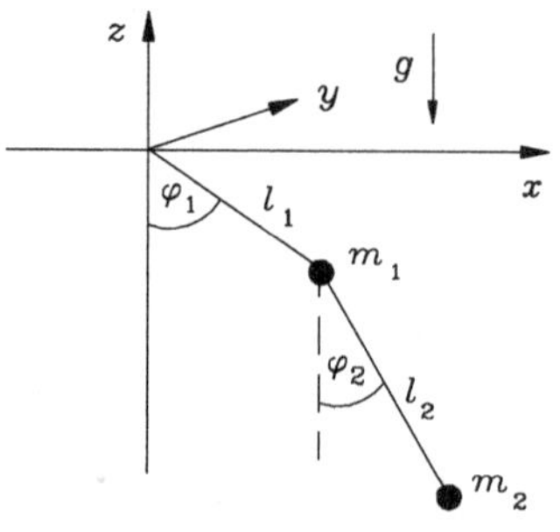

Abb. 5.12: Doppelpendel in generalisierten Koordinaten.

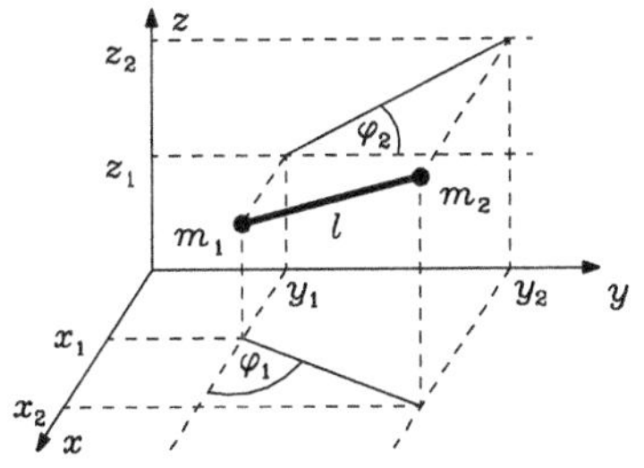

Abb. 5.13: Hantel im Raum, generalisierte Koordinaten x_1, y_1, z_1, φ_1 und φ_2.

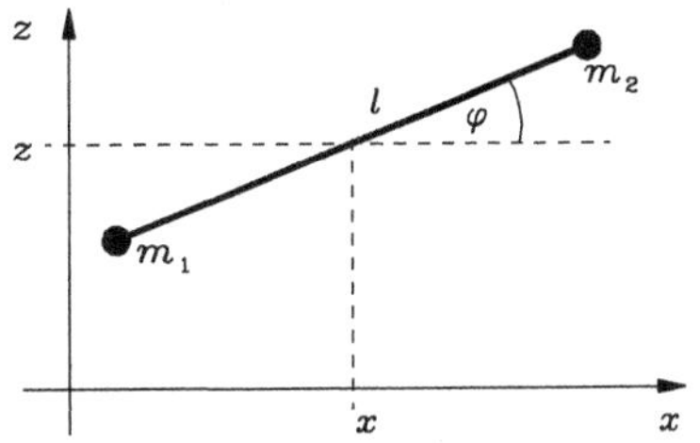

Abb. 5.14: Hantel in der Ebene, generalisierte Koordinaten x, z und φ.

gebunden. Die Masse m_2 sei ebenfalls an die Ebene $y = 0$ gebunden und halte von der Masse m_1 den festen Abstand l_2,

$$y_2 = 0, \qquad (x_2 - x_1)^2 + (z_2 - z_1)^2 = l_2{}^2 .$$

Mit $3N = 6$ und $s = 4$ besitzt das Problem $f = 3N - s = 2$ Freiheitsgrade. Als generalisierte Koordinaten können die Winkel φ_1 und φ_2 aus Abb. 5.12 genommen werden. Zwischen diesen und den kartesischen Koordinaten besteht der Zusammenhang

$$\begin{aligned} x_1 &= l_1 \sin\varphi_1 , & z_1 &= -l_1 \cos\varphi_1 , \\ x_2 - x_1 &= l_2 \sin\varphi_2 , & z_2 - z_1 &= -l_2 \cos\varphi_2 . \end{aligned}$$

Beispiel 5.17: *Hantel im Raum*

Bei der Hantel sind zwei Massenpunkte durch die Bedingung aneinander gekoppelt, dass ihr Abstand den festen Wert l einhalten soll,

$$(x_2 - x_1)^2 + (y_2 - y_1)^2 + (z_2 - z_1)^2 = l^2 .$$

Es gilt $3N{=}6$, $s{=}1$, und die Zahl der Freiheitsgrade beträgt $f{=}5$. Als generalisierte Koordinaten können x_1, y_1, z_1, φ_1 und φ_2 benutzt werden (Abb. 5.13). Mit den kartesischen Koordinaten der beiden Massenpunkte bestehen die Zusammenhänge

$$x_2 - x_1 = l \cos\varphi_1 \cos\varphi_2 , \qquad y_2 - y_1 = l \sin\varphi_1 \cos\varphi_2 , \qquad z_2 - z_1 = l \sin\varphi_1 \sin\varphi_2 .$$

Beispiel 5.18: *Hantel in der Ebene*

Sind die Massen m_1 und m_2 der im vorigen Beispiel behandelten Hantel an die Ebene

$$y_1 = 0 , \qquad y_2 = 0$$

gebunden, so gilt $s{=}3$ und die Zahl der Freiheitsgrade reduziert sich auf $f{=}3$. Als generalisierte Koordinaten können dann die Schwerpunktskoordinaten x und z sowie der Winkel φ zwischen der Hantel und der x-Achse benutzt werden (Abb. 5.14).

5.7 D'Alembertsches Prinzip in generalisierten Koordinaten

Nachdem man sich bei einem mechanischen Problem für einen speziellen Satz generalisierter Koordinaten entschieden hat, müssen die Bewegungsgleichungen in diesen ausgedrückt werden. Da es häufig vorkommt, dass neben holonomen gleichzeitig auch nicht-holonome Zwangsbedingungen auftreten, betrachten wir gleich ein System von N Massenpunkten, das s_h holonomen und s_d linearen differentiellen nicht-holonomen Zwangsbedingungen unterworfen ist. In diesem Fall werden durch eine geeignete Auswahl generalisierter Koordinaten $q_1, \ldots, q_f$ nur die holonomen Zwangsbedingungen automatisch erfüllt, alle nicht-holonomen Zwangsbedingungen müssen weiterhin berücksichtigt werden. Zur Formulierung der Bewegungsgleichungen erweist es sich hier als nützlich, im Gegensatz zu unserem Vorgehen bei einem einzelnen Massenpunkt auf einer Raumkurve als erstes das d'Alembertsche Prinzip in generalisierten Koordinaten auszudrücken. Das ist unser Ziel in diesem Abschnitt. In den beiden folgenden Abschnitten werden wir dann aus dem umgeformten d'Alembertschen Prinzip Bewegungsgleichungen ableiten, aus denen die Bahnen $q_i(t)$ berechnet werden können.

Um das d'Alembertsche Prinzip auf generalisierte Koordinaten umschreiben zu können, benötigen wir den Zusammenhang zwischen virtuellen Verrückungen in generalisierten und kartesischen Koordinaten. Aus (5.48) entnehmen wir zunächst den allgemeinen Zusammenhang

$$dX_i = \sum_{k=1}^{f} \left(\frac{\partial X_i}{\partial q_k} dq_k \right) + \frac{\partial X_i}{\partial t} dt\,, \qquad i = 1, \ldots, 3N\,. \tag{5.50}$$

Da virtuelle Verrückungen differentielle Abstände bei festgehaltener Zeit sind, erhalten wir hieraus mit $dt = 0$ und $d \to \delta$

$$\delta X_i = \sum_{k=1}^{f} \left(\frac{\partial X_i}{\partial q_k} \delta q_k \right)\,. \tag{5.51}$$

Setzen wir das in (5.28) ein, so erhalten wir nach Vertauschen der Summationsreihenfolge

$$\sum_{k=1}^{f} \left[\left(\sum_{i=1}^{3N} M_i \ddot{X}_i \frac{\partial X_i}{\partial q_k} \right) - Q_k \right] \delta q_k \overset{\text{s.u.}}{=} 0\,. \tag{5.52}$$

Die hierin zur Abkürzung eingeführten Größen

$$Q_k := \sum_{i=1}^{3N} F_i \frac{\partial X_i}{\partial q_k}\,, \qquad k = 1, \ldots, f \tag{5.53}$$

werden als Komponenten einer **generalisierten Kraft** $\boldsymbol{Q} := \{Q_1, \ldots, Q_f\}$ bezeichnet. Für spätere Zwecke merken wir die unmittelbar aus (5.51) und (5.53) folgende Relation

$$\sum_{k=1}^{f} Q_k\, \delta q_k = \sum_{i=1}^{3N} F_i\, \delta X_i \tag{5.54}$$

an, die besagt, dass die Arbeit der generalisierten Kraft bei virtuellen Verrückungen mit der der eingeprägten Kräfte übereinstimmt.[1]

Zur vollständigen Transformation auf generalisierte Koordinaten müssen in (5.52) noch alle $\ddot{X}_i$ durch die q_k bzw. deren Zeitableitungen ausgedrückt werden. Aus (5.50) folgt zunächst

$$\dot{X}_i = \sum_{k=1}^{f} \frac{\partial X_i}{\partial q_k} \dot{q}_k + \frac{\partial X_i}{\partial t} = f_i(\boldsymbol{q}, \dot{\boldsymbol{q}}, t)\,. \tag{5.55}$$

Dabei ist zu beachten, dass in der Funktion $f_i(\boldsymbol{q}, \dot{\boldsymbol{q}}, t)$ die Argumente $\boldsymbol{q}$, $\dot{\boldsymbol{q}}$ und t als unabhängige Variablen aufgefasst werden, obwohl die **generalisierten Geschwindigkeiten** $\{\dot{q}_1(t), \ldots, \dot{q}_F(t)\} = \dot{\boldsymbol{q}}(t)$ auf einer Bahn $\boldsymbol{q}(t)$ durch deren Zeitverlauf festgelegt werden. (Für die Funktion f_i bedeutet das nur, dass sie auf der Bahn nicht ihren vollen Wertebereich ausschöpft, sondern die speziellen Werte $f_i(\boldsymbol{q}(t), \dot{\boldsymbol{q}}(t), t)$ annimmt.) Mit der aus (5.55) folgenden Beziehung

$$\frac{\partial \dot{X}_i}{\partial \dot{q}_k} = \left.\frac{\partial \dot{X}_i}{\partial \dot{q}_k}\right|_{\boldsymbol{q},t} = \frac{\partial X_i}{\partial q_k} \tag{5.56}$$

und mit $T_i = M_i \dot{X}_i{}^2/2$ (= kinetische Energie der Bewegungskomponente in Richtung X_i) erhalten wir nun

$$\begin{aligned} M_i \ddot{X}_i \frac{\partial X_i}{\partial q_k} &= M_i \ddot{X}_i \frac{\partial \dot{X}_i}{\partial \dot{q}_k} = M_i \frac{d}{dt}\left(\frac{\partial}{\partial \dot{q}_k} \frac{\dot{X}_i{}^2}{2}\right) - M_i \dot{X}_i \frac{d}{dt}\left(\frac{\partial \dot{X}_i}{\partial \dot{q}_k}\right) \\ &\overset{(5.56)}{=} \frac{d}{dt}\left(\frac{\partial T_i}{\partial \dot{q}_k}\right) - M_i \dot{X}_i \frac{d}{dt}\left(\frac{\partial X_i}{\partial q_k}\right) \overset{\text{s.u.}}{=} \frac{d}{dt}\left(\frac{\partial T_i}{\partial \dot{q}_k}\right) - \frac{\partial T_i}{\partial q_k}\,. \end{aligned}$$

Dabei wurde im letzten Schritt

$$\begin{aligned} \frac{d}{dt}\left(\frac{\partial X_i}{\partial q_k}\right) &= \sum_{l=1}^{f} \left(\frac{\partial}{\partial q_l} \frac{\partial X_i}{\partial q_k}\right) \dot{q}_l + \frac{\partial}{\partial t} \frac{\partial X_i}{\partial q_k} \\ &= \frac{\partial}{\partial q_k}\left[\sum_{l=1}^{f} \frac{\partial X_i}{\partial q_l} \dot{q}_l + \frac{\partial X_i}{\partial t}\right] \overset{(5.55)}{=} \frac{\partial \dot{X}_i}{\partial q_k} \end{aligned}$$

benutzt. Setzen wir dieses Ergebnis in (5.52) ein und verwenden noch die aus der Orthogonalität der kartesischen Koordinaten X_i folgende Superponierbarkeit der kinetischen Teilenergien T_i, also $T = \sum_{i=1}^{3N} T_i$ = gesamte kinetische Energie, so erhalten wir schließlich

$$\sum_{k=1}^{f} \left[\frac{d}{dt}\left(\frac{\partial T}{\partial \dot{q}_k}\right) - \frac{\partial T}{\partial q_k} - Q_k\right] \delta q_k = 0\,. \tag{5.57}$$

Hierin sind T und die Komponenten Q_k der generalisierten Kraft wegen $X_i = X_i(\boldsymbol{q}, t)$ und (5.55) durch

1 Da die q_k nicht immer Längen sind, haben auch die Q_k nicht immer die Dimension einer Kraft. Aus (5.54) folgt jedoch, dass $Q_k\, \delta q_k$ immer die Dimension einer Arbeit besitzt.

$$T(\boldsymbol{q}, \dot{\boldsymbol{q}}, t) = \sum_{l,m=1}^{f} c_{lm}\, \dot{q}_l\, \dot{q}_m + \sum_{l=1}^{f} c_l\, \dot{q}_l + c \tag{5.58}$$

mit

$$c = \quad c(\boldsymbol{q}, t) = \sum_{i=1}^{3N} \frac{M_i}{2} \left(\frac{\partial X_i}{\partial t} \right)^2 , \qquad c_l = c_l(\boldsymbol{q}, t) = \sum_{i=1}^{3N} M_i\, \frac{\partial X_i}{\partial q_l}\, \frac{\partial X_i}{\partial t} ,$$

$$c_{lm} = c_{lm}(\boldsymbol{q}, t) = \sum_{i=1}^{3N} \frac{M_i}{2}\, \frac{\partial X_i}{\partial q_l}\, \frac{\partial X_i}{\partial q_m}$$

und

$$Q_k \overset{(5.53)}{=} \sum_{l=1}^{3N} F_i\Big(\boldsymbol{X}(\boldsymbol{q}, t), \dot{\boldsymbol{X}}(\boldsymbol{q}, \dot{\boldsymbol{q}}, t), t \Big)\, \frac{\partial X_i(\boldsymbol{q}, t)}{\partial q_k}$$

als Funktionen der $\boldsymbol{q}$, $\dot{\boldsymbol{q}}$ und t gegeben.

Da die holonomen Zwangsbedingungen von den generalisierten Koordinaten identisch erfüllt werden und an diese keine weiteren Bedingungen stellen, verbleibt jetzt nur noch die Aufgabe, die nicht-holonome Zwangsbedingungen betreffenden Definitionsgleichungen für virtuelle Verrückungen auf generalisierte Koordinaten zu transformieren. Wenn wir annehmen, dass von den Definitionsgleichungen (5.27) die ersten s_d nicht-holonome Zwangsbedingungen betreffen, erhalten wir für diese mit (5.51) und $k \to l$

$$0 = \sum_{i=1}^{3N} A_{ki}\, \delta X_i = \sum_{l=1}^{f} \Big(\sum_{i=1}^{3N} A_{ki}\, \frac{\partial X_i}{\partial q_l} \Big) \delta q_l , \qquad k = 1, \ldots, s_d .$$

Mit der Abkürzung

$$a_{kl} := \sum_{i=1}^{3N} A_{ki}\, \frac{\partial X_i}{\partial q_l}$$

erhalten wir so anstelle von (5.27) die Bedingungen

$$\sum_{l=1}^{f} a_{kl}\, \delta q_l = 0 , \qquad k = 1, \ldots, s_d . \tag{5.59}$$

Die zugehörigen Zwangsbedingungen (5.23) nehmen mit (5.50) in den q_l die Form

$$\sum_{l=1}^{f} a_{kl}\, dq_l + b_k\, dt = 0 , \qquad k = 1, \ldots, s_d \tag{5.60}$$

an, wobei die Umbenennung $b_k \to \sum_{i=1}^{3N} A_{ki}\, \partial X_i / \partial t + b_k$ vorgenommen wurde. Die Definitionsgleichungen (5.59) für virtuelle Verrückungen erhält man also bei den generalisierten Koordinaten in derselben Weise aus den Zwangsbedingungen wie bei den kartesischen.

Fassen wir unsere Ergebnisse zusammen, so erhalten wir

D'Alembertsches Prinzip in generalisierten Koordinaten q_i. *Unterliegt ein System den linearen differentiellen nicht-holonomen Zwangsbedingungen*

$$\sum_{i=1}^{f} a_{ki}\, dq_i + b_k\, dt = 0\,, \qquad k = 1,\ldots,s_d\,, \tag{5.61}$$

so gilt für alle virtuellen Verrückungen δq_i, die den Bedingungen

$$\sum_{i=1}^{f} a_{ki}\, \delta q_i = 0\,, \qquad k = 1,\ldots,s_d$$

genügen,

$$\sum_{i=1}^{f} \left[\frac{d}{dt}\left(\frac{\partial T}{\partial \dot{q}_i}\right) - \frac{\partial T}{\partial q_i} - Q_i \right] \delta q_i = 0\,. \tag{5.62}$$

Dabei ist T die in den generalisierten Koordinaten und Geschwindigkeiten ausgedrückte kinetische Energie des Systems, und Q_i sind die Komponenten der generalisierten Kraft.

5.8 Bewegungsgleichungen in generalisierten Koordinaten

5.8.1 Holonome Zwangsbedingungen und Lagrange-Gleichungen zweiter Art

Wir leiten jetzt aus dem d'Alembertschen Prinzip (5.62) die in generalisierten Koordinaten gültigen Bewegungsgleichungen ab und setzen in diesem Abschnitt voraus, dass entweder keine oder nur holonome Zwangsbedingungen vorliegen. Wenn die letzteren durch die Wahl geeigneter generalisierter Koordinaten alle erfüllt sind, können die δq_i unabhängig voneinander innerhalb ihres Definitionsbereiches frei vorgegeben werden, und daher müssen im d'Alembertschen Prinzip sämtliche Koeffizienten der δq_i einzeln verschwinden. Daher erhalten wir die Bewegungsgleichungen

$$\frac{d}{dt}\left(\frac{\partial T}{\partial \dot{q}_i}\right) - \frac{\partial T}{\partial q_i} = Q_i\,, \qquad i = 1,\ldots,f\,. \tag{5.63}$$

Da aus (5.58)

$$\frac{d}{dt}\left(\frac{\partial T}{\partial \dot{q}_i}\right) = \frac{d}{dt}\left[\sum_l (c_{il}+c_{li})\,\dot{q}_l + c_i\right]$$

$$= \sum_l (c_{il}+c_{li})\,\ddot{q}_l + \sum_{l,m} \frac{\partial}{\partial q_m}(c_{il}+c_{li})\,\dot{q}_l\,\dot{q}_m + \sum_l \left(\frac{\partial c_{il}}{\partial t} + \frac{\partial c_{li}}{\partial t} + \frac{\partial c_i}{\partial q_l}\right)\dot{q}_l + \frac{\partial c_i}{\partial t}$$

und

$$\frac{\partial T}{\partial q_i} = \sum_{l,m} \left(\frac{\partial c_{lm}}{\partial q_i}\right) \dot{q}_l \, \dot{q}_m + \sum_l \frac{\partial c_l}{\partial q_i} \dot{q}_l + \frac{\partial c}{\partial q_i}$$

folgt, bildet (5.63) ein System von f Differentialgleichungen zweiter Ordnung für die q_i. Gegenüber den Lagrange-Gleichungen erster Art bedeutet dies eine erhebliche Vereinfachung. Dort hatten wir bei s Zwangsbedingungen nämlich aus $3N+s$ Gleichungen $3N+s$ Variablen zu bestimmen, während jetzt nur noch $f \leq 3N-s$ Gleichungen zu lösen sind. Nach der Theorie für Systeme gewöhnlicher Differentialgleichungen besitzt das Anfangswertproblem, bei dem die Größen $q_1, \ldots, q_f$, $\dot{q}_1, \ldots, \dot{q}_f$ unabhängig voneinander vorgeben werden, eine eindeutige Lösung.

Der Spezialfall, dass die generalisierten Kraftkomponenten ein **Potenzial** $V(\boldsymbol{q}, t)$ besitzen,

$$Q_k = -\frac{\partial V}{\partial q_k}\,, \tag{5.64}$$

verdient unsere besondere Beachtung. Eine hinreichende Bedingung für ihn wäre, dass die Kräfte F_i ein Potenzial $\widetilde{V}(X_1, \ldots, X_{3N}, t)$ besitzen, $F_i{=}-\partial\widetilde{V}/\partial X_i$. Mit

$$V(\boldsymbol{q}, t) := \widetilde{V}(X_1(\boldsymbol{q}, t), \ldots, X_{3N}(\boldsymbol{q}, t), t) = \widetilde{V}(\boldsymbol{X}, t)$$

gilt dann nämlich nach (5.53)

$$Q_k = \sum_{i=1}^{3N} F_i \frac{\partial X_i}{\partial q_k} = -\sum_{i=1}^{3N} \frac{\partial \widetilde{V}(\boldsymbol{X}, t)}{\partial X_i} \frac{\partial X_i}{\partial q_k} = -\frac{\partial V(\boldsymbol{q}, t)}{\partial q_k}\,.$$

Die oben angegebene, hinreichende Bedingung ist jedoch keineswegs notwendig. Betrachten wir z. B. einen Massenpunkt im Kraftfeld $\boldsymbol{F} = \boldsymbol{F}(x, y, z)$ und setzen voraus, dass dieses kein Potenzial besitzt (rot $\boldsymbol{F} \neq 0$), so erhalten wir für eine Bewegung unter holonomen Zwangsbedingungen, die nur einen, durch die generalisierte Koordinate $q_1{\to}q$ beschriebenen Freiheitsgrad offenlässt, die generalisierte Kraft

$$Q_1 = Q = F_x \frac{\partial x}{\partial q} + F_y \frac{\partial y}{\partial q} + F_z \frac{\partial z}{\partial q} = Q(q)\,.$$

Diese hat offensichtlich das Potenzial

$$V(q) = -\int_{q_0}^{q} Q(q')\, dq'\,,$$

obwohl $\boldsymbol{F}$ selbst kein Potenzial besitzt. Wir bezeichnen ein System von jetzt an als **konservativ**, wenn die generalisierten Kraftkomponenten ein Potenzial besitzen.

Um die Bewegungsgleichungen im Fall konservativer Kräfte in eine besonders übersichtliche Form zu bringen, definieren wir durch

$$\boxed{L(\boldsymbol{q}, \dot{\boldsymbol{q}}, t) = T(\boldsymbol{q}, \dot{\boldsymbol{q}}, t) - V(\boldsymbol{q}, t)} \tag{5.65}$$

die so genannte **Lagrange-Funktion**. Da V nicht von den $\dot{q}_i$ abhängig ist, gilt $\partial T/\partial \dot{q}_i = \partial L/\partial \dot{q}_i$ und

$$\frac{\partial T}{\partial q_i} + Q_i \overset{(5.64)}{=} \frac{\partial T}{\partial q_i} - \frac{\partial V}{\partial q_i} = \frac{\partial L}{\partial q_i}\,.$$

Damit erhalten wir aus (5.63) als Bewegungsgleichungen für konservative Systeme

$$\boxed{\frac{d}{dt}\left(\frac{\partial L}{\partial \dot{q}_i}\right) - \frac{\partial L}{\partial q_i} = 0\,, \quad i = 1, \ldots, f\,.} \tag{5.66}$$

Das sind die **Lagrange-Gleichungen zweiter Art**, die natürlich wie (5.63) Differentialgleichungen zweiter Ordnung für die $q_i(t)$ darstellen.

Auch unter noch etwas allgemeineren Umständen lassen sich die Bewegungsgleichungen in die zuletzt angegebene Form bringen. Existiert nämlich eine als **generalisiertes Potenzial** bezeichnete Funktion

$$U = U(\boldsymbol{q}, \dot{\boldsymbol{q}}, t)\,,$$

aus der sich die generalisierten Kraftkomponenten Q_i in der Form

$$Q_i = \frac{d}{dt}\left(\frac{\partial U}{\partial \dot{q}_i}\right) - \frac{\partial U}{\partial q_i} \tag{5.67}$$

ableiten lassen, so folgen aus den Bewegungsgleichungen (5.63) mit der Lagrange-Funktion

$$L = T - U \tag{5.68}$$

unmittelbar wieder die Lagrange-Gleichungen zweiter Art. Damit können die Bewegungsgleichungen auch für geschwindigkeitsabhängige Kräfte in die Lagrangesche Form gebracht werden. Weiter unten werden wir hierzu ein sehr wichtiges Anwendungsbeispiel kennen lernen.

Sind die auf das System wirkenden **Kräfte nur teilweise aus einem** – gewöhnlichen oder generalisierten – **Potenzial** ableitbar, d. h. ist

$$Q_i = \widetilde{Q}_i + \widetilde{\widetilde{Q}}_i \qquad \text{mit} \qquad \widetilde{\widetilde{Q}}_i = \frac{d}{dt}\left(\frac{\partial U}{\partial \dot{q}_i}\right) - \frac{\partial U}{\partial q_i}\,,$$

so können die Bewegungsgleichungen in die Form

$$\frac{d}{dt}\left(\frac{\partial L}{\partial \dot{q}_i}\right) - \frac{\partial L}{\partial q_i} = \widetilde{Q}_i \quad \text{mit} \quad L = T - U \tag{5.69}$$

gebracht werden, wobei $\widetilde{Q}_i$ die nicht aus einem verallgemeinerten Potenzial ableitbaren verallgemeinerten Kräfte sind.

Beispiel 5.19: *Konservatives System freier Massenpunkte*

Bei Abwesenheit von Zwangsbedingungen können wir natürlich auch die kartesischen Koordinaten X_i selbst als generalisierte Koordinaten auffassen und die zugehörigen Lagrange-Gleichungen aufstellen. Die Lagrange-Funktion ist

$$L = T - V = \sum_{i=1}^{3N} M_i \frac{\dot{X}_i{}^2}{2} - V(X_1, \dots, X_{3N}),$$

und mit

$$\frac{d}{dt}\left(\frac{\partial L}{\partial \dot{X}_i}\right) = \frac{d}{dt}(M_i \dot{X}_i) = M_i \ddot{X}_i\,, \qquad \frac{\partial L}{\partial X_i} = -\frac{\partial V}{\partial X_i} = F_i$$

erhalten wir die Lagrange-Gleichungen

$$M_i \ddot{X}_i = F_i\,.$$

Wie zu erwarten, stimmen sie mit den Newtonschen Bewegungsgleichungen überein.

Beispiel 5.20: *Kreispendel im Schwerefeld*

Wie im Beispiel 5.15 benutzen wir als generalisierte Koordinate den Winkel φ. Die Geschwindigkeit besitzt nur eine Komponente $v_\varphi = l\dot{\varphi}$ in φ-Richtung, und es gilt

$$T = \frac{m}{2}\, l^2 \dot{\varphi}^2\,.$$

Die Schwerkraft $\boldsymbol{G} = -mg\, \boldsymbol{e}_z$ besitzt das Potenzial

$$V = mgz = -mgl\cos\varphi\,.$$

Damit erhalten wir die Lagrange-Funktion

$$L = T - V = \frac{m}{2}\, l^2 \dot{\varphi}^2 + mgl\cos\varphi\,.$$

Mit

$$\frac{d}{dt}\left(\frac{\partial L}{\partial \dot{\varphi}}\right) = \frac{d}{dt}(ml^2 \dot{\varphi}) = ml^2 \ddot{\varphi}\,, \qquad \frac{\partial L}{\partial \varphi} = -mgl\sin\varphi$$

lautet die Lagrange-Gleichung zweiter Art

$$\ddot{\varphi} = -\frac{g}{l}\sin\varphi\,. \tag{5.70}$$

Beispiel 5.21: *Perle auf einem rotierenden Draht*

Wir benutzen r als generalisierte Koordinate (Abb. 5.4). Mit

$$\boldsymbol{v} = \dot{r}\, \boldsymbol{e}_r + r\dot{\varphi}\, \boldsymbol{e}_\varphi = \dot{r}\, \boldsymbol{e}_r + r\omega\, \boldsymbol{e}_\varphi$$

ergibt sich die kinetische Energie

$$T = \frac{m}{2}\, v^2 = \frac{m}{2}\left(\dot{r}^2 + r^2\omega^2\right).$$

Da keine äußeren Kräfte vorliegen, gilt $L = T$, und mit

$$\frac{d}{dt}\left(\frac{\partial L}{\partial \dot{r}}\right) = m\ddot{r}, \qquad \frac{\partial L}{\partial r} = m\omega^2 r$$

erhalten wir die Lagrange-Gleichung

$$\ddot{r} = \omega^2 r\,.$$

Beispiel 5.22: *Hantel im Schwerefeld*

Wir betrachten eine Hantel aus zwei gleichen Massen $m_1 = m_2 = m$, die an die x, z-Ebene gebunden und dem Schwerefeld $\boldsymbol{g} = -g\,\boldsymbol{e}_z$ unterworfen sind. Als generalisierte Koordinaten benutzen wir den Winkel φ zwischen der Hantel und der x-Achse sowie die Schwerpunktskoordinaten x und z.

Nach Abb. 5.14 gilt

$$x_{1,2} = x \mp \frac{l}{2}\cos\varphi\,, \qquad z_{1,2} = z \mp \frac{l}{2}\sin\varphi\,,$$

und wir erhalten

$$T = \frac{m}{2}\left(\dot{x}_1{}^2 + \dot{z}_1{}^2\right) + \frac{m}{2}\left(\dot{x}_2{}^2 + \dot{z}_2{}^2\right) = m\left(\dot{x}^2 + \dot{z}^2 + \frac{l^2\dot{\varphi}^2}{4}\right)$$

für die kinetische sowie

$$V = mgz_1 + mgz_2 = 2mgz$$

für die potenzielle Energie. Hieraus folgt die Lagrange-Funktion

$$L = m\left(\dot{x}^2 + \dot{z}^2 + \frac{l^2\dot{\varphi}^2}{4}\right) - 2mgz\,.$$

Die zugehörigen Lagrange-Gleichungen zweiter Art sind

$$\ddot{x} = 0\,, \qquad \ddot{z} = -g\,, \qquad \ddot{\varphi} = 0\,.$$

Die Hantel bleibt in x-Richtung unbeschleunigt, folgt in z-Richtung mit dem Schwerpunkt der Schwerebeschleunigung und rotiert mit konstanter Winkelgeschwindigkeit $\dot{\varphi} = \text{const}$ um den Schwerpunkt.

Beispiel 5.23: *Geladenes Teilchen im elektromagnetischen Feld*

Auf ein geladenes Punktteilchen der Ladung q und Geschwindigkeit $\boldsymbol{v}$, das einem elektrischen Feld $\boldsymbol{E}$ und einem Magnetfeld $\boldsymbol{B}$ ausgesetzt ist, wirkt die Kraft

$$\boldsymbol{F} = q(\boldsymbol{E} + \boldsymbol{v} \times \boldsymbol{B})\,.$$

Wir haben den Fall einer geschwindigkeitsabhängigen Kraft und suchen für diese ein generalisiertes Potenzial, um die Bewegungsgleichung in den Formalismus der Lagrange-Gleichungen zweiter Art einbeziehen zu können. In der *Elektrodynamik*, Kap. *Theorie zeitlich schnell veränderlicher elektromagnetischer Felder*, Abschn. *Potenziale der Felder* $\boldsymbol{E}$ *und* $\boldsymbol{B}$, wird gezeigt, dass zu allen Feldern $\boldsymbol{E}(\boldsymbol{r}, t)$ und $\boldsymbol{B}(\boldsymbol{r}, t)$ Potenziale $\phi(\boldsymbol{r}, t)$ und $\boldsymbol{A}(\boldsymbol{r}, t)$ existieren, welche die Darstellung

$$\boldsymbol{E} = -\boldsymbol{\nabla}\phi - \frac{\partial \boldsymbol{A}}{\partial t}\,, \qquad \boldsymbol{B} = \text{rot}\,\boldsymbol{A}$$

erlauben. Wir übernehmen dieses Ergebnis hier ohne Beweis und sehen dementsprechend eine geschwindigkeitsabhängige Kraft der Form

$$\boldsymbol{F} = q\left(-\nabla\phi - \frac{\partial \boldsymbol{A}}{\partial t} + \boldsymbol{v} \times \operatorname{rot} \boldsymbol{A}\right)$$

als gegeben an. Nun gilt

$$\boldsymbol{v} \times \operatorname{rot} \boldsymbol{A} = \boldsymbol{v} \times (\nabla \times \boldsymbol{A}) = \nabla(\boldsymbol{v} \cdot \boldsymbol{A}) - \boldsymbol{v} \cdot \nabla \boldsymbol{A} ,$$

wobei in $\nabla(\boldsymbol{v}\cdot\boldsymbol{A})$ wegen $\boldsymbol{v}=\dot{\boldsymbol{r}}$ nur $\boldsymbol{A}$ explizit von $\boldsymbol{r}$ abhängt und differenziert wird. Mit

$$\frac{d}{dt}\boldsymbol{A}(\boldsymbol{r}(t), t) = \dot{\boldsymbol{r}} \cdot \nabla \boldsymbol{A} + \frac{\partial \boldsymbol{A}}{\partial t} = \boldsymbol{v} \cdot \nabla \boldsymbol{A} + \frac{\partial \boldsymbol{A}}{\partial t}$$

erhalten wir

$$\boldsymbol{F} = q\left(-\nabla(\phi - \boldsymbol{v} \cdot \boldsymbol{A}) - \frac{d\boldsymbol{A}}{dt}\right) .$$

Da ϕ und $\boldsymbol{A}$ nicht von $\boldsymbol{v}$ abhängen, können wir unter Benutzung von

$$\frac{\partial}{\partial v_x}(\boldsymbol{A} \cdot \boldsymbol{v}) = \frac{\partial}{\partial v_x}\left(A_x v_x + A_y v_y + A_z v_z\right) = A_x , \ \ldots \qquad \text{bzw.} \qquad \frac{\partial}{\partial \boldsymbol{v}}(\boldsymbol{A} \cdot \boldsymbol{v}) = \boldsymbol{A}$$

auch

$$\boldsymbol{F} = \frac{d}{dt}\left(\frac{\partial U}{\partial \boldsymbol{v}}\right) - \nabla U \qquad \text{bzw.} \qquad F_i = \frac{d}{dt}\left(\frac{\partial U}{\partial v_i}\right) - \frac{\partial U}{\partial x_i} \qquad \text{mit} \qquad U = q(\phi - \boldsymbol{A} \cdot \boldsymbol{v})$$

schreiben. Für die Kraftkomponenten F_i ist das gerade die Darstellung (5.67) durch ein generalisiertes Potenzial. Die Bewegung eines geladenen Teilchens im elektromagnetischen Feld wird nach (5.68) also durch die Lagrange-Funktion

$$\boxed{L = \frac{m}{2}v^2 - q(\phi - \boldsymbol{A} \cdot \boldsymbol{v})} \tag{5.71}$$

beschrieben.

5.8.2 Nachträgliche Berechnung der Zwangskräfte

Sind die Bewegungsgleichungen in generalisierten Koordinaten gelöst, kennt man also die Funktionen $q_i(t)$, so stellt die nachträgliche Berechnung der mit den eliminierten Zwangsbedingungen verbundenen Zwangskräfte nur noch eine reine Differentiationsaufgabe dar. Wir müssen dazu nur die Lösungen $q_i(t)$ in den Zusammenhang (5.48) zwischen generalisierten und kartesischen Koordinaten einsetzen,

$$\boldsymbol{R}(t) = \sum_{i=1}^{3N} X_i(\boldsymbol{q}(t), t)\, \boldsymbol{e}_i ,$$

und erhalten dann aus (5.21) sofort

$$\mathcal{F}' = \mathsf{M} \cdot \ddot{\boldsymbol{R}}(t) - \mathcal{F}(\boldsymbol{R}(t), \dot{\boldsymbol{R}}(t), t) . \tag{5.72}$$

Beispiel 5.24: *Zwangskraft auf die Masse eines Kreispendels im Schwerefeld*
Wir haben hier die Lösung $\varphi(t)$ von (5.70) in den Ortsvektor

$$\boldsymbol{r}(t) = l\, \boldsymbol{e}_r(t) = l\, [\sin\varphi(t)\, \boldsymbol{e}_x - \cos\varphi(t)\, \boldsymbol{e}_z]$$

der Pendelmasse einzusetzen und erhalten mit

$$\dot{\boldsymbol{r}} = l\, (\cos\varphi\, \boldsymbol{e}_x + \sin\varphi\, \boldsymbol{e}_z)\, \dot{\varphi}$$

sowie

$$\ddot{\boldsymbol{r}} = l\, (-\sin\varphi\, \boldsymbol{e}_x + \cos\varphi\, \boldsymbol{e}_z)\, \dot{\varphi}^2 + l\, (\cos\varphi\, \boldsymbol{e}_x + \sin\varphi\, \boldsymbol{e}_z)\, \ddot{\varphi} = -\boldsymbol{r}\, \dot{\varphi}^2 - g\sin\varphi\, (\cos\varphi\, \boldsymbol{e}_x + \sin\varphi\, \boldsymbol{e}_z)$$

aus (5.72) die Zwangskraft

$$\begin{aligned} \boldsymbol{F}' &= m\ddot{\boldsymbol{r}} + mg\, \boldsymbol{e}_z = -m\boldsymbol{r}\, \dot{\varphi}^2 + mg\, (\boldsymbol{e}_z - \sin\varphi\cos\varphi\, \boldsymbol{e}_x - \sin^2\varphi\, \boldsymbol{e}_z) \\ &= -m\boldsymbol{r}\, \dot{\varphi}^2 - mg\cos\varphi\, (\sin\varphi\, \boldsymbol{e}_x - \cos\varphi\, \boldsymbol{e}_z) = -m(l\dot{\varphi}^2 + g\cos\varphi)\, \boldsymbol{e}_r\,. \end{aligned}$$

Der erste Term des letzten Ergebnisses ist die Zentripetalkraft, der zweite der Anteil der Zwangskraft, der zur Kompensation der Schwerkraft benötigt wird.

5.8.3 Lagrange-Gleichungen gemischten Typs

Wir kommen jetzt zu den Bewegungsgleichungen für ein System von Massenpunkten, das außer holonomen auch linearen differentiellen nicht-holonomen Zwangsbedingungen unterworfen ist. Dabei nehmen wir an, dass alle holonomen Zwangsbedingungen durch die Einführung geeigneter generalisierter Koordinaten eliminiert worden sind, so dass das d'Alembertsche Prinzip in der Form (5.62) gültig ist.

Die Bestimmungsgleichungen für die virtuellen Verrückungen werden nun genau wie in Abschn. 5.4.1 mithilfe Lagrangescher Multiplikatoren λ_k berücksichtigt, und ähnlich wie dort folgen aus dem d'Alembertschen Prinzip die **Bewegungsgleichungen**

$$\begin{aligned} &\frac{d}{dt}\left(\frac{\partial T}{\partial \dot{q}_i}\right) - \frac{\partial T}{\partial q_i} = Q_i + \sum_{k=1}^{s_d} \lambda_k a_{ki}\,, && i = 1, \ldots, f\,, \\ &\sum_{l=1}^{f} a_{kl}\, \dot{q}_l + b_k = 0\,, && k = 1, \ldots, s_d\,. \end{aligned} \tag{5.73}$$

Dabei wurden zur Vervollständigung des Systems wie früher die Zwangsbedingungen, hier (5.61), hinzugefügt.

In dem Fall, wo die Kräfte Q_i teilweise oder ganz aus einem gewöhnlichen oder generalisierten Potenzial U abgeleitet werden können, definieren wir wieder eine

Lagrange-Funktion $L=T-U$ und erhalten ähnlich wie (5.69) das Gleichungssystem

$$\begin{aligned} \frac{d}{dt}\left(\frac{\partial L}{\partial \dot{q}_i}\right) - \frac{\partial L}{\partial q_i} &= \widetilde{Q}_i + \sum_{k=1}^{s_d} \lambda_k a_{ki}\,, \qquad && i = 1, \ldots, f\,, \\ \sum_{l=1}^{f} a_{kl}\,\dot{q}_l + b_k &= 0\,, && k = 1, \ldots, s_d\,. \end{aligned} \tag{5.74}$$

Dies bzw. (5.73) ist die allgemeinste Form von Bewegungsgleichungen, mit der wir uns in diesem Buch befassen. Die Bewegungsgleichungen (5.66) und (5.69) sind darin als Spezialfälle enthalten. Wie bei den Lagrange-Gleichungen erster Art (siehe (5.32)) repräsentiert

$$Q'_i = \sum_{k=1}^{s_d} \lambda_k a_{ki} \qquad i = 1, \ldots, f \tag{5.75}$$

die q_i-Komponente der aus den nicht-holonomen Zwangsbedingungen folgenden generalisierten Zwangskraft $\boldsymbol{Q}'$. Multipliziert man (5.53) mit $\partial q_k/\partial X_l$ und summiert über k von 1 bis f, so erhält man mit $\sum_k (\partial X_i/\partial q_k)(\partial q_k/\partial X_l) = \partial X_i/\partial X_l = \delta_{il}$ den Zusammenhang

$$\sum_{k=1}^{f} Q_k \frac{\partial q_k}{\partial X_l} = \sum_{i=1}^{3N} F_i \delta_{il} = F_l$$

zwischen den kartesischen Kraftkomponenten F_l und den generalisierten Kraftkomponenten Q_k. Mit diesem ergibt sich für die der generalisierten Zwangskraft $\boldsymbol{Q}'$ zugeordneten kartesischen Kraftkomponenten aus (5.75)

$$F'_i = \sum_{k=1}^{f} \sum_{l=1}^{s_d} \lambda_l a_{lk} \frac{\partial q_k}{\partial X_i}\,. \tag{5.76}$$

Man überzeugt sich leicht davon, dass die zu den eliminierten holonomen Zwangsbedingungen gehörigen generalisierten Zwangskräfte verschwinden (Aufgabe 5.9). Die aus holonomen und nicht-holonomen Zwangsbedingungen folgenden gewöhnlichen Zwangskräfte können wie in Abschn. 5.8.2 berechnet werden.

5.9 Generalisierte Koordinaten für starre Körper

Materielle Körper sind aus Atomen bzw. Molekülen aufgebaut. In vielen Körpern sind diese relativ zueinander in regelmäßigen oder unregelmäßigen Strukturen angeordnet, die gegenüber mechanischen Beanspruchungen ziemlich unnachgiebig sind. Dabei ist die Ausdehnung der Atome bzw. Moleküle gegenüber ihren Abständen klein. Solche Körper können in guter Näherung als Systeme von Massenpunkten idealisiert werden, deren Relativabstände konstant sind, und wir bezeichnen sie als **starre Körper**.

Die Anzahl der Atome oder Moleküle in einem makroskopischen starren Körper ist sehr groß und beträgt z. B. etwa 10^{23} in einem Mol. In vielen Ausdrücken (z. B. Gesamtimpuls, Gesamtenergie usw.) treten Summen der Form $\sum_{i=1}^{3N} f(\boldsymbol{r}_i)\, m_i$ auf, in denen sich die Funktionen $f(\boldsymbol{r}_i)$ über atomare bzw. molekulare Abstände nur wenig ändern. Hier erweist es sich als zweckmäßig, durch Mittelung über mikroskopisch große, aber makroskopisch kleine Volumina $\Delta\tau(\boldsymbol{r})$, die viele Atome bzw. Moleküle enthalten, innerhalb deren die Funktionen $f(\boldsymbol{r}_i)$ jedoch noch praktisch konstant sind, eine mittlere Dichte

$$\overline{\varrho} = \frac{\sum_{i=1}^{N_{\Delta\tau}} m_i}{\Delta\tau(\boldsymbol{r}_i)}$$

einzuführen und diese durch Glättung[2] zu einer glatten Funktion $\varrho(\boldsymbol{r})$ zu machen. Unter Benutzung dieser kontinuierlichen Dichte kann dann mit guter Näherung

$$\sum_{i=1}^{3N} f_i\, m_i = \int_V f(\boldsymbol{r})\, \varrho(\boldsymbol{r})\, d\tau \tag{5.77}$$

gesetzt werden. Diese Behandlung eines starren Körpers als eines kontinuierlich mit Masse der Dichte $\varrho(\boldsymbol{r})$ gefüllten Mediums bedeutet natürlich eine – allerdings sehr zweckmäßig – Idealisierung.

5.9.1 Einzelner starrer Körper

Wir bezeichnen einen starren Körper als frei, wenn er außer den Bedingungen der Starrheit keinen weiteren Zwangsbedingungen unterworfen ist. Die Starrheitsbedingungen lauten

$$(\boldsymbol{r}_i - \boldsymbol{r}_j)^2 = {c_{ij}}^2\,, \qquad i > j\,.$$

Bei N Massenpunkten sind das $N(N-1)/2$ holonome Zwangsbedingungen zwischen den Variablen $x_1, \ldots, x_{3N}$. Wären diese alle voneinander unabhängig, so würde die Zahl der Freiheitsgrade höchstens

$$g = 3N - N(N-1)/2$$

betragen. Man überzeugt sich leicht davon, dass diese Zahl für $N \geq 8$ negativ wird. Da die Zahl der Freiheitsgrade natürlich nicht negativ werden kann, können die Starrheitsbedingungen also nicht voneinander unabhängig sein.

Für einen einzelnen Massenpunkt ist $f = g = 3$. Bei einem starren Körper aus zwei Massenpunkten besitzt der erste drei Freiheitsgrade, der zweite nur noch zwei, da seine möglichen Positionen auf eine Kugelschale um den ersten eingeschränkt sind, und wir erhalten $f = g = 5$. Bei drei nicht auf einer Geraden liegenden Massenpunkten kann

2 Glättung bedeutet, dass die eventuell noch recht schnell ortsveränderliche Funktion $\overline{\varrho}(\boldsymbol{r})$ durch eine stetige und differenzierbare, langsamer veränderliche Funktion $\varrho(\boldsymbol{r})$ des Ortes so ersetzt wird, dass mit dieser bzw. mit $\overline{\varrho}(\boldsymbol{r})$ gebildete Mittelwerte übereinstimmen, wenn über hinreichend große Raumgebiete gemittelt wird.

der dritte bei fester Lage der beiden ersten nur noch um eine durch diese hindurchführende Achse rotieren, d. h. es ist $f = g = 6$. Kommt ein vierter Massenpunkt hinzu, so kann dieser ebenfalls nur noch um eine durch die beiden ersten hindurchführende Achse rotieren. Dabei kommt jedoch kein weiterer Freiheitsgrad mehr hinzu, weil der vierte Massenpunkt andernfalls bei der Rotation seinen Abstand zum dritten verändern müsste, und dasselbe gilt für jeden weiteren Massenpunkt. Bei mehr als drei Massenpunkten, die nicht auf einer Geraden liegen, bleibt daher $f = 6 \geq g$, denn je drei von ihnen können alle Bewegungen ausführen, die auch ohne die Anwesenheit der weiteren Massenpunkte möglich wären.

Wir werden bei der ausführlichen Behandlung freier starrer Körper in Kapitel 6, Abschn. 6.1 sehen, dass sich deren allgemeinste infinitesimale Bewegung aus einer allen Punkten $\boldsymbol{r}_i$ gemeinsamen Translation $d\boldsymbol{r}_0$ und einer gemeinsamen Rotation mit Drehwinkel $\boldsymbol{\omega}\, dt$ um eine gemeinsame Achse zusammensetzt. In Formeln gilt

$$d\boldsymbol{r}_i = d\boldsymbol{r}_0 + \boldsymbol{\omega}\, dt \times \boldsymbol{r}_i\,, \tag{5.78}$$

wenn das Koordinatensystem so gewählt ist, dass sein Ursprung auf der Drehachse liegt. Die sechs unabhängigen Bestimmungsgrößen, die in $d\boldsymbol{r}_0$ und $\boldsymbol{\omega}dt$ enthalten sind, entsprechen den sechs Freiheitsgraden des freien starren Körpers. An dieser Stelle überzeugen wir uns nur davon, dass diese Bewegungsfreiheit auch wirklich besteht. Dazu muss die Invarianz der Starrheitsbedingungen gegenüber den infinitesimalen Bewegungen

$$\boldsymbol{r}_i \to \boldsymbol{r}_i' = \boldsymbol{r}_i + d\boldsymbol{r}_0 + \boldsymbol{\omega}\, dt \times \boldsymbol{r}_i$$

der Massenpunkte bewiesen werden. Sie folgt aus der bis auf einen quadratischen Term in der infinitesimalen Größen $\boldsymbol{\omega}\, dt$ bestehenden Gültigkeit von

$$\begin{aligned}(\boldsymbol{r}_i' - \boldsymbol{r}_j')^2 &= \left[\boldsymbol{r}_i - \boldsymbol{r}_j + \boldsymbol{\omega}\, dt \times (\boldsymbol{r}_i - \boldsymbol{r}_j)\right]^2 \\ &= (\boldsymbol{r}_i - \boldsymbol{r}_j)^2 + 2(\boldsymbol{r}_i - \boldsymbol{r}_j) \cdot \left[\boldsymbol{\omega}\, dt \times (\boldsymbol{r}_i - \boldsymbol{r}_j)\right] = (\boldsymbol{r}_i - \boldsymbol{r}_j)^2\,.\end{aligned}$$

Mit $f=6$ benötigen wir zur Lagebeschreibung des freien starren Körpers statt der $3N$ kartesischen insgesamt nur sechs generalisierte Koordinaten. Zur Aufstellung der Bewegungsgleichungen müssen wir in diesen die kinetische Energie und die generalisierten Kräfte Q_i bzw. deren Potenzial V ausdrücken, falls dieses existiert. Als Bewegungsgleichungen erhalten wir dann Gleichungen der Form (5.66) oder (5.74).

5.9.2 Starre Körper unter äußeren Zwangsbedingungen

Sind ein oder mehrere starre Körper außer den Starrheitsbedingungen noch weiteren Zwangsbedingungen unterworfen, so entfallen durch die damit verbundene Reduktion der Zahl von Freiheitsgraden womöglich einige der Schwierigkeiten, denen wir bei der Behandlung des freien starren Körpers begegnen werden. Prinzipiell ist es so, dass zusätzliche holonome Zwangsbedingungen Freiheitsgrade wegfallen lassen, während nicht-holonome Zwangsbedingungen durch Lagrangesche Multiplikatoren in Lagrange-Gleichungen gemischten Typs berücksichtigt werden müssen. Im Folgenden betrachten wir ein einfaches Beispiel, bei dem aufgrund zusätzlicher holonomer Zwangsbedingungen nur noch ein einziger Freiheitsgrad übrig bleibt.

Beispiel 5.25: *Rollender homogener Zylinder*

Ein homogener Zylinder der Masse m rolle im Schwerefeld $\boldsymbol{g} = -g\,\boldsymbol{e}_z$ ohne Schlupf eine schiefe Ebene hinab. Seine Lage kann eindeutig durch den Abstand s beschrieben werden, den sein Berührungspunkt mit der schiefen Ebene vom Ausgangspunkt einnimmt (Abb. 5.15). Das Problem besitzt daher nur einen Freiheitsgrad, und wir wählen s als generalisierte Koordinate. Die Bedingung „Rollen ohne Schlupf" liefert die Zwangsbedingung (siehe Beispiel 5.8)

$$\dot{s} = R\dot{\varphi} \qquad \Rightarrow \qquad s = R\varphi\,. \tag{5.79}$$

Mit deren Hilfe können wir den Drehwinkel φ, den wir zur Berechnung der kinetischen Energie vorübergehend beibehalten werden, auf s zurückführen. Nach (3.27) und mit $\boldsymbol{v}_i = r_i\dot{\varphi}_i\,\boldsymbol{e}_\varphi$ ist diese durch

$$T = \frac{m}{2}\dot{s}^2 + \sum_{i=1}^{N}\frac{m_i}{2}\,(r_i\dot{\varphi}_i)^2$$

gegeben. (Dabei ist r_i der Abstand des i-ten Massenpunkts von der Zylinderachse, die Länge des Zylinders sei L.) Die hier auftretende Summe kann nach der Art von Gleichung (5.77) durch ein Integral ersetzt werden,

$$\sum_{i=1}^{N}\frac{m_i}{2}\,(r_i\dot{\varphi}_i)^2 = \int_V \frac{\varrho}{2}r^2\dot{\varphi}^2\,d\tau = \frac{\varrho}{2}\dot{\varphi}^2\int_0^{2\pi}\int_0^{R}\int_0^{L} r^2 r\,d\varphi\,dr\,dy = \varrho\dot{\varphi}^2\pi\frac{R^4}{4}\,L\,.$$

Mit $R\dot{\varphi}=\dot{s}$ und $\varrho\pi R^2 L = m$ erhalten wir schließlich

$$T = \frac{m}{2}\dot{s}^2 + \frac{m}{4}\dot{s}^2 = \frac{3}{4}m\dot{s}^2\,.$$

Die potenzielle Energie ist

$$U = \sum_{i=1}^{3N} m_i g z_i = g\int_V \varrho z\,d\tau \overset{(3.23)}{=} gmz_s = mg(z_0 - s\sin\vartheta)\,.$$

Dabei ist z_s die z-Komponente der Schwerpunktslage mit $z_s{=}z_0$ für $s{=}0$ (Abb. 5.15). Hiermit ergibt sich die Lagrange-Funktion

$$L = \frac{3}{4}m\dot{s}^2 - mg(z_0 - s\sin\vartheta) \tag{5.80}$$

und die Lagrange-Gleichung zweiter Art, (5.66),

$$\ddot{s} = \frac{2}{3}g\sin\vartheta\,. \tag{5.81}$$

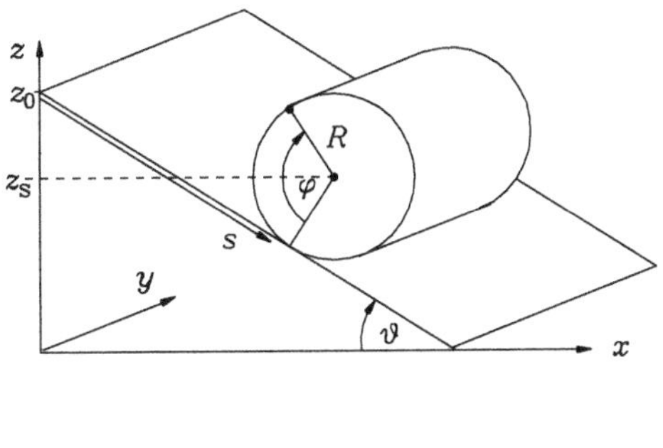

Abb. 5.15: Rollender Zylinder auf der schiefen Ebene.

Ohne die Rollbedingung $\dot{s} = R\dot{\varphi}$ wäre die Beschleunigung $\ddot{s} = g \sin\vartheta$. Durch die Rollbedingung entsteht also eine der Schwerpunktsbewegung entgegenwirkende Zwangskraft, welche die Beschleunigung um ein Drittel reduziert und nach (5.72) durch $F_s' = -m(g/3)\sin\vartheta$ gegeben ist.

5.10 Reibungskräfte

5.10.1 Berührungskräfte

Ausgedehnte Körper üben bei gegenseitiger Berührung aufeinander so genannte **Berührungskräfte** aus. Aus mikroskopischer Sicht sind das Fernwirkungskräfte, die über den Bereich atomarer oder molekularer Abstände wirksam werden: Die Atome bzw. Moleküle verschiedener Körper kommen sich so nahe, dass die über makroskopische Abstände sich gegenseitig abschirmenden elektrischen Felder der Elektronen und Kerne zu elektromagnetischen Wechselwirkungen führen. Diese werden jedoch erst dann merklich wirksam, wenn sich die Körper so nahe kommen, dass man makroskopisch von Berührung sprechen kann. Bei der Behandlung der Bewegung makroskopischer Körper ist es jedoch zweckmäßig, den mikroskopischen Ursprung dieser Kräfte zu vergessen und ihre Summe als Kräfte neuen Typs aufzufassen, die man Berührungskräfte nennt. Für ihre Richtung und Stärke setzt man empirische Gesetzmäßigkeiten ein. Genau genommen finden die beschriebenen Wechselwirkungen zwischen den Atomen aus dreidimensionalen Volumina der beteiligten Körper statt. Dabei ist es jedoch meistens so, dass sich die Längsdimensionen dieser Volumina in verschiedenen Richtungen um Größenordnungen unterscheiden. Es ist zweckmäßig, dies in der makroskopischen Betrachtung dahingehend zu idealisieren, dass die Wechselwirkungskräfte nur zwischen Berührungspunkten übertragen werden, wobei die Berührung in Punkten, Linien oder Flächen erfolgen kann (Abb. 5.16 (a)).

Betrachten wir zwei Körper, die sich in einer Fläche, der x, y-Ebene, berühren, und fassen einen Punkt P des Körpers 2 auf der Berührungsfläche ins Auge (Abb. 5.16 (b)). f sei die Kraftdichte (Kraft pro Fläche), mit der der Körper 2 auf den Körper 1 einwirkt. Nach dem Prinzip *actio = reactio* wirkt auf ihn selbst eine Kraftdichte gleicher

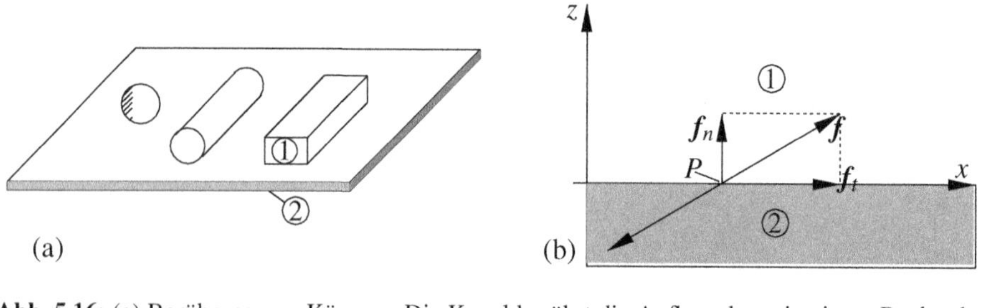

Abb. 5.16: (a) Berührung von Körpern. Die Kugel berührt die Auflageebene in einem Punkt, der Zylinder in einer Linie und der Quader in einer Fläche. (b) Berührungskraftdichte $f = f_\text{n} + f_\text{t}$, die im Punkt P vom Körper 2 auf den Körper 1 ausgeübt wird. f_n = Normalkomponente, f_t = Tangentialkomponente.

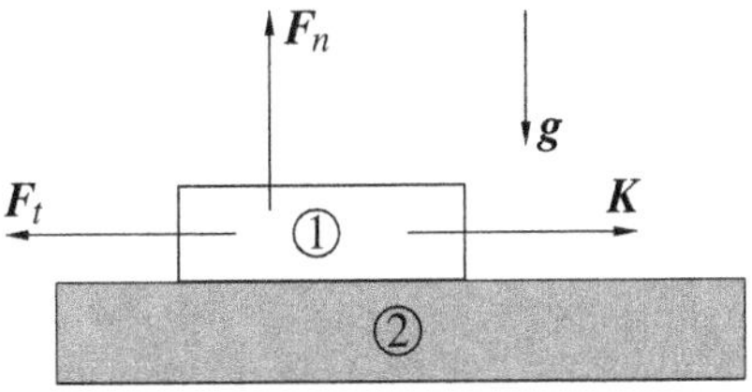

Abb. 5.17: Zur Haftreibung.

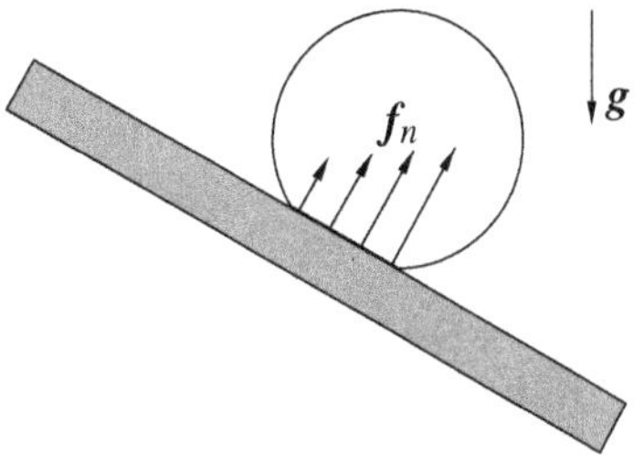

Abb. 5.18: Zur Rollreibung.

Stärke und entgegengesetzter Richtung. Die Senkrechtkomponente f_n bezeichnet man als **Druck** oder **Zug**, je nachdem ob f_n in den Körper 1 hinein oder aus ihm heraus weist. Durch Integration über die Berührungsfläche erhält man die Normalkraft

$$\boldsymbol{F}_\mathrm{n} = \int \boldsymbol{f}_\mathrm{n}\, df \,.$$

Ist $\boldsymbol{f}_\mathrm{n}$ ein Druck, so ist $\boldsymbol{F}_\mathrm{n}$ eine Zwangskraft, die den Körper 1 daran hindert, in den Körper 2 einzudringen.

Haftreibung. Werden die Körper 1 und 2 durch die Schwerkraft aufeinander gepresst und wirkt auf den Körper 1 zusätzlich zur Schwerkraft eine zur Berührungsfläche tangentiale Kraft $\boldsymbol{K}$, so findet man empirisch: Der Körper 1 bleibt unbeschleunigt und „haftet" am Körper 2, solange $\boldsymbol{K}$ die Bedingung

$$|\boldsymbol{K}| \le \mu_0\, |\boldsymbol{F}_\mathrm{n}| \tag{5.82}$$

erfüllt, wobei der hierin auftretende *Haftreibungskoeffizient* μ_0 empirisch gegeben ist. Entsteht $\boldsymbol{F}_\mathrm{n}$, wie in Abb. 5.17 dargestellt, ausschließlich durch Einwirkung der Schwerkraft, so gilt $\boldsymbol{F}_\mathrm{n} = -\, m_1 \boldsymbol{g}$. Damit keine Beschleunigung in Richtung von $\boldsymbol{K}$ erfolgt, muss die Dichte $\boldsymbol{f}$ der Berührungskraft eine Tangentialkomponente $\boldsymbol{f}_\mathrm{t}$ besitzen, und die aus dieser durch Integration über die Berührungsfläche erhaltene Tangentialkraft

$$\boldsymbol{F}_\mathrm{t} = \int \boldsymbol{f}_\mathrm{t}\, df$$

muss die Bedingung

$$\boldsymbol{R}_0 := \boldsymbol{F}_\mathrm{t} = -\boldsymbol{K} \tag{5.83}$$

erfüllen. Die so genannte *Haftreibungskraft* $\boldsymbol{R}_0$ kompensiert die Wirkung der äußeren Kraft $\boldsymbol{K}$ bis zu einer der Normalkraft $\boldsymbol{F}_\mathrm{n}$ proportionalen Maximalstärke, die durch den Haftreibungskoeffizienten μ_0 definiert ist (Ungleichung (5.82)). Wird dieser Grenzwert überschritten, so beginnt sich der Körper 1 zu bewegen.

Gleitreibung. Auch wenn sich der Körper 1 bewegt, wirkt eine Tangentialkraft $\boldsymbol{F}_\mathrm{t}$, welche die Wirkung der Kraft $\boldsymbol{K}$ abschwächt. Man findet empirisch

$$\boldsymbol{R} := \boldsymbol{F}_\mathrm{t} = -\mu\, |\boldsymbol{F}_\mathrm{n}|\, \frac{\boldsymbol{v}}{v} \,. \tag{5.84}$$

Die Stärke der *Gleitreibungskraft* $\boldsymbol{R}$ ist proportional zur Stärke der Normalkraft $\boldsymbol{F}_\mathrm{n}$ und der Geschwindigkeit $\boldsymbol{v}$ des Körpers entgegengerichtet. Für den *Gleitreibungskoeffizienten* μ findet man

$$\mu < \mu_0 \,. \tag{5.85}$$

Rollen ohne Schlupf. Die in den Abschnitten 5.1 und 5.9.2 untersuchte Zwangsbedingung „Rollen ohne Schlupf" ist auf eine im Berührungspunkt auf das Rad einwirkende tangentiale Berührungskraft zurückzuführen. Da Rad und schiefe Ebene im Berührungspunkt relativ zueinander ruhen, handelt es sich um die Haftreibungskraft $\boldsymbol{R}_0$. Nach (5.81) wird durch $\boldsymbol{R}_0$ ein Drittel der zur schiefen Ebene tangentialen Schwerkraftkomponente $g \sin\vartheta$ kompensiert, d. h. es gilt

$$R_0 = \frac{m}{3} g \sin\vartheta \,.$$

Die sinngemäße Übertragung der Haftbedingung (5.82) lautet

$$\frac{1}{3} mg \sin\vartheta = R_0 \le \mu_0 \,|\boldsymbol{F}_\mathrm{n}| = \mu_0 \, mg \cos\vartheta \qquad \Rightarrow \qquad \tan\vartheta \le 3\mu_0 \,.$$

Die Bedingung „Rollen ohne Schlupf" kann für gegebenen Haftreibungskoeffizienten μ_0 also nur erfüllt werden, wenn die Neigung ϑ der schiefen Ebene hinreichend klein ist.

Die Haftreibung bewirkt auch die Drehung des Rades, denn $\boldsymbol{R}_0$ erzeugt ein Drehmoment der Stärke

$$N_{R_0} = \frac{m}{3} g R \sin\vartheta$$

um den Schwerpunkt des Rades. Dieses Drehmoment ist die alleinige Ursache der Radrotation, da die (homogene) Schwerkraft als einzige zusätzliche Kraft kein Drehmoment um den Schwerpunkt erzeugt.

Rollreibung. Das eben berechnete Drehmoment ist konstant, und daher müsste nach (3.11), $\dot{\boldsymbol{L}} = \boldsymbol{N}$, die Rotationsgeschwindigkeit des Rades an sich zusammen mit dem Drehimpuls kontinuierlich zunehmen. Man beobachtet jedoch, dass die Rotationsgeschwindigkeit nach anfänglicher Beschleunigung einem konstanten Grenzwert zustrebt. Außerdem findet man, dass das Rad bei hinreichend kleinem Neigungswinkel ϑ der schiefen Ebene nicht von selbst zu rollen anfängt bzw. aus einer anfänglichen Rollbewegung heraus wieder zum Stillstand kommt. Die Haftreibungskraft kann dafür nicht verantwortlich sein, da sie ja nach dem Obigen gerade das Gegenteil bewirkt. Die Ursache ist vielmehr eine durch das Wechselspiel von Schwerkraft und Zwangskräften bewirkte Verformung des Rades sowie eine ungleichförmige Verteilung des Normaldrucks $\boldsymbol{f}_\mathrm{n}$ auf der durch die Verformung entstehenden Berührungsfläche (Abb. 5.18). Da auf weiter talwärts gelegenen Punkten ein höheres Gewicht lastet, ist dort auch der Normaldruck größer, und hierdurch entsteht ein Drehmoment $\boldsymbol{N}_r$ um den Radschwerpunkt. Dieses ist dem Drehmoment $\boldsymbol{N}_{R_0}$ der Haftreibung gerade entgegengesetzt. Solange

$$|\boldsymbol{N}_{R_0}| \le \lambda_0 |\boldsymbol{F}_\mathrm{n}| \tag{5.86}$$

gilt, wobei λ_0 ein empirischer Wert ist, wird das Moment der Haftreibung gerade durch $\boldsymbol{N}_r$ kompensiert,

$$\boldsymbol{N}_r = -\boldsymbol{N}_{R_0} ,$$

und das Rad ruht. $\boldsymbol{N}_r$ wird in diesem Fall als **Moment der ruhenden Rollreibung** bezeichnet. Überschreitet $|\boldsymbol{N}_{R_0}| = N_{R_0}$ den Grenzwert $\lambda_0\,|\boldsymbol{F}_\text{n}|$, so beginnt das Rad zu rollen, und es wird

$$\boldsymbol{N}_r = -\lambda_r\,|\boldsymbol{F}_\text{n}|\,\frac{\boldsymbol{N}_{R_0}}{N_{R_0}} \tag{5.87}$$

mit $\lambda_r < \lambda_0$. $\boldsymbol{N}_r$ heißt dann **Moment der bewegten Rollreibung**. Für höhere Rollgeschwindigkeiten ist λ_r nicht mehr konstant, sondern wächst mit der Rollgeschwindigkeit. Diese kann dann nur so lange zunehmen, bis

$$\boldsymbol{N}_r + \boldsymbol{N}_{R_0} = 0$$

wird.

Luftreibung. Die so weit behandelten Reibungskräfte entstehen durch die Berührung starrer Körper und sind eng gekoppelt an die Zwangsbedingungen des mechanischen Systems. Von ganz anderer Art ist die Bremswirkung, die ein Körper z. B. durch Reibung bei der Bewegung in Luft erfährt. Da die umgebende Luft nach allen Seiten nachgibt, entsteht keine Kopplung an irgendwelche Zwangsbedingungen, und es gibt auch keine Reibung der Ruhe. Man findet empirisch eine Reibungskraft

$$\boldsymbol{R} = -f(v)\,\boldsymbol{v} , \tag{5.88}$$

wobei $f(v)$ für kleine Geschwindigkeiten praktisch konstant ist.

5.10.2 Reibungskräfte im Rahmen der Lagrangeschen Mechanik

Die Kräfte der ruhenden Reibung sind nicht nach Richtung und Stärke vorgegeben, sondern werden durch Zwangsbedingungen bestimmt: Diese bestehen in der Forderung, dass zwischen den Körpern oder Teilen von diesen, die aufeinander Kräfte der ruhenden Reibung übertragen, keine Relativbewegungen stattfinden dürfen. Dabei handelt es sich im Allgemeinen um nicht-holonome Zwangsbedingungen, die im Rahmen der Bewegungsgleichungen durch Zwangskräfte berücksichtigt werden müssen; manchmal sind es jedoch auch, wie im Fall des rollenden Zylinders, nur verkappte holonome Zwangsbedingungen, die durch den Übergang zu generalisierten Koordinaten eliminiert werden können. Ist eine mit Reibungskräften verknüpfte Zwangsbedingung entweder simultan mit der Bewegung oder nachträglich bestimmt worden, so muss überprüft werden, ob die für ruhende Reibung gültige Ungleichung erfüllt ist. Sobald diese im Laufe der Bewegung verletzt wird, muss die Bewegung mit Lösungen derjenigen Gleichungen fortgesetzt werden, welche die Kräfte der bewegten Reibung enthalten.

Kräfte der bewegten Reibung sind als gegebene äußere Kräfte in die Bewegungsgleichungen einzubringen. Dabei kann allerdings das Problem auftreten, dass sie wie die Gleitreibungskraft (5.84) mit einer Zwangskraft – dort der Normalkraft $\boldsymbol{F}_{\mathrm{n}}$ – verknüpft sind. Dies macht es notwendig, zur Lösung des Problems Gleichungen zu benutzen, in denen $\boldsymbol{F}_{\mathrm{n}}$ simultan mitbestimmt wird, also entweder Lagrange-Gleichungen erster Art oder Lagrange-Gleichungen des gemischten Typs. Die Berücksichtigung einer von Zwangskräften abhängigen Reibung bedeutet also, dass die dabei involvierten Zwangskräfte nicht mehr aus den Bewegungsgleichungen eliminiert werden können.

Wir behandeln abschließend Reibungskräfte, deren Stärke wie die Luftreibungskraft der Geschwindigkeit proportional ist. Exemplarisch untersuchen wir ein System von N Massenpunkten, auf die außer der Reibung Kräfte mit einem Potenzial V wirken mögen. Die Reibungskräfte haben die kartesischen Komponenten

$$R_i = -k_i \dot{X}_i ,$$

die wir mithilfe der **Dissipationsfunktion**

$$D = \frac{1}{2} \sum_{i=1}^{3N} k_i {\dot{X}_i}^2 \tag{5.89}$$

durch

$$R_i = -\frac{\partial D}{\partial \dot{X}_i}$$

beschreiben können. Mit $F_i = R_i$ und $Q_k \to \widetilde{Q}_k$ in (5.53) sowie mit (5.56) erhalten wir daraus als generalisierte Kraftkomponenten

$$\widetilde{Q}_k = -\sum_{i=1}^{3N} \frac{\partial D}{\partial \dot{X}_i} \frac{\partial X_i}{\partial q_k} = -\sum_{i=1}^{3N} \frac{\partial D}{\partial \dot{X}_i} \frac{\partial \dot{X}_i}{\partial \dot{q}_k} = -\frac{\partial D}{\partial \dot{q}_k} ,$$

wobei wir uns vorstellen, dass die $\dot{X}_i$ in D mithilfe der Beziehungen (5.55) durch die q_k, $\dot{q}_k$ und t ausgedrückt wurden. Damit erhalten wir aus (5.69) die Bewegungsgleichungen

$$\frac{d}{dt}\left(\frac{\partial L}{\partial \dot{q}_i}\right) - \frac{\partial L}{\partial q_i} + \frac{\partial D}{\partial \dot{q}_i} = 0 . \tag{5.90}$$

Die Reibungskräfte vollbringen die Arbeitsleistung

$$\frac{dA_R}{dt} = \sum_{i=1}^{3N} R_i \dot{X}_i = -\sum_{i=1}^{3N} k_i {\dot{X}_i}^2 = -2D , \tag{5.91}$$

d. h. $2D$ ist der durch die Reibungskräfte verursachte Energieverlust pro Zeit des Systems.

5.11 Integrationsproblem Lagrangescher Systeme

Die allgemeinsten Bewegungsgleichungen, die wir im Rahmen der Lagrangeschen Theorie behandelt haben, besitzen die Form des Systems (5.73), alle anderen sind darin als Spezialfälle enthalten. Das durch sie gestellte Integrationsproblem enthält s_d unbekannte Lagrangesche Parameter λ_k. Wir können die ersten s_d Gleichungen nach diesen auflösen und erhalten dadurch die λ_k als Funktionen

$$\lambda_k = \lambda_k(\boldsymbol{q}, \dot{\boldsymbol{q}}, \ddot{\boldsymbol{q}}, t) . \tag{5.92}$$

Setzen wir das in die restlichen $f-s_d$ Differentialgleichungen zweiter Ordnung ein, so verbleibt insgesamt ein System von $f-s_d$ Differentialgleichungen zweiter und von s_d Differentialgleichungen erster Ordnung für die Funktionen $q_i(t)$ zu lösen. Zu dessen vollständiger Lösung benötigt man

$$2(f - s_d) + s_d = 2f - s_d \tag{5.93}$$

Bewegungsintegrale (siehe Abschn. 3.2.6), aus denen man im Prinzip die Lösung $q_1(t), \ldots, q_f(t)$ ermitteln kann. Aus dieser erhält man schließlich mit (5.92)

$$\lambda_k(t) = \lambda_k\big(\boldsymbol{q}(t), \dot{\boldsymbol{q}}(t), \ddot{\boldsymbol{q}}(t), t\big) . \tag{5.94}$$

Natürlich ist es auch hier im Allgemeinen nicht möglich, alle Integrationen analytisch durchzuführen. Wie bei freien Massenpunkten gibt es Situationen, in denen Erhaltungssätze gelten, so dass die zu einer vollständigen Lösung benötigte Anzahl von Bewegungsintegralen reduziert wird.

5.12 Erhaltungssätze der Lagrangeschen Mechanik

5.12.1 Erhaltungssätze bei zyklischen Variablen

Bei der Integration der Bewegungsgleichungen spielen Erhaltungssätze eine wichtige Rolle, da sie die Anzahl der auszuführenden Integrationen reduzieren. Die hier folgenden Betrachtungen über Erhaltungssätze sind auf mechanische Systeme beschränkt, deren Bewegungen durch Lagrange-Gleichungen zweiter Art beschrieben werden,

$$\frac{d}{dt}\left(\frac{\partial L}{\partial \dot{q}_i}\right) - \frac{\partial L}{\partial q_i} = 0 , \qquad i = 1, \ldots, f .$$

Ist die Lagrange-Funktion $L(\boldsymbol{q}, \dot{\boldsymbol{q}}, t)$ von einer Koordinate q_i unabhängig,

$$\frac{\partial L}{\partial q_i} = 0 ,$$

so heißt diese Koordinate **zyklisch** oder **ignorabel**. (Die Bezeichnung „zyklisch“ kommt von einem rotierenden Rad, dessen Lagrange-Funktion – (5.80) mit $\dot{s}=R\dot{\varphi}$ –

von der – zyklischen – Winkelvariablen φ unabhängig ist.) Aus der zugehörigen Bewegungsgleichung $d/dt(\partial L/\partial \dot{q}_i) = 0$ folgt dann sofort das Bewegungsintegral

$$\frac{\partial L}{\partial \dot{q}_i} = \text{const}\,. \tag{5.95}$$

Gleichung (5.95) ist eine Differentialgleichung erster Ordnung, welche die i-te Bewegungsgleichung (zweiter Ordnung) ersetzt, und *hat die Bedeutung eines Erhaltungssatzes.*

Die Eigenschaft der Lagrange-Funktion, in einer Koordinate zyklisch zu sein, hängt von der speziellen Koordinatenwahl ab. Enthält ein Koordinatensatz eine oder mehrere zyklische Koordinaten, so nicht zwangsläufig auch ein anderer. Es ist nützlich, die generalisierten Koordinaten so zu wählen, dass möglichst viele von ihnen zyklisch werden. Wir werden unter diesem Gesichtspunkt später im Rahmen der Hamiltonschen Theorie noch ausführlich den Übergang zwischen verschiedenen Koordinatensätzen untersuchen.

5.12.2 Verallgemeinerter Energiesatz

Von den mit der Zyklizität von Koordinaten zusammenhängenden Erhaltungssätzen gibt es außer denen der Form (5.95) noch einen weiteren, der eine Verallgemeinerung des Energie-Erhaltungssatzes darstellt.

Zu seiner Ableitung multiplizieren wir – ähnlich wie bei der Ableitung des Energiesatzes für ein System freier Massenpunkte in Abschn. 3.2.4 – die i-te Lagrange-Gleichung mit der generalisierten Geschwindigkeit $\dot{q}_i$ und summieren über alle i,

$$\sum_{i=1}^{f}\left[\dot{q}_i \frac{d}{dt}\left(\frac{\partial L}{\partial \dot{q}_i}\right) - \dot{q}_i \frac{\partial L}{\partial q_i}\right] = \frac{d}{dt}\sum_{i=1}^{f}\left(\dot{q}_i \frac{\partial L}{\partial \dot{q}_i}\right) - \sum_{i=1}^{f}\left(\ddot{q}_i \frac{\partial L}{\partial \dot{q}_i} + \dot{q}_i \frac{\partial L}{\partial q_i}\right) = 0\,.$$

Wegen

$$\frac{d}{dt}L(\boldsymbol{q},\dot{\boldsymbol{q}},t) = \sum_{i=1}^{f}\left(\frac{\partial L}{\partial q_i}\dot{q}_i + \frac{\partial L}{\partial \dot{q}_i}\ddot{q}_i\right) + \frac{\partial L}{\partial t}$$

folgt hieraus der **verallgemeinerte Energiesatz**

$$\boxed{\frac{dH}{dt} = -\frac{\partial L}{\partial t}}\,, \tag{5.96}$$

wobei wir die **Hamilton-Funktion**

$$H = \sum_{i=1}^{f} \dot{q}_i \frac{\partial L}{\partial \dot{q}_i} - L \tag{5.97}$$

eingeführt haben.[3] Hängt L nicht explizit von t ab, ist also $\partial L/\partial t = 0$ – wir können in diesem Fall sagen, dass t eine zyklische Koordinate ist –, dann folgt aus (5.96) der **verallgemeinerte Energie-Erhaltungssatz**

$$\boxed{H = \text{const}\,.} \tag{5.98}$$

Er fällt bei einem System freier Teilchen mit dem gewöhnlichen Energie-Erhaltungssatz zusammen (siehe Abschn. 5.12.3), liefert jedoch unter Umständen auch dann eine Erhaltungsgröße mit der Dimension einer Energie, wenn dieser nicht mehr gilt. Da es hier ganz wesentlich darauf ankommt, ob die Lagrange-Funktion explizit von der Zeit abhängt oder nicht, sei kurz auf einen Sachverhalt hingewiesen, der manchmal falsch dargestellt wird: Die Transformationsgleichungen zwischen kartesischen und generalisierten Koordinaten und mit diesen die Lagrange-Funktion können die Zeit auch dann explizit enthalten, wenn die Zwangsbedingungen zeitunabhängig sind. (Beispiel: Die Bewegung eines an die x, y-Ebene gebundenen Massenpunkts, beschrieben durch die Koordinaten $q_1 = x$, $q_2 = y$ und $q_3 = z + gt^2/2$ eines im Schwerefeld frei fallenden Bezugsystems.) Umgekehrt kann auch bei zeitabhängigen Zwangsbedingungen und/oder Kräften L zeitunabhängig werden. (Beispiel: Die Bewegung eines an die Ebene $y = ct$ gebundenen Massenpunkts unter der Einwirkung der Schwerkraft $\boldsymbol{G} = -mg\,\boldsymbol{e}_z$. Generalisierte Koordinaten $q_1 = x$, $q_2 = z$; Lagrange-Funktion $L = T - V = m\,(\dot{q}_1{}^2 + c^2 + \dot{q}_2{}^2)/2 - mg\,q_2$.)

5.12.3 Zusammenhang mit den Erhaltungssätzen der Newton-Mechanik

Die für ein System freier Massenpunkte gültigen Erhaltungssätze der Newtonschen Mechanik müssen natürlich auch nach einer Transformation auf generalisierte Koordinaten gültig bleiben. Daher sollten sie sich unter den entsprechenden Voraussetzungen auch aus der Lagrangeschen Form der Bewegungsgleichungen ableiten lassen. Wir zeigen jetzt, dass sie unter den soeben abgeleiteten Erhaltungssätzen enthalten sind.

Impuls-Erhaltungssatz. Damit ein System N freier Massenpunkte durch Lagrange-Gleichungen zweiter Art beschrieben werden kann, muss es konservativ sein (d. h. $\boldsymbol{F}_i = -\partial V/\partial \boldsymbol{r}_i$), und damit der Impuls-Erhaltungssatz gilt, muss die Summe aller Kräfte verschwinden,

$$\sum_{i=1}^{N} \boldsymbol{F}_i = -\sum_{i=1}^{N} \frac{\partial V}{\partial \boldsymbol{r}_i} = 0\,. \tag{5.99}$$

Um jetzt den Impuls-Erhaltungssatz auf die Existenz zyklischer Koordinaten zurückzuführen, vollziehen wir eine Koordinatentransformation $\boldsymbol{r}_1, \ldots, \boldsymbol{r}_N \to \boldsymbol{R}, \boldsymbol{r}'_2, \ldots, \boldsymbol{r}'_N$ von den – zu Dreiervektoren zusammengefassten – kartesischen Lagekoordinaten

3 Streng genommen ist H nur dann die Hamilton-Funktion, wenn die generalisierten Geschwindigkeiten $\dot{q}_i$ durch die generalisierten Impulse $p_i = \partial L/\partial \dot{q}_i$ ausgedrückt sind (siehe Kapitel 7).

$\boldsymbol{r}_1, \ldots, \boldsymbol{r}_N$ zum Ortsvektor $\boldsymbol{R}$ des Schwerpunkts und den Relativvektoren $\boldsymbol{r}_i' = \boldsymbol{r}_i - \boldsymbol{R}$, $i=2, \ldots, N$ als generalisierten Koordinaten. Mit der aus (3.28) folgenden Beziehung

$$\boldsymbol{r}_1' = -\sum_{i=2}^{N}(m_i \boldsymbol{r}_i')/m_1$$

lautet die Lagrange-Funktion $L=T-V$ in den neuen Koordinaten

$$L = \frac{1}{2m_1}\Big(\sum_{i=2}^{N} m_i \dot{\boldsymbol{r}}_i'\Big)^2 + \sum_{i=2}^{N}\frac{m_i}{2}\dot{\boldsymbol{r}}_i'^2 + \frac{M}{2}\dot{\boldsymbol{R}}^2 - V\left(\boldsymbol{R} - \sum_{i=2}^{N}\frac{m_i \boldsymbol{r}_i'}{m_1}, \boldsymbol{R}+\boldsymbol{r}_2', \ldots, \boldsymbol{R}+\boldsymbol{r}_N'\right). \tag{5.100}$$

Die Komponenten X, Y und Z des Vektors $\boldsymbol{R}$ sind zyklische Koordinaten, denn mit (5.99) erhalten wir z. B.

$$\frac{\partial L}{\partial X} = -\frac{\partial V}{\partial \boldsymbol{r}_1}\cdot\frac{\partial}{\partial X}\left(\boldsymbol{R} - \sum_{i=2}^{N}\frac{m_i \boldsymbol{r}_i'}{m_1}\right) - \sum_{i=2}^{N}\frac{\partial V}{\partial \boldsymbol{r}_i}\cdot\frac{\partial}{\partial X}(\boldsymbol{R}+\boldsymbol{r}_i') = -\left(\sum_{i=1}^{N}\frac{\partial V}{\partial \boldsymbol{r}_i}\right)\cdot\frac{\partial \boldsymbol{R}}{\partial X} \overset{(5.99)}{=} 0\,.$$

Der zugehörige Erhaltungssatz (5.95) ist der Impuls-Erhaltungssatz

$$\frac{\partial L}{\partial \dot{\boldsymbol{R}}} \overset{(5.100)}{=} M\dot{\boldsymbol{R}} = \boldsymbol{P}_0 = \mathbf{const}\,.$$

Drehimpuls-Erhaltungssatz. Wir betrachten erneut ein konservatives System N freier Massenpunkte und nehmen an, dass das Gesamtdrehmoment um den Koordinatenursprung verschwindet,

$$\boldsymbol{N} = \sum_{i=1}^{N}\boldsymbol{r}_i \times \boldsymbol{F}_i = -\sum_{i=1}^{N}\boldsymbol{r}_i \times \frac{\partial V}{\partial \boldsymbol{r}_i} = 0\,. \tag{5.101}$$

Bei Benutzung von Zylinderkoordinaten r_i, φ_i und z_i für die Teilchenpositionen sind die Orts- und Geschwindigkeitsvektoren durch

$$\boldsymbol{r}_i = r_i\,\boldsymbol{e}_{ri} + z_i\,\boldsymbol{e}_z\,, \qquad \dot{\boldsymbol{r}}_i = \dot{r}_i\,\boldsymbol{e}_{ri} + r_i\dot{\varphi}_i\,\boldsymbol{e}_{\varphi i} + \dot{z}_i\,\boldsymbol{e}_z \tag{5.102}$$

und die Lagrange-Funktion durch

$$L = \sum_{1}^{N}\frac{m_i}{2}\left(\dot{r}_i{}^2 + r_i{}^2\dot{\varphi}_i{}^2 + \dot{z}_i{}^2\right) - V(\boldsymbol{r}_1, \ldots, \boldsymbol{r}_N) \tag{5.103}$$

gegeben. ($\boldsymbol{e}_{ri}$ und $\boldsymbol{e}_{\varphi i}$ sind die Einheitsvektoren in r- und φ-Richtung für das i-te Teilchen.) Jetzt gehen wir zu generalisierten Koordinaten über, indem wir alle r_i und z_i belassen und die Winkeltransformation $\varphi_1, \ldots, \varphi_N \to \varphi_1', \ldots, \varphi_N'$ mit

$$\varphi_1' = \varphi = \Big(\sum_{i=1}^{N}\varphi_i\Big)\Big/N\,, \qquad \varphi_i' = \varphi_i - \varphi \quad \text{für } i = 2, \ldots, N$$

$$\text{bzw.} \qquad \varphi_1 = \varphi - \sum_{i=2}^{N}\varphi_i'\,, \qquad \varphi_i = \varphi_i' + \varphi \tag{5.104}$$

durchführen. Mit (4.28) erhalten wir aus (5.102a)

$$\frac{\partial \boldsymbol{r}_i}{\partial \varphi} = \frac{\partial}{\partial \varphi}(r_i\, \boldsymbol{e}_{ri} + z_i\, \boldsymbol{e}_z) = r_i\, \frac{\partial \boldsymbol{e}_{ri}}{\partial \varphi_i}\, \frac{\partial \varphi_i}{\partial \varphi} = r_i\, \boldsymbol{e}_{\varphi i} \overset{(4.26b)}{=} \boldsymbol{e}_z \times \boldsymbol{r}_i$$

und

$$\frac{\partial L}{\partial \varphi} = -\sum_{i=1}^{N} \frac{\partial V}{\partial \boldsymbol{r}_i} \cdot \frac{\partial \boldsymbol{r}_i}{\partial \varphi} = -\sum_{i=1}^{N} \frac{\partial V}{\partial \boldsymbol{r}_i} \cdot (\boldsymbol{e}_z \times \boldsymbol{r}_i) = -\boldsymbol{e}_z \cdot \sum_{i=1}^{N} \left(\boldsymbol{r}_i \times \frac{\partial V}{\partial \boldsymbol{r}_i} \right) \overset{(5.101)}{=} 0\,.$$

$\varphi_1 = \varphi$ ist also eine zyklische Koordinate, für die der Erhaltungssatz (5.95) mit (5.103) und den aus (5.104) folgenden Beziehungen $\partial\dot{\varphi}_i/\partial\dot{\varphi} = 1$

$$\frac{\partial L}{\partial \dot{\varphi}} = \frac{\partial}{\partial \dot{\varphi}} \sum_{i=1}^{N} \frac{m_i}{2} {r_i}^2 {\dot{\varphi}_i}^2 = \sum_{i=1}^{N} m_i {r_i}^2 \dot{\varphi}_i = \text{const}$$

liefert. Nun gilt für die z-Komponente des Drehimpulses um den Ursprung

$$\begin{aligned} L_z &= \sum_{i=1}^{N} \boldsymbol{e}_z \cdot (\boldsymbol{r}_i \times m_i \dot{\boldsymbol{r}}_i) = \sum_{i=1}^{N} (\boldsymbol{e}_z \times \boldsymbol{r}_i) \cdot m_i \dot{\boldsymbol{r}}_i \\ &= \sum_{i=1}^{N} r_i\, \boldsymbol{e}_{\varphi i} \cdot m_i \left(\dot{r}_i\, \boldsymbol{e}_{ri} + r_i \dot{\varphi}_i\, \boldsymbol{e}_{\varphi i} + \dot{z}_i \boldsymbol{e}_z \right) = \sum_{i=1}^{N} m_i {r_i}^2 \dot{\varphi}_i\,, \end{aligned}$$

d. h. unser Erhaltungssatz besagt die Konstanz der z-Komponente des Drehimpulses. Die Konstanz seiner x- und y-Komponente beweist man analog.

Energie-Erhaltungssatz. Wir betrachten jetzt ein konservatives System mit der Lagrange-Funktion

$$L = T - V(\boldsymbol{q})\,, \qquad T = \sum_{l,m=1}^{f} c_{lm}\, \dot{q}_l\, \dot{q}_m\,, \tag{5.105}$$

wobei c_{lm} Konstanten sind, die $c_{lm} = c_{ml}$ erfüllen ((5.105b) ist ein Spezialfall von (5.58)). Wegen $\partial L/\partial t = 0$ sind die Voraussetzungen für die Gültigkeit des verallgemeinerten Energie-Erhaltungssatzes (5.98) erfüllt. Mit

$$\frac{\partial L}{\partial \dot{q}_i} = \frac{\partial T}{\partial \dot{q}_i} = \sum_{l=1}^{f} c_{li}\, \dot{q}_l + \sum_{m=1}^{f} c_{im}\, \dot{q}_m \overset{l \to m}{=} 2 \sum_{m=1}^{f} c_{im}\, \dot{q}_m$$

bzw.

$$\sum_{i=1}^{f} \dot{q}_i\, \frac{\partial L}{\partial \dot{q}_i} = 2 \sum_{i,m=1}^{f} c_{im}\, \dot{q}_i\, \dot{q}_m = 2T\,, \tag{5.106}$$

(5.105a) und (5.97) folgt aus diesem

$$\boxed{H = T + V = \text{const}\,,} \tag{5.107}$$

d. h. er reduziert sich unter den in (5.105) getroffenen Annahmen über L auf den gewöhnlichen Energie-Erhaltungssatz.

5.13 Symmetrien und Erhaltungssätze

5.13.1 Homogenität und Isotropie in Raum und Zeit

Wir konnten im letzten Abschnitt den Impuls- und den Drehimpuls-Erhaltungssatz auf die Unabhängigkeit der Lagrange-Funktion von der Schwerpunktskoordinate $\boldsymbol{R}$ bzw. dem mittleren Winkel φ der Massenpunkte zurückführen. In beiden Fällen ist die Lagrange-Funktion invariant gegenüber Verschiebungen $q_i \to q_i + dq_i$ der zyklischen Koordinaten. Diese bedeuten im Fall der Impulserhaltung eine einheitliche Verschiebung $\boldsymbol{r}_i \to \boldsymbol{r}_i + d\boldsymbol{R}$ des ganzen Systems und im Fall der Drehimpulserhaltung eine einheitliche Drehung $\varphi_i \to \varphi_i + d\varphi$. Schließlich bedeutet die Voraussetzung $\partial L/\partial t = 0$ zur Gültigkeit des verallgemeinerten Energie-Erhaltungssatzes die Invarianz des Systems gegenüber der Zeitverschiebung $t \to t + dt$.

Die Invarianz der Lagrange-Funktion hat auch die Invarianz der Lagrange-Gleichungen zur Folge, und da alle Teilchenbahnen nach Vorgabe der Anfangsorte und Anfangsgeschwindigkeiten eindeutig festgelegt sind, verlaufen sie relativ zu dem verschobenen bzw. gedrehten Koordinatensystem genauso wie relativ zu dem unverschobenen. In den betrachteten Fällen ist das gleichbedeutend damit, dass sie gleichmäßig im Raum oder in der Zeit verschoben bzw. im Raum gedreht werden.

Bei Transformationsinvarianz aller Teilchenbahnen gegenüber einer beliebigen Translation bzw. Drehung bezeichnet man das Problem als *räumlich homogen* bzw. *räumlich isotrop*, und bei Invarianz gegen Zeitverschiebung spricht man von *zeitlicher Homogenität*. Offensichtlich ist die Gültigkeit der Erhaltungssätze für den Impuls, den Drehimpuls und die Energie eine Folge räumlicher Homogenität und Isotropie bzw. zeitlicher Homogenität. Wegen ihrer großen Bedeutung wird im Folgenden noch ein direkter Beweis dieser Aussagen angegeben.

Translationsinvarianz und Impulserhaltung. Ist die Lagrange-Funktion

$$L = T - V(\boldsymbol{r}_1, \ldots, \boldsymbol{r}_N) \qquad \text{mit} \qquad T = \sum_{i=1}^{N} m_i \frac{\dot{\boldsymbol{r}}_i^2}{2} \tag{5.108}$$

bei einem durch keine Zwangsbedingungen eingeschränkten System von N Massenpunkten invariant gegenüber der beliebigen gemeinsamen Translation $\boldsymbol{r}_i \to \boldsymbol{r}_i + d\boldsymbol{r}$ aller Massenpunkte – dazu muss die Funktion $V(\boldsymbol{r}_1, \ldots, \boldsymbol{r}_N)$ geeignete Eigenschaften besitzen –, so gilt mit $d\boldsymbol{r}_i = d\boldsymbol{r}$

$$dL\big|_{\text{Tr}} = \sum_{i=1}^{N} \frac{\partial L}{\partial \boldsymbol{r}_i} \cdot d\boldsymbol{r}_i \bigg|_{\text{Tr}} = d\boldsymbol{r} \cdot \sum_{i=1}^{N} \frac{\partial L}{\partial \boldsymbol{r}_i} = 0\,, \tag{5.109}$$

und, da $d\boldsymbol{r}$ beliebig ist,

$$\sum_{i=1}^{N} \frac{\partial L}{\partial \boldsymbol{r}_i} = 0\,.$$

Daraus folgt für die Summe sämtlicher Lagrange-Gleichungen (5.66) mit $q_i \to x_i$ und unter Zusammenfassung von je drei Teilchenkoordinaten zu einem Ortsvektor $\boldsymbol{r}_i$

$$\sum_{i=1}^{N} \frac{\partial L}{\partial \boldsymbol{r}_i} = \sum_{i=1}^{N} \frac{d}{dt}\left(\frac{\partial L}{\partial \dot{\boldsymbol{r}}_i}\right) = \frac{d}{dt}\sum_{i=1}^{N} \frac{\partial L}{\partial \dot{\boldsymbol{r}}_i} = \frac{d}{dt}\sum_{i=1}^{N} \frac{\partial T}{\partial \dot{\boldsymbol{r}}_i} \overset{(5.108)}{=} \frac{d}{dt}\sum_{i=1}^{N} m_i \dot{\boldsymbol{r}}_i = 0$$

und der Impuls-Erhaltungssatz

$$\boldsymbol{P}(t) = \sum_{i=1}^{N} m_i \dot{\boldsymbol{r}}_i = \boldsymbol{P}(0)\,.$$

Ist L invariant gegenüber der Verschiebung in gewissen Raumrichtungen, so folgt daraus die Konstanz der in diese Richtung fallenden Impulskomponente.

Rotationsinvarianz und Drehimpulserhaltung. Ist die Lagrange-Funktion (5.108) invariant gegenüber der beliebigen gemeinsamen Rotation

$$d\boldsymbol{r}_i \overset{(5.78)}{=} \boldsymbol{\omega}\, dt \times \boldsymbol{r}_i \overset{\text{s.u.}}{=} (\boldsymbol{e} \times \boldsymbol{r}_i)\, d\varphi\,, \tag{5.110}$$

($\boldsymbol{e} = \boldsymbol{\omega}/\omega$, $d\varphi = \omega\, dt$) aller Massenpunkte, so gilt

$$dL\big|_{\text{Rot}} = \sum_{i=1}^{N} \frac{\partial L}{\partial \boldsymbol{r}_i} \cdot d\boldsymbol{r}_i\bigg|_{\text{Rot}} = \sum_{i=1}^{N} \frac{\partial L}{\partial \boldsymbol{r}_i} \cdot (\boldsymbol{e} \times \boldsymbol{r}_i)\, d\varphi = d\varphi\, \boldsymbol{e} \cdot \sum_{i=1}^{N} \left(\boldsymbol{r}_i \times \frac{\partial L}{\partial \boldsymbol{r}_i}\right) = 0\,. \tag{5.111}$$

Da $d\varphi\, \boldsymbol{e}$ beliebig ist, folgt daraus

$$0 = \sum_{i=1}^{N} \boldsymbol{r}_i \times \frac{\partial L}{\partial \boldsymbol{r}_i} \overset{(5.66)}{=} \sum_{i=1}^{N} \boldsymbol{r}_i \times \frac{d}{dt}\left(\frac{\partial L}{\partial \dot{\boldsymbol{r}}_i}\right) \overset{(5.108)}{=} \sum_{i=1}^{N} \boldsymbol{r}_i \times m_i \ddot{\boldsymbol{r}}_i = \frac{d}{dt}\sum_{i=1}^{N} \boldsymbol{r}_i \times m_i \dot{\boldsymbol{r}}_i = \frac{d\boldsymbol{L}}{dt}$$

und der Drehimpuls-Erhaltungssatz

$$\boldsymbol{L}(t) = \boldsymbol{L}(0)\,.$$

(Man beachte, dass L hier nicht der Betrag des Drehimpulsvektors $\boldsymbol{L}$, sondern die Lagrange-Funktion ist.) Besteht nur Invarianz bei Drehung um eine spezielle Achse $\boldsymbol{e}$, so folgt daraus die Konstanz von $\boldsymbol{L} \cdot \boldsymbol{e}$.

Der Zusammenhang des Energie-Erhaltungssatzes mit der zeitlichen Translationsinvarianz von L wird unmittelbar aus der Identität (5.96) ersichtlich.

Es ist klar, dass sich die Invarianzeigenschaften von L und damit die Homogenität und Isotropie im Raum und in der Zeit durch äußere Kräfte aufheben lassen. Zum Beispiel zeichnet die Anwesenheit eines inhomogenen externen Kraftfeldes Raumpunkte vor anderen aus und zerstört die räumliche Homogenität. Schon ein homogenes Kraftfeld zeichnet gewisse Raumrichtungen aus und zerstört die räumliche Isotropie. Schließlich zerstört die Zeitabhängigkeit eines Kraftfeldes die Homogenität (und Isotropie) in der Zeit. In all diesen Fällen handelt es sich jedoch um nicht-abgeschlossene Systeme. Werden alle Kraftquellen mit in das System einbezogen, so dass sie bei einer räumlichen oder zeitlichen Translation bzw. einer räumlichen Rotation mit erfasst werden, dann werden die zerstörten Invarianzeigenschaften zurückgewonnen. Allerdings geschieht das um den Preis, dass das betrachtete System erheblich komplizierter wird. In vielen Fällen ist es daher rationeller, auf die symmetriebedingten Erhaltungssätze zu verzichten und ein einfacheres System zu betrachten.

In einem offenen System müssen die gegenwärtig betrachteten Symmetrien nicht gleich gänzlich zerstört sein. Wie wir gesehen haben, können dann Teilsymmetrien bestehen, die zur Erhaltung einzelner Komponenten der mit den allgemeinen Symmetrien verbundenen Erhaltungsgrößen führen.

5.13.2 Noether-Theorem

Die Mathematikerin E. Noether hat den hier betrachteten Symmetriebegriff abstrahiert, erweitert und in einem nach ihr benannten Theorem ebenfalls in den Zusammenhang mit Erhaltungssätzen gebracht.

Noether-Theorem. *Die zeitunabhängige Lagrange-Funktion* $L(\boldsymbol{q}, \dot{\boldsymbol{q}})$ *eines holonomen Systems sei für alle Werte des Parameters s aus einem kontinuierlichen Intervall um* $s{=}0$ *gegenüber den differenzierbaren und umkehrbaren Koordinatentransformationen*

$$\boldsymbol{q} \to \boldsymbol{Q} = \boldsymbol{Q}(\boldsymbol{q}, s) \qquad \textit{mit} \qquad \boldsymbol{Q}(\boldsymbol{q}, s=0) = \boldsymbol{q} \tag{5.112}$$

invariant, d. h. für alle s gelte

$$L(\boldsymbol{q}, \dot{\boldsymbol{q}}) \overset{\boldsymbol{q}\to\boldsymbol{Q}}{=} L\Big(\boldsymbol{q}(\boldsymbol{Q}, s), \sum_{i=1}^{f} \frac{\partial \boldsymbol{q}}{\partial Q_i} \dot{Q}_i\Big) = \widetilde{L}(\boldsymbol{Q}, \dot{\boldsymbol{Q}}, s) \stackrel{!}{=} L(\boldsymbol{Q}, \dot{\boldsymbol{Q}}) \,. \tag{5.113}$$

Dann ist die Größe

$$I_0(\boldsymbol{q}, \dot{\boldsymbol{q}}) = \sum_i \frac{\partial L(\boldsymbol{q}, \dot{\boldsymbol{q}})}{\partial \dot{q}_i} \frac{\partial Q_i(\boldsymbol{q}, s)}{\partial s}\bigg|_{s=0} \tag{5.114}$$

ein Integral der Lagrangeschen Bewegungsgleichungen.

Gleichung (5.112b) bedeutet, dass unter den Transformationen (5.112a) für $s{=}0$ die identische Transformation enthalten ist, und (5.113) besagt, dass $\widetilde{L}$ von s unabhängig sein muss und dieselbe funktionale Abhängigkeiten von $\boldsymbol{Q}$ und $\dot{\boldsymbol{Q}}$ besitzen soll wie L von $\boldsymbol{q}$ und $\dot{\boldsymbol{q}}$. Diese Art von Symmetrie wird wegen ihrer Gültigkeit für kontinuierliche s-Werte als **kontinuierliche Symmetrie** bezeichnet.

Beweis: Um das Theorem zu beweisen, zeigt man zunächst, dass auch die Lagrange-Gleichungen gegenüber den Transformationen (5.112) invariant sind, dass also auch

$$\frac{d}{dt}\left(\frac{\partial L}{\partial \dot{Q}_i}\right) - \frac{\partial L}{\partial Q_i} = 0 \tag{5.115}$$

gilt. Das kann geschehen, indem man (5.112) in die Lagrange-Gleichungen für $L(\boldsymbol{q}, \dot{\boldsymbol{q}})$ einsetzt (Aufgabe 5.23). Wir werden in Abschn. 7.4.1 einen anderen Beweis dafür kennen lernen, in dem gezeigt wird, dass die Lagrange-Gleichungen gegenüber allen **Punkttransformationen**, als welche die Transformationen (5.112) bezeichnet werden, invariant sind.

Durch partielle Ableitung der Gleichung (5.113) nach s bei festgehaltenen q_i und $\dot{q}_i$ erhalten wir nun wegen der Unabhängigkeit ihrer linken Seite von s

$$\sum_i \left(\frac{\partial L}{\partial Q_i} \frac{\partial Q_i}{\partial s} + \frac{\partial L}{\partial \dot{Q}_i} \frac{\partial \dot{Q}_i}{\partial s} \right) = 0\,.$$

Mit (5.115) folgt hieraus

$$\sum_i \left[\frac{\partial Q_i}{\partial s} \frac{d}{dt}\left(\frac{\partial L}{\partial \dot{Q}_i} \right) + \frac{\partial L}{\partial \dot{Q}_i} \frac{d}{dt}\left(\frac{\partial Q_i}{\partial s} \right) \right] = \frac{d}{dt} \sum_i \frac{\partial L}{\partial \dot{Q}_i} \frac{\partial Q_i}{\partial s} = 0\,.$$

Die Größen $I_s = \sum_i (\partial L/\partial \dot{Q}_i)\,(\partial Q_i/\partial s)$ sind also Bewegungsintegrale, die für verschiedene Werte von s allerdings funktional voneinander abhängen. Wir können daher willkürlich einen Wert auswählen und erhalten für $s{=}0$ mit $\dot{Q}_i|_{s=0} = \dot{q}_i$ gerade das im Noether-Theorem angegebene Integral I_0. □

Beispiel 5.26:

Die im letzten Abschnitt untersuchten Invarianzen (5.109) und (5.111) der Lagrange-Funktion (5.108) eines Systems freier Massenpunkte gegenüber Translationen und Rotationen sind typische Beispiele von Noether-Symmetrien. Bei der gemeinsamen Rotation (5.110) der Massenpunkte nimmt (5.112) die Form

$$\boldsymbol{r}_i \to \boldsymbol{R}_i = \boldsymbol{r}_i + (\boldsymbol{e} \times \boldsymbol{r}_i)\, d\varphi$$

an. $\boldsymbol{q}$ und $\boldsymbol{Q}$ entsprechen hier $\boldsymbol{r}_i$ und $\boldsymbol{R}_i$, der Parameter s ist hier $d\varphi$, und die Erhaltungsgröße (5.114) ist

$$I_0 = \sum_{i=1}^N \frac{\partial L}{\partial \dot{\boldsymbol{r}}_i} \cdot \frac{\partial \boldsymbol{R}_i}{\partial (d\varphi)} = \sum_{i=1}^N \frac{\partial L}{\partial \dot{\boldsymbol{r}}_i} \cdot (\boldsymbol{e} \times \boldsymbol{r}_i) = \boldsymbol{e} \cdot \sum_{i=1}^N \left(\boldsymbol{r}_i \times \frac{\partial L}{\partial \dot{\boldsymbol{r}}_i} \right) \overset{(5.108)}{=} \boldsymbol{e} \cdot \sum_{i=1}^N \boldsymbol{r}_i \times m_i \dot{\boldsymbol{r}}_i = \boldsymbol{e} \cdot \boldsymbol{L}\,,$$

also die Komponente des Drehimpulses in Richtung der Drehachse.

Beispiel 5.27:

Gegeben sei die Lagrange-Funktion

$$L = \frac{m}{2}(\dot{x}^2 + \dot{y}^2) + V(y) = L(y, \dot{x}, \dot{y})\,.$$

Dann gilt für die Transformation $X = x + s$, $Y = y$ mit dem – zeitlich konstanten – Parameter s

$$L(y, \dot{x}, \dot{y}) = L(Y, \dot{X} - \dot{s}, \dot{Y}) = \widetilde{L}(Y, \dot{X}, \dot{Y}, s) = \frac{m}{2}(\dot{X}^2 + \dot{Y}^2) + V(Y) = L(Y, \dot{X}, \dot{Y})\,,$$

die Voraussetzungen des Noether-Theorems sind erfüllt, und das Bewegungsintegral ist

$$I_0 = \frac{\partial L}{\partial \dot{x}} \frac{\partial (x+s)}{\partial s}\bigg|_{s=0} + \frac{\partial L}{\partial \dot{y}} \frac{\partial y}{\partial s}\bigg|_{s=0} = \frac{\partial L}{\partial \dot{x}} = m\dot{x}\,.$$

Die x-Komponente des Impulses ist also eine Konstante der Bewegung, was anschaulich klar ist, weil in x-Richtung keine Kraft wirkt.

Wäre das Potenzial $V(x, y)$ statt $V(y)$, so ergäbe sich bei derselben Transformation

$$\widetilde{L}(X, Y, \dot{X}, \dot{Y}, s) = \frac{m}{2}(\dot{X}^2 + \dot{Y}^2) + V(X-s, Y) \neq L(X, Y, \dot{X}, \dot{Y}),$$

d. h. $\widetilde{L}$ besäße eine andere als die vom Noether-Theorem geforderte funktionale Abhängigkeit von X und wäre explizit von s abhängig.

5.14 Zeitisotropie und mechanische Reversibilität

In der Lagrange-Funktion

$$L = \sum_{i=1}^{N} \frac{m_i}{2}\dot{\boldsymbol{r}}_i^2 - V(\boldsymbol{r}_1, \ldots, \boldsymbol{r}_N)$$

für ein abgeschlossenes System freier Massenpunkte kann die Richtung der Zeit umgekehrt werden, d. h. t durch $-t$ ersetzt werden, ohne dass sie sich dadurch verändert. (Dabei gilt zwar $\dot{\boldsymbol{r}}_i \to -\dot{\boldsymbol{r}}_i$, aber $\dot{\boldsymbol{r}}_i{}^2 \to \dot{\boldsymbol{r}}_i{}^2$.) Man bezeichnet diese Eigenschaft als *zeitliche Isotropie*. Genau wie die zeitliche Homogenität kann diese natürlich durch zeitabhängige Kraftfelder zerstört werden; sie kann jedoch zurückgewonnen werden, indem man das System durch Einbeziehung aller Kraftquellen abschließt.

Zeitliche Isotropie ist eine Symmetrie gegenüber einer Spiegelung der Zeit am Ursprung der Zeitachse. Dabei handelt es sich um eine diskrete Symmetrie – es gibt keine kontinuierlich variierbare Größe, bezüglich deren Invarianz besteht, wie das bei der Translations- bzw. Drehinvarianz der Fall ist. Aus diesem Grunde folgt aus der Zeitisotropie auch kein Erhaltungssatz. Dagegen hat diese die wichtige Eigenschaft der **Reversibilität** zur Folge, d. h. alle Teilchenbahnen können auch rückwärts durchlaufen werden. Analytisch lässt sich das so ausdrücken: Ist $\boldsymbol{R}(t)$ mit $t \in [t_1, t_2]$ die Bahn eines Systems von Massenpunkten im Konfigurationsraum, also eine Lösung der Bewegungsgleichungen – dabei besteht auch die Möglichkeit $t_1 \to -\infty$ und $t_2 \to \infty$ –, dann ist auch

$$\widetilde{\boldsymbol{R}}(t) = \boldsymbol{R}(-t) \qquad \text{für alle} \qquad t \in [t_1, t_2] \tag{5.116}$$

eine Lösung.

Beweis: Wir führen den Beweis in der Konfigurationsraum-Notation von Abschn. 3.2.5 für Systeme, die durch eine zeitlich isotrope Lagrange-Funktion

$$L(\boldsymbol{R}, \dot{\boldsymbol{R}}, t) = L(\boldsymbol{R}, -\dot{\boldsymbol{R}}, -t) \tag{5.117}$$

beschrieben werden. Zu beweisen ist, dass die Lagrange-Gleichung

$$\frac{d}{dt}\left(\frac{\partial L}{\partial \dot{\boldsymbol{R}}}\right) = \frac{\partial L}{\partial \boldsymbol{R}} \tag{5.118}$$

auch von $\widetilde{\boldsymbol{R}}(t)$ erfüllt wird, wenn das für $\boldsymbol{R}(t)$ der Fall ist.

Setzen wir $t' = -t$, so wird mit (5.116)

$$\widetilde{\boldsymbol{R}}(t) = \boldsymbol{R}(t') \qquad \text{und} \qquad \dot{\widetilde{\boldsymbol{R}}}(t) = \frac{d\boldsymbol{R}(t')}{dt'}\,\frac{dt'}{dt} = -\dot{\boldsymbol{R}}(t')\,. \tag{5.119}$$

Wenn nun $\boldsymbol{R}(t)$ eine Lösung von Gleichung (5.118) ist, dann wird diese auch von $\boldsymbol{R}(t')$ erfüllt, sofern in ihr t durch t' ersetzt wird. Damit ergibt sich wie behauptet

$$\frac{d}{dt}\,\frac{\partial L(\widetilde{\boldsymbol{R}}(t), \dot{\widetilde{\boldsymbol{R}}}(t), t)}{\partial \dot{\widetilde{\boldsymbol{R}}}(t)} \overset{(5.119)}{=} -\frac{d}{dt'}\,\frac{\partial L(\boldsymbol{R}(t'), -\dot{\boldsymbol{R}}(t'), -t')}{-\partial \dot{\boldsymbol{R}}(t')} \overset{(5.117)}{=} \frac{d}{dt'}\,\frac{\partial L(\boldsymbol{R}(t'), \dot{\boldsymbol{R}}(t'), t')}{\partial \dot{\boldsymbol{R}}(t')}$$

$$\overset{(5.118)}{=} \frac{\partial L(\boldsymbol{R}(t'), \dot{\boldsymbol{R}}(t'), t')}{\partial \boldsymbol{R}(t')} \overset{(5.119)}{=} \frac{\partial L(\widetilde{\boldsymbol{R}}(t), -\dot{\widetilde{\boldsymbol{R}}}(t), -t)}{\partial \widetilde{\boldsymbol{R}}(t)} \overset{(5.117)}{=} \frac{\partial L(\widetilde{\boldsymbol{R}}(t), \dot{\widetilde{\boldsymbol{R}}}(t), t)}{\partial \widetilde{\boldsymbol{R}}(t)}\,.$$

□

5.15 Mechanische Ähnlichkeit

Unter besonderen Umständen erhält man aus einer bekannten Lösung eines mechanischen Problems eine ganze Schar weiterer Lösungen desselben Problems oder ähnlicher Probleme. Wir demonstrieren das an einem Beispiel und betrachten dazu ein durch Lagrange-Gleichungen zweiter Art, (5.66), beschriebenes konservatives System mit f Freiheitsgraden, für das T bei konstanten Koeffizienten c_{ij} durch

$$T(\dot{q}) = \sum_{i,j=1}^{f} c_{ij}\,\dot{q}_i\,\dot{q}_j$$

gegeben ist. Seine potenzielle Energie sei eine *homogene Funktion* der Lagekoordinaten, d. h. sie erfülle die Beziehung

$$V(\lambda q_1, \ldots, \lambda q_f) = \lambda^k\, V(q_1, \ldots, q_f) \tag{5.120}$$

mit einem konstanten Parameter k. Zu einer speziellen Lösung $q_1(t), \ldots, q_f(t)$ der Bewegungsgleichungen suchen wir nun weitere Lösungen $q'_1(t'), \ldots, q'_f(t')$, die mit der ursprünglichen Lösung durch eine Proportionalitätsbeziehung

$$q'_i(t') = \alpha q_i(t) \qquad \text{mit} \qquad t' = \beta t \tag{5.121}$$

zusammenhängen, wobei α und β noch zu bestimmende konstante Zahlen sind. Mit den Notationen $\dot{q}'_i(t') = dq'_i/dt'$ und $\dot{q}_i(t) = dq_i/dt$ ergibt sich

$$\dot{q}'_i(t') = \alpha\,\dot{q}_i(t)\,\frac{dt}{dt'} = \frac{\alpha}{\beta}\,\dot{q}_i(t) \tag{5.122}$$

und

$$T' := T\big(\dot{\boldsymbol q}'(t')\big) = \sum_{i,j=1}^{f} c_{ij}\dot q_i'(t')\,\dot q_j'(t') \overset{(5.121)}{=} \left(\frac{\alpha}{\beta}\right)^2 \sum_{i,j=1}^{f} c_{ij}\dot q_i(t)\,\dot q_j(t) = \left(\frac{\alpha}{\beta}\right)^2 T\big(\dot{\boldsymbol q}(t)\big),$$

$$V' := V\big(\boldsymbol q'(t')\big) \overset{(5.121a)}{=} V\big(\alpha\,\boldsymbol q(t)\big) \overset{(5.120)}{=} \alpha^k\, V\big(\boldsymbol q(t)\big),$$

$$L' := L\big(\boldsymbol q'(t'), \dot{\boldsymbol q}'(t'), t'\big) = T' - V' = \alpha^k \Big[\big(\alpha^{1-k/2}/\beta\big)^2\, T\big(\dot{\boldsymbol q}(t)\big) - V\big(\boldsymbol q(t)\big)\Big].$$

Setzen wir nun

$$\beta = \alpha^{1-k/2}\,, \tag{5.123}$$

so folgt aus der letzten Gleichung

$$L' = \alpha^k\, L\,, \tag{5.124}$$

und mit (5.121), (5.122) und (5.124) erhalten wir

$$\frac{d}{dt'}\left(\frac{\partial L'}{\partial \dot q_i'}\right) - \frac{\partial L'}{\partial q_i'} = \frac{1}{\beta}\frac{d}{dt}\left(\frac{\partial(\alpha^k L)}{\partial(\alpha\,\dot q_i)/\beta}\right) - \frac{\partial(\alpha^k L)}{\partial(\alpha\, q_i)} = \alpha^{k-1}\left[\frac{d}{dt}\left(\frac{\partial L}{\partial \dot q_i}\right) - \frac{\partial L}{\partial q_i}\right] = 0\,,$$

wobei zuletzt benutzt wurde, dass $q_i(t)$ eine Lösung von (5.66) ist. Dies bedeutet, dass die Bahnen

$$q_i'(t') = \alpha\, q_i(t) = \alpha\, q_i(t'/\beta) \overset{(5.123)}{=} \alpha\, q_i(\alpha^{k/2-1}\, t') \tag{5.125}$$

Lösungen des durch die Lagrange-Funktion $L'{=}L(\boldsymbol q'(t'), \dot{\boldsymbol q}'(t'), t')$ beschriebenen Problems sind.

Die Bahnen $q_i'(t')$ und $q_i(t)$ sind geometrisch ähnlich, da q_i'/α der Reihe nach dieselben Werte annimmt wie q_i, nur in einer um den Faktor β veränderten Zeitabfolge. Aus $t' = \beta t$ folgt mit (5.123) und (5.125), dass das Verhältnis der Durchlaufzeiten Δt und $\Delta t'$ äquivalenter Bahnstücke Δq_i und $\Delta q_i'$ mit deren Verhältnis durch die **Ähnlichkeitsrelation**

$$\frac{\Delta t'}{\Delta t} = \beta = \alpha^{1-k/2} = \left(\frac{\Delta q_i'}{\Delta q_i}\right)^{1-k/2} \tag{5.126}$$

verknüpft ist. Das Verhältnis der Geschwindigkeiten in äquivalenten Bahnpunkten ist nach (5.122)

$$\frac{\dot q_i'(t')}{\dot q_i(t)} = \frac{\alpha}{\beta} = \alpha^{k/2}\,. \tag{5.127}$$

Beispiel 5.28: *Umlaufzeiten im Zentralfeld*

Bei der Bewegung eines freien Massenpunkts im Zentralfeld hat die kinetische Energie T in kartesischen Koordinaten die geforderten konstanten Koeffizienten. Für das Potenzial $V = V_0/\sqrt{x^2+y^2+z^2}$ wird die Homogenitätsrelation (5.120) mit

$$k = -1$$

erfüllt. Damit erhalten wir die Ähnlichkeitsrelationen

$$\frac{\Delta t'}{\Delta t} = \left(\frac{\Delta x'}{\Delta x}\right)^{3/2} = \left(\frac{\Delta y'}{\Delta y}\right)^{3/2} = \left(\frac{\Delta z'}{\Delta z}\right)^{3/2} .$$

Das ist gerade das dritte Keplersche Gesetz, nach welchem sich die Quadrate der Umlaufzeiten wie die Kuben der großen Halbachsen verhalten. Es wurde hier ohne Ausführung irgendwelcher Integrationen erhalten, allerdings ist die jetzige Ableitung auf den Fall ähnlicher Ellipsen beschränkt, während bei der früheren auch Ellipsen mit verschiedenen Halbachsenverhältnissen b/a möglich waren.

5.16 Virialsatz

Besitzt ein mechanisches System sehr viele Freiheitsgrade, so lassen sich meistens nicht alle zur vollständigen Lösung der Bewegungsgleichungen erforderlichen Integrationen durchführen. Mit wachsender Zahl der Freiheitsgrade gewinnen daher zunehmend Folgerungen aus den Bewegungsgleichungen an Bedeutung, die Schlüsse auf allgemeine Eigenschaften der Bewegung zulassen. Ein Beispiel hierfür bieten die mechanischen Ähnlichkeitsgesetze des letzten Abschnitts, ein weiteres der **Virialsatz**.

Zu dessen Ableitung betrachten wir ein mechanisches System mit f Freiheitsgraden, das durch Lagrange-Gleichungen zweiter Art beschrieben wird, und dessen Lagrange-Funktion die Form

$$L = \sum_{i,j=1}^{f} c_{ij}(\boldsymbol{q})\, \dot{q}_i\, \dot{q}_j - V(\boldsymbol{q})$$

mit $c_{ij}(\boldsymbol{q}) = c_{ji}(\boldsymbol{q}) < \infty$ besitzt. Definieren wir

$$G := \sum_{i=1}^{f} q_i \frac{\partial L}{\partial \dot{q}_i} = 2 \sum_{i,k=1}^{f} c_{ik}\, q_i\, \dot{q}_k ,$$

so erhalten wir für die totale Zeitableitung dieser Größe

$$\frac{dG}{dt} = \sum_{i=1}^{f} \left[\dot{q}_i \frac{\partial L}{\partial \dot{q}_i} + q_i \frac{d}{dt}\left(\frac{\partial L}{\partial \dot{q}_i}\right)\right] \overset{(5.66)}{=} \sum_{i=1}^{f} \left(\dot{q}_i \frac{\partial L}{\partial \dot{q}_i} + q_i \frac{\partial L}{\partial q_i}\right) .$$

Nach (5.106) ist der erste Summenterm der rechten Seite gerade das Doppelte der kinetischen Energie, die wir daher durch

$$T = \frac{1}{2}\frac{dG}{dt} - \frac{1}{2}\sum_{i=1}^{f} q_i \frac{\partial L}{\partial q_i}$$

ausdrücken können. Mit der Definition

$$\overline{f} := \lim_{\tau\to\infty} \frac{1}{2\tau} \int_{-\tau}^{+\tau} f(q,\dot{q},t)\, dt$$

für das Zeitmittel einer Funktion $f(q(t), \dot{q}(t), t)$ erhalten wir hieraus

$$\overline{T} = \frac{1}{2} \lim_{\tau\to\infty} \frac{G(\tau) - G(-\tau)}{2\tau} - \frac{1}{2} \overline{\sum_{i=1}^{f} q_i \frac{\partial L}{\partial q_i}}\,. \tag{5.128}$$

Wir setzen jetzt voraus, dass die generalisierten Lage- und Geschwindigkeitskoordinaten nicht unendlich werden können. (Diese Voraussetzung ist hinreichend, jedoch nicht unbedingt notwendig für das, was wir beweisen wollen.) Das ist z. B. der Fall, wenn dem betrachteten System nur ein endliches Teilgebiet des Raumes zur Verfügung steht und seine Energie endlich ist. Insbesondere gilt das für alle periodischen Bewegungen (Pendel, periodische Bahnen von Himmelskörpern usw.). Unter der getroffenen Voraussetzung bleibt auch die Funktion $G(t)$ für alle Zeiten beschränkt, dementsprechend gilt $\lim_{\tau\to\infty} G(\tau)/\tau = \lim_{\tau\to\infty} G(-\tau)/\tau = 0$, und wenn wir in (5.128) noch Summation und Zeitmittelung vertauschen, erhalten wir schließlich den **Virialsatz**

$$\boxed{\overline{T} = -\frac{1}{2} \sum_{i=1}^{f} \overline{q_i \frac{\partial L}{\partial q_i}}\,.} \tag{5.129}$$

Im speziellen Fall eines konservativen Systems N freier Massenpunkte erhält dieser mit

$$L = \sum_{i=1}^{N} \frac{m_i}{2} \dot{\boldsymbol{r}}_i^{\,2} - V(\boldsymbol{r}_1, \ldots, \boldsymbol{r}_N) \qquad \text{und} \qquad \sum_{i=1}^{f} q_i \frac{\partial L}{\partial q_i} = -\sum_{i=1}^{N} \boldsymbol{r}_i \cdot \frac{\partial V}{\partial \boldsymbol{r}_i}$$

die Form

$$\overline{T} = \frac{1}{2} \sum_{i=1}^{N} \overline{\boldsymbol{r}_i \cdot \frac{\partial V}{\partial \boldsymbol{r}_i}}\,. \tag{5.130}$$

Die bei seiner Ableitung vorausgesetzten hinreichenden Bedingungen sind nicht erfüllt, da es im Prinzip Teilchen geben kann, die für $t \to \pm\infty$ nach Unendlich laufen. Die Geschwindigkeiten $\dot{\boldsymbol{r}}_i$ können allerdings nicht unendlich werden, wenn man nur Potenziale mit der Eigenschaft $V > -\infty$ zulässt, da alle Voraussetzungen für die Gültigkeit des Energiesatzes $\sum m_i \dot{\boldsymbol{r}}_i^{\,2}/2 + V = E$ gegeben sind. Damit nun $G = \sum \boldsymbol{r}_i \cdot \partial L/\partial \dot{\boldsymbol{r}}_i = \sum m_i \boldsymbol{r}_i \cdot \dot{\boldsymbol{r}}_i$ nicht unendlich wird, genügt es, wenn die Produkte $\boldsymbol{r}_i \cdot \dot{\boldsymbol{r}}_i$ endlich bleiben. Das wird jedoch für eine ganze Klasse von Potenzialen der Fall sein: Es muss dann nur (durch die Art des Potenzials und den Wert der Energie E) dafür gesorgt sein, dass die Geschwindigkeit von Teilchen, die ins Unendliche laufen, mindestens wie $1/r_i$ gegen null geht (Folge: $|\boldsymbol{r}_i \cdot \dot{\boldsymbol{r}}_i| \sim |\boldsymbol{r}_i / r_i| = 1$ für $r_i \to \infty$).

Die Form (5.130) des Virialsatzes gilt insbesondere auch für ein Einzelteilchen, das sich in einem Zentralfeld mit dem (anziehenden) Potenzial $V = -V_0/r$ bewegt. Mit

$$\boldsymbol{r} \cdot \frac{\partial V}{\partial \boldsymbol{r}} = \boldsymbol{r} \cdot \frac{V_0}{r^2} \frac{\boldsymbol{r}}{r} = -V$$

wird

$$\boxed{\overline{T} = -\frac{1}{2}\overline{V}\,.}$$

Für Planetenbahnen bedeutet das zum Beispiel: Die kinetische Energie ist im Mittel betragsmäßig halb so groß wie die potenzielle, ein Ergebnis, das hauptsächlich für statistische Fragen bedeutsam wird.

Aufgaben

5.1 Ein Massenpunkt, der sich im homogenen Schwerefeld $\boldsymbol{g} = -g\boldsymbol{e}_z$ auf dem Kreis $x^2 + z^2 = R^2$ bei $x = 0$, $z = R$ in Ruhe befindet (labiles Gleichgewicht), gleite ab der Zeit $t = 0$ auf dem Kreisumfang abwärts. Berechnen Sie mithilfe der Lagrange-Gleichungen erster Art den Winkel, bei dem sich der Massenpunkt vom Kreis ablöst!

5.2 Im homogenen Schwerefeld $\boldsymbol{g} = -g\boldsymbol{e}_z$ bewegen sich zwei Massenpunkte (Massen m_1 und m_2) reibungslos auf dem Umfang des Kreises $y = 0$, $x^2 + z^2 = R^2$. Die beiden Massen seien durch eine masselose Stange der Länge L starr miteinander verbunden.

(a) Wie lauten die zugehörigen Lagrange-Gleichungen erster Art?
(b) Geben Sie mögliche generalisierte Koordinaten an!
(c) Wie lauten die Lagrange-Gleichungen zweiter Art?
(d) Bestimmen Sie Gleichgewichtslagen mithilfe des Prinzips der virtuellen Arbeit!
(e) Wie lassen sich die Gleichgewichtslagen durch die Schwerpunktskoordinaten charakterisieren?

5.3 Der Bewegung eines Massenpunkts im Feld einer Zentralkraft sei eine Zwangsbedingung $\boldsymbol{r} \cdot \boldsymbol{L}_0 = 0$ mit $\boldsymbol{L}_0 = \mathbf{const}$ auferlegt. Berechnen Sie die zugehörige Zwangskraft!

5.4 Leiten Sie das d'Alembertsche Prinzip für ein System starr verbundener Massenpunkte unter der Annahme ab, dass die Zwangskräfte der Starrheit in Richtung der Verbindungslinien der Massenpunkte wirken und das Prinzip *actio = reactio* erfüllen.

5.5 (a) Geben Sie ein Beispiel für eine Zwangsbedingung an, bei der die tatsächliche Verrückung mit einer virtuellen Verrückung übereinstimmt!
(b) Zeigen Sie, dass die Zwangsbedingung $x^2 + y^2 = l^2$ bei Einführung einer geeigneten generalisierten Koordinate automatisch erfüllt wird!
(c) Geben Sie physikalische Probleme mit echt nicht-holonomen Zwangsbedingungen an, insbesondere solche mit linearen differentiellen Zwangsbedingungen!

5.6 Zwei gleich schwere Eisenbahnwagen werden auf einer unter 45° geneigten Ebene durch ein parallel zur Ebene laufendes dehnbares Seil bzw. eine Feder gegen das Schwerefeld im Gleichgewicht gehalten. Für die Dehnung des Seils (der Feder) gelte ein lineares Kraftgesetz; durch eine Kupplung werde der Abstand der Wagenschwerpunkte auf dem konstanten Wert l gehalten. Die Wagen können als im Schwerpunkt konzentrierte Massenpunkte behandelt werden.

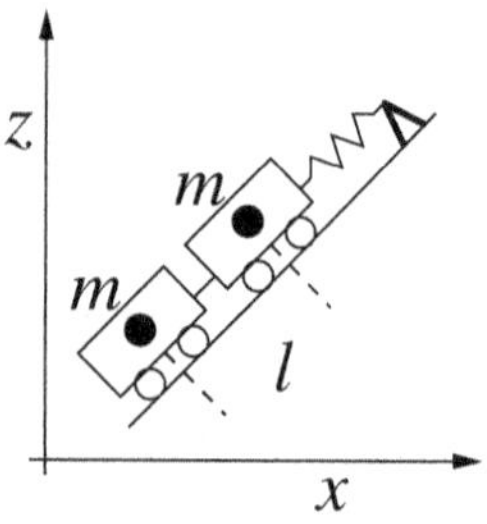

(a) Bestimmen Sie mithilfe des Prinzips der virtuellen Arbeit die Gleichgewichtsposition der Wagen.
(b) Zur Zeit $t = 0$ reißt die Kupplung der Wagen. Bestimmen Sie die Lagrangeschen Bewegungsgleichungen erster Art für den verbleibenden Wagen und lösen Sie diese. Wie lauten die Zwangskräfte?

5.7 Im homogenen Schwerefeld der Erde seien zwei Massenpunkte der Massen m_1 und m_2 durch einen über eine Rolle (Radius R) geführten Faden fester Länge L miteinander verbunden. Die Achse der Rolle sei permanent bei $x=z=0$, Reibung sei zu vernachlässigen.

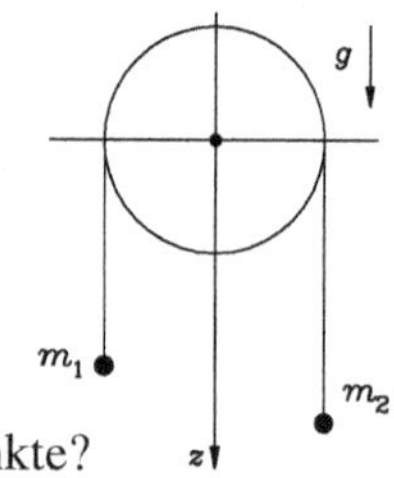

(a) Wie lauten die Bewegungsgleichungen der Massenpunkte?
(b) Wie groß sind die auftretenden Zwangskräfte?
(c) In welcher Richtung bewegen sich die Massen?
(d) Wann gibt es eine Gleichgewichtslage?

Hinweis: Betrachten Sie nur Bewegungen in Richtung von $\boldsymbol{g} = -g\boldsymbol{e}_z$!

5.8 (a) Bestimmen Sie mithilfe des Prinzips der virtuellen Arbeit, für welches Verhältnis der Massen m_1 und m_2 das in der Abbildung dargestellte System im Gleichgewicht ist! Dabei seien die Reibung und die Trägheit der Rollen und Seile vernachlässigbar.
(b) In welche Richtung bewegt sich die Masse 1 im Fall $m_1=m_2/3$, in welche im Fall $m_1=m_2/5$?

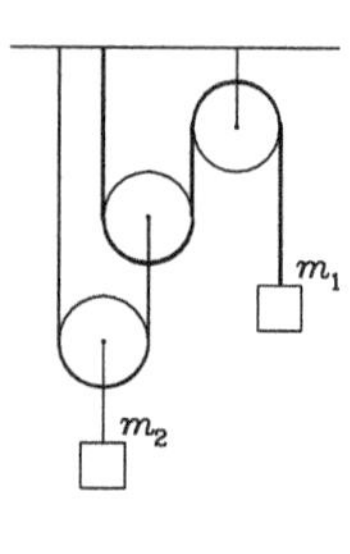

5.9 Zeigen Sie, dass die generalisierten Zwangskräfte zu holonomen Zwangsbedingungen verschwinden! (Betrachten Sie hilfsweise ein einfaches Beispiel!)

5.10 Ein Massenpunkt befinde sich am Ende einer reibungsfrei durch eine dünne Röhre in z-Richtung geführten masselosen Schnur im Schwerefeld $\boldsymbol{g}=-g\boldsymbol{e}_z$. Durch Ziehen an der Schnur in z-Richtung vermindere sich der Abstand gemäß $r=r_0-vt$ (v=const). Bestimmen Sie die auf den Massenpunkt wirkende Zwangskraft in kartesischen Koordinaten, wenn seine Bewegung aus der Überlagerung von Pendelschwingungen und Rotationen besteht!

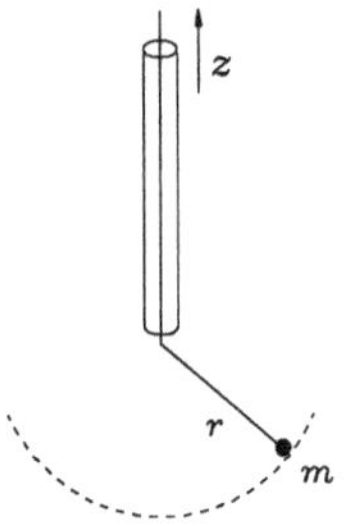

5.11 Ein Massenpunkt bewege sich im homogenen Schwerefeld der Erde auf einem Trichter (auf der Wand eines auf den Kopf gestellten hohlen Kreiskegels).

(a) Stellen Sie die Lagrange-Gleichungen zweiter Art auf!
(b) Welche Erhaltungssätze gelten?
(c) Wie lautet die Bahngleichung?

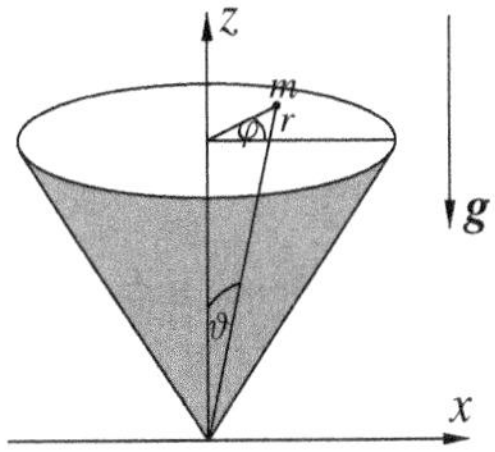

5.12 Zwei Massenpunkte gleicher Masse m seien durch eine masselose starre Stange (Länge l) miteinander zu einer Hantel verbunden. Diese gleite im homogenen Schwerefeld reibungsfrei an einer Wand auf den Fußboden so ab, dass sich ein Massenpunkt längs der z-Achse, der andere längs der x-Achse bewegt.

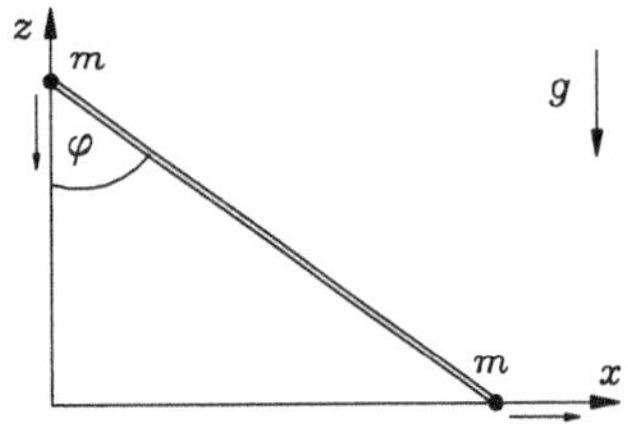

Bestimmen Sie mit dem Winkel φ als generalisierter Koordinate die Lagrange-Funktion des Systems und stellen Sie die Bewegungsgleichungen auf!

5.13 Bestimmen Sie für ein ebenes Doppelpendel (Abb. 5.12) im homogenen Schwerefeld der Erde die Lagrange-Funktion!

(a) Wie lauten die Bewegungsgleichungen?
(b) Geben Sie für den Fall kleiner Winkel φ_1 und φ_2 die linearisierten Bewegungsgleichungen an und lösen Sie diese.

5.14 Der Aufhängepunkt eines ebenen Pendels (Länge l, Pendelmasse m_2) sei im homogenen Schwerefeld der Erde in horizontaler Richtung frei beweglich und mit einer Masse m_1 versehen.

(a) Bestimmen Sie die Lagrange-Funktion!
(b) Wie lauten die Lagrange-Gleichungen zweiter Art?

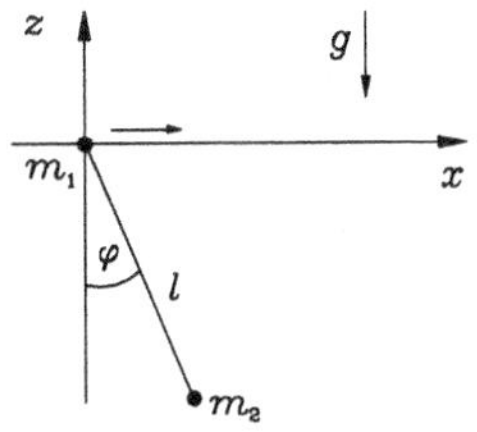

(c) Integrieren Sie die Bewegungsgleichungen im Fall kleiner Pendelauslenkungen (lineare Näherung)!
(d) Welche Zwangskräfte wirken auf die beiden Massenpunkte im Fall (c)?

5.15 Untersuchen Sie die Stabilität der Gleichgewichtslagen, die im Beispiel 5.14 für die rotierende Perle gefunden wurden.

5.16 Wie lautet die Lagrange-Funktion des zweidimensionalen Kepler-Problems? Welche Erhaltungssätze gelten? Berechnen Sie die Erhaltungsgrößen!

Hinweis: Suchen Sie nach ignorablen Variablen!

5.17 Im homogenen Schwerefeld befinde sich ein Massenpunkt der Masse m an einem Faden der Länge $l=4R$, der sich reibungslos an die Zykloide

$$x=R\,(\varphi-\sin\varphi)\,,\qquad z=-R\,(1-\cos\varphi)$$

anschmiegt (Zykloidenpendel).

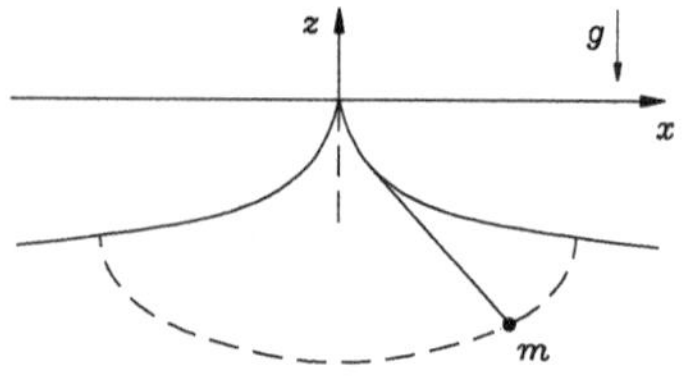

(a) Berechnen Sie den Anteil der Fadenlänge, der an der Zykloide anliegt!
(b) Zeigen Sie: Die Bahnkurve des Massenpunkts ist ebenfalls eine Zykloide.
(c) Verwenden Sie die Bogenlänge s dieser Bahn als generalisierte Koordinate und geben Sie die zugehörige Lagrange-Funktion an!
(d) Finden Sie die Bewegungsgleichung des Massenpunkts und zeigen Sie, dass die Schwingungsdauer des Zykloidenpendels unabhängig von der Amplitude ist!

Hinweis: Benutzen Sie die Relationen
$\sqrt{(1-\cos\varphi)/2}=\sin\varphi/2$ und $\sqrt{(1+\cos\varphi)/2}=\cos\varphi/2$.

5.18 Auf einer schiefen Ebene mit Neigungswinkel ϑ befinde sich eine Masse m im homogenen Schwerefeld. Es gelte ein lineares Reibungsgesetz.

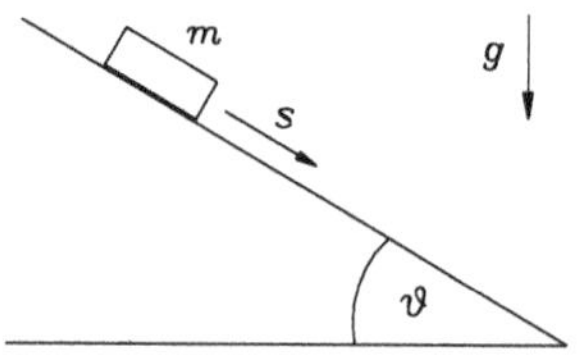

(a) Wie lautet die zugehörige Bewegungsgleichung?
(b) Berechnen Sie durch Integration der Bewegungsgleichung die Geschwindigkeit des Massenpunkts!
(c) Welches ist der Grenzwert der Geschwindigkeit für große Zeiten?

Hinweis: Verwenden Sie s als Variable!

5.19 Ein Körper der Masse m rutsche im homogenen Schwerefeld eine durch die Funktion $y=\mathrm{e}^{-rx}$ gegebene Bahn hinunter (r=const). Dabei wirke auf ihn die Reibungskraft $\boldsymbol{F}_R=-\mu_0\,|\boldsymbol{F}_n|\,\boldsymbol{v}/v$.

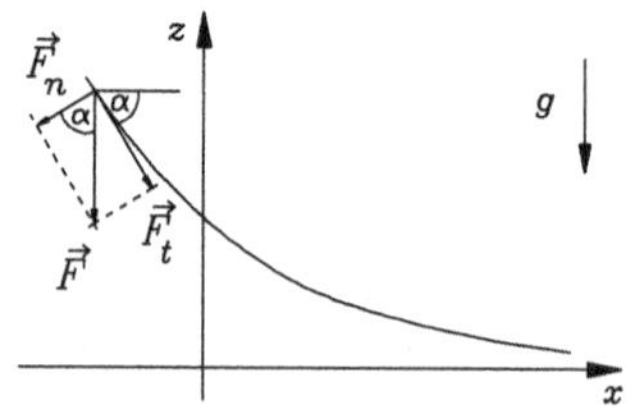

(a) Berechnen Sie Normal- und Tangentialkomponente von $\boldsymbol{g}$ in Abhängigkeit von x!
(b) Wie lautet die Bewegungsgleichung?
(c) Berechnen Sie aus der Bedingung $|\boldsymbol{F}_t|=\mu_0\,|\boldsymbol{F}_n|$ den Punkt der Bahn, bis zu dem der Körper rutscht!

5.20 Bei einem Drei-Körper-Problem habe Teilchen 1 die Masse M, Teilchen 2 und 3 sollen die gleiche Masse m besitzen. Führen Sie das Problem auf ein Zwei-Körper-Problem zurück, indem Sie den Schwerpunkt des Systems in den Koordinatenursprung legen und die Lage der Massenpunkte durch die Relativvektoren $\boldsymbol{r}_{12} = \boldsymbol{r}_2 - \boldsymbol{r}_1$ sowie $\boldsymbol{r}_{13} = \boldsymbol{r}_3 - \boldsymbol{r}_1$ beschreiben.

Hinweis: Bestimmen Sie zuerst die Lagrange-Funktion und stellen Sie anschließend die Lagrangeschen Bewegungsgleichungen auf.

5.21 Beweisen Sie die Konstanz des Drehimpulses für die Bewegung eines Massenpunkts im Zentralfeld mithilfe des Noether-Theorems.

Hinweis: Benutzen Sie kartesische Koordinaten und untersuchen Sie das Verhalten der Lagrange-Funktion bei Drehungen um die x-, y- und z-Achse.

5.22 Zeigen Sie mithilfe des Noether-Theorems, dass in dem durch die Lagrange-Funktion

$$L = \sum_i \frac{m_i}{2}(\dot{x}_i{}^2 + \dot{y}_i{}^2 + \dot{z}_i{}^2) - V(x_k - x_l, y_k - y_l, z_k - z_l)$$

beschriebenen System wechselwirkender Teilchen die Komponenten des Gesamtimpulses erhalten bleiben!

Hinweis: Finden Sie drei geeignete Transformationen der Form $x_i \to X_i(x_i, s)$, $y_i \to Y_i(y_i, s)$, $z_i \to Z_i(z_i, s)$ und berechnen Sie jeweils die Invariante

$$I = \sum_i \frac{\partial L}{\partial \dot{x}_i} \frac{\partial X_i(\boldsymbol{x}, 0)}{\partial s} + \sum_i \frac{\partial L}{\partial \dot{y}_i} \frac{\partial Y_i(\boldsymbol{x}, 0)}{\partial s} + \sum_i \frac{\partial L}{\partial \dot{z}_i} \frac{\partial Z_i(\boldsymbol{x}, 0)}{\partial s}.$$

Dabei sollen die gesuchten Transformationen die Translationsinvarianz des Systems beschreiben.

5.23 Zeigen Sie, dass die Punkttransformationen $q_i = f_i(\boldsymbol{Q}, t)$ von Lagrangeschen Bewegungsgleichungen zweiter Art in den Koordinaten q_i zu ebensolchen Gleichungen in den Koordinaten Q_i führen.

5.24 Auf zwei gleichmäßig und gegenläufig mit der Winkelgeschwindigkeit ω_0 um ortsfeste Achsen rotierenden Walzen (Radius R) liege senkrecht zum Schwerefeld $\boldsymbol{g} = -g\boldsymbol{e}_z$ ein Brett. Berechnen Sie die Bewegung des Bretts unter der Annahme, dass in seinen Auflagepunkten auf den Walzen Gleitreibung vorliegt. Welche Bedingung muss für Gleitreibung erfüllt sein?

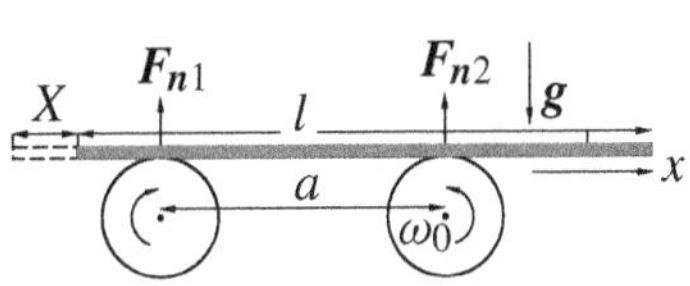

Anleitung: Die in den Auflagepunkten auf das Brett einwirkenden Normalkräfte $\boldsymbol{F}_{n1}$ und $\boldsymbol{F}_{n2}$ können daraus bestimmt werden, dass die z-Komponente der Summe aller auf das Brett einwirkenden Kräfte und das Drehmoment um den Berührungspunkt des Bretts mit einer der beiden Walzen verschwinden müssen.

Lösungen

5.1 Lösung: $\vartheta = \arccos(2/3)$.

5.2 (a) Zwangsbedingungen:

$$f_1 = x_1^2 + z_1^2 - R^2 = 0, \qquad f_2 = x_2^2 + z_2^2 - R^2 = 0,$$

$$f_3 = (x_2 - x_1)^2 + (z_2 - z_1)^2 - L^2 = 0, \quad f_4 = y_1 = 0, \quad f_5 = y_2 = 0.$$

Kräfte: $\boldsymbol{F}_1 = -m_1 g \boldsymbol{e}_z$, $\boldsymbol{F}_2 = -m_2 g \boldsymbol{e}_z$.
Lagrange-Gleichungen erster Art:

$$\begin{aligned} m_1 \ddot{x}_1 &= \lambda_1 x_1 - \lambda_3 (x_2 - x_1), \quad m_1 \ddot{y}_1 = \lambda_4, \quad m_1 \ddot{z}_1 = -m_1 g + \lambda_1 z_1 - \lambda_3 (z_2 - z_1), \\ m_2 \ddot{x}_2 &= \lambda_2 x_2 + \lambda_3 (x_2 - x_1), \quad m_2 \ddot{y}_2 = \lambda_5, \quad m_2 \ddot{z}_2 = -m_2 g + \lambda_2 z_2 + \lambda_3 (z_2 - z_1). \end{aligned}$$

$y_1 = 0 \quad \Rightarrow \quad \ddot{y}_1 = 0 \quad \Rightarrow \quad \lambda_4 = 0,$
$y_2 = 0 \quad \Rightarrow \quad \ddot{y}_2 = 0 \quad \Rightarrow \quad \lambda_5 = 0,$
Damit verbleibt das System

$$\begin{aligned} m_1 \ddot{x}_1 &= \lambda_1 x_1 - \lambda_3 (x_2 - x_1), \qquad m_1 \ddot{z}_1 = -m_1 g + \lambda_1 z_1 - \lambda_3 (z_2 - z_1) \\ m_2 \ddot{x}_2 &= \lambda_2 x_2 + \lambda_3 (x_2 - x_1), \qquad m_2 \ddot{z}_2 = -m_2 g + \lambda_2 z_2 + \lambda_3 (z_2 - z_1), \\ x_1^2 + z_1^2 &= R^2, \quad x_2^2 + z_2^2 = R^2, \quad (x_2 - x_1)^2 + (z_2 - z_1)^2 = L^2. \end{aligned}$$

(b) Das Problem hat 5 Zwangsbedingungen bei 6 Freiheitsgraden $\Rightarrow$ Es gibt eine generalisierte Koordinate. Eine mögliche Wahl für diese ist der Polarwinkel φ_1 der Masse m_1. Ist φ_2 der Polarwinkel der Masse m_2, so gilt $\varphi_2 = \varphi_1 + \varphi_0$ mit $\varphi_0 = \text{const}$.
(c) Beide Massen können nur auf dem Kreis rotieren $\Rightarrow$

$$T = (m_1/2) R^2 \dot{\varphi}_1^2 + (m_2/2) R^2 \dot{\varphi}_2^2 = [(m_1 + m_2)/2] R^2 \dot{\varphi}_1^2 .$$

Mit $z_1 = R \sin\varphi_1$, $z_2 = R \sin\varphi_2 = R \sin(\varphi_1 + \varphi_0) = R(\sin\varphi_1 \cos\varphi_0 + \cos\varphi_1 \sin\varphi_0)$ und den potenziellen Energien $V_1 = m_1 g z_1$ sowie $V_2 = m_2 g z_2$ ergibt sich als Lagrange-Funktion

$$L = [(m_1 + m_2)/2] R^2 \dot{\varphi}_1^2 - g R (m_1 + m_2 \cos\varphi_0) \sin\varphi_1 - m_2 g \sin\varphi_0 \cos\varphi_1 .$$

Lagrange-Gleichungen zweiter Art

$$(m_1 + m_2) R \ddot{\varphi}_1 = -g(m_1 + m_2 \cos\varphi_0) \cos\varphi_1 + m_2 g \sin\varphi_0 \sin\varphi_1 .$$

(d) Prinzip der virtuellen Arbeit: Mit den Zwangsbedingungen sind nur Rotationen $\delta \boldsymbol{r}_1 = R \delta\varphi_1 \boldsymbol{e}_{\varphi 1}$, $\delta \boldsymbol{r}_2 = R \delta\varphi_1 \boldsymbol{e}_{\varphi 2}$ verträglich $\Rightarrow$

$$\boldsymbol{F}_1 \cdot \delta \boldsymbol{r}_1 + \boldsymbol{F}_2 \cdot \delta \boldsymbol{r}_2 = -m_1 g \boldsymbol{e}_z \cdot R \delta\varphi_1 \boldsymbol{e}_{\varphi 1} - m_2 g \boldsymbol{e}_z \cdot R \delta\varphi_1 \boldsymbol{e}_{\varphi 2} = 0 \Rightarrow$$

$$m_1 \boldsymbol{e}_z \cdot \boldsymbol{e}_{\varphi 1} + m_2 \boldsymbol{e}_z \cdot \boldsymbol{e}_{\varphi 2} = 0 .$$

Mit $\boldsymbol{e}_z \cdot \boldsymbol{e}_{\varphi 1} = \cos\varphi_1$, $\boldsymbol{e}_z \cdot \boldsymbol{e}_{\varphi 2} = \cos\varphi_2$ ergibt sich daraus

$$m_1 \cos\varphi_1 + m_2 \cos\varphi_2 = m_1 \cos\varphi_1 + m_2 (\cos\varphi_1 \cos\varphi_0 - \sin\varphi_1 \sin\varphi_0) = 0$$

und daraus schließlich

$$\tan\varphi_1 = (m_1 + m_2 \cos\varphi_0)/(m_2 \sin\varphi_0)$$

als Winkel von m_1 in der Gleichgewichtslage.
(e) $(m_1 + m_2) x_s = m_1 x_1 + m_2 x_2 = R(m_1 cos\varphi_1 + m_2 cos\varphi_2) = 0$. Die Gleichgewichtslagen sind dadurch charakterisiert, dass die x-Komponente der Schwerpunktslage, x_s, verschwindet.

5.3 Ergebnis: keine Zwangskraft!

5.4 Die Zwangsbedingungen lauten $(\boldsymbol{r}_j - \boldsymbol{r}_i)^2 = l_{ij}^2 = \text{const} \quad \Rightarrow$

$$(\boldsymbol{r}_j - \boldsymbol{r}_i) \cdot \delta\boldsymbol{r}_j - (\boldsymbol{r}_j - \boldsymbol{r}_i) \cdot \delta\boldsymbol{r}_i = 0\,.$$

Für die Zwangskräfte soll gelten: $\boldsymbol{F}'_{ij} = \alpha(\boldsymbol{r}_j - \boldsymbol{r}_i)$, $\boldsymbol{F}'_{ji} = \beta(\boldsymbol{r}_j - \boldsymbol{r}_i)$ und $\boldsymbol{F}'_{ij} = -\boldsymbol{F}'_{ji} \quad \Rightarrow \quad \beta = -\alpha$ und

$$\boldsymbol{F}'_{ij} \cdot \delta\boldsymbol{r}_i + \boldsymbol{F}'_{ji} \cdot \delta\boldsymbol{r}_j = \alpha[(\boldsymbol{r}_j - \boldsymbol{r}_i) \cdot \delta\boldsymbol{r}_i - (\boldsymbol{r}_j - \boldsymbol{r}_i) \cdot \delta\boldsymbol{r}_j] = 0\,.$$

Die Resultierende der auf den i-ten Massenpunkt einwirkenden Zwangskräfte ist $\boldsymbol{F}'_i = \sum_{j,j\neq i} \boldsymbol{F}'_{ij}$. Damit ergibt sich

$$\begin{aligned}\delta A &= \sum_i \boldsymbol{F}'_i \cdot \delta\boldsymbol{r}_i = \sum_{i,j,j<i} \boldsymbol{F}'_{ij} \cdot \delta\boldsymbol{r}_i + \sum_{i,j,j>i} \boldsymbol{F}'_{ij} \cdot \delta\boldsymbol{r}_i \\ &\overset{\text{z.T.}\, i\leftrightarrow j}{=} \sum_{i,j,j<i} \boldsymbol{F}'_{ij} \cdot \delta\boldsymbol{r}_i + \sum_{i,j,i>j} \boldsymbol{F}'_{ji} \cdot \delta\boldsymbol{r}_j = \sum_{i,j,j<i} (\boldsymbol{F}'_{ij} \cdot \delta\boldsymbol{r}_i + \boldsymbol{F}'_{ji} \cdot \delta\boldsymbol{r}_j) = 0\,.\end{aligned}$$

5.6 (a) Zwangsbedingungen:

$$f_1 = z_1 - x_1 = 0\,, \qquad f_2 = z_2 - x_2 = 0\,, \qquad f_3 = (x_2 - x_1)^2 + (z_2 - z_1)^2 - l^2 = 0\,.$$

Kräfte: $\quad \boldsymbol{F}_1 = -mg\boldsymbol{e}_z\,, \quad \boldsymbol{F}_2 = -mg\boldsymbol{e}_z + k(x_0 - x_2)\boldsymbol{e}_x + k(z_0 - z_2)\boldsymbol{e}_z$
mit (x_0, z_0) = Ruhelage der Feder. Prinzip der virtuellen Arbeit:

$$\boldsymbol{F}_1 \cdot \delta\boldsymbol{r}_1 + \boldsymbol{F}_2 \cdot \delta\boldsymbol{r}_2 = -mg\,\delta z_1 + k(x_0 - x_2)\,\delta x_2 + [-mg + k(z_0 - z_2)]\,\delta z_2 = 0\,.$$

Aus den Zwangsbedingungen folgt $\delta x_2 = \delta z_2 = \delta z_1$.Mit $x_0 = z_0$ und $x_0 - x_2 = z_0 - z_2$ folgt daher aus dem Prinzip der virtuellen Arbeit

$$x_2 = x_0 - mg/k \qquad z_2 = z_0 - mg/k\,.$$

Hieraus ergibt sich mit $f_3 = 0$ noch $x_1 = x_0 - mg/k - l/\sqrt{2}$, $z_1 = z_0 - mg/k - l/\sqrt{2}$.
(b) Nach Abreißen des ersten Wagens unterliegt der zweite nur noch der Bedingung $f_2 = 0$, und unter Weglassen des Index 2 lauten die Lagrange-Gleichungen erster Art für ihn

$$m\ddot{\boldsymbol{r}} = -mg\boldsymbol{e}_z + k(x_0 - x)\boldsymbol{e}_x + k(z_0 - z)\boldsymbol{e}_z + \lambda(\boldsymbol{e}_z - \boldsymbol{e}_x) \quad \Rightarrow$$

$$m\ddot{x} = k(x_0 - x) - \lambda \qquad m\ddot{z} = -mg + k(z_0 - z) + \lambda\,.$$

$z - x = 0 \;\Rightarrow\; \ddot{z} - \ddot{x} = -g + 2\lambda/m = 0 \;\Rightarrow\; \lambda = mg/2$ und

$$\ddot{x} = -\frac{k}{m}\left[x - \left(x_0 - \frac{gm}{2k}\right)\right] \qquad \ddot{z} = -\frac{k}{m}\left[z - \left(z_0 - \frac{gm}{2k}\right)\right]\,.$$

Lösung:

$$x = x_0 - \frac{gm}{2k}\left(1 + \cos\sqrt{k/m}\,t\right)\,, \qquad z = z_0 - \frac{gm}{2k}\left(1 + \cos\sqrt{k/m}\,t\right)\,.$$

5.7 Zwangsbedingung: $f(z_1, z_2) = \pi R - z_1 - z_2 - L = 0$.
Lagrangesche Gleichungen erster Art:

$$m_1 \ddot{z}_1 = -m_1 g + \lambda \partial f / \partial z_1 = -m_1 g - \lambda, \quad m_2 \ddot{z}_2 = -m_2 g - \lambda.$$

Aus der Zwangsbedingung folgt $\ddot{z}_1 + \ddot{z}_2 = -2g - \lambda(m_1 + m_2)/(m_1 m_2) = 0$ und damit $\lambda = -2g m_1 m_2/(m_1 + m_2) \quad \Rightarrow$

$$\ddot{z}_1 = \frac{m_2 - m_1}{m_1 + m_2}\, g \quad \ddot{z}_2 = \frac{m_1 - m_2}{m_1 + m_2}\, g.$$

Die Zwangskraft auf beide Massen ist $\boldsymbol{F}' = 2m_1 m_2 g/(m_1 + m_2)\boldsymbol{e}_z$.
Für $m_2 - m_1 > 0$ wird m_1 nach oben, m_2 nach unten beschleunigt,
für $m_2 - m_1 < 0$ umgekehrt.
Gleichgewicht ergibt sich für $m_1 = m_2$.

5.8 (a) Beide Massen können sich nur in vertikaler Richtung (z-Achse) bewegen, d. h. $\delta \boldsymbol{r}_1 = \delta z_1\, \boldsymbol{e}_z$ und $\delta \boldsymbol{r}_2 = \delta z_2\, \boldsymbol{e}_z$. Da die Zwischenrolle ($\delta \boldsymbol{r}_{\text{Zw}} = \delta z_{\text{Zw}}\, \boldsymbol{e}_z$) an zwei Stücken des rechten Seils hängt und dessen Länge bei einer Verschiebung der Masse 1 unverändert bleibt, gilt unter Berücksichtigung von $\operatorname{sign}(\delta z_1) = -\operatorname{sign}(\delta z_{\text{Zw}})$

$$\delta z_1 - 2\,\delta z_{\text{Zw}} = 0,$$

und analog gilt unter Berücksichtigung von $\operatorname{sign}(\delta z_2) = \operatorname{sign}(\delta z_{\text{Zw}})$

$$\delta z_{\text{Zw}} + 2\,\delta z_2 = 0.$$

Durch Elimination von δz_{Zw} erhält man daraus die Zwangsbedingung

$$\delta z_1 = -4\,\delta z_2.$$

Das Prinzip der virtuellen Arbeit lautet

$$m_1\,\delta z_1 + m_2\,\delta z_2 = (m_2 - 4m_1)\,\delta z_2 = 0$$

und liefert die Gleichgewichtsbedingung

$$m_1 = m_2/4.$$

(b) Masse 1 bewegt sich für $m_1 < m_2/4$ nach oben, für $m_1 > m_2/4$ nach unten.

5.9 Für $k = 1, \ldots, s$ seien die holonomen Zwangsbedingungen $f_k(X_1, \ldots, X_{3N}, t) = 0$ gegeben, $q_1, \ldots, q_f$ seien die generalisierten Koordinaten.
Zwangskräfte: $F_i' = \sum_{l=1}^{s} \lambda_l \partial f_l / \partial X_i$,
zugehörige generalisierte Kräfte:

$$Q_k' = \sum_{i=1}^{3N} F_i' \frac{\partial X_i}{\partial q_k} = \sum_{i=1}^{3N} \sum_{l=1}^{s} \lambda_l \frac{\partial f_l}{\partial X_i} \frac{\partial X_i}{\partial q_k} = \sum_{l=1}^{s} \lambda_l \frac{\partial f_l(X_i(q_k), t)}{\partial q_k} = 0,$$

da $f_l(X_i(q_k), t) \equiv 0$ und daraus folgend $\partial f_l(X_i(q_k), t)/\partial q_k = 0$.

5.11 Rechnung in Kugelkoordinaten mit $r = 0$ in der Spitze des Trichters. Es gilt $\vartheta = \text{const}$, r und φ sind frea variabel und werden als generalisierte Koordinaten benutzt.
(a) $T = (m/2)(\dot{r}^2 + r^2 \sin^2\vartheta\, \dot{\varphi}^2)$, $\quad V = mgz = mgr\cos\vartheta \quad \Rightarrow$

$$L = (m/2)(\dot{r}^2 + r^2 \sin^2\vartheta\, \dot{\varphi}^2) - mgr\cos\vartheta \quad \Rightarrow$$

$$mr^2\dot{\varphi}\sin^2\vartheta = L_z = \text{const}, \quad \ddot{r} = r\dot{\varphi}^2 \sin^2\vartheta - g\cos\vartheta = \frac{L_0^2}{m^2 r^3 \sin^2\vartheta} - g\cos\vartheta.$$

(b) Die erste dieser Gleichungen ist ein Erhaltungssatz (ignorable Koordinate φ), und wegen $\partial L/\partial t = 0$ folgt aus der zweiten der Energie-Erhaltungssatz

$$\frac{m\dot{r}^2}{2} + \frac{L_0^2}{2mr^2\sin^2\vartheta} + mgr\cos\vartheta = E\,.$$

(c) Wird der letztere nach $\dot{r}$ aufgelöst, so erhält man schließlich mit $\dot{\varphi} = L_z/(mr^2\sin^2\vartheta)$ sowie $d\varphi/dr = \dot{\varphi}/\dot{r}$ nach Integration die Bahngleichung

$$\varphi = \varphi_0 \pm \frac{L_z}{\sin^2\vartheta}\int_{r_0}^{r}\frac{dr'}{r'\sqrt{2m\left[Er'^2 - L_z^2/(2m\sin^2\vartheta) - mgr'^3\cos\vartheta\right]}}\,.$$

5.12 Mit $z = l\cos\varphi\,,\ x = l\sin\varphi$:
$T = (m/2)(\dot{x}^2 + \dot{z}^2) = (ml^2/2)(\sin^2\varphi + \cos^2\varphi)\dot{\varphi}^2 = (ml^2/2)\dot{\varphi}^2$,
$V = mgz = mgl\cos\varphi \quad \Rightarrow$

$$L = T - V = (ml^2/2)\dot{\varphi}^2 - mgl\cos\varphi\,, \qquad \ddot{\varphi} = (g/l)\sin\varphi\,.$$

5.13 Im Beispiel 5.16 wurde gezeigt, dass sich die in Abb. 5.12 eingeführten Winkel φ_1 und φ_2 als generalisierte Koordinaten eignen. Mit dem im Beispiel angegebenen Zusammenhang zwischen diesen und den kartesischen Koordinaten ergibt sich für die kinetische Energie der beiden Massenpunkte

$$\begin{aligned} T &= \frac{m_1}{2}\left(\dot{x}_1^2 + \dot{z}_1^2\right) + \frac{m_2}{2}\left(\dot{x}_2^2 + \dot{z}_2^2\right) = \frac{m_1}{2}\,l_1^2\,\dot{\varphi}_1^2\left(\cos^2\varphi_1 + \sin^2\varphi_1\right) \\ &\quad + \frac{m_2}{2}\left[\left(l_1\dot{\varphi}_1\cos\varphi_1 + l_2\dot{\varphi}_2\cos\varphi_2\right)^2 + \left(l_1\dot{\varphi}_1\sin\varphi_1 + l_2\dot{\varphi}_2\sin\varphi_2\right)^2\right] \\ &= \frac{m_1+m_2}{2}\,l_1^2\,\dot{\varphi}_1^2 + \frac{m_2}{2}\,l_2^2\,\dot{\varphi}_2^2 + m_2l_1l_2\dot{\varphi}_1\dot{\varphi}_2\cos(\varphi_1-\varphi_2)\,, \end{aligned}$$

für die potenzielle Energie

$$V = m_1gz_1 + m_2gz_2 = -(m_1+m_2)g\,l_1\cos\varphi_1 - m_2g\,l_2\cos\varphi_2\,,$$

und die Lagrange-Funktion ist

$$\begin{aligned} L = T - V = &\ \frac{m_1+m_2}{2}\,l_1^2\,\dot{\varphi}_1^2 + \frac{m_2}{2}\,l_2^2\,\dot{\varphi}_2^2 + m_2l_1l_2\dot{\varphi}_1\dot{\varphi}_2\cos(\varphi_1-\varphi_2) \\ &+(m_1+m_2)g\,l_1\cos\varphi_1 + m_2g\,l_2\cos\varphi_2\,. \end{aligned}$$

Mit

$$\begin{aligned} \frac{\partial L}{\partial\varphi_1} &= -m_2l_1l_2\dot{\varphi}_1\dot{\varphi}_2\sin(\varphi_1-\varphi_2)-(m_1+m_2)g\,l_1\sin\varphi_1\,, \\ \frac{\partial L}{\partial\dot{\varphi}_1} &= (m_1+m_2)\,l_1^2\,\dot{\varphi}_1+m_2l_1l_2\dot{\varphi}_2\cos(\varphi_1-\varphi_2)\,, \\ \frac{\partial L}{\partial\varphi_2} &= m_2l_1l_2\dot{\varphi}_1\dot{\varphi}_2\sin(\varphi_1-\varphi_2)-m_2g\,l_2\sin\varphi_2\,, \\ \frac{\partial L}{\partial\dot{\varphi}_2} &= m_2\,l_2^2\,\dot{\varphi}_2+m_2l_1l_2\dot{\varphi}_1\cos(\varphi_1-\varphi_2) \end{aligned}$$

erhält man die Lagrangeschen Bewegungsgleichungen

$$\ddot{\varphi}_1 + \frac{m_2 l_2}{(m_1+m_2) l_1} \left[\ddot{\varphi}_2 \cos(\varphi_1-\varphi_2) + \dot{\varphi}_2^2 \sin(\varphi_1-\varphi_2)\right] + \frac{g}{l_1} \sin\varphi_1 = 0\,,$$

$$\ddot{\varphi}_2 + \frac{l_1}{l_2} \left[\ddot{\varphi}_1 \cos(\varphi_1-\varphi_2) - \dot{\varphi}_1^2 \sin(\varphi_1-\varphi_2)\right] + \frac{g}{l_2} \sin\varphi_2 = 0\,.$$

Durch Linearisierung in den Winkeln φ_1 und φ_2 sowie deren Ableitungen ergeben sich die linearisierten Bewegungsgleichungen

$$\ddot{\varphi}_1 + \frac{m_2 l_2}{(m_1+m_2) l_1} \ddot{\varphi}_2 + \frac{g}{l_1} \varphi_1 = 0\,, \quad \ddot{\varphi}_2 + \frac{l_1}{l_2} \ddot{\varphi}_1 + \frac{g}{l_2} \varphi_2 = 0\,.$$

Für ein System gewöhnlicher linearer Differentialgleichungen mit konstanten Koeffizienten können die Lösungen als Exponentialfunktionen angesetzt werden. Mit dem Ansatz $\varphi_i = \varphi_{i0}\, \mathrm{e}^{\mathrm{i}\omega t}$ erhalten wir das System linearer homogener Gleichungen

$$\left(\frac{g}{l_1} - \omega^2\right) \varphi_{10} - \frac{\omega^2 m_2 l_2}{(m_1+m_2) l_1} \varphi_{20} = 0\,, \quad \left(\frac{g}{l_2} - \omega^2\right) \varphi_{20} - \frac{\omega^2 l_1}{l_2} \varphi_{10} = 0$$

zur Bestimmung von φ_{10} und φ_{20}. Damit es eine Lösung besitzt, muss die Determinante verschwinden,

$$\left(\frac{g}{l_1} - \omega^2\right)\left(\frac{g}{l_2} - \omega^2\right) - \frac{m_2}{m_1+m_2} \omega^4 = 0\,.$$

Diese Gleichung hat für ω die vier Lösungen ω_+, $-\omega_+$, ω_- und $-\omega_-$, wobei

$$\omega_\pm = \left(\frac{(1+l_1/l_2)\,(1+m_1/m_2)\,(1\pm w)}{2m_1/m_2}\right)^{1/2} \sqrt{\frac{g}{l_1}}$$

mit

$$w = \sqrt{1 - \frac{4\,(l_1/l_2)\,(m_1/m_2)}{(1+l_1/l_2)^2\,(1+m_1/m_2)}}$$

gilt. Die Lösungen sind reell, weil der Nenner des unter der Wurzel w stehenden Bruchs stets größer als der Zähler ist. Aus den Gleichungen für die Amplituden φ_{i0} ergibt sich hiermit

$$\varphi_{20} = \left[\frac{2(m_1/m_2)\,(l_1/l_2)}{2(m_1/m_2)\,(l_1/l_2) - (1+m_1/m_2)(1+l_1/l_2)(1 \pm w)} - 1\right] \frac{l_1}{l_2} \varphi_{10}\,.$$

Durch geeignete Superposition der Exponentialfunktionen zu positiven und negativen Frequenzen können reelle Sinus- und Cosinus-Funktionen erhalten werden. Als allgemeine Lösung ergibt sich

$$\varphi_1(t) = \varphi_{10}^{(s+)} \sin(\omega_+ t) + \varphi_{10}^{(c+)} \cos(\omega_+ t) + \varphi_{10}^{(s-)} \sin(\omega_- t) + \varphi_{10}^{(c-)} \cos(\omega_- t)\,,$$

$$\varphi_2(t) = \varphi_{20}^{(s+)} \sin(\omega_+ t) + \varphi_{20}^{(c+)} \cos(\omega_+ t) + \varphi_{20}^{(s-)} \sin(\omega_- t) + \varphi_{20}^{(c-)} \cos(\omega_- t)\,,$$

wobei $\varphi_{20}^{(s+)}$ etc. über die vorher angegebene Beziehung von $\varphi_{10}^{(s+)}$ abhängt. In dieser muss für $\varphi_{i0}^{(s+)}$ und $\varphi_{i0}^{(c+)}$ das Pluszeichen gewählt werden, für $\varphi_{i0}^{(s-)}$ und $\varphi_{i0}^{(c-)}$ das Minuszeichen. Die vier frei verfügbaren Werte $\varphi_{10}^{(s\pm)}$ und $\varphi_{10}^{(c\pm)}$ können so bestimmt werden, dass $\varphi_1(t)$, $\dot{\varphi}_1(t)$, $\varphi_2(t)$ und $\dot{\varphi}_2(t)$ zur Zeit $t=0$ vorgegebene Werte annehmen.

5.14 Position der Masse m_1: $\boldsymbol{r}_1 = \{x, z = 0\}$,
Position der Masse m_2: $\boldsymbol{r}_2 = \{x_2 = x + l\sin\varphi,\ z_2 = -l\cos\varphi\}$,
generalisierte Koordinaten x, φ.
$T_1 = (m_1/2)\dot{x}^2$, $V_1 = 0$,
$T_2 = (m_2/2)[(\dot{x} + l\dot{\varphi}\cos\varphi)^2 + l^2\dot{\varphi}^2\sin^2\varphi]$, $V_2 = -m_2 gl\cos\varphi$.

$$L = \frac{m_1+m_2}{2}\dot{x}^2 + \frac{m_2}{2}(2l\dot{x}\dot{\varphi}\cos\varphi + l^2\dot{\varphi}^2) + m_2 gl\cos\varphi\,.$$

Bewegungsgleichungen:

$$(m_1+m_2)\dot{x} + m_2 l\dot{\varphi}\cos\varphi = P = \text{const}\,, \quad \ddot{x}\cos\varphi + l\ddot{\varphi} = -g\sin\varphi\,.$$

Elimination von x aus der zweiten mithilfe der ersten:

$$l\left(1 - \frac{m_2}{m_1+m_2}\cos^2\varphi\right)\ddot{\varphi} + \frac{m_2 l}{m_1+m_2}\dot{\varphi}^2\sin\varphi\cos\varphi = -g\sin\varphi\,.$$

Für kleine φ: $\sin\varphi \approx \varphi$, $\cos\varphi \approx 1$, Linearisierung:

$$\ddot{\varphi} \approx -\frac{(m_1+m_2)g}{m_1 l}\varphi \quad \Rightarrow \quad \varphi = \varphi_0\cos\omega(t-t_0)\,, \quad \omega = \sqrt{\frac{(m_1+m_2)g}{m_1 l}}\,,$$

$$\ddot{x} \approx -g\varphi - l\ddot{\varphi} = (l\omega^2 - g)\varphi_0\cos\omega(t-t_0) \quad \Rightarrow$$

$$x = x_0 + v_0 t + \frac{g - l\omega^2}{\omega^2}\varphi_0\cos\omega(t-t_0)\,.$$

Zwangskräfte $\boldsymbol{F}_1'$ und $\boldsymbol{F}_2'$ aus $\boldsymbol{F}' = m\ddot{\boldsymbol{r}} - \boldsymbol{F}$.

5.15 Zylinderkoordinaten r, φ und z. Die Rechnung erfolgt im Ruhesystem des rotierenden Drahtes. Dort wirken die Schwerkraft und die Zentrifugalkraft, d. h. $\boldsymbol{F} = mr\omega^2\boldsymbol{e}_r - mg\boldsymbol{e}_z$. Tangential zum Kreis wirkt daher die Kraft $F_t = mr\omega^2\boldsymbol{e}_r\cdot\boldsymbol{t} - mg\boldsymbol{e}_z\cdot\boldsymbol{t}$, wobei $\boldsymbol{t}$ der Tangentenvektor an den Kreis ist. Mit $r = R\sin\varphi$, $z = -R\cos\varphi$, $\boldsymbol{e}_r\cdot\boldsymbol{t} = \cos\varphi$ und $\boldsymbol{e}_z\cdot\boldsymbol{t} = \sin\varphi$ ergibt sich für die in tangentialer Richtung erfolgende Bewegung die Bewegungsgleichung
$mR\ddot{\varphi} = F_t = mR\omega^2\sin\varphi\cos\varphi - mg\sin\varphi = mR(\omega^2\cos\varphi - g/R)\sin\varphi$
bzw.

$$\ddot{\varphi} = (\omega^2\cos\varphi - g/R)\sin\varphi\,.$$

Gleichgewichte ergeben sich für $\varphi = \varphi_0 = 0, \pi$ und $\varphi = \varphi_0 = \arccos[g/(\omega^2 R)]$. Mit $\varphi = \varphi_0 + \psi$ erhält man für die zwei ersten Lösungen als Gleichung für die Bewegung in der Nähe der Gleichgewichtslage

$$\ddot{\psi} = \pm(\pm\omega^2 - g/R)\psi + \mathcal{O}(\psi^2)\,.$$

Für Bewegungen in der Nähe der Gleichgewichtslage ist ψ sehr klein und der Term $\mathcal{O}(\psi^2)$ kann vernachlässigt werden, so dass die Gleichung

$$\ddot{\psi} = \gamma^2\psi \qquad \text{mit} \qquad \gamma^2 = \pm(\pm\omega^2 - g/R)$$

lautet. Deren Lösung ist $\psi \sim \sin(|\gamma|t)$ für $\gamma^2 \leq 0$ und $\psi \sim e^{\gamma t}$ für $\gamma^2 > 0$. Für die obere Gleichgewichtslage ist γ^2 positiv und die Winkelabweichung nimmt exponentiell zu, d. h. die obere Gleichgewichtslage ist instabil. Für die untere Gleichgewichtslage gilt $\gamma^2 = (\omega^2 - g/R)$, d. h. es gilt $\gamma^2 \leq 0$ und die Lösung ist stabil für $\omega \leq (g/R)^{1/2}$, während sie für $\omega > (g/R)^{1/2}$ instabil wird. Für Bewegungen in der Nachbarschaft der mittleren Gleichgewichtslage gilt $\ddot{\psi} = -\omega^2\sin^2\varphi_0\,\psi$, was zeigt, dass diese stabil ist.

5.19 $y'(x) = -re^{-rx} = -\tan\alpha \;\Rightarrow\; \sin\alpha = re^{-rx}/\sqrt{1+r^2e^{-2rx}}\,,\; \cos\alpha = 1/\sqrt{1+r^2e^{-2rx}}$.
(a) $\boldsymbol{e}_z = \boldsymbol{e}_n\cos\alpha + \boldsymbol{e}_t\sin\alpha\,,\; \boldsymbol{F} = m\boldsymbol{g} = -mg\boldsymbol{e}_z = -mg\cos\alpha\,\boldsymbol{e}_n - mg\sin\alpha\,\boldsymbol{e}_t \quad\Rightarrow$

$$F_n = \frac{mg}{\sqrt{1+r^2e^{-2rx}}}\,,\qquad F_t = \frac{mgre^{-rx}}{\sqrt{1+r^2e^{-2rx}}}\,.$$

(b) $ds = \sqrt{dx^2+dy^2} = \sqrt{1+y'^2}\,dx = \sqrt{1+r^2e^{-2rx}}\,dx \quad\Rightarrow$
$\dot s = \sqrt{1+r^2e^{-2rx}}\,\dot x\,,\quad \ddot s = \sqrt{1+r^2e^{-2rx}}\,\ddot x - 2r^3e^{-2rx}\dot x^2/\sqrt{1+r^2e^{-2rx}}$.
Bewegungsgleichung: $m\ddot s = F_t - \mu_0 F_n\,,$ mit den obigen Ergebnissen

$$\ddot x - \frac{2r^3e^{-2rx}}{1+r^2e^{-2rx}}\dot x^2 = \frac{g}{1+r^2e^{-2rx}}\left(re^{-rx} - \mu_0\right).$$

(c) $\qquad F_t = \mu_0 F_n \quad\Rightarrow\quad re^{-rx} = \mu_0 \quad\Rightarrow\quad x = (1/r)\ln(r/\mu_0)\,.$

5.21 In Zylinderkoordinaten $L = (m/2)(v_x^2+v_y^2+v_z^2) - V(r)$. Als Transformation werden Rotationen um die z-Achse betrachtet,

$$x' = x\cos\varphi - y\sin\varphi\,,\quad y' = x\sin\varphi + y\cos\varphi\,,\quad z' = z\,.$$

Wegen $x'^2+y'^2+z'^2 = x^2+y^2+z^2$ und $v_x'^2+v_y'^2+v_z'^2 = v_x^2+v_y^2+v_z^2$ ist L gegenüber diesen invariant. Nach dem Noether-Theorem ist daher

$$\begin{aligned} I_0 &= \left.\left(\frac{\partial L}{\partial\dot x}\frac{\partial x'}{\partial\varphi} + \frac{\partial L}{\partial\dot y}\frac{\partial y'}{\partial\varphi} + \frac{\partial L}{\partial\dot z}\frac{\partial z'}{\partial\varphi}\right)\right|_{\varphi=0} \\ &= [m\dot x(-x\sin\varphi - y\cos\varphi) + [m\dot y(x\cos\varphi - y\sin\varphi)]|_{\varphi=0} = -ym\dot x + xm\dot y = L_z \end{aligned}$$

eine Erhaltungsgröße. Analog folgt $L_x = \text{const}$ und $L_y = \text{const}$ bei Drehung um die x- bzw. y-Achse.

5.23 Nach Voraussetzung gilt

$$\frac{d}{dt}\left(\frac{\partial L}{\partial\dot q_i}\right) = \frac{\partial L}{\partial q_i}\,.$$

Aus

$$\dot{\boldsymbol{q}} = \sum_{l=1}^{f}\frac{\partial\boldsymbol{q}}{\partial Q_l}\dot Q_l + \frac{\partial\boldsymbol{q}}{\partial t}$$

und Gleichung (7.39),

$$\overline{L}(\boldsymbol{Q},\dot{\boldsymbol{Q}},t) = L\left(\boldsymbol{q}(\boldsymbol{Q},t), \sum_{l=1}^{f}\frac{\partial\boldsymbol{q}}{\partial Q_l}\dot Q_l + \frac{\partial\boldsymbol{q}}{\partial t}, t\right) = L(\boldsymbol{q},\dot{\boldsymbol{q}},t)\,,$$

folgt

$$\frac{\partial\overline{L}}{\partial\dot Q_i} = \frac{\partial L}{\partial\dot{\boldsymbol{q}}}\cdot\frac{\partial\dot{\boldsymbol{q}}}{\partial\dot Q_i} = \frac{\partial L}{\partial\dot{\boldsymbol{q}}}\cdot\frac{\partial\boldsymbol{q}}{\partial Q_i}$$

sowie

$$\begin{aligned} \frac{d}{dt}\left(\frac{\partial\overline{L}}{\partial\dot Q_i}\right) &= \left(\frac{d}{dt}\frac{\partial L}{\partial\dot{\boldsymbol{q}}}\right)\cdot\frac{\partial\boldsymbol{q}}{\partial Q_i} + \frac{\partial L}{\partial\dot{\boldsymbol{q}}}\cdot\left(\frac{d}{dt}\frac{\partial\boldsymbol{q}}{\partial Q_i}\right) \\ &= \frac{\partial L}{\partial\boldsymbol{q}}\cdot\frac{\partial\boldsymbol{q}}{\partial Q_i} + \frac{\partial L}{\partial\dot{\boldsymbol{q}}}\cdot\left(\sum_{l=1}^{f}\frac{\partial^2\boldsymbol{q}}{\partial Q_l\,\partial Q_i}\dot Q_l + \frac{\partial^2\boldsymbol{q}}{\partial t\,\partial Q_i}\right) = \frac{\partial\overline{L}}{\partial Q_i}\,. \end{aligned}$$

5.24 Ist M die Masse des Bretts, so folgt aus dem Verschwinden der z-Komponente der Summe aller Kräfte

$$F_{n1} + F_{n2} = Mg\,.$$

Wir berechnen das Drehmoment um den linken Auflagepunkt. Das über diesen nach links von $x=0$ bis $x=(l-a)/2-X$ hinausragende Brettstück erfährt im Schwerefeld das Drehmoment

$$g\int_0^{\frac{l-a}{2}-X} \varrho\, F\, x\, dx = \frac{g\,\varrho\, F}{2}\left(\frac{l-a}{2}-X\right)^2 = \frac{Mg}{2l}\left(\frac{l-a}{2}-X\right)^2,$$

das rechts von $x=0$ bis $x=a+(l-a)/2+X$ ragende Stück das Moment

$$g\int_0^{a+\frac{l-a}{2}+X} \varrho\, F\, x\, dx = \frac{g\,\varrho\, F}{2}\left(a+\frac{l-a}{2}+X\right)^2 = \frac{Mg}{2l}\left(a+\frac{l-a}{2}+X\right)^2.$$

F ist die Querschnittsfläche, ϱ die Massendichte des Bretts, und es gilt $M=\varrho\, F\, l$. Die im rechten Berührungspunkt auf das Brett einwirkende Reaktionskraft $\boldsymbol{F}_{n2}$ übt das dem zuletzt berechneten Drehmoment entgegenwirkende Drehmoment aF_{n2} aus. Aus dem Verschwinden des Gesamtdrehmoments um den linken Berührungspunkt ergibt sich

$$\frac{Mg}{2l}\left(\frac{l-a}{2}-X\right)^2 = \frac{Mg}{2l}\left(a+\frac{l-a}{2}+X\right)^2 - a\,F_{n2} \qquad \Rightarrow \qquad F_{n2} = \frac{Mg\,(a+2X)}{2a}\,.$$

Einsetzen des Ergebnisses für F_{n2} in die für die Summe aller Kräfte erhaltene Beziehung liefert

$$F_{n1} = Mg - F_{n2} = \frac{Mg\,(a-2X)}{2a}\,.$$

Die Reibungskraft im linken Berührungspunkt ist $\boldsymbol{R}_1 = \mu F_{n1}\boldsymbol{e}_x$, die im rechten Berührungspunkt $\boldsymbol{R}_2 = -\,\mu F_{n2}\boldsymbol{e}_x$, und mit den für diese Kräfte abgeleiteten Ergebnissen ergibt sich für den Schwerpunkt des Bretts die Bewegungsgleichung

$$M\ddot{X} = \mu(F_{n1} - F_{n2}) = \frac{\mu Mg}{2a}\,(a-2X-a-2X) = -\frac{2\mu Mg}{a}\,X\,,$$

Lösung

$$X = X_0\sin(\omega t) \qquad \text{mit} \qquad \omega = \sqrt{\frac{2\mu g}{a}}\,.$$

Damit das Brett gleitet, darf seine Geschwindigkeit zu keinem Zeitpunkt mit der Geschwindigkeit übereinstimmen, mit der sich seine Berührungspunkte auf den Rollen bewegen. Seine Maximalgeschwindigkeit beträgt $\max \dot{X} = X_0\,\omega$, die Berührungspunkte auf den Rollen bewegen sich mit der Geschwindigkeit $R\omega_0$, und die Bedingung für Gleiten lautet

$$X_0\,\omega < R\,\omega_0 \qquad \Rightarrow \qquad X_0 < \frac{\omega_0}{\omega}\,R\,.$$

(Die Möglichkeit $X_0 > \omega_0 R/\omega$ kann ausgeschlossen werden, da sich für sie wegen der Sinusoszillationen zu einem anderen Zeitpunkt die Haftbedingung $X_0\,\omega = R\,\omega_0$ ergeben würde.)

6 Starre Körper

Der Begriff *starrer Körper* wurde schon im Abschn. 5.9 des letzten Kapitels eingeführt.[1] In diesem Kapitel wird die Mechanik einzelner starrer Körper behandelt. Da ein starrer Körper als System von Massenpunkten unter holonomen Zwangsbedingungen aufgefasst werden kann, bildet er ein wichtiges Anwendungsbeispiel der Lagrangeschen Mechanik. Zur Erörterung mancher Fragen kann allerdings auch direkt auf die Gleichungen der Newtonschen Mechanik zurückgegriffen werden.

6.1 Kinematik des freien starren Körpers

Wir betrachten Bewegungen eines freien starren Körpers relativ zu einem Inertialsystem, auf dessen Ursprung sich die Ortsvektoren $\boldsymbol{r}$ beziehen, und bezeichnen dieses als **raumfestes Koordinatensystem** bzw. **Laborsystem** S. Wie wir in Abschn. 5.9.1 gesehen haben, ist die Zahl der Freiheitsgrade eines freien starren Körpers dieselbe wie die von dreien seiner Punkte, die nicht auf einer Geraden liegen. Sind $\boldsymbol{r}_0 = \boldsymbol{r}_0(t), \boldsymbol{r}_1 = \boldsymbol{r}_1(t)$ und $\boldsymbol{r}_2 = \boldsymbol{r}_2(t)$ die Ortsvektoren dieser Punkte im Laborsystem, so definieren die drei Vektoren

$$\boldsymbol{e}_1'(t) = \frac{\boldsymbol{r}_1(t)-\boldsymbol{r}_0(t)}{|\boldsymbol{r}_1(t)-\boldsymbol{r}_0(t)|}\,, \qquad \boldsymbol{e}_2'(t) = \frac{\boldsymbol{r}_2(t)-\boldsymbol{r}_0(t) - [\boldsymbol{r}_2(t)-\boldsymbol{r}_0(t))]\cdot\boldsymbol{e}_1'(t)\,\boldsymbol{e}_1'(t)}{|\boldsymbol{r}_2(t)-\boldsymbol{r}_0(t) - [\boldsymbol{r}_2(t)-\boldsymbol{r}_0(t)]\cdot\boldsymbol{e}_1'(t)\,\boldsymbol{e}_1'(t)|}$$

und

$$\boldsymbol{e}_3'(t) = \boldsymbol{e}_1'(t) \times \boldsymbol{e}_2'(t)$$

eine Orthogonalbasis von Einheitsvektoren, die starr mit dem Körper verbunden ist (Abb. 6.1). Legen wir den Punkt $\boldsymbol{r}_0$ in den Ursprung eines kartesischen Koordinatensystems S', dessen x'-, y'- und z'-Achse in Richtung der Vektoren $\boldsymbol{e}_1'$, $\boldsymbol{e}_2'$ und $\boldsymbol{e}_3'$ weisen, so ist auch dieses mit dem Körper starr verbunden, und wir bezeichnen es als **körperfestes Koordinatensystem** S'. Die allgemeinste Bewegung des Körpers ist daher identisch mit der allgemeinsten Bewegung des Systems S'.

Ist nun $\boldsymbol{r}(t)$ der auf S bezogene Ortsvektor eines beliebigen Punktes des starren Körpers, dann ist

$$\boldsymbol{r}' = \boldsymbol{r}(t) - \boldsymbol{r}_0(t) \tag{6.1}$$

---

1 Es sei schon hier darauf hingewiesen, dass das Konzept starrer Körper in der Relativitätstheorie aufgegeben werden muss (siehe *Relativitätstheorie*, Kap. *Relativistische Kinematik*, Abschn.*Kinematische Paradoxa*.)

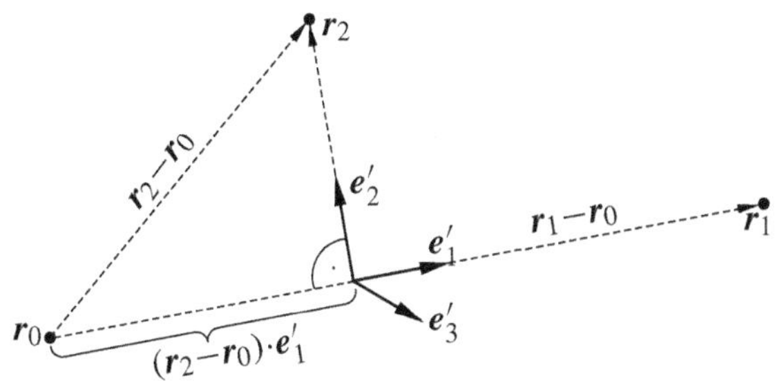

Abb. 6.1: Definition des körperfesten Koordinatensystems S'.

dessen Ortsvektor in Bezug auf das körperfeste System S' und besitzt die Zerlegung

$$\boldsymbol{r}' \overset{\text{s.u.}}{=} x'_i \boldsymbol{e}'_i$$

nach der Basis der $\boldsymbol{e}'_i(t)$. (Dabei haben wir die Summenkonvention benutzt und werden das auch im Folgenden tun, allerdings nur bei der Komponentenzerlegung von Vektoren.) Bei Bewegungen des starren Körpers sind die x'_i konstant, während sich die $\boldsymbol{e}'_i$ im Laborsystem verändern können, und daher gilt mit (6.1)

$$d\boldsymbol{r}(t) = d\boldsymbol{r}_0(t) + x'_i \dot{\boldsymbol{e}}'_i(t)\, dt\,.$$

Die Bewegungsgeschwindigkeit $\dot{\boldsymbol{e}}'_i(t)$ der Vektoren $\boldsymbol{e}'_i(t)$ konnten wir in (3.53) durch den **Vektor der Winkelgeschwindigkeit** $\omega(t)$ ausdrücken,

$$\dot{\boldsymbol{e}}'_i(t) = \boldsymbol{\omega}(t) \times \boldsymbol{e}'_i(t)\,,$$

so dass wir schließlich mit $x'_i\boldsymbol{\omega} \times \boldsymbol{e}'_i = \boldsymbol{\omega} \times \boldsymbol{r}'$ für die allgemeinste infinitesimale Verschiebung der Punkte eines starren Körpers im Laborsystem S die **Euler-Formel**

$$\boxed{d\boldsymbol{r} = d\boldsymbol{r}_0 + \boldsymbol{\omega}\, dt \times \boldsymbol{r}'} \tag{6.2}$$

erhalten. Da die Wahl von $\boldsymbol{r}$ beliebig war, gilt diese Zerlegung für jeden Punkt des starren Körpers. $d\boldsymbol{r}_0$ ist unabhängig von $\boldsymbol{r}'$ und stellt daher eine einheitliche Translation aller seiner Punkte dar; $\boldsymbol{\omega}\, dt \times \boldsymbol{r}'$ ist eine Rotation von $\boldsymbol{r}'$ um eine Achse durch den bewegten Punkt $\boldsymbol{r}_0$. Die Richtung $\boldsymbol{\omega}/\omega$ der Drehachse sowie der Drehwinkel $\omega\, dt$ sind für alle Punkte des starren Körpers gleich.

Die durch den Vektor $\boldsymbol{\omega}$ der Winkelgeschwindigkeit beschriebene Rotation ist von der Wahl des Bezugspunkts $\boldsymbol{r}_0(t)$ im starren Körper unabhängig, denn verschieben wir diesen in den Punkt $\tilde{\boldsymbol{r}}_0(t){=}\boldsymbol{r}_0(t){+}\boldsymbol{a}(t)$ und setzen

$$\boldsymbol{r}'' = \boldsymbol{r} - \tilde{\boldsymbol{r}}_0 = \boldsymbol{r}' - \boldsymbol{a}\,,$$

so erhalten wir aus (6.2) sofort

$$d\boldsymbol{r} = d\boldsymbol{r}_0 + \boldsymbol{\omega}\, dt {\times} (\boldsymbol{r}''{+}\boldsymbol{a}) = d\tilde{\boldsymbol{r}}_0 + \boldsymbol{\omega}\, dt {\times} \boldsymbol{r}'' \qquad \text{mit} \qquad d\tilde{\boldsymbol{r}}_0 = d\boldsymbol{r}_0 + \boldsymbol{\omega}\, dt {\times} \boldsymbol{a}\,.$$

Die allen Punkten $\boldsymbol{r}''$ gemeinsame Verschiebung ist jetzt $d\tilde{\boldsymbol{r}}_0{=}d\boldsymbol{r}_0{+}\boldsymbol{\omega}\, dt{\times}\boldsymbol{a}$, was zeigt, dass die Translation im Gegensatz zur Rotation von der Wahl des Bezugspunkts abhängt. (Aus $\tilde{\boldsymbol{r}}_0{=}\boldsymbol{r}_0{+}\boldsymbol{a}$ bzw. $d\tilde{\boldsymbol{r}}_0{=}d\boldsymbol{r}_0{+}d\boldsymbol{a}$ folgt übrigens $d\boldsymbol{a} = \boldsymbol{\omega}\, dt \times \boldsymbol{a}$.)

Wir zeigen noch, dass *hintereinander ausgeführte infinitesimale Drehungen um denselben Punkt vertauschbar und additiv sind.* Dazu lassen wir auf den Körper zuerst die Drehung $d\boldsymbol{\varphi}=\boldsymbol{\omega}\,dt$ und anschließend die Drehung $d\boldsymbol{\varphi}'=\boldsymbol{\omega}'\,dt$ um den festgehaltenen Punkt $\boldsymbol{r}_0$ einwirken. Die erste überführt den Punkt $\boldsymbol{r}$ wegen $d\boldsymbol{r}_0=0$ in

$$\boldsymbol{r}_1 = \boldsymbol{r} + d\boldsymbol{r} \overset{(6.1),(6.2)}{=} \boldsymbol{r} + d\boldsymbol{\varphi} \times (\boldsymbol{r} - \boldsymbol{r}_0)\,,$$

die zweite den Punkt $\boldsymbol{r}_1$ in

$$\boldsymbol{r}_2 = \boldsymbol{r}_1 + d\boldsymbol{\varphi}' \times (\boldsymbol{r}_1 - \boldsymbol{r}_0) \overset{\text{s.u.}}{=} \boldsymbol{r} + d\boldsymbol{\varphi} \times (\boldsymbol{r} - \boldsymbol{r}_0) + d\boldsymbol{\varphi}' \times (\boldsymbol{r} - \boldsymbol{r}_0) = \boldsymbol{r} + (d\boldsymbol{\varphi} + d\boldsymbol{\varphi}') \times (\boldsymbol{r} - \boldsymbol{r}_0)\,.$$

Dabei haben wir einen Term $\mathcal{O}(dt^2)$ vernachlässigt, was bei infinitesimalen Größen zulässig ist. (Das Auftreten derartiger Terme weist allerdings darauf hin, dass die angegebenen Eigenschaften für endliche Drehungen nicht mehr gelten, wovon man sich leicht anschaulich überzeugen kann.) Die umgekehrte Reihenfolge der Drehungen führt offensichtlich zum gleichen Ergebnis. Auch zwei infinitesimale Drehungen um verschiedene Punkte sind hinsichtlich ihrer Reihenfolge vertauschbar, jedoch nicht mehr additiv (Aufgabe 6.2).

6.2 Trägheitstensor, Trägheitsmoment und Trägheitsellipsoid

Für spätere Zwecke berechnen wir jetzt die kinetische Energie und den Drehimpuls eines starren Körpers bei der durch (6.2) beschriebenen Bewegung, die in der Rotation $\boldsymbol{\omega}\,dt \times \boldsymbol{r}'$ um den körperfesten Punkt $\boldsymbol{r}_0(t)$ und der allen Punkten gemeinsamen Translation mit der Geschwindigkeit $\dot{\boldsymbol{r}}_0$ dieses Punktes besteht. Die Geschwindigkeit des Punktes $\boldsymbol{r}_i(t)$ ergibt sich dabei aus (6.2), indem man durch dt dividiert, zu

$$\dot{\boldsymbol{r}}_i(t) = \dot{\boldsymbol{r}}_0(t) + \boldsymbol{\omega} \times \boldsymbol{r}_i'\,. \tag{6.3}$$

6.2.1 Kinetische Energie

Mit (6.3) erhalten wir für die kinetische Energie zunächst

$$T = \sum_{i=1}^{N} \frac{m_i}{2}\dot{\boldsymbol{r}}_i^{\,2} = \sum_{i=1}^{N} \frac{m_i}{2}\dot{\boldsymbol{r}}_0^{\,2} + \dot{\boldsymbol{r}}_0 \cdot \Big(\boldsymbol{\omega} \times \sum_{i=1}^{N} m_i \boldsymbol{r}_i'\Big) + \sum_{i=1}^{N} \frac{m_i}{2}(\boldsymbol{\omega} \times \boldsymbol{r}_i')^2\,.$$

Hieraus ergibt sich unter Benutzung von

$$(\boldsymbol{\omega} \times \boldsymbol{r}_i')^2 = \boldsymbol{\omega} \cdot \big[\boldsymbol{r}_i' \times (\boldsymbol{\omega} \times \boldsymbol{r}_i')\big] = \omega^2 r_i'^2 - (\boldsymbol{\omega} \cdot \boldsymbol{r}_i')^2$$

und der auf S' bezogenen Schwerpunktsdefinition

$$\boldsymbol{R}' = \frac{1}{M}\sum_{i=1}^{N} m_i \boldsymbol{r}_i' \qquad \text{mit} \qquad \sum_{1}^{N} m_i = M \tag{6.4}$$

nach Übergang zu einer kontinuierlichen Massenverteilung gemäß (5.77) die Zerlegung

$$T = T_{\rm tr} + T_{\rm m} + T_{\rm rot} \tag{6.5}$$

in die Anteile

$$T_{\rm tr} = \frac{M}{2}\dot{\boldsymbol r}_0^2 , \qquad T_{\rm m} = \boldsymbol\omega \cdot (\boldsymbol R' \times M\dot{\boldsymbol r}_0) \tag{6.6}$$

und

$$\boxed{T_{\rm rot} = \frac{1}{2}\int \varrho(\boldsymbol r')(\boldsymbol\omega \times \boldsymbol r')^2\,d\tau' = \frac{1}{2}\int \varrho(\boldsymbol r')\big[\boldsymbol\omega^2\boldsymbol r'^2 - (\boldsymbol\omega\cdot\boldsymbol r')^2\big]\,d\tau' .} \tag{6.7}$$

$T_{\rm tr}$ ist der mit der reinen Translation $\dot{\boldsymbol r}_0$ verbundene Anteil der kinetischen Energie, $T_{\rm rot}$ ist reine Rotationsenergie und $T_{\rm m}$ ist eine gemischte Energie, die auf Translation, $\dot{\boldsymbol r}_0$, und Rotation, $\boldsymbol\omega$, gemeinsam zurückzuführen ist. Für $\dot{\boldsymbol r}_0=0$ gibt es nur Rotationsenergie.

6.2.2 Trägheitstensor

Zur weiteren Umformung von $T_{\rm rot}$ zerlegen wir $\boldsymbol\omega$ und $\boldsymbol r'$ nach der Basis $\boldsymbol e_i'$ von Einheitsvektoren im körperfesten System S' und erhalten (mit Summenkonvention)

$$\boldsymbol\omega = \omega_i'\boldsymbol e_i' , \qquad \boldsymbol r' = x_i'\boldsymbol e_i' .$$

Mit

$$\boldsymbol\omega^2\boldsymbol r'^2 - (\boldsymbol\omega\cdot\boldsymbol r')^2 = \omega_i'\omega_i'x_l'x_l' - \omega_i'x_i'\omega_k'x_k' = \omega_i'\omega_k'\,(\delta_{ik}\,x_l'x_l' - x_i'x_k')$$

ergibt sich

$$T_{\rm rot} = \frac{1}{2}\Theta_{ik}'\,\omega_i'\omega_k' , \tag{6.8}$$

wobei die neun Größen

$$\boxed{\Theta_{ik}' = \int \varrho(\boldsymbol r')\,(\delta_{ik}\,x_l'x_l' - x_i'x_k')\,d\tau'} \tag{6.9}$$

die Komponenten eines als **Trägheitstensor** bezeichneten (zweistufigen) Tensors $\boldsymbol\Theta$ im körperfesten System S' bilden. Ein zweistufiger Tensor im $\mathbb{R}^3$ ist dadurch definiert, dass er neun Komponenten besitzt, die sich bei einem Wechsel des Koordinatensystems wie die aus den Koordinatendifferentialen dx_i' gebildeten Produkte $dx_i'\,dx_k'$ transformieren. Eine ausführliche Einführung und Behandlung des Tensorbegriffs erfolgt im Band *Relativitätstheorie* dieses Lehrbuchs.

Der Trägheitstensor ist symmetrisch, was bedeutet, dass seine Komponenten die Symmetrierelationen

$$\Theta_{ik}' = \Theta_{ki}' \tag{6.10}$$

erfüllen.

6.2.3 Drehimpuls

Der Drehimpuls des starren Körpers um den Ursprung $\boldsymbol{r}_0(t)$ des körperfesten Systems S' berechnet sich zu

$$
\begin{aligned}
\boldsymbol{L} &\overset{(3.20)}{=} \sum_{i=1}^{N} (\boldsymbol{r}_i - \boldsymbol{r}_0) \times m_i \dot{\boldsymbol{r}}_i \overset{(6.1),(6.3)}{=} \sum_{i=1}^{N} \boldsymbol{r}'_i \times m_i (\dot{\boldsymbol{r}}_0 + \boldsymbol{\omega} \times \boldsymbol{r}'_i) \\
&= \Big(\sum_{i=1}^{N} m_i \boldsymbol{r}'_i\Big) \times \dot{\boldsymbol{r}}_0 + \sum_{i=1}^{N} m_i \,(\boldsymbol{\omega}\, \boldsymbol{r}'^2_i - \boldsymbol{r}'_i\, \boldsymbol{\omega} \cdot \boldsymbol{r}'_i) \\
&\overset{(6.4b),(5.77)}{=} \boldsymbol{R}' \times M \dot{\boldsymbol{r}}_0 + \int \varrho' \,(\boldsymbol{\omega}\, \boldsymbol{r}'^2 - \boldsymbol{r}'\, \boldsymbol{\omega} \cdot \boldsymbol{r}')\, d\tau' \,.
\end{aligned}
$$

Hieraus ergibt sich für die auf das System S' bezogene i-Komponente

$$
(\boldsymbol{L} - \boldsymbol{R}' \times M \dot{\boldsymbol{r}}_0)'_i = \omega'_k \int \varrho' \,(\delta_{ik}\, x'_l x'_l - x'_i x'_k)\, d\tau' = \Theta'_{ik}\, \omega'_k \,,
$$

und es folgt

$$
\boldsymbol{L} = \boldsymbol{R}' \times M \dot{\boldsymbol{r}}_0 + \boldsymbol{\Theta} \cdot \boldsymbol{\omega} \,. \tag{6.11}
$$

Dabei ist das *innere Produkt* $\boldsymbol{\Theta} \cdot \boldsymbol{\omega}$ des Tensors $\boldsymbol{\Theta}$ mit dem Vektor $\boldsymbol{\omega}$ so zu verstehen, dass es einen Vektor mit den Komponenten $\Theta'_{ik}\, \omega'_k$ liefert.

Mit (6.11), (6.6b) und (6.8) erhalten wir

$$
\frac{1}{2} T_{\mathrm{m}} + T_{\mathrm{rot}} = \frac{1}{2} \boldsymbol{L} \cdot \boldsymbol{\omega} \,.
$$

Bei einer reinen Rotation um $\boldsymbol{r}_0$ (d. h. $\dot{\boldsymbol{r}}_0 = 0$), aber auch dann, wenn $\boldsymbol{r}_0 = \boldsymbol{R}$ und damit $\boldsymbol{R}' = 0$ ist, der Koordinatenursprung des Systems S' also im Schwerpunkt liegt, wird

$$
\boldsymbol{L} = \boldsymbol{\Theta} \cdot \boldsymbol{\omega} \,, \qquad L'_i = \Theta'_{ik}\, \omega'_k \tag{6.12}
$$

und

$$
\boxed{T_{\mathrm{rot}} = \frac{1}{2} \boldsymbol{L} \cdot \boldsymbol{\omega} \,.} \tag{6.13}
$$

6.2.4 Hauptachsentransformation

Das körperfeste Koordinatensystem S' wird durch Vorgabe seines Ursprungs $\boldsymbol{r}_0$ nicht eindeutig festgelegt, vielmehr gibt es noch unendlich viele Möglichkeiten für die Richtungsorientierung seiner Koordinatenachsen. (Bei festgehaltenem Ursprung $\boldsymbol{r}_0$ wird der Übergang zwischen verschiedenen körperfesten Systemen durch orthogonale Koordinatentransformationen vermittelt.) Insbesondere können wir die Orientierung von S' so wählen, dass der Trägheitstensor eine besonders einfache Form annimmt. In der Tensorrechnung wird gezeigt, dass es für jeden reellen symmetrischen Tensor ein **Hauptachsensystem** gibt, in welchem die $\mathbf{\Theta}$ zugeordnete Matrix Θ_{ik} Diagonalgestalt annimmt,

$$\mathbf{\Theta} = \begin{pmatrix} \Theta_1' & 0 & 0 \\ 0 & \Theta_2' & 0 \\ 0 & 0 & \Theta_3' \end{pmatrix}$$

bzw.

$$\Theta_{ik}' = \Theta_{\underline{i}}'\,\delta_{ik}\,. \tag{6.14}$$

(Keine Summation über i!) Die Diagonalelemente Θ_1', Θ_2' und Θ_3' im Hauptachsensystem können auch in jedem anderen System S'' berechnet werden: Es sind die gegenüber orthogonalen Transformationen invarianten Eigenwerte λ der Matrix Θ_{ik}'', d. h. die drei Lösungen der kubischen Gleichung

$$\det(\Theta_{ik}'' - \lambda\,\delta_{ik}) = \det(\mathbf{\Theta} - \lambda\mathbf{E}) = 0$$

für die Unbekannte λ (dabei ist $\mathbf{E}$ der Einheitstensor mit Komponenten δ_{ik}). Mit (6.14) ergibt sich aus (6.8)

$$T_{\text{rot}} = \frac{1}{2}\left(\Theta_1'\omega_1'^2 + \Theta_2'\omega_2'^2 + \Theta_3'\omega_3'^2\right). \tag{6.15}$$

6.2.5 Trägheitsmomente

Zu einer etwas anschaulicheren Deutung des Trägheitstensors führt der aus diesem abgeleitete Begriff des **Trägheitsmoments** $\Theta'(\boldsymbol{\omega}/\omega)$ um die Drehachsenrichtung $\boldsymbol{\omega}/\omega$. (Man beachte: $\boldsymbol{\omega}/\omega$ ist das Argument der Funktion $\Theta'(..)$.) Dieses wird durch die Gleichung

$$\boxed{\Theta'\,(\boldsymbol{\omega}/\omega) = \Theta_{ik}'\,\frac{\omega_i'}{\omega}\frac{\omega_k'}{\omega}} \tag{6.16}$$

definiert und hängt bei gegebener Massenverteilung $\varrho(r')$ nur von der Richtung der Drehachse $\boldsymbol{\omega}$ ab. Mit seiner Hilfe können wir für (6.8) auch

$$T_{\text{rot}} = \frac{1}{2}\Theta'\omega^2 \tag{6.17}$$

schreiben. Vergleichen wir das mit der Formel $T = \frac{1}{2}mv^2$ für die kinetische Energie eines Massenpunkts, so spielt Θ' in ihr bezüglich der Winkelgeschwindigkeit dieselbe Rolle wie m in Bezug auf v.

Besonders einfach wird die Berechnung des Trägheitsmoments, wenn man eine Achse des Koordinatensystems S' parallel zur momentanen Drehachse $\boldsymbol{\omega}$ legt, z. B. $\boldsymbol{\omega} = \omega_3'\boldsymbol{e}_3'$. Dann gilt mit $\omega = \omega_3'$

$$\Theta'(\boldsymbol{e}_3') = \Theta_{33}' \overset{(6.9)}{=} \int \varrho(\boldsymbol{r}')\,(\delta_{33}\,x_l'x_l' - x_3'x_3')\,d\tau' = \int \varrho'\,(x_1'^2 + x_2'^2)\,d\tau'$$

oder

$$\Theta'(\boldsymbol{e}'_3) \overset{\text{s.u.}}{=} \int \varrho' s_3'^2 \, d\tau' ,$$

wenn wir den senkrechten Abstand des Integrationspunktes von der Drehachse $\boldsymbol{e}'_3$ mit s'_3 bezeichnen. Im Hauptachsensystem gilt

$$\Theta'_3 = \Theta'_{33} = \Theta'(\boldsymbol{e}'_3) ,$$

d. h. Θ'_3 ist das Trägheitsmoment um die **Hauptachse** $\boldsymbol{e}'_3$. Analog sind Θ'_1 und Θ'_2 die Trägheitsmomente um die beiden anderen Hauptachsen $\boldsymbol{e}'_1$ und $\boldsymbol{e}'_2$. Θ'_1, Θ'_2 und Θ'_3 werden als **Hauptträgheitsmomente** des Trägheitstensors bezeichnet, und in Verallgemeinerung des für Θ'_3 erhaltenen Ergebnisses gelten im Hauptachsensystem die Formeln

$$\boxed{\Theta'_i = \Theta'(\boldsymbol{e}'_i) = \int \varrho' s_i'^2 \, d\tau' ,} \tag{6.18}$$

wobei s_i den Abstand von der x_i-Achse angibt. Hieraus folgt insbesondere, dass die Hauptträgheitsmomente dreidimensionaler Körper positiv sind.

6.2.6 Trägheitsellipsoid

Führen wir mit

$$\boldsymbol{\sigma}' = \frac{1}{\sqrt{\Theta'(\boldsymbol{\omega}/\omega)}} \frac{\boldsymbol{\omega}}{\omega}$$

einen zur Winkelgeschwindigkeit $\boldsymbol{\omega}$ parallelen Vektor ein – seine Komponenten in S' sind $\sigma'_i = \omega'_i/(\sqrt{\Theta'}\,\omega)$ –, so können wir (6.16) in der Form

$$\Theta'_{ik} \, \sigma'_i \sigma'_k = 1$$

schreiben, die sich im Hauptachsensystem auf

$$\Theta'_1 \sigma_1'^2 + \Theta'_2 \sigma_2'^2 + \Theta'_3 \sigma_3'^2 = 1$$

reduziert. Da die Hauptträgheitsmomente Θ'_i positiv sind, definiert diese Gleichung im Raum der Vektoren $\boldsymbol{\sigma}'$ die Oberfläche eines Ellipsoids, das als **Trägheitsellipsoid** bezeichnet wird (Abb. 6.2).

Ist die Massenverteilung $\varrho(\boldsymbol{r}')$ des starren Körpers gegeben, so kann der Trägheitstensor Θ'_{ik} aus (6.9) berechnet werden und mit ihm das Trägheitsellipsoid. Damit lässt sich das Trägheitsmoment $\Theta'(\boldsymbol{\omega}/\omega)$ um jede beliebige durch den Punkt $\boldsymbol{r}'=0$ führende Drehachse $\boldsymbol{\sigma}'$ bestimmen, denn es gilt

$$|\boldsymbol{\sigma}'| = \frac{1}{\sqrt{\Theta'}} \left| \frac{\boldsymbol{\omega}}{\omega} \right| = \frac{1}{\sqrt{\Theta'}} \qquad \text{bzw.} \qquad \Theta'\left(\frac{\boldsymbol{\omega}}{\omega}\right) = \frac{1}{\sigma'^2} .$$

Der Trägheitstensor, die Trägheitsmomente und das Trägheitsellipsoid beziehen sich auf das körperfeste System S' und sind in diesem zeitunabhängig. Beim Wechsel des

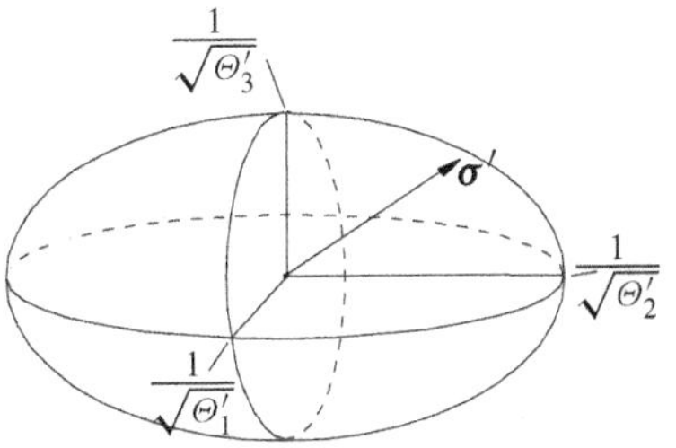

Abb. 6.2: Trägheitsellipsoid.

körperfesten Bezugsystems ändern sich alle auf dieses bezogenen Größen, insbesondere dann, wenn der Übergang zu einem System mit anderem Ursprung erfolgt. Daher sind die Komponenten Θ'_{ik} und die Trägheitsmomente Θ' Funktionen von $\boldsymbol{r}_0$, also z. B. $\Theta'_{ik} = \Theta'_{ik}(\boldsymbol{r}_0)$ etc.

6.2.7 Rotation um den Schwerpunkt

Der auf einen beliebigen Punkt $\boldsymbol{r}_0$ des starren Körpers bezogene Trägheitstensor $\boldsymbol{\Theta}(\boldsymbol{r}_0)$ lässt sich durch den auf den Schwerpunkt $\boldsymbol{R}$ bezogenen Trägheitstensor $\boldsymbol{\Theta}(\boldsymbol{R})$ ausdrücken. Zur Herleitung dieses Zusammenhangs führen wir neben den bisher benutzten Relativvektoren $\boldsymbol{r}' = \boldsymbol{r} - \boldsymbol{r}_0$ noch die Vektoren

$$\boldsymbol{r}^* = \boldsymbol{r} - \boldsymbol{R} \tag{6.19}$$

ein und verankern im starren Körper ein zweites Bezugsystem S^*, dessen Ursprung im Schwerpunkt liegt und dessen Koordinatenachsen zu denen des Systems S' parallel sind,

$$\boldsymbol{e}_i^* = \boldsymbol{e}_i' .$$

Aus $\boldsymbol{r}' = \boldsymbol{r} - \boldsymbol{r}_0$ und (6.19) folgt der Zusammenhang

$$\boldsymbol{r}' = \boldsymbol{r}^* + \boldsymbol{a} \qquad \text{mit} \qquad \boldsymbol{a} = \boldsymbol{R} - \boldsymbol{r}_0$$

oder in Komponenten

$$x_i' = x_i^* + a_i' .$$

Die Dichte im Punkt $\boldsymbol{r}^*$ des Systems S^* ist $\varrho^*(\boldsymbol{r}^*) = \varrho(\boldsymbol{r}^*{+}\boldsymbol{a})$. Damit ergibt sich aus (6.9)

$$\begin{aligned}
\Theta'_{ik}(\boldsymbol{r}_0) &= \int \varrho(\boldsymbol{r}^*{+}\boldsymbol{a}) \left[\delta_{ik}\, (x_l^* + a_l')(x_l^* + a_l') - (x_i^* + a_i')(x_k^* + a_k')\right] d\tau^* \\
&= \int \varrho^*(\boldsymbol{r}^*)\, (\delta_{ik}\, x_l^* x_l^* - x_i^* x_k^*)\, d\tau^* + 2\, \delta_{ik}\, a_l' \int \varrho^*(\boldsymbol{r}^*) x_l^*\, d\tau^* \\
&\quad - a_k' \int \varrho^*(\boldsymbol{r}^*) x_i^*\, d\tau^* - a_i' \int \varrho^*(\boldsymbol{r}^*) x_k^*\, d\tau^* + \int \varrho^*(\boldsymbol{r}^*)\, (\delta_{ik}\, a_l' a_l' - a_i' a_k')\, d\tau^*
\end{aligned}$$

bzw.

$$\Theta'_{ik}(\boldsymbol{r}_0) = \Theta^*_{ik}(\boldsymbol{R}) + M\,(\delta_{ik}\, a'_l a'_l - a'_i a'_k)\,,$$

da die Integrale $\int \varrho^* x^*_l \, d\tau^* = M X^*_l$ verschwinden. (Der Ursprung des Systems S^* liegt im Schwerpunkt des starren Körpers, $\boldsymbol{R}^*=0$.) Für die Trägheitsmomente um eine gegebene Richtung $\boldsymbol{\omega}/\omega$ folgt hieraus

$$\Theta'(\boldsymbol{r}_0) \overset{(6.16)}{=} \Theta'_{ik}(\boldsymbol{r}_0)\,\frac{\omega'_i\omega'_k}{\omega^2} = \Theta^*_{ik}(\boldsymbol{R})\,\frac{\omega'_i\omega'_k}{\omega^2} + M\,\frac{\boldsymbol{\omega}^2\boldsymbol{a}^2 - (\boldsymbol{a}\cdot\boldsymbol{\omega})^2}{\omega^2}$$

oder mit $\omega'_i=\omega^*_i$

$$\boxed{\Theta'(\boldsymbol{r}_0) = \Theta^*(\boldsymbol{R}) + M a_\perp^2\,,} \qquad (6.20)$$

wobei $a_\perp = |\boldsymbol{a} \times \boldsymbol{\omega}/\omega|$ der senkrechte Abstand der durch $\boldsymbol{r}_0$ gehenden Drehachse vom Schwerpunkt ist. Gleichung (6.20) bezeichnet man nach J. Steiner als **Satz von Steiner**.

6.2.8 Kreisel

Wir beziehen im Folgenden alle Trägheitsmomente eines starren Körpers, wenn dieser frei beweglich ist, auf den Schwerpunkt $\boldsymbol{R}$, wenn er in einem Punkt $\boldsymbol{r}_0$ festgehalten wird dagegen auf den Drehpunkt $\boldsymbol{r}_0$.

Ein starrer Körper, dessen drei Hauptträgheitsmomente alle verschieden sind,

$$\Theta'_1 \neq \Theta'_2 \neq \Theta'_3 \neq \Theta'_1\,,$$

heißt **unsymmetrischer Kreisel**.

Besitzt ein Körper zwei gleiche Hauptträgheitsmomente und ist sein drittes von diesen verschieden, z. B.

$$\Theta'_1 = \Theta'_2 \neq \Theta'_3\,,$$

so wird der Körper als **symmetrischer Kreisel** bezeichnet. Das Trägheitsellipsoid ist dann ein Rotationsellipsoid. Für dieses sind die zu Θ'_1 und Θ'_2 gehörigen Hauptachsen nicht eindeutig festgelegt, denn zu einem Paar von Hauptachsen erhält man durch Rotation um die Symmetrieachse des Trägheitsellipsoids ein anderes.

Sind schließlich alle Hauptträgheitsmomente gleich,

$$\Theta'_1 = \Theta'_2 = \Theta'_3\,,$$

so spricht man von einem **Kugelkreisel**.

Die genannten Symmetrieeigenschaften hängen vom Bezugspunkt ab. Ist ein Körper bezüglich des Schwerpunkts ein Kugelkreisel, so gilt das nicht für einen anderen Bezugspunkt.

Besitzt ein starrer Körper hinsichtlich seiner Form und Massenverteilung Symmetrien, so hat sein Schwerpunkt bezüglich dieser eine ausgezeichnete Lage, und das auf den Schwerpunkt bezogene Trägheitsellipsoid weist seinerseits Symmetrien auf.

Beispiel 6.1: *Trägheitsellipsoid eines homogenen Würfels*

Wir betrachten einen homogenen Würfel und wählen S' so, dass der Koordinatenursprung im Schwerpunkt liegt und die Koordinatenachsen parallel zu den Kanten verlaufen. Das Trägheitsellipsoid muss dieselben Symmetrien wie der Würfel aufweisen, z. B. Spiegelsymmetrie zu drei Ebenen, die parallel zu Seitenflächen durch den Schwerpunkt verlaufen, zu Ebenen, die den Würfel diagonal halbieren, sowie zum Ursprung, und es muss bei gewissen 90°-Drehungen in sich selbst übergehen. Unter allen Ellipsoiden weist nur die Kugelfläche diese Symmetrien auf, daher ist der Würfel ein Kugelkreisel. Natürlich ist erst recht auch das auf den Schwerpunkt bezogene Trägheitsellipsoid einer homogenen Kugel eine Kugelfläche.

6.3 Statik des starren Körpers

6.3.1 Gleichgewichtsbedingungen

Wir untersuchen in diesem Abschnitt die Bedingungen, unter denen sich ein starrer Körper im Gleichgewicht befindet. Nach Abschn. 5.5 wird das Gleichgewicht eines Systems von Massenpunkten unter holonomen Zwangsbedingungen, als das wir einen starren Körper auffassen können, durch das Prinzip (5.43) der virtuellen Arbeit festgelegt,

$$\sum_{i=1}^{N} \boldsymbol{F}_i \cdot \delta \boldsymbol{r}_i = 0\,.$$

Da die Bedingungen der Starrheit zeitunabhängig sind, ist jede virtuelle Verrückung auch eine mögliche reale Verrückung, und umgekehrt (siehe Abschn. 5.3). Daher können wir für $\delta\boldsymbol{r}_i$ die Eulersche Formel (6.2) benutzen; indem wir $\delta\boldsymbol{\varphi} := \boldsymbol{\omega}\,dt$ setzen, erhalten wir aus dieser

$$\delta\boldsymbol{r}_i = \delta\boldsymbol{r}_0 + \delta\boldsymbol{\varphi} \times \boldsymbol{r}'_i\,.$$

Das Prinzip der virtuellen Arbeit geht damit in die Forderung

$$\delta\boldsymbol{r}_0 \cdot \sum_{i=1}^{N} \boldsymbol{F}_i + \delta\boldsymbol{\varphi} \cdot \sum_{i=1}^{N} \boldsymbol{r}'_i \times \boldsymbol{F}_i = 0$$

über. (Zur Erinnerung: $\boldsymbol{r}_0$ führt vom Ursprung des Laborsystem S zu dem des körperfesten Systems S'.) Da $\delta\boldsymbol{r}_0$ und $\delta\boldsymbol{\varphi}$ unabhängig voneinander beliebig gewählt werden können, muss sowohl der Koeffizient von $\delta\boldsymbol{r}_0$ als auch der von $\delta\boldsymbol{\varphi}$ verschwinden, und wir erhalten mit dem Übergang von Summen zu Integralen die **Gleichgewichtsbedingungen**

$$\boxed{\boldsymbol{F} = \int_V \boldsymbol{f}(\boldsymbol{r}')\,d\tau' = 0\,, \qquad \boldsymbol{N} = \int_V \boldsymbol{r}' \times \boldsymbol{f}(\boldsymbol{r}')\,d\tau' = 0\,,} \tag{6.21}$$

die Gesamtkraft und das Gesamtdrehmoment müssen verschwinden. ($\boldsymbol{f}(\boldsymbol{r}')$ ist eine Kraftdichte pro Volumen, zu integrieren ist über das gesamte Volumen V des starren Körpers.)

Die Gleichungen (6.21) müssen für jeden beliebigen Bezugspunkt $\boldsymbol{r}_0$ als Ursprung von S' erfüllt sein. Gelten sie also in Bezug auf $\boldsymbol{r}_0$, so müssen sie auch in Bezug auf jeden anderen Punkt $\boldsymbol{r}_1 = \boldsymbol{r}_0 + \boldsymbol{a}$ gültig sein. Bei Gleichung (6.21a) ist das offensichtlich der Fall, weil $\boldsymbol{f}$ und $d\tau'$ translationsinvariant sind; bei der Gleichung (6.21b) für das auf den Drehpunkt $\boldsymbol{r}_0$ bezogene Drehmoment kann man sich davon leicht durch eine kurze Rechnung überzeugen (Aufgabe 6.3).

Manchmal sind Anteile der Kraftdichte so stark lokalisiert, dass man auf eine Darstellung mit Einzelkräften zurückgeht, die in gewissen Punkten $\boldsymbol{r}_\nu$ des starren Körpers angreifen. In diesem Fall erhalten wir die Gleichgewichtsbedingungen

$$\int \boldsymbol{f}(\boldsymbol{r}')\,d\tau' + \sum_\nu \boldsymbol{F}_\nu(\boldsymbol{r}'_\nu) = 0\,, \qquad \int \boldsymbol{r}' \times \boldsymbol{f}(\boldsymbol{r}')\,d\tau' + \sum_\nu \boldsymbol{r}'_\nu \times \boldsymbol{F}_\nu(\boldsymbol{r}'_\nu) = 0\,. \tag{6.22}$$

6.3.2 Äquivalenz von Kräften

In vielen Fällen ist es zweckmäßig, ein primär vorgegebenes System von Gleichgewichtskräften durch ein anderes zu ersetzen, das ebenfalls alle Gleichgewichtsbedingungen erfüllt, mit dem sich jedoch leichter rechnen lässt. Unsere diesbezüglichen Betrachtungen beschränken wir der Einfachheit halber auf Einzelkräfte, die Verallgemeinerung auf Kraftdichten ist evident.

Die in m Punkten $\boldsymbol{r}'_{n+1}, \dots, \boldsymbol{r}'_{n+m}$ angreifenden Kräfte $\boldsymbol{F}_{n+1}(\boldsymbol{r}'_{n+1}), \dots, \boldsymbol{F}_{n+m}(\boldsymbol{r}'_{n+m})$ werden als den n Kräften $\boldsymbol{F}_1(\boldsymbol{r}'_1), \dots, \boldsymbol{F}_n(\boldsymbol{r}'_n)$ **äquivalent** bezeichnet, wenn die Beziehungen

$$\sum_{\nu=1}^{n} \boldsymbol{F}_\nu(\boldsymbol{r}'_\nu) = \sum_{\mu=1}^{m} \boldsymbol{F}_{n+\mu}(\boldsymbol{r}'_{n+\mu})\,, \qquad \sum_{\nu=1}^{n} \boldsymbol{r}'_\nu \times \boldsymbol{F}_\nu(\boldsymbol{r}'_\nu) = \sum_{\mu=1}^{m} \boldsymbol{r}'_{n+\mu} \times \boldsymbol{F}_{n+\mu}(\boldsymbol{r}'_{n+\mu}) \tag{6.23}$$

gelten. Erfüllt das ursprüngliche Kraftsystem die Gleichgewichtsbedingungen, so tut das auch das äquivalente System, und zwar nach den vorangegangenen Überlegungen bzw. dem Ergebnis von Aufgabe 6.3 für jeden beliebigen Bezugspunkt $\boldsymbol{r}_0$.

Die Äquivalenz zweier Kräfte $\boldsymbol{F}_1(\boldsymbol{r}'_1)$ und $\boldsymbol{F}_2(\boldsymbol{r}'_2)$ bedeutet insbesondere, dass die Beziehungen

$$\boldsymbol{F}_1(\boldsymbol{r}'_1) = \boldsymbol{F}_2(\boldsymbol{r}'_2)\,, \qquad (\boldsymbol{r}'_2 - \boldsymbol{r}'_1) \times \boldsymbol{F}_2(\boldsymbol{r}'_2) = 0$$

erfüllt sind. Die Kraft $\boldsymbol{F}_2$ muss also nach Betrag und Richtung mit $\boldsymbol{F}_1$ übereinstimmen und in Richtung von $\boldsymbol{r}'_2 - \boldsymbol{r}'_1$ liegen, was nach Abb. 6.3 nur möglich ist, wenn sie samt Angriffspunkt in der gleichen geraden Linie wie $\boldsymbol{F}_1$ samt Angriffspunkt liegt. Mit anderen Worten: *Jede auf einen Körper einwirkende Kraft darf in ihrer* ***Angriffslinie****, d. h. der Linie, die in ihrer Richtung durch den Angriffspunkt* $\boldsymbol{r}'_1$ *geht, verschoben werden, ohne dass sich dadurch etwas am Gleichgewicht des Körpers ändert.*

Zwei Kräfte, deren Angriffslinien sich im Punkt $\boldsymbol{r}'_0$ schneiden, dürfen nach dorthin verschoben und durch die in $\boldsymbol{r}'_0$ angreifende Resultierende

$$\boldsymbol{F}(\boldsymbol{r}'_0) = \boldsymbol{F}_1(\boldsymbol{r}'_0) + \boldsymbol{F}_2(\boldsymbol{r}'_0)$$

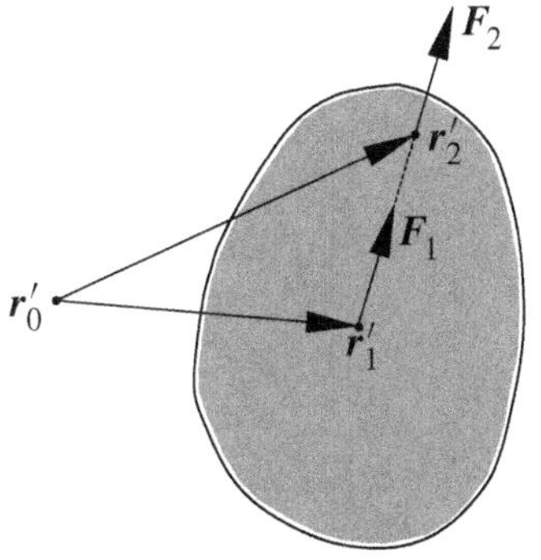

Abb. 6.3: Verschiebung von Kräften längs ihrer Angriffslinien.

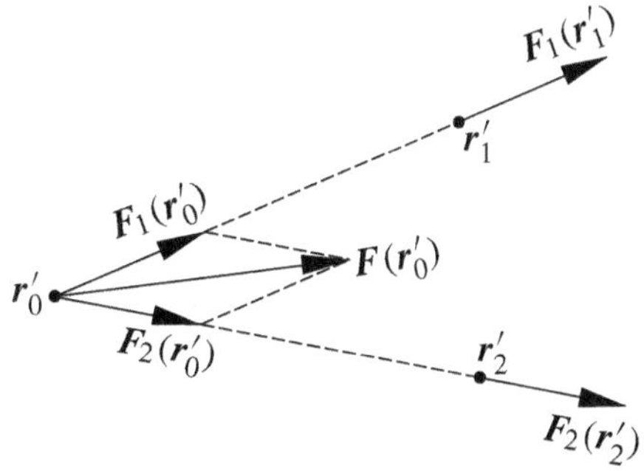

Abb. 6.4: Ersetzung von Kräften $F_i(r'_i)$ durch ihre Resultierende $F(r'_0)$.

ersetzt werden (Abb. 6.4); bei der Verschiebung nach r'_0 gilt nämlich

$$r'_1 \times F_1(r'_1) = r'_0 \times F_1(r'_0)\,, \quad r'_2 \times F_2(r'_2) = r'_0 \times F_2(r'_0) \quad \Rightarrow$$
$$r'_0 \times F(r'_0) = r'_0 \times \big(F_1(r'_0) + F_2(r'_0)\big) = r'_1 \times F_1(r'_1) + r'_2 \times F_2(r'_2)\,,$$

und damit sind beide Äquivalenzbedingungen erfüllt.

Für ein System von Kräften, die in beliebigen Punkten angreifen können, ergibt sich die einfachste Ersetzung durch äquivalente Kräfte aus dem folgenden Satz.

Satz. *Jedes Kräftesystem $F_1(r'_1), \ldots, F_n(r'_n)$ kann durch die in einem beliebigen Punkt r'_0 angreifende Gesamtkraft*

$$F(r'_0) = \sum_{\nu=1}^{n} F_\nu(r'_0) \qquad \textit{mit} \qquad F_\nu(r'_0) = F_\nu(r'_\nu) \tag{6.24}$$

und ein Kräftepaar ersetzt werden, das bei beliebig wählbaren Angriffspunkten dasselbe Drehmoment N wie die ursprünglichen Kräfte hervorruft.

Das Kräftepaar besteht dabei aus zwei gleich großen, entgegengerichteten Kräften, die für $N \neq 0$ voneinander verschiedene Angriffslinien besitzen; für $N = 0$ besitzen sie dieselbe Angriffslinie und können weggelassen werden.

Beweis: Nach Abb. 6.5 kann das Kraftsystem zunächst bei beliebig vorgegebenem r'_0 durch die Kraft (6.24a) und n Kräftepaare $-F_\nu(r'_0)$, $F_\nu(r'_\nu)$, $\nu = 1, \ldots, n$, ersetzt werden: Als Summe aller in (6.24a) und den Kräftepaaren enthaltenen Kräfte ergibt sich

$$F(r'_0) - \sum_{\nu=1}^{n} F_\nu(r'_0) + \sum_{\nu=1}^{n} F_\nu(r'_\nu) = \sum_{\nu=1}^{n} F_\nu(r'_\nu)\,,$$

während

$$N = r'_0 \times F(r'_0) - \sum_{\nu=1}^{n} r'_0 \times F_\nu(r'_0) + \sum_{\nu=1}^{n} r'_\nu \times F_\nu(r'_\nu) = \sum_{\nu=1}^{n} r'_\nu \times F_\nu(r'_\nu)$$

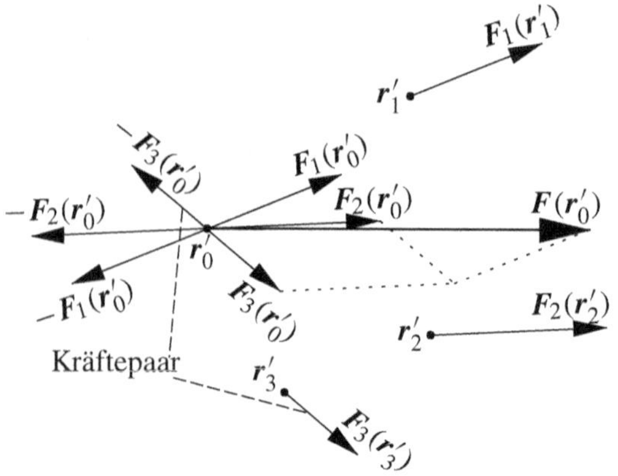

Abb. 6.5: Ersetzung eines Kräftesystems $F_i(r'_i)$ durch eine Resultierende $F(r'_0)$ und n Kräftepaare $\pm F_i(r'_0)$ für $n=3$.

das durch alle diese Kräfte bewirkte Gesamtdrehmoment ist, so dass (6.23) erfüllt wird. Die n Kräftepaare können nun durch ein einziges Kräftepaar $-F^*(r'_0 + a)$, $F^*(r'_0 + b)$ mit zwei beliebig gegenüber r'_0 verschobenen Angriffspunkten ersetzt werden. Wenn die beiden Kräfte $\pm F^*$ so gewählt werden, dass sie dasselbe Drehmoment N wie die n Kräftepaare erzeugen,

$$-(r'_0 + a) \times F^* + (r'_0 + b) \times F^* = (b - a) \times F^* = \sum_{\nu=1}^{n} r'_\nu \times F_\nu(r'_\nu),$$

ist (6.23b) erfüllt, und (6.23a) bleibt gültig, weil sie wie die n Kräftepaare keinen Beitrag zur Gesamtkraft liefern. □

6.3.3 Zwangskräfte

Die oben abgeleiteten Gleichgewichtsbedingungen berücksichtigen nur die Zwangsbedingungen der Starrheit. Bestehen zusätzliche Einschränkungen für die Bewegungsfreiheit des starren Körpers, so können die damit verbundenen Zwangskräfte als Unbekannte explizit mit in die Gleichgewichtsbedingungen aufgenommen und so bestimmt werden, dass Gleichgewicht herrscht. Dabei müssen die Angriffspunkte der Zwangskräfte aus geometrischen Überlegungen abgeleitet werden.

6.4 Koordinatenfreie Form der Bewegungsgleichungen

Wir wenden uns jetzt der Aufstellung von Bewegungsgleichungen für den starren Körper zu. Man könnte versucht sein, die Komponenten ω'_i der Winkelgeschwindigkeit $\boldsymbol{\omega}$ als generalisierte Geschwindigkeiten aufzufassen und zu ihnen generalisierte Koordinaten φ'_i bestimmen zu wollen, deren Zeitableitungen sie sind. Leider wird sich später herausstellen, dass dies nicht möglich ist (siehe Abschn. 6.5.2). Zur Aufstellung von Lagrange-Gleichungen zweiter Art muss man daher einen anderen Weg einschlagen.

Ein besonders einfacher Weg zur Ableitung von Bewegungsgleichungen besteht darin, direkt auf das d'Alembertsche Prinzip (5.28) zurückzugreifen, das wir in der Einzelteilchen-Notation benutzen. Wir setzen darin die Eulersche Formel (6.2) mit $\omega dt \to \delta\boldsymbol{\varphi}$ ein,

$$\sum_{i=1}^{N}(m_i\ddot{\boldsymbol{r}}_i - \boldsymbol{F}_i)\cdot\delta\boldsymbol{r}_i = \delta\boldsymbol{r}_0\cdot\sum_{i=1}^{N}(m_i\ddot{\boldsymbol{r}}_i - \boldsymbol{F}_i) + \delta\boldsymbol{\varphi}\cdot\sum_{i=1}^{N}\boldsymbol{r}_i'\times(m_i\ddot{\boldsymbol{r}}_i - \boldsymbol{F}_i) = 0\,,$$

und erhalten aus ihm, weil $\delta\boldsymbol{r}_0$ und $\delta\boldsymbol{\varphi}$ unabhängig voneinander frei gewählt werden können, die Forderungen

$$\sum_{i=1}^{N} m_i\ddot{\boldsymbol{r}}_i = \sum_{i=1}^{N}\boldsymbol{F}_i\,,\qquad \sum_{i=1}^{N}\boldsymbol{r}_i'\times m_i\ddot{\boldsymbol{r}}_i = \sum_{i=1}^{N}\boldsymbol{r}_i'\times\boldsymbol{F}_i\,. \tag{6.25}$$

Mit den Definitionen

$$\sum_{i=1}^{N} m_i\boldsymbol{r}_i \overset{(3.23)}{=} M\boldsymbol{R}\,,\qquad \sum_{i=1}^{N}\boldsymbol{F}_i = \boldsymbol{F}\,,\qquad \sum_{i=1}^{N}\boldsymbol{r}_i'\times\boldsymbol{F}_i \overset{(3.21)}{=} \boldsymbol{N}$$

ergeben sich aus diesen als **Bewegungsgleichungen des starren Körpers**

$$\boxed{M\ddot{\boldsymbol{R}} = \dot{\boldsymbol{P}} = \boldsymbol{F}\,,\qquad \dot{\boldsymbol{L}} + \dot{\boldsymbol{r}}_0\times M\dot{\boldsymbol{R}} = \boldsymbol{N}\,.} \tag{6.26}$$

(M = Gesamtmasse, $\boldsymbol{R}$ = Schwerpunktsvektor, $\boldsymbol{F}$ = Gesamtkraft, $\boldsymbol{N}$ = Gesamtdrehmoment, $\boldsymbol{P}$ = Gesamtimpuls und $\boldsymbol{r}_0$ = Ursprung des körperfesten Systems S'.) Aus der Definition (3.20) des Drehimpulses um $\boldsymbol{r}_0$, also $\boldsymbol{L}=\sum_1^N(\boldsymbol{r}_i-\boldsymbol{r}_0)\times m_i\dot{\boldsymbol{r}}_i$, folgt nämlich mit $\boldsymbol{r}_i'=\boldsymbol{r}_i-\boldsymbol{r}_0$

$$\begin{aligned}\dot{\boldsymbol{L}} &= \sum_{i=1}^{N}(\dot{\boldsymbol{r}}_i - \dot{\boldsymbol{r}}_0)\times m_i\dot{\boldsymbol{r}}_i + \sum_{i=1}^{N}(\boldsymbol{r}_i - \boldsymbol{r}_0)\times m_i\ddot{\boldsymbol{r}}_i\\ &= -\dot{\boldsymbol{r}}_0\times\sum_{i=1}^{N} m_i\dot{\boldsymbol{r}}_i + \sum_{i=1}^{N}\boldsymbol{r}_i'\times m_i\ddot{\boldsymbol{r}}_i \overset{(6.25b)}{=} -\dot{\boldsymbol{r}}_0\times M\dot{\boldsymbol{R}} + \sum_{i=1}^{N}\boldsymbol{r}_i'\times\boldsymbol{F}_i\,.\end{aligned}$$

Die erste der Gleichungen (6.26) beschreibt eine Translation des Schwerpunkts, die zweite die Rotation um den Punkt $\boldsymbol{r}_0$. Vereinfachungen ergeben sich in folgenden Fällen.

1. **Reine Drehbewegung**. Wenn der Punkt $\boldsymbol{r}_0$ festgehalten wird – das liefert die holonome Zwangsbedingung $\boldsymbol{r}_0 = \mathbf{const}$ –, vereinfacht sich (6.26) zu

$$\boxed{\dot{\boldsymbol{L}} = \boldsymbol{N}\,.} \tag{6.27}$$

   (Wegen $\delta\boldsymbol{r}_0=0$ folgt aus dem d'Alembertschen Prinzip dann nur (6.26b) mit $\dot{\boldsymbol{r}}_0=0$.)
2. **Translation mit Drehung um den Schwerpunkt**. Wenn der Koordinatenursprung von S' im Schwerpunkt liegt, d. h. für $\boldsymbol{r}_0 = \boldsymbol{R}$ und $\boldsymbol{R}' = 0$, folgt

$$\boxed{M\ddot{\boldsymbol{R}} = \boldsymbol{F}\,,\qquad \dot{\boldsymbol{L}} = \boldsymbol{N}\,.} \tag{6.28}$$

6.5 Eulersche Kreiselgleichungen und Winkel

6.5.1 Berechnung des Rotationszustands

Wir untersuchen jetzt die Gleichung $\dot{\boldsymbol{L}}=\boldsymbol{N}$, die entweder bei festgehaltenem Drehpunkt $\boldsymbol{r}_0$ (Fall 1 des letzten Abschnitts) oder bei Rotation um den Schwerpunkt (Fall 2 des letzten Abschnitts) gilt.

Zerlegen wir $\boldsymbol{L}$ und $\boldsymbol{N}$ nach den Basisvektoren $\boldsymbol{e}_i'$ des Systems S', so erhalten wir mit (3.53), d. h. $\dot{\boldsymbol{e}}_i' = \boldsymbol{\omega} \times \boldsymbol{e}_i'$

$$\dot{\boldsymbol{L}} = (L_i'\boldsymbol{e}_i')^{\cdot} = \dot{L}_i'\boldsymbol{e}_i' + L_i'\boldsymbol{\omega} \times \boldsymbol{e}_i' = \dot{L}_i'\boldsymbol{e}_i' + \boldsymbol{\omega} \times \boldsymbol{L} = \dot{L}_i'\boldsymbol{e}_i' + (\boldsymbol{\omega}\times\boldsymbol{L})\cdot\boldsymbol{e}_i'\,\boldsymbol{e}_i' = N_i'\boldsymbol{e}_i' .$$

Hieraus folgt

$$\dot{L}_i' + (\boldsymbol{\omega} \times \boldsymbol{L}) \cdot \boldsymbol{e}_i' = N_i' , \qquad i = 1, 2, 3$$

bzw. mit der Komponentendarstellung des Kreuzproduktes

$$\dot{L}_i' + (\omega_k' L_l' - \omega_l' L_k') = N_i' \qquad \text{für} \qquad i, k, l \ \text{ zyklisch} , \tag{6.29}$$

wobei i, k, l zyklische Vertauschungen der Zahlen 1, 2, 3 sind. Nach (6.12b) und (6.14) gilt im Hauptachsensystem

$$L_i' = \Theta_{ik}'\, \omega_k' = \Theta_{\underline{i}}'\, \delta_{ik} \omega_k' = \Theta_{\underline{i}}'\, \omega_i' . \tag{6.30}$$

Da die Tensorkomponenten Θ_{ik}' auf das Ruhesystem des starren Körpers bezogen und daher zeitunabhängig sind, folgt daraus

$$\dot{L}_i' = \Theta_{\underline{i}}'\, \dot{\omega}_i' .$$

Setzen wir dies und (6.30) in (6.29) ein, so folgt

$$\Theta_{\underline{i}}'\, \dot{\omega}_i' + (\Theta_{\underline{l}}' - \Theta_{\underline{k}}')\, \omega_k' \omega_l' = N_i' \qquad \text{für} \qquad i, k, l \ \text{ zyklisch} .$$

Ausführlicher geschrieben ist dies das System der von L. Euler aufgestellten **Eulerschen Kreiselgleichungen**

$$\boxed{\begin{aligned} \Theta_1'\, \dot{\omega}_1' + (\Theta_3' - \Theta_2')\, \omega_2' \omega_3' &= N_1' , \\ \Theta_2'\, \dot{\omega}_2' + (\Theta_1' - \Theta_3')\, \omega_3' \omega_1' &= N_2' , \\ \Theta_3'\, \dot{\omega}_3' + (\Theta_2' - \Theta_1')\, \omega_1' \omega_2' &= N_3' . \end{aligned}} \tag{6.31}$$

Dies sind drei gewöhnliche nichtlineare Differentialgleichungen für die drei Komponenten von $\boldsymbol{\omega}$ im System S'. Aus einer Lösung von diesen (siehe dazu Abschn. 6.5.2) erhält man den Betrag der Winkelgeschwindigkeit, $|\omega(t)| = (\omega_i'(t)\omega_i'(t))^{1/2}$, sowie die Lage der Drehachse relativ zum starren Körper.

Zur vollständigen Beschreibung des Rotationszustandes muss man jedoch auch die Orientierung des starren Körpers, d. h. die Lage der Vektoren $\boldsymbol{e}_i'(t)$ in Bezug auf das raumfeste Bezugsystem S kennen. Hierzu muss man drei weitere Differentialgleichungen lösen, die im Folgenden abgeleitet werden.

6.5.2 Eulersche Winkel

Die Orientierung des starren Körpers relativ zu S ist eindeutig durch die Orientierung der Basisvektoren $\boldsymbol{e}'_i(t)$ seines körperfesten Systems definiert. Diese können im Prinzip durch die neun Richtungskosinusse

$$\alpha_{ik}(t) = \boldsymbol{e}'_i(t) \cdot \boldsymbol{e}_k\,, \qquad i,k = 1,2,3$$

(es gilt $\alpha_{ik}=\boldsymbol{e}'_i\cdot \boldsymbol{e}_k=|\boldsymbol{e}'_i||\boldsymbol{e}_k|\cos\varphi_{ik}=\cos\varphi_{ik}$) ausgedrückt werden. Aus der Zerlegung $\boldsymbol{e}'_i(t)=\boldsymbol{e}'_i\cdot \boldsymbol{e}_k\, \boldsymbol{e}_k=\alpha_{ik}(t)\, \boldsymbol{e}_k$ der $\boldsymbol{e}'_i(t)$ nach den Basisvektoren $\boldsymbol{e}_k$ des Systems S folgen die neun Beziehungen

$$\delta_{ik} = \boldsymbol{e}'_i \cdot \boldsymbol{e}'_k = \alpha_{il}\,\alpha_{km}\,\boldsymbol{e}_l \cdot \boldsymbol{e}_m = \alpha_{il}\,\alpha_{km}\,\delta_{lm} = \alpha_{im}\,\alpha_{km}\,,$$

von denen allerdings drei wegen $\delta_{ik}=\delta_{ki}$ und $\alpha_{im}\alpha_{km}=\alpha_{km}\alpha_{im}$ doppelt auftreten. Insgesamt müssen die neun Richtungskosinusse also sechs voneinander unabhängige Beziehungen erfüllen, so dass die Orientierung des Körpers durch genau drei von ihnen angegeben werden kann.

Eine einfachere Beschreibung der Orientierung wurde von Euler eingeführt: Zunächst wird der Ursprung des Systems S durch eine reine Translation, also ohne Änderung der relativen Orientierung zum System S', mit dessen Ursprung zur Deckung gebracht. Die Orientierung von S' wird dann durch die Angabe der Winkel ψ, ϑ und φ dreier nacheinander ausgeführter Drehungen charakterisiert, die S vollständig mit S' zur Deckung bringen.

Wir definieren zunächst die Drehwinkel anhand der Abb. 6.6 und geben anschließend Art und Reihenfolge der Drehungen an. Die Schnittlinie der x, y-Ebene mit der x', y'-Ebene wird als **Knotenlinie** bezeichnet. Diese wird so orientiert, dass eine Drehung der z-Achse um die Knotenlinie mit der letzteren eine Rechtsschraube bildet, wenn dabei der mit ϑ bezeichnete Winkel zwischen der z- und z'-Achse abnimmt. ψ ist der Winkel zwischen x-Achse und Knotenlinie, φ der zwischen Knotenlinie und x'-Achse. $\boldsymbol{e}$ ist ein Einheitsvektor in Richtung der Knotenlinie.

Dreht man nun zuerst S um die z-Achse mit Drehwinkel ψ, so kommt die x-Achse mit der Knotenlinie zur Deckung. Wird anschließend die z-Achse um die Knotenlinie mit Drehwinkel ϑ gedreht, so kommt sie mit der z'-Achse zur Deckung. Dreht man schließlich die x-Achse mit Drehwinkel φ um die z'-Achse, so kommen x- und x'-Achse zur Deckung, und es fallen alle Achsen von S und S' zusammen. Damit ist es möglich, die Orientierung von S' relativ zu S eindeutig durch die Angabe der Winkel ψ, ϑ und φ zu beschreiben.

Jetzt wollen wir den Zusammenhang zwischen den Zeitableitungen der **Euler-Winkel** ψ, ϑ, φ und der Winkelgeschwindigkeit $\boldsymbol{\omega}$ bestimmen. Nach Abschn. 6.1 sind infinitesimale Rotationen bzw. Winkelgeschwindigkeiten additiv, daher kann $\boldsymbol{\omega}$ aus einer Rotation $\boldsymbol{\omega}_1=\dot{\psi}\boldsymbol{e}_z$ um die z-Achse mit der Winkelgeschwindigkeit $\dot{\psi}$, einer Rotation $\boldsymbol{\omega}_2=\dot{\vartheta}\boldsymbol{e}$ um die Knotenlinie mit der Winkelgeschwindigkeit $\dot{\vartheta}$ sowie einer Rotation $\boldsymbol{\omega}_3=\dot{\varphi}\boldsymbol{e}'_z$ um die z'-Achse mit der Winkelgeschwindigkeit $\dot{\varphi}$ superponiert werden. Da die Einheitsvektoren $\boldsymbol{e}_z$, $\boldsymbol{e}'_z$ und $\boldsymbol{e}$ eine linear unabhängige Basis bilden und $\dot{\psi}$, $\dot{\varphi}$, $\dot{\vartheta}$ beliebige Werte annehmen können, ist generell die Zerlegung

$$\boldsymbol{\omega} = \dot{\psi}\,\boldsymbol{e}_z + \dot{\varphi}\,\boldsymbol{e}'_z + \dot{\vartheta}\,\boldsymbol{e} \tag{6.32}$$

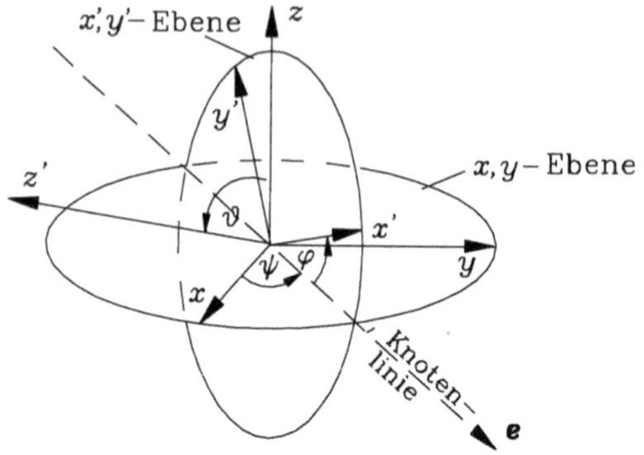

Abb. 6.6: Definition der Euler-Winkel.

möglich. Aus Abb. 6.6 entnehmen wir unter Berücksichtigung von $\boldsymbol{e}'_z \perp \boldsymbol{e}$ die Zerlegungen

$$\begin{aligned}
\boldsymbol{e} &= (\boldsymbol{e}\cdot\boldsymbol{e}'_x)\,\boldsymbol{e}'_x + (\boldsymbol{e}\cdot\boldsymbol{e}'_y)\,\boldsymbol{e}'_y = \cos\varphi\,\boldsymbol{e}'_x - \sin\varphi\,\boldsymbol{e}'_y\,,\\
\boldsymbol{e}_z &= \cos\vartheta\,\boldsymbol{e}'_z + \sin\vartheta\,(\boldsymbol{e}'_z\times\boldsymbol{e}) = (\boldsymbol{e}_z\cdot\boldsymbol{e}'_z)\,\boldsymbol{e}'_z + \boldsymbol{e}_z\cdot(\boldsymbol{e}'_z\times\boldsymbol{e})\;\boldsymbol{e}'_z\times\boldsymbol{e}\\
&= \cos\vartheta\,\boldsymbol{e}'_z + \sin\vartheta\;\;\boldsymbol{e}'_z\times(\cos\varphi\,\boldsymbol{e}'_x - \sin\varphi\,\boldsymbol{e}'_y)\\
&= \cos\vartheta\,\boldsymbol{e}'_z + \sin\vartheta\,\sin\varphi\,\boldsymbol{e}'_x + \sin\vartheta\,\cos\varphi\,\boldsymbol{e}'_y\,,
\end{aligned}$$

womit sich aus (6.32)

$$\boldsymbol{\omega} = (\dot\psi\sin\vartheta\sin\varphi + \dot\vartheta\cos\varphi)\,\boldsymbol{e}'_x + (\dot\psi\sin\vartheta\cos\varphi - \dot\vartheta\sin\varphi)\,\boldsymbol{e}'_y + (\dot\psi\cos\vartheta + \dot\varphi)\,\boldsymbol{e}'_z$$

bzw. in Komponenten

$$\boxed{\begin{aligned}
\omega'_1 &= \dot\vartheta\cos\varphi + \dot\psi\sin\vartheta\sin\varphi\,,\\
\omega'_2 &= -\dot\vartheta\sin\varphi + \dot\psi\sin\vartheta\cos\varphi\,,\\
\omega'_3 &= \dot\psi\cos\vartheta + \dot\varphi
\end{aligned}} \tag{6.33}$$

ergibt. Diese wichtigen Gleichungen bilden zusammen mit den Eulerschen Kreiselgleichungen (6.31) ein gekoppeltes System von sechs gewöhnlichen Differentialgleichungen für die sechs Unbekannten ω'_1, ω'_2, ω'_3, ψ, ϑ und φ, sofern nicht durch die Komponenten des Drehmoments $\boldsymbol{N}$ noch eine Kopplung an die Schwerpunktsbewegung besteht. Von Kopplung wollen wir hier jedoch absehen, diese Möglichkeit wird in Abschn. 6.6 diskutiert. Durch Elimination von ω'_1, ω'_2 und ω'_3 erhält man aus (6.31) und (6.33) ein System von drei Differentialgleichungen zweiter Ordnung für ψ, ϑ und φ (siehe Abschn. 6.6).

Ist das Drehmoment $\boldsymbol{N}$ von der Orientierung des starren Körpers (d. h. von ϑ, ψ, φ) unabhängig, so sind die Eulerschen Kreiselgleichungen von (6.33) entkoppelt und können für sich gelöst werden. Durch ihre Lösung $\omega'_1(t)$, $\omega'_2(t)$ und $\omega'_3(t)$ werden die linken Seiten der Gleichungen (6.33) festgelegt, die dann bezüglich der Funktionen $\vartheta(t)$, $\psi(t)$ und $\varphi(t)$ gelöst werden können.

Wir sind jetzt in der Lage, den Beweis der am Anfang von Abschn. 6.4 aufgestellten Behauptung nachzuholen, nach der es keine (integralen) Winkel φ_i' mit der Eigenschaft $\dot{\varphi}_i'=\omega_i'$ gibt. (Differentielle Winkel $d\varphi'$ sind allerdings durch $d\varphi'=\omega_i'\,dt$ definiert.) Da die φ_i' genau wie die Euler-Winkel die Orientierung des starren Körpers festzulegen hätten, müsste im Fall ihrer Existenz ein Zusammenhang

$$\varphi_i' = \varphi_i'(\vartheta, \psi, \varphi)$$

bestehen, der z. B.

$$\frac{d\varphi_1'}{dt} = \frac{\partial\varphi_1'}{\partial\vartheta}\dot{\vartheta} + \frac{\partial\varphi_1'}{\partial\psi}\dot{\psi} + \frac{\partial\varphi_1'}{\partial\varphi}\dot{\varphi} = \omega_1' \overset{(6.33)}{=} \dot{\vartheta}\cos\varphi + \dot{\psi}\sin\vartheta\sin\varphi$$

zur Folge hätte. Da $\dot{\vartheta}$, $\dot{\psi}$ und $\dot{\varphi}$ unabhängig voneinander beliebige Werte annehmen können, ergäbe sich hieraus durch Koeffizientenvergleich

$$\frac{\partial\varphi_1'}{\partial\vartheta} = \cos\varphi, \qquad \frac{\partial\varphi_1'}{\partial\psi} = \sin\vartheta\sin\varphi, \qquad \frac{\partial\varphi_1'}{\partial\varphi} = 0\,.$$

Aus der ersten bzw. zweiten dieser Gleichungen folgt jedoch

$$\frac{\partial^2\varphi_1'}{\partial\psi\partial\vartheta} = 0 \qquad \text{bzw.} \qquad \frac{\partial^2\varphi_1'}{\partial\vartheta\partial\psi} = \cos\vartheta\sin\varphi \neq \frac{\partial^2\varphi_1'}{\partial\psi\partial\vartheta}\,,$$

d. h. die Annahme $\dot{\varphi}_i' = \omega_i$ führt zu einem Widerspruch.

6.6 Lagrangesche Bewegungsgleichungen zweiter Art

6.6.1 Freier starrer Körper

Wir nehmen an, das körperfeste System S' sei so im starren Körper verankert, dass sein Ursprung in dessen Schwerpunkt liegt und der Trägheitstensor Diagonalform besitzt (S' ist Hauptachsensystem). Als generalisierte Koordinaten wählen wir die Komponenten x_s, y_s und z_s des Schwerpunkts $\boldsymbol{R}$ sowie die Euler-Winkel ϑ, ψ und φ.

Unter den getroffenen Voraussetzungen erhalten wir aus (6.5)–(6.6) mit $\boldsymbol{r}_0=\boldsymbol{R}$ und $\boldsymbol{R}'=0$ sowie mit (6.15) die kinetische Energie

$$T = T_{\text{tr}} + T_{\text{rot}} = \frac{M}{2}\dot{\boldsymbol{R}}^2 + \frac{1}{2}\big(\Theta_1'\omega_1'^2 + \Theta_2'\omega_2'^2 + \Theta_3'\omega_3'^2\big)\,. \tag{6.34}$$

Im allgemeinsten Fall ist die potenzielle Energie V eine Funktion aller generalisierten Koordinaten, so dass die Lagrange-Funktion $L=T-V$, nachdem die ω_i' mithilfe von (6.33) durch die Euler-Winkel und deren Zeitableitungen ausgedrückt wurden,

$$\begin{aligned} L = {} & \frac{M}{2}\dot{\boldsymbol{R}}^2 - V(\boldsymbol{R}, \vartheta, \psi, \varphi) + \frac{\Theta_1'}{2}\big(\dot{\vartheta}\cos\varphi + \dot{\psi}\sin\vartheta\sin\varphi\big)^2 \\ & + \frac{\Theta_2'}{2}\big(-\dot{\vartheta}\sin\varphi + \dot{\psi}\sin\vartheta\cos\varphi\big)^2 + \frac{\Theta_3'}{2}\big(\dot{\psi}\cos\vartheta + \dot{\varphi}\big)^2 \end{aligned} \tag{6.35}$$

lautet. Für die Schwerpunktsbewegung folgt hieraus gemäß (5.66) die Lagrange-Gleichung

$$\frac{d}{dt}\frac{\partial L}{\partial \dot{\boldsymbol{R}}} = M\ddot{\boldsymbol{R}} = \frac{\partial L}{\partial \boldsymbol{R}} = -\frac{\partial V(\boldsymbol{R}, \vartheta, \psi, \varphi)}{\partial \boldsymbol{R}}\,.$$

Von den übrigen Lagrange-Gleichungen betrachten wir repräsentativ nur die den Winkel φ betreffende. Es gilt

$$\begin{aligned}
\frac{\partial L}{\partial \varphi} &= -\frac{\partial V}{\partial \varphi} + \Theta_1' \left(\dot\vartheta \cos\varphi + \dot\psi \sin\vartheta \sin\varphi\right)\left(-\dot\vartheta \sin\varphi + \dot\psi \sin\vartheta \cos\varphi\right) \\
&\quad + \Theta_2' \left(-\dot\vartheta \sin\varphi + \dot\psi \sin\vartheta \cos\varphi\right)\left(-\dot\vartheta \cos\varphi - \dot\psi \sin\vartheta \sin\varphi\right) \\
&\overset{(6.33)}{=} -\frac{\partial V}{\partial \varphi} + \Theta_1'\omega_1'\omega_2' - \Theta_2'\omega_2'\omega_1'\,, \\
\frac{\partial L}{\partial \dot\varphi} &= \Theta_3' \left(\dot\psi \cos\vartheta + \dot\varphi\right) = \Theta_3'\,\omega_3'
\end{aligned}$$

und daraus folgend

$$\Theta_3'\,\dot\omega_3' = \frac{d}{dt}\frac{\partial L}{\partial \dot\varphi} = \frac{\partial L}{\partial \varphi} = -\frac{\partial V}{\partial \varphi} - (\Theta_2' - \Theta_1')\,\omega_1'\omega_2'\,.$$

Mit analogen Rechnungen für $\partial L/\partial\vartheta$, $\partial L/\partial\dot\vartheta$ etc. erhält man nach einigen Umformungen insgesamt als **Bewegungsgleichungen des freien starren Körpers**

$$\boxed{M\ddot{\boldsymbol{R}} = -\frac{\partial V(\boldsymbol{R}, \vartheta, \psi, \varphi)}{\partial \boldsymbol{R}}} \tag{6.36}$$

für die **Schwerpunktsbewegung** und

$$\boxed{\begin{aligned}
\Theta_1'\,\dot\omega_1' + (\Theta_3' - \Theta_2')\,\omega_2'\omega_3' &= -\frac{\sin\varphi}{\sin\vartheta}\,\frac{\partial V}{\partial \psi} + \sin\varphi\cot\vartheta\,\frac{\partial V}{\partial \varphi} - \cos\varphi\,\frac{\partial V}{\partial \vartheta}\,, \\
\Theta_2'\,\dot\omega_2' + (\Theta_1' - \Theta_3')\,\omega_3'\omega_1' &= \frac{\cos\varphi}{\sin\vartheta}\,\frac{\partial V}{\partial \psi} + \cos\varphi\cot\vartheta\,\frac{\partial V}{\partial \varphi} + \sin\varphi\,\frac{\partial V}{\partial \vartheta}\,, \\
\Theta_3'\,\dot\omega_3' + (\Theta_2' - \Theta_1')\,\omega_1'\omega_2' &= -\frac{\partial V}{\partial \varphi}
\end{aligned}} \tag{6.37}$$

für die **Rotation um den Schwerpunkt**. In (6.37) müssen ω_i' und $\dot\omega_i'$ noch mithilfe von (6.33) durch die Euler-Winkel und deren Ableitungen ausgedrückt werden, was hier nur der besseren Übersichtlichkeit halber unterlassen wurde. Die drei Gleichungen (6.37) stimmen mit den Gleichungen (6.31) überein, nur dass die Komponenten des Drehmoments durch das Potenzial V ausgedrückt sind. Im Allgemeinen sind die durch (6.36) beschriebene Schwerpunktsbewegung und die durch (6.37) beschriebene Rotationsbewegung über die rechten Seiten aneinander gekoppelt. Lässt sich das Potenzial V in der Form

$$V(\boldsymbol{R}, \vartheta, \psi, \varphi) = V_1(\boldsymbol{R}) + V_2(\vartheta, \psi, \varphi)$$

separieren, so tritt wegen

$$\frac{\partial V}{\partial \boldsymbol{R}} = \frac{\partial V_1(\boldsymbol{R})}{\partial \boldsymbol{R}}, \qquad \frac{\partial V}{\partial \vartheta} = \frac{\partial V_2(\vartheta, \psi, \varphi)}{\partial \vartheta}, \qquad \text{usw.}$$

eine Entkopplung von Rotation und Translation ein.

Beispiel 6.2: *Dipol im inhomogenen elektrischen Feld*

Als ein Beispiel für die Kopplung von Rotations- und Translationsbewegung betrachten wir einen infinitesimalen Dipol und vergleichen die beiden in Abb. 6.7 eingezeichneten Extremlagen. Ist die Achse des Dipols parallel zum elektrischen Feld $\boldsymbol{E}(\boldsymbol{r})$, so tritt kein Drehmoment auf, aber wegen der Inhomogenität von $\boldsymbol{E}(\boldsymbol{r})$ resultiert eine Gesamtkraft in Richtung von $\boldsymbol{E}(\boldsymbol{r})$. Steht der Dipol senkrecht zum elektrischen Feld, so addieren sich die Kräfte auf positive und negative Ladung zu null, dafür versucht ein Drehmoment $\boldsymbol{N}$ den Dipol parallel zum Feld auszurichten. Damit ist zunächst gezeigt, dass die den Schwerpunkt beschleunigende Kraft von der Orientierung des Dipols abhängt. Das ebenfalls von der Orientierung abhängige Drehmoment hängt zusätzlich von der Position $\boldsymbol{R}$ ab, da es bei gleicher Orientierung größer oder kleiner wird, je nachdem, ob sich der Dipol in einem Gebiet höherer oder niedrigerer Feldstärke befindet.

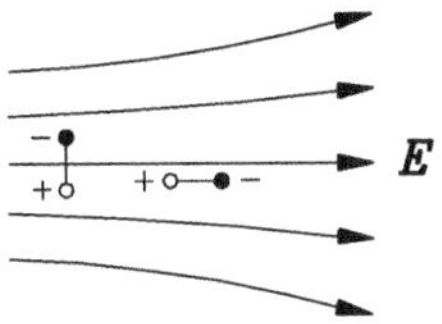

Abb. 6.7: Dipol im inhomogenen elektrischen Feld.

Beispiel 6.3: *Starrer Körper im homogenen Schwerefeld*

Hier gilt für die potenzielle Energie

$$V = \sum_{i=1}^{N} m_i g z_i = M g z_s\,, \qquad \frac{\partial V}{\partial \boldsymbol{R}} = M g\, \boldsymbol{e}_z, \qquad \frac{\partial V}{\partial \vartheta} = \frac{\partial V}{\partial \psi} = \frac{\partial V}{\partial \varphi} = 0\,.$$

Die rechten Seiten von (6.37) verschwinden, und darum ist nach (6.31) $\boldsymbol{N} = 0$, was uns schon aus Abschn. 3.1.5 bekannt ist. Rotation und Translation sind entkoppelt.

6.6.2 In einem Punkt festgehaltener starrer Körper

Wird ein Punkt $\boldsymbol{r}_0$ des starren Körpers festgehalten, so legen wir den Ursprung des körperfesten Systems S' in diesen und orientieren das System so, dass es zum Hauptachsensystem wird. Da die einzige Bewegungsmöglichkeit des starren Körpers dann in einer Rotation um $\boldsymbol{r}_0$ besteht, wird seine Lage vollständig durch die Euler-Winkel beschrieben, die wir wieder als generalisierte Koordinaten benutzen. Mit (6.15) gilt

$$T = T_{\text{rot}} = \frac{1}{2}\left(\Theta_1' \omega_1'^2 + \Theta_2' \omega_2'^2 + \Theta_3' \omega_3'^2\right), \qquad V = V(\vartheta, \psi, \varphi)$$

und analog zu (6.35)

$$L = \frac{\Theta_1'}{2}(\dot\vartheta\cos\varphi + \dot\psi\sin\vartheta\sin\varphi)^2 + \frac{\Theta_2'}{2}(-\dot\vartheta\sin\varphi + \dot\psi\sin\vartheta\cos\varphi)^2 + \frac{\Theta_3'}{2}(\dot\psi\cos\vartheta + \dot\varphi)^2 - V(\vartheta, \psi, \varphi)\,.$$

Die Lagrangeschen Bewegungsgleichungen lassen sich in die (6.27) entsprechende Form

$$\dot{\boldsymbol{L}}(\vartheta, \psi, \varphi, \dot\vartheta, \dot\psi, \dot\varphi) = \boldsymbol{N}(\vartheta, \psi, \varphi) \tag{6.38}$$

bringen.

6.7 Integration der Bewegungsgleichungen in speziellen Fällen

Wir werden bei der Integration der Bewegungsgleichungen (6.36)–(6.37) des starren Körpers nur Fälle untersuchen, bei denen Translation und Rotation entkoppelt sind. Da die Schwerpunktsbewegung dann genauso verläuft wie die Bewegung eines Massenpunkts unter der Einwirkung einer äußeren Kraft, interessieren wir uns nur für die Rotationsbewegung.

6.7.1 Kräftefreier Kreisel

Ein frei beweglicher starrer Körper heißt **kräftefrei**, wenn alle eingeprägten bzw. externen Kräfte $\boldsymbol{F}_i$ und damit die Resultierenden $\boldsymbol{F}$ und $\boldsymbol{N}$ verschwinden. (Dies bedeutet nicht, dass auch die durch die Starrheitsbedingungen hervorgerufenen Zwangskräfte verschwinden müssen.) Nach (6.26) gelten für ihn die Bewegungsgleichungen

$$M\ddot{\boldsymbol{R}} = 0, \qquad \dot{\boldsymbol{L}} + \dot{\boldsymbol{r}}_0 \times M\dot{\boldsymbol{R}} = 0\,.$$

Im Ruhesystem des Schwerpunkts folgt hieraus mit $\dot{\boldsymbol{R}}=0$ auch

$$\dot{\boldsymbol{L}} = 0\,. \tag{6.39}$$

Der Punkt $\boldsymbol{r}_0$ des starren Körpers, auf den der Drehimpuls $\boldsymbol{L}$ bezogen wird, ist dabei beliebig wählbar und wird sich im Allgemeinen bewegen – nur im Ruhesystem des Schwerpunkts befindet er sich für $\boldsymbol{r}_0=\boldsymbol{R}$ permanent in Ruhe. Da ein homogenes Schwerefeld $\boldsymbol{g}$ durch Übergang auf ein frei fallendes Bezugsystem völlig wegtransformiert werden kann, können wir auch einen in einem homogenen Schwerefeld frei fallenden Kreisel als kräftefrei ansehen.

In der Lagrange-Funktion (6.35) ist $\dot{\boldsymbol{R}}=0$ und wegen der Kräftefreiheit $V=0$. Diese ist daher mit der Rotationsenergie identisch,

$$L = T_{\text{rot}}(\vartheta, \psi, \varphi, \dot\vartheta, \dot\psi, \dot\varphi)\,.$$

Offensichtlich ist $\partial L/\partial t=0$, und daher gilt neben dem aus $\dot{\boldsymbol{L}}=0$ folgenden Drehimpuls-Erhaltungssatz nach Abschn. 5.12.2 auch der Energie-Erhaltungssatz, so dass wir für kräftefreie Kreisel die Erhaltungssätze

$$\boldsymbol{L} = \boldsymbol{L}_0 = \mathbf{const}, \qquad T_{\text{rot}} \overset{(6.13)}{=} \frac{1}{2}\boldsymbol{L}\cdot\boldsymbol{\omega} = E = \text{const} \tag{6.40}$$

erhalten, die vier Bewegungsintegralen entsprechen. Von den sechs Bewegungsintegralen für die drei Freiheitsgrade der Rotationsbewegung bleiben daher nur noch zwei zu bestimmen.

Die vier Bewegungsintegrale (6.40) erhält man auch für einen im Punkt $\boldsymbol{r}_0$ festgehaltenen starren Körper, auf den außer den Zwangskräften, die den Punkt $\boldsymbol{r}_0$ fixieren, keine weiteren Kräfte einwirken: In (6.38) ist dann $\boldsymbol{N}=0$, und die Lagrange-Funktion ist wieder nicht explizit von t abhängig.

Wir betrachten im Folgenden als spezielle Beispiele kräftefreier Kreisel den Kugelkreisel sowie den symmetrischen Kreisel und beziehen dabei den Drehimpuls $\boldsymbol{L}$ und die Rotationsenergie T_{rot} jeweils auf denselben Punkt.

Kugelkreisel

Beim Kugelkreisel sind definitionsgemäß alle Hauptträgheitsmomente gleich,

$$\Theta' := \Theta'_1 = \Theta'_2 = \Theta'_3\,,$$

und daher sind seine Drehimpulskomponenten im Hauptachsensystem nach (6.30)

$$L'_i = \Theta'\omega'_i\,,$$

in Vektornotation

$$\boldsymbol{L} = \Theta'\boldsymbol{\omega}\,.$$

Hieraus folgt mit dem Drehimpuls-Erhaltungssatz (6.40a)

$$\boldsymbol{\omega} = \frac{1}{\Theta'}\boldsymbol{L}_0\,,$$

d. h. die Drehung um die durch den Drehimpuls definierte Achse erfolgt mit konstanter Winkelgeschwindigkeit. Setzen wir dieses Ergebnis für $\boldsymbol{\omega}$ in den Energie-Erhaltungssatz (6.40b) ein, so folgt

$$E = \frac{L_0^2}{2\Theta'}\,,$$

d. h. die Energiekonstante wird durch die drei in $\boldsymbol{L}_0$ enthaltenen Integrationskonstanten L_{0x}, L_{0y} und L_{0z} festgelegt. Drei noch fehlende Integrationskonstanten sind z. B. die Anfangswerte von ϑ, ψ und φ, die bei der Integration der Differentialgleichungen für die Euler-Winkel gewählt werden können. Die vollständige Lösung der Bewegungsgleichungen wird in Aufgabe 6.9 bestimmt.

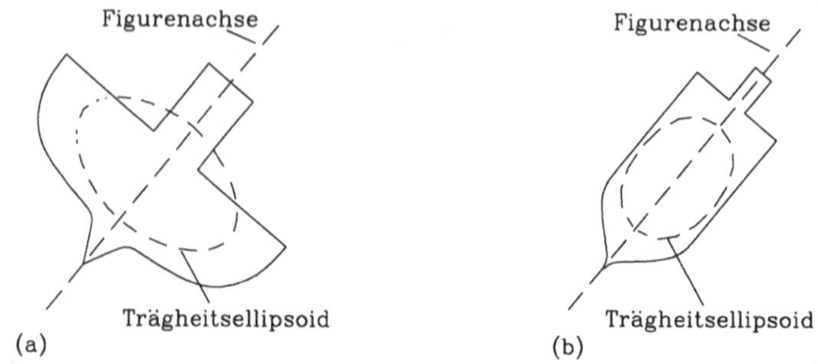

Abb. 6.8: (a) Abgeplatteter und (b) verlängerter symmetrischer Kreisel.

Symmetrischer Kreisel

Definitionsgemäß gilt für die Hauptträgheitsmomente des symmetrischen Kreisels

$$A := \Theta_1' = \Theta_2' \neq \Theta_3' =: C\,. \tag{6.41}$$

(Der Fall $A{=}C$ ist der des Kugelkreisels.) Das Trägheitsellipsoid des symmetrischen Kreisels ist ein Rotationsellipsoid, dessen Symmetrieachse $\boldsymbol{e}_3'$ als **Figurenachse** bezeichnet wird. Für einen **abgeplatteten** symmetrischen Kreisel gilt $C > A$, für einen **verlängerten** symmetrischen Kreisel $C < A$ (Abb. 6.8).

Man erhält alle wichtigen Eigenschaften der Bewegung des symmetrischen Kreisels aus geometrischen Betrachtungen, die auf L. Poinsot zurückgehen. Wir werden diese zuerst besprechen, bevor wir uns der analytischen Lösung des Bewegungsproblems zuwenden.

Poinsot-Konstruktion. Wir nehmen an, dass der symmetrische Kreisel in einem Punkt $\boldsymbol{r}_0$ seiner Symmetrieachse festgehalten wird, und wählen diesen als Ursprung des körperfesten Systems S'. Aus dem Energie-Erhaltungssatz (6.40b) folgt mit (6.8)

$$\Theta_{ik}'\,\omega_i'\omega_k' = 2E\,.$$

Trägt man alle Vektoren $\boldsymbol{\omega}$, die diese Gleichung erfüllen, vom Ursprung des Systems S' aus ab, so liegen ihre Spitzen auf der Oberfläche eines Rotationsellipsoids, das als **Poinsot-Ellipsoid** bezeichnet wird. Dieses ist dem Trägheitsellipsoid ähnlich – es geht aus ihm bei festgehaltenen Achsen durch eine gleichmäßige Vergrößerung oder Verkleinerung hervor – und ist wie dieses starr mit dem Kreisel verbunden. Auch den Drehimpulsvektor $\boldsymbol{L}$ tragen wir vom Ursprung von S' aus ab. Wegen seiner Erhaltung, $\boldsymbol{L} = \boldsymbol{L}_0$, behält er während der ganzen Bewegung im Laborsystem eine feste Lage bei. Aus der Form

$$\boldsymbol{L}_0 \cdot \boldsymbol{\omega} = 2E \tag{6.42}$$

des Energie-Erhaltungssatzes (6.40b) folgt, dass die Projektion von $\boldsymbol{\omega}$ auf $\boldsymbol{L}_0$ konstant ist. Da wir $\boldsymbol{\omega}$ und $\boldsymbol{L}_0$ vom gleichen Punkt aus abgetragen haben, bedeutet dies, dass sich

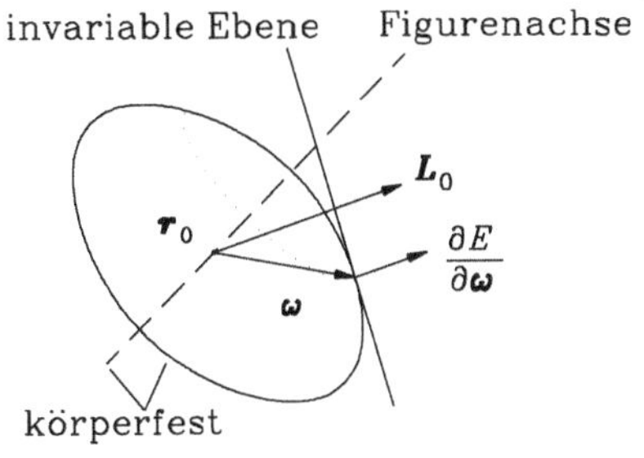

Abb. 6.9: Poinsot-Konstruktion.

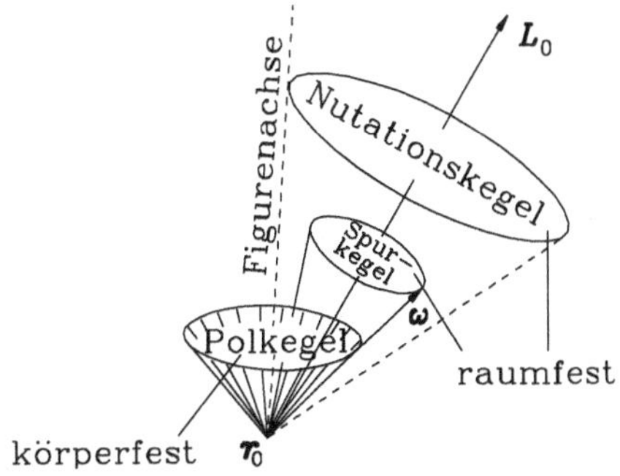

Abb. 6.10: Bewegungen der Figuren- und der Rotationsachse.

die Spitze von $\boldsymbol{\omega}$ auf einer zu $\boldsymbol{L}_0$ senkrechten Ebene bewegt, die wie $\boldsymbol{L}_0$ im Laborsystem festliegt und daher **invariable Ebene** genannt wird. Aus $E=\boldsymbol{L}\cdot\boldsymbol{\omega}/2$ folgt

$$\frac{\partial E}{\partial \boldsymbol{\omega}} = \frac{1}{2}\boldsymbol{L}\,,$$

d. h. der Vektor $\partial E/\partial\boldsymbol{\omega}$, der in dem durch die momentane Winkelgeschwindigkeit $\boldsymbol{\omega}$ definierten Punkt der Oberfläche des Poinsot-Ellipsoids $E = E(\boldsymbol{\omega})$ senkrecht zu dieser steht, ist wegen seiner Parallelität zu $\boldsymbol{L}$ auch senkrecht zur invariablen Ebene. Diese berührt daher zu allen Zeiten das Poinsot-Ellipsoid (Abb. 6.9). Da dieser Berührungspunkt auf der momentanen Drehachse $\boldsymbol{\omega}$ liegt, ist seine momentane Geschwindigkeit null. Der starre Körper bewegt sich daher so, dass das mit ihm starr verbundene Poinsot-Ellipsoid auf der invariablen Ebene ohne zu gleiten abrollt. Die Kurve, die von den Berührungspunkten auf dem Poinsot-Ellipsoid durchlaufen wird, wird als **Polbahn**, die auf der invariablen Ebene durchlaufene Kurve als **Spurbahn** bezeichnet.

Wegen der Symmetrie des Poinsot-Ellipsoids und wegen der Fixierung des Drehpunktes $\boldsymbol{r}_0$ sowie der invariablen Ebene im Laborsystem ist der Winkel zwischen $\boldsymbol{\omega}$ und der Figurenachse konstant. Das bedeutet: Die Polbahn ist ein Kreis, die Rotationsachse markiert im starren Körper einen Kreiskegel. Da die Polbahn symmetrisch zur Figurenachse liegt, ist

$$|\boldsymbol{\omega}| = \omega_0 \tag{6.43}$$

eine Konstante, und deshalb ist auch die Spurbahn ein Kreis, der aus der Gesamtheit aller Punkte der invariablen Ebene besteht, die vom Punkt $\boldsymbol{r}_0$ den konstanten Abstand ω_0 halten. Infolgedessen markiert die Drehachse $\boldsymbol{\omega}(t)$ im Laborsystem ebenfalls einen Kreiskegel, dessen Achse $\boldsymbol{L}_0$ ist, da der Winkel zwischen $\boldsymbol{\omega}$ und $\boldsymbol{L}_0$ nach (6.42) konstant bleibt.

Schließlich beschreibt auch die Figurenachse im Laborsystem einen Kreiskegel um $\boldsymbol{L}_0$, da sie mit $\boldsymbol{\omega}$ einen konstanten Winkel einschließt und offensichtlich mit $\boldsymbol{\omega}$ und $\boldsymbol{L}_0$ in einer Ebene liegt. Diese Drehung der Figurenachse um $\boldsymbol{L}_0$ bezeichnet man als **Nutation**. Die verschiedenen Drehungen, die $\boldsymbol{\omega}$ und die Figurenachse ausführen, sind in Abb. 6.10 dargestellt.

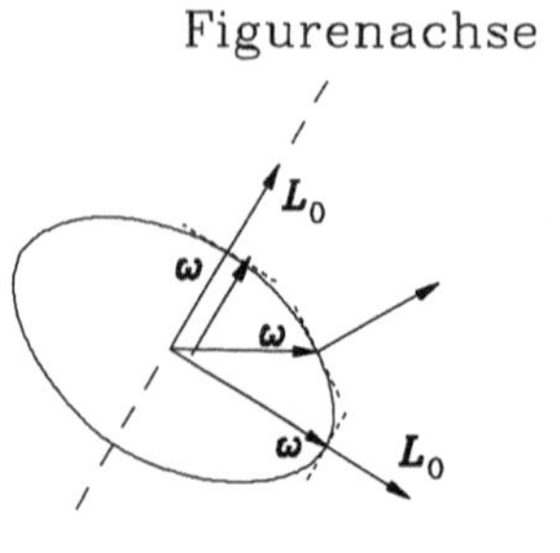

Abb. 6.11: Zusammenhang zwischen ω und L_0 bei drei verschiedenen Drehungen. Bei der Drehung um eine Hauptträgheitsachse sind die Vektoren ω und L_0 parallel, weil beide senkrecht zur invariablen Ebene stehen.

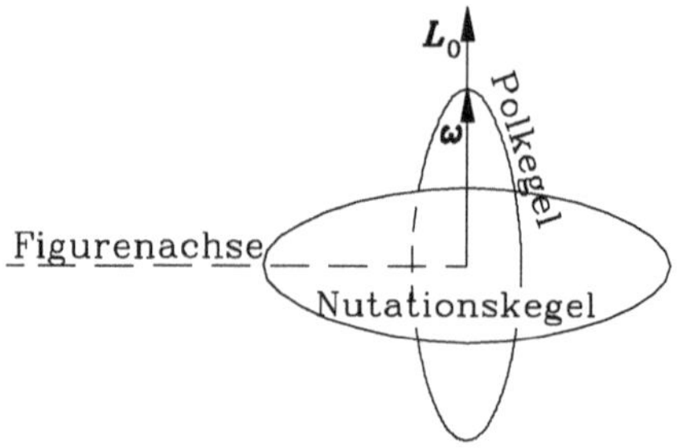

Abb. 6.12: Rotationen um eine der Neben-Hauptträgheitsachsen.

Drehung um eine Hauptträgheitsachse. Ein besonderer Fall liegt vor, wenn die momentane Drehung zu irgendeinem Zeitpunkt um eine Hauptträgheitsachse erfolgt. Aus der Poinsot-Konstruktion (Abb. 6.9) folgt für diesen Zeitpunkt die Parallelität von $\boldsymbol{\omega}$ und $\boldsymbol{L}_0$ (Abb. 6.11), der Spurkegel ist zu einer Geraden entartet, und daher bleiben $\boldsymbol{\omega}$ und $\boldsymbol{L}_0$ auf Dauer parallel,

$$\boldsymbol{L}_0 = \boldsymbol{L} = \alpha\boldsymbol{\omega}.$$

Der Proportionalitätsfaktor α kann hieraus zu

$$\alpha = \frac{\boldsymbol{L}\cdot\boldsymbol{\omega}}{\omega^2} \overset{(6.12)}{=} \frac{(\boldsymbol{\Theta}\cdot\boldsymbol{\omega})\cdot\boldsymbol{\omega}}{\omega^2} = \frac{\Theta'_{ik}\omega'_i\omega'_k}{\omega^2} \overset{(6.16)}{=} \Theta'$$

berechnet werden, und damit haben wir

$$\boldsymbol{L} = \Theta'\boldsymbol{\omega}, \qquad \boldsymbol{\omega} = \frac{1}{\Theta'}\boldsymbol{L}\,. \tag{6.44}$$

$\boldsymbol{\omega}$ ist infolgedessen wie $\boldsymbol{L}$ im Laborsystem konstant. Das gilt dann aber auch im körperfesten System S', denn aus $\boldsymbol{\omega} = \mathbf{const}$ bzw. $\dot{\boldsymbol{\omega}} = 0$ folgt unter Benutzung von $\omega'_k\,(\boldsymbol{\omega}\times\boldsymbol{e}'_k) = \boldsymbol{\omega}\times\omega'_k\boldsymbol{e}'_k = \boldsymbol{\omega}\times\boldsymbol{\omega} = 0$

$$0 = \boldsymbol{e}'_i\cdot\dot{\boldsymbol{\omega}} = \boldsymbol{e}'_i\cdot(\omega'_k\boldsymbol{e}'_k)^{\cdot} = \boldsymbol{e}'_i\cdot\boldsymbol{e}'_k\,\dot{\omega}'_k + \boldsymbol{e}'_i\,\omega'_k\cdot\dot{\boldsymbol{e}}'_k \overset{(3.53)}{=} \delta_{ik}\,\dot{\omega}'_k + \boldsymbol{e}'_i\,\omega'_k\cdot(\boldsymbol{\omega}\times\boldsymbol{e}'_k) = \dot{\omega}'_i\,.$$

Stabilität der Drehung um eine Hauptträgheitsachse. Wir betrachten zunächst die Drehung um die Figurenachse: $\boldsymbol{\omega}$, $\boldsymbol{L}_0$ und Figurenachse fallen in diesem Fall zusammen, und auch der Polkegel ist zu einer Geraden entartet. Bei einer kleinen Störung werden alle Achsen getrennt, und $\boldsymbol{\omega}$ ist nicht mehr konstant, sondern läuft auf einem Spur- bzw. Polkegel mit sehr kleinem Öffnungswinkel. Dies bedeutet, dass sich die gestörte Bewegung nur sehr wenig von der ungestörten unterscheidet, die Drehung um die Figurenachse ist stabil.

Bei der Rotation um eine der Neben-Hauptträgheitsachsen (diese stehen senkrecht zur Figurenachse) ist der Spurkegel zu einer Geraden entartet, Nutations- und Polkegel haben eine Öffnung von 180° (Abb. 6.12). Während die Figurenachse wegen $|\boldsymbol{\omega}| \neq 0$ den Nutationskegel mit endlicher Geschwindigkeit durchwandert, wird der Polkegel wegen der Konstanz von $\boldsymbol{\omega}$ in S' nicht durchlaufen, nur eine einzige auf diesem liegende Drehachse wird benutzt. Bei einer kleinen Störung werden $\boldsymbol{\omega}$ und $\boldsymbol{L}$ getrennt, der Polkegel erhält die Öffnung $180° - \varepsilon$, und es gilt

$$\boldsymbol{\omega} = \omega_L \boldsymbol{L}/L + \boldsymbol{\omega}_1(t)$$

mit anfänglich kleinem $|\boldsymbol{\omega}_1|$. Da die Drehung jetzt nicht mehr exakt um eine Hauptachse erfolgt, wird der Polkegel langsam durchwandert. $|\boldsymbol{\omega}_1(t)|$ bleibt also nicht klein, sondern nimmt langsam zu, wobei sich $\boldsymbol{\omega}$ bei konstant bleibendem Betrag (siehe (6.43)) immer weiter von seiner Ausgangslage entfernt. Das bedeutet Instabilität der untersuchten Bewegung.

Analytische Behandlung. Alle im vorigen Abschnitt qualitativ abgeleiteten Ergebnisse können natürlich auch analytisch durch Lösen der Kreiselgleichungen gewonnen werden.

Wir wollen das jedoch nur für den Fall des symmetrischen Kreisels tun und lösen dazu als erstes die Eulerschen Kreiselgleichungen (6.31), die sich mit $N_1' = N_2' = N_3' = 0$ und der Symmetrieforderung (6.41) auf

$$A\,\dot{\omega}_1' + (C - A)\,\omega_2'\omega_3' = 0\,, \qquad A\,\dot{\omega}_2' + (A - C)\,\omega_3'\omega_1' = 0\,, \qquad C\,\dot{\omega}_3' = 0$$

reduzieren. $\boldsymbol{e}_3'$ ist die Figurenachse, und aus der letzten Gleichung folgt, dass die Projektion von $\boldsymbol{\omega}$ auf diese konstant ist,

$$\omega_3' = \omega_\mathrm{f} = \mathrm{const}\,.$$

Setzen wir dieses Ergebnis in die beiden ersten Gleichungen ein, so folgt mit der Definition

$$\mu := \frac{A - C}{A}\,\omega_\mathrm{f} \tag{6.45}$$

aus diesen

$$\dot{\omega}_1' = \mu\,\omega_2'\,, \qquad \dot{\omega}_2' = -\mu\,\omega_1'\,,$$

und durch Elimination von ω_2' ergibt sich

$$\ddot{\omega}_1' = -\mu^2\omega_1'\,.$$

Die Integration dieser Gleichung führt zu dem Gesamtergebnis

$$\omega_1' = \omega_\perp \sin\mu\,(t - t_0)\,, \qquad \omega_2' = \omega_\perp \cos\mu\,(t - t_0)\,, \qquad \omega_3' = \omega_\mathrm{f}\,, \tag{6.46}$$

in dem $\omega_\perp$, ω_f und t_0 Integrationskonstanten sind. Offensichtlich gilt

$$\omega_1'^{\,2} + \omega_2'^{\,2} = \omega_\perp^{\,2},$$

d. h. die Projektion von $\boldsymbol{\omega}$ auf die x', y'-Ebene ist dem Betrage nach konstant und durchläuft eine Kreisbahn: Die Polbahn ist ein Kreis. Weiterhin gilt

$$\omega^2 = \omega_1'^{\,2} + \omega_2'^{\,2} + \omega_3'^{\,2} = \omega_\perp^{\,2} + \omega_\mathrm{f}^{\,2} =: \omega_0^{\,2},$$

d. h. auch

$$\omega = \omega_0 = \sqrt{\omega_\perp^{\,2} + \omega_\mathrm{f}^{\,2}}$$

ist konstant; wegen

$$\boldsymbol{L} = L_i'\boldsymbol{e}_i' \overset{(6.30)}{=} \Theta_{\underline{i}}'\,\omega_i'\boldsymbol{e}_i' \overset{(6.41)}{=} A(\omega_1'\boldsymbol{e}_1' + \omega_2'\boldsymbol{e}_2') + C\omega_3'\boldsymbol{e}_3' \tag{6.47}$$

ist schließlich auch

$$\boldsymbol{L}\cdot\boldsymbol{\omega} = A\,(\omega_1'^2 + \omega_2'^2) + C\,\omega_3'^2 = A\,\omega_\perp^{\,2} + C\,\omega_\mathrm{f}^{\,2} \tag{6.48}$$

konstant.

Nachdem die Komponenten von $\boldsymbol{\omega}$ bekannt sind, können jetzt die Euler-Winkel ϑ, ψ und φ aus den Differentialgleichungen (6.33) berechnet werden. Zur Vereinfachung der Rechnung legen wir die x_3-Achse des Laborsystems in die Richtung des raumfesten Vektors $\boldsymbol{L}$,

$$\boldsymbol{L} = L_0\,\boldsymbol{e}_3\,.$$

Damit ist über zwei von drei Integrationskonstanten der Differentialgleichungen für die Euler-Winkel verfügt. Für die Projektion von $\boldsymbol{L}$ auf die Figurenachse $\boldsymbol{e}_3'$ gilt nach (6.47)

$$L_3' = C\,\omega_3' = C\,\omega_\mathrm{f} = \mathrm{const}\,.$$

Hieraus folgt

$$C\,\omega_\mathrm{f} = \boldsymbol{L}\cdot\boldsymbol{e}_3' = L_0\,\boldsymbol{e}_3\cdot\boldsymbol{e}_3' = L_0\cos\vartheta \qquad \text{und} \qquad \vartheta = \arccos\frac{C\omega_\mathrm{f}}{L_0} = \mathrm{const}\,.$$

Setzen wir $\dot\vartheta = 0$ und die Ergebnisse (6.46) in (6.33) ein, so erhalten wir

$$\begin{aligned} \omega_1' &= \dot\psi\sin\vartheta\sin\varphi = \omega_\perp\,\sin\mu\,(t-t_0)\,,\\ \omega_2' &= \dot\psi\sin\vartheta\cos\varphi = \omega_\perp\,\cos\mu\,(t-t_0)\,,\\ \omega_3' &= \dot\psi\cos\vartheta + \dot\varphi = \omega_\mathrm{f}\,. \end{aligned} \tag{6.49}$$

Quadrieren und Addieren der beiden ersten Gleichungen liefert

$$\dot\psi^2\sin^2\vartheta = \omega_\perp^2\,, \qquad \dot\psi = \frac{\omega_\perp}{\sin\vartheta} \qquad \Rightarrow \qquad \psi = \psi_0 + \frac{\omega_\perp}{\sin\vartheta}\,t\,.$$

Mit dem Ergebnis für $\dot{\psi}$ ergeben die erste und zweite der Gleichungen (6.49)

$$\omega_\perp \sin\varphi = \omega_\perp \sin\mu\,(t-t_0)\,, \quad \omega_\perp \cos\varphi = \omega_\perp \cos\mu\,(t-t_0) \quad \Rightarrow \quad \varphi = \mu\,(t-t_0)\,.$$

Einsetzen der für ψ und φ erhaltenen Ergebnisse in die letzte der Gleichungen (6.49) führt schließlich zu

$$\omega_\perp \cot\vartheta + \mu \overset{(6.45)}{=} \omega_\perp \cot\vartheta + \frac{A-C}{A}\,\omega_\mathrm{f} = \omega_\mathrm{f} \qquad \Rightarrow \qquad \vartheta = \arctan\left(\frac{A\omega_\perp}{C\omega_\mathrm{f}}\right).$$

Als Gesamtergebnis haben wir damit

$$\vartheta = \arctan\left(\frac{A\,\omega_\perp}{C\,\omega_\mathrm{f}}\right), \quad \psi \overset{\text{s.u.}}{=} \psi_0 + \sqrt{\omega_\perp{}^2 + C^2/A^2\,\omega_\mathrm{f}{}^2}\;t\,, \quad \varphi = \frac{A-C}{A}\,\omega_\mathrm{f}\,(t-t_0)\,, \tag{6.50}$$

wobei in dem Ergebnis für ψ die aus dem Ergebnis für ϑ folgende Relation $\sin\vartheta = A\omega_\perp/(A^2\omega_\perp{}^2 + C^2\omega_\mathrm{f}{}^2)^{1/2}$ benutzt wurde.

Da der Winkel ϑ zwischen der Figurenachse $\boldsymbol{e}_3'(t)$ und der Richtung $\boldsymbol{e}_3$ von $\boldsymbol{L}$ zeitlich konstant ist, durchläuft die Figurenachse einen um die Richtung von $\boldsymbol{e}_3$ (z-Achse) zentrierten Kreiskegel der Öffnung ϑ mit der konstanten Winkelgeschwindigkeit $\dot{\psi} = \omega_\perp/\sin\vartheta$. (Die Rotationsgeschwindigkeit um die z-Achse ist nach (6.32) $\dot{\psi}$.) Das ist die im Laborsystem sichtbare Nutation der Figurenachse auf dem Nutationskegel. Natürlich sind in den Ergebnissen (6.46), (6.48) und (6.50) auch alle weiteren Ergebnisse der Poinsot-Konstruktion enthalten.

Beispiel 6.4: *Polbahn der Erde*

Die Erde ist ein symmetrischer Kreisel mit der Gestalt eines beinahe kugelförmigen Rotationsellipsoids, dessen Abplattung einem Verhältnis

$$\frac{C-A}{A} \approx \frac{1}{300}$$

der Hauptträgheitsmomente entspricht. Die Rotationsachse fällt nicht exakt mit der Figurenachse zusammen und beschreibt deshalb (theoretisch, s.u.) eine kreisförmige Polbahn um die vom geographischen Südpol zum geographischen Nordpol verlaufende Figurenachse. Wir wollen berechnen, in welcher Zeit die Polbahn einmal von der Rotationsachse durchlaufen wird. Dazu müssen wir die Bewegung des Vektors $\boldsymbol{\omega}$ im körperfesten System S' betrachten, die wegen $\omega_3' = \omega_\mathrm{f} = \text{const}$ durch den Vektor $\boldsymbol{\omega}_\perp = \omega_1'(t)\boldsymbol{e}_1' + \omega_2'(t)\boldsymbol{e}_2'$ bei zeitlich festgehaltenen $\boldsymbol{e}_1'$ und $\boldsymbol{e}_2'$ beschrieben wird. Aus (6.49) ergibt sich als dessen Rotationsgeschwindigkeit $\dot{\varphi} = \mu$. Daraus folgt mit (6.45) für einen vollen Umlauf die Zeit

$$T = \left|\frac{2\pi}{\mu}\right| = \frac{2\pi\,A}{\omega_\mathrm{f}\,(C-A)} \approx 2\pi\,\frac{300}{\omega_\mathrm{f}}\,.$$

Da sich die Erde einmal am Tag um ihre Figurenachse dreht, gilt

$$\omega_\mathrm{f} = 2\pi/(1\,\text{Tag})\,,$$

und wir erhalten

$$T \approx 300\,\text{Tage}\,.$$

Tatsächlich misst man eine Zeit von etwa 433 Tagen, und man führt diese Abweichung von unserem theoretischen Ergebnis auf elastische Deformationen der Erde zurück, die auch dafür verantwortlich gemacht werden, dass die Polbahn nicht ganz kreisförmig ist. Diese verläuft etwas irregulär innerhalb einer Kreisfläche vom Radius $r = 10$ m um den geometrischen Pol.

6.7.2 Kreisel unter Einwirkung äußerer Kräfte

Wir betrachten jetzt die Rotation eines starren Körpers um seinen Schwerpunkt oder um einen festgehaltenen Punkt $\boldsymbol{r}_0$ unter der Einwirkung äußerer Kräfte. In beiden Fällen haben wir nach (6.27) bzw. (6.28b) für die Rotationsbewegung die Gleichung $\dot{\boldsymbol{L}} = \boldsymbol{N}$. In der Zeit dt ändert sich hiernach $\boldsymbol{L}$ um

$$d\boldsymbol{L} = \boldsymbol{N}\,dt\,,$$

d. h. $\boldsymbol{L}$ erhält einen Zuwachs in Richtung von $\boldsymbol{N}$ und ist nicht mehr wie beim kräftefreien Kreisel konstant (Abb. 6.13).

Wir wollen hier allerdings nicht die allgemeine Theorie beliebiger Kreisel unter äußeren Kräften behandeln, sondern nur exemplarisch einige Sonderfälle des symmetrischen Kreisels.

Reguläre Präzession des symmetrischen Kreisels

Rotiert ein kräftefreier, symmetrischer Kreisel um seine in Richtung von $\boldsymbol{e}_3'=\boldsymbol{e}_z'$ gerichtete Figurenachse, so gilt $\boldsymbol{\omega}=\omega_z'\boldsymbol{e}_z'$ und nach (6.44) $\boldsymbol{L}=\Theta_z'\omega_z'\boldsymbol{e}_z'$, d. h. $\boldsymbol{\omega}$ und $\boldsymbol{L}$ sind parallel und bleiben konstant. Wirkt dagegen ein äußeres Drehmoment $\boldsymbol{N}$ ein, so werden $\boldsymbol{\omega}$ und $\boldsymbol{L}$ voneinander getrennt: $\boldsymbol{L}$ bewegt sich im Raum, und die Rotation des Kreisels erfolgt nicht mehr nur um die Figurenachse. Wir setzen daher

$$\boldsymbol{\omega} = \alpha\,\boldsymbol{e}_z' + \boldsymbol{\Omega}$$

an, erhalten durch Multiplikation dieser Gleichung mit $\boldsymbol{e}_z'$ zunächst $\alpha=\omega_z'-\Omega_z'$ und damit für unseren Ansatz die Form

$$\boldsymbol{\omega} = \boldsymbol{\Omega} + (\omega_z' - \Omega_z')\,\boldsymbol{e}_z'\,. \tag{6.51}$$

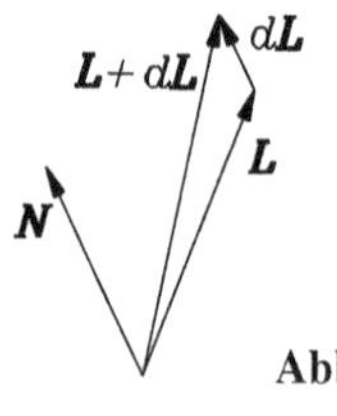

Abb. 6.13: Zuwachs von $\boldsymbol{L}$ in Richtung von $\boldsymbol{N}$.

Hiermit ergibt sich aus der allgemein gültigen Beziehung $\dot{\boldsymbol{e}}'_z = \boldsymbol{\omega} \times \boldsymbol{e}'_z$ für die Bewegung der Figurenachse (siehe (3.53)) die Gleichung

$$\dot{\boldsymbol{e}}'_z = \boldsymbol{\Omega} \times \boldsymbol{e}'_z . \tag{6.52}$$

Der Drehimpuls ist

$$\boldsymbol{L} \overset{(6.47)}{=} A(\omega'_x \boldsymbol{e}'_x + \omega'_y \boldsymbol{e}'_y) + C\,\omega'_z \boldsymbol{e}'_z = A\,(\boldsymbol{\omega} - \omega'_z \boldsymbol{e}'_z) + C\,\omega'_z \boldsymbol{e}'_z \overset{(6.51)}{=} A(\boldsymbol{\Omega} - \Omega'_z \boldsymbol{e}'_z) + C\,\omega'_z \boldsymbol{e}'_z$$

bzw. mit $C\omega'_z = L'_z$

$$\boldsymbol{L} = A\boldsymbol{\Omega} + (L'_z - A\Omega'_z)\,\boldsymbol{e}'_z , \tag{6.53}$$

und für das Drehmoment $\boldsymbol{N} = \dot{\boldsymbol{L}}$ ergibt sich

$$N'_z = \boldsymbol{N} \cdot \boldsymbol{e}'_z = \dot{\boldsymbol{L}} \cdot \boldsymbol{e}'_z = (\boldsymbol{L} \cdot \boldsymbol{e}'_z)^{\cdot} - \boldsymbol{L} \cdot \dot{\boldsymbol{e}}'_z \overset{(6.52)}{=} \dot{L}'_z - \boldsymbol{L} \cdot (\boldsymbol{\Omega} \times \boldsymbol{e}'_z) \overset{(6.53)}{=} \dot{L}'_z .$$

Als **reguläre Präzession** des symmetrischen Kreisels bezeichnet man nun eine Bewegung, bei der sich der Kreisel mit konstanter Winkelgeschwindigkeit ω'_z um die Figurenachse dreht, die ihrerseits mit konstanter Winkelgeschwindigkeit Ω um eine im Laborsystem fixierte Achse $\boldsymbol{\Omega}$ rotiert. Bei einer regulären Präzession müssen also die Bedingungen

$$\omega'_z = \text{const} , \qquad \boldsymbol{\Omega} = \textbf{const} \tag{6.54}$$

erfüllt sein. Aus der ersten und der oben abgeleiteten Beziehung für N'_z folgt

$$L'_z = C\omega'_z = \text{const} , \qquad N'_z = \dot{L}'_z = 0 \tag{6.55}$$

sowie

$$\dot{\Omega}'_z = (\boldsymbol{\Omega} \cdot \boldsymbol{e}'_z)^{\cdot} = \dot{\boldsymbol{\Omega}} \cdot \boldsymbol{e}'_z + \boldsymbol{\Omega} \cdot \dot{\boldsymbol{e}}'_z \overset{(6.52)}{=} \dot{\boldsymbol{\Omega}} \cdot \boldsymbol{e}'_z \overset{(6.54b)}{=} 0 \quad \Rightarrow \qquad \Omega'_z = \text{const} .$$

Damit und mit (6.52)–(6.55) ergibt sich aus $\boldsymbol{N} = \dot{\boldsymbol{L}}$ die Bedingung

$$\boldsymbol{N} = (L'_z - A\Omega'_z)\,\boldsymbol{\Omega} \times \boldsymbol{e}'_z . \tag{6.56}$$

Wenn wir das Laborsystem noch so legen, dass

$$\boldsymbol{\Omega} = \Omega\,\boldsymbol{e}_z \tag{6.57}$$

erfüllt ist, erhält diese die Form

$$\boldsymbol{N} = N_0\,\boldsymbol{e}_z \times \boldsymbol{e}'_z \quad \text{mit} \quad N_0 = (L'_z - A\Omega'_z)\,\Omega , \tag{6.58}$$

und da L'_z, A, Ω'_z sowie Ω konstant sind, muss auch N_0 konstant sein. Aus

$$\Omega'_z = \boldsymbol{\Omega} \cdot \boldsymbol{e}'_z = \Omega\,\boldsymbol{e}_z \cdot \boldsymbol{e}'_z = \Omega \cos\vartheta \tag{6.59}$$

folgt

$$\vartheta = \arccos \frac{\Omega'_z}{\Omega} = \text{const} ,$$

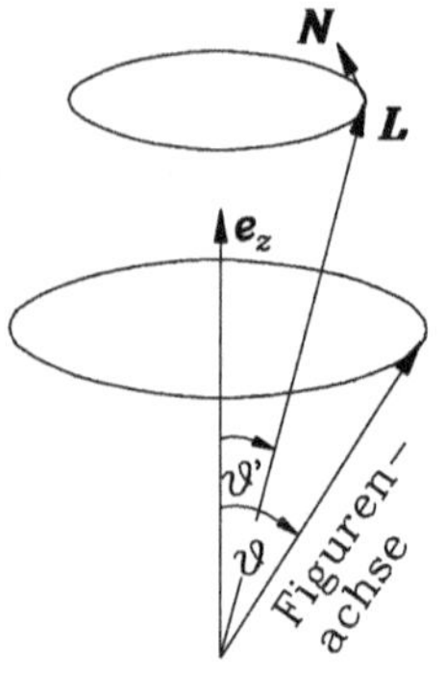

Abb. 6.14: Reguläre Präzession.

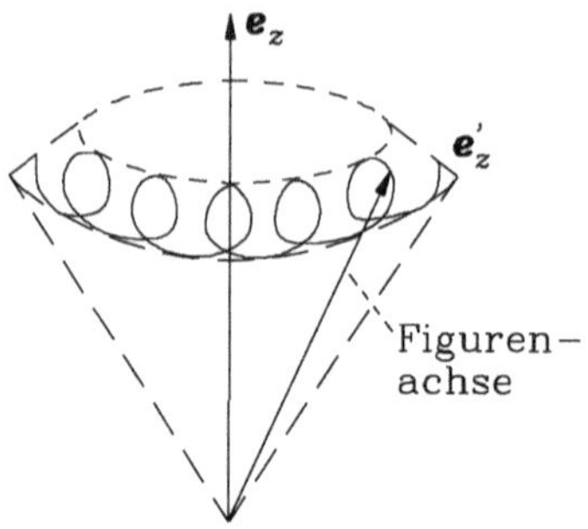

Abb. 6.15: Bewegung der Figurenachse bei gestörter regulärer Präzession.

d. h. die Figurenachse $\boldsymbol{e}_z'$ rotiert gleichmäßig ($\Omega = \text{const}$) und unter konstantem Winkel ϑ um die Achse $\boldsymbol{e}_z$ der regulären Präzession. Damit folgt aus (6.53) auch die Konstanz von

$$\boldsymbol{L}^2 = A^2\Omega^2 + (L_z' - A\Omega_z')^2 + 2A\Omega\,(L_z' - A\Omega_z')\,\cos\vartheta\,,$$

ein Ergebnis, das sich auch aus

$$\frac{d\boldsymbol{L}^2}{dt} = 2\,\boldsymbol{L}\cdot\dot{\boldsymbol{L}} = 2\,\boldsymbol{L}\cdot\boldsymbol{N} \overset{(6.56)}{=} 2\,(L_z' - A\Omega_z')\,\boldsymbol{L}\cdot(\boldsymbol{\Omega}\times\boldsymbol{e}_z') \overset{(6.53)}{=} 0$$

ergibt.

Da $\boldsymbol{\Omega}$, L_z' und Ω_z' konstant sind, rotiert auch $\boldsymbol{L} = A\boldsymbol{\Omega} + (L_z' - A\Omega_z')\,\boldsymbol{e}_z'$ mit $\boldsymbol{e}_z'$ unter konstantem Winkel ϑ' um die z-Achse, wobei $\boldsymbol{e}_z$, $\boldsymbol{L}$ und $\boldsymbol{e}_z'$ nach (6.53) und (6.57) stets in einer Ebene liegen. Daher macht die Figurenachse $\boldsymbol{e}_z'$ bei einer vollen Rotation von $\boldsymbol{L}$ um die z-Achse gerade eine volle Rotation um $\boldsymbol{L}$, vollführt also wie im kräftefreien Fall eine Nutation um $\boldsymbol{L}$ (Abb. 6.14).

Wir bestimmen jetzt noch, wie die Präzessionsfrequenz Ω vom Drehmoment $\boldsymbol{N}$ bzw. der dieses festlegenden Größe N_0 abhängt. Aus (6.58b) folgt durch Einsetzen von $\Omega_z'{=}\Omega\cos\vartheta$ aus (6.59) und Auflösen nach Ω

$$\Omega = \frac{L_z'}{2A\cos\vartheta}\left(1 \pm \sqrt{1 - \frac{4N_0\,A\cos\vartheta}{L_z'^2}}\right). \tag{6.60}$$

Ist $C \approx A$ und gilt $L_z' = C\,\omega_z' \gg A\Omega$ bzw. $\omega_z' \gg \Omega$, d. h. rotiert der Kreisel sehr viel schneller um die Figurenachse, als er um die z-Achse präzessiert, dann kann in (6.58) der Term $A\,\Omega_z' = A\,\Omega\cos\vartheta$ gegen L_z' vernachlässigt werden, und wir erhalten näherungsweise

$$\Omega \approx \frac{N_0}{L_z'} = \frac{N_0}{C\omega_z'}\,, \tag{6.61}$$

ein Ergebnis, das natürlich auch aus (6.60) folgt (für $N_0 A \ll L_z'^2$ mit dem unteren Vorzeichen).

Stört man die reguläre Präzession, indem man z. B. stoßartig ein kleines Drehmoment ΔN_ϑ einwirken lässt, so ist plausibel, dass sich die Bewegung nach Abschluss der Störung weiterhin wenigstens näherungsweise aus einer Nutation der Figurenachse um $\boldsymbol{L}$ und einer Präzession von $\boldsymbol{L}$ um die z-Achse zusammensetzen wird. Die oben beschriebene Feinabstimmung zwischen beiden Bewegungen, die darin besteht, dass $\boldsymbol{e}_z$, $\boldsymbol{e}'_z$ und $\boldsymbol{L}_z$ stets in einer Ebene liegen, geht jedoch im Allgemeinen verloren, so dass für die Figurenachse die in Abb. 6.15 gezeigte Bewegung zu erwarten ist. Diese Vermutung wird durch die exakte Rechnung in dem auf die Beispiele folgenden Teilabschnitt bestätigt.

Beispiel 6.5: *Symmetrischer Kreisel im Schwerefeld*

Die in (6.58) aufgestellte Forderung an das Drehmoment $\boldsymbol{N}$ wird z. B. erfüllt, wenn ein symmetrischer Kreisel unter der Einwirkung eines homogenen Schwerefeldes $\boldsymbol{g}=-g\boldsymbol{e}_z$ in einem nicht mit dem Schwerpunkt $\boldsymbol{R}$ zusammenfallenden Punkt $\boldsymbol{r}_0$ der Figurenachse festgehalten wird (Abb. 6.17). Bezogen auf $\boldsymbol{r}_0$ wirkt bei konstanter Dichte ϱ das Drehmoment

$$\boldsymbol{N} = \int (\boldsymbol{r} - \boldsymbol{r}_0) \times \varrho(\boldsymbol{r})\, \boldsymbol{g}\, d\tau = \left(\int \varrho\, \boldsymbol{r}\, d\tau - \boldsymbol{r}_0 \int \varrho\, d\tau \right) \times \boldsymbol{g} = M(\boldsymbol{R} - \boldsymbol{r}_0) \times \boldsymbol{g}\,.$$

Da außer dem festgehaltenen Punkt $\boldsymbol{r}_0$ wegen der Symmetrie des Kreisels auch der Schwerpunkt $\boldsymbol{R}$ auf der Figurenachse (Richtung $\boldsymbol{e}'_z$) liegt, gilt

$$\boldsymbol{R} - \boldsymbol{r}_0 = s\boldsymbol{e}'_z \qquad \text{mit} \qquad s = |\boldsymbol{R} - \boldsymbol{r}_0|$$

und damit

$$\boldsymbol{N} = N_0 \boldsymbol{e}_z \times \boldsymbol{e}'_z \qquad \text{mit} \qquad N_0 = Mgs\,.$$

N_0 ist, wie in (6.58) gefordert, eine Konstante.

Beispiel 6.6: *Präzession der Erdachse*

Die Rotation der Erde erfolgt nur näherungsweise kräftefrei. Aufgrund der Abplattung der Erde und der Schiefe ihrer Ekliptik bewirken sowohl die Sonne als auch der Mond auf sie ein Drehmoment, das zu einer Präzession ihrer Rotationsachse auf einem Kegel mit dem Öffnungswinkel der Ekliptik, $\vartheta = 23{,}5^\circ$, führt. Dieser Kegel wird von der Figurenachse in etwa 26 000 Jahren einmal durchwandert. Dies führt dazu, dass der Polarstern nicht auf Dauer die Nordrichtung anzeigen wird.

Anschaulich kommt dieses Drehmoment auf folgende Weise zustande: Die abgeplattete Erde kann man sich als ideale Kugel vorstellen, auf der ein ringförmiger Wulst aufliegt. Dessen Dicke ist am Äquator am größten und fällt nach den Polen hin auf null ab. Im Folgenden beschränken wir unsere Betrachtung auf den Einfluss der Sonne allein.

Im Sommer der nördlichen Erdhalbkugel hat die der Sonne zugeneigte Hälfte des Wulstes ihren Schwerpunkt unterhalb der Ebene der Ekliptik, die der Sonne abgeneigte Hälfte oberhalb von dieser und im Winter ist es gerade umgekehrt. Dagegen liegen die Schwerpunkte der der Sonne zu- und abgewandten Wulsthälften im Frühjahr und Herbst zur Zeit der Tag- und Nachtgleiche in der Ebene der Ekliptik. Da die der Sonne zugeneigte Wulsthälfte von dieser stärker angezogen wird als die der Sonne abgewandte, entsteht auf den Wulst außer an den beiden Tagen der Tag- und Nachtgleiche ein Drehmoment, das im Sommer und Winter in die gleiche Richtung weist (Abb. 6.16a). Im Jahresmittel ergibt sich daher ein von null verschiedenes mittleres

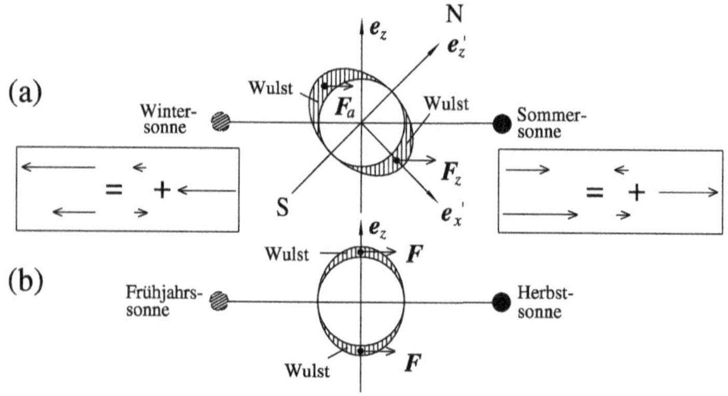

Abb. 6.16: Durch die Sonne infolge der Erdabplattung bewirktes Drehmoment: (a) im Sommer und Winter, (b) im Frühjahr und Herbst zur Zeit der Tag- und Nachtgleiche. In dem Kästchen sind die im Sommer und Winter auf die beiden Wulsthälften wirkenden Kräfte in eine Gesamtkraft und ein das Drehmoment bewirkendes Kräftepaar zerlegt.

Drehmoment, das in Aufgabe 6.10 berechnet wird.

Allgemeine Bewegung des schweren symmetrischen Kreisels

Wie in Beispiel 6.5 betrachten wir einen symmetrischen Kreisel im Schwerefeld, der in einem nicht mit dem Schwerpunkt $\boldsymbol{R}$ zusammenfallenden Punkt $\boldsymbol{r}_0$ der Figurenachse festgehalten wird (Abb. 6.17). Zur Berechnung seiner Bewegung benutzen wir die Lagrangeschen Bewegungsgleichungen. Nach Abschn. 6.6.2 besteht die kinetische Energie nur aus Rotationsenergie; bezogen auf das Hauptachsensystem lautet diese nach (6.15) mit den Symmetrieforderungen (6.41)

$$T = \frac{A}{2}\left(\omega_x'^{\,2} + \omega_y'^{\,2}\right) + \frac{C}{2}\omega_z'^{\,2} .$$

Die potenzielle Energie ist

$$V = \sum_{i=1}^{N} m_i g z_i = g \int \varrho z \, d\tau = M g z_s = M g s \cos\vartheta = N_0 \cos\vartheta .$$

Dabei gilt $N_0 = Mgs$ mit $s = |\boldsymbol{R} - \boldsymbol{r}_0|$, und ϑ ist der in Abb. 6.6 definierte und auch in Abb. 6.17 eingetragene Euler-Winkel. Drücken wir schließlich die Komponenten der Winkelgeschwindigkeit $\boldsymbol{\omega}$ gemäß (6.33) durch die Euler-Winkel aus, so erhalten wir die Lagrange-Funktion

$$\begin{aligned} L = T - V = {} & \frac{A}{2}\Big[\big(\dot\vartheta\cos\varphi + \dot\psi\sin\vartheta\sin\varphi\big)^2 + \big(-\dot\vartheta\sin\varphi + \dot\psi\sin\vartheta\cos\varphi\big)^2\Big] \\ & + \frac{C}{2}\big(\dot\psi\cos\vartheta + \dot\varphi\big)^2 - N_0\cos\vartheta \end{aligned}$$

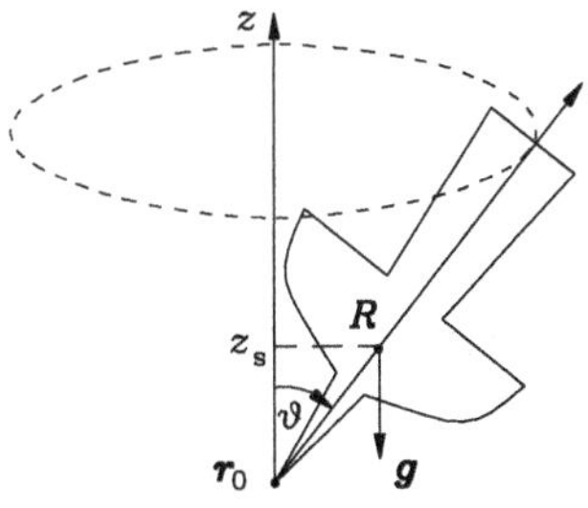

Abb. 6.17: In einem Punkt festgehaltener schwerer Kreisel.

oder

$$L = \frac{A}{2}\left(\dot{\vartheta}^2 + \dot{\psi}^2 \sin^2\vartheta\right) + \frac{C}{2}\left(\dot{\psi}\cos\vartheta + \dot{\varphi}\right)^2 - N_0\cos\vartheta\,. \tag{6.62}$$

φ und ψ kommen nicht vor und sind daher zyklische Variablen, außerdem ist $\partial L/\partial t{=}0$. Nach (5.95) gelten daher die Erhaltungssätze

$$\frac{\partial L}{\partial\dot{\varphi}} = C\left(\dot{\psi}\cos\vartheta + \dot{\varphi}\right) = C\,\omega_z' = L_z' = c_1\,, \tag{6.63}$$

$$\frac{\partial L}{\partial\dot{\psi}} = A\,\dot{\psi}\sin^2\vartheta + c_1\cos\vartheta = c_2 \tag{6.64}$$

und nach (5.98) der Energie-Erhaltungssatz

$$H = T + V = \frac{A}{2}\left(\dot{\vartheta}^2 + \dot{\psi}^2\sin^2\vartheta\right) + \frac{C}{2}\left(\dot{\psi}\cos\vartheta + \dot{\varphi}\right)^2 + N_0\cos\vartheta = \tilde{c}_3\,,$$

wobei c_1, c_2 und $\tilde{c}_3$ Integrationskonstanten sind. Unter Benutzung von (6.63) kann der Energie-Erhaltungssatz in

$$\frac{A}{2}\left(\dot{\vartheta}^2 + \dot{\psi}^2\sin^2\vartheta\right) + N_0\cos\vartheta = c_3 \tag{6.65}$$

mit $c_3 = \tilde{c}_3 - {c_1}^2/(2C)$ umgeformt werden. Da der in einem Punkt festgehaltene Kreisel drei Freiheitsgrade besitzt, haben wir in den drei Erhaltungssätzen einen vollständigen Satz von Differentialgleichungen erster Ordnung zur Beschreibung der Bewegung.

Aus (6.63)–(6.64) ergeben sich $\dot{\psi}$ und $\dot{\varphi}$ zu

$$\dot{\psi} = \frac{c_2 - c_1\cos\vartheta}{A\sin^2\vartheta}\,, \qquad \dot{\varphi} = \frac{c_1}{C} - \frac{(c_2 - c_1\cos\vartheta)\cos\vartheta}{A\sin^2\vartheta}\,. \tag{6.66}$$

Hiermit und durch den Übergang zur Variablen

$$u = \cos\vartheta \qquad \Rightarrow \qquad \dot{\vartheta}^2 = \frac{\dot{u}^2}{1-u^2}$$

erhalten wir aus dem Energie-Erhaltungssatz (6.65)

$$\frac{A}{2}\left[\frac{\dot{u}^2}{1-u^2} + \frac{(c_2 - c_1 u)^2}{A^2(1-u^2)}\right] + Mgs\,u = c_3$$

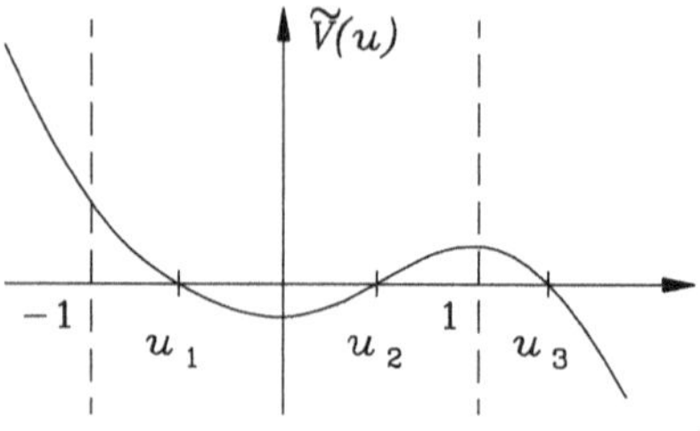

Abb. 6.18: Potenzial $\widetilde{V}(u)$.

bzw.

$$\frac{\dot{u}^2}{2} + \widetilde{V}(u) = 0 \tag{6.67}$$

mit

$$\widetilde{V}(u) = \frac{1}{2A^2}(c_2 - c_1 u)^2 + \frac{Mgs}{A}u(1-u^2) - \frac{c_3}{A}(1-u^2)\,.$$

Das ist eine Gleichung desselben Typs, wie wir sie für die eindimensionale Bewegung eines Massenpunkts im Potenzial $\widetilde{V}(u)$ erhalten haben. $\widetilde{V}(u)$ ist ein Polynom dritten Grades mit

$$\widetilde{V}(\pm 1) = \frac{1}{2A^2}(c_2 \mp c_1)^2 > 0\,, \qquad \widetilde{V}(u) \to -\frac{Mgs}{A}u^3 \to \begin{cases} -\infty & \text{für } u \to +\infty \\ +\infty & \text{für } u \to -\infty \end{cases}.$$

Wegen $\widetilde{V}(1){>}0$ und $\widetilde{V}(\infty){<}0$ liegt immer eine Nullstelle des Polynoms bei $u{>}1$. Da $u{=}\cos\vartheta$ gilt, ist allerdings nur der Bereich $-1{\le}u{\le}1$ physikalisch sinnvoll. In diesem Bereich liegen für eine gewisse Auswahl der Integrationskonstanten c_1, c_2 und c_3, die hier nicht näher untersucht werden soll, zwei Nullstellen (Abb. 6.18), die eventuell zusammenfallen. Die Lösung $u(t)$ von (6.67) sieht so aus, dass u zwischen den Nullstellen u_1 und u_2 oszilliert, und ϑ dementsprechend zwischen $\vartheta_1{=}\arccos u_1$ und $\vartheta_2{=}\arccos u_2$.

Nach (6.66) schwankt $\dot{\psi}$ dabei zwischen den Werten

$$\dot{\psi}_1 = \frac{c_2 - c_1 u_1}{A(1-u_1{}^2)} \quad \text{und} \quad \dot{\psi}_2 = \frac{c_2 - c_1 u_2}{A(1-u_2{}^2)}\,.$$

Hier ergeben sich die Fälle

1. $c_2 > c_1 u_2 > c_1 u_1$ mit der Folge $\dot{\psi} > 0$ (Abb. 6.19 (a)),
2. $c_2 = c_1 u_2 > c_1 u_1$ mit der Folge $\dot{\psi} \geq 0$ (Abb. 6.19 (b)),
3. $c_1 u_2 > c_2 > c_1 u_1$ mit der Folge $\dot{\psi} \lesseqgtr 0$ (Abb. 6.19 (c)).

Die in Abb. 6.19 gezeigten Bewegungsabläufe der Fälle 1 bis 3 bezeichnet man als **irreguläre Präzession**.

Den Fall der regulären Präzession, $\dot{\vartheta} \equiv 0$, erhält man offensichtlich für $u_1 = u_2$. Zur Ableitung der Präzessionsfrequenz geht man am besten zur Lagrange-Gleichung

$$\frac{d}{dt}\frac{\partial L}{\partial \dot{\vartheta}} = \frac{\partial L}{\partial \vartheta}$$

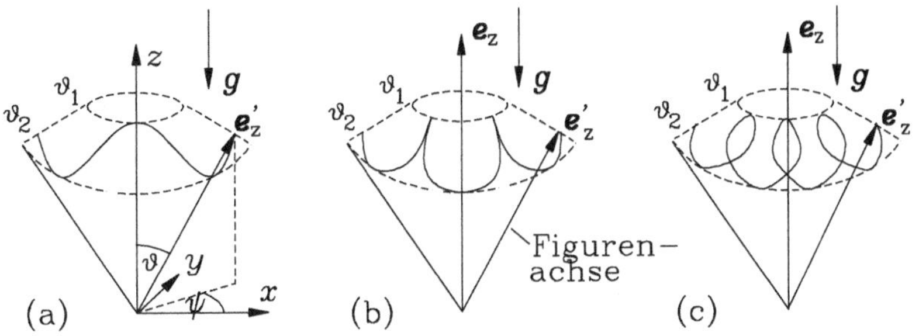

Abb. 6.19: Bewegung der Figurenachse e'_z bei der irregulären Präzession. Siehe Abb. 6.6 zur Definition der Winkel ψ und ϑ.

zurück, mit (6.62) also zu

$$A\ddot{\vartheta} = \Big[A\dot{\psi}^2 \cos\vartheta - C\,(\dot{\psi}\cos\vartheta + \dot{\varphi})\dot{\psi} + N_0\Big] \sin\vartheta\,.$$

Mit $\ddot{\vartheta} \equiv 0$ und (6.63) folgt aus ihr

$$(L'_z - A\dot{\psi}\cos\vartheta)\dot{\psi} = N_0\,. \tag{6.68}$$

Aus dem Vergleich unserer früheren Ansätze (6.51) und (6.57) für die reguläre Präzession, d. h. $\boldsymbol{\omega} = \Omega\, \boldsymbol{e}_z + (\omega'_z - \Omega'_z)\, \boldsymbol{e}'_z$, mit der allgemeinen Formel (6.32) für $\boldsymbol{\omega}$ im Fall $\dot{\vartheta} = 0$ folgt

$$\dot{\psi} = \Omega\,.$$

Setzen wir das in (6.68) ein, so kommen wir wegen (6.59) auf (6.58b) zurück.

Aufgaben

6.1 Bestimmen Sie den auf den Koordinatenursprung bezogenen Trägheitstensor für ein System dreier gleich schwerer, starr miteinander verbundener Massenpunkte bei $x=1$, $y=0$, $z=0$, bei $x=0$, $y=1$, $z=0$ und bei $x=0$, $y=0$, $z=1$.

6.2 Zeigen Sie, dass zwei hintereinander ausgeführte infinitesimale Drehungen um verschiedene Punkte zwar vertauschbar, jedoch nicht additiv sind.

6.3 Man zeige, dass Gleichung (6.21b) für jeden anderen Punkt $\boldsymbol{r}_1 = \boldsymbol{r}_0 + \boldsymbol{a}$ erfüllt ist, wenn das für den Punkt $\boldsymbol{r}_0$ der Fall ist.

6.4 Ein dicker Mensch hat Probleme damit, zur Messung seines Gewichts eine geeignete Waage zu finden, weil die Maximalanzeige aller erhältlichen Waagen unter seinem Körpergewicht liegt. Kann ihm geholfen werden, gegebenenfalls wie und warum?

6.5 Bestimmen Sie das Trägheitsmoment Θ_S einer homogenen Vollkugel um eine durch ihren Schwerpunkt hindurchführende Achse und das Moment Θ_O um eine Achse, die ihre Oberfläche in einem Punkt berührt.

6.6 Bestimmen Sie das Trägheitsmoment Θ_S eines homogenen Würfels um eine durch seinen Mittelpunkt hindurch führende Achse und das Moment Θ_K um eine seiner Kanten.

6.7 Bestimmen Sie das Trägheitsmoment Θ_S eines homogenen Halbzylinders um eine zur Zylinderachse parallele Achse durch den Schwerpunkt.

6.8 Bestimmen Sie das Verhältnis der Hauptträgheitsmomente eines dünnen homogenen Kreisrings.

6.9 Bestimmen Sie die vollständige Lösung der Bewegungsgleichungen für den kräftefreien Kugelkreisel.

6.10 Berechnen Sie den jährlichen Mittelwert des von der Sonne auf die Erde als Folge der Erdabplattung bewirkten Drehmoments, die aus diesem folgende Präzessionsfrequenz und die Dauer eines vollen Präzessionsumlaufs der Erdachse.

Hinweis: Behandeln Sie die Erde als einen homogenen symmetrischen Kreisel mit der Abplattung $(C - A)/C \approx 1/300$, vernachlässigen Sie die Nutation der Erdachse, betrachten Sie die Umlaufbahn der Erde um die Sonne als Kreisbahn, benutzen Sie die Kleinheit des Verhältnisses Erdradius/Sonnenabstand zu einer Reihenentwicklung bis zu Termen erster Ordnung und ziehen Sie zur Berechnung der Präzessionsfrequenz die Näherung (6.61) heran. Wenn $(C-A)/C$ gegeben ist, wird die genauere Form der Erde nicht benötigt.

6.11 Ein starrer Körper, der an einem Punkt im Schwerefeld aufgehängt ist, wird als **physikalisches Pendel** bezeichnet. Zeigen Sie, dass er dieselben Schwingungen wie ein Kreispendel im Schwerefeld ausführen kann, und bestimmen Sie seine Schwingungsfrequenz bei kleinen Auslenkungen.

6.12 Ein Halbzylinder liegt mit seiner runden Seite auf der x, y-Ebene (Achse parallel zur y-Richtung) eines kartesischen Koordinatensystems senkrecht zum Schwerefeld $\boldsymbol{g}=-g\boldsymbol{e}_z$ und schaukelt ohne zu gleiten hin und her. Wie lautet seine Bewegungsgleichung und was ist die Frequenz kleiner Schwingungen.

6.13 Ein homogener Vollzylinder der Masse M rolle im Schwerefeld ohne Schlupf auf der Oberfläche eines zweiten, zu ihm parallelen Zylinders gleicher Größe ab, der festgehalten wird.

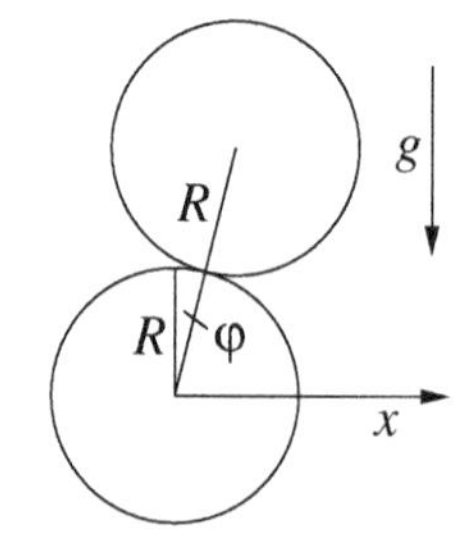

(a) Wie groß ist das Trägheitsmoment des Zylinders?
(b) Auf welcher Kurve bewegt sich sein Schwerpunkt?
(c) Welche Strecke hat der Schwerpunkt durchlaufen, wenn sich der Berührungspunkt der beiden Zylinder um den Winkel φ verschoben hat?
(d) Wie lauten Lagrange-Funktion und Lagrange-Gleichung zweiter Art?

(e) Welche Erhaltungssätze gelten?
(f) Bestimmen Sie unter Benutzung der Erhaltungssätze die implizite Lösung des Problems!

Lösungen

6.1 Es gilt

$$\varrho(\boldsymbol{r}) = m \sum_{\sigma=1}^{3} \delta^3(\boldsymbol{r}-\boldsymbol{r}_\sigma) \quad \text{mit} \quad \boldsymbol{r}_1 = \boldsymbol{e}_x\,, \quad \boldsymbol{r}_2 = \boldsymbol{e}_y\,, \quad \boldsymbol{r}_3 = \boldsymbol{e}_z\,.$$

Damit ergibt sich aus (6.9) unter Weglassen der Striche

$$\Theta_{ik} = \int \varrho(\boldsymbol{r})\,(\delta_{ik}\,x_l x_l - x_i x_k)\,d\tau = m \sum_{\sigma=1}^{3} (\delta_{ik}\,x_{\sigma,l}\,x_{\sigma,l} - x_{\sigma,i}\,x_{\sigma,k})\,.$$

Mit $x_{\sigma,i}{=}(\boldsymbol{e}_\sigma)_i = \delta_{\sigma i}$ und (unter Beachtung der Summenkonvention bezüglich des Index l) mit

$$\sum_{\sigma=1}^{3} x_{\sigma,l}\,x_{\sigma,l} = \sum_{\sigma,l=1}^{3} x_{\sigma,l}\,x_{\sigma,l} = \sum_{\sigma,l=1}^{3} \delta_{\sigma l}\,\delta_{\sigma l} = \delta_{11} + \delta_{22} + \delta_{33} = 3$$

folgt daraus

$$\Theta_{ik} = m \sum_{\sigma=1}^{3} (\delta_{ik}\,\delta_{\sigma l}\,\delta_{\sigma l} - \delta_{\sigma,i}\,\delta_{\sigma,k}) = m(3\,\delta_{ik} - \delta_{ik}) = 2m\,\delta_{ik}\,.$$

6.2 Der Körper führe zuerst die Drehung $d\boldsymbol{\varphi}$ um den Punkt $\boldsymbol{r}_0$ aus. Diese überführt $\boldsymbol{r}$ in

$$\boldsymbol{r}_1 = \boldsymbol{r} + d\boldsymbol{\varphi} \times (\boldsymbol{r} - \boldsymbol{r}_0)\,.$$

Dann erfolge die Drehung $d\boldsymbol{\varphi}'$ um den Punkt $\boldsymbol{r}_0'$. Sie überführt $\boldsymbol{r}_1$ in

$$\begin{aligned} \boldsymbol{r}_2 &= \boldsymbol{r}_1 + d\boldsymbol{\varphi}' \times (\boldsymbol{r}_1 - \boldsymbol{r}_0') = \boldsymbol{r} + d\boldsymbol{\varphi} \times (\boldsymbol{r} - \boldsymbol{r}_0) + d\boldsymbol{\varphi}' \times (\boldsymbol{r} - \boldsymbol{r}_0') \\ &\neq \boldsymbol{r} + (d\boldsymbol{\varphi} + d\boldsymbol{\varphi}') \times (\boldsymbol{r} - \boldsymbol{r}_0)\,. \end{aligned}$$

Das Ergebnis ist von der Reihenfolge der Drehungen unabhängig.

6.3 Mit $\boldsymbol{r}{-}\boldsymbol{r}_1{=}\boldsymbol{r}{-}\boldsymbol{r}_0{-}\boldsymbol{a}{=}\boldsymbol{r}'{-}\boldsymbol{a}$ und dem Zusammenhang $\boldsymbol{f}_1(\boldsymbol{r}'{-}\boldsymbol{a}) = \boldsymbol{f}(\boldsymbol{r}')$ zwischen den auf $\boldsymbol{r}_1$ und $\boldsymbol{r}_0$ bezogenen Kraftdichten $\boldsymbol{f}_1$ und $\boldsymbol{f}$ folgt

$$\begin{aligned} \boldsymbol{N}(\boldsymbol{r}_1) &= \int (\boldsymbol{r} - \boldsymbol{r}_1) \times \boldsymbol{f}_1(\boldsymbol{r} - \boldsymbol{r}_1)\,d\tau = \int (\boldsymbol{r}' - \boldsymbol{a}) \times \boldsymbol{f}_1(\boldsymbol{r}' - \boldsymbol{a})\,d\tau' \\ &= \int \boldsymbol{r}' \times \boldsymbol{f}(\boldsymbol{r}')\,d\tau' - \boldsymbol{a} \times \int \boldsymbol{f}(\boldsymbol{r}')\,d\tau' = \int \boldsymbol{r}' \times \boldsymbol{f}(\boldsymbol{r}')\,d\tau' = \boldsymbol{N}(r_0) \end{aligned}$$

und damit die Gültigkeit von (6.21b).

6.4 Ein cleverer Verkäufer wird dem Menschen damit helfen, dass er ihm zwei Waagen verkauft. Steht dieser mit einem Bein auf der einen und mit dem anderen auf der zweiten Waage, so muss er nur die angezeigten Gewichte addieren, um sein Körpergewicht zu erhalten. Von Seiten der ersten Waage wirkt auf ihn die Kraft $\boldsymbol{F}_1$, von Seiten der zweiten die Kraft $\boldsymbol{F}_2$, außerdem greift in seinem Schwerpunkt die seinem Gewicht entsprechende Schwerkraft $\boldsymbol{F}_3 = \boldsymbol{G}$ an. Aus (6.22a) folgt $\boldsymbol{F}_3 = -(\boldsymbol{F}_1 + \boldsymbol{F}_2)$, und da $\boldsymbol{F}_3$ senkrecht zur Erdoberfläche steht, folgt hieraus zunächst $\boldsymbol{F}_{1\parallel} + \boldsymbol{F}_{2\parallel} = 0$ und $\boldsymbol{F}_1 + \boldsymbol{F}_2 = \boldsymbol{F}_{1\perp} + \boldsymbol{F}_{2\perp}$. Nach dem Prinzip actio = reactio sind $-\boldsymbol{F}_{1\perp} = \boldsymbol{G}_1$ und $-\boldsymbol{F}_{2\perp} = \boldsymbol{G}_2$ die in Richtung der Schwerkraft auf die Waagen einwirkenden Kräfte, also die Gewichte, die diese anzeigen, und wie behauptet gilt

$$\boldsymbol{G} = \boldsymbol{G}_1 + \boldsymbol{G}_2 .$$

Befindet sich die Projektion des Schwerpunkts auf den Erdboden (Punkt P) genau in der Mitte zwischen den Waagen, so zeigen sie nach (6.22b) beide das halbe Gewicht an. Andernfalls gilt $d_1 G_1 = d_2 G_2$, wenn d_i der Abstand des Projektionspunktes von der Waage i ist. Dies folgt aus (6.22b), wenn man den Ursprung des Koordinatensystems in den Punkt P legt: Da die Angriffslinie der Schwerkraft durch den Punkt P geht, ist $\boldsymbol{r}_3 \times \boldsymbol{F}_3 = 0$ und damit $|\boldsymbol{r}_1 \times \boldsymbol{F}_1 + \boldsymbol{r}_2 \times \boldsymbol{F}_2| = |d_1 G_1 - d_2 G_2| = 0$.

6.5 Dichte = ϱ = const, Kugelradius = R, Rechnung in Zylinderkoordinaten r, φ und z:

Kugeloberfläche: $r^2 + z^2 = R^2$, Kugelmasse: $M = 4\pi\varrho R^3/3$.

$$\Theta_S = \int_V \varrho r^2\, d\tau = \varrho \int_0^{2\pi} d\varphi \int_{-R}^{R} dz \int_0^{\sqrt{R^2-z^2}} r^3\, dr = 2\pi\varrho \int_{-R}^{R} \frac{(R^2-z^2)^2}{4}$$
$$= 8\pi\varrho R^5/15$$

oder

$$\Theta_S = 2MR^2/5 .$$

Nach dem Satz von Steiner gilt

$$\Theta_O = \Theta_S + Ma_\perp^2 = \frac{2}{5}MR^2 + MR^2 = \frac{7}{5}MR^2 .$$

6.6 Dichte = ϱ = const, Kantenlänge = a, Masse = ϱa^3.
Der Würfel werde so positioniert, dass vier Kanten parallel zur z-Achse sind.

$$\Theta_S = \varrho \int_{-a/2}^{a/2} \int_{-a/2}^{a/2} \int_{-a/2}^{a/2} (x^2 + y^2)\, dx\, dy\, dz = \frac{\varrho a^5}{6} = \frac{Ma^2}{6} .$$

Der senkrechte Abstand der Kanten vom Schwerpunkt ist $a_\perp = a/\sqrt{2}$, und mit dem Satz von Steiner ergibt sich

$$\Theta_K = \Theta_S + Ma_\perp^2 = \frac{Ma^2}{6} + \frac{Ma^2}{2} = \frac{2Ma^2}{3} .$$

6.7 Ein Vollzylinder (Länge = L, Radius = R) besitzt die Masse $M_\text{V} = R^2\pi L\varrho$ und das Trägheitsmoment

$$\Theta_S = \int_V \varrho r^2 r\, dr\, d\varphi\, dz = M_\text{V} R^2/2$$

um seine Symmetrieachse. Um dieselbe Achse besitzt der Halbzylinder die Hälfte dieses Trägheitsmoments, und da er auch nur die halbe Masse $M_\text{H} = R^2\pi L\varrho/2$ aufweist, gilt auch für ihn bezüglich dieser Achse

$$\Theta_A = M_\text{H} R^2/2 .$$

Liegt er mit seiner flachen Seite auf der x, y-Ebene eines kartesischen Koordinatensystems, so liegt sein Schwerpunkt bei

$$z_S = \varrho L \int_0^R \left(z \int_{-\sqrt{R^2-z^2}}^{\sqrt{R^2-z^2}} dx \right) dz \,/ M_{\text{H}} = \varrho L \int_0^{R^2} \sqrt{R^2 - z^2}\, dz^2 / M_{\text{H}} = \frac{2\varrho L R^3}{3M_{\text{H}}}$$
$$= 4R/(3\pi)\,.$$

Nach dem Satz von Steiner gilt für den Halbzylinder

$$\Theta_A = \Theta_S + M_{\text{H}} a_\perp^2\,,$$

und mit $a_\perp = z_S$ erhält man

$$\Theta_S = \Theta_A - M_{\text{H}} z_S^2 = M_{\text{H}} \frac{R^2}{2} - M_{\text{H}} \frac{16R^2}{9\pi^2} = \frac{9\pi^2 - 32}{18\pi^2} M_{\text{H}} R^2\,.$$

6.8 Ist R der Radius des Rings und Q seine Querschnittsfläche, so erhält man in Zylinderkoordinaten als Hauptträgheitsmoment um die Achse der Rotationssymmetrie

$$C = \varrho Q \int R^2 R\, d\varphi = 2\pi \varrho Q R^3\,.$$

Befindet sich der Ring in der x, z-Ebene eines kartesischen Koordinatensystems, Mittelpunkt bei $x = z = 0$, so gilt $A = \theta'_{xx} = \int \varrho z^2\, d\tau$, $B = \theta'_{zz} = \int \varrho x^2\, d\tau$ und

$$C = \theta'_{yy} = \int \varrho(x^2 + z^2)\, d\tau = \theta'_{xx} + \theta'_{zz} = A + B\,.$$

Mit $A = B$ folgt schließlich $C = 2A$ oder $C/A = 2$.

6.9 Am einfachsten erhält man die Lösung durch Spezialisierung des für den symmetrischen Kreisel erhaltenen Ergebnisses (6.50) auf den Fall $C = A$,

$$\vartheta = \arctan\left(\frac{\omega_\perp}{\omega_{\text{f}}}\right), \quad \psi = \psi_0 + \sqrt{{\omega_\perp}^2 + {\omega_{\text{f}}}^2}\, t\,, \quad \varphi = 0\,. \tag{6.69}$$

Etwas systematischer erhält man dieses Ergebnis, wenn man die Rechnung für den symmetrischen Kreisel mit $C = A$ wiederholt.

6.10 Die Bahn der Erde um die Sonne verlaufe in der x, y- Ebene eines Systems S, in dessen Ursprung sich die Sonne befindet und das so orientiert ist, dass die Rotationsachse der Erde parallel zur x, z-Ebene verläuft. Die Erdbahn wird dann durch den Ortsvektor

$$\boldsymbol{r}_{\text{E}} = r_{\text{E}} \cos \omega t\, \boldsymbol{e}_x + r_{\text{E}} \sin \omega t\, \boldsymbol{e}_y$$

des Schwerpunkts der Erde beschrieben, wobei $\omega = 2\pi/\text{Jahr}$ ist. S' sei ein System, dessen Koordinatenursprung im Schwerpunkt der Erde liegt und das gegenüber S so um die y-Achse gedreht ist (Drehwinkel $\vartheta = 23{,}5°$), dass die z'-Achse die Rotationsachse der Erde bildet. Man beachte, dass S' zwar im Kreis herumgeführt wird, aber nicht rotiert und daher für die Erde kein körperfestes Koordinatensystem darstellt (es gilt permanent $\boldsymbol{e}'_y = \boldsymbol{e}_y$). Weiterhin gilt (siehe Abb. 6.16)

$$\boldsymbol{e}_x = \boldsymbol{e}_x \cdot \boldsymbol{e}'_x\, \boldsymbol{e}'_x + \boldsymbol{e}_x \cdot \boldsymbol{e}'_y\, \boldsymbol{e}'_y + \boldsymbol{e}_x \cdot \boldsymbol{e}'_z\, \boldsymbol{e}'_z = \cos\vartheta\, \boldsymbol{e}'_x + \sin\vartheta\, \boldsymbol{e}'_z\,.$$

Damit ergibt sich

$$\boldsymbol{r}_{\mathrm{E}} = r_{\mathrm{E}} \cos\omega t \;\; \cos\vartheta \; \boldsymbol{e}'_x + r_{\mathrm{E}} \sin\omega t \; \boldsymbol{e}'_y + r_{\mathrm{E}} \cos\omega t \;\; \sin\vartheta \; \boldsymbol{e}'_z \, .$$

Sind $\boldsymbol{r}'$ Ortsvektoren im System S', so gilt $\boldsymbol{r} = \boldsymbol{r}_{\mathrm{E}} + \boldsymbol{r}'$. Auf ein Massenelement $\varrho\, d\tau'$ der Erde wird durch die Sonne die Kraft

$$d\boldsymbol{F} = -\frac{GM_{\odot}\varrho\, d\tau'\, \boldsymbol{r}}{r^3} = -\frac{GM_{\odot}\varrho\, d\tau'\, (\boldsymbol{r}_{\mathrm{E}} + \boldsymbol{r}')}{|\boldsymbol{r}_{\mathrm{E}} + \boldsymbol{r}'|^3}$$

ausgeübt. Hiermit berechnet sich das durch die Sonne bewirkte Drehmoment zu

$$\boldsymbol{N} = -GM_{\odot} \int_V \frac{\varrho\, \boldsymbol{r}' \times (\boldsymbol{r}_{\mathrm{E}} + \boldsymbol{r}')}{|\boldsymbol{r}_{\mathrm{E}} + \boldsymbol{r}'|^3}\, d\tau' = GM_{\odot}\boldsymbol{r}_{\mathrm{E}} \times \int_V \frac{\varrho\, \boldsymbol{r}'}{|\boldsymbol{r}_{\mathrm{E}} + \boldsymbol{r}'|^3}\, d\tau' \, .$$

Mit $\boldsymbol{r}' = x'\boldsymbol{e}'_x + y'\boldsymbol{e}'_y + z'\boldsymbol{e}'_z$ und dem Ergebnis für $\boldsymbol{r}_{\mathrm{E}}$ erhält man

$$\left(\boldsymbol{r}_{\mathrm{E}} + \boldsymbol{r}'\right)^2 = r_{\mathrm{E}}^2 \left(1 + 2\cos\omega t \;\; \cos\vartheta \;\, x'/r_{\mathrm{E}} + 2\sin\omega t \;\, y'/r_{\mathrm{E}} + 2\cos\omega t \;\; \sin\vartheta \;\, z'/r_{\mathrm{E}}\right) ,$$

wobei Terme der Ordnung x'^2/r_{E}^2 vernachlässigt wurden. Einsetzen in $\boldsymbol{N}$ und Entwicklung nach x'/r_{E} etc. liefert

$$\begin{aligned}
\boldsymbol{N} &= \frac{GM_{\odot}\boldsymbol{r}_{\mathrm{E}}}{r_{\mathrm{E}}^3} \times \int_V \varrho\, \boldsymbol{r}' \left(1 - 3\,\frac{\cos\omega t \;\; \cos\vartheta \;\, x' + \sin\omega t \;\, y' + \cos\omega t \;\; \sin\vartheta \;\, z'}{r_{\mathrm{E}}}\right) d\tau' \\
&= -\frac{3GM_{\odot}\boldsymbol{r}_{\mathrm{E}}}{r_{\mathrm{E}}^4} \times \int_V \varrho\, \boldsymbol{r}'(x' \cos\omega t \;\; \cos\vartheta + y' \sin\omega t + z' \cos\omega t \;\; \sin\vartheta)\, d\tau' \, ,
\end{aligned}$$

da nach der Definition des Schwerpunkts $\int \varrho\; \boldsymbol{r}'\; d\tau' = 0$ ist. Durch Einsetzten der Zerlegung von $\boldsymbol{r}'$ und mit

$$\int x'\, y'\, d\tau' = \int x'\, z'\, d\tau' = \int y'\, z'\, d\tau' = 0$$

(Antisymmetrie der Integranden) erhält man

$$\boldsymbol{N} = -\frac{3GM_{\odot}}{r_{\mathrm{E}}^4}\, \boldsymbol{r}_{\mathrm{E}} \times \int_V \varrho\, \left[(x'^2 \cos\vartheta\; \boldsymbol{e}'_x + z'^2 \sin\vartheta\; \boldsymbol{e}'_z) \cos\omega t + y'^2 \sin\omega t\; \boldsymbol{e}'_y\right] d\tau' \, .$$

Setzt man jetzt das Ergebnis für $\boldsymbol{r}_{\mathrm{E}}$ ein und bildet den durch Überstreichen gekennzeichneten Zeitmittelwert über einen Jahresumlauf, so erhält man mit $\overline{\sin\omega t \;\; \cos\omega t} = 0$ und $\boldsymbol{e}'_z \times \boldsymbol{e}'_x = \boldsymbol{e}'_y$

$$\overline{\boldsymbol{N}} = \frac{3\,\overline{\cos^2\omega t}\; GM_{\odot}\; \sin\vartheta \;\; \cos\vartheta}{r_{\mathrm{E}}^3} \int_V \varrho\, (x'^2 - z'^2)\, d\tau'\; \boldsymbol{e}'_y \, .$$

Nun ist $\overline{\cos^2\omega t} = 1/2$ und $\sin\vartheta\; \boldsymbol{e}'_y = \boldsymbol{e}_z \times \boldsymbol{e}'_z$; die Hauptträgheitsmomente der Erde sind $C = \int_V \varrho\, (x'^2 + y'^2)\, d\tau'$, $A = \int_V \varrho\, (y'^2 + z'^2)\, d\tau' \Rightarrow C - A = \int_V \varrho\, (z'^2 - x'^2)\, d\tau'$; auf der Erdbahn gilt

$$m_E r_{\mathrm{E}}\omega^2 = \frac{GM_{\odot}m_E}{r_{\mathrm{E}}^2} \qquad \Rightarrow \qquad \frac{GM_{\odot}}{r_{\mathrm{E}}^3} = \omega^2 \, .$$

Damit ergibt sich

$$\overline{\boldsymbol{N}} = N_0 \boldsymbol{e}_z \times \boldsymbol{e}'_z \qquad \text{mit} \qquad N_0 = (3/2)\,(C - A)\omega^2 \cos\vartheta\,.$$

Mit der Näherung (6.61) erhält man für die Präzessionsfrequenz und die Zeit eines vollen Präzessionsumlaufs

$$\Omega = \frac{3\,(C-A)\,\omega^2 \cos\vartheta}{C\omega'_z}\,, \qquad T = \frac{2\pi}{\Omega} = \frac{4\pi C\omega'_z}{3\,(C-A)\,\omega^2\cos\vartheta}\,.$$

Mit $(C - A)/C \approx 1/300$, $\omega'_z = 2\pi/\text{Tag} = 2\pi \cdot 365/\text{Jahr}$ und $\omega = 2\pi/\text{Jahr}$ findet man schließlich $T \approx 80000$ Jahre. (Die kürzere beobachtete Zeit von 26000 Jahren ergibt sich durch die zusätzliche Einwirkung des Mondes.)

6.11 Aus dem Energiesatz (6.65) für die allgemeine Bewegung des schweren Kreisels ergibt sich für $\dot\psi = 0$ durch Ableitung nach der Zeit $A\ddot\vartheta = N_0 \sin\vartheta$. Zwischen dem hierin benutzten Winkel ϑ und dem für ein Schwerependel benutzten Winkel φ besteht der Zusammenhang $\vartheta = \pi - \varphi$. Mit $\ddot\vartheta = -\ddot\varphi$, $\sin\vartheta = \sin(\pi - \varphi) = \sin\varphi$ und $N_0 = Mgs$ ergibt sich daher

$$\ddot\varphi = -Mgs\,\sin\varphi\,/A\,.$$

Dies ist die Gleichung eines Schwerependels; bei kleinen Auslenkungen beträgt die Frequenz

$$\omega = \sqrt{Mgs/A}\,.$$

6.12 Man beschreibt die Bewegung des Halbzylinders am besten als eine Rotation um die Symmetrieachse des vollen Zylinders und eine entsprechende Translation. Bei der Schaukelbewegung bewegen sich die Punkte der Zylinderachse parallel zur x-Achse. Wählt man auf dieser den mit dem kleinsten Abstand zum Schwerpunkt als Bezugspunkt $\boldsymbol{r}_0$ der durch (6.5)–(6.7) beschriebenen Bewegung, so erhält man mit $\boldsymbol{r}_0 = x_0(t)\boldsymbol{e}_x$ und (6.17)

$$T = M\dot x_0^2/2 + M\dot x_0\,\boldsymbol{\omega}\cdot(\boldsymbol{R}' \times \boldsymbol{e}_x) + \Theta_A\,\boldsymbol{\omega}^2/2\,,$$

wobei nach Aufgabe 6.7 $\Theta_A = MR^2/2$ gilt. Ist φ eine Drehung des Schwerpunkts gegenüber dem Punkt $\boldsymbol{r}_0$ um die y-Achse entgegen dem Uhrzeigersinn, dann ist $\boldsymbol{\omega} = -\dot\varphi\boldsymbol{e}_y$, und in Analogie zu (5.79) überlegt man sich leicht, dass $R\dot\varphi = -\dot x_0$ gilt. Weiterhin ist $\boldsymbol{\omega}\cdot(\boldsymbol{R}' \times \boldsymbol{e}_x) = -\dot\varphi(\boldsymbol{e}_x \times \boldsymbol{e}_y)\cdot\boldsymbol{R}' = -\dot\varphi\boldsymbol{e}_z\cdot\boldsymbol{R}' = (4R/3\pi)\dot\varphi\cos\varphi$, wobei das Ergebnis $a_\perp = 4R/3\pi$ aus Aufgabe 6.7 für den Abstand des Bezugspunkts $\boldsymbol{r}_0$ vom Schwerpunkt benutzt wurde. Damit wird

$$T = MR^2\dot\varphi^2\,[1/2 - 4\cos\varphi/(3\pi) + 1/4] = [3/4 - 4\cos\varphi/(3\pi)]\,MR^2\dot\varphi^2\,.$$

Da bei der Schaukelbewegung der Schwerpunkt des Halbzylinders angehoben wird, ändert sich die potenzielle Energie $V = -4MgR\cos\varphi/(3\pi)$. Die Lagrange-Funktion ist

$$L = [3/4 - 4\cos\varphi/(3\pi)]\,MR^2\dot\varphi^2 + 4MgR\cos\varphi\,/(3\pi)\,,$$

und aus dieser ergibt sich die Bewegungsgleichung

$$[3/2 - 8\cos\varphi/(3\pi)]\ddot\varphi + 4\sin\varphi\,\dot\varphi^2/(3\pi) = -4g\sin\varphi\,/(3\pi R)\,.$$

Durch Linearisierung in φ folgt daraus

$$\ddot\varphi = -\frac{8g}{(9\pi - 16)R}\,\varphi \qquad \Rightarrow \qquad \omega = \sqrt{\frac{8g}{(9\pi - 16)R}}\,.$$

7 Hamiltonsche Theorie

Wir befassen uns in diesem Kapitel mit einer auf W. R. Hamilton zurückgehenden Umformulierung der mechanischen Bewegungsgesetze, die zumindest in formaler Hinsicht den krönenden Abschluss der klassischen Mechanik darstellt. Diese Umformulierung nehmen wir an Systemen vor, die sich durch Lagrange-Gleichungen zweiter Art

$$\frac{d}{dt}\frac{\partial L}{\partial \dot{q}_i} - \frac{\partial L}{\partial q_i} = 0\,, \qquad i = 1, \ldots, f \tag{7.1}$$

beschreiben lassen. Hinsichtlich der Klasse von Systemen, die behandelt werden können, wird gegenüber der Lagrangeschen Theorie also nichts hinzugewonnen, und auch bei der expliziten Lösung gegebener Probleme ergeben sich im Allgemeinen keine entscheidenden Vereinfachungen. Die formale Struktur der Hamiltonschen Bewegungsgleichungen ist allerdings besonders übersichtlich, und sie lässt viele innere Zusammenhänge in besonders klarer Weise deutlich werden. Die eigentliche physikalische Bedeutung der Hamiltonschen Formulierung besteht jedoch darin, dass sie den Ausgangspunkt für grundlegende Erweiterungen in der statistischen Mechanik und der Quantentheorie bildet.

Was die Einschränkung der geplanten Umformulierung auf Systeme betrifft, die sich durch Lagrange-Gleichungen zweiter Art beschreiben lassen, haben wir bei der Untersuchung der Ursachen von Zwangskräften festgestellt, dass diese auf Wechselwirkungskräfte zwischen den elementaren Bausteinen der Materie (Elementarteilchen, Atomkerne, Atome, Moleküle) zurückgeführt werden können. Meist existiert für diese Wechselwirkungskräfte entweder ein gewöhnliches oder ein generalisiertes Potenzial, so dass zumindest auf einem elementaren Niveau die Voraussetzungen für die Anwendbarkeit der Hamiltonschen Theorie gegeben sind.

7.1 Hamiltonsche Bewegungsgleichungen

Die Lagrangeschen Bewegungsgleichungen (7.1) bilden ein System von f gewöhnlichen Differentialgleichungen zweiter Ordnung für die unbekannten Funktionen $q_i(t)$. Bei der Lösung des zugehörigen Anfangswertproblems können unabhängig voneinander sowohl die Lagekoordinaten $q_i(t_0)$ als auch die generalisierten Geschwindigkeiten $\dot{q}_i(t_0)$ vorgegeben werden. Dies bedeutet, dass für die Festlegung der Teilchenbahnen die Lagekoordinaten und die Geschwindigkeiten eine gleichwertige Rolle spielen. Diese Gleichwertigkeit kommt viel deutlicher zum Ausdruck, wenn man von den f Differentialgleichungen (7.1) zu $2f$ äquivalenten Differentialgleichungen erster Ordnung übergeht, in denen auch geschwindigkeitsartige Größen als unabhängige Variablen auftreten. Nach der Theorie gewöhnlicher Differentialgleichungen kann ein derartiger Übergang immer vollzogen werden. Eine Möglichkeit bestünde z. B. darin, dass man die Gleichungen (7.1) nach den $\ddot{q}_i$ auflöst und einfach die generalisierten Geschwindigkeiten als neue Variablen einführt; das Ergebnis wäre ein Gleichungssystem der Form $y_i = \dot{q}_i$, $\dot{y}_i = f_i(q_i, y_i, t)$. W. R. Hamilton fand heraus, dass man eine besonders symmetrische Form der Bewegungsgleichungen erhält, wenn man stattdessen die **generalisierten Impulse**

$$\boxed{p_i = \frac{\partial L(\boldsymbol{q}, \dot{\boldsymbol{q}}, t)}{\partial \dot{q}_i}} \tag{7.2}$$

einführt, die manchmal auch als zu den (generalisierten) Lagekoordinaten q_i **kanonisch konjugierte Impulse** oder einfach als **kanonische Impulse** (von lat. *canonicus* = regelmäßig; Bedeutung: bestangepasst, als Richtschnur dienend) bezeichnet werden. Ihre Bezeichnung als Impulse rührt daher, dass sie bei einem System frei beweglicher Massenpunkte in kartesischen Koordinaten mit den gewöhnlichen Impulsen übereinstimmen ($L = \sum_i m_i \dot{x}_i{}^2/2 - V$, $\partial L/\partial \dot{x}_i = m_i \dot{x}_i$). Man beachte jedoch, dass diese Koinzidenz im Allgemeinen nicht besteht, ja, die kanonischen Impulse müssen noch nicht einmal die Dimension von Impulsen besitzen. (Das ist z. B. der Fall, wenn Winkel als Lagekoordinaten benutzt werden.) Allerdings besitzt das Produkt der beiden zueinander kanonisch konjugierten Variablen q_i und p_i stets die Dimension einer Wirkung, denn $[q \cdot p] = [q \cdot L/\dot{q}] = [L \cdot t] =$ Energie · Zeit.

Wir gehen im Folgenden davon aus, dass die generalisierten Geschwindigkeiten $\dot{q}_i$ eindeutig durch die Lagekoordinaten q_i und die kanonischen Impulse p_i ausgedrückt werden können, d. h., dass die Gleichungen (7.2) in der Form

$$\dot{q}_i = \dot{q}_i(\boldsymbol{q}, \boldsymbol{p}, t) \tag{7.3}$$

aufgelöst werden können. In der Analysis wird gezeigt, dass dazu die Bedingung

$$\det\left(\frac{\partial^2 L}{\partial \dot{q}_i\, \partial \dot{q}_k}\right) \neq 0 \tag{7.4}$$

erfüllt sein muss.[1]

Den Übergang von den Lagrangeschen Bewegungsgleichungen (7.1) zu Bewegungsgleichungen für die Variablen q_i, p_i vollzieht man am einfachsten mithilfe einer **Legendre-Transformation**. Diese verknüpft den Wechsel der unabhängigen Variablen mit der Ersetzung der das mechanische System charakterisierenden abhängigen Funktion L durch eine neue abhängige Funktion H, bewirkt also den Übergang $\boldsymbol{q}, \dot{\boldsymbol{q}}, L(\boldsymbol{q}, \dot{\boldsymbol{q}}, t) \rightarrow \boldsymbol{q}, \boldsymbol{p}, H(\boldsymbol{q}, \boldsymbol{p}, t)$. Für diesen setzt man in dem totalen Differential

$$dL = \sum_{i=1}^{f} \left(\frac{\partial L}{\partial \dot{q}_i}\, d\dot{q}_i + \frac{\partial L}{\partial q_i}\, dq_i\right) + \frac{\partial L}{\partial t}\, dt$$

1 Es gibt physikalisch interessante Fälle, in denen einige Geschwindigkeiten $\dot{q}_i$ nur linear in L auftreten, so dass (7.4) verletzt wird. Es wurde zuerst von P. A. M. Dirac gezeigt, dass die Bewegungsgleichungen auch dann noch in die Hamiltonsche Form gebracht werden können.

die Identitäten

$$\frac{\partial L}{\partial \dot{q}_i} d\dot{q}_i = p_i \, d\dot{q}_i = d(p_i \, \dot{q}_i) - \dot{q}_i \, dp_i$$

ein und bringt $\sum d(p_i \, \dot{q}_i)$ auf die linke Seite. Hierdurch wird diese zur Variation einer Funktion, die sich durch die Variationen der Variablen q_i, p_i und t ausdrücken lässt. Die Forderung, dass die $q_i(t)$ Lösungen der Lagrangeschen Bewegungsgleichungen sein sollen, benutzen wir in der Form, dass wir rechts $\partial L/\partial q_i$ durch

$$\frac{\partial L}{\partial q_i} = \frac{d}{dt} \frac{\partial L}{\partial \dot{q}_i} = \dot{p}_i$$

ersetzen. Das Ergebnis ist die Beziehung

$$d\Big(\sum_{i=1}^{f} p_i \, \dot{q}_i - L\Big) = -\sum_{i=1}^{f} \Big(\dot{p}_i \, dq_i - \dot{q}_i \, dp_i\Big) - \frac{\partial L}{\partial t} dt \, . \tag{7.5}$$

Damit deren linke Seite das totale Differential einer Funktion der Variablen q_i, p_i und t darstellt, wie das durch die rechte Seite zum Ausdruck kommt, müssen sämtliche $\dot{q}_i$ in der Form (7.3) dargestellt werden, was unter der Voraussetzung (7.4) stets möglich ist. Wenn das geschehen ist, definiert die Größe

$$\boxed{H(\boldsymbol{q}, \boldsymbol{p}, t) = \sum_{i=1}^{f} p_i \, \dot{q}_i(\boldsymbol{q}, \boldsymbol{p}, t) - L(\boldsymbol{q}, \dot{\boldsymbol{q}}(\boldsymbol{q}, \boldsymbol{p}, t), t) \, ,} \tag{7.6}$$

deren Differential die linke Seite von Gleichung (7.5) ist, die so genannte **Hamilton-Funktion**. Aus (7.5) folgt für diese die Identität

$$dH = \sum_{i=1}^{f} \left(\frac{\partial H}{\partial q_i} dq_i + \frac{\partial H}{\partial p_i} dp_i \right) + \frac{\partial H}{\partial t} dt \equiv -\sum_{i=1}^{f} \Big(\dot{p}_i \, dq_i - \dot{q}_i \, dp_i\Big) - \frac{\partial L}{\partial t} dt \, .$$

Koeffizientenvergleich der Differentiale beider Seiten liefert zum einen das System

$$\boxed{\dot{q}_i = \frac{\partial H}{\partial p_i} \, , \qquad \dot{p}_i = -\frac{\partial H}{\partial q_i} \, , \qquad i = 1, \ldots, f} \tag{7.7}$$

von $2f$ gewöhnlichen Differentialgleichungen für die Funktionen $q_i(t)$ und $p_i(t)$. Es handelt sich um die gesuchten Differentialgleichungen erster Ordnung, und man bezeichnet sie als **Hamiltonsche** oder **kanonische Bewegungsgleichungen**.

Zum anderen erhalten wir noch den Zusammenhang

$$\boxed{\frac{\partial H}{\partial t} = -\frac{\partial L}{\partial t} \, ,} \tag{7.8}$$

dessen Bedeutung wir später diskutieren werden (Abschn. 7.2).

Anmerkung: Ein Gleichungssystem der Struktur (7.7) wird ganz allgemein als **Hamiltonsches System** bezeichnet, auch wenn es sich nicht aus Lagrangeschen Bewegungsgleichungen ableiten bzw. auf solche zurücktransformieren lässt. □

Die **Rücktransformation** eines Hamiltonschen Systems in ein System Lagrangescher Bewegungsgleichungen wird durch eine weitere Legendre-Transformation $\boldsymbol{q}, \boldsymbol{p}, H(\boldsymbol{q}, \boldsymbol{p}, t) \rightarrow \boldsymbol{q}, \dot{\boldsymbol{q}}, L(\boldsymbol{q}, \dot{\boldsymbol{q}}, t)$ bewirkt: Mithilfe von (7.7a) werden die p_i durch die $\dot{q}_k$ ausgedrückt, und damit das möglich ist, muss die Gültigkeit der Beziehung

$$\det\left(\frac{\partial^2 H}{\partial p_i\, \partial p_k}\right) \neq 0 \tag{7.9}$$

vorausgesetzt werden. Für $p_i = p_i(\boldsymbol{q}, \dot{\boldsymbol{q}}, t)$ erhält man nach der Legendre-Transformation die Gleichungen

$$p_i = \frac{\partial L}{\partial \dot{q}_i}, \qquad \dot{p}_i = \frac{\partial L}{\partial q_i},$$

deren Kombination gerade wieder zu den Ausgangsgleichungen (7.1) zurückführt. Außerdem erhält man wieder (7.8) (Aufgabe 7.2). Das beweist die völlige Äquivalenz der Hamiltonschen und Lagrangeschen Bewegungsgleichungen für den Fall, dass die Bedingungen (7.4) und (7.9) erfüllt sind.

Zusammenfassung. Wir fassen zum Abschluss *rezeptartig* die Schritte zusammen, die zum Aufstellen der Hamiltonschen Bewegungsgleichungen vollzogen werden müssen:

1. Wahl geeigneter generalisierter Koordinaten.
2. Berechnung der Lagrange-Funktion $L = L(\boldsymbol{q}, \dot{\boldsymbol{q}}, t)$.
3. Vorbereitung der Elimination der Geschwindigkeiten $\dot{q}_i$ durch Berechnung der Funktionen $\dot{q}_i = \dot{q}_i(\boldsymbol{q}, \boldsymbol{p}, t)$ aus der Definitionsgleichung (7.2), $p_i = \partial L(\boldsymbol{q}, \dot{\boldsymbol{q}}, t)/\partial \dot{q}_i$.
4. Berechnung der Hamilton-Funktion $H(\boldsymbol{q}, \boldsymbol{p}, t) = \sum_i p_i \dot{q}_i - L$.
5. Einsetzen der berechneten Hamilton-Funktion in die kanonischen Bewegungsgleichungen (7.7).

Dieses Programm wird im Folgenden an einigen einfachen Beispielen illustriert.

Beispiel 7.1: *Einzelteilchen im Potenzial* $V(x_1, x_2, x_3)$

1. Als generalisierte Koordinaten q_i können wir hier einfach die kartesischen Koordinaten x_i des Teilchens benutzen.
2. Nach Abschn. 5.8.1 ist die Lagrange-Funktion

$$L = \sum_{i=1}^{3} \frac{1}{2} m \dot{x}_i{}^2 - V(x_1, x_2, x_3).$$

3. Aus $p_i = \partial L/\partial \dot{x}_i = m\dot{x}_i$ folgt $\dot{x}_i = p_i/m$.
4. Die Hamilton-Funktion lautet

$$H = \sum_{i=1}^{3} \frac{p_i{}^2}{m} - \sum_{i=1}^{3} \frac{p_i{}^2}{2m} + V(x_1, x_2, x_3) = \sum_{i=1}^{3} \frac{p_i{}^2}{2m} + V(x_1, x_2, x_3).$$

5. Mit dieser erhalten wir aus (7.7) die Bewegungsgleichungen

$$\dot{x}_i = \frac{p_i}{m}\,, \qquad \dot{p}_i = -\frac{\partial V}{\partial x_i}\,.$$

Beispiel 7.2: *Harmonischer Oszillator*

Wir benutzen als generalisierte Koordinaten wieder die kartesischen Koordinaten und erhalten

$$L = \frac{m}{2}\dot{x}^2 - \frac{k}{2}x^2\,, \qquad p = \frac{\partial L}{\partial \dot{x}} = m\dot{x}\,, \qquad \dot{x} = \frac{p}{m}\,, \qquad H \overset{(7.6)}{=} p\dot{x} - L = \frac{p^2}{2m} + \frac{k}{2}x^2$$

sowie aus (7.7) die Bewegungsgleichungen

$$\dot{x} = \frac{p}{m}\,, \qquad \dot{p} = -kx\,.$$

Beispiel 7.3: *Geladenes Teilchen im elektromagnetischen Feld*

Unter Benutzung der Summenkonvention lautet die Lagrange-Funktion (5.71)

$$L = \frac{m}{2}\dot{x}_i\dot{x}_i - q\Big[\phi(\boldsymbol{r}) - A_i(\boldsymbol{r})\,\dot{x}_i\Big]\,.$$

Hieraus folgt

$$p_i = \frac{\partial L}{\partial \dot{x}_i} = m\dot{x}_i + qA_i\,, \qquad \dot{x}_i = \frac{1}{m}(p_i - qA_i)$$

und

$$H = p_k\dot{x}_k - L = \frac{p_k\,(p_k - qA_k)}{m} - \frac{(p_k - qA_k)\,(p_k - qA_k)}{2m} + q\left[\phi - \frac{A_k\,(p_k - qA_k)}{m}\right]$$
$$= \frac{(p_k - qA_k)\,(p_k - qA_k)}{2m} + q\phi\,.$$

bzw. in Vektornotation

$$\boxed{H = \frac{1}{2m}\,(\boldsymbol{p} - q\boldsymbol{A})^2 + q\phi\,.} \tag{7.10}$$

Aus (7.7) ergeben sich damit ($q_i \to x_i$) die Bewegungsgleichungen

$$\dot{x}_i = \frac{1}{m}\,(p_i - qA_i)\,, \qquad \dot{p}_i = \frac{q}{m}\,(p_k - qA_k)\frac{\partial A_k}{\partial x_i} - q\frac{\partial \phi}{\partial x_i}\,. \tag{7.11}$$

Beispiel 7.4: *Kreispendel im Schwerefeld*

Mit dem Auslenkungswinkel φ als generalisierter Koordinate lautet die Lagrange-Funktion (siehe Abschn. 5.8.1, Beispiel 5.20)

$$L = \frac{m}{2}l^2\dot{\varphi}^2 + mgl\cos\varphi\,.$$

Aus dieser ergibt sich

$$p = \frac{\partial L}{\partial \dot{\varphi}} = ml^2\dot{\varphi}\,, \qquad \dot{\varphi} = \frac{p}{ml^2}\,, \qquad H = \frac{p^2}{2ml^2} - mgl\cos\varphi\,. \tag{7.12}$$

Der generalisierte Impuls ist hier nicht der gewöhnliche Impuls $mv{=}ml\dot\varphi$, sondern der Drehimpuls. Die kanonischen Bewegungsgleichungen (7.7) lauten

$$\dot\varphi = \frac{p}{ml^2}\,, \qquad \dot p = -mgl\sin\varphi\,.$$

Anmerkung: In den meisten Fällen kann man die Hamiltonschen Bewegungsgleichungen direkt durch eine Variablensubstitution aus den Lagrangeschen Bewegungsgleichungen ableiten, ohne eine Legendre-Transformation heranziehen zu müssen. Das sei an dem zuletzt behandelten Beispiel des Schwerependels illustriert. Die Lagrangesche Bewegungsgleichung lautet

$$\frac{d}{dt}\frac{\partial L}{\partial\dot\varphi} = ml^2\ddot\varphi = -mgl\sin\varphi = \frac{\partial L}{\partial\varphi}\,.$$

Substituiert man in dieser $p{=}\partial L/\partial\dot\varphi{=}ml^2\dot\varphi$, so erhält man sofort $\dot p{=}{-}mgl\sin\varphi$, während die zur Substitution benutzte Gleichung die Hamiltonsche Bewegungsgleichung $\dot\varphi{=}p/(ml^2)$ liefert. □

7.2 Zyklische Variablen und Erhaltungssätze

Ähnlich wie in der Lagrangeschen Theorie bezeichnen wir auch in der Hamilton-Theorie eine Variable (hier q_k oder p_k) als **zyklisch** oder **ignorabel**, wenn die Hamilton-Funktion von ihr unabhängig ist. Und genau wie in jener erhalten wir für jede zyklische Koordinate einen Erhaltungssatz: Ist q_i zyklisch ($\partial H/\partial q_i{=}0$), so folgt aus den Hamiltonschen Bewegungsgleichungen (7.7) unmittelbar $p_i{=}$const; für zyklisches p_i, also $\partial H/\partial p_i{=}0$, erhalten wir sofort $q_i{=}$const.

Falls von einem Hamiltonschen System der Übergang zu einem äquivalenten Lagrangeschen System mit denselben Lagekoordinaten q_i möglich ist – die Voraussetzung dafür ist die Gültigkeit der Ungleichung (7.9) – haben beide dieselben zyklischen Koordinaten und diese führen zu den gleichen Erhaltungssätzen. Aus der Definitionsgleichung (7.6) ergibt sich nämlich

$$\left.\frac{\partial H}{\partial q_k}\right|_{\boldsymbol p} = \sum_{i=1}^{f} p_i\,\frac{\partial\dot q_i(\boldsymbol q,\boldsymbol p,t)}{\partial q_k} - \left.\frac{\partial L}{\partial q_k}\right|_{\dot{\boldsymbol q}} - \sum_{i=1}^{f}\frac{\partial L}{\partial\dot q_i}\,\frac{\partial\dot q_i(\boldsymbol q,\boldsymbol p,t)}{\partial q_k} \overset{(7.2)}{=} -\left.\frac{\partial L}{\partial q_k}\right|_{\dot{\boldsymbol q}}\,,$$

d. h. aus $\partial L/\partial q_k|_{\dot{\boldsymbol q}} = 0$ folgt $\partial H/\partial q_k|_{\boldsymbol p} = 0$ und umgekehrt, und in beiden Systemen ist der zugehörige Erhaltungssatz

$$\boxed{p_k = \text{const}_k\,.} \tag{7.13}$$

Zyklische Impulse p_k und die dazugehörigen Erhaltungssätze $q_k{=}\text{const}_k$ kann es nicht geben, wenn zu einem Hamiltonschen System ein äquivalentes Lagrangesches System mit denselben Lagekoordinaten q_i existiert: Aus $\partial H/\partial p_k{=}0$ folgt, dass in der Matrix

$\partial^2 H/\partial p_i\, \partial p_k$ die k-te Spalte verschwindet und daher $\det(\partial^2 H/\partial p_i\, \partial p_k)=0$ ist, so dass die Bedingung (7.9) verletzt wird.

Selbstverständlich gibt es Hamilton-Funktionen, die von einem oder mehreren kanonischen Impulsen p_k unabhängig sind. Aus dem oben Gesagten folgt nicht, dass es dann generell kein äquivalentes Lagrangesches System gibt: Wir werden später sehen, dass man Hamiltonsche Bewegungsgleichungen so transformieren kann, dass die kanonische Struktur erhalten bleibt; nach einer derartigen Transformation kann der Übergang zu einem äquivalenten Lagrangeschen System möglich werden.

Zu Beginn dieses Kapitels wurde gesagt, dass die Hamiltonsche Formulierung der Bewegungsgleichungen beim Lösen konkreter Probleme im Allgemeinen keine wesentlichen Vorteile bietet. Eine Ausnahme hiervon ergibt sich jedoch für den Fall, dass zyklische Koordinaten vorliegen. In der Lagrangeschen Theorie folgt aus der Zyklizität von q_i nämlich nur $\partial L/\partial \dot{q}_i=\text{const}$; L ist dann zwar von q_i unabhängig, kann aber immer noch von $\dot{q}_i$ abhängen. In der Hamilton-Theorie folgt aus $\partial H/\partial q_k=0$ jedoch $p_k=\text{const}$, d.h nicht nur die zyklische Koordinate q_k, sondern auch der zu dieser konjugierte Impuls p_k fällt aus dem verbleibenden Problem heraus.

Verallgemeinerter Energie-Erhaltungssatz. Neben den mit der Zyklizität von Lagekoordinaten verbundenen Erhaltungssätzen haben wir in der Lagrangeschen Theorie noch den verallgemeinerten Energie-Erhaltungssatz $H=\text{const}$ kennen gelernt (Abschn. 5.12.2). Er gilt, wenn $\partial L/\partial t=0$ ist, also dann, wenn t eine ignorable bzw. zyklische Variable ist. Wegen des Zusammenhangs (7.8), den wir beim Übergang von den Lagrangeschen zu den Hamiltonschen Bewegungsgleichungen als Nebenprodukt erhielten, folgt er auch aus $\partial H/\partial t=0$.

In der Hamiltonschen Theorie wollen wir Gleichungssysteme der Form (7.7) betrachten, in denen die Hamilton-Funktion $H(\boldsymbol{q}, \boldsymbol{p}, t)$ beliebig vorgegeben ist, ohne Rücksicht darauf zu nehmen, ob zu ihnen ein äquivalentes Lagrangesches System existiert, ob also in geeigneten Koordinaten die Bedingung (7.7) erfüllt ist. Daher ist es notwendig, den verallgemeinerten Energie-Erhaltungssatz auch direkt aus den Hamiltonschen Bewegungsgleichungen abzuleiten. Unter deren Benutzung ergibt sich für die zeitliche Änderung von H längs der Systemtrajektorien

$$\begin{aligned} \frac{dH(\boldsymbol{q}, \boldsymbol{p}, t)}{dt} &= \frac{\partial H}{\partial t} + \sum_{i=1}^{f} \left(\frac{\partial H}{\partial q_i} \dot{q}_i + \frac{\partial H}{\partial p_i} \dot{p}_i \right) \\ &\overset{(7.7)}{=} \frac{\partial H}{\partial t} + \sum_{i=1}^{f} \left(\frac{\partial H}{\partial q_i} \frac{\partial H}{\partial p_i} - \frac{\partial H}{\partial p_i} \frac{\partial H}{\partial q_i} \right) = \frac{\partial H}{\partial t}, \end{aligned}$$

kurz

$$\boxed{\frac{dH}{dt} = \frac{\partial H}{\partial t},} \tag{7.14}$$

und aus dieser Beziehung folgt unmittelbar der **verallgemeinerte Energie-Erhaltungssatz**

$$\boxed{H = \text{const} \qquad \text{für} \qquad \frac{\partial H}{\partial t} = 0\,.} \tag{7.15}$$

7.3 Variationsprinzipien

In einer gewissen Analogie dazu, wie das d'Alembertsche Prinzip gleichwertig mit den Lagrangeschen Bewegungsgleichungen erster Art ist, können wir in diesem Abschnitt Variationsprinzipien ableiten, die den Lagrangeschen bzw. Hamiltonschen Bewegungsgleichungen äquivalent sind. Diese Variationsprinzipien sind zum einen schon für sich genommen sehr interessant, ja sie wurden nach ihrer Entdeckung in einer gewissen euphorischen Fehleinschätzung sogar zur Grundlage philosophischer Weltbilder gemacht. Zum anderen erweist sich diese Umformung der Bewegungsgesetze für deren Transformation als ganz besonders nützlich. Zur Einführung in die Methode der Bahnvariation betrachten wir zunächst ein besonders einfaches Beispiel.

Beispiel 7.5: *Variation der Bahn eines freien Teilchens*

Wie wir wissen, erfolgt die kräftefreie Bewegung eines Massenpunkts auf einer Geraden. Diese ist unter allen möglichen Raumkurven dadurch ausgezeichnet, dass sie die kürzeste Verbindung zweier auf ihr gelegener Punkte bildet. Diese Besonderheit ist allerdings nicht auf Bahnen in Kraftfeldern übertragbar, die im Allgemeinen gekrümmt sind. Bei der kräftefreien Bewegung nimmt außer der Bahnlänge jedoch auch das Integral

$$I(\boldsymbol{r}(t)) = \int_{t_1}^{t_2} \frac{m}{2} \dot{\boldsymbol{r}}^2(t)\, dt$$

auf der durchlaufenen Bahn im Vergleich zu allen anderen, dieselben Punkte verbindenden Kurven ein Minimum ein. Den Beweis dieser Tatsache liefert die folgende Betrachtung. Die (geradlinige) Bahn wird mit der Geschwindigkeit $v_0{=}|\boldsymbol{r}_2{-}\boldsymbol{r}_1|/(t_2{-}t_1){=}s_0/(t_2{-}t_1)$ durchlaufen. Für die Vergleichsbahnen setzen wir $|\dot{\boldsymbol{r}}(t)|{=}v{=}v_0{+}v_1(t)$ und erhalten damit

$$I(\boldsymbol{r}(t)) = \frac{m}{2}\left[\int_{t_1}^{t_2} v_0^2\, dt + 2v_0 \int_{t_1}^{t_2} v_1\, dt + \int_{t_1}^{t_2} v_1^2\, dt\right].$$

Wegen

$$\int_{t_1}^{t_2} v_1\, dt = \int_{t_1}^{t_2} (v{-}v_0)\, dt = s{-}s_0 \geq 0 \qquad \text{mit} \qquad s = \int v\, dt$$

gilt wie behauptet $I(\boldsymbol{r}(t)) \geq I(\boldsymbol{r}_0(t))$. Für den betrachteten, frei beweglichen und kräftefreien Massenpunkt gilt nun

$$T = mv^2/2\,, \qquad V = 0\,, \qquad L = T - V = T\,,$$

und daher nimmt auch das als Wirkungsfunktion bezeichnete Integral

$$S = \int_{t_1}^{t_2} L\, dt \tag{7.16}$$

auf der tatsächlich durchlaufenen Bahn ein Minimum ein. (Der Name „Wirkungsfunktion" rührt daher, dass die physikalische Dimension von S die einer Wirkung = Energie · Zeit ist.)

In Abschn. 7.3.3 werden wir sehen, dass die in (7.16) eingeführte Größe S ganz allgemein, also auch bei Anwesenheit externer Kraftfelder, für jede Lösung der Lagrange-

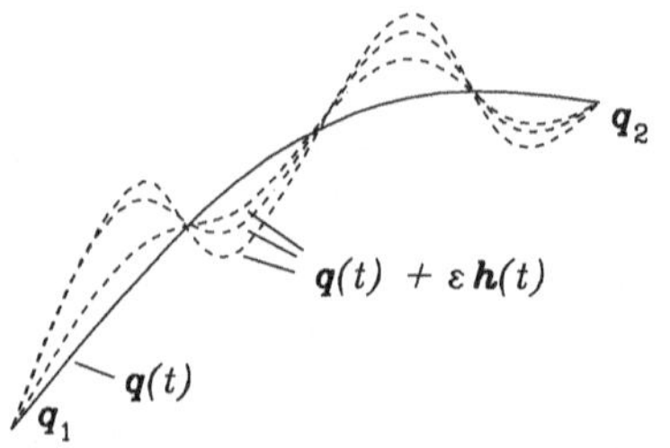

Abb. 7.1: Variationen der Bahn $\boldsymbol{q}(t)$.

Gleichungen (7.1) einen Extremwert annimmt. Der Beweis dieser Tatsache benutzt einen wichtigen Satz aus der Variationsrechnung, den wir zuerst und ohne direkten Bezug auf unser konkretes physikalisches Problem behandeln wollen.

7.3.1 Euler-Gleichungen der Variationsrechnung

Wir betrachten f Funktionen $q_1, \ldots, q_f$ der unabhängigen Variablen t, die wir wie gewohnt zu einem „Bahnvektor" $\boldsymbol{q}(t)$ mit den Komponenten $q_i(t)$ zusammenfassen. $F = F(\boldsymbol{q}, \dot{\boldsymbol{q}}, t)$ sei eine nach allen Argumenten $q_1, \ldots, q_f, \dot{q}_1, \ldots, \dot{q}_f$ und t stetig differenzierbare Funktion. Zu dieser definieren wir das Funktional

$$I[\boldsymbol{q}(t)] := \int_{t_1}^{t_2} F(\boldsymbol{q}(t), \dot{\boldsymbol{q}}(t), t)\, dt \tag{7.17}$$

für alle Bahnen $\boldsymbol{q}(t)$, die ganz im Definitionsbereich der Funktion F verlaufen und zu den Zeitpunkten t_1 und t_2 dieselben Bahnpunkte $\boldsymbol{q}(t_1) = \boldsymbol{q}_1$ bzw. $\boldsymbol{q}(t_2) = \boldsymbol{q}_2$ durchlaufen (Abb. 7.1).

Wird nun eine Bahn $\boldsymbol{q}(t)$ in $\boldsymbol{q}(t) + \Delta\boldsymbol{q}(t)$ abgeändert, so verändert sich dabei im Allgemeinen auch das Funktional $I[\boldsymbol{q}(t)]$. Ist die Änderung infinitesimal klein, so schreiben wir $\delta\boldsymbol{q}(t)$ statt $\Delta\boldsymbol{q}(t)$ und bezeichnen $\delta\boldsymbol{q}(t)$ dann als Variation der Bahn. (Man beachte, dass die Variation der Bahn die Bedeutung $\delta\boldsymbol{q}(t) := \boldsymbol{q}_2(t) - \boldsymbol{q}_1(t)$ besitzt, im Gegensatz zu $d\boldsymbol{q}(t) = \boldsymbol{q}(t+dt) - \boldsymbol{q}(t)$.)

$$\delta I[\boldsymbol{q}(t)] := I[\boldsymbol{q}(t) + \delta\boldsymbol{q}(t)] - I[\boldsymbol{q}(t)]$$

ist die mit der Bahnvariation $\delta\boldsymbol{q}(t)$ verknüpfte Variation des Funktionals $I[\boldsymbol{q}(t)]$. Jetzt formulieren wir ein **Variationsproblem**: Wir suchen eine Bahn $\boldsymbol{q}(t)$, für die $\delta I[\boldsymbol{q}(t)]$ bei sämtlichen zulässigen Bahnvariationen $\delta\boldsymbol{q}(t)$ verschwindet, d. h.

$$\boxed{\delta I[\boldsymbol{q}(t)] = \delta \int_{t_1}^{t_2} F(\boldsymbol{q}(t), \dot{\boldsymbol{q}}(t), t)\, dt = 0} \tag{7.18}$$

für alle $\delta\boldsymbol{q}(t)$, welche die Bedingungen

$$\boxed{\delta\boldsymbol{q}(t_1) = \delta\boldsymbol{q}(t_2) = 0} \tag{7.19}$$

erfüllen. (7.18) ist eine notwendige Bedingung dafür, dass das Integral $I[\boldsymbol{q}(t)]$ einen Extremwert annimmt. Eine Bahn $\boldsymbol{q}(t)$, für die diese notwendige Bedingung erfüllt ist, wird als **Extremale** bezeichnet. Sie muss das Integral $I[\boldsymbol{q}(t)]$ keineswegs zu einem Minimum oder Maximum machen, sondern verleiht ihm im Allgemeinen nur einen stationären Wert, der auch die Eigenschaften eines relativen Maximums oder Minimums bzw. eines Sattelpunkts aufweisen kann.
Für das Variationsproblem (7.18)–(7.19) gilt der folgende Satz.

Satz der Variationsrechnung. *In der Klasse sämtlicher Bahnen, welche die Bedingungen*

$$\boldsymbol{q}(t_1) = \boldsymbol{q}_1\,, \qquad \boldsymbol{q}(t_2) = \boldsymbol{q}_2 \tag{7.20}$$

erfüllen, nimmt das Funktional $I[\boldsymbol{q}(t)]$ für die Bahn $\boldsymbol{q}(t)$ genau dann einen stationären Wert an, wenn diese die ***Euler-Gleichungen***

$$\boxed{\frac{d}{dt}\left(\frac{\partial F}{\partial \dot{\boldsymbol{q}}}\right) - \frac{\partial F}{\partial \boldsymbol{q}} = 0} \tag{7.21}$$

erfüllt.

Gleichbedeutend damit ist die Aussage:

Die Lösungen $\boldsymbol{q}(t)$ der Euler-Gleichungen (7.21) *sind auch Lösungen des Variationsproblems* (7.18)–(7.19) *und umgekehrt.*

Beweis: Zum Beweis unseres Satzes betrachten wir zu einer gegebenen Bahn $\boldsymbol{q}(t)$, die (7.21) erfüllt, die einparameterige Schar von Nachbarbahnen $\boldsymbol{q}(t)+\varepsilon\boldsymbol{h}(t)$, d. h. wir setzen $\delta\boldsymbol{q}(t)=\varepsilon\boldsymbol{h}(t)$. Dabei ist ε ein kleiner reeller Parameter und $\boldsymbol{h}(t)$ eine beliebige, aber fest vorgegebene Vektorfunktion, für die nur

$$\boldsymbol{h}(t_1) = \boldsymbol{h}(t_2) = 0 \tag{7.22}$$

gelten muss, damit die Bedingungen (7.20) erfüllt werden. Das Funktional $I[\boldsymbol{q}(t)+\varepsilon\boldsymbol{h}(t)]$ nimmt in dieser Schar für $\boldsymbol{q}(t)$ einen stationären Wert an, wenn $dI[\boldsymbol{q}+\varepsilon\boldsymbol{h}]/d\varepsilon|_{\varepsilon=0}=0$ ist. Mit

$$\frac{dF(\boldsymbol{q}+\varepsilon\boldsymbol{h}, \dot{\boldsymbol{q}}+\varepsilon\dot{\boldsymbol{h}}, t)}{d\varepsilon} = \left(\frac{\partial F}{\partial \boldsymbol{q}}\cdot\boldsymbol{h} + \frac{\partial F}{\partial \dot{\boldsymbol{q}}}\cdot\dot{\boldsymbol{h}}\right)\bigg|_{\boldsymbol{q}+\varepsilon\boldsymbol{h},\dot{\boldsymbol{q}}+\varepsilon\dot{\boldsymbol{h}}}$$

gilt nun

$$\frac{dI}{d\varepsilon}\bigg|_{\varepsilon=0} = \int_{t_1}^{t_2} \frac{dF}{d\varepsilon}\bigg|_{\varepsilon=0} dt = \int_{t_1}^{t_2}\left(\frac{\partial F(\boldsymbol{q},\dot{\boldsymbol{q}},t)}{\partial \boldsymbol{q}}\cdot\boldsymbol{h}(t) + \frac{\partial F(\boldsymbol{q},\dot{\boldsymbol{q}},t)}{\partial \dot{\boldsymbol{q}}}\cdot\dot{\boldsymbol{h}}(t)\right)dt\,.$$

Durch partielle Integration des zweiten Summanden, d. h. mit

$$\int_{t_1}^{t_2}\frac{\partial F}{\partial \dot{\boldsymbol{q}}}\cdot\dot{\boldsymbol{h}}\,dt = \int_{t_1}^{t_2}\frac{d}{dt}\left(\frac{\partial F}{\partial \dot{\boldsymbol{q}}}\cdot\boldsymbol{h}\right)dt - \int_{t_1}^{t_2}\boldsymbol{h}\cdot\frac{d}{dt}\frac{\partial F}{\partial \dot{\boldsymbol{q}}}\,dt$$

erhalten wir daraus

$$\frac{dI}{d\varepsilon}\bigg|_{\varepsilon=0} = \int_{t_1}^{t_2}\left[\frac{\partial F}{\partial \boldsymbol{q}} - \frac{d}{dt}\left(\frac{\partial F}{\partial \dot{\boldsymbol{q}}}\right)\right]\cdot\boldsymbol{h}\,dt + \left(\frac{\partial F}{\partial \dot{\boldsymbol{q}}}\cdot\boldsymbol{h}\right)\bigg|_{t_1}^{t_2}\,. \tag{7.23}$$

Wegen der Randbedingungen (7.22) an $\boldsymbol{h}$ entfällt der letzte Term, und wir haben schließlich das Ergebnis

$$\left.\frac{dI[\boldsymbol{q}(t)+\varepsilon\boldsymbol{h}(t)]}{d\varepsilon}\right|_{\varepsilon=0} = \int_{t_1}^{t_2}\left[\frac{\partial F}{\partial \boldsymbol{q}} - \frac{d}{dt}\left(\frac{\partial F}{\partial \dot{\boldsymbol{q}}}\right)\right]\cdot \boldsymbol{h}\,dt\,. \tag{7.24}$$

Erfüllt $\boldsymbol{q}(t)$ nun die Euler-Gleichungen (7.21), so wird $dI/d\varepsilon|_{\varepsilon=0}$ für jede zulässige Funktion $\boldsymbol{h}(t)$ gleich null, d. h. I nimmt in der Klasse sämtlicher Nachbarbahnen für $\boldsymbol{q}(t)$ tatsächlich einen stationären Wert an.

Können wir umgekehrt diesen Tatbestand voraussetzen, d. h., ist mit

$$\boldsymbol{f}(t) := \frac{\partial F}{\partial \boldsymbol{q}} - \frac{d}{dt}\left(\frac{\partial F}{\partial \dot{\boldsymbol{q}}}\right)$$

für jede zulässige Funktion $\boldsymbol{h}(t)$ die Beziehung

$$\int_{t_1}^{t_2} \boldsymbol{f}(t)\cdot\boldsymbol{h}(t)\,dt = 0 \tag{7.25}$$

erfüllt, so können wir insbesondere

$$\boldsymbol{h}(t) = \alpha^2(t)\,\boldsymbol{f}(t)$$

mit $\alpha(t) \neq 0$ im offenen Intervall $]t_1, t_2[$ und $\alpha(t_1) = \alpha(t_2) = 0$ setzen. Gleichung (7.25) kann dann wegen der Positivität des Integranden nur dadurch erfüllt werden, dass $\boldsymbol{f}(t)$ verschwindet. Das bedeutet jedoch, dass die Euler-Gleichungen erfüllt sind. □

7.3.2 Hamiltonsches Prinzip

Offensichtlich sind die Lagrangeschen Bewegungsgleichungen (7.1) die Euler-Gleichungen des Variationsproblems, das man erhält, wenn man in (7.18) für $F(\boldsymbol{q}, \dot{\boldsymbol{q}}, t)$ die Lagrange-Funktion $L(\boldsymbol{q}, \dot{\boldsymbol{q}}, t)$ einsetzt, weshalb sie mitunter auch als Euler-Lagrange-Gleichungen bezeichnet werden. Diesen Sachverhalt beinhaltet das Hamiltonsche Prinzip.

Hamiltonsches Prinzip. *Die Bahnen $\boldsymbol{q}(t)$ eines durch die Lagrange-Funktion $L(\boldsymbol{q}, \dot{\boldsymbol{q}}, t)$ beschriebenen mechanischen Systems sind die Lösungen des Variationsproblems*

$$\boxed{\delta S[\boldsymbol{q}(t)] = \delta\int_{t_1}^{t_2} L(\boldsymbol{q}(t), \dot{\boldsymbol{q}}(t), t)\,dt = 0} \tag{7.26}$$

mit den Nebenbedingungen

$$\boxed{\delta\boldsymbol{q}(t_1) = \delta\boldsymbol{q}(t_2) = 0\,.} \tag{7.27}$$

Umgekehrt sind alle Lösungen dieses Variationsproblems mechanische Bahnen.

Das Hamiltonsche Prinzip ist ein Integralprinzip, bei dem zur Berechnung der Bahn deren ganzer Verlauf herangezogen wird, also in gleicher Weise ihre Zukunft und Vergangenheit. Nach der Entdeckung des Hamiltonschen Prinzips bzw. anderer, äquivalenter Extremalprinzipien wurde eine Zeit lang die Meinung vertreten, dass hiermit das Kausalitätsprinzip von einem teleologischen Prinzip der Natur abgelöst sei; dieses würde alles mechanische Geschehen in der Natur in weiser Voraussicht so ablaufen lassen, dass die Wirkung insgesamt so klein wird wie nur irgend möglich. Tatsächlich nimmt die Wirkung nur einen stationären Wert an, bei dem es sich auch um einen größten oder einen Sattelpunktswert handeln kann. Außerdem stellt die Umformulierung der mechanischen Bewegungsgesetze in ein Variationsproblem nichts Außergewöhnliches dar. In der Variationsrechnung wird nämlich gezeigt, dass eine derartige Umformulierung unter gewissen Voraussetzungen für recht allgemeine Systeme von Differentialgleichungen möglich ist („Inverses Problem der Variationsrechnung"). Was das Kausalitätsprinzip angeht, zeigt die Äquivalenz der Euler-Gleichungen mit dem zugehörigen Variationsprinzip, dass dieses das Kausalitätsprinzip implizit enthalten muss.

7.3.3 Variationsprinzip der Hamiltonschen Bewegungsgleichungen

Das Hamiltonsche Prinzip ist den Lagrangeschen Bewegungsgleichungen zweiter Art äquivalent, die – unter gegebenen Voraussetzungen – ihrerseits den Hamiltonschen Bewegungsgleichungen äquivalent sind. Die letzteren müssen sich daher ebenfalls aus dem Hamiltonschen Prinzip ableiten lassen können. Es gibt jedoch auch ein Variationsproblem, das ihnen unmittelbar zugeordnet ist.

Um dieses aufzufinden, lösen wir die Definitionsgleichung (7.6) der Hamilton-Funktion nach L auf, drücken die $\dot{q}_i$ jetzt aber nicht durch $\boldsymbol{q}$, $\boldsymbol{p}$ und t aus, sondern behandeln sie als eigenständige Variablen. (Dieser Schritt ist notwendig, denn da sich die Zahl der Bewegungsgleichungen beim Übergang von der Lagrangeschen zu der Hamiltonschen Formulierung verdoppelt, benötigen wir jetzt auch mehr Variationsvariablen.) Die hierdurch definierte Funktion der Variablen $\boldsymbol{q}$, $\dot{\boldsymbol{q}}$, $\boldsymbol{p}$ und t bezeichnen wir mit L_H,

$$\boxed{L_H(\boldsymbol{q},\dot{\boldsymbol{q}},\boldsymbol{p},t) = \sum\nolimits_{i=1}^{f} p_i\,\dot{q}_i - H(\boldsymbol{q},\boldsymbol{p},t)\,.} \tag{7.28}$$

Für sie gilt das folgende Variationsprinzip.

Variationsprinzip der Hamiltonschen Bewegungsgleichungen. *Das Variationsproblem*

$$\boxed{\delta \int_{t_1}^{t_2} L_H(\boldsymbol{q},\boldsymbol{p},\dot{\boldsymbol{q}},t)\,dt = 0} \tag{7.29}$$

mit den Nebenbedingungen

$$\boxed{\delta\boldsymbol{q}(t_1) = \delta\boldsymbol{q}(t_2) = 0\,, \qquad \delta\boldsymbol{p}(t_1) = \delta\boldsymbol{p}(t_2) = 0} \tag{7.30}$$

ist den Hamiltonschen Bewegungsgleichungen äquivalent.

Beweis: Zum Beweis ziehen wir den allgemeinen Satz der Variationsrechnung aus Abschn. 7.3.1 heran und nehmen in ihm die Ersetzungen $F \to L_H$ sowie $\boldsymbol{q} \to \{\boldsymbol{q}, \boldsymbol{p}\}$ vor. Die zugehörigen Euler-Gleichungen lauten in Komponentenschreibweise

$$\frac{d}{dt}\left(\frac{\partial L_H}{\partial \dot{q}_i}\right) = \frac{\partial L_H}{\partial q_i}, \qquad \frac{d}{dt}\left(\frac{\partial L_H}{\partial \dot{p}_i}\right) = \frac{\partial L_H}{\partial p_i}.$$

Nun gilt nach (7.28)

$$\frac{\partial L_H}{\partial \dot{q}_i} = p_i, \qquad \frac{\partial L_H}{\partial q_i} = -\frac{\partial H}{\partial q_i},$$

$$\frac{\partial L_H}{\partial \dot{p}_i} = 0, \qquad \frac{\partial L_H}{\partial p_i} = \dot{q}_i - \frac{\partial H}{\partial p_i},$$

und durch Einsetzen dieser Beziehungen in die obigen Euler-Gleichungen erhält man sofort die Hamiltonschen Bewegungsgleichungen (7.7). □

7.3.4 Variationsprinzip von Maupertuis

Wir haben uns bei der Untersuchung mechanischer Bewegungen schon verschiedentlich nur für die Bahngeometrie interessiert, ohne danach zu fragen, in welcher Zeitabfolge die Bahn durchlaufen wird. Ein Variationsprinzip, aus dem unmittelbar die Bahngeometrie bestimmt werden kann, lässt sich formulieren, wenn die Lagrange- bzw. Hamilton-Funktion nicht explizit von der Zeit abhängt. Das letztere wollen wir in diesem Abschnitt voraussetzen, so dass der verallgemeinerte Energie-Erhaltungssatz gilt.

Anders als im Hamiltonschen Prinzip halten wir bei der Variation von $S[\boldsymbol{q}(t)]$ jetzt nicht $\boldsymbol{q}_1$, $\boldsymbol{q}_2$, t_1 und t_2 fest, sondern nur noch $\boldsymbol{q}_1$, $\boldsymbol{q}_2$ und t_1; die Zeit t_2 geben wir frei und fixieren dafür bei der Variation die Energie $H{=}E$ des Systems. Dann erhalten wir, ohne zunächst von der Fixierung der Energie Gebrauch zu machen, durch Variation der Bahn ($\to \delta S{=}\int \delta L\,dt$) und Variation der Zeit t_2 ($\to \delta S{=}(\partial S/\partial t_2)\,\delta t_2 \stackrel{\text{s.u.}}{=} L_2\,\delta t_2$) für die Variation der Wirkungsfunktion

$$\delta S = \delta \int_{t_1}^{t_2} L\,dt = \int_{t_1}^{t_2} \delta L\,dt + L_2\,\delta t_2 \qquad \text{mit} \qquad L_2 = L|_{t_2}\,. \tag{7.31}$$

Um den Energie-Erhaltungssatz leichter anwenden zu können, entnehmen wir aus (7.6) die Darstellung

$$L = \boldsymbol{p} \cdot \dot{\boldsymbol{q}} - H \tag{7.32}$$

der Lagrange-Funktion. Mit dieser und $H{=}E$ ergibt sich

$$L_2\,\delta t_2 = \boldsymbol{p}_2 \cdot \dot{\boldsymbol{q}}_2\,\delta t_2 - H_2\,\delta t_2 = \boldsymbol{p}_2 \cdot \delta \boldsymbol{q}_2 - E\,\delta t_2 = -E\,\delta t_2\,,$$

da wir ja nach wie vor $\delta \boldsymbol{q}_2{=}0$ verlangen.

$\int_{t_1}^{t_2} \delta L\,dt$ ist die früher betrachtete Variation des Wirkungsintegrals mit fixierter Zeit t_2. Benutzen wir in (7.31), dass diese für die tatsächlich durchlaufene Bahn verschwindet, so wird (7.31) zu einem Variationsprinzip, das

$$\delta S = -E\,\delta t_2$$

lautet. Setzen wir in diesem die aus (7.32) mit $H{=}E$ folgende Form

$$S = \int_{t_1}^{t_2} L\,dt = \int_{t_1}^{t_2} (\boldsymbol{p}\cdot\dot{\boldsymbol{q}} - H)\,dt = \int_{\boldsymbol{q}_1}^{\boldsymbol{q}_2} \boldsymbol{p}\cdot d\boldsymbol{q} - E(t_2 - t_1) \tag{7.33}$$

des Wirkungsintegrals ein, so erhalten wir schließlich wegen $\delta E{=}0$ und $\delta t_1{=}0$ das folgende Variationsprinzip.

Variationsprinzip von Maupertuis. *Unter allen Bahnen gleicher Energie, die zur Zeit t_1 im Punkt $\boldsymbol{q}_1$ starten und zu einer beliebigen Zeit t_2 im Punkt $\boldsymbol{q}_2$ landen, nimmt die* ***verkürzte Wirkung*** $\int_{\boldsymbol{q}_1}^{\boldsymbol{q}_2} \boldsymbol{p}\cdot d\boldsymbol{q}$ *für die tatsächlich gewählte Bahn einen stationären Wert an,*

$$\boxed{\delta \int_{\boldsymbol{q}_1}^{\boldsymbol{q}_2} \boldsymbol{p}\cdot d\boldsymbol{q} = 0 \qquad \textit{für} \qquad \delta\boldsymbol{q}_1 = \delta\boldsymbol{q}_2 = 0\,.} \tag{7.34}$$

Die Idee zu diesem Variationsprinzip stammt von Maupertuis, wirklich abgeleitet wurde dieses jedoch von Euler und Lagrange.

Ersetzt man nach (7.2) $\boldsymbol{p}$ durch $\partial L/\partial\dot{\boldsymbol{q}}$, so sieht man, dass in (7.34) über $d\boldsymbol{q}(t)/dt$ bzw. dt implizit noch die Zeit vorkommt. Diese kann jedoch eliminiert werden, indem man die Beziehung $H(\boldsymbol{q},\boldsymbol{p}(\boldsymbol{q},d\boldsymbol{q}/dt)) = E$ nach dt auflöst und die daraus folgende Beziehung $dt = dt(dq_1,..,dq_f)$ einsetzt. Wie das im Einzelnen zu geschehen hat, sei an dem recht allgemeinen Beispiel

$$L = \sum_{l,m} c_{lm}(\boldsymbol{q})\,\dot{q}_l\dot{q}_m - V(\boldsymbol{q})\,, \qquad H = \sum_{l,m} c_{lm}(\boldsymbol{q})\,\dot{q}_l\dot{q}_m + V(\boldsymbol{q}) = E \tag{7.35}$$

mit $c_{lm} = c_{ml}$ demonstriert. Mit

$$p_l = \frac{\partial L}{\partial \dot{q}_l} = 2\sum_m c_{lm}\frac{dq_m}{dt}\,, \qquad dt \overset{(7.35b)}{=} \sqrt{\frac{\sum_{l,m} c_{lm}\,dq_l\,dq_m}{E-V}}$$

wird aus (7.34)

$$\delta \int_{\boldsymbol{q}_1}^{\boldsymbol{q}_2} 2\sqrt{(E-V)\sum_{l,m} c_{lm}\,dq_l\,dq_m} = 0\,. \tag{7.36}$$

Hierin spielt nur noch die Bahngeometrie eine Rolle. Zur Auswertung des Integrals kann man eine Parameterdarstellung $q_l{=}q_l(\tau)$ der Bahn benutzen und erhält dann das Variationsprinzip

$$\delta \int_{\boldsymbol{q}_1}^{\boldsymbol{q}_2} 2\sqrt{(E-V)\sum_{l,m} c_{lm}\,\dot{q}_l(\tau)\,\dot{q}_m(\tau)}\;d\tau = 0\,. \tag{7.37}$$

Für einen freien Massenpunkt im Potenzial V (es gilt $L = m\,(d\boldsymbol{x}/dt)^2/2 - V(\boldsymbol{x}) \Rightarrow c_{lm} = m\delta_{lm}/2$) reduziert sich (7.34) mit $dl = (d\boldsymbol{x}^2)^{1/2}$ auf

$$\delta \int_{\boldsymbol{x}_1}^{\boldsymbol{x}_2} \sqrt{2m(E - V(\boldsymbol{x}))}\,dl = 0\,.$$

Dieses Variationsprinzip steht in enger Analogie zum **Fermatschen Prinzip** $\delta \int n\,dl{=}0$ der Optik (n = Brechungsindex). Noch offensichtlicher wird diese Analogie, wenn wir den Spezialfall $V = 0$ der kräftefreien Bewegung betrachten. Für diesen erhalten wir

$$\delta \int_{x_1}^{x_2} \sqrt{2mE}\, dl = \delta \int_{x_1}^{x_2} mv\, dl = \delta \int_{t_1}^{t_2} mv^2\, dt = 2E\, \delta \int_{t_1}^{t_2} dt = 2E\, \delta(t_2{-}t_1) = 0\,.$$

Dies entspricht genau dem von P. de Fermat für die Brechung von Licht formulierten Prinzip der kürzesten Ankunftszeit. Alternativ gilt wegen $E{=}\text{const}$ auch $\delta \int_{x_1}^{x_2} dl = 0$, d. h. bei der kräftefreien Bewegung wird die kürzeste Bahn gewählt.

7.4 Kanonische Transformationen

Sowohl bei den Lagrangeschen als auch bei den Hamiltonschen Bewegungsgleichungen kann die Anzahl zyklischer Variablen ganz entscheidend von der Koordinatenwahl abhängen. Zur Vereinfachung des Integrationsproblems wird man diese immer so treffen, dass möglichst viele zyklische Variablen auftreten. Mit diesem Ziel vor Augen wollen wir uns im Folgenden mit Koordinatentransformationen beschäftigen. Dabei werden wir zunächst nur solche Transformationen betrachten, welche die Lagrangesche oder Hamiltonsche Form der Bewegungsgleichungen invariant lassen.

7.4.1 Punkttransformationen

Die Form (7.1) der Lagrangeschen Bewegungsgleichungen zweiter Art ergab sich ohne irgendwelche Annahmen darüber, wie die generalisierten Koordinaten q_i gewählt werden. Wenn wir mit einer als eindeutig umkehrbar vorausgesetzten **Punkttransformation**

$$q_i \;\to\; Q_i = Q_i(\boldsymbol{q}, t) \tag{7.38}$$

von den Koordinaten q_i zu neuen Koordinaten Q_i übergehen, werden auch von diesen alle holonomen Zwangsbedingungen automatisch erfüllt, d. h. auch sie sind generalisierte Koordinaten. Wir müssen daher auch in ihnen wieder dieselbe Form der Bewegungsgleichungen erhalten – ein formaler Beweis hierfür findet sich in Abschn. 7.4.3 –, also

$$\frac{d}{dt}\frac{\partial \overline{L}}{\partial \dot{Q}_i} - \frac{\partial \overline{L}}{\partial Q_i} = 0\,, \qquad i = 1, \ldots, f\,,$$

wobei $\overline{L}$ durch Einsetzen der aus (7.38) folgenden Beziehung $\boldsymbol{q}{=}\boldsymbol{q}(\boldsymbol{Q}, t)$ in $L(\boldsymbol{q}, \dot{\boldsymbol{q}}, t)$ definiert wird,

$$\overline{L}(\boldsymbol{Q}, \dot{\boldsymbol{Q}}, t) = L\left(\boldsymbol{q}(\boldsymbol{Q}, t), \sum_{i=1}^{f} \frac{\partial \boldsymbol{q}}{\partial Q_i}\dot{Q}_i + \frac{\partial \boldsymbol{q}}{\partial t}, t\right) = L(\boldsymbol{q}, \dot{\boldsymbol{q}}, t)\,. \tag{7.39}$$

Sofern die Bedingung $\det(\partial^2\overline{L}/\partial \dot{Q}_i\,\partial \dot{Q}_k) \neq 0$ erfüllt ist, kann man natürlich gemäß (7.2) und (7.6) mit

$$P_i = \frac{\partial \overline{L}}{\partial \dot{Q}_i}, \qquad \overline{H} = \sum_{i=1}^{f} P_i \dot{Q}_i(\boldsymbol{Q}, \boldsymbol{P}, t) - \overline{L}(\boldsymbol{Q}, \dot{\boldsymbol{Q}}(\boldsymbol{Q}, \boldsymbol{P}, t), t)$$

wieder den Übergang zu Hamiltonschen Bewegungsgleichungen

$$\dot{Q}_i = \frac{\partial \overline{H}}{\partial P_i}, \qquad \dot{P}_i = -\frac{\partial \overline{H}}{\partial Q_i}$$

vollziehen. Damit ist gezeigt, dass auch die Hamilton-Gleichungen gegenüber den Punkttransformationen (7.38) invariant sind.

7.4.2 Erzeugende Gleichung kanonischer Transformationen

Bei den Punkttransformationen (7.38) ist nur die Wahl der neuen Lagekoordinaten Q_i frei; nachdem man diese getroffen und damit in (7.38) einen bestimmten funktionalen Zusammenhang definiert hat, sind die zugehörigen generalisierten Impulse eindeutig durch $P_i = \partial\overline{L}/\partial\dot{Q}_i$ festgelegt. Punkttransformationen induzieren also zwangsläufig eine zugehörige und durch sie festgelegte Transformation der Impulse.

Jetzt suchen wir nach noch allgemeineren, eindeutig umkehrbaren Transformationen

$$Q_i = Q_i(\boldsymbol{q}, \boldsymbol{p}, t), \qquad P_i = P_i(\boldsymbol{q}, \boldsymbol{p}, t), \tag{7.40}$$

die auch in der Wahl der P_i gewisse Freiheiten eröffnen und dennoch die Hamiltonsche Form der Bewegungsgleichungen invariant lassen. Falls solche Transformationen existieren, muss es also eine zu den neuen Variablen Q_i und P_i gehörige Hamilton-Funktion $K(\boldsymbol{Q}, \boldsymbol{P}, t)$ geben, derart, dass die Bewegungsgleichungen in

$$\dot{Q}_i = \frac{\partial K}{\partial P_i}, \qquad \dot{P}_i = -\frac{\partial K}{\partial Q_i} \tag{7.41}$$

übergehen. Transformationen (7.40) mit dieser Eigenschaft, also *Transformationen, welche die Hamiltonsche Form der Bewegungsgleichungen invariant lassen, werden als **kanonische Transformationen** bezeichnet.* (Die vorher betrachteten Punkttransformationen müssen natürlich darunter enthalten sein.) Falls sie zeitunabhängig sind, spricht man von **restringierten kanonischen Transformationen**. Aus unserer Definition geht übrigens unmittelbar hervor, dass eine aus zwei kanonischen Transformationen zusammengesetzte Transformation ebenfalls kanonisch ist.

Zum Aufsuchen kanonischer Transformationen machen wir uns die wichtige Tatsache zunutze, dass zu Hamiltonschen Bewegungsgleichungen nach Abschn. 7.3.3 generell ein äquivalentes Variationsproblem der Form (7.29)–(7.30) mit (7.28) existiert, unabhängig davon, in welchen Koordinaten sie formuliert sind. Den kanonischen

Bewegungsgleichungen (7.41) in den neuen Koordinaten Q_i und P_i mit der Hamilton-Funktion $K(\boldsymbol{Q}, \boldsymbol{P}, t)$ ist demnach das Variationsprinzip

$$\delta \int_{t_1}^{t_2} \Big[\sum_{i=1}^{f} P_i \dot{Q}_i - K(\boldsymbol{Q}, \boldsymbol{P}, t)\Big]\, dt = 0 \tag{7.42}$$

mit

$$\delta \boldsymbol{Q}(t_1) = \delta \boldsymbol{Q}(t_2) = 0\,, \qquad \delta \boldsymbol{P}(t_1) = \delta \boldsymbol{P}(t_2) = 0 \tag{7.43}$$

äquivalent. Wenn nun einerseits in q_i und p_i die Gleichungen (7.7) und andererseits in Q_i und P_i die Gleichungen (7.41) gelten, müssen sich die zugehörigen Variationsprinzipien (7.29)–(7.30) mit (7.28) und (7.42)–(7.43) gegenseitig bedingen. Wie wir gleich sehen werden, ist dafür hinreichend, dass die Integranden der Variationsintegrale in (7.29) und (7.42) bis auf die totale Zeitableitung einer beliebigen Funktion $F(\boldsymbol{q}, \boldsymbol{p}, \boldsymbol{Q}, \boldsymbol{P}, t)$ übereinstimmen, dass also die **erzeugende Gleichung**

$$\boxed{\sum_{i=1}^{f} p_i \dot{q}_i - H(\boldsymbol{q}, \boldsymbol{p}, t) = \sum_{i=1}^{f} P_i \dot{Q}_i - K(\boldsymbol{Q}, \boldsymbol{P}, t) + \frac{d}{dt} F(\boldsymbol{q}, \boldsymbol{p}, \boldsymbol{Q}, \boldsymbol{P}, t)} \tag{7.44}$$

erfüllt wird. (Die **erzeugende Funktion** $F(\boldsymbol{q}, \boldsymbol{p}, \boldsymbol{Q}, \boldsymbol{P}, t)$ muss in allen Argumenten zweimal stetig differenzierbar sein, weil die später aus (7.45)–(7.46) abgeleiteten Transformationsgleichungen schon erste Ableitungen von F erhalten, die bei der Berechnung der Zeitableitungen von $\boldsymbol{P}$ und $\boldsymbol{Q}$ nochmals differenziert werden müssen.)

Beweis: Um das einzusehen, integrieren wir Gleichung (7.44) von t_1 bis t_2 über t und bilden dann ihre Variation. Für den letzten Term der rechten Seite ergibt sich dabei mit $\int (dF/dt)\, dt = F$

$$\delta \int_{t_1}^{t_2} \frac{dF}{dt}\, dt = \delta F\Big|_{t_1}^{t_2} = \Big[\frac{\partial F}{\partial \boldsymbol{q}} \cdot \delta \boldsymbol{q} + \frac{\partial F}{\partial \boldsymbol{p}} \cdot \delta \boldsymbol{p} + \frac{\partial F}{\partial \boldsymbol{Q}} \cdot \delta \boldsymbol{Q} + \frac{\partial F}{\partial \boldsymbol{P}} \cdot \delta \boldsymbol{P}\Big]_{t_1}^{t_2} = 0\,,$$

falls die Variationen von $\delta \boldsymbol{q}, \delta \boldsymbol{p}, \delta \boldsymbol{Q}$ und $\delta \boldsymbol{P}$ zu den Zeitpunkten t_1 und t_2 simultan verschwinden. Die restliche Gleichung führt zu

$$\delta \int_{t_1}^{t_2} \Big(\sum_i p_i \dot{q}_i - H\Big)\, dt = \delta \int_{t_1}^{t_2} \Big(\sum_i P_i \dot{Q}_i - K\Big)\, dt\,,$$

und hieraus folgt unmittelbar, dass (7.29) eine Folge von (7.42) ist und umgekehrt. Dass sich auch die Erfüllung der Nebenbedingungen (7.30) und (7.43) gegenseitig bedingt, folgt aus der vorausgesetzten eindeutigen Umkehrbarkeit der Transformation (7.40): Die aus (7.40) folgenden Gleichungen

$$\delta Q_i = \sum_{k=1}^{f} \Big(\frac{\partial Q_i}{\partial q_k}\, \delta q_k + \frac{\partial Q_i}{\partial p_k}\, \delta p_k\Big)\,, \qquad \delta P_i = \sum_{k=1}^{f} \Big(\frac{\partial P_i}{\partial q_k}\, \delta q_k + \frac{\partial P_i}{\partial p_k}\, \delta p_k\Big)$$

für den Zusammenhang zwischen gleichzeitigen Bahnvariationen liefern nämlich unmittelbar $\delta \boldsymbol{Q}=0$ und $\delta \boldsymbol{P}=0$ für $\delta \boldsymbol{q}=0$ und $\delta \boldsymbol{p}=0$. Umgekehrt folgen die letzten Gleichungen auch aus den ersten, da die Determinante der Koeffizientenmatrix der δq_k und δp_k wegen der eindeutigen Umkehrbarkeit der Transformation (7.40) von null verschieden ist. □

Damit ist gezeigt, dass die Transformation (7.40) kanonisch ist, wenn die Funktionen $Q_i(\boldsymbol{q}, \boldsymbol{p}, t)$ und $P_i(\boldsymbol{q}, \boldsymbol{p}, t)$ die erzeugende Gleichung (7.44) erfüllen.

Wir hätten übrigens in der erzeugenden Gleichung (7.44) z. B. die linke Seite mit einer Konstanten c multiplizieren und dann offensichtlich noch immer darauf schließen können, dass ihre Erfüllung zu einer kanonische Transformation führt. Im Fall $c \neq 1$ spricht man dann von **erweiterten kanonischen Transformationen**. Diese unterscheiden sich von den gewöhnlichen allerdings nur durch eine zusätzliche **Skalentransformation** $\boldsymbol{q} \to \lambda \boldsymbol{q}$, $\boldsymbol{p} \to \mu \boldsymbol{p}$, $H \to cH$ mit $c = \lambda\mu$, die nicht weiter interessant ist.

Als Ergebnis halten wir fest: Wird von einer Transformation (7.40) die erzeugende Gleichung, (7.44), erfüllt, so ist das hinreichend für die Kanonizität der Transformation. Im Folgenden leiten wir aus der Vielzahl möglicher erzeugender Funktionen für zwei spezielle Funktionenklassen die zugehörigen kanonischen Transformationen ab.

7.4.3 Spezielle erzeugende Funktionen und kanonische Transformationen

Bei den **erzeugenden Funktionen**, die wir näher untersuchen wollen, handelt es sich um Funktionen der Struktur $F = F(\boldsymbol{q}, \boldsymbol{Q}, t)$ und $F = S(\boldsymbol{q}, \boldsymbol{P}, t) - \sum_{i=1}^{f} Q_i P_i$.

1. Für erzeugende Funktionen $F = F(\boldsymbol{q}, \boldsymbol{Q}, t)$ gilt

$$\frac{dF}{dt} = \frac{\partial F}{\partial t} + \sum_{i=1}^{f} \left(\frac{\partial F}{\partial q_i} \dot{q}_i + \frac{\partial F}{\partial Q_i} \dot{Q}_i \right),$$

und die erzeugende Gleichung (7.44) kann in

$$\sum_{i=1}^{f} \left(p_i - \frac{\partial F}{\partial q_i} \right) \dot{q}_i = \sum_{i=1}^{f} \left(P_i + \frac{\partial F}{\partial Q_i} \right) \dot{Q}_i + H - K + \frac{\partial F}{\partial t}$$

umgeschrieben werden. Diese wird sicher erfüllt, wenn wir

$$p_i = \frac{\partial F}{\partial q_i}, \qquad P_i = -\frac{\partial F}{\partial Q_i} \tag{7.45}$$

und

$$K = H + \frac{\partial F}{\partial t} \tag{7.46}$$

fordern. (7.45)–(7.46) definiert implizit eine kanonische Transformation. Deren explizite Form (7.40) erhalten wir auf die folgende Weise: Zuerst werden die Gleichungen $p_i = \partial F(\boldsymbol{q}, \boldsymbol{Q}, t)/\partial q_i$ nach den Q_i aufgelöst – wir betrachten nur solche Funktionen F, für die das möglich ist –, woraus sich die erste Hälfte der Transformationsgleichungen (7.40) ergibt. Setzt man die Q_i dann in die Gleichungen $P_i = -\partial F/\partial Q_i = P_i(\boldsymbol{q}, \boldsymbol{Q}, t)$ ein, so erhält man die zweite Hälfte. Um schließlich die neue Hamilton-Funktion $K(\boldsymbol{Q}, \boldsymbol{P}, t)$ zu bestimmen, muss man die Gesamtheit der Transformationsgleichungen nach den q_i und p_i auflösen und die dadurch erhaltenen Funktionen $q_i(\boldsymbol{Q}, \boldsymbol{P}, t)$ und $p_i(\boldsymbol{Q}, \boldsymbol{P}, t)$ auf der rechten Seite von (7.46) einsetzen.

Man kann die Transformationsgleichungen (7.45)–(7.46) übrigens auch unmittelbar aus der mit dt multiplizierten und nach dF aufgelösten Form

$$dF = \sum_{i=1}^{f} p_i\, dq_i - \sum_{i=1}^{f} P_i\, dQ_i + (K - H)\, dt \tag{7.47}$$

der erzeugenden Gleichung (7.44) ablesen, indem man einen Koeffizientenvergleich mit $dF = \sum_{i=1}^{f}[(\partial F/\partial q_i)dq_i + (\partial F/\partial Q_i)dQ_i] + (\partial F/\partial t)dt$ durchführt.

Für zeitunabhängige Transformationen $\boldsymbol{q}, \boldsymbol{p} \to \boldsymbol{Q}, \boldsymbol{P}$ ist die Erzeugende zeitunabhängig, $\partial F/\partial t = 0$, aus (7.46) folgt $K = H$, und aus (7.47) wird

$$\sum_{i=1}^{f} p_i\, dq_i - \sum_{i=1}^{f} P_i\, dQ_i = dF\,. \tag{7.48}$$

Die Gültigkeit dieser Gleichung ist hinreichend für die Kanonizität der Transformation, oder anders ausgedrückt: *Eine zeitunabhängige Transformation $\boldsymbol{q}, \boldsymbol{p} \to \boldsymbol{Q}, \boldsymbol{P}$ ist kanonisch, wenn $\sum_{i=1}^{f} p_i\, dq_i - \sum_{i=1}^{f} P_i\, dQ_i$ ein totales Differential ist.*

2. Gehen wir in (7.47) mit einer Legendre-Transformation zu den unabhängigen Variablen $\boldsymbol{q}, \boldsymbol{P}$ und t über, so erhalten wir für die Funktion

$$S(\boldsymbol{q}, \boldsymbol{P}, t) := F + \sum_{i=1}^{f} P_i\, Q_i \tag{7.49}$$

das Differential

$$dS = d\Big(F + \sum_{i=1}^{f} P_i Q_i\Big) \overset{(7.47)}{=} \sum_{i=1}^{f} p_i\, dq_i + \sum_{i=1}^{f} Q_i\, dP_i + (K - H)\, dt\,.$$

Der Koeffizientenvergleich mit $dS = \sum_{i=1}^{f}[(\partial S/\partial q_i)dq_i + (\partial S/\partial P_i)dP_i] + (\partial S/\partial t)dt$ liefert die impliziten Transformationsgleichungen

$$p_i = \frac{\partial S}{\partial q_i}\,, \qquad Q_i = \frac{\partial S}{\partial P_i}\,, \qquad K = H + \frac{\partial S}{\partial t}\,. \tag{7.50}$$

Um aus diesen die explizite kanonische Transformation zu erhalten, löst man zuerst die Gleichungen $p_i = \partial S(\boldsymbol{q}, \boldsymbol{P}, t)/\partial q_i$ nach den P_i auf und setzt dann das Ergebnis $P_i = P_i(\boldsymbol{q}, \boldsymbol{p}, t)$ in die Gleichungen $Q_i = \partial S/\partial P_i = Q_i(\boldsymbol{q}, \boldsymbol{P}, t)$ ein. Abschließend berechnet man die neue Hamilton-Funktion K wie im vorherigen Fall.

Man beachte, dass die neue Hamilton-Funktion K bei restringierten kanonischen Transformationen ($\partial F/\partial t = 0$ bzw. $\partial S/\partial t = 0$) in jedem der oben betrachteten Fälle aus der alten hervorgeht, indem man in dieser einfach die alten durch die neuen Variablen ausdrückt.

Indem man für die Funktionen $F(\boldsymbol{q}, \boldsymbol{Q}, t)$ bzw. $S(\boldsymbol{q}, \boldsymbol{P}, t)$ konkrete Ansätze macht, gelangt man auf die besprochene Art und Weise zu speziellen kanonischen Transformationen. Einige Beispiele sollen das illustrieren.

Beispiel 7.6: *Spezielle kanonische Transformationen*

1. Setzen wir in (7.50) mit beliebigen zweimal stetig differenzierbaren Funktionen $f_k(\boldsymbol{q}, t)$

$$S = \sum_{k=1}^{f} P_k \, f_k(\boldsymbol{q}, t) \,, \tag{7.51}$$

so erhalten wir

$$Q_i = f_i(\boldsymbol{q}, t) \,, \qquad p_i = \sum_{k=1}^{f} P_k \frac{\partial f_k}{\partial q_i} \tag{7.52}$$

und damit (erster Satz von Gleichungen) die Punkttransformationen (7.38). Im Fall $f_i(\boldsymbol{q}, t) = q_i$ ergibt sich aus (7.49) mit (7.51) die erzeugende Funktion

$$F = \sum_{i=1}^{f} P_i \, (q_i - Q_i) \qquad \text{bzw.} \qquad S = \sum_{i=1}^{f} P_i \, q_i \,, \tag{7.53}$$

und die Transformationsgleichungen (7.52) bzw. (7.50) lauten einfach $Q_i{=}q_i$ und $P_i{=}p_i$, d. h. (7.53) definiert die **Erzeugende der identischen Transformation**.

2. Für die Erzeugende

$$F = \sum_{i=1}^{f} q_i \, Q_i$$

erhalten wir aus (7.45)–(7.46) die kanonische Transformation

$$Q_i = p_i \,, \qquad P_i = -q_i \,,$$

in der die Rollen von Lage- und Impulskoordinaten gerade vertauscht sind. (Siehe dazu auch Aufgabe 7.15.)

3. Man kann den Zusammenhang $\{\boldsymbol{q}_t, \boldsymbol{p}_t\} \leftrightarrow \{\boldsymbol{q}_{t+\tau}, \boldsymbol{p}_{t+\tau}\}$ zwischen den zur Zeit t und $t{+}\tau$ erreichten Phasenraumpunkten eines Hamiltonschen Systems als Transformation auffassen. Offensichtlich ist diese Transformation kanonisch, denn sowohl $\{\boldsymbol{q}_t, \boldsymbol{p}_t\}$ als auch $\{\boldsymbol{q}_{t+\tau}, \boldsymbol{p}_{t+\tau}\}$ erfüllen die Hamiltonschen Bewegungsgleichungen.

Es ist lehrreich, eine Erzeugende zu bestimmen, die diese Transformation vermittelt. Zu diesem Zweck nehmen wir an, dass die zur Hamilton-Funktion $H(\boldsymbol{q}, \boldsymbol{p}, t)$ gehörige Lagrange-Funktion $L(\boldsymbol{q}, \dot{\boldsymbol{q}}, t)$ definiert ist, und berechnen für die Lösungen $\boldsymbol{q}(t)$ der zugehörigen Lagrange-Gleichungen das Wirkungsintegral (7.16) vom Zeitpunkt t bis zum Zeitpunkt $t + \tau$. Wenn wir dabei vorschreiben, dass die Lösung $\boldsymbol{q}(t)$ zur festgehaltenen Zeit t durch den Punkt $\boldsymbol{q}_t$ und zur Zeit $t + \tau$ durch den Punkt $\boldsymbol{q}_{t+\tau}$ hindurchführt, wird dieses zu einer Funktion von $\boldsymbol{q}_t$ und $\boldsymbol{q}_{t+\tau}$,

$$S(\boldsymbol{q}_t, \boldsymbol{q}_{t+\tau}) = \int_t^{t+\tau} L(\boldsymbol{q}(t'), \dot{\boldsymbol{q}}(t'), t') \, dt' \,. \tag{7.54}$$

Ersetzen wir nun in (7.17) F durch L, so wird $I = S$. Wir können Gleichung (7.23) dann für unsere jetzigen Zwecke benutzen, wenn wir berücksichtigen, dass die betrachteten $\boldsymbol{q}(t)$ Lösungen der Lagrange-Gleichungen sein sollen, und dementsprechend den Integralbeitrag wegfallen lassen. Damit, nach Multiplikation mit $d\varepsilon$ und mit $\boldsymbol{h}(t)\, d\varepsilon \to d\boldsymbol{q}(t)$ erhalten wir aus ihr

$$dS(\boldsymbol{q}_t, \boldsymbol{q}_{t+\tau}) = \left[\frac{\partial L}{\partial \dot{\boldsymbol{q}}} \cdot d\boldsymbol{q}(t) \right]_t^{t+\tau} \overset{(7.2)}{=} \boldsymbol{p}_{t+\tau} \cdot d\boldsymbol{q}_{t+\tau} - \boldsymbol{p}_t \cdot d\boldsymbol{q}_t \,. \tag{7.55}$$

Hieraus folgen unmittelbar die Gleichungen

$$\boldsymbol{p}_{t+\tau} = \frac{\partial S}{\partial \boldsymbol{q}_{t+\tau}}, \qquad \boldsymbol{p}_t = -\frac{\partial S}{\partial \boldsymbol{q}_t},$$

und nach (7.50) gilt außerdem $K=H$, da für die Transformation keine explizite Zeitabhängigkeit besteht. Identifizieren wir $\boldsymbol{q}, \boldsymbol{p}$ mit $\boldsymbol{q}_t, \boldsymbol{p}_t$, weiterhin $\boldsymbol{Q}, \boldsymbol{P}$ mit $\boldsymbol{q}_{t+\tau}, \boldsymbol{p}_{t+\tau}$ und schließlich $F(\boldsymbol{q}, \boldsymbol{Q}, t)$ mit $-S(\boldsymbol{q}_t, \boldsymbol{q}_{t+\tau})$, so erkennen wir, dass es sich um eine kanonische Transformation des Typs (7.45)–(7.46) handelt.

Es sei hier nur darauf hingewiesen, dass man durch weitere Legendre-Transformationen noch andere kanonische Transformationen ableiten kann.

7.5 Poisson-Klammern

Der französische Mathematiker und Physiker S. D. Poisson hat in die Mechanik eine Schreibweise eingeführt, welche die mechanischen Bewegungsgleichungen noch symmetrischer erscheinen lässt und viele wichtige Zusammenhänge besonders durchsichtig macht. Insbesondere verleiht sie der klassischen Mechanik eine mathematische Struktur, die mit der der Quantenmechanik identisch ist.

Man kommt auf diese Schreibweise ganz zwanglos, wenn man die zeitliche Veränderung einer Funktion $F(\boldsymbol{q}, \boldsymbol{p}, t)$ längs der Systemtrajektorien $\boldsymbol{q}(t)$, $\boldsymbol{p}(t)$ im Phasenraum berechnet und hierbei die Hamiltonschen Bewegungsgleichungen (7.7) benutzt,

$$\frac{dF}{dt} = \sum_{i=1}^{f} \left(\frac{\partial F}{\partial q_i} \dot{q}_i + \frac{\partial F}{\partial p_i} \dot{p}_i \right) + \frac{\partial F}{\partial t} = \sum_{i=1}^{f} \left(\frac{\partial F}{\partial q_i} \frac{\partial H}{\partial p_i} - \frac{\partial F}{\partial p_i} \frac{\partial H}{\partial q_i} \right) + \frac{\partial F}{\partial t}.$$

Mit der als **Poisson-Klammer** bezeichneten Abkürzung

$$[u, v] = \sum_{i=1}^{f} \left(\frac{\partial u}{\partial q_i} \frac{\partial v}{\partial p_i} - \frac{\partial u}{\partial p_i} \frac{\partial v}{\partial q_i} \right) \tag{7.56}$$

(u und v sind beliebige Funktionen der kanonisch konjugierten Koordinatenpaare q_i, p_i, $i = 1, \ldots, f$, und der Zeit t) schreibt sich das kürzer als

$$\frac{dF}{dt} = [F, H] + \frac{\partial F}{\partial t}. \tag{7.57}$$

Diese Gleichung gilt für jede beliebige differenzierbare Funktion $F(\boldsymbol{q}, \boldsymbol{p}, t)$. Insbesondere können wir auch $F = q_i$ oder $F = p_i$ setzen und erhalten dann

$$\dot{q}_i = [q_i, H], \qquad \dot{p}_i = [p_i, H]. \tag{7.58}$$

Wie man leicht durch Ausrechnen der Poisson-Klammern überprüft, sind das natürlich die Hamiltonschen Bewegungsgleichungen, die in der Poissonschen Notation eine völlig symmetrische Form annehmen.

Wenn die Poisson-Klammer zweier Funktionen u und v verschwindet,

$$[u, v] = 0,$$

sagt man, diese befänden sich miteinander in **Involution**. Offensichtlich liegt jede Funktion u mit sich selbst in Involution,

$$[u, u] = 0.$$

Poisson-Klammern besitzen weiterhin die folgenden mathematischen Eigenschaften.

$$[u, v] = -[v, u], \tag{7.59}$$

$$[\lambda u + \mu v, w] = \lambda [u, w] + \mu [v, w] \tag{7.60}$$

$$[uv, w] = [u, w]\, v + u\, [v, w], \tag{7.61}$$

wobei λ und μ beliebige Konstanten sind. Der Beweis dieser Identitäten folgt unmittelbar aus der Definition (7.56). Außerdem gilt noch die **Jacobi-Identität**

$$\big[[u, v], w\big] + \big[[w, u], v\big] + \big[[v, w], u\big] = 0. \tag{7.62}$$

Ihre linke Seite ist die Summe der zyklischen Permutationen von geschachtelten Poisson-Klammern dreier Funktionen. Man beweist sie am einfachsten, indem man alle Terme mit den zweifachen Ableitungen von u bzw. v bzw. w sammelt und zeigt, dass sich diese paarweise wegheben (Aufgabe 7.6).

Die Relationen (7.59)–(7.61) definieren eine **nicht-assoziative Lie-Algebra**, der auch das Vektorprodukt $\boldsymbol{a} \times \boldsymbol{b}$ und die **Kommutatoren** der Quantenmechanik genügen. Der zuletzt genannte Tatbestand drückt die enge Verwandtschaft zwischen der klassischen Mechanik und der Quantenmechanik aus.

Aus der Jacobi-Identität (7.62) lässt sich eine bemerkenswerte Konsequenz für Erhaltungsgrößen ableiten. Mit ihr und der unmittelbar aus der Definitionsgleichung (7.56) folgenden Produktregel

$$\frac{\partial}{\partial t}[F_1, F_2] = \left[\frac{\partial F_1}{\partial t}, F_2\right] + \left[F_1, \frac{\partial F_2}{\partial t}\right]$$

ergibt sich durch Anwendung von (7.57) auf $F = [F_1, F_2]$

$$\begin{aligned}
\frac{d}{dt}[F_1, F_2] &= \left[\frac{\partial F_1}{\partial t}, F_2\right] + \left[F_1, \frac{\partial F_2}{\partial t}\right] + \big[[F_1, F_2], H\big] \\
&\overset{(7.62)}{=} \left[\frac{\partial F_1}{\partial t}, F_2\right] + \left[F_1, \frac{\partial F_2}{\partial t}\right] - \big[[H, F_1], F_2\big] - \big[[F_2, H], F_1\big] \\
&\overset{(7.59)}{=} \left[\frac{\partial F_1}{\partial t}, F_2\right] + \big[[F_1, H], F_2\big] + \left[F_1, \frac{\partial F_2}{\partial t}\right] + \big[F_1, [F_2, H]\big]
\end{aligned}$$

und mit (7.60) sowie erneut (7.57) schließlich

$$\frac{d}{dt}[F_1, F_2] = \left[\frac{dF_1}{dt}, F_2\right] + \left[F_1, \frac{dF_2}{dt}\right]. \tag{7.63}$$

Sind nun F_1 und F_2 Erhaltungsgrößen, gilt also $dF_1/dt = 0$ und $dF_2/dt = 0$, so folgt auch $d[F_1, F_2]/dt = 0$. Mit zwei Erhaltungsgrößen ist also immer auch deren Poisson-Klammer eine Erhaltungsgröße. Die auf diese Weise gewonnene Erhaltungsgröße kann von F_1 und F_2 unabhängig sein, muss das allerdings nicht. Wenn man Glück hat, kann man durch wiederholte Klammerbildung zu einem kompletten Satz von Erhaltungsgrößen gelangen; hat man Pech, so erhält man kein einziges neues Bewegungsintegral. Es lohnt sich jedoch immer, in dieser Richtung wenigstens einen Versuch zu unternehmen.

Poisson-Klammern besitzen die wichtige Eigenschaft, gegenüber kanonischen Transformationen invariant zu sein, d. h. es gilt

$$[u, v]_{\boldsymbol{q},\boldsymbol{p}} = [u, v]_{\boldsymbol{Q},\boldsymbol{P}}, \tag{7.64}$$

wenn $\boldsymbol{q}$, $\boldsymbol{p}$ und $\boldsymbol{Q}$, $\boldsymbol{P}$ durch eine kanonische Transformation miteinander verknüpft sind und wenn $[u, v]_{\boldsymbol{q},\boldsymbol{p}}$ die ursprüngliche bzw. $[u, v]_{\boldsymbol{Q},\boldsymbol{P}}$ die in den neuen Koordinaten berechnete Poisson-Klammer ist, d. h.

$$[u, v]_{\boldsymbol{q},\boldsymbol{p}} = \sum_{i=1}^{f}\left(\frac{\partial u}{\partial q_i}\frac{\partial v}{\partial p_i} - \frac{\partial u}{\partial p_i}\frac{\partial v}{\partial q_i}\right), \quad [u, v]_{\boldsymbol{Q},\boldsymbol{P}} = \sum_{i=1}^{f}\left(\frac{\partial u}{\partial Q_i}\frac{\partial v}{\partial P_i} - \frac{\partial u}{\partial P_i}\frac{\partial v}{\partial Q_i}\right). \tag{7.65}$$

Ein Beweis dieser Tatsache, der die **symplektische Formulierung** der Hamiltonschen Bewegungsgleichungen benutzt, findet sich im Exkurs 7.1.

Beispiel 7.7: *Drehimpulskomponenten*

Als Anwendungsbeispiel betrachten wir die Komponenten

$$L_x = yp_z - zp_y, \quad L_y = zp_x - xp_z, \quad L_z = xp_y - yp_x$$

des Drehimpulses $\boldsymbol{L}=\boldsymbol{r}\times\boldsymbol{p}$ eines Teilchens um den Koordinatenursprung. Aus (7.56) ergibt sich für diese

$$\begin{aligned}[L_x, L_y] = {} & \frac{\partial L_x}{\partial x}\frac{\partial L_y}{\partial p_x} + \frac{\partial L_x}{\partial y}\frac{\partial L_y}{\partial p_y} + \frac{\partial L_x}{\partial z}\frac{\partial L_y}{\partial p_z} \\ & - \frac{\partial L_x}{\partial p_x}\frac{\partial L_y}{\partial x} - \frac{\partial L_x}{\partial p_y}\frac{\partial L_y}{\partial y} - \frac{\partial L_x}{\partial p_z}\frac{\partial L_y}{\partial z} = xp_y - yp_x = L_z,\end{aligned}$$

und analog findet man $[L_y, L_z] = L_x$ sowie $[L_z, L_x] = L_y$. Aus diesen Ergebnissen folgt mit (7.63)

$$\frac{dL_z}{dt} = \left[\frac{dL_x}{dt}, L_y\right] + \left[L_x, \frac{dL_y}{dt}\right] \qquad \text{usw.}$$

Sind zwei Komponenten des Drehimpulses Erhaltungsgrößen, so gilt das also auch automatisch für die dritte.

Dieses Ergebnis erscheint etwas verwunderlich, denn wegen (3.10), $\dot{\boldsymbol{L}}=\boldsymbol{N}$, bedeutet es, dass automatisch die dritte Komponente des mechanischen Drehmoments verschwinden muss, wenn zwei seiner Komponenten null sind. Offensichtlich kann das nicht allgemein gültig sein und muss damit zu tun haben, dass unserer Beweisführung ein System zugrunde liegt, das kanonischen Bewegungsgleichungen genügt. Hierdurch werden diesem Einschränkungen auferlegt, die zu dem abgeleiteten Ergebnis führen. Diejenige Einschränkung, die das bewirkt, ist die Forderung, dass die auf das Teilchen einwirkende Kraft ein Potenzial besitzt, $\boldsymbol{F}=-\nabla V$. Mit ihr ergibt sich nämlich für das Drehmoment $\boldsymbol{N}=\boldsymbol{r}\times\boldsymbol{F}$ die Koordinatendarstellung

$$N_x = -y\frac{\partial V}{\partial z} + z\frac{\partial V}{\partial y}\,, \qquad N_y = -z\frac{\partial V}{\partial x} + x\frac{\partial V}{\partial z}\,, \qquad N_z = -x\frac{\partial V}{\partial y} + y\frac{\partial V}{\partial x}\,.$$

Gilt nun z. B. $N_x = N_y = 0$ bzw.

$$z\frac{\partial V}{\partial y} = y\frac{\partial V}{\partial z}\,, \qquad z\frac{\partial V}{\partial x} = x\frac{\partial V}{\partial z}\,,$$

so folgt daraus

$$N_z = -\frac{xy}{z}\frac{\partial V}{\partial z} + \frac{yx}{z}\frac{\partial V}{\partial z} = 0\,.$$

7.6 Pseudo-kanonische Transformationen

In vielen Fällen erweist sich die Einschränkung auf kanonische Variablen als nachteilig, und häufig legen physikalische Gesichtspunkte die Wahl nicht-kanonischer Variablen nahe. (Ein wichtiges Beispiel hierfür werden wir am Ende dieses Abschnitts betrachten.) Erst in letzter Zeit hat sich herausgestellt, dass die spezielle Hamiltonsche Struktur (7.7) der Bewegungsgleichungen nicht so wichtig ist, wie bisher angenommen wurde. Vielmehr bleiben wesentliche Eigenschaften eines Hamiltonschen Systems erhalten, wenn man von den kanonischen Variablen $\boldsymbol{q}$, $\boldsymbol{p}$ mit einer eindeutig umkehrbaren Transformation

$$Q_i = Q_i(\boldsymbol{q}, \boldsymbol{p})\,, \qquad P_i = P_i(\boldsymbol{q}, \boldsymbol{p})\,, \tag{7.66}$$

die als **pseudo-kanonisch** bezeichnet wird, zu beliebigen neuen Koordinaten Q_i und P_i übergeht, die nicht mehr kanonisch sind. Dabei kann man Q_i und P_i als pseudokanonisch konjugierte Variablen bezeichnen.

Ist eine Transformation $\{\boldsymbol{q}, \boldsymbol{p}\}\to\{\boldsymbol{Q}, \boldsymbol{P}\}$ kanonisch, so folgt aus (7.64) und (7.65)

$$\begin{aligned} &[Q_i, Q_j]_{\boldsymbol{Q},\boldsymbol{P}} = 0\,, && [Q_i, P_j]_{\boldsymbol{Q},\boldsymbol{P}} = \delta_{ij}\,, && [P_i, P_j]_{\boldsymbol{Q},\boldsymbol{P}} = 0\,, \\ &[Q_i, Q_j]_{\boldsymbol{q},\boldsymbol{p}} = 0\,, && [Q_i, P_j]_{\boldsymbol{q},\boldsymbol{p}} = \delta_{ij}\,, && [P_i, P_j]_{\boldsymbol{q},\boldsymbol{p}} = 0\,. \end{aligned} \tag{7.67}$$

Sind umgekehrt die Relationen (7.67) erfüllt, so werden wir weiter unten sehen, dass die betrachtete Transformation kanonisch ist. *Die Gültigkeit der Relationen (7.67) ist daher ein notwendiges und hinreichendes Kriterium für die Kanonizität einer Transformation* $\{\boldsymbol{q}, \boldsymbol{p}\}\to\{\boldsymbol{Q}, \boldsymbol{P}\}$.

Wenn man nun die Definition der Poisson-Klammer (7.65b) auf pseudo-kanonische Variablen erweitert, erhält man für pseudo-kanonische Transformationen statt (7.67) die Beziehungen

$$\begin{aligned}
[Q_i, Q_j] &= f_{ij}(\boldsymbol{q}, \boldsymbol{p}) = F_{ij}(\boldsymbol{Q}, \boldsymbol{P}), \\
[P_i\,, P_j] &= g_{ij}(\boldsymbol{q}, \boldsymbol{p}) = G_{ij}(\boldsymbol{Q}, \boldsymbol{P}), \\
[Q_i, P_j] &= h_{ij}(\boldsymbol{q}, \boldsymbol{p}) = H_{ij}(\boldsymbol{Q}, \boldsymbol{P}),
\end{aligned} \tag{7.68}$$

wobei die Funktionen $f_{ij}(\boldsymbol{q}, \boldsymbol{p})$ und $F_{ij}(\boldsymbol{Q}, \boldsymbol{P})$ etc. mithilfe von (7.65) aus den Transformationsgleichungen (7.66) berechnet werden können. Den Hamiltonschen Bewegungsgleichungen (7.58) entsprechende Bewegungsgleichungen in den neuen Variablen erhält man mit $F \to Q_i$ bzw. $F \to P_i$ aus der allgemein gültigen Relation (7.57),

$$\dot{Q}_i = \big[Q_i(\boldsymbol{q}, \boldsymbol{p}), H(\boldsymbol{q}, \boldsymbol{p}, t)\big], \qquad \dot{P}_i = \big[P_i(\boldsymbol{q}, \boldsymbol{p}), H(\boldsymbol{q}, \boldsymbol{p}, t)\big].$$

Definieren wir

$$H\big(\boldsymbol{q}(\boldsymbol{Q}, \boldsymbol{P}), \boldsymbol{p}(\boldsymbol{Q}, \boldsymbol{P}), t\big) =: \overline{H}(\boldsymbol{Q}, \boldsymbol{P}, t),$$

so erhalten wir schließlich als **Bewegungsgleichungen in pseudo-kanonischen Variablen**

$$\boxed{\dot{Q}_i = [Q_i, \overline{H}(\boldsymbol{Q}, \boldsymbol{P}, t)], \qquad \dot{P}_i = [P_i, \overline{H}(\boldsymbol{Q}, \boldsymbol{P}, t)].} \tag{7.69}$$

In der Poisson-Notation weisen sie dieselbe algebraische Struktur wie die kanonischen Bewegungsgleichungen (7.58) auf. Ausführlicher erhalten wir mit (7.56)

$$\begin{aligned}
[Q_i, H] &= \sum_l \left(\frac{\partial Q_i}{\partial q_l} \frac{\partial H}{\partial p_l} - \frac{\partial Q_i}{\partial p_l} \frac{\partial H}{\partial q_l} \right) \\
&= \sum_{l,j} \frac{\partial Q_i}{\partial q_l} \left(\frac{\partial \overline{H}}{\partial Q_j} \frac{\partial Q_j}{\partial p_l} + \frac{\partial \overline{H}}{\partial P_j} \frac{\partial P_j}{\partial p_l} \right) - \sum_{l,j} \frac{\partial Q_i}{\partial p_l} \left(\frac{\partial \overline{H}}{\partial Q_j} \frac{\partial Q_j}{\partial q_l} + \frac{\partial \overline{H}}{\partial P_j} \frac{\partial P_j}{\partial q_l} \right) \\
&= \sum_j \left([Q_i, Q_j] \frac{\partial \overline{H}}{\partial Q_j} + [Q_i, P_j] \frac{\partial \overline{H}}{\partial P_j} \right),
\end{aligned}$$

und eine ähnliche Gleichung ergibt sich für $[P_i, H]$. Mit (7.68) haben wir daher in pseudo-kanonischen Variablen ausführlicher die Bewegungsgleichungen

$$\boxed{\begin{aligned}
\dot{Q}_i &= \sum_{j=1}^{f} \left(F_{ij}(\boldsymbol{Q}, \boldsymbol{P}) \frac{\partial \overline{H}}{\partial Q_j} + H_{ij}(\boldsymbol{Q}, \boldsymbol{P}) \frac{\partial \overline{H}}{\partial P_j} \right), \\
\dot{P}_i &= \sum_{j=1}^{f} \left(-H_{ji}(\boldsymbol{Q}, \boldsymbol{P}) \frac{\partial \overline{H}}{\partial Q_j} + G_{ij}(\boldsymbol{Q}, \boldsymbol{P}) \frac{\partial \overline{H}}{\partial P_j} \right).
\end{aligned}} \tag{7.70}$$

Hier können wir den Beweis nachholen, dass die Transformation $\{\boldsymbol{q}, \boldsymbol{p}\} \to \{\boldsymbol{Q}, \boldsymbol{P}\}$ kanonisch ist, wenn die Relationen (7.67) gelten: Dann gilt nämlich $F_{ij} = G_{ij} = 0$, $H_{ij} = \delta_{ij}$, und aus (7.70) folgt sofort, dass die Bewegungsgleichungen auch in den neuen Variablen Q_i und P_i kanonisch sind.

Beispiel 7.8: *Geladenes Teilchen im elektromagnetischen Feld*

Wir betrachten die Gleichungen (7.11) für die Bewegung eines Teilchens im elektromagnetischen Feld und gehen von den kanonisch konjugierten Variablen $q_i = x_i$ und p_i zu den neuen Variablen $Q_i = x_i$ und $P_i = v_i = [p_i - qA_i(\boldsymbol{x})]/m$ über. Die neue Hamilton-Funktion wird

$$\overline{H} = \frac{m}{2} v^2 + q\phi(\boldsymbol{x}) ,$$

und für die Poisson-Klammern (7.68) der neuen Variablen erhalten wir

$$\begin{aligned}
f_{ij} &= [x_i, x_j] = 0 , \\
h_{ij} &= [x_i, v_j] = \sum_l \left(\frac{\partial x_i}{\partial x_l} \frac{\partial v_j}{\partial p_l} - \frac{\partial x_i}{\partial p_l} \frac{\partial v_j}{\partial x_l} \right) = \sum_l \delta_{il} \frac{\partial v_j}{\partial p_l} = \frac{\partial v_j}{\partial p_i} = \frac{1}{m} \delta_{ij} , \\
g_{ij} &= [v_i, v_j] = \sum_l \left(\frac{\partial v_i}{\partial x_l} \frac{\partial v_j}{\partial p_l} - \frac{\partial v_i}{\partial p_l} \frac{\partial v_j}{\partial x_l} \right) \\
&= \frac{1}{m^2} \sum_l \left(-q \frac{\partial A_i}{\partial x_l} \delta_{jl} + \delta_{il}\, q \frac{\partial A_j}{\partial x_l} \right) = \frac{q}{m^2} \left(\frac{\partial A_j}{\partial x_i} - \frac{\partial A_i}{\partial x_j} \right) .
\end{aligned}$$

Ersichtlich sind x_i und v_i keine kanonischen Variablen. Setzt man die obigen Ergebnisse und $\partial H/\partial x_i = q\partial\phi/\partial x_i = -qE_i$ (mit E_i=i-Komponente des elektrischen Feldes $\boldsymbol{E}$) sowie $\partial H/\partial v_i = mv_i$ in (7.70) ein, so erhält man die Bewegungsgleichungen

$$\dot{x}_i = \sum_i \frac{\delta_{ij}}{m} \frac{\partial H}{\partial v_j} = v_i , \qquad \dot{v}_i = \frac{q}{m} \left[E_i + \sum_j \left(\frac{\partial A_j}{\partial x_i} - \frac{\partial A_i}{\partial x_j} \right) v_j \right] ,$$

was erwartungsgemäß den Gleichungen $\dot{\boldsymbol{x}} = \boldsymbol{v}$, $m\dot{\boldsymbol{v}} = q(\boldsymbol{E} + \boldsymbol{v} \times \boldsymbol{B})$ entspricht.

Exkurs 7.1: Symplektische Formulierung der Mechanik

Bei einer Reihe von Problemen erweist es sich als zweckmäßig, wenn man die kanonischen Lage- und Impulskoordinaten zu einem Vektor $\boldsymbol{x}$ mit den Komponenten

$$x_i = \begin{cases} q_i , & i = 1, \ldots, f , \\ p_{i-f} , & i = f+1, \ldots, 2f \end{cases} \tag{7.71}$$

vereinigt. (Daher die Bezeichnung symplektisch von altgriech. *symplektikos* = mit einflechtend.) Die Hamilton-Gleichungen $\dot{x}_i = \partial H/\partial x_{i+f}$ für $i=1, \ldots, f$ und $\dot{x}_i = -\partial H/\partial x_{i-f}$ für $i=f+1, \ldots, 2f$ mit der Hamilton-Funktion $H = H(\boldsymbol{x}, t)$ lassen sich damit unter Benutzung von Matrixnotation in der **symplektischen Form**

$$\dot{\boldsymbol{x}} = \mathsf{J} \cdot \left(\frac{\partial H}{\partial \boldsymbol{x}} \right) \tag{7.72}$$

zusammenfassen, wobei

$$\mathsf{J} = \begin{pmatrix} \mathbf{0} & \mathbf{1} \\ -\mathbf{1} & \mathbf{0} \end{pmatrix} \tag{7.73}$$

eine aus den $(f \times f)$-Matrizen $\mathbf{0}$ (Nullmatrix) und $\mathbf{1}$ (Einheitsmatrix) aufgebaute antisymmetrische $(2f \times 2f)$-Matrix ist.[2]

Wir interessieren uns jetzt dafür, unter welchen Umständen eine eindeutig umkehrbare zeitunabhängige Transformation $\boldsymbol{y}=\boldsymbol{y}(\boldsymbol{x})$ kanonisch ist. Die Zeitableitungen $\dot{y}_i = \sum_k (\partial y_i/\partial x_k)\, \dot{x}_k$ können wir mit (7.72) in der Form

$$\dot{\boldsymbol{y}} \overset{\text{s.u.}}{=} \mathbf{T} \cdot \dot{\boldsymbol{x}} = \mathbf{T} \cdot \mathbf{J} \cdot \left(\frac{\partial H}{\partial \boldsymbol{x}}\right)$$

schreiben, wobei $\mathbf{T}$ die Matrix mit den Komponenten

$$T_{ik} = \frac{\partial y_i}{\partial x_k} \qquad i, k = 1, \ldots, 2f \tag{7.74}$$

ist. Nun definieren wir

$$\overline{H}(\boldsymbol{y}, t) := H(\boldsymbol{x}(\boldsymbol{y}), t) = H(\boldsymbol{x}, t) \tag{7.75}$$

und erhalten mit $\partial H/\partial x_i = \sum_k (\partial y_k/\partial x_i)\,(\partial H/\partial y_k) = \sum_k T_{ki}\,(\partial H/\partial y_k) = \sum_k T^{\mathrm{T}}_{ik}\,(\partial H/\partial y_k)$ (dabei ist $\mathbf{T}^{\mathrm{T}}$ die zu $\mathbf{T}$ transponierte Matrix) in den neuen Variablen

$$\dot{\boldsymbol{y}} = \mathbf{T} \cdot \mathbf{J} \cdot \mathbf{T}^{\mathrm{T}} \cdot \left(\frac{\partial \overline{H}}{\partial \boldsymbol{y}}\right).$$

Damit auch das kanonische Bewegungsgleichungen sind, müssen sie die Form (7.72) besitzen. $\boldsymbol{y}=\boldsymbol{y}(\boldsymbol{x})$ ist daher genau dann eine kanonische Transformation, wenn $\mathbf{T}$ die **symplektische Bedingung**

$$\mathbf{T} \cdot \mathbf{J} \cdot \mathbf{T}^{\mathrm{T}} = \mathbf{J} \tag{7.76}$$

erfüllt.

Tatsächlich ist die Bedingung (7.76) auch für die **Kanonizität zeitabhängiger Transformationen** $\boldsymbol{y}=\boldsymbol{y}(\boldsymbol{x}, t)$ notwendig und hinreichend.

Beweis: Um das einzusehen, betrachten wir eine ganze Schar $\boldsymbol{y}_\tau = \boldsymbol{y}(\boldsymbol{x}, t, \tau)$ zeitabhängiger kanonischer Transformationen, die für $\tau=0$ die identische Transformation $\boldsymbol{y}_0 = \boldsymbol{x}$ enthalten soll. Die Transformationsmatrix (7.74) für den Übergang $\boldsymbol{y}_\tau \to \boldsymbol{y}_{\tau'}$ bezeichnen wir mit

$$\mathbf{T}_{\tau',\tau} = (\partial \boldsymbol{y}_{\tau'}/\partial \boldsymbol{y}_\tau)\,. \tag{7.77}$$

Offensichtlich gilt

$$\mathbf{T}_{\tau+\varepsilon,0} = (\partial \boldsymbol{y}_{\tau+\varepsilon}/\partial \boldsymbol{y}_\tau) \cdot (\partial \boldsymbol{y}_\tau/\partial \boldsymbol{y}_0) = \mathbf{T}_{\tau+\varepsilon,\tau} \cdot \mathbf{T}_{\tau,0} \tag{7.78}$$

und

$$\mathbf{T}^{\mathrm{T}}_{\tau+\varepsilon,0} = \mathbf{T}^{\mathrm{T}}_{\tau,0} \cdot \mathbf{T}^{\mathrm{T}}_{\tau+\varepsilon,\tau}\,, \tag{7.79}$$

wobei wir im Folgenden kleine Werte des Parameters ε betrachten wollen. Da sowohl $\mathbf{T}_{\tau,0}$ als auch $\mathbf{T}_{\tau+\varepsilon,0}$ kanonische Transformationen vermitteln, muss das nach (7.78) auch für $\mathbf{T}_{\tau+\varepsilon,\tau}$

2 Etwas ausführlicher hat man unter Ausnutzung der Möglichkeit, die Multiplikation von Matrizen blockweise durchzuführen, in Matrixnotation zunächst

$$\begin{pmatrix} \dot{\boldsymbol{q}} \\ \dot{\boldsymbol{p}} \end{pmatrix} = \begin{pmatrix} \partial H/\partial \boldsymbol{p} \\ -\partial H/\partial \boldsymbol{q} \end{pmatrix} = \begin{pmatrix} \mathbf{0} & \mathbf{1} \\ -\mathbf{1} & \mathbf{0} \end{pmatrix} \cdot \begin{pmatrix} \partial H/\partial \boldsymbol{q} \\ \partial H/\partial \boldsymbol{p} \end{pmatrix}$$

gelten, so dass wir für den Übergang $\boldsymbol{y}_\tau \to \boldsymbol{y}_{\tau+\varepsilon}$ die Transformationsgleichungen (7.50) mit einer geeignet gewählten Funktion $S(\boldsymbol{q}, \boldsymbol{P}, t)$ benutzen können. Mit den Ersetzungen $\boldsymbol{q}, \boldsymbol{p} \to \boldsymbol{q}_\tau, \boldsymbol{p}_\tau$ und $\boldsymbol{Q}, \boldsymbol{P} \to \boldsymbol{q}_{\tau+\varepsilon}, \boldsymbol{p}_{\tau+\varepsilon}$ sowie dem durch (7.53b) motivierten Ansatz

$$S = \boldsymbol{q} \cdot \boldsymbol{P} + \varepsilon S_1(\boldsymbol{q}, \boldsymbol{P}) = \boldsymbol{q}_\tau \cdot \boldsymbol{p}_{\tau+\varepsilon} + \varepsilon S_1(\boldsymbol{q}_\tau, \boldsymbol{p}_{\tau+\varepsilon}),$$

der für $\varepsilon=0$ die identische Transformation enthält, erhalten wir aus (7.50)

$$\boldsymbol{p}_\tau = \boldsymbol{p}_{\tau+\varepsilon} + \varepsilon \frac{\partial S_1}{\partial \boldsymbol{q}_\tau}, \qquad \boldsymbol{q}_{\tau+\varepsilon} = \boldsymbol{q}_\tau + \varepsilon \frac{\partial S_1(\boldsymbol{q}_\tau, \boldsymbol{p}_{\tau+\varepsilon})}{\partial \boldsymbol{p}_{\tau+\varepsilon}} \stackrel{\text{s.u.}}{=} \boldsymbol{q}_\tau + \varepsilon \frac{\partial S_1(\boldsymbol{q}_\tau, \boldsymbol{p}_\tau)}{\partial \boldsymbol{p}_\tau} + \mathcal{O}(\varepsilon^2).$$

(Dabei wurde in der zweiten Gleichung zuletzt das aus der ersten für $\boldsymbol{p}_{\tau+\varepsilon}$ folgende Ergebnis benutzt und eine Taylor-Entwicklung nach ε vorgenommen.) Diese Ergebnisse lassen sich zu

$$\boldsymbol{y}_{\tau+\varepsilon} = \boldsymbol{y}_\tau + \varepsilon \mathbf{J} \cdot \frac{\partial S_1}{\partial \boldsymbol{y}_\tau} + \mathcal{O}(\varepsilon^2)$$

zusammenfassen, und durch Ableitung nach $\boldsymbol{y}_\tau$ ergibt sich hieraus mit (7.77)

$$\mathbf{T}_{\tau+\varepsilon,\tau} = \mathbf{1} + \varepsilon \mathbf{J} \cdot \frac{\partial^2 S_1}{\partial \boldsymbol{y}_\tau \partial \boldsymbol{y}_\tau} + \mathcal{O}(\varepsilon^2). \tag{7.80}$$

Die Matrix $\partial^2 S_1 / \partial \boldsymbol{y}_\tau \partial \boldsymbol{y}_\tau$ ist symmetrisch, $\mathbf{J}$ ist antisymmetrisch, $\mathbf{J}^{\mathrm{T}} = -\mathbf{J}$, und infolgedessen gilt

$$\mathbf{T}^{\mathrm{T}}_{\tau+\varepsilon,\tau} = \mathbf{1} - \varepsilon \frac{\partial^2 S_1}{\partial \boldsymbol{y}_\tau \partial \boldsymbol{y}_\tau} \cdot \mathbf{J} + \mathcal{O}(\varepsilon^2). \tag{7.81}$$

Mit (7.78)–(7.79) und (7.80)–(7.81) erhalten wir in erster Ordnung von ε

$$\mathbf{T}_{\tau+\varepsilon,0} \cdot \mathbf{J} \cdot \mathbf{T}^{\mathrm{T}}_{\tau+\varepsilon,0} = \mathbf{T}_{\tau,0} \cdot \mathbf{J} \cdot \mathbf{T}^{\mathrm{T}}_{\tau,0} + \varepsilon \left(\mathbf{J} \cdot \frac{\partial^2 S_1}{\partial \boldsymbol{y}_\tau \partial \boldsymbol{y}_\tau} \cdot \mathbf{T}_{\tau,0} \cdot \mathbf{J} \cdot \mathbf{T}^{\mathrm{T}}_{\tau,0} - \mathbf{T}_{\tau,0} \cdot \mathbf{J} \cdot \mathbf{T}^{\mathrm{T}}_{\tau,0} \cdot \frac{\partial^2 S_1}{\partial \boldsymbol{y}_\tau \partial \boldsymbol{y}_\tau} \cdot \mathbf{J} \right),$$

und mit der Abkürzung $\mathbf{A}_\tau = \mathbf{T}_{\tau,0} \cdot \mathbf{J} \cdot \mathbf{T}^{\mathrm{T}}_{\tau,0}$ sowie

$$\frac{d\mathbf{A}_\tau}{d\tau} = \lim_{\varepsilon \to 0} \frac{1}{\varepsilon} (\mathbf{A}_{\tau+\varepsilon} - \mathbf{A}_\tau)$$

ergibt sich hieraus das System gewöhnlicher Differentialgleichungen erster Ordnung

$$\frac{d\mathbf{A}_\tau}{d\tau} - \mathbf{J} \cdot \frac{\partial^2 S_1}{\partial \boldsymbol{y}_\tau \partial \boldsymbol{y}_\tau} \cdot \mathbf{A}_\tau + \mathbf{A}_\tau \cdot \frac{\partial^2 S_1}{\partial \boldsymbol{y}_\tau \partial \boldsymbol{y}_\tau} \cdot \mathbf{J} = 0$$

für die Koeffizienten der Matrix $\mathbf{A}_\tau$. Wegen $\mathbf{T}_{0,0} = \mathbf{1}$ ist dabei für $\tau=0$ die Bedingung $\mathbf{A}_0 = \mathbf{J}$ zu stellen. Offensichtlich ist

$$\mathbf{A}_\tau = \mathbf{T}_{\tau,0} \cdot \mathbf{J} \cdot \mathbf{T}^{\mathrm{T}}_{\tau,0} = \mathbf{J} = \mathbf{A}_0 \qquad \left(\Rightarrow \quad \frac{d\mathbf{A}_\tau}{d\tau} = 0 \right)$$

eine Lösung des gestellten Anfangswertproblems, und wegen der Eindeutigkeit der Lösungen ist es die einzige. Da $\mathbf{T}_{\tau,0} = \partial \boldsymbol{y}_\tau / \partial \boldsymbol{y}_0 = \partial \boldsymbol{y}(\boldsymbol{x}, t, \tau) / \partial \boldsymbol{x} \stackrel{(7.74)}{=} \mathbf{T}$ gilt, ist (7.76) damit auch für zeitabhängige Transformationen bewiesen. □

Kanonische Invarianz des Phasenraumvolumens. Als eine wichtige Konsequenz der Beziehung (7.76) beweisen wir die kanonische Invarianz des Phasenraumvolumens, d. h.

$$\int_{\Omega_{q,p}} dq_1 \cdots dq_f \cdot dp_1 \cdots dp_f \overset{\text{s.u.}}{=} \int_{\Omega_{Q,P}} dQ_1 \cdots dQ_f \cdot dP_1 \cdots dP_f \,. \tag{7.82}$$

Dabei ist $\Omega_{q,p}$ ein beliebiges Gebiet des Phasenraums $\{\boldsymbol{q}, \boldsymbol{p}\}$, das durch die kanonische Transformation $\{\boldsymbol{q}, \boldsymbol{p}\} \to \{\boldsymbol{Q}, \boldsymbol{P}\}$ auf das Gebiet $\Omega_{Q,P}$ abgebildet wird. Mit der Notation

$$dq_1 \cdots dq_f \cdot dp_1 \cdots dp_f = (d\boldsymbol{x})\,, \qquad dQ_1 \cdots dQ_f \cdot dP_1 \cdots dP_f = (d\boldsymbol{y})$$

gilt bekanntlich

$$(d\boldsymbol{y}) = \det(\partial \boldsymbol{y}/\partial \boldsymbol{x})\,(d\boldsymbol{x})\,, \tag{7.83}$$

wobei $\det(\partial \boldsymbol{y}/\partial \boldsymbol{x})$ die Funktionaldeterminante der Transformation $\boldsymbol{x} \to \boldsymbol{y}(\boldsymbol{x})$ ist. Mit $\det \mathsf{J} = 1$ und $\det \mathsf{T} = \det \mathsf{T}^{\mathrm{T}}$ folgt aus (7.76) nun

$$1 = \det \mathsf{J} = \det(\mathsf{T} \cdot \mathsf{J} \cdot \mathsf{T}^{\mathrm{T}}) = (\det \mathsf{T})(\det \mathsf{J})(\det \mathsf{T}^{\mathrm{T}}) = (\det \mathsf{T})^2 \overset{(7.74)}{=} \det{}^2(\partial \boldsymbol{y}/\partial \boldsymbol{x})\,,$$

d. h. bei einer orientierungserhaltenden Transformation, $\det(\partial \boldsymbol{y}/\partial \boldsymbol{x}) = +1$, gilt nach (7.83) $(d\boldsymbol{y}) = (d\boldsymbol{x})$ und damit (7.82).

Wir haben am Ende von Abschn. 7.4.3 gesehen, dass die zeitliche Verschiebung der Phasenraumpunkte auf den Systemtrajektorien als kanonische Transformation gedeutet werden kann. Aus (7.82) folgt damit unmittelbar die zeitliche Invarianz des Phasenraumvolumens,

$$\Omega_{t_0} = \int_{\Omega_{t_0}} d\Omega_{t_0} = \int_{\Omega_t} d\Omega_t = \Omega_t \,. \tag{7.84}$$

Aus der Vektorform von Gleichung (7.56),

$$[u, v] = \frac{\partial u}{\partial \boldsymbol{q}} \cdot \frac{\partial v}{\partial \boldsymbol{p}} - \frac{\partial u}{\partial \boldsymbol{p}} \cdot \frac{\partial v}{\partial \boldsymbol{q}} = \left(\frac{\partial u}{\partial \boldsymbol{q}}, \frac{\partial u}{\partial \boldsymbol{p}}\right) \cdot \begin{pmatrix} \partial v/\partial \boldsymbol{p} \\ -\partial v/\partial \boldsymbol{q} \end{pmatrix} = \left(\frac{\partial u}{\partial \boldsymbol{q}}, \frac{\partial u}{\partial \boldsymbol{p}}\right) \cdot \begin{pmatrix} \mathbf{0} & \mathbf{1} \\ -\mathbf{1} & \mathbf{0} \end{pmatrix} \cdot \begin{pmatrix} \partial v/\partial \boldsymbol{q} \\ \partial v/\partial \boldsymbol{p} \end{pmatrix},$$

folgt, dass sich die Poisson-Klammern mit der jetzigen Notation in der Form

$$[u, v]_{\boldsymbol{x}} = \left(\frac{\partial u}{\partial \boldsymbol{x}}\right)^{\mathrm{T}} \cdot \mathsf{J} \cdot \left(\frac{\partial v}{\partial \boldsymbol{x}}\right) \tag{7.85}$$

schreiben lassen. Beim Übergang zu neuen kanonischen Koordinaten erhalten wir hieraus mit

$$\left(\frac{\partial v}{\partial \boldsymbol{x}}\right) \overset{(7.74)}{=} \mathsf{T}^{\mathrm{T}} \cdot \left(\frac{\partial v}{\partial \boldsymbol{y}}\right), \qquad \left(\frac{\partial u}{\partial \boldsymbol{x}}\right)^{\mathrm{T}} = \left(\frac{\partial u}{\partial \boldsymbol{y}}\right)^{\mathrm{T}} \cdot \mathsf{T}$$

und der für kanonische Transformationen gültigen Beziehung (7.76) die Identität

$$[u, v]_{\boldsymbol{x}} = \left(\frac{\partial u}{\partial \boldsymbol{y}}\right)^{\mathrm{T}} \cdot \mathsf{T} \cdot \mathsf{J} \cdot \mathsf{T}^{\mathrm{T}} \cdot \left(\frac{\partial v}{\partial \boldsymbol{y}}\right) = \left(\frac{\partial u}{\partial \boldsymbol{y}}\right)^{\mathrm{T}} \cdot \mathsf{J} \cdot \left(\frac{\partial v}{\partial \boldsymbol{y}}\right) \overset{(7.85)}{=} [u, v]_{\boldsymbol{y}} \,.$$

Die Poisson-Klammern sind also kanonische Invarianten.

Aufgaben

7.1 Die Lagrange-Funktion $L=\alpha(x)\,\dot{x}-V(x)$ gehört zu den Fällen, bei denen der Übergang zu einer Hamilton-Funktion vermittels einer Legendre-Transformation nicht möglich ist (siehe Fußnote 1). Bestimmen Sie eine Hamilton-Funktion, welche dieselbe Bewegungsgleichung liefert wie die angegebene Lagrange-Funktion!

7.2 Zeigen Sie, dass die Lagrange-Gleichungen zweiter Art durch eine Legendre-Transformation aus den Hamilton-Gleichungen folgen!

Hinweis: Beginnen Sie mit $H = H(p, q, t)$, berechnen Sie dH und benutzen Sie dann die Hamilton-Gleichungen!

7.3 Zwei Autofahrer durchfahren die Strecke L in derselben Zeit T, und ihre Geschwindigkeit beim Start sowie bei der Ankunft sei gleich. Der erste Fahrer fährt mit konstanter Geschwindigkeit v_0, der zweite beschleunigt und bremst zwischendurch. Es gelte ein lineares Reibungsgesetz.

(a) Zeigen Sie, dass der Benzinverbrauch des zweiten Fahrers höher als der des ersten ist!
(b) Zeigen Sie, dass beim Fahren mit konstanter Geschwindigkeit der Verbrauch mit wachsender Geschwindigkeit zunimmt!

Hinweis: Der Verbrauch ist proportional zu der vom Motor geleisteten Arbeit.

7.4 Ein Massenpunkt bewege sich reibungsfrei in einem Kreiskegel (Trichter) im Schwerefeld. Die Bewegung beschränke sich auf die Oberfläche des Trichters. (Siehe die Abbildung zur Aufgabe 5.11.)

(a) Stellen Sie die Lagrange-Funktion auf!
(b) Bestimmen Sie die Hamilton-Funktion!
(c) Wie lauten die Hamiltonschen Bewegungsgleichungen?
(d) Welche Erhaltungssätze gelten?

7.5 Ein homogener Vollzylinder der Masse M rolle ohne Schlupf eine schiefe Ebene mit dem Neigungswinkel ϑ hinunter (siehe Abb. 5.15), die rollende Reibung sei zu vernachlässigen.

(a) Bestimmen Sie die Hamilton-Funktion!
(b) Lösen Sie die zugehörigen Hamiltonschen Bewegungsgleichungen!

7.6 Ein homogener dünner Stab der Länge 2ℓ gleite im homogenen Schwerefeld an einer Wand ab.

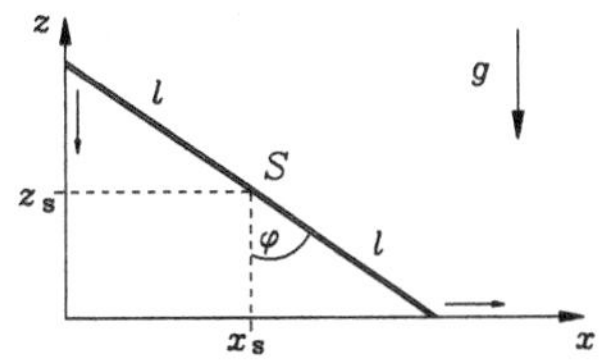

(a) Bestimmen Sie das Trägheitsmoment des Stabes um die senkrecht zum Stab durch den Schwerpunkt führende Drehachse!
(b) Verwenden Sie den Drehwinkel φ des Stabes um seinen Schwerpunkt als generalisierte Koordinate und bestimmen Sie die Lagrange-Funktion!
(c) Bestimmen Sie die Hamilton-Funktion und stellen Sie die Hamiltonschen Bewegungsgleichung auf!

7.7 Ein Massenpunkt bewege sich reibungsfrei auf der Bahn $z = e^{-rx}$ im Schwerefeld $\boldsymbol{g} = -g\boldsymbol{e}_z$.

(a) Stellen Sie die Lagrange-Funktion auf!
(b) Bestimmen Sie die Hamilton-Funktion!
(c) Wie lauten die Hamiltonschen Bewegungsgleichungen?
(d) Welche Erhaltungssätze gelten?

7.8 Im homogenen Schwerefeld der Erde möge sich der Aufhängepunkt eines ebenen Pendels der Länge ℓ und der Masse m_2 in horizontaler Richtung bewegen können. Die Masse des Aufhängepunkts sei m_1. (Siehe Aufgabe 5.13.)

(a) Stellen Sie die Lagrange-Funktion auf!
(b) Bestimmen Sie die Hamilton-Funktion!
(c) Wie lauten die Hamiltonschen Bewegungsgleichungen?
(d) Welche Erhaltungssätze gelten?

7.9 Betrachten Sie in Zylinderkoordinaten r, φ und z die Bewegung einer Masse m um eine bei $r=z=0$ befindliche Zentralmasse.

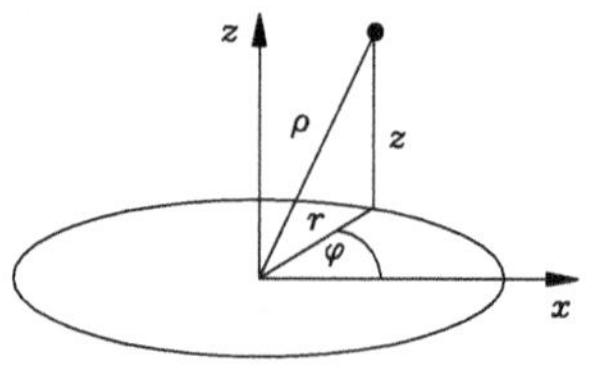

Hinweis: Drücken Sie den Abstand ρ des Massenpunkts von der Zentralmasse durch r und z aus; die Geschwindigkeit hat eine r-, eine φ- und eine z-Komponente.

(a) Wie lautet die Hamilton-Funktion für Bewegungen, die nicht in der Ebene $z \equiv 0$ erfolgen?
(b) Zeigen Sie, dass es Lösungen gibt, bei denen die Bewegung ganz in der Ebene $z \equiv 0$ erfolgt.
(c) Welche Erhaltungssätze folgen aus der speziellen Struktur (zyklische Variablen usw.) der Hamilton-Funktion für den Fall $z \equiv 0$?
(d) Berechnen Sie für den Fall $z \equiv 0$ aus den Erhaltungssätzen und den Hamiltonschen Bewegungsgleichungen die Bahngleichung!

7.10 Ein Elektron bewege sich vom Punkt A des Gebiets $y \geq 0$ mit dem Potenzial $V = V_1$ zum Punkt C des Gebiets $y < 0$ mit dem Potenzial $V = V_2$. Leiten Sie aus dem Maupertuisschen Prinzip das Brechungsgesetz $\sin\alpha/\sin\beta = \ldots$ für die Bewegung über den Potenzialsprung hinweg ab.

Hinweis: Sie können dabei benutzen, dass die Bewegung in einem Gebiet konstanten Potenzials geradlinig ist.

7.11 (a) Zeigen Sie, dass die Lagrangeschen Bewegungsgleichungen gegenüber der *mechanischen Eichtransformation* $L \to \bar{L} = L + df(\boldsymbol{q}, t)/dt$ invariant sind.
(b) Durch welche Transformation gehen die zu $\bar{L}$ gehörigen Hamiltonschen Bewegungsgleichungen aus den zu L gehörigen hervor?

7.12 Beweisen Sie die Jacobi-Identität (7.62).

7.13 Welche kanonische Transformation erhält man mithilfe einer erzeugenden Funktion $\bar{F} = \bar{F}(\boldsymbol{p}, \boldsymbol{P}, t)$?

Hinweis: Schreiben Sie die erzeugende Gleichung in der Form

$$dF = \sum p_i\, dq_i - \sum P_i\, dQ_i + (K - H)\, dt$$

und gehen Sie mithilfe einer Legendre-Transformation zu einer neuen erzeugenden Funktion über, deren Differential dp_i und dP_i enthält.

7.14 Zeigen Sie, dass die Transformation von den kanonischen Variablen q und p zu neuen Variablen

$$Q = \arctan \frac{q}{p}, \qquad P = \frac{q^2 + p^2}{2}$$

kanonisch ist.

Hinweis: Benutzen Sie die Beziehung (7.48).

7.15 Ist die Transformation $Q_i = p_i$, $P_i = q_i$ kanonisch?

Lösungen

7.1 Mit $\partial L/\partial \dot{x} = \alpha(x)$ und $\partial L/\partial x = -V'(x)$ lautet die Lagrangesche Bewegungsgleichung

$$\alpha'(x)\,\dot{x} = -V'(x) \quad \Rightarrow \quad \dot{x} = -\frac{V'(x)}{\alpha'(x)} \quad \Rightarrow \quad \ddot{x} = -\dot{x}\frac{d}{dx}\left(\frac{V'(x)}{\alpha'(x)}\right) = \frac{1}{2}\frac{d}{dx}\left(\frac{V'(x)}{\alpha'(x)}\right)^2 .$$

Der Ansatz $H = p^2/2 + \tilde{V}(x)$ liefert die Hamilton-Gleichungen

$$\dot{x} = p, \qquad \dot{p} = \ddot{x} = -\tilde{V}'(x).$$

Für $\tilde{V}(x) = -[V'(x)/\alpha'(x)]^2/2$ erhält man dieselbe Bewegungsgleichung wie oben.

Von $H = p^2/2 + \tilde{V}(x)$ gelangt man übrigens mithilfe einer Legendre-Transformation zur Lagrange-Funktion $\tilde{L} = \dot{x}^2/2 - \tilde{V}(x)$, und aus dieser folgt wie oben

$$\ddot{x} = -\tilde{V}'(x) = \frac{1}{2}\frac{d}{dx}\left(\frac{V'(x)}{\alpha'(x)}\right)^2 .$$

$\tilde{L}$ ist demnach der ursprünglich gegebenen Lagrange-Funktion L – im Wesentlichen – äquivalent. Ein kleiner Unterschied besteht darin, dass $\tilde{L}$ zu einer Differentialgleichung zweiter Ordnung für $x(t)$ führt, L jedoch nur zu einer erster Ordnung. Dies hat eine unterschiedliche Anzahl von Integrationskonstanten zur Folge.

7.2

$$dH(\boldsymbol{q}, \boldsymbol{p}, t) = \sum_i \left(\frac{\partial H}{\partial q_i} dq_i + \frac{\partial H}{\partial p_i} dp_i\right) + \frac{\partial H}{\partial t} dt = \sum_i (-\dot{p}_i dq_i + \dot{q}_i dp_i) + \frac{\partial H}{\partial t} dt$$

$$= -\sum_i \dot{p}_i dq_i + d\Big(\sum_i \dot{q}_i p_i\Big) - \sum_i p_i d\dot{q}_i + \frac{\partial H}{\partial t} dt \quad \Rightarrow$$

Mit $\quad L(\boldsymbol{q}, \dot{\boldsymbol{q}}, t) := \sum_i \dot{q}_i\, p_i(\boldsymbol{q}, \dot{\boldsymbol{q}}, t) - H(\boldsymbol{q}, \boldsymbol{p}(\boldsymbol{q}, \dot{\boldsymbol{q}}, t), t) \quad$ gilt

$$dL = \sum_i (\dot{p}_i dq_i + p_i d\dot{q}_i) - \frac{\partial H}{\partial t} dt ,$$

wobei $p_i = p_i(\boldsymbol{q}, \dot{\boldsymbol{q}}, t)$ durch Auflösen der Hamilton-Gleichung $\dot{\boldsymbol{q}} = \partial H((\boldsymbol{q}, \boldsymbol{p}, t))/\partial \boldsymbol{p}$ nach $\boldsymbol{p}$ gewonnen wird. Aus der abgeleiteten Beziehung für dL erhält man

$$p_i = \frac{\partial L}{\partial \dot{q}_i}, \quad \dot{p}_i = \frac{\partial L}{\partial q_i}, \quad \frac{\partial L}{\partial t} = -\frac{\partial H}{\partial t} \quad \Rightarrow \quad \frac{d}{dt}\left(\frac{\partial L}{\partial \dot{q}_i}\right) = \frac{\partial L}{\partial q_i}.$$

7.3 Der Start erfolge zur Zeit $t = 0$. Für beide Fahrer ist die Ankunftszeit $T = L/v_0$, und für den zweiten, dessen Geschwindigkeit $v = v_0 + v_1$ mit $v_1 \gtrless 0$ beträgt, gilt

$$v_0 T = L = \int_0^T v\, dt = v_0 T + \int_0^T v_1\, dt \quad \Rightarrow \quad \int_0^T v_1\, dt = 0\,.$$

Aus der Bewegungsgleichung $m\dot{v} = F - \alpha v$, in der F die Antriebskraft des Motors ist, ergibt sich als Arbeit, die der Motor während der Fahrt leistet,

$$A = \int_0^L F\, dx = \int_0^T F v\, dt = \int_0^T (m\dot{v} + \alpha v) v\, dt = \Delta(mv^2/2) + \alpha \int_0^T (v_0 + v_1)^2\, dt$$

$$\overset{\text{s.u.}}{=} \alpha v_0^2 T + \alpha \int_0^T v_1^2\, dt = \alpha L v_0 \left(1 + \overline{v_1^2}/{v_0}^2\right).$$

Dabei wurde $\Delta(mv^2/2) = 0$ (wegen $v(0) = v(T)$) sowie $\int_0^T v_1\, dt = 0$ benutzt, und $\overline{v_1^2}$ bezeichnet den zeitlichen Mittelwert. Aus dem erhaltenen Ergebnis lässt sich die Richtigkeit der aufgestellten Behauptungen unmittelbar ablesen.

7.5 Nach (5.80) (mit $z_0 = 0$) ist die Lagrange-Funktion

$$L = \frac{3m\dot{s}^2}{4} + mgs \sin\vartheta \quad \Rightarrow \quad p = \frac{\partial L}{\partial \dot{s}} = \frac{3m\dot{s}}{2}, \quad \dot{s} = \frac{2p}{3m} \quad \Rightarrow$$

$$H = p\dot{s} - L = \frac{2p^2}{3m} - \frac{p^2}{3m} - mgs \sin\vartheta = \frac{p^2}{3m} - mgs \sin\vartheta\,.$$

Hamiltonsche Bewegungsgleichungen:

$$\dot{s} = \frac{\partial H}{\partial p} = \frac{2p}{3m}, \quad \dot{p} = -\frac{\partial H}{\partial s} = mg \sin\vartheta \quad \Rightarrow \quad \ddot{s} = \frac{2g \sin\vartheta}{3}, \quad s = s_0 + \dot{s}_0 t + \frac{gt^2 \sin\vartheta}{3}\,.$$

7.6 Mit der Massendichte $\varrho = M/(2l)$ (Masse pro Länge) ergibt sich für das Trägheitsmoment nach (6.18)

$$\Theta' = \int_{-l}^{l} \varrho r^2\, dr = \frac{M l^2}{3}\,.$$

Die kinetische Energie des Stabs ist nach (6.34)

$$T = \frac{M}{2}\left(\dot{x}_S^2 + \dot{z}_S^2\right) + \frac{\Theta' \dot{\varphi}^2}{2}\,,$$

und mit $x_S = l \sin\varphi$, $z_S = l \cos\varphi$ sowie dem Ergebnis für Θ' wird daraus

$$T = \frac{2}{3} M l^2 \dot{\varphi}^2\,.$$

Die potenzielle Energie ist

$$V = Mgz_S = Mgl \cos\varphi\,,$$

und als Lagrange-Funktion ergibt sich

$$L = T - V = \frac{2}{3}\,M\,l^2\,\dot{\varphi}^2 - Mgl\cos\varphi\,.$$

Mit

$$p = \frac{\partial L}{\partial \dot{\varphi}} = \frac{4}{3}\,M\,l^2\,\dot{\varphi} \qquad \Rightarrow \qquad \dot{\varphi} = \frac{3\,p}{4\,M\,l^2}$$

erhält man die Hamilton-Funktion

$$H = p\dot{\varphi} - L = \frac{3\,p^2}{4\,M\,l^2} - \frac{3\,p^2}{8\,M\,l^2} + Mgl\cos\varphi = \frac{3\,p^2}{8\,M\,l^2} + Mgl\cos\varphi\,.$$

Die Hamiltonschen Bewegungsgleichungen lauten

$$\dot{\varphi} = \frac{\partial H}{\partial p} = \frac{3\,p}{4\,M\,l^2}\,, \qquad \dot{p} = -\frac{\partial H}{\partial \varphi} = Mgl\sin\varphi\,,$$

und durch Elimination von p ergibt sich für φ die Differentialgleichung

$$\ddot{\varphi} = \frac{3\,g}{4\,l}\,\sin\varphi\,.$$

7.7 (a) Nach Aufgabe 5.19 gilt $\dot{s} = \sqrt{1 + r^2 \mathrm{e}^{-2rx}}\,\dot{x}$, und mit $T = (m/2)\,\dot{s}^2$ sowie $V = mgz = mg\mathrm{e}^{-rx}$ ergibt sich

$$L = (m/2)(1 + r^2\mathrm{e}^{-2rx})\,\dot{x}^2 - mg\mathrm{e}^{-rx}\,.$$

(b) Hieraus folgt

$$p = \frac{\partial L}{\partial \dot{x}} = m(1 + r^2\mathrm{e}^{-2rx})\,\dot{x}\,, \qquad H = p\dot{x} - L = \frac{p^2}{2m(1 + r^2\mathrm{e}^{-2rx})} + mg\mathrm{e}^{-rx}\,.$$

(c) Hamiltonsche Bewegungsgleichungen:

$$\dot{x} = \frac{\partial H}{\partial p} = \frac{p}{m(1 + r^2\mathrm{e}^{-2rx})}\,, \qquad \dot{p} = -\frac{\partial H}{\partial x} = mgr\mathrm{e}^{-rx} - \frac{p^2 r^3 \mathrm{e}^{-2rx}}{m\left(1 + r^2\mathrm{e}^{-2rx}\right)^2}\,.$$

(d) $\partial H/\partial t = 0 \quad \Rightarrow H = \mathrm{const.}$

7.9 (a) Mit $\varrho = \sqrt{r^2 + z^2}$ gilt

$$L = T - V = (m/2)(\dot{r}^2 + r^2\dot{\varphi}^2 + \dot{z}^2) - V(\varrho)$$

$$p_r = \frac{\partial L}{\partial \dot{r}} = m\dot{r}\,, \quad p_\varphi = \frac{\partial L}{\partial \dot{\varphi}} = mr^2\dot{\varphi}\,, \quad p_z = \frac{\partial L}{\partial \dot{z}} = m\dot{z}\,.$$

$$H = p_r\dot{r} + p_\varphi\dot{\varphi} + p_z\dot{z} - L = \frac{1}{2m}\left(p_r^2 + \frac{p_\varphi^2}{r^2} + p_z^2\right) + V(\varrho)\,.$$

(b) $z \equiv 0 \;\Rightarrow \dot{z} \equiv 0 \;\Rightarrow p_z \equiv 0 \;\Rightarrow \dot{p}_z = 0$ ist mit der Bewegungsgleichung

$$\dot{p}_z = -\frac{\partial H}{\partial z} = -V'(\varrho)\frac{z}{\varrho}$$

verträglich, zu deren Ableitung $\partial\varrho/\partial z = z/\varrho$ benutzt wurde. Die Existenz von Lösungen der verbleibenden Hamiltonschen Bewegungsgleichungen ergibt sich aus deren expliziter Angabe in (d).

(c) Im Fall $z\equiv 0$ gilt $H=(m/2)(p_r^2+p_\varphi^2/r^2)+V(r)$.
Aus $\partial H/\partial t=0$ folgt $H = \text{const} = E$,
aus $\dot{p}_\varphi = -\partial H/\partial\varphi = 0$ folg $p_\varphi = mr^2\dot{\varphi} = \text{const}$.

(d) Aus den beiden Erhaltungssätzen folgt mit $p_r = m\dot{r}$

$$\dot{\varphi} = p_\varphi/(mr^2)\,, \quad \dot{r} = \pm(1/m)\sqrt{2m[E - V(r)] - p_\varphi^2/r^2}\,,$$

und mit $d\varphi/dr = \dot{\varphi}/\dot{r}$ ergibt sich die Bahngleichung

$$\varphi(r) = \varphi_0 \pm p_\varphi \int_{r_0}^{r} \frac{dr'}{r'\sqrt{2m[E - V(r')]r'^2 - p_\varphi^2}}\,.$$

7.10 Prinzip von Maupertuis: $\delta\int\sqrt{2m(E-V)}\,dl = 0.$
Wegen $E - V = E - V_1 = \text{const}$ in 1 und $E - V = E - V_2 = \text{const}$ in 2 gilt

$$\delta\left[\sqrt{2m(E-V_1)}\,l_1 + \sqrt{2m(E-V_2)}\,l_2\right] = 0\,.$$

Die Wege in 1 und 2 sind Geraden $\Rightarrow l_1 = \sqrt{y_1^2 + x^2}\,,\ l_2 = \sqrt{y_2^2 + (x_2 - x)^2}$, wenn der Weg in 1 durch die Punkte $\{x = 0,\, y_1\}$ und $\{x,\, y{=}0\}$ bzw. in 2 durch $\{x,\, y = 0\}$ und $\{x_2,\, y_2\}$ führt. Damit lautet die Variationsbedingung

$$\delta\left[\sqrt{(E-V_1)(y_1^2 + x^2)} + \sqrt{(E-V_2)(y_2^2 + (x_2 - x)^2)}\right] = 0\,.$$

Mit $\delta f(x) = f'(x)\,\delta x = 0 \quad\Rightarrow\quad f'(x) = 0$ ergibt sich

$$\frac{\sqrt{E-V_1}\,x}{\sqrt{y_1^2 + x^2}} = \frac{\sqrt{E-V_2}\,(x_2 - x)}{\sqrt{y_2^2 + (x_2 - x)^2}}\,,$$

und mit $x/\sqrt{y_1^2 + x^2} = \sin\alpha\,,\ (x_2 - x)/\sqrt{y_2^2 + (x_2 - x)^2} = \sin\beta$ ergibt sich schließlich

$$\frac{\sin\alpha}{\sin\beta} = \sqrt{\frac{E-V_2}{E-V_1}} = \sqrt{\frac{T_2}{T_1}} = \frac{v_2}{v_1}\,.$$

7.11 (a) Die Lagrange-Gleichungen zweiter Art sind dem Hamiltonschen Prinzip,

$$\delta\int_{t_1}^{t_2} L(\boldsymbol{q}(t), \dot{\boldsymbol{q}}(t), t)\,dt = 0 \qquad \text{mit} \qquad \delta\boldsymbol{q}(t_1) = \delta\boldsymbol{q}(t_2) = 0\,,$$

äquivalent. Aus diesem folgt für

$$\bar{L} = L + \frac{df(\boldsymbol{q}, t)}{dt} = L + \frac{\partial f}{\partial\boldsymbol{q}}\cdot\dot{\boldsymbol{q}} + \frac{\partial f}{\partial t}$$

mit

$$\delta\int_{t_1}^{t_2} \frac{df(\boldsymbol{q}, t)}{dt}\,dt = \delta f(\boldsymbol{q}, t_2) - \delta f(\boldsymbol{q}, t_1) = 0 \qquad \text{für} \qquad \delta\boldsymbol{q}(t_1) = \delta\boldsymbol{q}(t_2) = 0$$

das Variationsprinzip

$$\delta \int_{t_1}^{t_2} \bar{L}(\boldsymbol{q}(t), \dot{\boldsymbol{q}}(t), t)\, dt = 0 \qquad \text{mit} \qquad \delta \boldsymbol{q}(t_1) = \delta \boldsymbol{q}(t_2) = 0\,,$$

und aus diesem folgt die Gültigkeit von Lagrange-Gleichungen zweiter Art für $\bar{L}$.

Man erhält dieses Ergebnis auch durch direktes Einsetzen: Aus der für $\bar{L}$ angegebenen Gleichung folgt mit

$$\frac{\partial \bar{L}}{\partial \dot{\boldsymbol{q}}} = \frac{\partial L}{\partial \dot{\boldsymbol{q}}} + \frac{\partial f}{\partial \boldsymbol{q}}$$

und unter Benutzung der Lagrangeschen Bewegungsgleichungen für L

$$\frac{d}{dt}\left(\frac{\partial \bar{L}}{\partial \dot{\boldsymbol{q}}}\right) = \frac{d}{dt}\left(\frac{\partial L}{\partial \dot{\boldsymbol{q}}}\right) + \dot{\boldsymbol{q}} \cdot \frac{\partial}{\partial \boldsymbol{q}} \frac{\partial f}{\partial \boldsymbol{q}} + \frac{\partial^2 f}{\partial t\, \partial \boldsymbol{q}} = \frac{\partial L}{\partial \boldsymbol{q}} + \dot{\boldsymbol{q}} \cdot \frac{\partial}{\partial \boldsymbol{q}} \frac{\partial f}{\partial \boldsymbol{q}} + \frac{\partial^2 f}{\partial t\, \partial \boldsymbol{q}} = \frac{\partial \bar{L}}{\partial \boldsymbol{q}}\,.$$

(b) Für den zu $\bar{L}$ gehörigen kanonische Impuls ergibt sich aus der vorletzten Gleichung mit $\boldsymbol{p} = \partial L / \partial \boldsymbol{q}$

$$\bar{\boldsymbol{p}} = \frac{\partial \bar{L}}{\partial \dot{\boldsymbol{q}}} = \boldsymbol{p} + \frac{\partial f}{\partial \boldsymbol{q}}\,.$$

Die zu $\bar{L}$ gehörige Hamilton-Funktion ist

$$\bar{H} = \bar{\boldsymbol{p}} \cdot \dot{\boldsymbol{q}} - \bar{L} = \left(\boldsymbol{p} + \frac{\partial f}{\partial \boldsymbol{q}}\right) \cdot \dot{\boldsymbol{q}} - L - \frac{\partial f}{\partial \boldsymbol{q}} \cdot \dot{\boldsymbol{q}} - \frac{\partial f}{\partial t} = \boldsymbol{p} \cdot \dot{\boldsymbol{q}} - L - \frac{\partial f}{\partial t} = H - \frac{\partial f}{\partial t}\,.$$

Die Transformation, mit der man von den zu L gehörigen Hamilton-Gleichungen zu den zu $\bar{L}$ gehörigen gelangt, ist demnach

$$\boldsymbol{q}, \boldsymbol{p}, H \quad \to \quad \bar{\boldsymbol{q}} = \boldsymbol{q}\,, \qquad \bar{\boldsymbol{p}} = \boldsymbol{p} + \frac{\partial f}{\partial \boldsymbol{q}}\,, \qquad \bar{H} = H - \frac{\partial f}{\partial t}\,.$$

Mit ihr ergibt sich natürlich auch in gestrichenen Koordinaten die übliche Hamiltonsche Form der Bewegungsgleichungen.
Wichtige Folgerung: Mit $\boldsymbol{q}$ und $\boldsymbol{p}$ sind auch $\bar{\boldsymbol{q}}$ und $\bar{\boldsymbol{p}}$ kanonische Variablen, d. h. die Wahl generalisierter Koordinaten legt die generalisierten Impulse nicht eindeutig fest.

7.14 Aus den vorgegebenen Transformationsgleichungen folgt

$$p\,dq - P\,dQ = p\,dq - \frac{(q^2+p^2)(p\,dq - q\,dp)}{2(1+q^2/p^2)p^2} = \frac{p\,dq + q\,dp}{2} = d\left(\frac{qp}{2}\right) =: dF\,.$$

Mit

$$\frac{q}{p} = \tan Q \qquad \Rightarrow \qquad p = \frac{q}{\tan Q}$$

können wir

$$F = \frac{q\,p(q, Q)}{2} = \frac{q^2}{2 \tan Q} = F(q, Q)$$

setzen, d. h. wir erhalten eine zeitunabhängige Transformation mit einer Erzeugenden der im ersten Teil von Abschn. 7.4.3 besprochenen Form. Gemäß der in Anschluss an Gleichung (7.48) getroffenen Aussage ist die Transformation kanonisch.

7.15 Aus $[q_i, p_j]_{\boldsymbol{q},\boldsymbol{p}} = \delta_{ij}$ folgt

$$[Q_i, P_j]_{\boldsymbol{q},\boldsymbol{p}} = [p_i, q_j]_{\boldsymbol{q},\boldsymbol{p}} \overset{(7.59)}{=} -[q_j, p_i]_{\boldsymbol{q},\boldsymbol{p}} = -\delta_{ji} = -\delta_{ij}\,.$$

Die fünfte der Gleichungen (7.67), die für die Kanonizität einer Transformation erfüllt sein müssen, wird verletzt, die Transformation ist daher nicht kanonisch.

8 Theorie von Hamilton und Jacobi

Die Lösung der Hamiltonschen Bewegungsgleichungen wird zu einem trivialen Problem, wenn sämtliche Variablen zyklisch sind: Aus den Gleichungen $\dot{q}_i = \partial H/\partial p_i = 0$ und $\dot{p}_i = -\partial H/\partial q_i = 0$ erhält man sofort die Lösungen $q_i = \alpha_i$, $p_i = \beta_i$ mit Konstanten α_i und β_i. Im Allgemeinen wird man allerdings keine derart einfache Situation antreffen. Man kann jedoch versuchen, eine geeignete kanonische Transformation zu finden, die zu lauter zyklischen Variablen Q_i und P_i führt. Die erzeugende Funktion, die das bewirkt, genügt einer partiellen Differentialgleichung, der Hamilton-Jacobi-Gleichung. Deren Ableitung und die Theorie ihrer Lösungen bilden den wesentlichen Inhalt dieses Kapitels.

8.1 Hamilton-Jacobi-Gleichung und Satz von Jacobi

Wir versuchen jetzt, in einer kanonischen Transformation des Typs (7.50) die Funktion $S(\boldsymbol{q}, \boldsymbol{P}, t)$ so zu bestimmen, dass die neue Hamilton-Funktion K identisch verschwindet. Da diese damit von sämtlichen Variablen Q_i und P_i unabhängig würde, wäre unsere Suche nach lauter zyklischen Variablen und damit die Integration erfolgreich abgeschlossen. Kombinieren wir die Forderung $K = H + \partial S/\partial t = 0$ mit der ersten Hälfte der Transformationsgleichungen (7.50), $p_i = \partial S/\partial q_i$, so erhalten wir zur Bestimmung von $S(\boldsymbol{q}, \boldsymbol{P}, t)$ die – im Allgemeinen nichtlineare – partielle Differentialgleichung erster Ordnung

$$\boxed{H\left(\boldsymbol{q}, \frac{\partial S}{\partial \boldsymbol{q}}, t\right) + \frac{\partial S}{\partial t} = 0,} \tag{8.1}$$

die als **Hamilton-Jacobi-Gleichung** bezeichnet wird.

Obwohl sie hinsichtlich der Abhängigkeit der Funktion S von den Variablen P_i keine Bedingungen stellt, kann aus ihr doch $S(\boldsymbol{q}, \boldsymbol{P}, t)$ bestimmt werden – zumindest lokal, also für die Umgebung eines Punkts im Raum $\{\boldsymbol{q}, \boldsymbol{P}\}$. Wegen $K=0$ und $\dot{P}_i = -\partial K/\partial Q_i = 0$ sind die P_i nämlich frei wählbare Konstanten und spielen in Gleichung (8.1) nur die Rolle von Parametern. Andererseits treten in dieser Ableitungen nach $q_1, \dots, q_f$ und t auf, und daher enthält ihr vollständiges Integral $f+1$ Integrationskonstanten. Eine von diesen ist additiv, da mit S offensichtlich auch $S+\text{const}$ Lösung ist. Weil in den Transformationsgleichungen (7.50) nur Ableitungen von S auftreten, ist diese Konstante für die kanonische Transformation $\{\boldsymbol{q}, \boldsymbol{p}\} \leftrightarrow \{\boldsymbol{Q}, \boldsymbol{P}\}$ jedoch irrelevant und kann daher gleich null gesetzt werden. Damit verbleiben f nichttriviale

Integrationskonstanten, und es steht uns frei, diese mit den frei wählbaren, konstanten Impulskomponenten P_i zu identifizieren. Das bedeutet, dass wir die allgemeine Lösung von Gleichung (8.1), sofern sie existiert, tatsächlich in der Form $S(\boldsymbol{q}, \boldsymbol{P}, t)$ angeben können.

$S(\boldsymbol{q}, \boldsymbol{P}, t)$ wird als **Hamiltonsche Wirkungsfunktion** oder **Prinzipalfunktion** bezeichnet. Ihre Bedeutung ergibt sich aus dem folgenden Satz.

Satz von Jacobi. *Sobald eine vollständige Lösung $S(\boldsymbol{q}, \boldsymbol{P}, t)$ der Hamilton-Jacobi-Gleichung gefunden ist, kann auch die vollständige Lösung der kanonischen Bewegungsgleichungen angegeben werden.*

Beweis: Die Aussage des Satzes ist unmittelbar einsichtig: Setzt man die Lösung $S(\boldsymbol{q}, \boldsymbol{P}, t)$ in die Transformationsgleichungen (7.50b) ein und löst diese nach den q_i auf, so erhält man in $\boldsymbol{q} = \boldsymbol{q}(\boldsymbol{Q}, \boldsymbol{P}, t)$ die vollständige Lösung der Bahngleichung in den ursprünglichen Variablen mit den $2f$ Integrationskonstanten Q_i und P_i – auch die Q_i sind ja zyklische Variablen und daher konstant. Die zugehörigen kanonischen Impulse erhält man aus der ersten Hälfte der Gleichungen (7.50). □

Da für die Lösungen der Hamilton-Jacobi-Gleichung lokale Existenzsätze gelten, kann der Übergang zu den Lösungen der kanonischen Bewegungsgleichungen in den ursprünglichen Variablen immer zumindest lokal vollzogen werden. Die Hamilton-Jacobi-Gleichung stellt daher eine den kanonischen Bewegungsgleichungen äquivalente Formulierung der Hamiltonschen Mechanik dar. In vielen Fällen wird es jedoch nicht gelingen, eine globale Lösung $S(\boldsymbol{q}, \boldsymbol{P}, t)$ anzugeben.

Die Bedeutung von S geht über die der Vermittlung einer kanonischen Transformation hinaus. Setzen wir in die vollständige Ableitung von $S(\boldsymbol{q}, \boldsymbol{P}, t)$ längs einer Trajektorie,

$$\frac{dS}{dt} = \frac{\partial S}{\partial \boldsymbol{q}} \cdot \dot{\boldsymbol{q}} + \frac{\partial S}{\partial \boldsymbol{P}} \cdot \dot{\boldsymbol{P}} + \frac{\partial S}{\partial t},$$

$\boldsymbol{p} = \partial S/\partial \boldsymbol{q}$ und $H + \partial S/\partial t = 0$ ein und benutzen die zeitliche Konstanz der P_i, so erhalten wir

$$\frac{dS}{dt} = \boldsymbol{p} \cdot \dot{\boldsymbol{q}} - H \overset{(7.6)}{=} L$$

bzw.

$$S = \int_{t_0}^{t} L\,dt + \text{const}, \tag{8.2}$$

wobei in den Argumenten von L eine Lösung $\boldsymbol{q}(t)$ der Bewegungsgleichungen einzusetzen ist. Der Vergleich mit (7.16) zeigt, dass die Hamiltonsche Wirkungsfunktion S bis auf eine Konstante, die wir gleich null setzen können, mit der früheren Wirkungsfunktion identisch ist. Wertet man das Integral $\int_{t_0}^{t} L\,dt$ für verschiedene Bahnen durch denselben Anfangspunkt $\boldsymbol{q}_0$ aus, so hängt S nicht nur von t, sondern auch von der gewählten Bahn ab. Da diese eindeutig durch den zur Zeit t erreichten Punkt $\boldsymbol{q}$ charakterisiert wird, gilt auch für die Darstellung (8.2) $S = S(\boldsymbol{q}, t)$.

Beispiel 8.1: *Teilchen im Potenzial* $V(x)$

Wir betrachten als Beispiel die eindimensionale Bewegung eines Massenpunkts im Potenzial $V(x)$ mit der Hamilton-Funktion $H=p^2/(2m)+V(x)$. Die zugehörige Hamilton-Jacobi-Gleichung ist

$$H\left(x, p \to \frac{\partial S}{\partial x}\right) + \frac{\partial S}{\partial t} = \frac{1}{2m}\left(\frac{\partial S}{\partial x}\right)^2 + V(x) + \frac{\partial S}{\partial t} = 0 .$$

Sie kann mit dem Ansatz $S=S_0(x)-Et$ mit E=const gelöst werden, der zu der gewöhnlichen Differentialgleichung

$$\frac{1}{2m} S_0'(x)^2 + V(x) - E = 0$$

für $S_0(x)$ mit der Lösung

$$S_0(x) = \pm \int_{x_0}^{x} \sqrt{2m(E - V(x'))}\, dx' + S_0(x_0)$$

führt. Wenn wir, wie besprochen, die additive Integrationskonstante $S_0(x_0) = 0$ setzen und die Integrationskonstante E mit P identifizieren, erhalten wir somit die Lösung

$$S(x, P, t) = \pm \int_{x_0}^{x} \sqrt{2m(P - V(x'))}\, dx' - Pt .$$

Setzen wir diese in die zweite der Transformationsgleichungen (7.50) ein, so erhalten wir

$$Q = \pm \int_{x_0}^{x} \sqrt{\frac{m}{2(P - V(x'))}}\, dx' - t ,$$

wobei Q eine weitere Integrationskonstante ist, die wir mit $-t_0$ identifizieren können. Das ist die bekannte implizite Lösung (4.4) unseres Problems. Der Vergleich zeigt, dass $P=E$ die Gesamtenergie ist.

8.2 Reduzierte Hamilton-Jacobi-Gleichung

Bei konservativen Systemen ($\partial H/\partial t$=0) kann man eine Vereinfachung der Hamilton-Jacobischen Differentialgleichung erzielen, indem man in S durch den Ansatz

$$\boxed{S = S_0(\boldsymbol{q}, \boldsymbol{P}) - Et} \tag{8.3}$$

mit E=const die Zeitabhängigkeit abspaltet oder, wie man auch sagt, **separiert**. Mit $\partial S/\partial t=-E$ und $\partial S/\partial \boldsymbol{q}=\partial S_0/\partial \boldsymbol{q}$ folgt aus (8.1) dann die **reduzierte Hamilton-Jacobi-Gleichung**

$$\boxed{H\left(\boldsymbol{q}, \frac{\partial S_0}{\partial \boldsymbol{q}}\right) = E .} \tag{8.4}$$

Ihre Lösung $S_0(\boldsymbol{q}, \boldsymbol{P})$ wird als **Hamiltonsche charakteristische Funktion** bezeichnet.

Interessanterweise stößt man auf genau dieselbe Gleichung, wenn man in konservativen Systemen nach einer zeitunabhängigen kanonischen Transformation sucht, die nicht alle kanonischen Variablen, sondern nur die Lagekoordinaten zyklisch macht. Um das einzusehen, legen wir wieder die Transformationsgleichungen (7.50) zugrunde und setzen $S = S_0(\boldsymbol{q}, \boldsymbol{P})$. Zyklizität aller Lagekoordinaten Q_i bedeutet

$$K = K(\boldsymbol{P}),$$

und da unter ihrer Voraussetzung alle P_i konstant sind ($\dot{P}_i = -\partial K/\partial Q_i = 0$), wird auch $K(\boldsymbol{P})$ zu einer Konstanten. Kombinieren wir wieder die Transformationsgleichungen (7.50a) mit der Definitionsgleichung (7.50c) für die neue Hamilton-Funktion K, so erhalten wir zur Bestimmung der Erzeugenden S_0 wegen $\partial S_0/\partial t = 0$ die Gleichung

$$H\left(\boldsymbol{q}, \frac{\partial S_0}{\partial \boldsymbol{q}}\right) = K(\boldsymbol{P}), \tag{8.5}$$

also wegen der Konstanz von $K(\boldsymbol{P})$ gerade wieder (8.4). Dies bedeutet, dass die Hamiltonsche charakteristische Funktion S_0 eine kanonische Transformation erzeugt, die alle Lagekoordinaten zyklisch werden lässt.

Es sei angemerkt, dass man die Lösung des Bewegungsproblems konservativer Systeme natürlich auch über die in Abschn. 8.1 beschriebene Transformation auf lauter zyklische Variablen und über die volle Hamilton-Jacobi-Gleichung suchen kann. Bei dem zuletzt beschriebenen Weg wird die Struktur der Lösungen in den neuen Variablen Q_i und P_i jedoch besonders interessant. Da bei ihm alle Lagekoordinaten Q_i zyklisch sind, folgt aus der einen Hälfte der Bewegungsgleichungen wie schon gesagt $P_i = \alpha_i$ mit konstanten α_i. Weil die Größen

$$\omega_i := \frac{\partial K(\boldsymbol{P})}{\partial P_i} = \frac{\partial K(\boldsymbol{\alpha})}{\partial \alpha_i} \tag{8.6}$$

als Funktionen der Konstanten α_i selbst konstant sind, können die Bewegungsgleichungen (7.41a),

$$\dot{Q}_i = \frac{\partial K(\boldsymbol{P})}{\partial P_i} = \omega_i,$$

sofort integriert werden und führen zu dem Gesamtergebnis

$$\boxed{P_i = \alpha_i, \qquad Q_i = \omega_i t + \beta_i} \tag{8.7}$$

mit konstanten β_i. Wichtig ist hierbei, dass die Dynamik des Problems nicht, wie im Abschn. 8.1, völlig auf die Transformation $\{Q_i, P_i\} \leftrightarrow \{q_i, p_i\}$ übergewälzt, sondern nur auf eine besonders einfache Form mit linearer Zeitentwicklung der Q_i gebracht wird. In Abschn. 8.6 werden wir eine interessante geometrische Interpretation dieses Ergebnisses kennen lernen.

8.3 Erweiterung und Reduktion des Phasenraums

8.3.1 Erweiterung des Phasenraums

Die Reduktion der Dynamik eines Hamiltonschen Systems auf die einfache Form (8.7) erweist sich häufig als besonders vorteilhaft, ist jedoch vorerst auf den Fall konservativer Systeme eingeschränkt. Durch eine Erweiterung des Phasenraums kann man jedoch jedes nicht-konservative Hamilton-System formal in ein konservatives überführen und damit einer Behandlung gemäß Abschn. 8.2 zugänglich machen.

Um das zu bewerkstelligen, fassen wir in einem nicht-konservativen System (7.7),

$$\dot{q}_i(t) = \frac{\partial H(\boldsymbol{q}, \boldsymbol{p}, t)}{\partial p_i}, \qquad \dot{p}_i(t) = -\frac{\partial H(\boldsymbol{q}, \boldsymbol{p}, t)}{\partial q_i}, \qquad i = 1, \ldots, f \tag{8.8}$$

neben $q_1, \ldots, q_f$ die Zeit t als weitere Lagekoordinate

$$q_{f+1} := t \tag{8.9}$$

auf, ordnen ihr formal einen kanonischen Impuls p_{f+1} zu und gehen von H zu der neuen Hamilton-Funktion

$$\overline{H}(q_1, \ldots, p_{f+1}) := H(q_1, \ldots, p_f, q_{f+1}) + p_{f+1} \tag{8.10}$$

über. Außerdem führen wir als Ersatz für t einen neuen Bahnparameter ζ ein, den wir als neue Zeitvariable betrachten. Offensichtlich ist $\overline{H}$ nicht explizit von ζ abhängig und beschreibt daher ein konservatives System. Die zur Hamilton-Funktion $\overline{H}$ gehörigen kanonischen Bewegungsgleichungen, die vorerst rein formalen Charakter besitzen, lauten

$$\dot{q}_i(\zeta) = \frac{\partial \overline{H}}{\partial p_i}, \qquad \dot{p}_i(\zeta) = -\frac{\partial \overline{H}}{\partial q_i}, \qquad i = 1, \ldots, f+1\,. \tag{8.11}$$

Für $i{=}f{+}1$ erhalten wir aus ihnen mit (8.10)

$$\dot{q}_{f+1}(\zeta) = \frac{\partial \overline{H}}{\partial p_{f+1}} = 1\,, \qquad \dot{p}_{f+1} = -\frac{\partial \overline{H}}{\partial q_{f+1}} = -\left.\frac{\partial H}{\partial t}\right|_{t=q_{f+1}}.$$

Die erste dieser Gleichungen lässt sich sofort integrieren und führt mit (8.9) zu

$$q_{f+1} = \zeta = t\,, \tag{8.12}$$

die zweite betrifft den zusätzlichen Impuls p_{f+1} und ist physikalisch bedeutungslos. Mit (8.12) wird $\dot{q}_i(\zeta){=}\dot{q}_i(t)\,dt/d\zeta{=}\dot{q}_i(t)$ sowie $\dot{p}_i(\zeta){=}\dot{p}_i(t)\,dt/d\zeta{=}\dot{p}_i(t)$. Hiermit sowie mit den aus (8.10) folgenden Beziehungen $\partial\overline{H}/\partial p_i{=}\partial H/\partial p_i$ und $\partial\overline{H}/\partial q_i{=}\partial H/\partial q_i$ führen die Gleichungen (8.11) für $i{=}1, \ldots, f$ auf das ursprüngliche System (8.8) zurück. Daher erhalten wir dessen Lösung aus dem Teil $q_1(\zeta), \ldots, q_f(\zeta)$, $p_1(\zeta), \ldots, p_f(\zeta)$ der Lösung des konservativen Systems (8.11), indem wir darin einfach ζ durch t ersetzen.

8.3.2 Reduktion des Phasenraums

Bei manchen Problemen erweist es sich als zweckmäßig, wenn man den umgekehrten Weg einschlägt und von einem konservativen zu einem nicht-konservativen System übergeht (siehe z. B. Abschn. 9.3). Dies kann in der Weise geschehen, dass man z. B. die letzte Lagekoordinate als neue Zeit ζ auffasst,

$$\zeta := q_f\,, \tag{8.13}$$

den in konservativen Systemen gültigen Energie-Erhaltungssatz $H(q_1, \ldots, p_f) = E$ nach p_f auflöst und die auf diese Weise erhaltene Funktion als neue Hamilton-Funktion auffasst,

$$\widetilde{H}(q_1, \ldots, q_{f-1}, p_1, \ldots, p_{f-1}, \zeta) := -p_f(q_1, \ldots, q_{f-1}, \zeta, p_1, \ldots, p_{f-1})\,. \tag{8.14}$$

Aus der Identität

$$H\left(q_1, \ldots, q_{f-1}, \zeta, p_1, \ldots, p_{f-1}, -\widetilde{H}(q_1, \ldots, p_{f-1}, \zeta)\right) \equiv E$$

erhält man unmittelbar

$$dH = \sum_{i=1}^{f-1}\left(\frac{\partial H}{\partial q_i} - \frac{\partial H}{\partial p_f}\frac{\partial \widetilde{H}}{\partial q_i}\right)dq_i + \sum_{i=1}^{f-1}\left(\frac{\partial H}{\partial p_i} - \frac{\partial H}{\partial p_f}\frac{\partial \widetilde{H}}{\partial p_i}\right)dp_i$$
$$+\left(\frac{\partial H}{\partial q_f} - \frac{\partial H}{\partial p_f}\frac{\partial \widetilde{H}}{\partial \zeta}\right)d\zeta \equiv 0\,.$$

Wegen der Unabhängigkeit der q_i, p_i und ζ folgen hieraus die Gleichungen

$$\frac{\partial H/\partial q_i}{\partial H/\partial p_f} = \frac{\partial \widetilde{H}}{\partial q_i}\,, \quad \frac{\partial H/\partial p_i}{\partial H/\partial p_f} = \frac{\partial \widetilde{H}}{\partial p_i}\,, \qquad i = 1, \ldots, f-1$$

und $(\partial H/\partial q_f)/(\partial H/\partial p_f)=\partial\widetilde{H}/\partial\zeta$. Durch Einsetzen der ursprünglichen Bewegungsgleichungen $\partial H/\partial q_i=-\dot{p}_i$ und $\partial H/\partial p_i=\dot{q}_i$ sowie mit $\partial H/\partial p_f=\dot{q}_f=\dot{\zeta}(t)$ und den Beziehungen $\dot{q}_i(t)/\dot{\zeta}(t)=\dot{q}_i(\zeta)$ bzw. $\dot{p}_i(t)/\dot{\zeta}(t)=\dot{p}_i(\zeta)$ (der Punkt bedeutet jeweils Ableitung nach dem folgenden Argument) werden diese in die kanonischen Gleichungen

$$\dot{q}_i(\zeta) = \frac{\partial \widetilde{H}}{\partial p_i}\,, \quad \dot{p}_i(\zeta) = -\frac{\partial \widetilde{H}}{\partial q_i}\,, \qquad i = 1, \ldots, f-1 \tag{8.15}$$

und $\dot{p}_f(\zeta)=-\partial\widetilde{H}/\partial\zeta$ überführt. Da aus (8.14) die Gültigkeit der Beziehung

$$\dot{p}_f(\zeta) = -\sum_{i=1}^{f-1}\left(\frac{\partial \widetilde{H}}{\partial q_i}\dot{q}_i(\zeta) + \frac{\partial \widetilde{H}}{\partial p_i}\dot{p}_i(\zeta)\right) - \frac{\partial \widetilde{H}}{\partial \zeta} \overset{(8.15)}{=} -\frac{\partial \widetilde{H}}{\partial \zeta}$$

folgt, ist die zuletzt angegebene Gleichung erfüllt und muss nicht weiter beachtet werden. Das System der Gleichungen (8.15) ist von q_f und p_f unabhängig und bildet daher ein in sich abgeschlossenes Hamiltonsches System mit der explizit zeitabhängigen (d. h. ζ-abhängigen) Hamilton-Funktion $\widetilde{H}$.

Wenn das System (8.15) gelöst ist, kennt man mit (8.13) die Funktionen $q_i = q_i(q_f)$ und $p_i = p_i(q_f)$; setzt man diese in (8.14) ein, so erhält man auch noch $p_f = p_f(q_f)$. Damit ist die Geometrie der Bahnkurven des ursprünglichen Systems bestimmt, und häufig ist man mit dieser Information schon zufrieden. Interessiert man sich auch noch für den Zeitverlauf, so erhält man diesen für q_f aus

$$\dot{q}_f(t) = \frac{\partial H}{\partial p_f} = f\left(q_1(q_f), \ldots, q_{f-1}(q_f), q_f, p_1(q_f), \ldots, p_f(q_f)\right) = g(q_f)$$

in der impliziten Form

$$\int \frac{dq_f}{g(q_f)} = t - t_0\,,$$

für die übrigen q_i folgt er aus $q_i(t) = q_i(q_f(t))$.

8.4 Separation der Variablen

Die Lösung der partiellen Differentialgleichung (8.1) von Hamilton und Jacobi stellt im Allgemeinen ein sehr schwieriges Problem dar. Vereinfachungen ergeben sich immer dann, wenn sich die Abhängigkeit von einer oder mehreren Variablen separieren lässt. Eine Variable α_i heißt **separierbar**, wenn sich in der Funktion

$$\Phi\left(\boldsymbol{\alpha}, \frac{\partial S}{\partial \boldsymbol{\alpha}}\right) := \frac{\partial S}{\partial t} + H\left(\boldsymbol{q}, \frac{\partial S}{\partial \boldsymbol{q}}, t\right), \tag{8.16}$$

in der $\boldsymbol{\alpha}$ durch

$$\{\alpha_1, \ldots, \alpha_{f+1}\} = \{q_1, \ldots, q_f, t\} \tag{8.17}$$

definiert ist, die Abhängigkeit von α_i in der Form

$$\Phi\left(\boldsymbol{\alpha}, \frac{\partial S}{\partial \boldsymbol{\alpha}}\right) \overset{\text{s.u.}}{=} \Psi\left(\boldsymbol{\alpha}', \frac{\partial S}{\partial \boldsymbol{\alpha}'}, \varphi\left(\alpha_i, \frac{\partial S}{\partial \alpha_i}\right)\right)$$

abspalten lässt. Dabei darf $\boldsymbol{\alpha}'$ das separierte α_i nicht mehr enthalten. Beispielsweise ist die Funktion $\Phi = (\partial S/\partial x)^2 + (\partial S/\partial y)^2 + (\partial S/\partial z)^2 + V_1(x, y) + V_2(z)$ in der Form $\Psi = (\partial S/\partial x)^2 + (\partial S/\partial y)^2 + V_1(x, y) + \varphi(z, \partial S/\partial z)$ mit $\varphi(z, \partial S/\partial z) = (\partial S/\partial z)^2 + V_2(z)$ separierbar.

Falls α_i separiert werden kann, löst man die Hamilton-Jacobi-Gleichung $\Phi = 0$ nach φ auf,

$$\varphi\left(\alpha_i, \frac{\partial S}{\partial \alpha_i}\right) = G\left(\boldsymbol{\alpha}', \frac{\partial S}{\partial \boldsymbol{\alpha}'}\right),$$

und macht zur Lösung dieser Gleichung den Ansatz

$$S = S'(\boldsymbol{\alpha}') + S_i(\alpha_i)\,. \tag{8.18}$$

Mit

$$\frac{\partial S}{\partial \boldsymbol{\alpha}'} = \frac{\partial S'}{\partial \boldsymbol{\alpha}'}\,, \qquad \frac{\partial S}{\partial \alpha_i} = \frac{dS_i}{d\alpha_i}$$

wird sie in die Gleichung

$$\varphi\left(\alpha_i, \frac{dS_i}{d\alpha_i}\right) = G\left(\boldsymbol{\alpha}', \frac{\partial S'}{\partial \boldsymbol{\alpha}'}\right) \tag{8.19}$$

überführt, deren linke Seite nur von α_i abhängt, während die rechte davon unabhängig ist. Eine Lösung existiert daher nur, wenn beide Seiten gleich einer Konstanten P_i sind, die später wieder mit einer Impulskomponente identifiziert wird. (Formal ergibt sich die Konstanz durch Ableiten der Gleichung (8.19) nach α_i mit der Folge $d\varphi/d\alpha_i{=}\partial G/\partial\alpha_i{=}0$ und $\varphi{=}P_i$ bzw. durch Ableiten nach $\boldsymbol{\alpha}'$ mit der Folge $\partial G/\partial\boldsymbol{\alpha}'{=}\partial\varphi/\partial\boldsymbol{\alpha}'{=}0$ und $G{=}P_i'$ sowie der aus (8.19) folgenden Forderung $P_i{=}P_i'$.) Diese Bedingung führt zu der gewöhnlichen Differentialgleichung

$$\varphi\left(\alpha_i, \frac{dS_i}{d\alpha_i}\right) = P_i \tag{8.20}$$

und die um eine Variable reduzierte partielle Differentialgleichung

$$G\left(\boldsymbol{\alpha}', \frac{\partial S'}{\partial \boldsymbol{\alpha}'}\right) = P_i \tag{8.21}$$

mit konstantem P_i. Gleichung (8.20) kann durch Auflösung nach $dS_i/d\alpha_i$ und die anschließende Integration $S_i{=}\int (dS_i/d\alpha_i)\,d\alpha_i$ gelöst werden, ein Prozess, der als Quadratur bezeichnet wird. Allgemeiner versteht man unter dem Begriff **Quadratur** Rechenoperationen, die sich aus einfachen Schritten wie Addition und Multiplikation sowie der Berechnung von Umkehrfunktionen und der Ausführung von Wegintegralen zusammensetzen lassen.

Die verbliebene partielle Differentialgleichung (8.21) kann unter Umständen in derselben Weise weiter reduziert werden. Falls das z. B. durch Separation von α_k möglich ist, setzt man

$$S'(\boldsymbol{\alpha}') = S''(\boldsymbol{\alpha}'') + S_k(\alpha_k)\,.$$

Wenn auf diese Weise der Reihe nach die Separation sämtlicher Variablen möglich sein sollte, kann entsprechend mit (8.17)

$$S = \sum_{i=1}^{f} S_i(q_i) - Et \tag{8.22}$$

angesetzt werden. Die Separationskonstanten P_i spielen dabei die Rolle von Integrationskonstanten, und die Lösungen $S_i(q_i)$ werden im Allgemeinen von mehreren von diesen abhängen. Im allgemeinsten Fall gilt in ausführlicherer Notation

$$S_i = S_i(q_i, P_1, \ldots, P_f)\,. \tag{8.23}$$

(Die Benennung der Separationskonstanten mit P_i erfolgt in Übereinstimmung mit ihrer in Abschn. 8.1 nachgewiesenen Deutung als kanonische Impulse. Da schon mit dem Abspalten der vorletzten Variablen die vollständige Separation erreicht wird, ist die Anzahl der Separationskonstanten bei $f+1$ unabhängigen Variablen $q_1, \ldots, q_f$ und t nur gleich f.)

Zyklische Koordinaten und Separabilität. Die Zeit oder eine Koordinate q_i kann immer dann separiert werden, wenn sie zyklisch ist. Ist z. B. q_1 zyklisch, so lautet die Hamilton-Jacobi-Gleichung

$$H\left(q_2, \ldots, q_f, \frac{\partial S}{\partial q_1}, \ldots, \frac{\partial S}{\partial q_f}, t\right) + \frac{\partial S}{\partial t} = 0,$$

und der Separationsansatz

$$S = P_1 q_1 + S'(q_2, \ldots, q_f, t)$$

führt zu der reduzierten Gleichung

$$H\left(q_2, \ldots, q_f, P_1, \frac{\partial S'}{\partial q_2}, \ldots, \frac{\partial S'}{\partial q_f}, t\right) + \frac{\partial S'}{\partial t} = 0$$

für S'. Falls sämtliche q_i und t zyklisch sind ($H = H(\partial S/\partial q_1, \ldots, \partial S/\partial q_f)$), setzt man mit zunächst $f+1$ Separationskonstanten

$$S = \sum_{i=1}^{f} P_i q_i - Et$$

an und erhält aus der Hamilton-Jacobi-Gleichung

$$H(P_1, \ldots, P_f) - E = 0\,,$$

d. h. E lässt sich dann durch $P_1, \ldots, P_f$ ausdrücken.

Ein besonders einfacher Fall liegt auch vor, wenn die Hamilton-Funktion in der Form

$$H = \sum_{i=1}^{f} H_i(q_i, p_i) \tag{8.24}$$

gegeben ist. Die Hamilton-Jacobi-Gleichung (8.4) lautet dann

$$\sum_{i=1}^{f} H_i\left(q_i, \frac{\partial S}{\partial q_i}\right) = E\,,$$

und ein Separationsansatz der Form (8.22) führt zu der Gleichung

$$\sum_{i=1}^{f} H_i\left(q_i, \frac{dS_i(q_i)}{dq_i}\right) = E\,.$$

Diese kann durch den Ansatz

$$H_i\left(q_i, \frac{dS_i(q_i)}{dq_i}\right) = E_i\,, \qquad i = 1, \ldots, f \tag{8.25}$$

mit

$$\sum_{i=1}^{f} E_i = E \tag{8.26}$$

gelöst werden. Die Gleichungen (8.25) sind f gewöhnliche Differentialgleichungen erster Ordnung für die f Funktionen $S_i(q_i)$ und können alle durch Quadraturen gelöst werden. Die zugehörigen Integrationskonstanten sind additiv, da mit jeder Lösung $S_i(q_i, E_i)$ auch $S_i(q_i, E_i)+\text{const}_i$ eine Lösung ist. Notieren wir nur die Abhängigkeit von den nicht-trivialen nicht-additiven Konstanten E_i, so erhalten wir als Lösung des Gesamtproblems

$$S = \sum_{i=1}^{f} S_i(q_i, E_i) - t\sum_{i=1}^{f} E_i\,. \tag{8.27}$$

Ob die Hamilton-Jacobi-Gleichung eines gegebenen Problems teilweise oder sogar vollständig separierbar ist, hängt auch von der richtigen Koordinatenwahl ab. So kann für einen Satz geeigneter **Separationskoordinaten** Separierbarkeit bestehen, während das für einen anderen Satz von Koordinaten nicht der Fall ist. Leider gibt es keine allgemeingültigen Kriterien dafür, welche Koordinaten separierbar sind, und ob solche überhaupt existieren. Tatsächlich ist der typische Fall eines mechanischen Problems der, dass es Koordinaten enthält, die nicht separierbar sind. Das bekannteste Beispiel hierfür liefert das Drei-Körper-Problem, und weitere Beispiele dieser Art werden wir in Kapitel 9 kennen lernen.

Aus dem Vorangegangenen ist klar geworden, dass ***vollständige Separierbarkeit*** *auch* ***vollständige Integrierbarkeit*** *bedeutet*, wobei man unter dem letzten Begriff versteht, dass die Lösung eines Problems auf reine Quadraturen zurückgeführt werden kann. Umgekehrt lässt sich bei vollständiger Integrierbarkeit im Allgemeinen auch ein Koordinatensystem angeben, in welchem vollständige Separierbarkeit besteht. (Eine Skizze des – ziemlich umfangreichen – Beweises für den diesbezüglichen *Satz von Liouville* findet sich in Abschn. 8.6.) Infolgedessen ist die vollständige Integrierbarkeit eines mechanischen Problems im Wesentlichen gleichbedeutend mit der Existenz eines vollständigen Satzes separierbarer generalisierter Koordinaten.

Beispiel 8.2: *Bewegung im Zentralfeld*

Als Beispiel eines vollständig separierbaren Problems behandeln wir noch einmal die Bewegung eines Massenpunkts in einem Zentralfeld. Zur Vereinfachung nutzen wir dabei von Anfang an unsere Kenntnis der Tatsache, dass sich die Bewegung in einer Ebene abspielt, und verwenden Polarkoordinaten. (In kartesischen Koordinaten ist das Problem nicht separierbar!) Die Lagrange-Funktion des Problems ist

$$L = \frac{m}{2}v^2 - V(r) \overset{(4.29)}{=} \frac{m}{2}\left(\dot{r}^2 + r^2\dot{\varphi}^2\right) - V(r)\,.$$

Aus dieser berechnen sich die kanonischen Impulse zu

$$p_r = \frac{\partial L}{\partial \dot{r}} = m\dot{r}\,, \qquad p_\varphi = \frac{\partial L}{\partial \dot{\varphi}} = mr^2\dot{\varphi}\,,$$

und die Hamilton-Funktion lautet

$$H = \dot{r}\, p_r + \dot{\varphi}\, p_\varphi - L = \frac{1}{2m}\left(p_r{}^2 + \frac{p_\varphi{}^2}{r^2}\right) + V(r)\,.$$

Hieraus ergibt sich mit $p_i \to \partial S/\partial q_i$ die Hamilton-Jacobi-Gleichung

$$\frac{\partial S}{\partial t} + \frac{1}{2m}\left(\frac{\partial S}{\partial r}\right)^2 + \frac{1}{2mr^2}\left(\frac{\partial S}{\partial \varphi}\right)^2 + V(r) = 0\,.$$

Diese separiert ganz offensichtlich in t und φ. Da nach Abspaltung der t- und φ-abhängigen Anteile nur noch die Abhängigkeit von r verbleibt, ist auch r separierbar. Wir können deshalb

$$S = R(r) + \Phi(\varphi) - Et \tag{8.28}$$

ansetzen und erhalten damit die Gleichung

$$R'^2(r) + \frac{1}{r^2}\Phi'^2(\varphi) = 2m(E - V(r))\,.$$

Aus dieser folgt sofort

$$\Phi'^2(\varphi) = L_0{}^2 = \left[2m(E - V(r)) - R'^2(r)\right] r^2$$

mit L_0=const und daraus

$$R'(r) = \pm\sqrt{2m(E - V(r)) - L_0{}^2/r^2}\,, \qquad \Phi'(\varphi) = L_0\,.$$

Durch Integration der beiden letzten Gleichungen und unter Nullsetzen additiver Integrationskonstanten erhalten wir

$$R = \pm \int_{r_0}^{r} \sqrt{2m(E - V(r')) - L_0{}^2/r'^2}\, dr'\,, \qquad \Phi = L_0\,\varphi\,.$$

Mit den Benennungen

$$E = P_1\,, \qquad L_0 = P_2$$

erhalten wir schließlich aus (8.28)

$$S(r, \varphi, P_1, P_2, t) = \pm \int_{r_0}^{r} \sqrt{2m(P_1 - V(r')) - P_2{}^2/r'^2}\, dr' + P_2\varphi - P_1 t\,.$$

Aus dem zweiten Satz der Gleichungen (7.50) folgen hiermit die Bahngleichungen

$$Q_1 = \frac{\partial S}{\partial P_1} = \pm \int_{r_0}^{r} \frac{m}{\sqrt{2m(P_1 - V(r')) - P_2{}^2/r'^2}}\, dr' - t\,,$$

$$Q_2 = \frac{\partial S}{\partial P_2} = \mp \int_{r_0}^{r} \frac{P_2}{r'^2\sqrt{2m(P_1 - V(r')) - P_2{}^2/r'^2}}\, dr' + \varphi\,,$$

die unter den Um- bzw. Rückbenennungen $Q_1 \to -t_0$, $Q_2 \to \varphi_0$, $P_1 \to E$ und $P_2 \to L_0$ natürlich mit unseren früheren Ergebnissen (4.36) und (4.39) übereinstimmen.

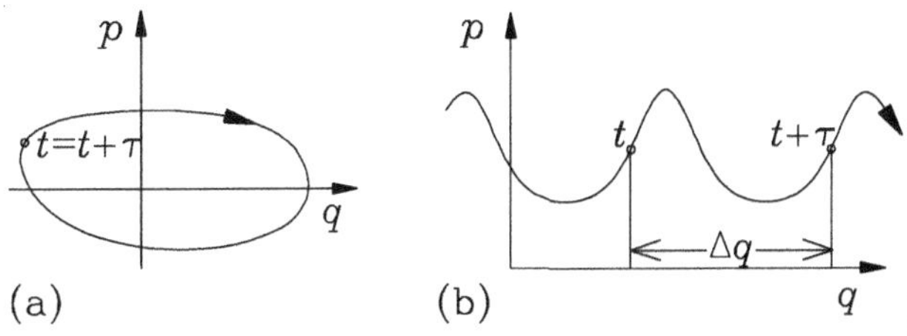

Abb. 8.1: Phasenporträts: (a) Libration und (b) Rotation.

8.5 Wirkungs- und Winkelvariablen

Bei **konservativen Systemen**, in denen periodische oder beinahe periodische Bewegungen stattfinden (eine genauere Erläuterung des letzten Begriffes folgt in Abschn. 8.5.2), erweist sich die Theorie von Hamilton und Jacobi als besonders nützlicher Ausgangspunkt zur Berechnung der auftretenden Frequenzen. Wenn man sich nur für diese interessiert, muss man nämlich, wie wir sehen werden, nicht das volle Bewegungsproblem lösen. Bevor wir den allgemeinen Fall eines Systems mit f Freiheitsgraden untersuchen, betrachten wir das übersichtlichere Beispiel eines Systems mit nur einem Freiheitsgrad. Dieses bietet zugleich eine – allerdings etwas triviale – Illustration des schon erwähnten Satzes von J. Liouville über die Äquivalenz von vollständiger Integrierbarkeit und Separierbarkeit.

8.5.1 Systeme mit einem Freiheitsgrad

Ein Schwerependel kann zwei Typen periodischer Bewegung ausführen: Es kann hin- und herpendeln, und es kann rotieren. Dabei kehrt sein Winkel im ersten Fall nach einer Schwingungsperiode zum Ausgangswert zurück, während er im zweiten bei jeder vollen Rotation um 2π zunimmt. Der Impuls kehrt bei beiden Formen der Bewegung wieder zum Ausgangswert zurück. In Analogie dazu werden wir ganz allgemein eine durch die Lagekoordinate $q(t)$ und den zugehörigen Impuls $p(t)$ beschriebene Bewegung als periodisch bezeichnen, wenn für alle Zeiten t die Gleichungen

$$q(t+\tau) = q(t) + \Delta q\,, \qquad p(t+\tau) = p(t) \tag{8.29}$$

mit Δq=const gelten. Der Fall Δq=0 entspricht dem Hin- und Herpendeln und wird als **Libration** bezeichnet; die zugehörige Phasenraumtrajektorie $q(t)$, $p(t)$ ist geschlossen (Abb. 8.1 (a)). Der Fall $\Delta q \neq 0$ wird allgemein als **Rotation** bezeichnet und im Phasenraum durch eine periodische Trajektorie $p(q)$ repräsentiert (Abb. 8.1 (b)). Dabei ist zu bemerken, dass die Charakterisierung einer Bewegung als Libration oder Rotation nicht absolut ist, sondern von der Koordinatenwahl abhängt. So führt z. B. das rotierende Pendel bezüglich des Winkels eine Rotation, bezüglich seiner kartesischen Koordinaten jedoch eine Libration aus.

In einem konservativen System mit nur einem Freiheitsgrad ist die Hamilton-Jacobi-Gleichung generell vollständig integrierbar. Der dann gültige Energiesatz $H(q,p)$=E liefert nämlich ein Bewegungsintegral, und die Auflösung der reduzierten Hamilton-Jacobi Gleichung $H(q, dS_0/dq)$=E nach dS_0/dq führt zu der gewöhnlichen Differentialgleichung $dS_0/dq{=}p(q,E)$, deren Lösung wegen E=const nur noch in der Quadratur

$$S_0(q,E){=}\int_{q_0}^{q} p(q',E)\,dq' \tag{8.30}$$

besteht.

Es ist recht einfach, die Periode τ bzw. die Kreisfrequenz $\omega{=}2\pi/\tau$ eines durch die Hamilton-Funktion $H(q,p)$ beschriebenen periodischen Systems in den mit der charakteristischen Funktion $S_0(q,E)$ aus (7.50) erhaltenen neuen Variablen $P{=}E$ und $Q{=}\partial S_0(q,E)/\partial E$ zu berechnen. Die neue Hamilton-Funktion ist $K{=}H{=}E$, und die kanonischen Bewegungsgleichungen $\dot{Q}{=}\partial K/\partial E{=}1$, $\dot{E}{=}{-}\partial K/\partial Q{=}0$ besitzen die Lösung $Q{=}t{-}t_0$, E=const. Aus

$$Q=\frac{\partial S_0}{\partial E}\overset{(8.30)}{=}\frac{\partial}{\partial E}\int_{q_0}^{q} p(q',E)\,dq'$$

ergibt sich als Änderung der Koordinate Q während einer Periode der Bewegung

$$\Delta Q=\frac{d}{dE}\oint p(q,E)\,dq\,,$$

wobei sich die Integration über eine volle q-Periode der Libration oder Rotation erstreckt und im letzten Fall $\oint p\,dq{=}\int_{q_0}^{q_0+\Delta q} p\,dq$ bedeutet. Aus $Q{=}t{-}t_0$ folgt andererseits $\Delta Q{=}\Delta t{=}\tau$, womit sich

$$\tau=\frac{d}{dE}\oint p(q,E)\,dq=\frac{2\pi}{\omega} \tag{8.31}$$

ergibt.

Eine nützliche Verallgemeinerung dieser Berechnung der Schwingungsfrequenz ω – vor allem im Hinblick auf den Fall mehrerer Freiheitsgrade – besteht darin, dass man statt E als neue Impulsvariable eine beliebige Größe J benutzt, die mit E in einem eineindeutigen, ansonsten jedoch beliebigen funktionalen Zusammenhang $E{=}E(J)$ steht. Wählt man dann als charakteristische Funktion für eine kanonische Transformation (7.50) statt (8.30)

$$\tilde{S}_0(q,J)=S_0(q,E(J))=\int_{q_0}^{q} p(q',E(J))\,dq'\,, \tag{8.32}$$

so erhält man wegen $\partial\tilde{S}_0/\partial q|_J{=}\partial S_0/\partial q|_E$ die Transformationsgleichungen

$$p=\frac{\partial\tilde{S}_0(q,J)}{\partial q}\,,\qquad \theta=\frac{\partial\tilde{S}_0(q,J)}{\partial J} \tag{8.33}$$

von q und p zu neuen Variablen θ und J. Da J mit E ein Bewegungsintegral ist, folgt hieraus für die Änderung der neuen Ortsvariablen θ über einen vollen Periodenumlauf

$$\Delta\theta=\oint\left.\frac{\partial\theta}{\partial q}\right|_J dq=\oint\frac{\partial^2\tilde{S}_0}{\partial q\,\partial J}\,dq\,.$$

Die Ableitung nach J kann vor das Integral gezogen werden, weil einerseits bei allen Librationen $\oint dq=0$ und damit $d\left(\oint dq\right)/dJ=0$ gilt; andererseits kann bei Rotationen die Variable q stets so gewählt werden, dass $\oint dq=\Delta q$ von J unabhängig wird, denn falls das nicht der Fall sein sollte, geht man mit der Punkttransformation $Q=q/\Delta q(J)$ zu neuen kanonischen Variablen Q und P über, in denen dann $\Delta Q\equiv 1$ gilt. Damit und mit (8.33) ergibt sich schließlich

$$\Delta\theta = \frac{d}{dJ}\oint \frac{\partial \tilde{S}_0}{\partial q}\,dq \overset{(8.33a)}{=} \frac{d}{dJ}\oint p(q,E(J))\,dq\,, \tag{8.34}$$

wobei man die zuletzt eingeführte Funktion $p(q,E)$ durch Inversion des Zusammenhangs $H(q,p)=E$ erhält.

Es erweist sich nun als besonders zweckmäßig, die Wahl der neuen Koordinaten θ und J so zu treffen, dass sich θ auf allen periodischen Bahnen über einen vollen Umlauf unabhängig vom Wert des zur Bahn gehörigen Bewegungsintegrals J stets um denselben Wert $\Delta\theta=2\pi$ ändert und so zu einer **Winkelvariablen** wird. Setzt man in (8.34) $\Delta\theta=2\pi$ und integriert über J, so ergibt sich dieser Fall, wenn J durch

$$J = J(E) = \frac{1}{2\pi}\oint p(q,E)\,dq \tag{8.35}$$

festgelegt wird. Die hierdurch definierte Variable J wird als **Wirkungsvariable** bezeichnet. (Die physikalische Dimension von J und von $\tilde{S}_0$ ist

$$[\tilde{S}_0] = [J] = [p]\cdot[q] = [\partial L/\partial\dot{q}]\cdot[q] = [\partial T/\partial\dot{q}]\cdot[q] = [T]\cdot[t]\,,$$

also die einer Wirkung. Die in Gleichung (8.33) definierte Variable $\theta=\partial\tilde{S}_0/\partial J$ ist daher dimensionslos.)

In den auf diese Weise festgelegten neuen kanonischen Variablen θ und J ergibt sich die zugehörige Hamilton-Funktion aus (7.50) wegen $\partial\tilde{S}_0/\partial t=0$ und der Gültigkeit des Energie-Erhaltungssatzes $H=E$ zu

$$K = H = E(J)\,, \tag{8.36}$$

wobei $E=E(J)$ die Umkehrung des Zusammenhangs $J=J(E)$ von (8.35) ist. Von den zugehörigen Hamiltonschen Bewegungsgleichungen

$$\dot{\theta} = \frac{\partial K}{\partial J} = \frac{dE(J)}{dJ}\,, \qquad \dot{J} = -\frac{\partial K}{\partial\theta} = 0$$

bestätigt die zweite nur noch einmal die schon in die Konstruktion der Transformation eingegangene Konstanz von J. Die Lösung der ersten ist

$$\theta = \omega t + \theta_0 \qquad \text{mit} \qquad \omega = \frac{dE(J)}{dJ}\,. \tag{8.37}$$

Während einer vollen Schwingungsperiode τ nimmt die Koordinate θ um

$$\Delta\theta = \omega\tau \tag{8.38}$$

zu, andererseits ist aufgrund unserer besonderen Koordinatenwahl $\Delta\theta=2\pi$, und daher gilt $\omega=2\pi/\tau$. ω ist also die Kreisfrequenz der Bewegung, was sich natürlich auch aus dem Vergleich von (8.37b) und (8.35) mit (8.31) ergibt.

Beispiel 8.3: *Eindimensionaler harmonische Oszillator*

Wir illustrieren das besprochene Verfahren am konkreten Beispiel des harmonischen Oszillators. Seine Hamilton-Funktion lautet $H=p^2/(2m)+kx^2/2$ (siehe Beispiel 7.2), die Auflösung des Erhaltungssatzes $H=E$ nach p liefert

$$p = \pm\sqrt{km}\,\sqrt{a^2 - x^2} \qquad \text{mit} \qquad a^2 := 2E/k\,, \tag{8.39}$$

und als Wirkungsvariable ergibt sich aus (8.35) mit $q\to x$

$$J \overset{\text{s.u.}}{=} \frac{2\sqrt{km}}{2\pi}\int_{-a}^{+a}\sqrt{a^2 - x^2}\,dx = \frac{\sqrt{km}}{2\pi}\,a^2\pi = E\sqrt{\frac{m}{k}}\,.$$

Dabei wurde benutzt, dass die Bewegung auf das Intervall $-a\leq x\leq +a$ eingeschränkt ist und die beiden bei $x=\pm a$ zusammenstoßenden Zweige der Trajektorie $p=p(x)$ denselben Beitrag zu J beisteuern. Mit $E=\sqrt{k/m}\;J$ liefert (8.37) als Kreisfrequenz des Oszillators sofort den Wert

$$\omega = \sqrt{\frac{k}{m}}\,. \tag{8.40}$$

Mit diesem kann die Gesamtenergie in der Form

$$E = \omega J \tag{8.41}$$

geschrieben werden, d. h. die Aufteilung der Energie in einen kinetischen und einen potenziellen Anteil geht bei Benutzung von Wirkungs- und Winkelvariablen verloren. Bei der Berechnung der Winkelvariablen θ aus (8.32) und (8.33b) muss beachtet werden, dass $p(x,J)$ zwei Zweige besitzt. Es ergibt sich

$$\theta=\frac{\partial\tilde{S}_0}{\partial J}=\pm\frac{d}{dJ}\sqrt{km}\int_0^x\sqrt{a^2-x'^2}\,dx'=\pm\frac{\sqrt{km}}{2}\frac{\partial a^2}{\partial J}\int_0^x\frac{dx'}{\sqrt{a^2-x'^2}}=\pm\frac{\sqrt{km}}{2}\frac{\partial a^2}{\partial J}\arcsin\frac{x}{a}\,,$$

wobei das $+$ Zeichen für den Zweig $p\geq 0$ und das $-$ Zeichen für den Zweig $p\leq 0$ gilt. Mit $a^2=2E/k$ und

$$\frac{da^2}{dJ} = \frac{2}{k}\frac{dE}{dJ} \overset{(8.41)}{=} \frac{2\omega}{k} = \frac{2}{\sqrt{km}}$$

führt das zu

$$\theta = \pm\arcsin\frac{x}{a}\,, \tag{8.42}$$

und mit (8.37a) folgt hieraus unmittelbar das bekannte Ergebnis $x=\pm a\,\sin(\omega t+\theta_0)$.

8.5.2 Systeme mit mehreren Freiheitsgraden

Wir wenden uns jetzt konservativen Systemen mit f Freiheitsgraden (generalisierte Koordinaten $q_1, \ldots, q_f$) zu, die vollständig separabel sind. Nach (8.22)–(8.23) können wir die Wirkungsfunktion S dann mit $E{=}P_1$ in der Form

$$S = \sum_{i=1}^{f} S_i(q_i, \boldsymbol{P}) - P_1 t \tag{8.43}$$

ansetzen und davon ausgehen, dass die Funktionen $S_i(q_i, \boldsymbol{P})$ bekannt sind. Gemäß der Definition von S gelten die Transformationsgleichungen (7.50) und damit

$$p_i = \frac{\partial S_i(q_i, \boldsymbol{P})}{\partial q_i} = p_i(q_i, \boldsymbol{P}), \tag{8.44}$$

d. h. der i-te Impuls p_i hängt nur von der i-ten Lagekoordinate q_i und ansonsten nur noch von den Integrationskonstanten $P_1, \ldots, P_f$ ab.

Zusätzlich treffen wir jetzt noch die (einschränkende) Annahme, dass die f durch (8.44) definierten Kurven geschlossen sind. Falls sie bei den Bewegungen des Systems ganz durchlaufen werden, sind es die Projektionen der Systemtrajektorie auf die q_i, p_i-Ebenen des Phasenraums und stellen **Librationen** dar, was im Fall mehrerer Freiheitsgrade nicht bedeuten soll und, wie wir sehen werden, auch nicht bedeuten muss, dass sie periodisch in der Zeit durchlaufen werden; allerdings werden wir gleich feststellen, dass die ihnen zugeordneten Winkelvariablen dasselbe Zeitverhalten wie bei den Librationen eines Systems mit einem Freiheitsgrad aufweisen. Falls die Kurven (8.44) nicht ganz durchlaufen werden, enthalten sie die Projektionen der Systemtrajektorie. Den Fall von Rotationen der einem Freiheitsgrad zugeordneten Variablen q_i und p_i, d. h. den Fall periodischer Kurven $p_i(q_i){=}p_i(q_i + \Delta q_i)$ mit $\Delta q_i{\neq}0$, in welchem ebenfalls Wirkungs- und Winkelvariablen existieren, schließen wir der Einfachheit halber aus. (Damit ist nicht ausgeschlossen, dass die Bahn $\boldsymbol{q}(t)$ des Systems Rotationen ausführt.) Wie bei einem Freiheitsgrad mit (8.35) führen wir nun mit

$$J_i = J_i(\boldsymbol{P}) = \frac{1}{2\pi} \oint p_i(q_i, \boldsymbol{P})\, dq_i\,, \qquad i = 1, \ldots, f \tag{8.45}$$

– die Integration erstreckt sich jeweils über eine volle Libration – statt der P_i neue Impulskoordinaten J_i ein, die wieder als Wirkungsvariablen bezeichnet werden. Außerdem setzen wir voraus, dass die Beziehungen $J_i{=}J_i(\boldsymbol{P})$ eindeutig nach den $P_i{=}P_i(\boldsymbol{J})$ aufgelöst werden können. Mit den P_i sind auch die J_i Konstanten der Bewegung. Setzen wir jetzt in der kanonischen Transformation (7.50)

$$S = \tilde{S}_0(\boldsymbol{q}, \boldsymbol{J}) = \sum_{l=1}^{f} S_l(q_l, \boldsymbol{P}(\boldsymbol{J}))\,, \tag{8.46}$$

so sind mit diesem Ansatz wegen $\partial S/\partial q_i{=}\partial S_i/\partial q_i$ nach (8.43)–(8.44) die Gleichungen (7.50a) erfüllt, während die Gleichungen (7.50b) mit $P_i{\to}J_i$ und $Q_i{\to}\theta_i$ die zu den

Wirkungsvariablen J_i konjugierten Winkelvariablen

$$\theta_i = \sum_{l=1}^{f} \frac{\partial S_l(q_l, \boldsymbol{P}(\boldsymbol{J}))}{\partial J_i}, \qquad i = 1, \ldots, f \tag{8.47}$$

definieren. Wegen $\partial \tilde{S}_0/\partial t{=}0$ lautet die zu den Variablen θ_i und J_i gehörige Hamilton-Funktion (7.50c)

$$K = H = E(\boldsymbol{J}). \tag{8.48}$$

Die zugehörigen Hamiltonschen Bewegungsgleichungen

$$\dot{\theta}_i = \frac{\partial E(\boldsymbol{J})}{\partial J_i}, \qquad \dot{J}_i = -\frac{\partial K}{\partial \theta_i} = 0$$

werden mit den Definitionen

$$\omega_i = \frac{\partial E(\boldsymbol{J})}{\partial J_i} \tag{8.49}$$

durch

$$\theta_i = \omega_i t + \theta_{i0}, \qquad J_i = \alpha_i \tag{8.50}$$

mit konstanten α_i gelöst. Um die Lösung in den ursprünglichen Variablen auszudrücken, muss man die Gleichungen (8.47) nach den q_i auflösen,

$$q_i = q_i(\theta_1, \ldots, \theta_f, \boldsymbol{J}), \tag{8.51}$$

und hierin die Ergebnisse (8.50) einsetzen.

Um herauszufinden, unter welcher Bedingung die q_i periodische Funktionen der Zeit sind, untersuchen wir zuerst deren Abhängigkeit von den θ_k. Dazu berechnen wir aus (8.47), um wie viel die Winkelvariable θ_i weitergedreht wird, wenn jede der Lagekoordinaten q_l nach einer ganzen Zahl n_l von Librationen zu ihrem Ausgangswert zurückkehrt. Ähnlich wie im Fall eines einzigen Freiheitsgrades erhalten wir

$$\begin{aligned}
\Delta\theta_i &= \sum_{k=1}^{f} n_k \oint \frac{\partial \theta_i}{\partial q_k}\, dq_k \overset{(8.47)}{=} \sum_{k=1}^{f} n_k \sum_{l=1}^{f} \oint \frac{\partial^2 S_l(q_l, \boldsymbol{P}(\boldsymbol{J}))}{\partial q_k \partial J_i}\, dq_k \\
&\overset{\text{s.u.}}{=} \sum_{k=1}^{f} n_k \frac{\partial}{\partial J_i} \oint \frac{\partial \sum_{l=1}^{f} S_l(q_l, \boldsymbol{P}(\boldsymbol{J}))}{\partial q_k}\, dq_k = \sum_{k=1}^{f} n_k \frac{\partial}{\partial J_i} \oint \frac{\partial S_k(q_k, \boldsymbol{P}(\boldsymbol{J}))}{\partial q_k}\, dq_k \\
&\overset{(8.44)}{=} \sum_{k=1}^{f} n_k \frac{\partial}{\partial J_i} \oint p_k(q_k, \boldsymbol{P}(\boldsymbol{J}))\, dq_k \overset{(8.45)}{=} 2\pi \sum_{k=1}^{f} n_k \frac{\partial J_k}{\partial J_i} = 2\pi n_i\,.
\end{aligned} \tag{8.52}$$

(Dabei durfte die Ableitung nach J_i wegen $\oint dq_k{=}0$ vor das Integral gezogen werden.) Umgekehrt hat dieses Ergebnis zur Folge, dass jedes q_i zum Ausgangspunkt zurückkehrt, wenn ein oder mehrere θ_k um ein ganzzahliges Vielfaches von 2π zunehmen.

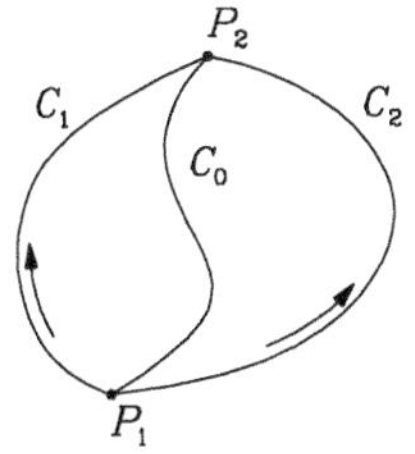

Abb. 8.2: Kurven C_0, C_1 und C_2 im Phasenraum, welche die beiden Punkte P_1 und P_2 miteinander verbinden.

Beweis: Zum Beweis nehmen wir an, das träfe nicht zu, d. h. im Phasenraum würde eine Kurve C_0 durchlaufen, auf der q_i nicht zum Ausgangswert zurückkehrt, wenn θ_i beispielsweise um 2π verändert wird. In diesem Fall könnte man zwei voneinander und von C_0 verschiedene Kurven C_1 und C_2 finden, welche die Endpunkte P_1 und P_2 von C_0 miteinander verbinden (Abb. 8.2), so dass sich θ_i beim Durchlaufen der geschlossenen Kurven $C_0 \cup C_1$ und $C_0 \cup C_2$ gemäß (8.52) um $2\pi n_i$ ändert. Dann könnte auch die geschlossene Kurve $C_1 \cup C_2$ so durchlaufen werden, dass q_i mindestens eine Libration ausführt; die Änderung von θ_i würde dabei jedoch mit $\Delta\theta|_{C_1 \cup C_2} = \Delta\theta|_{C_1(P_1 \to P_2)} + \Delta\theta|_{C_2(P_2 \to P_1)} = \Delta\theta|_{C_1(P_1 \to P_2)} - \Delta\theta|_{C_2(P_1 \to P_2)}$ sowie $\Delta\theta|_{C_1(P_1 \to P_2)} = 2\pi n_1 - 2\pi$ und $\Delta\theta|_{C_2(P_1 \to P_2)} = 2\pi n_1 - 2\pi$ den Wert $\Delta\theta|_{C_1 \cup C_2} = 0$ haben, was im Widerspruch zu (8.52) steht. □

Hieraus folgt, dass die durch (8.51) definierten Funktionen q_i in den θ_i periodisch sind,

$$q_i(\theta_1, \ldots, \theta_f, \boldsymbol{J}) = q_i(\theta_1 + 2\pi n_1, \ldots, \theta_f + 2\pi n_f, \boldsymbol{J}) \,. \tag{8.53}$$

Funktionen des Typs (8.53) heißen **mehrfach periodisch** und können durch mehrfache Fourier-Reihen

$$q_i(\boldsymbol{\theta}, \boldsymbol{J}) = \sum_{n_1, \ldots, n_f = -\infty}^{+\infty} a^{(i)}_{n_1, \ldots, n_f}(\boldsymbol{J}) \, \mathrm{e}^{\mathrm{i}\,(n_1\theta_1 + \cdots + n_f\theta_f)} \tag{8.54}$$

dargestellt werden. Setzt man in (8.54) die Lösungen (8.50) ein, so erhält man

$$q_i(t) = \sum_{n_1, \ldots, n_f = -\infty}^{\infty} \tilde{a}^{(i)}_{n_1, \ldots, n_f}(\boldsymbol{J}) \, \mathrm{e}^{\mathrm{i}\,(n_1\omega_1 + \cdots + n_f\omega_f)\,t} \tag{8.55}$$

mit

$$\tilde{a}^{(i)}_{n_1, \ldots, n_f} = a^{(i)}_{n_1, \ldots, n_f} \, \mathrm{e}^{\mathrm{i}(n_1\theta_{10} + \cdots + n_f\theta_{f0})} \,.$$

Für die Beantwortung der Frage, ob die $q_i(t)$ periodische Funktionen von t sind, ist es von entscheidender Bedeutung, ob die Frequenzen ω_i **kommensurabel** (miteinander verträglich) sind oder nicht. Dabei bedeutet Kommensurabilität der Frequenzen die beiden folgenden, äquivalenten Sachverhalte.

1. Die ω_i stehen zueinander paarweise in rationalen Zahlenverhältnissen.
2. Alle ω_i sind ganzzahlige Vielfache einer gemeinsamen Grundfrequenz ω.

Frequenzen, die nicht kommensurabel sind, heißen **inkommensurabel**.

Überzeugen wir uns zunächst von der Äquivalenz der zwei angegebenen Definitionen. Aus der zweiten, $\omega_i = m_i\,\omega$ mit ganzzahligem m_i, folgt sofort die erste, $\omega_i/\omega_k = m_i/m_k$. Umgekehrt gilt nach der ersten insbesondere $\omega_i/\omega_1 = r_i/s_i$ mit ganzen Zahlen r_i und s_i, und setzt man $\omega = \omega_1/\prod_{k=1}^{f} s_k$, so folgt

$$\omega_i = \frac{r_i}{s_i}\,\omega_1 = \frac{r_i \prod_{k=1}^{f} s_k}{s_i}\,\omega\,. \tag{8.56}$$

Da der Faktor neben ω eine ganze Zahl ist, folgt hieraus die zweite Definition.

Falls die Frequenzen ω_i nun kommensurabel sind, bilden auch alle in (8.55) das Zeitverhalten von $q_i(t)$ bestimmenden Frequenzen

$$n_1\omega_1 + \cdots + n_f\omega_f = (n_1 m_1 + \cdots + n_f m_f)\,\omega$$

ganzzahlige Vielfache von ω. (8.55) lässt sich dann zu einer einfachen Fourier-Reihe

$$q_i(t) = \sum_{l=-\infty}^{+\infty} a_l^{(i)}\,\mathrm{e}^{\mathrm{i}\,l\omega t} \tag{8.57}$$

zusammenfassen, was bedeutet, dass die $q_i(t)$ periodische Zeitfunktionen sind. Umgekehrt ist bei inkommensurablen Frequenzen keine Darstellung der Form (8.57) möglich; da sich aber jede periodische Funktion als Fourier-Reihe darstellen lässt, kann dann keine periodische Bahn vorliegen, da nicht einmal die Projektionen $q_i(t)$, $p_i(t)$ der Bahn $\boldsymbol{q}(t)$, $\boldsymbol{p}(t)$ auf die Phasenunterräume der einzelnen Freiheitsgrade i periodisch sind.

Da jede irrationale Zahl beliebig genau durch eine rationale Zahl q/p approximiert werden kann, wenn q und p nur groß genug gewählt werden, können die Gleichungen (8.56) auch bei inkommensurablen Frequenzen beinahe erfüllt werden, wenn man für die r_i und s_i geeignete Zahlen wählt, die hinreichend groß sind. Man nennt Bewegungen der Form (8.54) bei inkommensurablen Frequenzen daher **fast-periodisch** oder **bedingt-periodisch**.

Fall entkoppelter Freiheitsgrade. Die durch (8.43) dargestellte Situation vereinfacht sich erheblich, wenn in den Separationskoordinaten sämtliche Freiheitsgrade entkoppelt sind, die Hamilton-Funktion sich also in der Form (8.24) zerlegen lässt. Statt (8.43) erhalten wir dann (8.27), die Gleichungen (8.44)–(8.45) vereinfachen sich zu

$$p_i(q_i, E_i) = \frac{\partial S_i(q_i, E_i)}{\partial q_i}\,, \qquad J_i(E_i) = \frac{1}{2\pi}\oint p_i(q_i, E_i)\,dq_i\,, \tag{8.58}$$

und mit $E_i = E_i(J_i)$ erhalten wir statt (8.46) die Erzeugende

$$\tilde{S}_0 = \sum_{l=1}^{f} S_l(q_l, E_l(J_l))\,. \tag{8.59}$$

Statt (8.47) gilt für die Winkelvariablen jetzt

$$\theta_i = \frac{\partial S_i(q_i, E_i(J_i))}{\partial J_i}\,, \tag{8.60}$$

woraus folgt, dass q_i nur noch von θ_i abhängt und nach (8.53) für alle ganzzahligen n der Relation

$$q_i(\theta_i) = q_i(\theta_i + 2\pi n)$$

genügt, also periodisch ist. Da sich jede periodische Funktion als Fourier-Reihe darstellen lässt, erhalten wir jetzt statt (8.54) und (8.55)

$$q_i = \sum_{n=-\infty}^{\infty} a_n \, \mathrm{e}^{\mathrm{i}\, n\theta_i} \overset{(8.50)}{=} \sum_{n=-\infty}^{\infty} \widetilde{a}_n \, \mathrm{e}^{\mathrm{i}\, n\omega_i t}$$

mit $\omega_i = \partial E(J_i)/\partial J_i$. Dieses Ergebnis bedeutet zwar, dass sich jetzt jede einzelne Separationskoordinate zeitlich periodisch verhält. Das heißt aber immer noch nicht, dass das System als Ganzes eine periodische Bewegung ausführt. Dazu müssten sämtliche $q_i(t)$ gleichzeitig zum Ausgangspunkt zurückkehren, und das ist wieder nur für kommensurable Frequenzen ω_i der Fall.

Beispiel 8.4: *Zweidimensionaler anisotroper harmonischer Oszillator*

Zur Illustration mehrfach periodischer Systeme betrachten wir den *zweidimensionalen anisotropen harmonischen Oszillator*. Dieser wird z. B. durch einen Massenpunkt (Masse m) realisiert, auf den in x- und y-Richtung die rücktreibenden Kräfte $-k_x x$ bzw. $-k_y y$ wirken, wobei für $k_x \neq k_y$ Anisotropie besteht. Die Hamilton-Funktion lautet

$$H = \frac{{p_x}^2}{2m} + \frac{{p_y}^2}{2m} + \frac{k_x x^2}{2} + \frac{k_y y^2}{2} ,$$

und die reduzierte Hamilton-Jacobi-Gleichung (8.4),

$$\frac{1}{2m}\left(\frac{\partial S_0}{\partial x}\right)^2 + \frac{1}{2m}\left(\frac{\partial S_0}{\partial y}\right)^2 + \frac{k_x x^2}{2} + \frac{k_y y^2}{2} = E ,$$

lässt sich mit dem Ansatz

$$S_0(x, y) = S_x(x) + S_y(y)$$

in die zwei gewöhnlichen Differentialgleichungen

$$\frac{1}{2m}\left(\frac{dS_x}{dx}\right)^2 + \frac{k_x x^2}{2} = E_x , \qquad \frac{1}{2m}\left(\frac{dS_y}{dy}\right)^2 + \frac{k_y y^2}{2} = E_y = E - E_x$$

separieren. Die beiden Freiheitsgrade sind entkoppelt, und die weitere Rechnung erfolgt für jeden von diesen genau wie beim eindimensionalen harmonischen Oszillator (Beispiel. 8.3). Analog zu (8.40) und (8.41) erhalten wir

$$\omega_x = \sqrt{k_x/m} , \qquad E_x = \omega_x J_x ,$$
$$\omega_y = \sqrt{k_y/m} , \qquad E_y = \omega_y J_y ,$$

und mit

$$a_x := \sqrt{2E_x/k_x} , \qquad a_y := \sqrt{2E_y/k_y}$$

ergeben sich als Winkelvariablen

$$\theta_x = \arcsin\frac{x}{a_x} , \qquad \theta_y = \arcsin\frac{y}{a_y} .$$

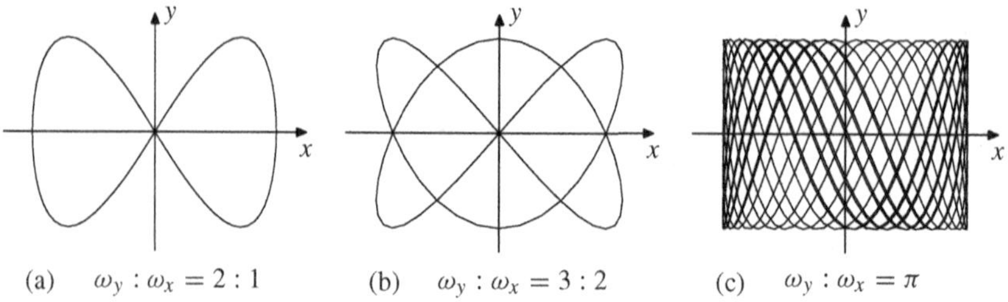

Abb. 8.3: Lissajous-Bahnen für verschiedene Frequenzverhältnisse.

Einsetzen der Lösungen (8.50) und Auflösen nach x bzw. y führt schließlich zu

$$x = a_x \sin(\omega_x t + \theta_{x0}) , \qquad y = a_y \sin(\omega_y t + \theta_{y0}) .$$

Für kommensurable Frequenzen ω_x und ω_y ist die Bahn in der x, y-Ebene geschlossen und beschreibt eine **Lissajous-Bahn** (Abb. 8.3 (a) und (b)). Bei inkommensurablen Frequenzen ist sie nur fast-periodisch, und der Massenpunkt beschreibt eine ergodische Bahn, die nach und nach ein ganzes Gebiet der x, y-Ebene ausfüllt (Abb. 8.3 (c)).

8.6 Satz von Liouville für integrable Systeme

Bei einem vollständig separierbaren Hamiltonschen System von f Freiheitsgraden bedeutet die Kenntnis der f Separationskonstanten $P_1, \ldots, P_f$ zugleich die von f Bewegungsintegralen. Aus dieser Kenntnis folgt aber auch schon die Integrabilität des ganzen Problems, da die Bestimmung der noch fehlenden f Bewegungsintegrale auf Quadraturen (siehe Abschn. 8.4) zurückgeführt werden kann. Hier erhebt sich natürlich die Frage, ob man bei Kenntnis von f Bewegungsintegralen die Lösung des Restproblems nicht ganz allgemein auf Quadraturen zurückführen kann, auch wenn die Bewegungsintegrale nicht durch Separation gewonnen wurden. Diese Frage wird durch den gleich folgenden Satz von Liouville für integrable Systeme beantwortet. Dabei muss jedoch eine wichtige Eigenschaft der Bewegungsintegrale zur Voraussetzung gemacht werden, die von den „Separations-Integralen" $P_1(\boldsymbol{q}, \boldsymbol{p}), \ldots, P_f(\boldsymbol{q}, \boldsymbol{p})$ erfüllt wird: Aus der Bedeutung der P_i als kanonische Impulse (Abschn. 8.1), aus (7.67) und der Invarianz der Poisson-Klammern gegenüber kanonischen Transformationen folgt

$$\left[P_i(\boldsymbol{q}, \boldsymbol{p}), P_j(\boldsymbol{q}, \boldsymbol{p})\right]_{\boldsymbol{q},\boldsymbol{p}} = \left[P_i, P_j\right]_{\boldsymbol{Q},\boldsymbol{P}} = 0 ,$$

d. h. die Separationsintegrale $P_i(\boldsymbol{q}, \boldsymbol{p})$ liegen paarweise in Involution.

Satz von Liouville für integrable Systeme. *Kennt man von einem* ***konservativen*** *Hamiltonschen System mit f Freiheitsgraden f unabhängige Bewegungsintegrale*

$$F_i(\boldsymbol{q}, \boldsymbol{p}) = \alpha_i , \qquad i = 1, \ldots, f , \tag{8.61}$$

die miteinander paarweise in Involution liegen,

$$\big[F_i(\boldsymbol{q},\boldsymbol{p}),F_j(\boldsymbol{q},\boldsymbol{p})\big]=0 \qquad \text{für alle } i,j\,, \tag{8.62}$$

und deren Phasenraumgradienten keine Nullstellen aufweisen, so kann das verbleibende Integrationsproblem auf Quadraturen zurückgeführt werden.

Die Einschränkung des Satzes auf konservative Systeme bedeutet dabei keinen Verlust an Allgemeinheit, da jedes Hamiltonsche System nach Abschn. 8.3 in konservative Form gebracht werden kann. Der vollständige Beweis des Liouvilleschen Satzes ist aufwendig, weshalb wir hier nur die wichtigsten Schritte nachvollziehen.[1] Zur Vereinfachung nehmen wir zusätzlich zu den oben getroffenen Voraussetzungen an, dass alle Bewegungen ganz im Endlichen verlaufen. Da die Phasenraumtrajektorien $\boldsymbol{q}(t)$, $\boldsymbol{p}(t)$ definitionsgemäß auf allen Integralflächen und daher in deren Schnittmenge verlaufen – sie erfüllen $F_i(\boldsymbol{q}(t),\boldsymbol{p}(t))\equiv\alpha_i$ für alle t und $i=1,\dots,f$ –, ist diese Annahme erfüllt, wenn wir verbieten, dass sich die Integralflächen bis ins Unendliche erstrecken.

Beweisskizze:

1. Als erstes überzeugen wir uns davon, dass die Trajektorien des Systems unter den angegebenen Voraussetzungen in dem von den Variablen $q_1,\dots,q_f,p_1,\dots,p_f$ aufgespannten $2f$-dimensionalen Phasenraum auf einem f-dimensionalen **Torus** umlaufen. Streng genommen ist ein Torus (Ringfläche) eine Fläche, die durch Rotation eines Kreises um eine außerhalb von diesem verlaufende Achse entsteht. Wir wollen im Folgenden jedoch unter einem Torus in Verallgemeinerung dieser strengeren Definition jede Fläche mit der Topologie eines Kreistorus verstehen.

Die Flächennormalen der Integralflächen $F_i(\boldsymbol{q},\boldsymbol{p})=\alpha_i$ haben die Richtung der Phasenraumgradienten

$$\begin{pmatrix}\partial/\partial\boldsymbol{q}\\ \partial/\partial\boldsymbol{p}\end{pmatrix}F_i\,.$$

Die Involutionsbedingungen (8.62), nach (7.56) also

$$\frac{\partial F_i}{\partial\boldsymbol{q}}\cdot\frac{\partial F_j}{\partial\boldsymbol{p}}-\frac{\partial F_i}{\partial\boldsymbol{p}}\cdot\frac{\partial F_j}{\partial\boldsymbol{q}}=\begin{pmatrix}\partial/\partial\boldsymbol{q}\\ \partial/\partial\boldsymbol{p}\end{pmatrix}F_i\cdot\begin{pmatrix}\partial/\partial\boldsymbol{p}\\ -\partial/\partial\boldsymbol{q}\end{pmatrix}F_j=0 \qquad \text{für alle } i,j\,, \tag{8.63}$$

bedeuten, dass die Felder $\boldsymbol{V}_j(\boldsymbol{q},\boldsymbol{p})=\{\partial/\partial p_1,\dots,\partial/\partial p_f,-\partial/\partial q_1,\dots,-\partial/\partial q_f\}F_j$ senkrecht auf den Flächennormalen sämtlicher Hyperflächen $F_i=\alpha_i$ stehen müssen. Das ist nur möglich, wenn ihre Feldlinien (d. h. die Kurven, die in jedem Punkt in Richtung des Vektorfeldes verlaufen) ganz in dem f-dimensionalen Schnittgebilde sämtlicher Hyperflächen liegen. (Man macht sich das am besten an zwei zweidimensionalen Flächen klar, die in einen dreidimensionalen Raum eingebettet sind und sich längs einer Kurve schneiden, Abb. 8.4.)

Nun muss eine f-dimensionale Punktmannigfaltigkeit, die sich nicht bis ins Unendliche erstreckt und in der f nullstellenfreie Vektorfelder tangential eingebettet sind, sehr strenge Anforderungen erfüllen. Denken wir an eine endliche Fläche im dreidimensionalen Raum, die stetig und nullstellenfrei von einem Vektorfeld überdeckt wird. Offensichtlich kann es sich nicht um eine Kugeloberfläche handeln, denn „*man kann einen Igel nicht ohne Wirbel oder Scheitel kämmen*“. Dabei sei angemerkt, dass ein Wirbelpunkt eine isolierte Nullstelle darstellt, während ein

---

1 Für den vollständigen Beweis siehe z. B. V. I. Arnold, *Matematical Methods of Classical Mechanics*, Springer, 1978.

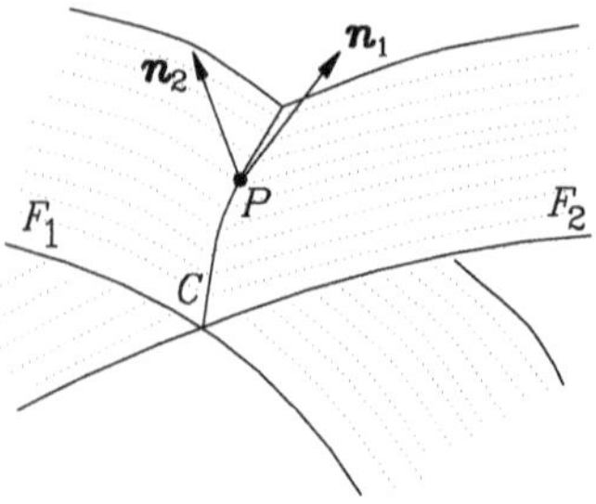

Abb. 8.4: Zwei Flächen F_1 und F_2, die sich längs einer Kurve C schneiden, mit den Normalen $\boldsymbol{n}_1$ und $\boldsymbol{n}_2$ im Punkt P auf C.

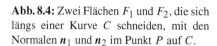

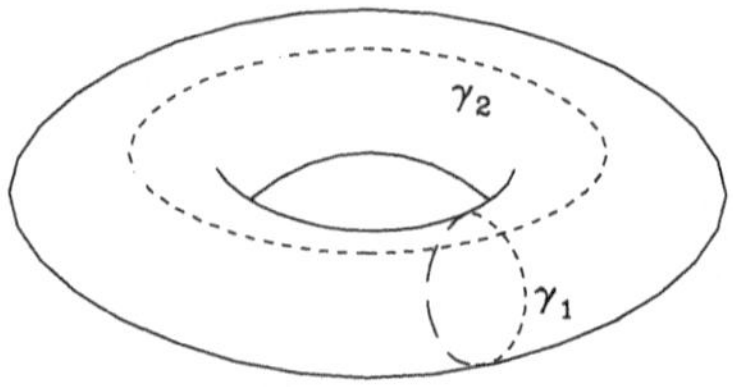

Abb. 8.5: Zwei topologisch unabhängige geschlossene Wege γ_1 und γ_2 auf einem Torus T_2.

Scheitel bzw. eine Staulinie von einer koninuierlichen Linie von Nullstellen gebildet wird. Allgemeiner gilt der „Igel-Satz" von H. Poincaré und L. E. J. Brouwer: *Auf Kugelflächen gerader Dimension, also z. B. einer zweidimensionalen Kugelfläche im dreidimensionalen Raum, gibt es kein stetiges tangentiales Vektorfeld ohne Nullstellen.* Falls die Dimension der Kugelfläche allerdings ungerade ist, existieren tatsächlich solche Vektorfelder. (Das einfachste Beispiel hierfür liefert die eindimensionale Kugeloberfläche, die Kreislinie.)

Die Voraussetzungen unseres Satzes gehen jedoch noch viel weiter: Es wird ja verlangt, dass die Bewegungsintegrale (8.61) miteinander paarweise in Involution liegen. Aus dieser Forderung kann abgeleitet werden, dass es sich bei dem betrachteten Schnittgebilde nur um einen f-dimensionalen Torus T_f handeln kann. Da eine Systemtrajektorie, die sich zur Zeit t_0 auf sämtlichen Flächen $F_i=\alpha_i$ befindet, diese später nicht verlassen kann, muss sie auf dem Torus T_f umlaufen.

2. Auf dem Torus T_f führen wir jetzt neue kanonische Variablen ein und gehen dabei ähnlich wie bei der Konstruktion von Wirkungs- und Winkelvariablen vor. Hierzu lösen wir zunächst die Beziehungen (8.61) nach den p_i auf und benennen im Ergebnis die α_i wieder mit F_i,

$$p_i = p_i(\boldsymbol{q}, \boldsymbol{F})\,. \tag{8.64}$$

Auf T_f führen wir sodann f topologisch unabhängige geschlossene Wege (d. h. Wege, die sich nicht durch stetige Verformung ineinander überführen lassen, Abb. 8.5) ein, die wir mit $\gamma_1, \ldots, \gamma_f$ bezeichnen. Die analog zu (8.45) definierten Größen

$$J_i = J_i(\boldsymbol{F}) = \frac{1}{2\pi}\oint_{\gamma_i} \boldsymbol{p}(\boldsymbol{q}, \boldsymbol{F}) \cdot d\boldsymbol{q}\,, \qquad i = 1, \ldots, f \tag{8.65}$$

sind als reine Funktionen der F_i wie diese Erhaltungsgrößen und werden (wie früher die Wirkungsvariablen) als Impulse eines neuen Satzes kanonischer Variablen benutzt. Man kann zeigen, dass sie voneinander unabhängig sind und ebenfalls miteinander paarweise in Involution liegen. Außerdem bleiben sie bei stetigen Verbiegungen der Kurven γ_i unverändert und sind daher eindeutig. Die letzte Eigenschaft soll im Folgenden bewiesen werden.

3. Auf dem durch die Gleichungen (8.61) definierten Torus T_f werden die Impulse p_i zu Funktionen der $q_1, \ldots, q_f$ mit konstanten F_i, (8.64). Differenziert man die durch Einsetzen von (8.64) in (8.61) erhaltenen Identitäten auf T_f (d. h. bei konstanten F_i) nach q_l, so erhält man

$$\frac{\partial F_i}{\partial q_l} + \sum_{m=1}^{f} \frac{\partial F_i}{\partial p_m} \frac{\partial p_m}{\partial q_l} = 0, \qquad l = 1, \ldots, f.$$

Diese Gleichung multiplizieren wir mit $\partial F_j / \partial p_l$, summieren über alle l und erhalten

$$\sum_{l=1}^{f} \frac{\partial F_i}{\partial q_l} \frac{\partial F_j}{\partial p_l} + \sum_{l,m=1}^{f} \frac{\partial F_i}{\partial p_m} \frac{\partial F_j}{\partial p_l} \frac{\partial p_m}{\partial q_l} = 0.$$

Nun schreiben wir dasselbe Ergebnis nochmals mit veränderten Indizes (mit $l \leftrightarrow m$, $i \leftrightarrow j$) auf,

$$\sum_{m=1}^{f} \frac{\partial F_j}{\partial q_m} \frac{\partial F_i}{\partial p_m} + \sum_{l,m=1}^{f} \frac{\partial F_j}{\partial p_l} \frac{\partial F_i}{\partial p_m} \frac{\partial p_l}{\partial q_m} = 0,$$

und bilden die Differenz der erhaltenen Gleichungen. Die einfachen Summen heben sich dabei wegen der Involutionsbeziehungen (8.63) gegenseitig weg, und es verbleibt

$$\sum_{l,m=1}^{f} \frac{\partial F_i}{\partial p_m} \frac{\partial F_j}{\partial p_l} \left(\frac{\partial p_m}{\partial q_l} - \frac{\partial p_l}{\partial q_m} \right) = 0, \qquad i, j = 1, \ldots, f.$$

Das sind f^2 lineare homogene Gleichungen für die f^2 Größen $\partial p_m / \partial q_l - \partial p_l / \partial q_m$, wobei sich sowohl unter den Gleichungen als auch unter den Größen nur $f(f-1)/2$ unabhängige befinden. Unter geeigneten Voraussetzungen an seine Koeffizientenmatrix, die wir der Einfachheit halber als erfüllt annehmen wollen, besitzt dieses Gleichungssystem als einzige Lösung

$$\frac{\partial p_m}{\partial q_l} - \frac{\partial p_l}{\partial q_m} = 0 \qquad \text{für alle } l, m. \tag{8.66}$$

Dieses Ergebnis bildet die notwendige und hinreichende Bedingung für die Wegunabhängigkeit des Integrals

$$\int_{\boldsymbol{q}_0}^{\boldsymbol{q}} \boldsymbol{p} \cdot d\boldsymbol{q}.$$

(Der Beweis dieser Tatsache verläuft für f Dimensionen ganz analog zu dem in Abschn. 3.1.4 behandelten Fall von drei Dimensionen.) Dabei muss der Integrationsweg aber ganz im Torus T_f verlaufen, da wir die in (8.66) auftretenden Ableitungen bei konstanten F_j, also in der Schnittmenge der Hyperflächen (8.61), gebildet haben. Wie im Fall von drei Dimensionen besteht die Wegunabhängigkeit jedoch nur für Integrationswege, die durch stetige Verbiegung ineinander überführt werden können, d. h. topologisch äquivalent sind. Hiermit ist die oben behauptete Eindeutigkeit der neuen Impulsvariablen (8.65) bewiesen. Der Vollständigkeit halber sei erwähnt, dass unsere Forderung an die Koeffizientenmatrix $(\partial F_i / \partial p_m \, \partial F_j / \partial p_l)$ bei einem systematischen Beweis des Satzes nicht explizit gestellt werden muss.

4. Wir nehmen jetzt an, dass die Beziehungen (8.65) nach den F_j aufgelöst werden können,

$$F_i = F_i(\boldsymbol{J}), \tag{8.67}$$

und führen in Analogie zu (8.32)

$$S(\boldsymbol{q}, \boldsymbol{J}) = \int_{\boldsymbol{q}_0}^{\boldsymbol{q}} \boldsymbol{p}(\boldsymbol{q}', \boldsymbol{F}(\boldsymbol{J})) \cdot d\boldsymbol{q}' \tag{8.68}$$

als Erzeugende einer kanonischen Transformation (7.50) ein. Damit S auf T_f als eindeutige Funktion definiert ist, legen wir fest, dass zur Integration nur topologisch äquivalente Wege benutzt werden dürfen. (Man kann den Torus z. B. längs der Wege $\gamma_1, \ldots, \gamma_f$ aufschneiden und festlegen, dass die entstehenden Schnittkurven bei der Integration nicht überschritten werden dürfen. Über eine gewisse Freiheit in der Definition von S ist damit auf eindeutige Weise verfügt.) Die Transformationsgleichungen (7.50a) sind mit unserer Wahl von S automatisch erfüllt, und die Gleichungen (7.50b) definieren mit $Q_i \to \theta_i$ sowie $P_i \to J_i$ als neue Lagekoordinaten

$$\theta_i = \frac{\partial S}{\partial J_i} . \tag{8.69}$$

Die neue Hamilton-Funktion K folgt aus (7.50c) zu

$$K = H = E(\boldsymbol{J}) , \tag{8.70}$$

da H als Erhaltungsgröße (wir haben es mit einem konservativen System zu tun) unter den Bewegungsintegralen F_i enthalten sein muss. Die Hamiltonschen Bewegungsgleichungen lauten in den neuen Variablen

$$\dot{\theta}_i = \frac{\partial E}{\partial J_i} =: \omega_i , \qquad \dot{J}_i = -\frac{\partial E}{\partial \theta_i} = 0 \tag{8.71}$$

und werden durch

$$\theta_i = \omega_i t + \theta_{i0} , \qquad J_i = \mathrm{const}_i \tag{8.72}$$

gelöst. Man erhält hieraus die Lösung in den ursprünglichen Variablen q_i und p_i, indem man die aus (8.69) mit (8.68) folgende Beziehung $\boldsymbol{\theta}=\boldsymbol{\theta}(\boldsymbol{q}, \boldsymbol{J})$ nach $\boldsymbol{q}$ invertiert und in die auf diese Weise erhaltene Beziehung $\boldsymbol{q}=\boldsymbol{q}(\boldsymbol{\theta}, \boldsymbol{J})$ die Lösung (8.72) einsetzt. Alles, was hierzu an mathematischen Operationen benötigt wird, ist die Berechnung von Umkehrfunktionen und die Ausführung von Wegintegralen, also die Ausführung von Quadraturen. Der Satz von Liouville ist damit „bewiesen".

5. Wir überzeugen uns noch davon, dass die θ_i echte Winkelvariablen sind. Dazu integrieren wir $\partial\theta_i/\partial\boldsymbol{q}$ einmal längs eines zu γ_k äquivalenten geschlossenen Weges und erhalten für die Änderung $\Delta_k\theta_i$ auf diesem Weg mit (8.69), $\oint d\boldsymbol{q}=0$, (7.50a) und (8.65)

$$\begin{aligned}
\Delta_k\theta_i &= \oint_{\gamma_k} \frac{\partial\theta_i}{\partial\boldsymbol{q}} \cdot d\boldsymbol{q} \overset{(8.69)}{=} \oint_{\gamma_k} \frac{\partial^2 S}{\partial\boldsymbol{q}\,\partial J_i} \cdot d\boldsymbol{q} \\
&= \frac{\partial}{\partial J_i} \oint_{\gamma_k} \frac{\partial S}{\partial\boldsymbol{q}} \cdot d\boldsymbol{q} \overset{(8.68)}{=} \frac{\partial}{\partial J_i} \oint_{\gamma_k} \boldsymbol{p} \cdot d\boldsymbol{q} \overset{(8.65)}{=} 2\pi \frac{\partial J_k}{\partial J_i} ,
\end{aligned}$$

also

$$\Delta_k\theta_i = 2\pi\, \delta_{ik} , \tag{8.73}$$

wie das von einer echten Winkelvariablen zu verlangen ist. Der Vergleich der Gleichungen (8.72) und (8.73) mit (8.50) und (8.52) zeigt übrigens, *dass die Bewegung jedes integrablen Systems, dessen Bewegung ganz im Endlichen abläuft, der Bewegung von f entkoppelten Oszillatoren äquivalent ist.* □

Beispiel 8.5: *Erhaltungssätze beim Drei-Körper-Problem*

Als Anwendung betrachten wir die Implikationen des Satzes von Liouville auf das Mehrkörperproblem gravitativ gebundener Massenpunkte. Da jeder der Massenpunkte drei Freiheitsgrade mit sich bringt, hat das Zwei-Körper-Problem sechs Freiheitsgrade, das Drei-Körper-Problem neun. Nach dem Satz von Liouville werden gerade so viele Bewegungsintegrale benötigt, wie das Problem Freiheitsgrade besitzt. Nun gelten bei den zur Diskussion stehenden Mehrkörperproblemen Erhaltungssätze für den Impuls, den Drehimpuls, die Energie und der Schwerpunktsatz, also insgesamt zehn Erhaltungssätze. Sowohl beim Zwei- als auch beim Drei-Körper-Problem sind das mehr, als im Prinzip benötigt werden. Dass das Zwei-Körper-Problem integrabel ist, haben wir konstruktiv bewiesen. Dies bedeutet, dass von den zehn Bewegungsintegralen mindestens sechs in Involution liegen. Das Drei-Körper-Problem andererseits ist nicht-integrabel, woraus folgt, dass keine neun der hier gültigen zehn Bewegungsintegrale wechselweise in Involution liegen können.

Der Schritt vom Liouvilleschen Satz zum Beweis der Tatsache, *dass vollständige Separabilität und vollständige Integrabilität (im Allgemeinen) äquivalent sind*, ist jetzt trivial. Dass die letztere aus der ersten folgt, wurde schon in Abschn. 8.4 gezeigt. Umgekehrt bedeutet der Satz von Liouville, dass aus vollständiger Integrabilität die Existenz eines kompletten Satzes zyklischer Winkelvariablen folgt. Nach Abschn. 8.4 folgt hieraus aber sofort die Separierbarkeit in sämtlichen Winkelvariablen.

In den Beweisgang des Liouvilleschen Satzes sind (zum Teil stillschweigend) gewisse Stetigkeits-, Differenzierbarkeits- sowie Umkehrbarkeitseigenschaften eingegangen. Diese werden in typischen Fällen erfüllt sein, können in Ausnahmefällen jedoch auch verletzt werden. Solche Ausnahmefälle führen dazu, dass die behauptete Äquivalenz nur „im Allgemeinen" besteht.

8.7 Phasenraumtrajektorien integrabler Systeme

Für die Struktur der Phasenraumtrajektorien eines integrablen konservativen Systems von f Freiheitsgraden ergibt sich unter der Voraussetzung, dass die Trajektorien ganz im Endlichen verlaufen, nach den Ausführungen des letzten Abschnitts folgendes Bild: Jede Trajektorie läuft auf einer f-dimensionalen Torusfläche T_f des $2f$-dimensionalen Phasenraums um. Dabei führt ihre Projektion auf die zweidimensionalen Phasenebenen der einzelnen Freiheitsgrade zu Kreisbewegungen (Gleichungen (8.72)), wenn man $\sqrt{J_i}$ und θ_i im Sinne von Polarkoordinaten als Radius und Winkel interpretiert. Wenn die durch (8.71) definierten Frequenzen $\omega_1, \ldots, \omega_f$ kommensurabel sind, besteht die Möglichkeit, dass sich Trajektorien schließen und periodisch durchlaufen werden. Das muss jedoch nicht der Fall sein und ist es insbesondere dann nicht, wenn die Frequenzen inkommensurabel sind. Wegen der viel größeren Dichte irrationaler Zahlen auf der Zahlengeraden ist das Auftreten irrationaler Frequenzverhältnisse und damit inkommensurabler Frequenzen wesentlich häufiger als das rationaler Frequenzverhältnisse bzw. kommensurabler Frequenzen. Daher bilden nicht-geschlossene Trajektorien den Normalfall und geschlossene die Ausnahme.

Den geometrischen Verlauf der Phasenraumtrajektorien erhält man auf folgende Weise: Neben den Erhaltungssätzen $J_i = \text{const}_i$, $i=1, \ldots, f$, lassen sich mithilfe der aus der letzten der Gleichungen (8.72a) folgenden Beziehung $t=(\theta_f - \theta_{f0})/\omega_f$ auch

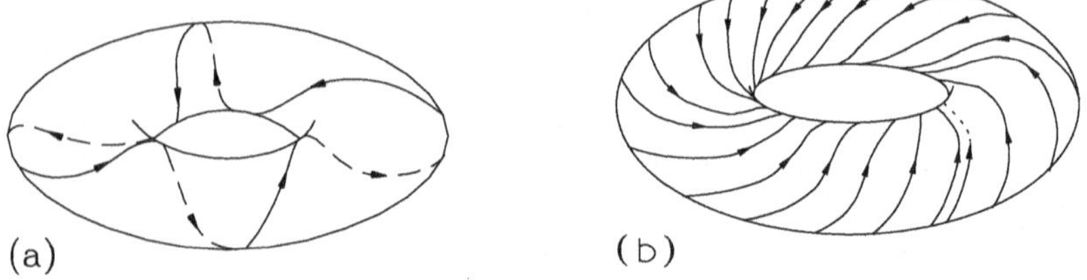

Abb. 8.6: Verlauf der Phasenraumtrajektorien auf der Torusfläche T_2: (a) Geschlossene Trajektorie (vier azimutale Umläufe bei einem Umlauf um die Torusachse); T_2 wird von unendlich vielen verschiedenen Trajektorien überdeckt, die alle geschlossen sind. (b) Ergodische Trajektorie, die schon allein T_2 überdeckt.

die verbliebenen Gleichungen (8.72a) in die Form

$$\theta_i = \omega_i \, \frac{\theta_f - \theta_{f0}}{\omega_f} + \theta_{i0} \,, \qquad i = 1, \ldots, f-1$$

von zeitunabhängigen Erhaltungssätzen (Bewegungsintegralen) bringen. Durch Rückkehr zu den ursprünglichen Koordinaten, also mit $\theta_i{=}\theta_i(\boldsymbol{q}, \boldsymbol{p})$ und $J_i{=}J_i(\boldsymbol{q}, \boldsymbol{p})$, erhält man daher insgesamt $2f-1$ Erhaltungssätze der Form

$$F_i(\boldsymbol{q}, \boldsymbol{p}) = \text{const}_i \,.$$

In einem Raum von $2f$ Dimensionen bildet das Schnittgebilde dieser $2f-1$ Phasenraumflächen, die $2f-1$-dimensional sind, eine zeitunabhängige eindimensionale Mannigfaltigkeit, welche die Geometrie der Phasenraumkurve definiert. Mithilfe der letzten der Gleichungen (8.72a) lässt sich bestimmen, wie diese zeitlich durchlaufen wird.

Besonders durchsichtig wird der Trajektorienverlauf im Fall eines **konservativen Systems mit zwei Freiheitsgraden**, auf den sich alles Weitere in diesem Abschnitt bezieht. Bei gegebener Energie E kann eine der Variablen J_1 und J_2 mithilfe des Energie-Erhaltungssatzes $H_0(J_1, J_2){=}E$ durch die andere ausgedrückt werden. Die Bewegung findet daher effektiv in einem Phasenraum von drei Dimensionen mit den Variablen θ_1, θ_2 und J_1 oder J_2 statt, in dem die Trajektorien des ungestörten Problems auf zweidimensionalen Torusflächen (T_f mit $f{=}2$) umlaufen. Durch geeignete Wahl der Winkel kann erreicht werden, dass die für sie aus (8.72a) folgenden Gleichungen die Form $\theta_1{=}\omega_1 t$ und $\theta_2{=}\omega_2 t$ annehmen. Durch Elimination der Zeit folgt aus diesen

$$\theta_2{=}\frac{\omega_2}{\omega_1}\,\theta_2 \,,$$

und hieraus ergibt sich, dass die Bahn für kommensurable Frequenzen ω_1 und ω_2, also $\omega_2/\omega_1{=}p/q$ mit ganzen Zahlen p und q, geschlossen ist. Da die Frequenzen ω_i auf einer gegebenen Torusfläche T_2 konstant sind, gilt das für alle Trajektorien mit Anfangspunkt auf T_2 (Abb. 8.6 (a)). Bei inkommensurablen Frequenzen ist die Bewegung quasiperiodisch, die Trajektorie schließt sich nie und füllt nach und nach die ganze Torusfläche, bis sie diese dicht überdeckt (Abb. 8.6 (b)). Man bezeichnet sie in diesem Fall als **ergodisch**.

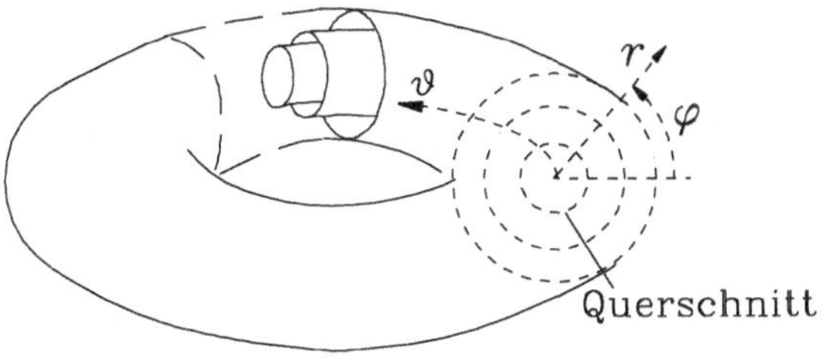

Abb. 8.7: Ineinander geschachtelte Tori. Der Querschnitt zeigt die Projektion auf die Phasenebene eines einzelnen Freiheitsgrades. ϑ wird als **toroidaler** und φ als **poloidaler** Winkel bezeichnet.

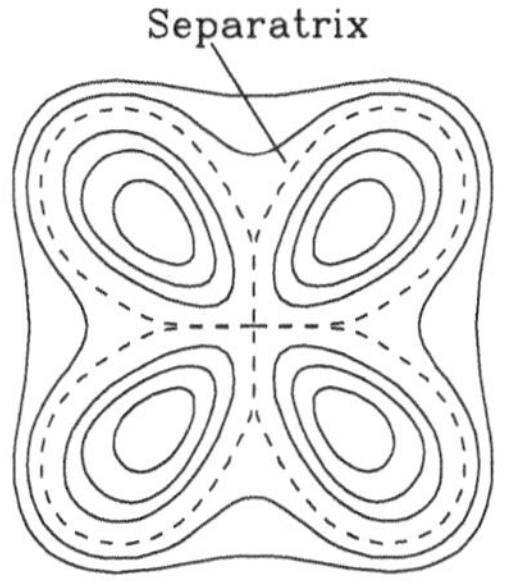

Abb. 8.8: Sätze ineinander geschachtelter Tori, die durch eine Separatrix voneinander getrennt werden.

Wenn man in (8.61) die Integrationskonstanten α_i stetig verändert, ändern sich nach (8.65) im Allgemeinen auch die J_i und mit diesen die betrachtete Torusfläche. Man kommt auf diese Weise zu einem Satz **ineinander geschachtelter Tori** (siehe Abb. 8.7, die auch die entsprechenden Projektionen auf die Phasenebene eines einzelnen Freiheitsgrades zeigt). Im Allgemeinen werden die Frequenzen $\omega_i(\boldsymbol{J})$ bei Variation der J_i nicht konstant bleiben, sondern sich mit diesen verändern und dabei stetig ein Stück der Zahlengeraden durchlaufen. Dies führt dazu, dass sich bei den geschachtelten Tori solche mit kommensurablen und inkommensurablen Frequenzen, also mit geschlossenen und ergodischen Feldlinien, abwechseln. Dabei bildet die Menge der Tori mit ergodischen Trajektorien wegen der viel größeren Dichte irrationaler Zahlen auf der Zahlengeraden die überwältigende Mehrheit.

In den ursprünglichen Koordinaten $\boldsymbol{q}$ und $\boldsymbol{p}$ liefern die Trajektorien ein topologisch äquivalentes, jedoch im Allgemeinen stark verzerrtes Abbild der eben aufgezeigten Struktur. Schließlich sei noch erwähnt, dass ein integrables System verschiedene Sätze ineinander geschachtelter Tori enthalten kann, die durch so genannte **Separatrizes** voneinander getrennt sind (Abb. 8.8). Man würde dann sagen, dass es aus integrablen Teilsystemen zusammengesetzt ist.

8.8 Adiabatische Invarianten

Bei einer Klasse wichtiger Probleme hängt die Hamilton-Funktion von einem oder mehreren Parametern $\lambda_i(t)$ ab, die sich nur sehr langsam mit der Zeit verändern und zu periodischen oder mehrfach periodischen Bewegungsabläufen führen, wenn sie zeitlich festgehalten werden. Ein berühmtes Beispiel dieser Art bildet ein Pendel, dessen Länge allmählich verkürzt wird (Abb. 8.9). Dieses Problem spielte in den Anfangszeiten der Quantenmechanik eine wichtige Rolle, wo es von H. A. Lorentz als Modell für oszillierende Quantensysteme unter langsam veränderlichen äußeren Bedingungen eingeführt und von A. Einstein gelöst wurde. Ähnliche Probleme haben in ganz anderem

Zusammenhang zunehmend an Bedeutung gewonnen. Dabei hat sich herausgestellt, dass auf sie das Konzept der Wirkungs- und Winkelvariablen mit großem Nutzen erweitert werden kann, und dies, obwohl man es nicht mit konservativen Systemen zu tun hat. Genauer findet man, dass sich die erweiterten Wirkungsvariablen noch viel langsamer als die langsam veränderlichen Parameter $\lambda_i(t)$ verändern und im Limes $\dot{\lambda}_i(t)\to 0$ exakt konstant werden, auch wenn in diesem Grenzfall andere Größen wie z. B. die Parameter $\lambda_i(t)$ selbst über unendlich lange Zeiten noch endliche Veränderungen erfahren. Wir werden unsere Betrachtung auf den Fall eines Systems mit nur einem Freiheitsgrad und einem einzigen zeitabhängigen Parameter einschränken.

Wir betrachten also Probleme mit einer Hamilton-Funktion

$$H = H(q, p, \lambda(t)), \tag{8.74}$$

die bei zeitlich konstantem λ periodische Lösungen besitzen. Diese Voraussetzung bedeutet nach Abschn. 8.5.1, dass die Gleichung

$$H(q, p, \lambda(t)) = E \tag{8.75}$$

zu jedem fest vorgegebenen Zeitpunkt t im Phasenraum entweder eine geschlossene (Abb. 8.1 (a)) oder in q periodische (Abb. 8.1 (b)) Kurve $p=p(q, E, \lambda(t))$ definiert. (Man beachte, dass Gleichung (8.75) jedoch kein Bewegungsintegral ist, was heißt, dass diese Kurven nicht vom System durchlaufen werden.) Es erweist sich nun als besonders nützlich, dieselben Winkel- und Wirkungsvariablen wie im Fall periodischer Bewegungen einzuführen. Definieren wir in Analogie zu (8.35)

$$J = J(E, \lambda(t)) = \frac{1}{2\pi}\oint p(q, E, \lambda(t))\, dq, \tag{8.76}$$

so erhält die Wirkungsvariable J jetzt eine explizite Zeitabhängigkeit. Durch Auflösung dieser Beziehung nach E erhalten wir

$$E = E(J, \lambda(t)), \tag{8.77}$$

und aus der Definition von J folgt, dass zu jedem Zeitpunkt die (8.36) entsprechende Gleichung $H(q, p, \lambda(t))=E(J, \lambda(t))$ gilt. Die in Analogie zu (8.32) gewählte Erzeugende

$$S = \tilde{S}_0(q, J, \lambda(t)) = \int_{q_0}^{q} p(q', E(J, \lambda(t))\, dq' \tag{8.78}$$

vermittelt eine (zeitabhängige) kanonische Transformation $\{q, p\}\to\{\theta, J\}$ vom Typ (7.50), d. h. mit $Q_i\to\theta$ und $P_i\to J$ gilt

$$p = \frac{\partial \tilde{S}_0(q, J, \lambda(t))}{\partial q}, \qquad \theta = \frac{\partial \tilde{S}_0(q, J, \lambda(t))}{\partial J} \tag{8.79}$$

und

$$K\big(\theta, J, \lambda(t)\big) = \left[H\Big(q, \frac{\partial \tilde{S}_0}{\partial q}, \lambda(t)\Big) + \frac{\partial \tilde{S}_0}{\partial t}\right]_{q=q(\theta, J, \lambda(t))} = E(J, \lambda(t)) + \left.\frac{\partial \tilde{S}_0}{\partial t}\right|_{q=q(\theta, J, \lambda(t))}, \tag{8.80}$$

wobei auf der rechten Seite $q=q(\theta, J, \lambda(t))$ einzusetzen ist, damit K die angegebene funktionale Abhängigkeit aufweist.

Wir bringen jetzt die Voraussetzung ein, dass sich $\lambda(t)$ nur sehr langsam verändert, und treffen zur Vereinfachung die zusätzliche Annahme konstanter Änderungsgeschwindigkeit ε, d. h.

$$\dot{\lambda}(t) = \varepsilon \ll \lambda(T)/T\,, \tag{8.81}$$

wobei T eine charakteristische Zeit des Systems wie z. B. die Dauer einer Oszillation ist. Mit dieser Annahme wird

$$K = E(J, \lambda(t)) + \varepsilon \left.\frac{\partial \tilde{S}_0(q, J, \lambda)}{\partial \lambda}\right|_{q=q(\theta, J, \lambda(t))},$$

und die Hamiltonschen Bewegungsgleichungen für θ und J lauten

$$\dot{\theta} = \omega(J, \lambda(t)) + \varepsilon f(\theta, J, \lambda(t))\,, \qquad \dot{J} = -\varepsilon g(\theta, J, \lambda(t))\,, \tag{8.82}$$

wenn ω, f und g durch

$$\begin{aligned} \omega = \frac{\partial E\big(J, \lambda(t)\big)}{\partial J}\,, \qquad f &= \frac{\partial}{\partial J}\left[\left.\frac{\partial \tilde{S}_0(q, J, \lambda)}{\partial \lambda}\right|_{q=q(\theta, J, \lambda(t))}\right]\Bigg|_{\theta=\text{const}}\,, \\ g &= \frac{\partial}{\partial \theta}\left[\left.\frac{\partial \tilde{S}_0(q, J, \lambda)}{\partial \lambda}\right|_{q=q(\theta, J, \lambda(t))}\right]\Bigg|_{J=\text{const}} \end{aligned} \tag{8.83}$$

definiert werden. (Alle Schritte, die zu den Gleichungen (8.82) mit (8.83) geführt haben, werden wir an einem konkreten Beispiel nachvollziehen.)

Nach (8.81) und (8.82b) erscheint es zunächst so, als würde $\dot{\lambda}\approx\varepsilon\approx\dot{J}$ gelten, also $J(t)$ sich etwa so schnell wie $\lambda(t)$ mit der Zeit ändern. Tatsächlich ändert sich $J(t)$ jedoch viel langsamer. Um das zu verstehen, definieren wir zunächst eine Hilfsfunktion

$$\tilde{J}\big(\theta, J, \lambda(t)\big) = J + \varepsilon \int_{\theta_0}^{\theta} \frac{g(\theta', J, \lambda(t))}{\omega(J, \lambda(t))}\, d\theta'\,. \tag{8.84}$$

Mit (8.82) erhalten wir für ihre totale Zeitableitung

$$\begin{aligned} \frac{d\tilde{J}}{dt} &= \dot{J}(t) + \varepsilon \frac{g}{\omega}\dot{\theta}(t) + \varepsilon \int_{\theta_0}^{\theta} \left[\dot{J}(t)\,\frac{\partial}{\partial J}\Big(\frac{g}{\omega}\Big) + \dot{\lambda}(t)\,\frac{\partial}{\partial \lambda}\Big(\frac{g}{\omega}\Big)\right] d\theta' \\ &\overset{(8.81),(8.82)}{=} -\varepsilon g + \varepsilon \frac{g}{\omega}\big(\omega + \varepsilon f\big) - \varepsilon^2 \int_{\theta_0}^{\theta} \left[g\frac{\partial}{\partial J}\Big(\frac{g}{\omega}\Big) - \frac{\partial}{\partial \lambda}\Big(\frac{g}{\omega}\Big)\right] d\theta' \\ &= \varepsilon^2\left[f - \int_{\theta_0}^{\theta} \left[g\frac{\partial}{\partial J}\Big(\frac{g}{\omega}\Big) - \frac{\partial}{\partial \lambda}\Big(\frac{g}{\omega}\Big)\right] d\theta'\right]. \end{aligned}$$

Integrieren wir $d\tilde{J}/dt$ über eine Zeitspanne t_2-t_1 der Größenordnung $1/\varepsilon$, so folgt

$$\Delta\tilde{J} = \int_{t_1}^{t_2} (d\tilde{J}/dt)\, dt = \int_{t_1}^{t_2} \mathcal{O}(\varepsilon^2)\, dt = \mathcal{O}(\varepsilon^2)(t_2 - t_1) = \mathcal{O}(\varepsilon^2)\cdot\mathcal{O}(1/\varepsilon) = \mathcal{O}(\varepsilon)\,,$$

sofern $|\omega(J, \lambda(t))| \gg \varepsilon$ ist, was wir als weitere Voraussetzung stellen wollen. Mit (8.84) folgt daraus für die Änderung von J im gleichen Zeitintervall

$$\Delta J = \Delta \tilde{J} - \varepsilon \, \Delta \left(\int_{\theta_0}^{\theta} \frac{g}{\omega} \, d\theta' \right) = \mathcal{O}(\varepsilon) \,. \tag{8.85}$$

Dabei ging zuletzt ein, dass das Integral über g/ω nicht dadurch von der Ordnung $1/\varepsilon$ werden kann, dass wegen $(t_2 - t_1) = \mathcal{O}(1/\varepsilon)$ möglicherweise auch $(\theta_2 - \theta_1) = \mathcal{O}(1/\varepsilon)$ wird: $\tilde{S}_0(q(\theta, J, \lambda(t)), J, \lambda(t))$ ist bei festgehaltenem $\lambda(t)$ – und in diesem Sinne ist die in (8.84) auszuführende θ'-Integration zu verstehen – eine periodische Funktion von θ, da das für $q(\theta, J, \lambda(t))$ gilt. Weil der Integrand $g/\omega = \partial^2(\tilde{S}_0/\omega)/\partial\lambda\partial\theta$ daher die θ-Ableitung einer periodischen Funktion von θ ist, verschwindet sein θ-Integral über jede volle θ-Periode, so dass es über ein großes θ-Intervall auf den maximalen Beitrag eines Periodizitätsintervalls begrenzt ist.

Wir halten als Ergebnis fest, dass sich J über eine Zeitspanne $t_2 - t_1 = \mathcal{O}(1/\varepsilon)$ nur in der Größenordnung von ε verändert. Vergleichsweise berechnet sich die Änderung von H im gleichen Zeitintervall zu

$$\Delta H = \int_{t_1}^{t_2} \frac{dH}{dt} \, dt \stackrel{(7.14)}{=} \int_{t_1}^{t_2} \frac{\partial H}{\partial t} \, dt \stackrel{(8.81)}{=} \varepsilon \int_{t_1}^{t_2} \frac{\partial H}{\partial \lambda} \, dt = \varepsilon \overline{\frac{\partial H}{\partial \lambda}} (t_2 - t_1) = \mathcal{O}(\varepsilon) \cdot \mathcal{O}(\frac{1}{\varepsilon}) = \mathcal{O}(1) \,,$$

und auch die von λ ist $\Delta\lambda = \varepsilon(t_2 - t_1) = \varepsilon \cdot \mathcal{O}(1/\varepsilon) = \mathcal{O}(1)$. J ändert sich also sehr viel langsamer als H oder λ, insbesondere geht für $\varepsilon \to 0$ auch $\Delta J \to 0$, während ΔH und $\Delta\lambda$ endlich bleiben. Dieses Verhalten von J wird als **adiabatische Invarianz** bezeichnet, J als **adiabatische Invariante**.

Adiabatische Invarianten spielen auch bei der Bewegung geladener Teilchen in Magnetfeldern, denen noch elektrische Felder überlagert sein dürfen, eine sehr wichtige Rolle. In diesem Fall besitzt die Bewegung jedoch drei Freiheitsgrade, und die Behandlung des Problems wird sehr viel schwieriger. Dabei hat es sich als besonders nützlich erwiesen, die kanonische Form der Bewegungsgleichungen aufzugeben und mit den in Abschn. 7.6 eingeführten pseudo-kanonischen Transformationen zu geeigneteren Koordinaten überzugehen.

Beispiel 8.6: *Pendel mit zeitlich variierender Länge*

Als Anwendung behandeln wir das eingangs erwähnte Beispiel eines Pendels mit zeitlich variierender Pendellänge. Die letztere kann man z. B. langsam, aber stetig verkürzen, indem man die Pendelmasse an einem Faden aufhängt, der durch ein Loch in der Decke eines Raumes mit konstanter Geschwindigkeit nach oben gezogen wird (Abb. 8.9). Für kleine Auslenkungen φ lautet die Schwingungsgleichung (siehe Beispiel 5.20) $\ddot{\varphi} = -(g/l(t))\,\varphi$ bzw.

$$m\ddot{x} = -\frac{mg}{l(t)}\,x \tag{8.86}$$

mit $x = l(t_0)\,\varphi$. Das ist die Gleichung eines harmonischen Oszillators mit der veränderlichen Federkonstanten

$$k = \frac{mg}{l(t)}\,, \tag{8.87}$$

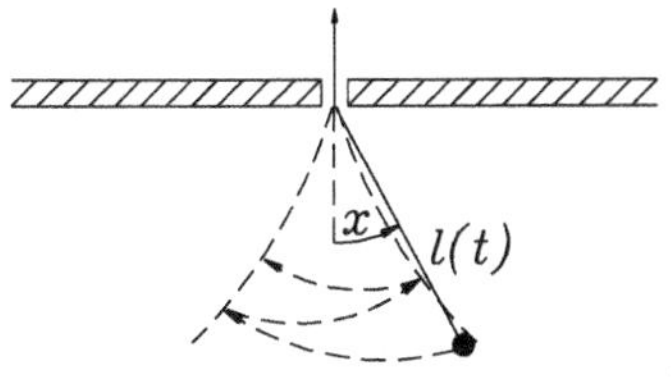

Abb. 8.9: Pendel, dessen Länge allmählich verkürzt wird.

der durch die Hamilton-Funktion und die kanonischen Bewegungsgleichungen

$$H = \frac{p^2}{2m} + \frac{mgx^2}{2l(t)}\,, \qquad \dot{x} = \frac{p}{m}\,, \qquad \dot{p} = -\frac{mg}{l(t)}\,x$$

beschrieben wird. Die Fadenlänge $l(t)$ spielt hier die Rolle des Parameters $\lambda(t)$. Die Auflösung der Beziehung $H(p,q,l(t)){=}E$ nach p liefert

$$p = \pm m\sqrt{\frac{g}{l}}\sqrt{\frac{2El}{mg} - x^2}\,,$$

und ähnlich, wie früher (8.40)–(8.41) abgeleitet wurde, ergibt sich hier aus (8.76)

$$J\Big(E, l(t)\Big) = E\sqrt{\frac{m}{k}} = E\sqrt{\frac{l(t)}{g}} \qquad \text{bzw.} \qquad E\Big(J, l(t)\Big) = J\sqrt{\frac{g}{l(t)}}\,. \tag{8.88}$$

Die gemäß (8.83) berechnete Kreisfrequenz der Schwingung ist wie zu erwarten

$$\omega = \frac{\partial E(J,\lambda(t))}{\partial J} = \sqrt{\frac{g}{l(t)}}\,, \tag{8.89}$$

wobei für t ein fester Zeitpunkt während der betrachteten Schwingungsperiode einzusetzen ist. Die erzeugende Funktion $\tilde{S}_0$ für die kanonische Transformation $x,\, p{\to}\theta,\, J$ ist nach (8.78)

$$\tilde{S}_0 = \pm m\sqrt{\frac{g}{l}}\int_0^x \sqrt{\frac{2El}{mg} - x'^2}\,dx' = \pm m\sqrt{\frac{g}{l}}\left(\frac{x}{2}\sqrt{\frac{2El}{mg} - x^2} + \frac{El}{mg}\arcsin\sqrt{\frac{mg}{2El}}\,x\right)$$

bzw.

$$\tilde{S}_0(x,J,\lambda) = \pm\left[\frac{mx}{2}\sqrt{\frac{g}{l}}\left(\frac{2J}{m}\sqrt{\frac{l}{g}} - x^2\right)^{1/2} + J\arcsin\!\left(\sqrt{\frac{m}{2J}}\left(\frac{g}{l}\right)^{1/4} x\right)\right].$$

Mit dieser erhält man aus den Transformationsgleichungen (8.79)–(8.80) nach elementarer Rechnung

$$x = \left(\frac{l}{g}\right)^{1/4}\sqrt{\frac{2J}{m}}\sin\theta\,, \qquad p = m\sqrt{\frac{g}{l}}\left(\frac{2J}{m}\sqrt{\frac{g}{l}} - x^2\right)^{1/2} = \left(\frac{g}{l}\right)^{1/4}\sqrt{2Jm}\cos\theta\,,$$

$$\frac{\partial\tilde{S}_0(x,J,\lambda)}{\partial\lambda} = -\frac{mx}{4l}\sqrt{\frac{g}{l}}\left(\frac{2J}{m}\sqrt{\frac{l}{g}} - x^2\right)^{1/2}$$

und schließlich

$$K = J\sqrt{\frac{g}{l}} - \frac{\dot{l}(t)}{2l}\,J\,\sin\theta\cos\theta\,.$$

Hieraus ergeben sich als Hamiltonsche Bewegungsgleichungen in den neuen Variablen

$$\dot{\theta} = \sqrt{\frac{g}{l}} - \frac{\dot{l}}{2l} \sin\theta \cos\theta \,, \qquad \dot{J} = \frac{\dot{l}}{2l} J \,(\cos^2\theta - \sin^2\theta). \tag{8.90}$$

Diese Gleichungen bilden den geeigneten Ausgangspunkt, wenn man nach einer besseren adiabatischen Invarianten sucht, die zeitlich noch langsamer veränderlich ist als J.

Wir begnügen uns hier jedoch mit der Größe J und untersuchen ihre adiabatische Invarianz. Bei den vorausgesetzten kleinen Auslenkungen ist die momentane kinetische Energie des Pendels $T \approx m(\dot{l}^2+\dot{x}^2)/2$, die potenzielle Energie $V \approx mgx^2/(2l)$ und die momentane Gesamtenergie daher $\tilde{E}(t) \approx m(\dot{l}^2+\dot{x}^2)/2+mgx^2/(2l)$. Wegen $\dot{l}=\varepsilon=$const ist der Anteil $m\dot{l}^2/2=m\varepsilon^2/2$ konstant und spielt für die Dynamik der Bewegung in x-Richtung keine Rolle. Der für diese relevante Anteil ist die in der obigen Rechnung für festgehaltenes $l(t)$ benutzte Energie

$$E(t) = \frac{m\dot{x}^2}{2} + \frac{mgx^2}{2l} \,. \tag{8.91}$$

Da sich J in einem Zeitintervall $\Delta t \sim 1/\varepsilon$ nur um $\mathcal{O}(\varepsilon)$ ändert, erhalten wir die zeitliche Änderung der Energie $E(t)$ näherungsweise aus (8.88b) mit $J \approx$ const. Die Energie des Pendels nimmt demnach mit abnehmender Pendellänge wie $1/\sqrt{l(t)}$ zu. Qualitativ war das zu erwarten, da beim Hochziehen des Fadens an der Pendelmasse Arbeit geleistet wird. Die maximale Pendelauslenkung x_0 erhält man für $\dot{x}=0$ aus (8.91) und (8.88b) und zu

$$x_0 = \sqrt{\frac{2J}{m}} \left(\frac{l(t)}{g}\right)^{1/4} \,. \tag{8.92}$$

Trotz zunehmender Energie wird die maximale Pendelauslenkung also mit abnehmender Pendellänge immer kleiner (Abb. 8.9). Der Grund hierfür ist, dass die Federkonstante k des Pendels mit abnehmender Pendellänge nach (8.87) wie $1/l(t)$ zunimmt, oder, anders gesehen: Das Pendel wird bei gleicher Auslenkung stärker angehoben, wenn die Fadenlänge kürzer geworden ist.

Aufgaben

8.1 Stellen Sie die Hamilton-Jacobi-Gleichung für den schrägen Wurf einer Punktmasse m im Schwerefeld $\boldsymbol{g} = -g\,\boldsymbol{e}_z$ auf und lösen Sie diese durch Separation der Variablen.

8.2 Ein Massenpunkt der Masse m bewege sich im homogenen Schwerefeld $\boldsymbol{g} = -g\,\boldsymbol{e}_z$ auf der Fläche $z = \alpha\,(x^2+y^2)$ (mit $\alpha =$ const). Behandeln Sie die Bewegung des Massenpunkts mithilfe der Hamilton-Jacobi-Gleichung!

(a) Wie lautet der Integralausdruck für die Wirkungsfunktion?

(b) Was ergibt sich daraus für die Lösung in den ursprünglichen Koordinaten?

Hinweis: Verwenden Sie Zylinderkoordinaten!

8.3 Ein Massenpunkt der Masse m bewege sich im Potenzial $V(\boldsymbol{r})$. Wie lautet die zugehörige Hamilton-Jacobi-Gleichung in Kugelkoordinaten r, ϑ und φ?

8.4 (a) Welche Form muss das Potenzial $V(\boldsymbol{r})=U(r,\vartheta,\varphi)$ besitzen, damit die Hamilton-Jacobi-Gleichung für die durch dieses Potenzial beeinflusste Bewegung eines Massenpunkts in Kugelkoordinaten vollständig separierbar ist?
(b) Lösen Sie die entsprechende Hamilton-Jacobi-Gleichung!

Hinweis: Es genügt, die Lösung in Form von Integralen anzugeben.

8.5 Beim Übergang zu neuen kanonischen Variablen ändert sich mit der Hamilton-Funktion auch die Hamilton-Jacobi-Gleichung. Spielt es dabei eine Rolle, ob man erst die Hamilton-Funktion transformiert und dann die Hamilton-Jacobi-Gleichung aufstellt oder erst die letztere aufstellt und dann an ihr die Variablentransformation durchführt? Diskutieren Sie das Problem an einem möglichst einfachen Beispiel!

8.6 (a) Berechnen Sie die Wirkungsvariablen für die periodische Bewegung auf einer Kepler-Ellipse!
(b) Drücken Sie durch diese die Energie aus!
(c) Wie lautet die zur Radialbewegung gehörige Winkelvariable?

8.7 Die Frequenz eines eindimensionalen harmonischen Oszillators sei zeitabhängig, $\omega=\omega(t)$.
(a) Wie lauten die Hamiltonschen Bewegungsgleichungen in Winkel- und Wirkungsvariablen θ und J?
(b) Begründen Sie mit deren Hilfe, warum $J(t)$ bei langsamen Frequenzveränderungen adiabatisch invariant ist.

8.8 Berechnen Sie mithilfe der Methode der adiabatischen Invarianten die Rotationsfrequenz einer Masse, die an einem Faden um einen Stab (Radius R_0) rotiert, wobei sich der Faden allmählich auf den Stab aufwickelt. Für die Fadenlänge L werde dabei die Annahme $L \gg R_0$ gemacht. Vergleichen Sie das erhaltene Ergebnis mit dem exakten Ergebnis, das für dieses Problem in Aufgabe 4.10 abgeleitet wurde.

8.9 In Aufgabe 5.10 rotiere die Masse zur Zeit t_0 beim Radius r_0 mit der Frequenz ω_0, und die Verkürzung $\Delta r=vT=2\pi/\omega_0$ der Fadenlänge während einer Rotationsperiode T sei viel kleiner als r_0. Bestimmen Sie die Hamilton-Funktion des Systems und berechnen Sie die zugehörige adiabatische Invariante.

8.10 Ein Punktteilchen der Masse m fliege kräftefrei in Richtung der x-Achse zwischen zwei senkrecht zu dieser stehenden, elastisch reflektierenden Wänden hin und her. Die linke Wand befinde sich permanent bei $x=0$, die bei $x=l(t)$ befindliche rechte Wand werde mit konstanter Geschwindigkeit $\dot{l}(t)$ adiabatisch verschoben.

(a) Wie lautet die adiabatische Invariante J der Bewegung? Wie verändert sich die Geschwindigkeit des Teilchens mit dem Abstand der Wände?
(b) Beweisen Sie die Invarianz von J nochmals explizit durch Lösen der Bewegungsgleichung!

Lösungen

8.2 In Zylinderkoordinaten:

$$\begin{aligned}
z &= \alpha r^2 \quad \Rightarrow \quad \dot z = 2\alpha r \dot r\\
T &= (m/2)(\dot r^2 + r^2\dot\varphi^2 + 4\alpha^2 r^2 \dot r^2)\,, \qquad V = mgz = mg\alpha r^2\\
L &= (m/2)(\dot r^2 + r^2\dot\varphi^2 + 4\alpha^2 r^2 \dot r^2) - mg\alpha r^2\\
p_r &= \partial L/\partial \dot r = m(1+4\alpha^2 r^2)\dot r \quad \Rightarrow \quad \dot r = p_r/[m(1+4\alpha^2 r^2)]\\
p_\varphi &= \partial L/\partial\dot\varphi = mr^2\dot\varphi \quad \Rightarrow \quad \dot\varphi = p_\varphi/(mr^2)\\
H &= \dot r p_r + \dot\varphi p_\varphi - L = p_r^2/[2m(1+4\alpha^2 r^2)] + p_\varphi^2/(2mr^2) + mg\alpha r^2\,.
\end{aligned}$$

Hamilton-Jacobi-Gleichung: Mit $p_r \to \partial S/\partial r$ etc.

$$\frac{1}{2m(1+4\alpha^2 r^2)}\left(\frac{\partial S}{\partial r}\right)^2 + \frac{1}{2mr^2}\left(\frac{\partial S}{\partial\varphi}\right)^2 + mg\alpha r^2 + \frac{\partial S}{\partial t} = 0\,.$$

Separationsansatz: $S = R(r) + C\varphi - Et$ mit $C = \text{const}$ $\Rightarrow$

$$\frac{R'^2(r)}{2m(1+4\alpha^2 r^2)} + \frac{C^2}{2mr^2} + mg\alpha r^2 = E\,.$$

Auflösen dieser Beziehung nach $R'(r)$ und anschließende Integration führt zu

$$S = \pm\int_{r_0}^{r}\sqrt{2m(1+4\alpha^2 r'^2)[E - mg\alpha r'^2 - C^2/(2mr'^2)]}\,dr' + C\varphi - Et\,.$$

Die Integrationskonstanten bilden die Impulse der durch S vermittelten Transformation $\boldsymbol{q}, \boldsymbol{p} \to \boldsymbol{Q}, \boldsymbol{P}$, und aus (7.26) folgt $\boldsymbol{Q} = \partial S/\partial\boldsymbol{P}$, d.h.
$Q_1 = \partial S/\partial C = \varphi \pm \sqrt{2m}\,\partial\int\ldots dr'/\partial C$ und $Q_2 = \partial S/\partial E = -t \pm \sqrt{2m}\,\partial\int\ldots dr'/\partial E$ oder

$$\begin{aligned}
\varphi &= Q_1 \pm \sqrt{2m}\int_{r_0}^{r}\frac{\sqrt{1+4\alpha^2 r'^2}\,C}{2mr'^2\sqrt{E - mg\alpha r'^2 - C^2/(2mr'^2)}}\,dr'\\
t &= \pm\sqrt{2m}\int_{r_0}^{r}\frac{\sqrt{1+4\alpha^2 r'^2}}{\sqrt{E - mg\alpha r'^2 - C^2/(2mr'^2)}}\,dr' - Q_2\,,
\end{aligned}$$

wobei Q_1, Q_2, C und E Integrationskonstanten sind. Die erste Gleichung ist die Bahngleichung $\varphi = \varphi(r)$, aus der zweiten, $t = t(r)$, folgt die Zeitabhängigkeit in impliziter Form.

8.3

$$\begin{aligned}
\boldsymbol{v} &= \dot r\,\boldsymbol{e}_r + r\dot\vartheta\,\boldsymbol{e}_\vartheta + r\sin\vartheta\,\dot\varphi\,\boldsymbol{e}_\varphi\,, \qquad V(x,y,z) = U(r,\vartheta,\varphi)\\
L &= (m/2)\,\boldsymbol{v}^2 - V = (m/2)(\dot r^2 + r^2\dot\vartheta^2 + r^2\sin^2\vartheta\,\dot\varphi^2) - U(r,\vartheta,\varphi)\\
p_r &= m\dot r\,, \qquad p_\vartheta = mr^2\dot\vartheta\,, \qquad p_\varphi = mr^2\sin^2\vartheta\,\dot\varphi\\
H &= \dot r p_r + \dot\vartheta p_\vartheta + \dot\varphi p_\varphi - L = (1/2m)[p_r^2 + p_\vartheta^2/r^2 + p_\varphi^2/(r^2\sin^2\vartheta)] + U(r,\vartheta,\varphi)\,.
\end{aligned}$$

Hamilton-Jacobi-Gleichung: Mit $p_r \to \partial S/\partial r$ etc.

$$\frac{1}{2m}\left[\left(\frac{\partial S}{\partial r}\right)^2 + \frac{1}{r^2}\left(\frac{\partial S}{\partial\vartheta}\right)^2 + \frac{1}{r^2\sin^2\vartheta}\left(\frac{\partial S}{\partial\varphi}\right)^2\right] + U(r,\vartheta,\varphi) + \frac{\partial S}{\partial t} = 0\,.$$

8.4 Separierbarkeit $\Rightarrow$ $S = S_1(r) + S_2(\vartheta) + S_3(\varphi) - Et$ $\Rightarrow$

$$U(r, \vartheta, \varphi) = E - \frac{1}{2m} S_1'^2(r) - \frac{1}{2mr^2} S_2'^2(\vartheta) - \frac{1}{2mr^2 \sin^2\vartheta} S_3'^2(\varphi) \quad \Rightarrow$$

$$U(r, \vartheta, \varphi) = U_1(r) + \frac{1}{r^2} U_2(\vartheta) + \frac{1}{r^2 \sin^2\vartheta} U_3(\varphi)\,.$$

Damit lautet die Hamilton-Jacobi-Gleichung

$$\frac{S_1'^2(r)}{2m} + U_1(r) + \frac{1}{2mr^2}\left[S_2'^2(\vartheta) + 2mU_2(\vartheta)\right] + \frac{1}{2mr^2\sin^2\vartheta}\left[S_2'^3(\varphi) + 2mU_3(\varphi)\right] = E\,.$$

Man setzt

$$S_2'^3(\varphi) + 2mU_3(\varphi) = C_3 = \text{const} \quad \Rightarrow \quad S_3 = \pm\int^{\varphi} \sqrt{C_3 - 2mU_3(\varphi')}\, d\varphi'$$

und es verbleibt die Gleichung

$$\frac{1}{2m} S_1'^2(r) + U_1(r) + \frac{1}{2mr^2}\left[S_2'^2(\vartheta) + 2mU_2(\vartheta) + \frac{C_3}{\sin^2\vartheta}\right] = E\,.$$

Nun setzt man

$$S_2'^2(\vartheta) + 2mU_2(\vartheta) + \frac{C_3}{\sin^2\vartheta} = C_2 = \text{const} \;\Rightarrow\; S_2 = \pm\int^{\vartheta} \sqrt{C_2 - 2mU_2(\vartheta') - \frac{C_3}{\sin^2\vartheta'}}\, d\vartheta'\,,$$

und man behält die Gleichung

$$\frac{1}{2m} S_1'^2(r) + U_1(r) + \frac{C_2}{2mr^2} = E \;\Rightarrow\; S_1 = \pm\int^{r} \sqrt{2m[E - U_1(r') - C_2/(2mr'^2)]}\,.$$

8.5 Einfaches Beispiel: freier Massenpunkt mit einem Freiheitsgrad, $H = p^2/(2m)$, und kanonische Transformation $Q = p$, $P = -q$ aus Beispiel 7.6. Ohne vorher zu transformieren erhält man die Hamilton-Jacobi-Gleichung $(1/2m)(\partial S/\partial q)^2 + (\partial S/\partial t = 0$. Nach der angegebenen kanonischen Transformation wird daraus mit $S(q, t) = S(-P, t) = \tilde{S}(P, t)$ und $\partial S/\partial q = -\partial\tilde{S}/\partial P$

$$\frac{1}{2m}\left(\frac{\partial\tilde{S}}{\partial P}\right)^2 + \frac{\partial\tilde{S}}{\partial t} = 0\,.$$

Wird erst die kanonische Transformation durchgeführt, so gilt $K(Q, P) = H(-P, Q) = Q^2/(2m)$, und die zugehörige Hamilton-Jacobi-Gleichung lautet

$$\frac{Q^2}{2m} + \frac{\partial S}{\partial t} = 0\,.$$

Dies ist eine Gleichung völlig anderer Struktur als die zuerst erhaltene.

8.6 (a) Nach Beispiel. 8.2 gilt mit $U(r) = V(r) + L_0^2/(2mr^2)$ die Zerlegung

$$S = S_r(r) + S_\varphi(\varphi) - Et \quad \text{mit} \quad S_r(r) = \int_{r_0}^{r} \sqrt{2m(E - U(r'))}\, dr'\,, \quad S_\varphi(\varphi) = L_0\varphi\,.$$

Mit $p_r = \partial S/\partial r = \sqrt{2m(E-U(r))}$, $p_\varphi = L_0$ gemäß (8.44) ergibt sich aus (8.45)

$$J_r = \frac{1}{2\pi}\oint \sqrt{2m(E-U(r'))}\,dr' = \frac{1}{\pi}\int_{r_{\min}}^{r_{\max}} \sqrt{2m(E-U(r'))}\,dr', \quad J_\varphi = \frac{1}{2\pi}\oint p_\varphi\,d\varphi = L_0\,.$$

(b) J_r kann mit denselben Substitutionen wie in Kap. 4.1.6 (nach (4.52)) ausgewertet werden, was zu

$$J_r = -L_0 + \alpha\sqrt{\frac{m}{2|E|}}$$

führt. Hieraus folgt $\sqrt{m/(2|E|)} = (J_r + L_0)/\alpha = (J_r + J_\varphi)/\alpha$ und

$$E = -\frac{m\alpha^2}{2(J_r + J_\varphi)^2}\,.$$

(c) Nach (8.46) und (8.47) gilt $\tilde{S}_0(\boldsymbol{q}, \boldsymbol{J}) = S_r(r, \boldsymbol{J}) + S_\varphi(\varphi, \boldsymbol{J})$ und

$$\theta_r = \frac{\partial \tilde{S}_0}{\partial J_r} = \frac{\partial S_r}{\partial J_r} = \int_{r_0}^{r} \frac{m(\partial E/\partial J_r)}{\sqrt{2m(E-U(r'))}}\,dr' = \frac{m^2\alpha^2}{(J_r+J_\varphi)^3}\int_{r_0}^{r}\frac{dr'}{\sqrt{2m(E-U(r'))}}\,,$$

wobei zuletzt $\partial E/\partial J_r = m\alpha^2/(J_r + J_\varphi)^3$ benutzt wurde.

8.7 (a) Es gilt

$$H = \frac{p^2}{2m} + k(t)\,\frac{q^2}{2} \qquad \text{mit} \qquad k(t) = m\,\omega^2(t)\,.$$

Der Übergang zu Winkel- und Wirkungsvariablen erfolgt wie im Beispiel 8.3, d. h. aus (8.42) und (8.39a) erhalten wir mit (8.39b) und (8.41)

$$q = \pm\sqrt{\frac{2J}{m\omega}}\,\sin\theta\,, \qquad p = \pm\sqrt{2m\omega J}\,\cos\theta\,.$$

Die kanonische Transformation $q,\, p \to \theta,\, J$ erfolgt gemäß (8.78)–(8.78) mit

$$\tilde{S}_0(q, J, \omega(t)) = \int p(q, E)\,dq = 2J\int \cos^2\theta\,d\theta = J(\sin\theta\,\cos\theta + \theta)\Big|_{\theta = \pm\arcsin\left(q\sqrt{\frac{m\omega}{2J}}\right)},$$

$$\begin{aligned} K = H + \frac{\partial \tilde{S}_0(q, J, \omega(t))}{\partial t} &= \omega J(\cos^2\theta + \sin^2\theta) + J(\cos^2\theta - \sin^2\theta + 1)\frac{\partial\theta}{\partial t}\Big|_{q,J} \\ &\overset{\text{s.u.}}{=} J\left(\omega + \frac{\dot{\omega}}{2\omega}\sin(2\theta)\right)\,. \end{aligned}$$

Dabei wurde benutzt, dass aus dem anfangs abgeleiteten Zusammenhang $q = q(\theta, J)$ für $dq = 0$

$$\frac{\partial\theta}{\partial t}\Big|_{q,J} = \frac{\dot{\omega}\,\sin\theta}{2\omega\,\cos\theta}$$

folgt. Mit dem Ergebnis für K erhalten wir die Hamiltonschen Bewegungsgleichungen

$$\dot{\theta} = \frac{\partial K}{\partial J} = \omega + \frac{\dot{\omega}}{2\omega}\sin(2\theta)\,, \qquad \dot{J} = -\frac{\partial K}{\partial\theta} = -\frac{J\dot{\omega}}{\omega}\cos(2\theta)\,.$$

(b) Für langsam veränderliches $\omega(t)$ mit $\dot{\omega} = \text{const}$ gilt

$$\omega(t) = \omega_0\,(1 + \varepsilon t) \qquad \text{mit} \qquad \varepsilon = \frac{\dot{\omega}}{\omega_0}\,,$$

und aus der Hamiltonschen Bewegungsgleichung für J folgt

$$\frac{d}{dt}\left(\ln\frac{J}{J_0}\right) = -\frac{\varepsilon\omega_0}{\omega}\cos(2\theta) = -\frac{\varepsilon}{1+\varepsilon t}\cos(2\theta)\,.$$

Mit der Hamiltonschen Bewegungsgleichung für θ erhalten wir daraus für die Änderung während einer Periode

$$\Delta\ln\frac{J}{J_0} = -\oint\frac{\varepsilon\cos(2\theta)}{1+\varepsilon t}\,dt = -\int_0^{2\pi}\frac{\varepsilon\cos(2\theta)}{(1+\varepsilon t)\,\dot\theta}\,d\theta$$

$$= -\int_0^{2\pi}\frac{\varepsilon\cos(2\theta)\,d\theta}{(1+\varepsilon t)\left[\omega_0(1+\varepsilon t)+\frac{\varepsilon\sin(2\theta)}{2(1+\varepsilon t)}\right]} = -\frac{\varepsilon}{\omega_0}\int_0^{2\pi}\cos(2\theta)\,d\theta + \mathcal{O}(\varepsilon^2) = \mathcal{O}(\varepsilon^2)\,.$$

8.8 Wie in Aufgabe 4.10 gilt

$$H = E = m(L_0 - R_0\varphi)^2\dot\varphi^2/2$$

$$\Rightarrow \quad p = p_\varphi = \partial H/\partial\dot\varphi = m(L_0 - R_0\varphi)^2\dot\varphi\,, \qquad H = p^2/[2m(L_0 - R_0\varphi)^2]\,.$$

Damit ergibt sich $p = \sqrt{2mE}\,(L_0 - R_0\varphi)$ sowie

$$J = \oint p\,d\varphi/(2\pi) = \sqrt{2mE}\int_0^{2\pi}(L_0 - R_0\varphi)\,d\varphi/(2\pi) = \sqrt{2mE}\,(L_0 - R_0\pi)$$

und schließlich

$$E = \frac{J^2}{2m(L_0 - R_0\pi)^2} \quad\Rightarrow\quad \omega = \frac{dE}{dJ} = \frac{J}{m(L_0 - R_0\pi)^2} = \sqrt{\frac{2E}{m}}\,\frac{1}{L_0 - R_0\pi}\,.$$

Das exakte Ergebnis laut Aufgabe 4.10 ist

$$\dot\varphi = \omega(t) = \sqrt{\frac{2E}{m}}\,\frac{1}{L_0 - R_0\varphi(t)}\,.$$

Das Näherungsergebnis ist auf wenige Aufwicklungen bzw. kleine Winkel φ beschränkt, so dass $R_0\pi \approx R_0\,\varphi(t) \ll L_0$ gilt und die beiden Ergebnisse im wesentlichen übereinstimmen. Für $\varphi(t) = \pi$ ist die Übereinstimmung exakt.

8.10 (a) Bei zeitlich konstantem Abstand l der Wände ist die Bewegung periodisch mit der Periodendauer $\tau = 2\,l/v$ von einer Reflexion an der rechten Wand bis zur nächsten. Nach (8.76) ist die adiabatische Invariante dann bei zeitlich veränderlichem Abstand

$$J = \frac{1}{2\pi}\oint p(q, E, \lambda(t))\,dq = \frac{1}{2\pi}\int_0^\tau p\dot q\,dt = \frac{1}{2\pi}\int_0^{2l(t)/v} mv^2\,dt \overset{\text{s.u.}}{=} \frac{m\,l(t)\,v}{\pi}\,.$$

Dabei wurde benutzt, dass der Betrag der Geschwindigkeit zwischen zwei Reflexionen an der rechten Wand zeitlich konstant bleibt. Aus der Invarianz von J folgt

$$v(t) = \frac{l(t_0)\,v(t_0)}{l(t)}\,.$$

(b) Zur Zeit $t=0$ werde das Teilchen an der rechten Wand reflektiert, die sich bei $x=l_0$ befinde. Bei der nächsten, zur Zeit t_1 stattfindenden Reflexion hat diese die x-Position

$$l_1 = l_0 + \dot{l}\, t_1 \,.$$

Das Teilchen hat bis zur Reflexion bei konstantem Betrag v_0 der Geschwindigkeit (Geschwindigkeitsumkehr bei $x=0$) die Strecke $v_0 t_1 = 2l_0 + \dot{l} t_1$ durchlaufen, woraus sich

$$t_1 = \frac{2l_0}{v_0 - \dot{l}} = \frac{2l_0}{v_0\,(1-\varepsilon)} \qquad \text{mit} \qquad \varepsilon = \frac{\dot{l}}{v_0} \ll 1$$

ergibt. Aus dem Ergebnis für l_1 wird damit

$$l_1 = l_0 + \frac{2\,l_0\,\dot{l}}{v_0\,(1-\varepsilon)} = l_0\left(1 + \frac{2\varepsilon}{1-\varepsilon}\right) = l_0\Big(1 + 2\varepsilon + \mathcal{O}(\varepsilon^2)\Big)\,.$$

Hiermit und mit $\oint p\,dq = \int_0^{l_0} mv\,dx + \int_0^{l_1} mv\,dx$ ergibt sich

$$\frac{2\pi\,J_0}{m} = v_0\,l_0 + v_0\,l_1 = 2\,v_0\,l_0\,\Big(1 + \varepsilon + \mathcal{O}(\varepsilon^2)\Big)\,.$$

Nach der elastischen Reflexion an der rechten Wand hat das Teilchen die Geschwindigkeit

$$v_1 = v_0 - 2\dot{l} = v_0(1-2\varepsilon)\,.$$

Bis zur nächsten Reflexion vergeht in Analogie zu oben die Zeit

$$t_2 = \frac{2l_1}{v_1 - \dot{l}}\,,$$

diese erfolgt bei $x=l_2$ mit

$$l_2 = l_1 + \dot{l}\,t_2 = l_1\left(1 + \frac{2\,\dot{l}}{v_1 - \dot{l}}\right),$$

und es gilt

$$\begin{aligned}
\frac{2\pi\,J_1}{m} &= v_1\,l_1 + v_1\,l_2 = 2\,v_1\,l_1\left(1 + \frac{2\,\dot{l}}{v_1 - \dot{l}}\right) \\
&= 2\,v_0\,l_0\,(1-2\varepsilon)\Big(1 + \varepsilon + \mathcal{O}(\varepsilon^2)\Big)\left(1 + \frac{2\,\varepsilon}{1-3\varepsilon}\right) \\
&= 2\,v_0\,l_0\Big(1 + \varepsilon + \mathcal{O}(\varepsilon^2)\Big) = \frac{2\pi\,J_0}{m}\Big(1 + \mathcal{O}(\varepsilon^2)\Big)\,.
\end{aligned}$$

Für die Änderung zwischen zwei aufeinander folgenden Reflexionen gilt also

$$\Delta J = J_1 - J_0 = \mathcal{O}(\varepsilon^2) \qquad \text{gegenüber} \qquad \Delta l = \dot{l}\,t_1 = \frac{2\,l_0\,\dot{l}}{v_0\,(1-\varepsilon)} = \mathcal{O}(\varepsilon)\,.$$

Wie von einer adiabatischen Invarianten zu fordern ändert sich $J(t)$ viel langsamer als die adiabatisch veränderte Größe $l(t)$.

9 Nicht-integrable Hamiltonsche Systeme und deterministisches Chaos

Vollständig integrable Systeme bilden den wesentlichen Inhalt der meisten Lehrbücher über Mechanik und auch von diesem. Dennoch stellen sie, was ihr natürliches Vorkommen angeht, nicht die Regel, sondern vielmehr die Ausnahme dar. Wie schon H. Bruns (1887) und H. Poincaré (1892) gezeigt haben, ist bereits das Drei-Körper-Problem nicht mehr vollständig integrabel, und dasselbe gilt natürlich erst recht für alle Systeme mit mehr als drei frei beweglichen Körpern. Immerhin handelt es sich dabei um Systeme mit mindestens neun Freiheitsgraden. Es gibt jedoch noch viel einfachere nicht-integrable Systeme: Schon das in Abschn. 5.6.2 angeführte Doppelpendel gehört dazu, und dasselbe gilt sogar für einen periodisch angetriebenen Oszillator mit nur einem Freiheitsgrad wie die Schaukel. Würde man unter den in der Natur auftretenden mechanischen Systemen eines blind herausgreifen, so bestünde eine überwältigende Wahrscheinlichkeit dafür, dass es nicht-integrabel ist. Aus diesem Grunde, und auch, weil in den letzten Jahrzehnten zunehmend klarer wurde, welch bedeutende Rolle den spezifischen Eigenschaften nicht-integrabler Systeme in der Natur zukommt, wollen wir uns hier wenigstens mit einigen von deren wichtigsten Eigenschaften auseinander setzen. Da die Dinge auf diesem Gebiet schnell sehr kompliziert werden, müssen wir uns allerdings zu einem guten Teil mit Plausibilitätsbetrachtungen oder Beweisskizzen zufrieden geben, für ausführlichere Beweise wird auf die Spezialliteratur verwiesen.

Um besser zu verstehen, was Nicht-Integrabilität bedeutet, rufen wir uns an dieser Stelle noch einmal den Begriff der Integrabilität in Erinnerung. Die Existenz von Lösungen des betrachteten Problems bzw. die Erfüllung der mathematischen Voraussetzungen dafür setzen wir voraus. Integrabilität bedeutet dann nach Abschn. 8.4, dass alle Lösungen durch Quadraturen gewonnen werden können. Nach dem Satz von Liouville ist vollständige Integrabilität gleichbedeutend mit vollständiger Separabilität der entsprechenden Hamilton-Jacobi-Gleichung. In integrablen Systemen mit ganz im Endlichen verlaufenden Phasenraumtrajektorien, auf die wir uns im Folgenden beschränken wollen, können stets Winkel- und Wirkungsvariablen eingeführt werden, in denen der Trajektorienverlauf durch die Gleichungen (8.72) beschrieben wird. Bei f Freiheitsgraden laufen die Trajektorien in dem $2f$-dimensionalen Phasenraum auf einer f-dimensionalen Torusfläche um. Es wird sich zeigen, dass auch in nicht-integrablen Systemen Trajektorien mit dieser Eigenschaft existieren können. Ein Beispiel hierfür bilden die in Abschn. 4.2.3 gefundenen speziellen Lösungen des Drei-Körper-Problems (Aufgabe 9.1). Das Charakteristikum nicht-integrabler Systeme besteht jedoch darin, dass es stets auch Trajektorien gibt, die nicht in eine f-dimensionale Mannigfaltigkeit eingebettet werden können.

Auf dem Gebiet der nicht-integrablen Systeme weiß man heute am besten über solche Systeme Bescheid, die sich nur wenig von integrablen Systemen unterscheiden und als **beinahe integrabel** bezeichnet werden. Hierbei handelt es sich keineswegs um Artefakte, die nur akademisches Interesse besitzen. So kann z. B. die Bewegung eines Planeten im Sonnensystem als ein (integrables) Zwei-Körper-Problem der Wechselwirkung zwischen Planet und Sonne aufgefasst werden, das durch die Wechselwirkung mit den übrigen Planeten eine schwache nicht-integrable Störung erfährt. Bei den beinahe integrablen Systemen bietet es sich natürlich an, eine Reihenentwicklung um die als bekannt vorausgesetzte Lösung des ungestörten integrablen Systems zu versuchen. Obwohl man dabei auf viele Schwierigkeiten stößt und im Allgemeinen letzten Endes nur Näherungslösungen begrenzter Gültigkeit erhält, gewinnt man doch eine Reihe wichtiger und interessanter Erkenntnisse. Diese mechanische Störungstheorie bildet ein umfangreiches Gebiet, das hier auch nicht annähernd abgehandelt werden kann. In den nächsten Abschnitten befassen wir uns nur kurz mit den für unsere Zwecke wichtigsten Ergebnissen.

9.1 Klassische Störungsrechnung

Wir betrachten ein beinahe integrables System, dessen Hamilton-Funktion $H(\boldsymbol{q}, \boldsymbol{p})$ sich nur wenig von der Hamilton-Funktion $H_0(\boldsymbol{q}, \boldsymbol{p})$ eines integrablen Systems unterscheidet, d. h.

$$H(\boldsymbol{q}, \boldsymbol{p}) = H_0(\boldsymbol{q}, \boldsymbol{p}) + \varepsilon\, H_1(\boldsymbol{q}, \boldsymbol{p}), \qquad \varepsilon \ll 1. \tag{9.1}$$

Dabei können wir uns aus bekannten Gründen (Abschn. 8.3.1) wieder auf konservative Systeme beschränken.

Für unsere jetzigen Absichten erweist es sich als zweckmäßig, wenn wir statt $\{\boldsymbol{q}, \boldsymbol{p}\}$ die Winkel- und Wirkungsvariablen $\{\boldsymbol{\theta}, \boldsymbol{J}\}$ des durch $H_0(\boldsymbol{q}, \boldsymbol{p})$ beschriebenen integrablen Problems und das Ergebnis (8.48), $H_0{=}H_0(\boldsymbol{J})$, benutzen. Mit den Bezeichnungen $H_0(\boldsymbol{q}(\boldsymbol{\theta}, \boldsymbol{J}), \boldsymbol{p}(\boldsymbol{\theta}, \boldsymbol{J})){=}H_0(\boldsymbol{J})$ und $H_1(\boldsymbol{q}(\boldsymbol{\theta}, \boldsymbol{J}), \boldsymbol{p}(\boldsymbol{\theta}, \boldsymbol{J})){=}h(\boldsymbol{\theta}, \boldsymbol{J})$ erhalten wir dann statt (9.1) die Hamilton-Funktion

$$H(\boldsymbol{\theta}, \boldsymbol{J}) = H_0(\boldsymbol{J}) + \varepsilon\, h(\boldsymbol{\theta}, \boldsymbol{J}). \tag{9.2}$$

Da die θ_i Winkelvariablen darstellen, die Phasenraumpunkte $(\theta_1, \ldots, \theta_i, \ldots, \boldsymbol{J})$ und $(\theta_1, \ldots, \theta_i{+}2\pi, \ldots, \boldsymbol{J})$ also identisch sind,[1] muss die Funktion $h(\boldsymbol{\theta}, \boldsymbol{J})$ der Eindeutigkeit halber in allen Winkeln θ_i periodisch sein. Das bedeutet, dass wir h als Fourier-Reihe darstellen können, und mit der abkürzenden Schreibweise

$$h(\boldsymbol{\theta}, \boldsymbol{J}) = \sum_{k_1=-\infty}^{+\infty} \cdots \sum_{k_f=-\infty}^{+\infty} h_{k_1 \ldots k_f}(\boldsymbol{J})\, \mathrm{e}^{\mathrm{i}\,(k_1\theta_1 + \cdots + k_f\theta_f)} = \sum_{\boldsymbol{k}} h_{\boldsymbol{k}}(\boldsymbol{J})\, \mathrm{e}^{\mathrm{i}\,\boldsymbol{k}\cdot\boldsymbol{\theta}} \tag{9.3}$$

1 Für die räumlichen Periodizitätseigenschaften $\boldsymbol{q}(\boldsymbol{J}, \ldots, \theta_i, \ldots){=}\boldsymbol{q}(\boldsymbol{J}, \ldots, \theta_i{+}2\pi, \ldots)$ und $\boldsymbol{p}(\boldsymbol{J}, \ldots, \theta_i, \ldots){=}\boldsymbol{p}(\boldsymbol{J}, \ldots, \theta_i{+}2\pi, \ldots)$ spielt es keine Rolle, dass die θ_i nur mithilfe der Teilfunktion H_0 konstruiert wurden, wir betrachten das gestörte Problem einfach in dem durch das ungestörte Problem definierten Phasenraum.

($\boldsymbol{k}$ ist ein Vektor mit f ganzzahligen Komponenten, und es gilt $h_{-\boldsymbol{k}}=h_{\boldsymbol{k}}^*$) erhalten wir schließlich

$$H \overset{\text{s.u.}}{=} H_0(\boldsymbol{J}) + \varepsilon \sum_{\boldsymbol{k}\neq 0} h_{\boldsymbol{k}}(\boldsymbol{J})\, \mathrm{e}^{\mathrm{i}\,\boldsymbol{k}\cdot\boldsymbol{\theta}} \,. \tag{9.4}$$

Dabei haben wir in dem mit ε behafteten Störungsterm nur winkelabhängige Anteile ($\boldsymbol{k}\neq 0$) berücksichtigt, da ein winkelunabhängiger Anteil ($\boldsymbol{k}=0$) integrabel ist und $H_0(\boldsymbol{J})$ zugeschlagen werden kann. Die Dynamik des Systems beschreiben wir mithilfe der reduzierten Hamilton-Jacobi-Gleichung (8.4), die mit $\boldsymbol{q}\to\boldsymbol{\theta}$ und (9.4) (dort $\boldsymbol{J}\to\partial S_0/\partial\boldsymbol{\theta}$) die Form

$$H_0(\partial S_0/\partial\boldsymbol{\theta}) + \varepsilon \sum_{\boldsymbol{k}\neq 0} h_{\boldsymbol{k}}(\partial S_0/\partial\boldsymbol{\theta})\, \mathrm{e}^{\mathrm{i}\,\boldsymbol{k}\cdot\boldsymbol{\theta}} = E \tag{9.5}$$

annimmt. Zu deren Lösung machen wir den Reihenansatz

$$S_0 = S_{00} + \varepsilon\, S_{01} + \mathcal{O}(\varepsilon^2)\,.$$

Da für das durch S_{00} beschriebene ungestörte System

$$H_0(\partial S_{00}/\partial\boldsymbol{\theta}) = E = H_0(\boldsymbol{J}) \tag{9.6}$$

gilt, ist $\partial S_{00}/\partial\boldsymbol{\theta}=\boldsymbol{J}$ und

$$S_{00} = \boldsymbol{\theta}\cdot\boldsymbol{J}\,,$$

wobei eine Integrationskonstante gleich null gesetzt wurde. S_{01} muss sich aus Gründen der Eindeutigkeit wie h als Fourier-Reihe darstellen lassen, so dass wir

$$S_0 = \boldsymbol{\theta}\cdot\boldsymbol{J} + \varepsilon \sum_{\boldsymbol{k}} s_{\boldsymbol{k}}\, \mathrm{e}^{\mathrm{i}\,\boldsymbol{k}\cdot\boldsymbol{\theta}} + \mathcal{O}(\varepsilon^2)\,, \qquad \frac{\partial S_0}{\partial\boldsymbol{\theta}} = \boldsymbol{J} + \varepsilon \sum_{\boldsymbol{k}} \mathrm{i}\,\boldsymbol{k}\, s_{\boldsymbol{k}}\, \mathrm{e}^{\mathrm{i}\,\boldsymbol{k}\cdot\boldsymbol{\theta}} + \mathcal{O}(\varepsilon^2) \tag{9.7}$$

schreiben können. Mit (9.7b) erhalten wir für den ersten Term der Gleichung (9.5) durch Entwicklung nach ε

$$H_0(\partial S_0/\partial\boldsymbol{\theta}) = H_0(\boldsymbol{J}) + \varepsilon\, \frac{\partial H_0(\boldsymbol{J})}{\partial\boldsymbol{J}} \cdot \sum_{\boldsymbol{k}\neq 0} \mathrm{i}\,\boldsymbol{k}\, s_{\boldsymbol{k}}\, \mathrm{e}^{\mathrm{i}\,\boldsymbol{k}\cdot\boldsymbol{\theta}} + \mathcal{O}(\varepsilon^2)\,.$$

Hiermit, mit der zu (8.37) analogen Definition

$$\boldsymbol{\omega}_0(\boldsymbol{J}) = \frac{\partial H_0(\boldsymbol{J})}{\partial\boldsymbol{J}} \tag{9.8}$$

und nochmaliger Benutzung von (9.7b) im zweiten Term sowie mit (9.6) wird aus Gleichung (9.5) schließlich

$$\varepsilon \sum_{\boldsymbol{k}\neq 0} \big[\mathrm{i}\,\boldsymbol{\omega}_0(\boldsymbol{J})\cdot\boldsymbol{k}\, s_{\boldsymbol{k}} + h_{\boldsymbol{k}}(\boldsymbol{J})\big]\, \mathrm{e}^{\mathrm{i}\,\boldsymbol{k}\cdot\boldsymbol{\theta}} + \mathcal{O}(\varepsilon^2) = 0.$$

Hierin muss der Koeffizient jeder Potenz von ε für sich verschwinden, also auch die Fourier-Reihe neben ε. Dies ist wiederum nur für

$$s_{\boldsymbol{k}} = \frac{\mathrm{i}\, h_{\boldsymbol{k}}(\boldsymbol{J})}{\boldsymbol{\omega}_0(\boldsymbol{J})\cdot \boldsymbol{k}}$$

der Fall. Aus (9.7a) ergibt sich damit

$$S_0(\boldsymbol{\theta}, \boldsymbol{J}) = \boldsymbol{\theta}\cdot\boldsymbol{J} + \varepsilon \sum_{\boldsymbol{k}\neq 0} \frac{\mathrm{i}\, h_{\boldsymbol{k}}(\boldsymbol{J})}{\boldsymbol{\omega}_0(\boldsymbol{J})\cdot \boldsymbol{k}}\, \mathrm{e}^{\mathrm{i}\,\boldsymbol{k}\cdot\boldsymbol{\theta}} \tag{9.9}$$

als Näherungslösung der Gleichung (9.5).

Bevor wir diese diskutieren, sei noch eine kurze Bemerkung zu unserem Näherungsverfahren angefügt. Wie wir in Abschn. 8.2 gesehen haben, kann die Lösung S_0 der reduzierten Hamilton-Jacobi-Gleichung (8.4) (hier (9.5)) als Erzeugende einer kanonischen Transformation $\{\boldsymbol{\theta}, \boldsymbol{J}\}\to\{\tilde{\boldsymbol{\theta}}, \tilde{\boldsymbol{J}}\}$ zu zyklischen Lagekoordinaten $\tilde{\boldsymbol{\theta}}$ aufgefasst werden. Gleichung (8.5) bringt diesen Sachverhalt durch die spezielle Form $K(\boldsymbol{P})$ (hier $E{=:}K(\tilde{\boldsymbol{J}})$) der rechten Seite explizit zum Ausdruck. Wenn man nach Näherungslösungen höherer als der hier betrachteten Ordnung sucht, erweist es sich als nützlich, in jeder Ordnung der Störungsrechnung zu den (natürlich ebenfalls von ε abhängigen) Variablen $\{\tilde{\boldsymbol{\theta}}, \tilde{\boldsymbol{J}}\}$ überzugehen, die man durch kanonische Transformation mit der in der vorherigen Ordnung berechneten Näherungslösung für S_0 erhält. Damit erhält man das Ergebnis in denjenigen Variablen, die den Fall zyklischer Lagekoordinaten am besten approximieren.

Wenden wir uns jetzt der Näherungslösung (9.9) zu. Für die Konvergenz der in ihr enthaltenen Fourier-Reihe ist das Verhalten der Nenner $\boldsymbol{\omega}_0(\boldsymbol{J})\cdot\boldsymbol{k}$ von entscheidender Bedeutung. Einige von ihnen verschwinden nämlich, sobald auch nur zwei der Frequenzen ω_{0i} in rationalen Verhältnissen stehen: Gilt für einen speziellen Wert von $\boldsymbol{J}$ z. B.

$$\frac{\omega_{0m}(\boldsymbol{J})}{\omega_{0n}(\boldsymbol{J})} = \frac{q}{s} \quad \text{bzw.} \quad s\,\omega_{0m}(\boldsymbol{J}) - q\,\omega_{0n}(\boldsymbol{J}) = 0$$

mit ganzen Zahlen q und s, so verschwindet der Nenner desjenigen Summenterms, für den $k_m{=}s$, $k_n{=}-q$ und alle übrigen $k_i{=}0$ sind. Sind mehr als zwei Frequenzen oder alle kommensurabel, so gilt für die kommensurablen unter ihnen nach der zweiten in Abschn. 8.5.2 gegebenen Definition $\omega_{0i'}{=}n_{i'}\omega$ mit ganzen Zahlen $n_{i'}$ sowie einer gemeinsamen Grundfrequenz ω; $\boldsymbol{\omega}_0\cdot\boldsymbol{k}$ wird dann null, wenn für alle inkommensurablen Frequenzen $k_i{=}0$ und für die kommensurablen

$$\sum k_{i'}\omega_{0i'} = \omega \sum k_{i'} n_{i'} = 0$$

wird. Das ist z. B. mit

$$k_{i'^*} = -\sum_{i'\neq i'^*} n_{i'} \qquad \text{und} \qquad k_{i'} = n_{i'^*} \quad \text{für alle} \quad i' \neq i'^*$$

der Fall, wobei sich der Index i'^* auf eine bestimmte, jedoch beliebig wählbare der kommensurablen Frequenzen bezieht. Man spricht in all diesen Fällen von einer Resonanz des ungestörten Systems und bezeichnet $\boldsymbol{\omega}_0\cdot\boldsymbol{k}$ als **Resonanznenner**. Wenn derartige Resonanznenner auftreten – bei stetig mit $\boldsymbol{J}$ variierenden Frequenzen $\omega_{0i}(\boldsymbol{J})$ ist das unvermeidbar –, divergiert das Ergebnis der Störungsrechnung, es sei denn, der zugehörige Wert h_k verschwindet. Insbesondere divergiert es im Allgemeinen also für alle $\boldsymbol{J}$, die geschlossenen Trajektorien des ungestörten Problems entsprechen, da bei diesen sämtliche Frequenzen ω_{0i} in rationalen Verhältnissen stehen. (Eine Ausnahme bildet der Fall integrabler Störungen, der hier natürlich mit enthalten ist. In ihm müssen alle zu resonanten Nennern gehörigen h_k verschwinden.) Wir werden später sehen, dass „resonante" Trajektorien des ungestörten Systems, also Trajektorien, für die S_0 einen Resonanznenner enthält, durch **nicht-integrable Störungen** – diese machen die Hamilton-Funktion nicht-integrabel – in kritischer Weise (topologisch) verändert werden.

Etwas anders ist die Situation, wenn für ein gegebenes $\boldsymbol{J}$ sämtliche Frequenzverhältnisse $\omega_{0i}(\boldsymbol{J})/\omega_{0j}(\boldsymbol{J})$ irrational sind. $\boldsymbol{\omega}_0 \cdot \boldsymbol{k}$ kann dann nicht verschwinden, wenn nur zwei der k_i, z. B. k_m und k_n, von null verschieden und alle anderen gleich null sind, denn aus dem Verschwinden würde

$$\frac{\omega_{0m}}{\omega_{0n}} = -\frac{k_n}{k_m}$$

folgen und ω_m/ω_n müsste rational sein. Bei drei von null verschiedenen k_i müsste z. B.

$$k_l\omega_{0l} + k_m\omega_{0m} + k_n\omega_{0n} = 0$$

bzw.

$$\frac{\omega_{0l}}{\omega_{0n}} = -\left(\frac{k_n}{k_l} + \frac{k_m}{k_l}\frac{\omega_{0m}}{\omega_{0n}}\right)$$

gelten. Bei fest vorgegebenen irrationalen Frequenzverhältnissen kann diese Gleichung im Allgemeinen nicht erfüllt werden; da jedoch mit ω_{0m}/ω_{0n} auch $(k_m\omega_{0m})/(k_l\omega_{0n})$ und $k_n/k_l+(k_m\omega_{0m})/(k_l\omega_{0n})$ irrationale Zahlen sind, wäre sie für jedes Tripel ganzer Zahlen k_l, k_m, k_n erfüllt, für das ω_{0l}/ω_{0n} gerade den durch die letzte Gleichung definierten irrationalen Wert besitzt. Lässt man hierin k_l, k_m und k_n unabhängig voneinander alle möglichen ganzen Zahlen durchlaufen, so erhält man zwar unendlich viele irrationale Frequenzpaare, für die ein Resonanznenner entsteht. Das Maß dieser Paare ist aber dasselbe wie das aller rationalen Zahlenpaare und daher viel kleiner als das aller möglichen irrationalen Zahlenpaare. Ganz ähnlich ist die Situation, wenn mehr als drei k_i von null verschieden sind. Das Auftreten von Resonanzen ist also auch bei lauter inkommensurablen Frequenzen möglich, jedoch stellt es den untypischen Fall dar. Da jede irrationale Zahl bekanntlich beliebig genau durch rationale Zahlen approximierbar ist, kann der Nenner jedoch auch in den Fällen, wo er nicht exakt verschwindet, immer noch sehr klein werden und zu Konvergenzproblemen führen. Insgesamt steht also zu erwarten, dass von den zu inkommensurablen Frequenzen gehörigen Trajektorien des ungestörten Problems diejenigen in kritischer Weise verändert werden, bei denen Resonanznenner oder zu kleine Nenner auftreten, während die Topologie derjenigen unverändert bleiben sollte, bei denen die Nenner hinreichend groß sind oder die zugehörigen h_k verschwinden.

Diese Ergebnisse geben uns eine Möglichkeit an die Hand, zu charakterisieren, wie sich integrable von nicht-integrablen Störungen unterscheiden: Da für integrable Störungen Gleichung (9.5) eine durch Quadraturen erhältliche (globale) Lösung besitzt und die Reihe (9.9) daher konvergiert, muss für Integrabilität als erstes garantiert sein, dass keine Divergenz durch Resonanznenner entsteht. Dies setzt voraus, dass sämtliche mit Resonanznennern verbundenen Fourier-Koeffizienten $h_{\boldsymbol{k}}(\boldsymbol{J})$ der Störung $h(\boldsymbol{\theta}, \boldsymbol{J})$ verschwinden. Außerdem müssen die zu kleinen Nennern gehörigen $h_{\boldsymbol{k}}$ so klein sein, dass die Aufsummierung der Reihenterme zur Konvergenz führt. Werden die genannten Bedingungen verletzt, so liegt eine nicht-integrable Störung vor. Das ist allerdings genau der Fall, für den wir uns in diesem Kapitel interessieren.

Bevor wir uns dem besonders kritischen Problem der resonanten Trajektorien und deren Beeinflussung durch nicht-integrable Störungen zuwenden, wollen wir uns jedoch mit den nichtresonanten Trajektorien befassen. Hier konnte in aufeinander aufbauenden Arbeiten von A. N. Kolmogorov, V. I. Arnold und J. Moser in dem nach den Initialen der Autoren benannten **KAM-Theorem** gezeigt werden, dass der topologische Zusammenhang einer Trajektorie des ungestörten Problems „die Störung überlebt", wenn die Frequenzverhältnisse ω_{0i}/ω_{0j} „**hinreichend irrational**" sind. Einige der wesentlichen Ideen dieses Theorems werden im nächsten Abschnitt skizziert.

9.2 Störung quasi-periodischer Trajektorien: KAM-Theorem

Um die Dinge möglichst durchsichtig zu gestalten, beschränken wir unsere Diskussion des KAM-Theorems auf den Fall eines konservativen Systems mit nur zwei Freiheitsgraden, bei dem die Trajektorien nach Abschn. 8.7 effektiv in einem Phasenraum von drei Dimensionen auf zweidimensionalen Torusflächen umlaufen. (Ein entsprechendes Theorem gilt für den allgemeinen Fall von f Freiheitsgraden.)

KAM-Theorem. *Betrachtet wird ein beinahe integrables System mit der Hamilton-Funktion* $H_0(J_1, J_2)+\varepsilon\, h(\theta_1, \theta_2, J_1, J_2)$*. Es gelte* $\det(\partial^2 H_0/\partial J_i \partial J_k)\neq 0$*, die Störung* $h(\theta_1, \theta_2, J_1, J_2)$ *sei in den beiden Winkelvariablen* θ_1 *und* θ_2 *mindestens dreimal stetig differenzierbar, und das zu einer quasiperiodischen Trajektorie des ungestörten Problems gehörige Frequenzverhältnis* $\omega_{01}(\boldsymbol{J})/\omega_{02}(\boldsymbol{J})$ *erfülle für beliebige teilerfremde ganze Zahlen* q *und* s *die Bedingung*

$$\left|\frac{\omega_{01}}{\omega_{02}} - \frac{q}{s}\right| \overset{\text{s.u.}}{\geq} \frac{c}{|s|^{2+\delta}}\,. \tag{9.10}$$

Die beiden positiven Zahlen c *und* δ *können dabei vom Frequenzverhältnis und von* ε *abhängen. Dann existiert zu dieser Trajektorie eine quasiperiodische Trajektorie des gestörten Systems mit demselben Frequenzverhältnis, falls das Maß* ε *der Störung in Abhängigkeit von* c *und* δ *hinreichend klein ist,* $\varepsilon \leq \varepsilon^*$ *mit* $\varepsilon^* = f(c, \delta)$*. Die „gestörte Trajektorie" läuft auf einer Torusfläche um, die gegenüber der des ungestörten Problems leicht verschoben und verbogen ist und für* $\varepsilon \to 0$ *in jene übergeht. Mit* $\varepsilon \to 0$ *wird die Menge der auf diese Weise „die Störung überlebenden" Trajektorien immer größer und vereinigt in sich schließlich das ganze Maß des Phasenraums.*

Der Beweis dieses Theorems ist leider so umfangreich, dass wir auf ihn völlig verzichten müssen und uns mit einigen wenigen Anmerkungen begnügen.[2]

Anmerkungen:
1. Den für das Theorem gewählten Formulierungen liegt folgende Interpretation zugrunde: Man kann sich vorstellen, dass diejenige Trajektorie des gestörten Systems, die dasselbe irrationale Frequenzverhältnis wie die zur Diskussion stehende ungestörte Trajektorie aufweist, aus jener durch die Störung hervorgeht. „Dass sie die Störung überlebt" soll besagen: ihre topologische Struktur wird durch die Störung nicht verändert.

2. Die Forderung $\det(\partial^2 H_0/\partial J_i \partial J_k) \neq 0$ impliziert unter anderem, dass sich die Frequenzen $\omega_{0i} = \partial H_0(\boldsymbol{J})/\partial J_i$ beim Übergang zwischen den verschiedenen Torusflächen verändern. Als erstes überzeugen wir uns davon, dass es tatsächlich Frequenzverhältnisse gibt, die die Bedingung (9.10) erfüllen. Die Nummerierung der Koordinaten J_1 und J_2 kann immer so gewählt werden, dass die Zahl $\omega_{01}/\omega_{02} = (\partial H_0/\partial J_1)/(\partial H_0/\partial J_2)$ im (offenen) Intervall $]0, 1[$ liegt – wir wollen hier voraussetzen, dass ω_{01}/ω_{02} positiv ist, andernfalls könnten wir dieselbe Überlegung für das Intervall $]0, -1[$ durchführen –, so dass wir nur rationale Zahlen q/s aus diesem in Betracht ziehen müssen. Entfernen wir aus ihm sämtliche Intervalle der Länge $2c/s^{2+\delta}$, die symmetrisch um eine rationale Zahl q/s gelegen sind, so erfüllen die in $]0, 1[$ verbliebenen irrationalen Zahlen gerade die Bedingung (9.10). Nun gibt es im Intervall $]0, 1[$ zu gegebenem s höchstens s teilerfremde rationale Zahlen q/s, weshalb die Länge der herausgenommenen Intervalle für dieses s zusammengenommen höchstens $2cs/s^{2+\delta}$ beträgt. Summieren wir jetzt noch über alle möglichen s, so erhalten wir insgesamt die Länge

$$2c \sum_{2}^{\infty} \frac{1}{s^{1+\delta}} < 2c \int_1^{\infty} \frac{ds}{s^{1+\delta}} = \frac{2c}{\delta} .$$

Dementsprechend ist das Maß der in $]0, 1[$ verbliebenen irrationalen Zahlen mindestens gleich $1-2c/\delta$. (Man veranschaulicht sich die einzelnen Schritte am besten, indem man im Intervall $]0, 1[$ der Reihe nach die zu $s=2, 3, \ldots$ gehörigen Zahlen p/q markiert, also $1/2$ für $s=2$ und $1/3$, $2/3$ für $s=2$ etc., die herauszunehmenden Intervalle kennzeichnet und dabei berücksichtigt, dass diese mit zunehmendem s immer kleiner werden.)

Die beiden Zahlen c und δ können so gewählt werden, dass c/δ beliebig klein wird, wobei allerdings zu erwarten ist, dass das zugehörige $\varepsilon^* = f(c, \delta)$ entsprechend klein wird. Daher gibt es, zumindest für sehr kleine ε, eine mit $\varepsilon \to 0$ gegen das Maß 1 konvergierende endliche Menge von Frequenzverhältnissen, deren zugehörige Trajektorien „die Störung überleben". Leider macht das KAM-Theorem keine Aussage darüber, wie groß der Maximalwert von ε ist, bei dem noch quasi-periodische Trajektorien überleben.

---

2 Ein Beweis findet sich z. B. in J. Moser, *Stable and Random Motions in Dynamical Systems*, Annals of Math. Studies, Princeton University Press, 1973.

3. Weiterhin sei erwähnt, dass sich solche Frequenzverhältnisse besonders „robust" gegenüber der Störung verhalten, die durch **noble Zahlen** dargestellt werden – für sie wird die rechte Seite von (9.10) besonders groß.

Noble Zahlen
Bei diesen handelt es sich um irrationale Zahlen, deren (unendliche) Kettenbruchentwicklung

$$\frac{\omega_{01}}{\omega_{02}} = \cfrac{1}{a_1 + \cfrac{1}{a_2 + \cfrac{1}{a_3 + \cdots}}}$$

mit ganzen Zahlen a_n für alle $n \geq N < \infty$ die Bedingung $a_n = 1$ erfüllt.

Die Darstellung irrationaler Zahlen durch Kettenbrüche ist eindeutig. Es ist die beste überhaupt mögliche Darstellung in dem Sinn, dass es keine rationale Zahl q/s mit $s < s_n$ gibt, durch die ω_{01}/ω_{02} besser approximiert würde als durch die n-te *Konvergente*

$$\frac{q_n}{s_n} = \cfrac{1}{a_1 + \cfrac{1}{\ddots + \cfrac{\vdots}{a_n}}}\,.$$

Um zu verstehen, was das bedeutet, erinnere man sich daran, dass ω_{01}/ω_{02} um so besser durch eine rationale Zahl q/s approximiert wird, je größer q und s gewählt werden.

Die nobelste aller noblen Zahlen ist

$$\cfrac{1}{1 + \cfrac{1}{1 + \cfrac{1}{1 + \cdots}}} = \frac{\sqrt{5} - 1}{2} \approx 0{,}618\,.$$

Für sie sind sämtliche $a_n = 1$, es handelt es sich um die Zahl, die den **goldenen Schnitt** charakterisiert.

4. Zum Schluss wollen wir uns noch plausibel machen, wie es im KAM-Theorem zu der Bedingung (9.10) und der Forderung nach dreimal stetiger Differenzierbarkeit der Störung h kommt. Dazu nehmen wir an, dass ω_{01}/ω_{02} hinreichend irrational, also die rechte Seite von (9.10) hinreichend groß ist. Durch geeignete Nummerierung der J_i und eine eventuelle Umdefinition $J_i \to -J_i$ lässt sich erreichen, dass $\omega_{01} > 0$, $\omega_{02} > 0$ und $\omega_{01}/\omega_{02} < 1$ gilt. Unter diesen Annahmen betrachten wir die Fourier-Reihe in (9.9) und benutzen für sie die Abschätzung

$$\left| \sum_{\boldsymbol{k} \neq 0} \frac{\mathrm{i}\, h_{\boldsymbol{k}}}{\boldsymbol{\omega}_0 \cdot \boldsymbol{k}} \mathrm{e}^{\mathrm{i}\, \boldsymbol{k} \cdot \boldsymbol{\theta}} \right| \leq \sum_{\boldsymbol{k} \neq 0} \frac{|h_{\boldsymbol{k}}|}{|\boldsymbol{\omega}_0 \cdot \boldsymbol{k}|}\,.$$

Von den Termen mit $k_1 \geq 0,\ k_2 \geq 0$ und $k_1 \leq 0,\ k_2 \leq 0$ erhalten wir zur rechten Seite unter

Benutzung von $h_{-\boldsymbol{k}}=h^*_{\boldsymbol{k}}$ den Beitrag

$$\sum_{k_1=1}^{\infty}\frac{2|h_{\boldsymbol{k}}|}{\omega_{01}\,|k_1|}+\sum_{k_2=1}^{\infty}\frac{2|h_{\boldsymbol{k}}|}{\omega_{02}\,|k_2|}+S_1 \quad \text{mit} \quad S_1=\sum_{k_1,k_2=1}^{\infty}\frac{2|h_{\boldsymbol{k}}|}{\omega_{01}\,|k_1|+\omega_{02}\,|k_2|}\,, \tag{9.11}$$

zu dessen Konvergenz später etwas gesagt wird. Zusätzlich erhalten wir zu ihr von den Termen mit $k_1>0$ und $k_2=-\tilde{k}_2<0$ den Beitrag

$$S_2=\sum_{k_1=1}^{\infty}\Big(\sum_{\tilde{k}_2=1}^{k_1-1}+\sum_{\tilde{k}_2=k_1}^{\infty}\Big)\frac{|h_{\boldsymbol{k}}|}{|\boldsymbol{\omega}_0\cdot\boldsymbol{k}|}=S_{21}+S_{22}$$

mit

$$S_{21}=\sum_{k_1=1}^{\infty}\sum_{\tilde{k}_2=1}^{k_1-1}\frac{|h_{\boldsymbol{k}}|}{\left|\omega_{01}\,k_1-\omega_{02}\,\tilde{k}_2\right|}\,,\qquad S_{22}=\sum_{\tilde{k}_2=1}^{\infty}\sum_{k_1=1}^{\tilde{k}_2}\frac{|h_{\boldsymbol{k}}|}{\left|\omega_{01}\,k_1-\omega_{02}\,\tilde{k}_2\right|} \tag{9.12}$$

sowie einen entsprechenden Beitrag $S_3=S_{31}+S_{32}$ von den Termen mit $k_1<0$ und $k_2>0$. Für S_{21} mit $\tilde{k}_2<k_1$ benutzen wir die aus (9.10) folgende Abschätzung

$$\left|\omega_{01}\,k_1-\omega_{02}\,\tilde{k}_2\right|=k_1\omega_{02}\left|\frac{\omega_{01}}{\omega_{02}}-\frac{\tilde{k}_2}{k_1}\right|\geq\frac{c\,\omega_{02}}{k_1^{1+\delta}}$$

sowie

$$\sum_{\tilde{k}_2=1}^{k_1-1}|h_{\boldsymbol{k}}|\leq k_1\max_{-k_2<k_1}|h_{\boldsymbol{k}}|\,,$$

für S_{22} mit $k_1\leq\tilde{k}_2$ und $\omega_{01}<\omega_{02}$ die Abschätzungen

$$\left|\omega_{01}\,k_1-\omega_{02}\,\tilde{k}_2\right|=\tilde{k}_2\,\omega_{02}-k_1\,\omega_{01}\geq\tilde{k}_2\,(\omega_{02}-\omega_{01})$$

sowie

$$\sum_{k_1=1}^{\tilde{k}_2}|h_{\boldsymbol{k}}|\leq\tilde{k}_2\max_{k_1\leq|k_2|}|h_{\boldsymbol{k}}|$$

und erhalten damit

$$S_{21}\leq\frac{1}{\omega_{02}\,c}\sum_{k_1=1}^{\infty}\max_{-k_2<k_1}|h_{\boldsymbol{k}}|\,k_1^{2+\delta}\,,\qquad S_{22}\leq\frac{1}{\omega_{02}-\omega_{01}}\sum_{\tilde{k}_2=1}^{\infty}\max_{k_1\leq|k_2|}|h_{\boldsymbol{k}}|\,.$$

Die Summen S_{31} und S_{32} lassen sich analog behandeln und führen zu ähnlichen Abschätzungen.

Am kritischsten ist wegen des für $|k_1|\to\infty$ divergierenden Faktors $k_1^{2+\delta}$ die Konvergenz der Reihen S_{21} und S_{31}. Die für deren Abschätzung benutzte Bedingung (9.10) ist dafür offensichtlich nicht ausreichend, vielmehr muss für große Werte von $|\boldsymbol{k}|$ noch eine Bedingung an das Verhalten der Koeffizienten $h_{\boldsymbol{k}}$ gestellt werden. Konvergenz ist dann garantiert, wenn für alle $|k_2|<|k_1|$ die Bedingung

$$|h_{\boldsymbol{k}}|\; |k_1|^{2+\delta} \sim \frac{1}{|k_1|^{1+\gamma}} \quad \text{bzw.} \quad |h_{\boldsymbol{k}}| \sim \frac{1}{|k_1|^{3+\gamma+\delta}}$$

mit $\gamma>0$ erfüllt wird. Aus der Reihenentwicklung

$$\frac{\partial^3}{\partial\theta_1{}^3} h \overset{(9.3)}{=} \frac{\partial^3}{\partial\theta_1{}^3} \sum_{\boldsymbol{k}} h_{\boldsymbol{k}}\, \mathrm{e}^{\mathrm{i}\,(k_1\theta_1+k_2\theta_2)} = -\sum_{\boldsymbol{k}} \mathrm{i}\, k_1{}^3 h_{\boldsymbol{k}}\, \mathrm{e}^{\mathrm{i}\,\boldsymbol{k}\cdot\boldsymbol{\theta}},$$

die für $|h_{\boldsymbol{k}}|{\sim}1/|k_1|^{4+\gamma}$ konvergiert, wird ersichtlich, dass die dreifache stetige Differenzierbarkeit von h für die Konvergenz der Näherung (9.9) sicher ausreichend ist. Dagegen kann gezeigt werden, dass zweifache stetige Differenzierbarkeit im Allgemeinen nicht genügt. Für die Konvergenz der Reihen S_{22}, S_{32} und (9.11), deren Koeffizienten für $|k_1|\to\infty$ und $|k_2|\to\infty$ gegen null gehen, sind viel schwächere Bedingungen zu stellen, die erfüllt sind, wenn die Bedingungen für die Konvergenz von S_{21} und S_{31} gegeben sind. □

Es sei noch einmal ausdrücklich darauf hingewiesen, dass die vorangegangenen Überlegungen nur Plausibilitätscharakter besitzen, denn sie betrafen ja nur die bis zu Termen erster Ordnung in ε gehende Näherungslösung (9.9). Die eigentliche Schwierigkeit beim Beweis des KAM-Theorems besteht im Konvergenzbeweis der vollen ε-Potenzreihe. Für diesen wird eine *superkonvergente* Reihenentwicklung benutzt, bei der man Ordnung für Ordnung jeweils zu denjenigen Koordinaten übergeht, die den Fall zyklischer Lagekoordinaten am besten approximieren.

9.3 Poincaré-Abbildung

Um die Auswirkung nicht-integrabler Störungen auf die periodischen Trajektorien des ungestörten Problems untersuchen zu können, müssen wir uns noch mit einer wichtigen Methode zur Untersuchung von Trajektorienstrukturen vertraut machen. Diese wurde 1899 von H. Poincaré im Rahmen seiner Studien zum Drei-Körper-Problem eingeführt und besteht darin, dass man bei der Untersuchung einer Trajektorie nicht mehr deren ganzen Verlauf, sondern nur noch ihre Durchstoßpunkte durch eine transversal (d. h. quer, aber nicht notwendig senkrecht) zur Phasenraumströmung verlaufende Schnittfläche S verfolgt (Abb. 9.1). S wird als **Poincarésche Schnittfläche** oder **Poincaré-Schnitt** bezeichnet.

Bei Bewegungen, die ganz im Endlichen verlaufen, wird eine Trajektorie eine geeignet gewählte Poincarésche Schnittfläche nicht nur einmal, sondern immer wieder durchstoßen. Dabei kann man jedem Durchstoßpunkt P den beim nächsten Durchstoßen erreichten Punkt P' als Bildpunkt zuordnen. Indem man alle durch Punkte P von S hindurchlaufenden Trajektorien verfolgt und die zugehörigen Bildpunkte bestimmt, erhält man eine Abbildung von S auf sich selbst, die so genannte **Poincaré-Abbildung**. Wir

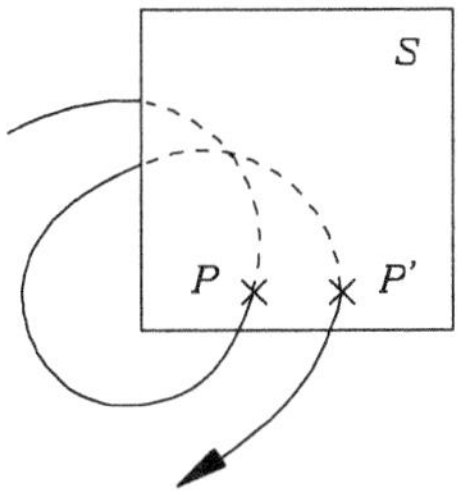

Abb. 9.1: Poincaré-Schnitt S: Durch die Poincaré-Abbildung wird P nach P' abgebildet.

werden sehen, dass sich schon aus den Spuren, welche die Trajektorien in Form dieser Abbildung auf S hinterlassen, weitreichende Schlüsse auf den globalen Trajektorienverlauf ziehen lassen. Dabei wird uns bei den hier betrachteten Hamiltonschen Systemen noch eine wichtige Eigenschaft von diesen zu Hilfe kommen: Bei geeigneter Wahl von S lässt sich erreichen, dass die Poincaré-Abbildung flächentreu wird.

Wir wollen diese Ideen am konkreten Beispiel der beinahe integrablen Systeme mit zwei Freiheitsgraden demonstrieren, denen im Moment unser besonderes Interesse gilt. Als Koordinaten benutzen wir wie in Abschn. 9.2 die Winkel- und Wirkungsvariablen θ_1, θ_2, J_1 und J_2 des ungestörten Systems. Wie dort betrachten wir sowohl im ungestörten als auch im gestörten System nur Trajektorien derselben fest vorgegebenen Energie

$$H_0(J_1, J_2) = H(\theta_1, \theta_2, J_1, J_2) = E\,. \tag{9.13}$$

Da J_2 in beiden Fällen mithilfe von (9.13) durch die übrigen Variablen ausgedrückt werden kann, genügen schon θ_1, θ_2 und J_1 zur Beschreibung des Systems. Durch geeignete Nummerierung lässt sich stets erreichen, dass θ_1 den poloidalen und θ_2 den toroidalen Winkel (Abb. 8.7) der von den Trajektorien des ungestörten Systems durchlaufenen Torusflächen J_1=const angibt, was im Folgenden vorausgesetzt sei. Zur Vereinfachung der Schreibweise lassen wir außerdem die Indizes wegfallen und setzen

$$\theta_1 = \varphi\,, \qquad \theta_2 = \vartheta\,, \qquad J_1 = J\,. \tag{9.14}$$

Entsprechend der getroffenen Koordinatenwahl werden die Trajektorien des ungestörten Systems durch (8.72) bzw.

$$\varphi = \omega_{01}(\boldsymbol{J})\,t + \varphi_0\,, \qquad \vartheta = \omega_{02}(\boldsymbol{J})\,t + \vartheta_0\,, \qquad J = \alpha_0 \tag{9.15}$$

mit $\omega_{0i}(\boldsymbol{J})$=$\omega_{0i}(J, J_2(J))$ beschrieben.

Jetzt wählen wir die von den Koordinaten $\{\varphi, J\}$ aufgespannte Poloidalebene ϑ=0 als Poincarésche Schnittfläche (siehe auch Abb. 8.7). Sie wird von den Trajektorien (9.15) regelmäßig in den festen Zeitabständen Δt=$2\pi/\omega_{02}(\boldsymbol{J})$ durchquert, wobei ϑ bzw. φ jeweils um 2π bzw. $\omega_{01}(\boldsymbol{J})\,\Delta t$=$2\pi\,\omega_{01}(\boldsymbol{J})/\omega_{02}(\boldsymbol{J})$ zunimmt, während J=J_1 unverändert bleibt. Die Poincaré-Abbildung $\{\varphi, J\}\rightarrow\{\varphi', J'\}$ des ungestörten Systems, die wir kurz mit P_0 bezeichnen, besitzt daher die Darstellung

$$\varphi' \overset{\text{s.u.}}{=} \varphi + 2\pi\alpha(J)\,, \qquad J' = J\,, \tag{9.16}$$

in der die Größe

$$\alpha(J) = \frac{\omega_{01}(\boldsymbol{J}(J))}{\omega_{02}(\boldsymbol{J}(J))} \tag{9.17}$$

als **Windungszahl** oder **Rotationszahl** bezeichnet wird. (Nach (9.15) gilt $\alpha = d\varphi/d\vartheta$, d. h. $\alpha(J)$ gibt an, wie schnell sich der Poloidalwinkel φ einer Trajektorie mit dem Toroidalwinkel ϑ ändert.)

Auch im Fall des gestörten Systems, (9.4), müssen die Koordinaten des nach einem toroidalen Umlauf erreichten Bildpunkts kausal mit denen des Ausgangspunkts verknüpft sein. φ' und J' sind daher eindeutige Funktionen von φ und J, die für $\varepsilon \to 0$ in (9.16) übergehen müssen. Für die Poincaré-Abbildung P_ε des gestörten Systems können wir daher die Darstellung

$$\varphi' = \varphi + 2\pi\,\alpha(J) + \varepsilon\, f(\varphi, J, \varepsilon)\,, \qquad J' = J + \varepsilon\, g(\varphi, J, \varepsilon) \tag{9.18}$$

ansetzen, wobei uns die genaue Gestalt der Funktionen f und g nicht weiter interessiert. Dass die Abbildung (9.18) tatsächlich existiert, ist beweisbedürftig und in der Literatur[3] auch bewiesen worden.

Wir überzeugen uns jetzt davon, dass die Abbildungen (9.16) und (9.18) flächentreu sind, wenn

$$r = \sqrt{2J} \tag{9.19}$$

und φ als Polarkoordinaten aufgefasst werden. Zu zeigen ist, dass das Flächenelement

$$df = r\,dr\,d\varphi = dJ\,d\varphi$$

$(\sqrt{2J}\,d\sqrt{2J} = dJ)$ die Gleichung

$$dJ\,d\varphi = dJ'\,d\varphi'$$

erfüllt. Bei der Abbildung (9.16) ist das unmittelbar evident. Im Fall des gestörten Systems greifen wir zum Beweis auf die in Abschn. 8.3.2 geschilderte Reduktion des Phasenraums zurück, indem wir $H(\theta_1, \theta_2, J_1, J_2) = E$ nach J_2 auflösen (Folge $J_2 = J_2(\theta_1, \theta_2, J_1)$), $\vartheta = \theta_2$ als Zeitvariable auffassen und $\tilde{H}(\varphi, J, \vartheta) = -J_2(\varphi, \vartheta, J)$ als zeitabhängige Hamilton-Funktion im Phasenraum $\{\varphi, J\}$ benutzen. Aus der dann gültigen „zeitlichen" Invarianz des Phasenraumvolumens $d\varphi\,dJ$ folgt unmittelbar $dJ\,d\varphi|_{\vartheta=0} = dJ\,d\varphi|_{\vartheta=2\pi} = dJ'\,d\varphi'$. (Natürlich gilt dieser Beweis auch für das ungestörte System.)

9.4 Störung periodischer Trajektorien

9.4.1 Fixpunktsatz von Poincaré und Birkhoff

Wir haben jetzt die Mittel an der Hand, um das noch offen gebliebene Problem der Störung periodischer Trajektorien anzugehen. Das gestörte System wird durch (9.18)

3 Siehe z. B. R. Abraham, J. E. Marsden, *Foundations of Mechanics*, Benjamin-Cummings Publishing Company, 1978, S. 521.

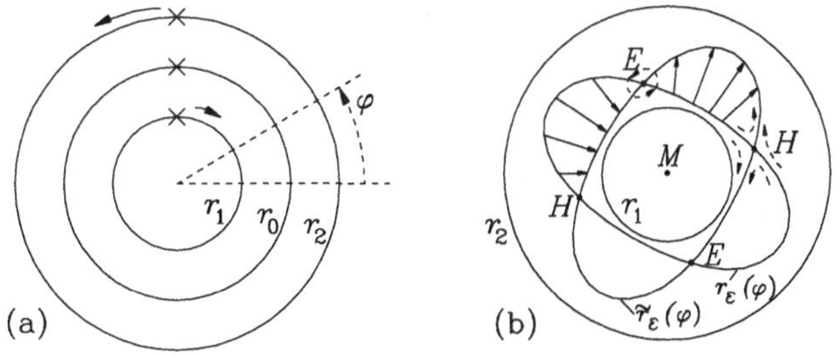

Abb. 9.2: Wirkung der durch (9.18) definierten Poincaré-Abbildungen P_0^s und P_ε^s. (a) Durch P_0^s werden alle Punkte eines Kreises $r=(2J)^{1/2}$ wieder auf diesen abgebildet, für $r>r_0$ gegen und für $r<r_0$ im Uhrzeigersinn. (b) Kurve $r_\varepsilon(\varphi)$, deren Punkte durch die Abbildung P_ε^s nur radial nach $\tilde r_\varepsilon(\varphi)$ verschoben werden. Die vier Schnittpunkte von $r_\varepsilon(\varphi)$ und $\tilde r_\varepsilon(\varphi)$ sind Fixpunkte der Abbildung P_ε^2, E elliptische und H hyperbolische.

beschrieben, Poincarésche Schnittfläche S ist, wie im letzten Abschnitt, die Poloidalebene $\vartheta=0$. $r_0=\sqrt{2J_0}$ sei der Radius des wegen der Winkelunabhängigkeit von J_0 kreisförmigen Schnitts einer zu periodischen Trajektorien des ungestörten Systems gehörigen Torusfläche mit S. Nach Abschn. 8.7 ist dann die in (9.17) definierte Windungszahl α rational,

$$\alpha(J_0) = q/s \qquad (q, s \text{ ganzzahlig und teilerfremd}).$$

Eine von (J_0, φ) ausgehende Trajektorie des ungestörten Systems gelangt nach s Iterationen der Abbildung P_0, (9.16), zu dem mit dem Ausgangspunkt identischen Punkt $(J_0, \varphi+2\pi q)$. Dies bedeutet, dass alle Punkte auf $r=r_0$ Fixpunkte der s-fach iterierten Abbildung P_0^s sind. Jetzt nehmen wir an, dass die als **Verscherung** oder **Twist** bezeichnete Veränderung der Windungszahl mit der durch J parametrisierten Torusfläche, $d\alpha(J)/dJ$, bei J_0 von null verschieden ist. Aus Stetigkeitsgründen gibt es dann ein ganzes Intervall $[J_1, J_2]$ um J_0, in welchem $d\alpha/dJ\neq 0$ ist, und wir nehmen für das Folgende $d\alpha/dJ>0$ an. Durch die Abbildung P_0^s werden dann alle Punkte des Kreises $r_2=(2J_2)^{1/2}$ entgegen und alle Punkte des Kreises $r_1=(2J_1)^{1/2}$ mit dem Uhrzeigersinn gedreht (Abb. 9.2 (a)). Wird das Maß ε der Störung (9.18) nun hinreichend klein gewählt, so erhält man für die mit P_ε^s bezeichnete s-fach Iterierte der Abbildung (9.18) qualitativ ein ähnliches Ergebnis: Die auf dem Kreis r_2=const gelegenen Punkte werden, wiederum aus Stetigkeitsgründen, für hinreichend kleine ε auch durch die Abbildung P_ε^s gegen den Uhrzeigersinn gedreht und die auf dem Kreis r_1=const gelegenen im Uhrzeigersinn. Daher muss es unter jedem Winkel φ einen zwischen r_1 und r_2 gelegenen Radius $r_\varepsilon(\varphi)$ geben, bei dem die Abbildung P_ε^s keine Verschiebung in φ-Richtung bewirkt. Allerdings wird $r_\varepsilon(\varphi)$ im Allgemeinen auf einen anderen Radius $\tilde r_\varepsilon(\varphi)$ abgebildet. Abb. 9.2 (b) zeigt die hierdurch definierten (geschlossenen) Kurven $r_\varepsilon(\varphi)$ und $\tilde r_\varepsilon(\varphi)$. (Ausgezogene Pfeile geben die durch die Abbildung bewirkte radiale Verschiebung an.) Da alle innerhalb der Kurve $r_\varepsilon(\varphi)$ gelegenen Punkte auf das Innere von $\tilde r_\varepsilon(\varphi)$ abgebildet werden, $\tilde r_\varepsilon(\varphi)$ das Bild von $r_\varepsilon(\varphi)$ ist, und da die Abbildung P_ε^s wie P_ε flächentreu ist, umschließen beide Kurven gleich große Flächen. Da sie außerdem beide den Punkt $r=0$ umlaufen, müssen sie sich zwangsläufig schneiden, und zwar in einer geraden Anzahl von Schnittpunkten, wenn Berührungspunkte doppelt gezählt werden. In den Schnittpunkten gilt $\tilde{r}=r$ und $\tilde{\varphi}=\varphi$, d. h. es handelt sich um Fixpunkte der Abbildung P_ε^s bzw. Trajektorien, die sich nach s toroidalen Umläufen schließen.

Jetzt untersuchen wir das Schicksal, das einer dieser Fixpunkte erleidet, wenn auf ihn wiederholt die einfache Abbildung P_ε einwirkt. Er wird der Reihe nach in voneinander verschiedene Punkte überführt, bis er nach s Iterationen zum Ausgangspunkt zurückkehrt. Bei weiterer Iteration wird erneut dieselbe Folge von s Bildpunkten durchwandert, d. h. jeder von diesen ist ebenfalls ein Fixpunkt der Abbildung P_ε^s, und daher müssen sich $r_\varepsilon(\varphi)$ und $\tilde{r}_\varepsilon(\varphi)$ in mindestens s Fixpunkten schneiden. Wir werden im nächsten Abschnitt sehen, dass sich auf der Kurve $r_\varepsilon(\varphi)$, wenn sie in gleichbleibender Richtung durchlaufen wird, so genannte **elliptische** und **hyperbolische Fixpunkte** abwechseln (Abb. 9.2 (b)) und dass durch keine Iteration von P_ε ein elliptischer auf einen hyperbolischen Fixpunkt abgebildet werden kann oder umgekehrt. Daher gibt es mindestens zwei verschiedene Folgen von je s Fixpunkten der Abbildung P_ε^s. Mit diesen müssen jedoch noch nicht alle Fixpunkte erfasst sein. Gibt es auch nur einen weiteren, so existieren zu diesem zwangsläufig zwei weitere Folgen von je s Fixpunkten usw. Dasselbe Ergebnis hätten wir natürlich erhalten, wenn wir $d\alpha(J)/dJ|_{J_0}<0$ angenommen hätten. Damit können wir als Ergebnis unserer Überlegungen zusammenfassen:

Fixpunktsatz von Poincaré und Birkhoff. *Zu jeder Torusfläche des ungestörten Systems mit rationaler Windungszahl $\alpha(J_0)=q/s$ und von null verschiedener Verscherung gibt es mindestens $2ks$ Fixpunkte (k ganzzahlig und ≥ 1) des gestörten Systems und damit mindestens $2ks$ periodische Trajektorien, also Trajektorien, welche die Störung in dem Sinne „überleben", dass sie periodisch bleiben.*

Über den Wert der ganzen Zahl k macht der Fixpunktsatz keine Aussage.

9.4.2 Stabilität überlebender Fixpunkte

Wenn wir die Koordinaten des aus (r,φ) durch die Abbildung P_ε^s hervorgehenden Punktes wie im vorigen Abschnitt mit $(\tilde{r},\tilde{\varphi})$ bezeichnen, werden die eben erhaltenen Fixpunkte durch $\tilde{r}=r=r_F$, $\tilde{\varphi}=\varphi=\varphi_F$ charakterisiert. Für Punkte, die in der Nähe eines Fixpunkts (r_F,φ_F) liegen, kann die Wirkung von P_ε^s durch die linearisierte Abbildung

$$\begin{aligned}\tilde{r}-r_F &= a\,(r-r_F)+b\,r_F(\varphi-\varphi_F)\,,\\ r_F(\tilde{\varphi}-\varphi_F) &= c\,(r-r_F)+d\,r_F(\varphi-\varphi_F)\end{aligned}$$

oder kürzer

$$\tilde{X}=aX+bY\,,\qquad \tilde{Y}=cX+dY \tag{9.20}$$

mit $X=r-r_F$, $Y=r_F(\varphi-\varphi_F)$ approximiert werden, und zwar um so besser, je näher der betrachtete Punkt am Fixpunkt liegt. Die Koeffizienten a, b, c und d können dabei im Prinzip wie folgt berechnet werden: Wendet man die Abbildung (9.18) s mal hintereinander an, so erhält man für die Abbildung P_ε^s mit $\sqrt{2J}\to r$ die Darstellung $\tilde{r}=R(r,\varphi)$, $\tilde{\varphi}=\Phi(r,\varphi)$. Entwickelt man diese Gleichungen um den Punkt (r_F,φ_F) nach $r-r_F$ und

$\varphi - \varphi_F$, so erhält man mit $R(r_F, \varphi_F) = r_F$ und $\Phi(r_F, \varphi_F) = \varphi_F$ in linearer Näherung Gleichungen der oben angegebenen Form mit $a = \partial R / \partial r|_F$ etc. Im Folgenden werden wir ein derartiges Ergebnis jedoch gar nicht benötigen, vielmehr genügen uns die Konsequenzen aus der Tatsache, dass die Abbildung P_ε^s in der betrachteten Näherung natürlich flächentreu sein muss. Aus (8.16) ergibt sich als Bedingung hierfür

$$\frac{\partial(\tilde{X}, \tilde{Y})}{\partial(X, Y)} = \det\begin{pmatrix} a & b \\ c & d \end{pmatrix} = 1 \,. \tag{9.21}$$

Je nachdem, ob die Matrix der Abbildung (9.20) reelle (λ_1 und λ_2) oder konjugiert komplexe ($\alpha + \mathrm{i}\,\beta$ und $\alpha - \mathrm{i}\,\beta$) Eigenwerte besitzt, kann durch eine lineare Koordinatentransformation $X, Y \to x, y$ erreicht werden, dass sie die *Jordansche Normalform*

$$\begin{pmatrix} \lambda_1 & 0 \\ 0 & \lambda_2 \end{pmatrix} \quad \text{oder} \quad \begin{pmatrix} \alpha & \beta \\ -\beta & \alpha \end{pmatrix}$$

annimmt.

Im ersten Fall erhält (9.20) in Normalform-Koordinaten die Gestalt

$$\tilde{x} = \lambda_1 x \,, \qquad \tilde{y} = y/\lambda_1 \,, \tag{9.22}$$

da die Determinante der Abbildungsmatrix gegenüber linearen Koordinatentransformationen invariant ist und nach (9.21) daher $\lambda_1 \lambda_2 = 1$ gelten muss. Aus den Gleichungen (9.22) ergibt sich unmittelbar $\tilde{x}\tilde{y} = xy$, woraus folgt, dass der Punkt $(\tilde{x}, \tilde{y})$ auf derselben Hyperbel $xy = \text{const}$ liegt wie der Punkt (x, y). Bezeichnen wir eine Kurve I, die nur aus Punkten besteht, die durch die Abbildung P_ε^s wieder auf Punkte von I abgebildet werden, als **invariante Kurve** – allgemeiner bildet eine Punktmenge I, aus der jeder Punkt durch eine Abbildung auf sich selbst oder einen anderen Punkt von I abgebildet wird, eine **invariante Mannigfaltigkeit** –, so haben wir das Ergebnis: Alle Hyperbeln

$$xy = \text{const}$$

sind invariante Kurven der Abbildung P_ε^s. Auch in den ursprünglichen Koordinaten X, Y erhält man hierfür Hyperbeln. Fixpunkte, deren Nachbarschaft als invariante Kurven näherungsweise Hyperbeln enthält, bezeichnet man als **hyperbolische Fixpunkte**.

Da im Fall konjugiert komplexer Eigenwerte aus (9.20) $\alpha^2 + \beta^2 = 1$ folgt, erhalten wir für diesen Fall in Normalform-Koordinaten die Transformationsgleichungen

$$\tilde{x} = \alpha x + \sqrt{1 - \alpha^2}\, y \,, \qquad \tilde{y} = -\sqrt{1 - \alpha^2}\, x + \alpha y \,. \tag{9.23}$$

Aus diesen ergibt sich sofort $\tilde{x}^2 + \tilde{y}^2 = x^2 + y^2$, d. h. jetzt sind die Kreise

$$x^2 + y^2 = \text{const}$$

Invarianten der Abbildung (9.20), und in den ursprünglichen Koordinaten werden aus diesen Ellipsen. Fixpunkte, die in ihrer Nachbarschaft als invariante Kurven in niedrigster Ordnung Ellipsen besitzen, heißen **elliptische Fixpunkte**.

Wir können uns jetzt leicht davon überzeugen, dass sich die bei der Ableitung des Fixpunktsatzes von H. Poincaré und G. D. Birkhoff gefundenen Kurven $r_\varepsilon(\varphi)$ und $\tilde{r}_\varepsilon(\varphi)$

abwechselnd in elliptischen und hyperbolischen Fixpunkten schneiden. Betrachten wir in Abb. 9.2 (b) z. B. die Umgebung des oberen Punktes E, und verfolgen wir die Wirkung sukzessiver Abbildungen P_ε^s auf einen Punkt oberhalb von E. Dieser wird durch die Abbildung zunächst einmal, weil außerhalb von $r_\varepsilon(\varphi)$ gelegen, im Wesentlichen nur gegen den Uhrzeigersinn um den Punkt M gedreht, aber nach einigen Iterationen wird er allmählich auch nach unten auf $\tilde{r}_\varepsilon(\varphi)$ zu verschoben. Damit gerät er in ein Gebiet, in dem die Punkte mit dem Uhrzeigersinn gedreht werden, und schließlich wird er nach oben verschoben, worauf das Spiel aufs Neue beginnt. Offensichtlich ist E ein elliptischer Fixpunkt, denn alternativ könnte E nur hyperbolisch sein, was jedoch mit dem Verhalten der Punkte seiner Umgebung nicht zusammenpasst. Wir erkennen dabei auch, dass elliptische Fixpunkte in dem Sinn stabil sind, dass die sukzessiven Bilder benachbarter Punkte in ihrer Nachbarschaft verbleiben.

Folgen wir jetzt der Kurve $r_\varepsilon(\varphi)$ von E ausgehend im Uhrzeigersinn, bis wir zum nächsten Fixpunkt H kommen. Wenn jetzt z. B. ein etwas rechts von H gelegener Punkt verfolgt wird, findet man, dass dieser zunächst gegen den Uhrzeigersinn gedreht wird. Dieser Drehung überlagert sich in zunehmendem Maße eine nach außen gerichtete Radialverschiebung, und der Punkt entfernt sich immer weiter von H. Es muss sich daher bei H um einen hyperbolischen Fixpunkt handeln, und wir stellen fest, dass hyperbolische Fixpunkte instabil sind, weil sich benachbarte Punkte immer weiter von ihnen entfernen.

Es ist klar, dass ein elliptischer Fixpunkt durch P_ε^s nicht auf einen hyperbolischen abgebildet werden kann und umgekehrt. P_ε^s vermittelt nämlich ein stetiges Abbild der ganzen Umgebung des Fixpunkts, deren topologische Struktur dabei aus Stetigkeitsgründen nicht verändert wird. Da sich die auf der Kurve $r_\varepsilon(\varphi)$ benachbarten Fixpunkte von P_ε^s im Typ abwechseln, ist damit die bei der Ableitung des Fixpunktsatzes von Poincaré und Birkhoff benutzte Voraussetzung, dass benachbarte Fixpunkte nicht aufeinander abgebildet werden können, im Nachhinein bewiesen.

Wir haben bislang noch nicht berücksichtigt, dass die linearisierte Abbildung nur eine Näherung darstellt. Bei exakter Rechnung kommen noch Terme höherer Ordnung hinzu, deren Summe als kleine Störung aufgefasst werden kann. Überlegen wir uns, welchen Einfluss diese Störung insbesondere auf die in niedrigster Ordnung gefundene kontinuierliche Schar invarianter Ellipsen in der Nachbarschaft eines elliptischen Fixpunkts besitzt. Auch unter diesen gibt es im Allgemeinen wieder solche mit periodischen und solche mit quasi-periodischen Trajektorien. Hierfür müssen wieder die Aussagen des KAM-Theorems gelten, d. h. eine quasi-periodische Trajektorie wird die Störungen höherer Ordnung überleben, wenn ihre Windungszahl hinreichend irrational ist. Dagegen werden die Ellipsen rationaler Windungszahl zerstört, wobei eine gewisse Anzahl hyperbolischer und elliptischer Fixpunkte übrig bleibt, in deren Nachbarschaft erneut genau dieselben Überlegungen angestellt werden können, usw. Wir begegnen hier dem interessanten Phänomen der **Selbstähnlichkeit** von Strukturen, die sich bei abnehmender Größenskala bis hinunter zu unendlich kleinen Dimensionen qualitativ beständig wiederholen (Abb. 9.3).

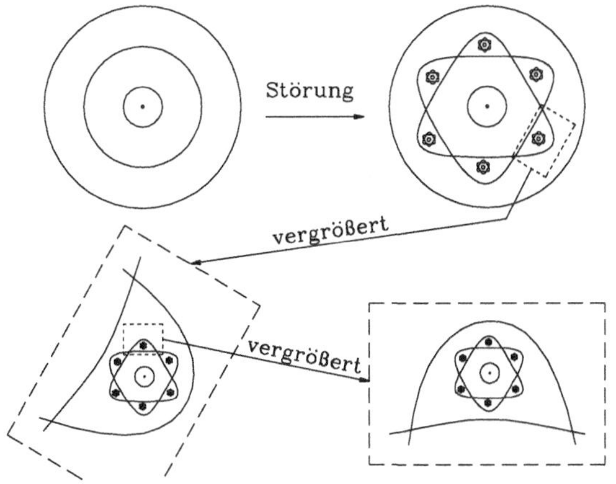

Abb. 9.3: Selbstähnlichkeit von Strukturen bei abnehmender Größenskala. Die Abbildung zeigt invariante Kurven der Abbildung P_0^s (Gleichung (9.18) für $\varepsilon=0$) links oben und der aus dieser durch Störung hervorgehenden Abbildung P_ε^s rechts oben. Die letzteren weisen Strukturen auf, die sich auf immer kleineren Skalen selbstähnlich wiederholen (vergrößerte Ausschnitte unten).

9.4.3 Hyperbolische Fixpunkte und homokline Punkte

Eigenschaften invarianter Mannigfaltigkeiten. Wir fanden in der Nähe hyperbolischer Fixpunkte als invariante Kurven der linearisierten Abbildung P_ε^s Hyperbeln. (Unter diesen befinden sich zwei entartete Hyperbeln, die mit Ecken im Fixpunkt münden, wobei je zwei Hyperbeläste einen Zweig gemeinsam haben. In Abb. 9.2 werden diese von Teilen der Kurven $r_\varepsilon(\varphi)$ und $\tilde{r}_\varepsilon(\varphi)$ gebildet.) Unsere Betrachtungen waren allerdings auf die unmittelbare Nachbarschaft des Fixpunkts beschränkt, und man würde gerne wissen, welche globalen Aussagen sich machen lassen.

Hierzu wird in der Literatur gezeigt, dass auch die nichtlineare Abbildung P_ε^s invariante Kurven besitzt, die in der Nähe des Fixpunkts asymptotisch in die invarianten Kurven der linearisierten Abbildung übergehen.[4] Bei Systemen, deren Bewegung sich ganz im Endlichen abspielt, bieten sich für den globalen Verlauf der invarianten Kurven die in Abb. 9.4 (a) und (b) gezeigten Möglichkeiten an. Dabei führen die den Fixpunkt enthaltenden invarianten Kurven, die als **Separatrix** bezeichnet werden, entweder zu einem zweiten Fixpunkt, Abb. 9.4 (a), oder sie bilden eine sich im Fixpunkt selbst-schneidende **homokline Kurve** (altgriech. *homoklinos* = auf demselben Lager bei Tische liegend), Abb. 9.4 (b). Erinnern wir uns hierbei daran, dass die gezeigten Kurven keine Systemtrajektorien sind, sondern nur deren Spuren auf dem Poincaré-Schnitt, d. h. es besteht kein Widerspruch dazu, dass sich Systemtrajektorien nicht schneiden dürfen!

Verfolgen wir nun die Wirkung wiederholter Anwendungen der Abbildung P_ε^s auf den Punkt P_0' in Abb. 9.4 (a). Nach den Überlegungen des letzten Abschnitts wird er der Reihe nach auf Punkte $P_1', P_2', \ldots$ abgebildet, die sich zunächst immer weiter von P_0' entfernen. P_0' ist selbst der Bildpunkt einer Folge sukzessiver Urbildpunkte $P_{-1}', P_{-2}', \ldots$ Da die Abbildung P_ε^s stetig ist, können wir daraus auch auf das Verhalten von Punkten der Separatrix schließen. Der Punkt P_0 wird der Reihe nach in die Bildpunkte $P_1, P_2, \ldots$ überführt; im Fall (a) kommen diese dem zweiten

4 Für den Beweis siehe z. B. J. Guckenheimer, P. Holmes, *Nonlinear Oscillations, Dynamical Systems, and Bifurcation of Vector Fields*, Springer-Verlag, New York, Berlin, Heidelberg, 1983, Abschn. 1.4.

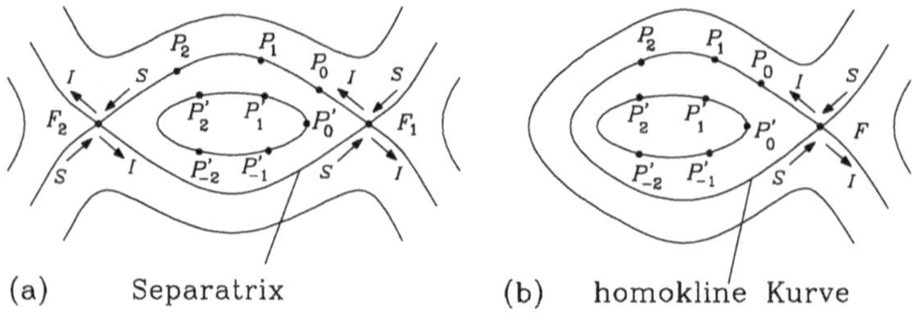

Abb. 9.4: Invariante Kurven durch hyperbolische Fixpunkte: (a) Separatrix mit den Fixpunkten F_1 und F_2. (b) Homokline Kurve mit dem Fixpunkt F. $S=$ stabile invariante Mannigfaltigkeit, $I=$ instabile invariante Mannigfaltigkeit.

Fixpunkt und im Fall (b) nach Überschreiten einer maximalen Entfernung wieder dem ursprünglichen Fixpunkt immer näher. Sie können jedoch nie exakt mit dem Fixpunkt zusammenfallen, denn das würde bedeuten, dass die durch diesen repräsentierte geschlossene Systemtrajektorie von einer anderen berührt oder geschnitten wird, was nach Abschn. 3.2.6 nicht möglich ist. Andererseits können sukzessive Bildpunkte auch nicht zurücklaufen, sondern müssen auf der invarianten Kurve in einem einheitlichen Richtungssinn vorwärts wandern, weil sich andernfalls die von ihnen repräsentierte Trajektorie selbst schneiden würde. Infolgedessen müssen sie sich im Fall (a) bei F_2 und im Fall (b) bei F häufen.

Von den Ästen der Separatrix wird derjenige, dessen Punkte durch die Abbildung P_ε^s auf den Fixpunkt F zugeführt werden, als **stabile invariante Mannigfaltigkeit** S, und derjenige, dessen Punkte sich von ihm entfernen, als **instabile invariante Mannigfaltigkeit** I bezeichnet. In jedem hyperbolischen Fixpunkt enden zwei stabile und zwei instabile invariante Mannigfaltigkeiten. Dabei definieren die beiden instabilen Mannigfaltigkeiten eine **dilatierende Richtung**, in der sich sukzessive Bildpunkte voneinander zunehmend entfernen; die beiden stabilen Mannigfaltigkeiten definieren eine **kontrahierende Richtung**, in der sukzessive Bildpunkte zunehmend zusammenrücken. Im Fall (a) der Abb. 9.4 fällt die instabile Mannigfaltigkeit des Fixpunkts F_1 (bzw. F_2) mit der stabilen des Fixpunkts F_2 (bzw. F_1) zusammen, im Fall (b) gilt das für die beiden Mannigfaltigkeiten desselben Fixpunkts F.

Es erhebt sich nun die Frage, ob es für den globalen Verlauf der stabilen und instabilen invarianten Mannigfaltigkeiten noch andere als die in Abb. 9.4 gezeigten Möglichkeiten gibt. Hierzu lässt sich als erstes sagen: *Die stabile bzw. instabile Mannigfaltigkeit kann sich „im Normalfall" nicht selbst schneiden.* (Siehe dazu weiter unten *Selbsüberschneidung invarianter Mannigfaltigkeiten.*) Würde das nämlich passieren, so wären nur die drei in Abb. 9.5 dargestellten Möglichkeiten denkbar. Bei der ersten, (a), dem Schneiden in einem Fixpunkt, könnte dieser nur hyperbolisch sein; der Durchlaufsinn der mit F verbundenen invarianten Mannigfaltigkeiten passt jedoch nicht mit dem zusammen, der für hyperbolische Fixpunkte abgeleitet wurde: Die beiden kontrahierenden (bzw. dilatierenden) Mannigfaltigkeiten hätten nicht dieselbe Tangente. Die zweite Möglichkeit, (b), bei der der Schnittpunkt S in einen Punkt P der von der Mannigfaltigkeit gebildeten Schleife abgebildet wird, kann nicht realisiert werden, weil dann aus

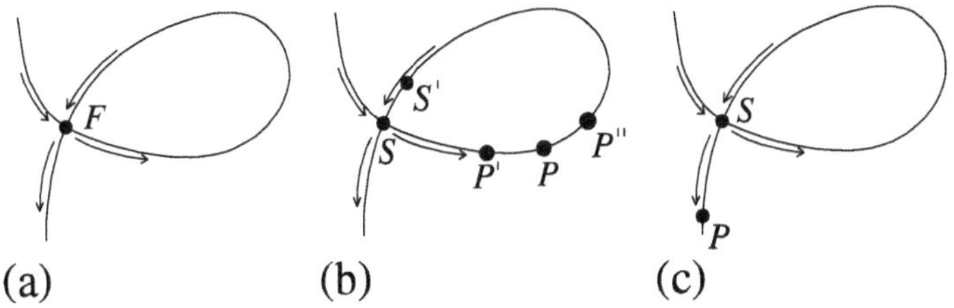

Abb. 9.5: Hypothetische Selbstüberschneidungen einer invarianten Mannigfaltigkeit: (a) Schnitt in einem Fixpunkt F. (b) Der Schnittpunkt S wird auf einen Punkt P innerhalb der Schleife abgebildet. (c) Der Schnittpunkt S wird auf einen Punkt P außerhalb der Schleife abgebildet.

Stetigkeitsgründen auch der in der Nähe von S gelegene Punkt S' in die Nähe von P nach P' oder P'' abgebildet werden müsste; das wäre jedoch eine Abbildung nach rückwärts entgegen dem zu fordernden einheitlichen Richtungssinn. Bei der dritten Möglichkeit, (c), würde S einmal auf direktem Weg und einmal auf dem Umweg über die Schleife nach P abgebildet, was bedeuten würde, dass die Punkte S und P durch zwei verschiedene Trajektorien miteinander verbunden sind. Das ist jedoch auszuschließen, weil sich Trajektorien nicht schneiden oder berühren dürfen (siehe Abschn. 3.2.6), es sei denn, es handelt sich dabei um zwei Zweige einer geschlossenen Trajektorie. Letzteres würde jedoch bedeuten, dass S und P Fixpunkte der Abbildung P_ε^2 sind, die dieselben invarianten Mannigfaltigkeiten wie P_ε und P_ε^s besitzt. Dazu würden wiederum die Richtungsverhältnisse in der Nachbarschaft von S nicht passen. Ähnlich kann auch gezeigt werden: *Die stabilen (bzw. instabilen) Mannigfaltigkeiten eines hyperbolischen Fixpunkts können sich „im Normalfall" nicht mit den stabilen (bzw. instabilen) Mannigfaltigkeiten eines anderen Fixpunkts in einem dritten Punkt schneiden, der von den beiden Fixpunkten verschieden ist.*

Homokline Punkte. Wie wir gesehen haben, fällt bei zwei durch eine Separatrix verbundenen Fixpunkten die stabile Mannigfaltigkeit des einen mit der instabilen Mannigfaltigkeit des anderen zusammen (Abb. 9.4 (a)), und bei einer homoklinen Kurve gilt das sogar für die invarianten Mannigfaltigkeiten desselben Fixpunkts. Wenn man das Zusammenfallen zweier Mannigfaltigkeiten als berührendes Schneiden interpretiert, erhebt sich die Frage, ob auch transversales (nicht-berührendes) Schneiden möglich ist, ohne dass der Schnittpunkt ein Fixpunkt ist. (Die Möglichkeit des Schneidens in einem Fixpunkt ist uns schon bekannt.) Dass diese Vermutung richtig ist, wurde schon von Poincaré bei seinen Untersuchungen zum Drei-Körper-Problem entdeckt: Die stabile und die instabile Mannigfaltigkeit desselben oder verschiedener hyperbolischer Fixpunkte können sich auch in einem Punkt P schneiden, der kein Fixpunkt ist und schon nach endlich vielen Iterationen der Abbildung P_ε^s erreicht wird. Abb. 9.6 zeigt das für zwei vom selben Fixpunkt F ausgehende Mannigfaltigkeiten verschiedenen Typs, deren transversaler Schnittpunkt P als **homokliner Punkt** bezeichnet wird. Schneiden sich zwei von verschiedenen Fixpunkten ausgehende verschiedenartige Mannigfaltigkeiten transversal, so bezeichnet man den Schnittpunkt als **heteroklinen Punkt**. Wir wollen die Existenz homokliner und heterokliner Punkte in diesem Abschnitt einfach

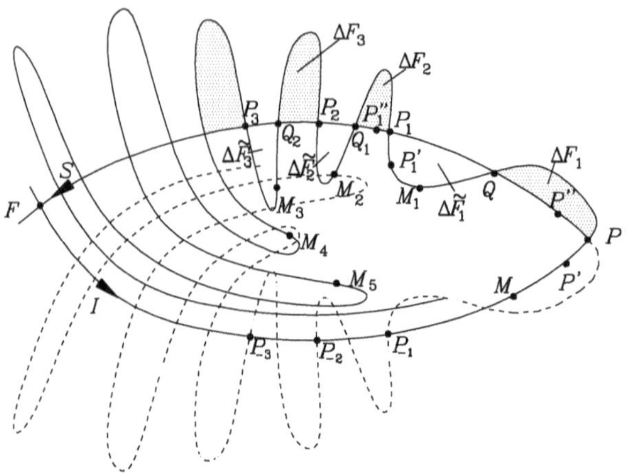

Abb. 9.6: Die stabile invariante Mannigfaltigkeit S und die instabile invariante Mannigfaltigkeit I des Fixpunkts F schneiden sich in unendlich vielen homoklinen Punkten, z. B. P, Q, P_1, Q_1, P_2, Q_2 etc. und erzeugen ein homoklines Gewirr (schematische Darstellung).

als gegeben akzeptieren und uns nur mit deren Konsequenzen befassen. Dabei beschränken wir uns im Folgenden auf den Fall eines homoklinen Punktes. Den Existenzbeweis verschieben wir auf den nächsten Abschnitt.

Eine Konsequenz der Existenz eines homoklinen Punktes P lässt sich schnell einsehen. P ist der direkte Bildpunkt eines Punktes P_{-1} der instabilen invarianten Mannigfaltigkeit I, deren Punkte sich unter der Abbildung P_ε^s vom Fixpunkt F entfernen, und wird durch P_ε^s auf einen Punkt P_1 der auf F zulaufenden stabilen invarianten Mannigfaltigkeit S abgebildet. Da P jedoch sowohl zu S als auch zu I gehört, muss auch P_1 zu beiden Mannigfaltigkeiten gehören, d. h. diese müssen sich in P_1 entweder schneiden oder berühren. Aus Stetigkeitsgründen muss nun ein neben P auf I gelegener Punkt P' in die Nachbarschaft von P_1 abgebildet werden. Sein Bildpunkt P_1' kann jedoch nicht auf S liegen, denn würde er das tun, so müsste er zugleich auch der Bildpunkt eines auf S gelegenen Punktes P'' sein, der – wiederum aus Stetigkeitsgründen – in der Nachbarschaft von P liegt; als Folge des Nicht-Berührens und Nicht-Schneidens von Trajektorien können aber nicht zwei verschiedene Punkte (P'' und P') denselben Bildpunkt (P_1') haben. Da dieses Argument für jeden Punkt P' auf I gilt, unabhängig davon, wie nahe bei P er liegt, folgt hieraus, dass sich die Kurven I und S im Punkt P_1 transversal schneiden müssen. Also ist auch P_1 ein homokliner Punkt.

Wiederholte Anwendung der Abbildung P_ε^s überführt den Punkt P_1 in die unendliche Punktfolge $P_2, P_3, \ldots$, die dem Fixpunkt F immer näher kommt, ihn jedoch, wie die Bildpunktfolgen anderer Trajektorien auf S, nicht enthalten kann, sondern als Häufungspunkt besitzt. Wie P_1 müssen auch $P_2, P_3, \ldots$ homokline Punkte sein, in denen sich die Kurven I und S schneiden, und Analoges gilt für die Folge der Urbildpunkte $P_{-2}, P_{-3}, \ldots$ (Abb. 9.6). Aus der Existenz eines einzigen homoklinen Punktes P folgt also die einer beidseitig unendlichen Folge weiterer homokliner Punkte. Da die um den hyperbolischen Fixpunkt F linearisierte Abbildung P_ε^s nach (9.21) eine positive Determinante besitzt, bleibt bei ihr der Durchlaufsinn der Kurven I und S in der Nachbarschaft von F erhalten; aus Stetigkeitsgründen gilt das dann auch für die nichtlineare Abbildung P_ε^s und den globalen Verlauf der Kurven I und S. (Erhaltung des Durchlaufsinnes bedeutet dabei z. B. Folgendes: Das zwischen P und Q gelegene Stück von

S wird auf das zwischen P_1 und Q_1 gelegene Stück so abgebildet, dass P in P_1, P'' in P_1'', Q in Q_1 etc. übergeht.) Dies bedeutet, dass S von I in den Punkten $P_1, P_2, \ldots$ von unten her (in Richtung von P_1' nach P_1 usw.) geschnitten wird, wenn das im Punkte P der Fall ist (also in Richtung von P' nach P), und daher muss es noch eine zweite Folge sukzessiver Bildpunkte $Q, Q_1, Q_2, \ldots$ geben, die zwischen P und P_1 bzw. P_1 und P_2 usw. gelegen sind und in denen I die Kurve S von oben her schneidet.

Homoklines Gewirr. Eine sehr interessante Konsequenz ergibt sich aus der Flächentreue der Abbildung P_ε bzw. P_ε^s. Offensichtlich wird das zwischen P_{-1} und P gelegene Stück der Kurve S (bzw. I) auf das zwischen Q und P_1 gelegene Stück von S (bzw. I) abgebildet, und aus Stetigkeitsgründen stehen die von entsprechenden Stücken der Kurven I und S eingeschlossenen Flächen zueinander in der Beziehung von Urbild und Bild. Bei Erhaltung des Flächeninhalts wird also ΔF_1 auf ΔF_2, ΔF_2 auf ΔF_3 usw. abgebildet, und entsprechendes gilt für die Flächen $\Delta\tilde{F}_1, \Delta\tilde{F}_2, \ldots$ Da sich die Punkte P_n jedoch am Fixpunkt F häufen, wird die eine Begrenzungskurve der Flächen ΔF_n (jeweils ein Stück von S) mit zunehmendem n immer stärker kontrahiert, die andere (jeweils ein Stück von I) dagegen immer weiter dilatiert (Abb. 9.6). Dies hat zur Folge, dass sich benachbarte Trajektorien in der dilatierenden Richtung sehr schnell voneinander entfernen. Analog bildet auch die stabile Mannigfaltigkeit immer stärkere Ausbuchtungen (Abb. 9.6, gestrichelte Kurve), wenn man sie rückwärts auf den Fixpunkt zu verfolgt. Die hierdurch in der Nähe des Fixpunkts gebildete Struktur sich überschneidender Teile der stabilen und instabilen Mannigfaltigkeit wird als **homoklines Gewirr** bezeichnet. Dieses enthält die Durchstoßpunkte **chaotischer Trajektorien**, für die rasches Auseinanderdriften ein wesentliches Charakteristikum darstellt. Die volle Bedeutung chaotischen Verhaltens zu charakterisieren und dessen Auftreten zu beweisen ist jedoch nicht einfach und wird auf einen späteren Abschnitt verschoben.

Selbstüberschneidung invarianter Mannigfaltigkeiten. Das oben angegebene Verbot der Selbstüberschneidung invarianter Mannigfaltigkeiten war sehr vorsichtig formuliert insofern, als es sich auf den „Normalfall" bezog. Jetzt kann präzisiert werden, was darunter verstanden werden soll: der Fall nicht-chaotischer Dynamik. Im homoklinen Gewirr muss es dagegen zu Selbstüberschneidungen kommen. Andernfalls müssten die Flächen $\Delta\widetilde{F}_n$ nämlich überlappungsfrei in das Innere der Fläche F passen, die nach außen von dem oberen Bogen der Mannigfaltigkeit S und dem unteren Bogen der Mannigfaltigkeit I und nach innen von eventuell überlebenden KAM-Flächen berandet wird. Da sie jedoch wegen der Flächentreue der Abbildung P_ε alle gleich groß sind, haben in F höchstens $n^* \leq F/\Delta F_1$ Stück von ihnen Platz, ohne dass es zur Überlappung kommt. Spätestens nach Bildung von n^* Ausbuchtungen $\Delta\widetilde{F}_n$ muss sich I daher selbst überschneiden. Abb. 9.7 zeigt anhand eines konkreten Beispiels schematisch, dass das in der Tat möglich ist. 1 ist der erste Selbstüberschneidungspunkt. Da P^ε die ganze Umgebung von 1 unter Erhaltung der Topologie auf die Umgebung eines Bildpunkts 2 abbildet, muss auch dieser ein Selbstüberschneidungspunkt sein. Andererseits muss das auch für den Punkt $1'$ gelten, aus dem 1 durch die Abbildung P^ε hervorging. Da der Punkt 1 unendlich viele Vorbildpunkte hatte und bei seiner Konvergenz gegen den Fixpunkt F auf unendlich viele spätere Bildpunkte abgebildet wird, folgt aus der Existenz eines Selbstüberschneidungspunktes wie bei den homoklinen

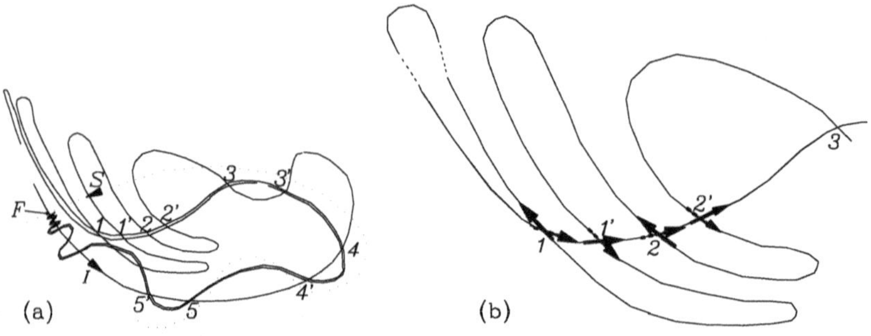

Abb. 9.7: Selbstüberschneidung einer invarianten Mannigfaltigkeit mit homoklinem Gewirr (schematische Darstellung). (a) Volles Bild der invarianten Mannigfaltigkeiten, (b) vergrößerter Ausschnitt von (a). 1 ist der erste Selbstüberschneidungspunkt von I. Er geht durch die Abbildung P_ε aus $1'$ hervor und wird auf den Punkt 2 abgebildet. Die eingezeichneten Pfeile geben die Richtung an, in welcher der nächste Abbildungspunkt auf I liegt. Durch P_ε wird die ganze Umgebung eines Punktes topologie-erhaltend abgebildet, also Schnittpunkt auf Schnittpunkt unter Erhaltung der Pfeilorientierungen, weshalb jeweils ein Selbstüberschneidungspunkt ausgelassen wird. Bei der Abbildung von $1'$ auf 1 wird dementsprechend der Punkt 1 zuerst übersprungen und erst nach Durchlaufen der oberen Schleife als Bildpunkt benutzt. Der Orbit $\ldots 4' \to 3' \to 2' \to 1' \to 1 \to 2 \to 3 \to 4 \to \ldots$ führt zunächst bis in die Nähe von F zurück und muss dann, möglicherweise unter Erzeugung einer neuen Folge von Selbstüberschneidungspunkten, in die Nähe des Punktes 1 zurückkehren, bis er eine weitere obere Ausbuchtung bildet. Nicht gezeigt ist, wie die neuen Selbstüberschneidungspunkte abgebildet werden.

Punkten die Existenz von unendlich vielen weiteren. Bei dem in Abb. 9.7 gezeigten Beispiel besteht der durch die Selbstüberschneidungspunkte führende Orbit (Umlaufbahn) aus der Punktfolge $\ldots 4' \to 3' \to 2' \to 1' \to 1 \to 2 \to 3 \to 4 \to \ldots$, und man erkennt, dass in allen erreichten Punkten der erforderliche Richtungssinn für die Abbildung von Nachbarpunkten vorliegt. Das angegebene Beispiel zeigt nur ein mögliches Szenario der Selbstüberschneidung, wobei nicht behauptet werden soll, dass es das einzige ist und dass gerade dieses realisiert wird. Außerdem ist abzusehen, dass die Fortsetzung der invarianten Mannigfaltigkeit über den zeichnerischen Endpunkt hinaus zu noch viel komplizierteren Selbstüberschneidungen führen muss.

Resümee: Unter Vorwegnahme des Ergebnisses, dass das Auftreten eines homoklinen Gewirrs chaotische Trajektorien zur Folge hat, können wir unsere bisher gewonnenen Vorstellungen über die Wirkung einer nicht-integrablen Störung auf ein integrables System – für den besonders einfachen Fall zweier Freiheitsgrade – dahingehend ergänzen: In der Nachbarschaft einer die Störung überlebenden geschlossenen Trajektorie sind chaotische Trajektorien zu erwarten, wenn der zugehörige Fixpunkt hyperbolisch (Abb. 9.2b) ist.

Homokline Punkte und chaotisches Verhalten treten nur in nicht-integrablen Systemen auf, was der Grund dafür ist, warum es für deren Trajektorienverlauf keine durch elementare Funktionen beschreibbaren und damit einfachen Beispiele gibt. Die Situation wird etwas günstiger, wenn man sich auf die Untersuchung der von den Trajektorien vermittelten Abbildungen beschränkt, welche die zeitlich kontinuierliche Trajek-

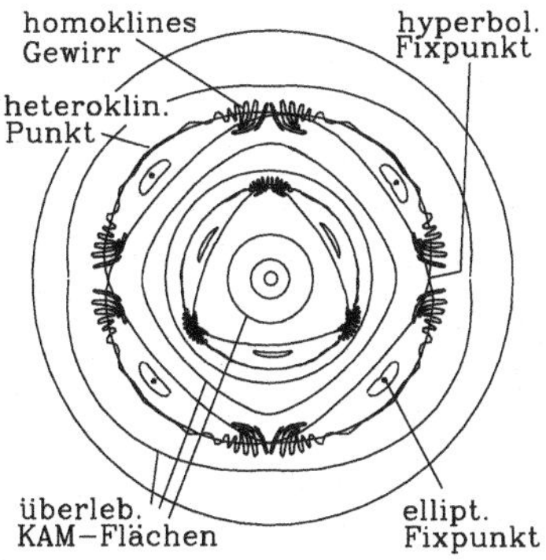

Abb. 9.8: Zu einem nicht-integrablen Hamiltonschen System gehöriger Poincaré-Schnitt mit invarianten Mannigfaltigkeiten. Zwischen überlebenden KAM-Tori finden sich hyperbolische Fixpunkte mit homoklinem Gewirr neben elliptischen Fixpunkten, die von den Schnitten neuer Torusflächen umgeben sind. Die als homoklines Gewirr gekennzeichnete Struktur ist das zu dem eingetragenen heteroklinen Punkt gehörige Pendant der in Abb. 9.6 gezeigten Nachbarschaft eines homoklinen Punktes. Sie tritt auch in der Nähe des zweiten der beiden dem heteroklinen Punkt zugeordneten Fixpunkte auf.

toriendynamik in eine diskrete Dynamik übersetzen. Allerdings ist es meistens nicht möglich, für diese Abbildungen eine geschlossene analytische Darstellung abzuleiten. Häufig gelingt es jedoch, eine Abbildung mit den gleichen qualitativen Eigenschaften anzugeben, und man begnügt sich dann mit deren Untersuchung. Das ist eine Technik, von der wir noch ausgiebig beim Nachweis von Chaos in einem homoklinen Gewirr Gebrauch machen werden.

Aufgrund des KAM-Theorems sind chaotische Trajektorien in Systemen mit zwei Freiheitsgraden zwischen überlebenden KAM-Tori eingesperrt (Abb. 9.8). Hierdurch wird der Bereich, über den sie hinweg wandern können, noch einigermaßen begrenzt. Das gilt zumindest dann, wenn die nicht-integrable Störung klein ist und die überlebenden KAM-Tori hinreichend dicht liegen. In Systemen mit mehr als zwei Freiheitsgraden gelten zum Teil ähnliche Überlegungen, zum Teil werden die Dinge aber auch erheblich komplizierter. Insbesondere sind die chaotischen Trajektorien aus Dimensionsgründen nicht mehr zwischen überlebende KAM-Tori eingesperrt und können daher weitere Gebiete des Phasenraums aufsuchen.

Ausblick. In diesem Abschnitt blieben zwei Probleme offen: 1. der Beweis für die Existenz homokliner Punkte und 2. der Nachweis, dass aus dem Auftreten des damit verbundenen homoklinen Gewirrs Chaos folgt. Der Beweis für die Existenz homokliner Punkte wird im nächsten Abschnitt erbracht. Die Definition des Begriffes „chaotisch" und der Nachweis von Chaos sind aufwendig und erfolgen in mehreren Schritten. In Abschn. 9.6 wird zunächst als Prototyp einer diskreten Dynamik mit stark chaotischem Verhalten die **Bäcker-Transformation** untersucht und gezeigt, dass diese einer **symbolischen Dynamik** äquivalent ist, die als **Bernoulli-Verschiebung** bezeichnet wird. Dabei wird auch eine präzise Definition des Begriffes „Chaos" eingeführt. Anschließend wird in Abschn. 9.7 als eine weitere diskrete Dynamik die **Hufeisen-Abbildung** untersucht und gezeigt, dass auch diese als eine Bernoulli-Verschiebung gedeutet werden kann und daher chaotisch ist. Schließlich wird in Abschn. 9.8 gezeigt, dass im homoklinen Gewirr eines hyperbolischen Fixpunkts eine hufeisenartige Abbildung und damit Chaos auftritt. Bei diesem Programm werden wir einen Kompromiss zwischen mathematischer Strenge und besserer Übersichtlichkeit dienender Kürze schließen, d. h. wir werden zwar alle für eine strenge Beweisführung zu klärenden Fragen ansprechen, einige Beweisschritte jedoch nur skizzieren, wenn diese hinreichend plausibel sind.

9.5 Melnikov-Funktion und Existenz homokliner Punkte

Wir haben im letzten Abschnitt die Existenz homokliner Punkte einfach postuliert und wollen jetzt nachträglich den Nachweis erbringen, dass es solche Punkte wirklich gibt. Es genügt, dies anhand eines konkreten Beispiels zu demonstrieren, und wir betrachten dazu den besonders einfachen Fall konservativer Systeme mit nur einem Freiheitsgrad, die durch eine zeitlich periodische Kraft (Periodendauer T) schwach gestört werden. Wir haben es dann mit einer Hamilton-Funktion des Typs

$$H = H_0(q, p) + \varepsilon H_1(q, p, t), \qquad H_1(q, p, t + T) = H_1(q, p, t) \tag{9.24}$$

zu tun. Wenn die Ortsvariablen $\{q, p\}$ des Phasenraums und die zugehörigen Geschwindigkeiten $\{\dot{q}, \dot{p}\}$ in einer rechtwinkligen Basis $\{\boldsymbol{e}_q, \boldsymbol{e}_p\}$ zu kartesischen Vektoren

$$\boldsymbol{r} = q\,\boldsymbol{e}_q + p\,\boldsymbol{e}_p, \qquad \boldsymbol{v} = \dot{q}\,\boldsymbol{e}_q + \dot{p}\,\boldsymbol{e}_p \overset{(7.7)}{=} (\partial H/\partial p)\,\boldsymbol{e}_q - (\partial H/\partial q)\,\boldsymbol{e}_p \tag{9.25}$$

zusammengefasst werden, erhalten wir unter Benutzung der symplektischen Formulierung der Hamilton-Gleichungen aus Exkurs 7.1 für $\boldsymbol{r}(t)$ die Bewegungsgleichung

$$\dot{\boldsymbol{r}} = \boldsymbol{v}(\boldsymbol{r}, t) = \boldsymbol{v}_0(\boldsymbol{r}) + \varepsilon \boldsymbol{v}_1(\boldsymbol{r}, t) \quad \text{mit} \quad \boldsymbol{v}(\boldsymbol{r}, t) = \boldsymbol{J} \cdot \frac{\partial H(\boldsymbol{r}, t)}{\partial \boldsymbol{r}} = \begin{pmatrix} 0 & 1 \\ -1 & 0 \end{pmatrix} \cdot \frac{\partial H(\boldsymbol{r}, t)}{\partial \boldsymbol{r}}. \tag{9.26}$$

Dabei kommt der Hamiltonsche Charakter der Bewegung darin zum Ausdruck, dass die Phasenraumströmung inkompressibel ist, $\boldsymbol{v}$ also die Gleichung

$$\operatorname{div} \boldsymbol{v} = \frac{\partial}{\partial q}\left(\frac{\partial H}{\partial p}\right) + \frac{\partial}{\partial p}\left(-\frac{\partial H}{\partial q}\right) = 0 \tag{9.27}$$

erfüllt. Diese muss von $\boldsymbol{v}_0$ und $\boldsymbol{v}_1$ separat befriedigt werden, weil sie natürlich auch für das ungestörte System gilt. In der speziellen Klasse von Systemen, für die wir hier den Existenzbeweis erbringen wollen, sollen noch folgende Voraussetzungen erfüllt sein: Das durch die Gleichung

$$\dot{\boldsymbol{r}} = \boldsymbol{v}_0(\boldsymbol{r}) \tag{9.28}$$

beschriebene ungestörte System besitzt genau einen, durch $\boldsymbol{v}_0(\boldsymbol{R}_0)=0$ mit der Folge $\dot{\boldsymbol{R}}_0(t)\equiv 0$ definierten, isolierten Gleichgewichtspunkt, der hyperbolisch ist und gegen den für $t\to\pm\infty$ dieselbe Trajektorie konvergiert; innerhalb von dieser verlaufen periodische Trajektorien (Abb. 9.9). (Ein konkretes Beispiel hierfür werden wir am Ende dieses Abschnitts kennen lernen.)

Zur Untersuchung des gestörten Systems greifen wir auf die in Abschn. 8.3.1 eingeführte Erweiterung des Phasenraums zurück, indem wir $\theta=2\pi t/T$ als weitere Ortskoordinate auffassen und senkrecht zur Phasenebene q, p auftragen. Die zu θ konjugierte Impulsvariable brauchen wir nicht weiter zu beachten, da sie mithilfe des für das erweiterte (konservative) System gültigen Energie-Erhaltungssatzes sofort eliminiert werden kann. Wegen der vorausgesetzten Periodizität der Störung ist θ eine Winkelvariable,

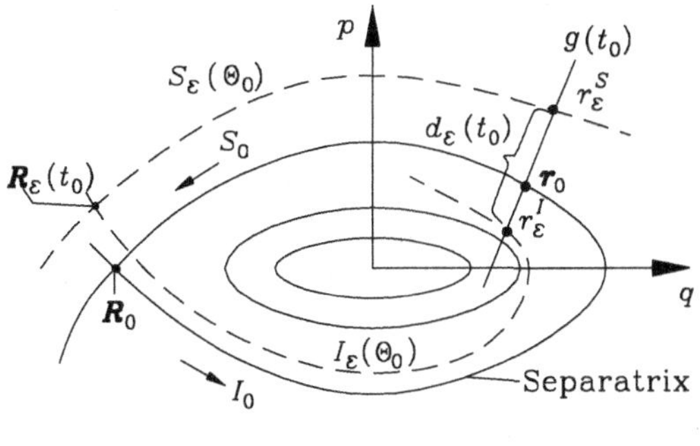

Abb. 9.9: Poincaré-Schnitt $\theta=\theta_0$ des Systems (9.26). Gezeigt sind der hyperbolische Fixpunkt und invariante Mannigfaltigkeiten der Poincaré-Abbildung, $\boldsymbol{R}_0$ sowie die durchgezogenen Kurven für das ungestörte und $\boldsymbol{R}_\varepsilon$ sowie die gestrichelten Kurven für das gestörte System. Beim ungestörten System sind die gezeigten Kurven zugleich Phasenraumtrajektorien.

d. h. wir können die Ebenen $\theta=\theta_0+2\pi n$ bzw. $t=t_0+nT$, ($n=0, \pm1, \pm2, \ldots$) miteinander identifizieren und als Poincaré-Schnitt benutzen. Die durch die Systemtrajektorien nach einmaligem Durchlaufen des Winkels 2π vermittelte Poincaré-Abbildung bezeichnen wir im Fall des ungestörten bzw. des gestörten Systems wieder mit P_0 bzw. P_ε. Die in Abb. 9.9 gezeigten invarianten Kurven haben im Fall der ungestörten Abbildung dieselbe geometrische Form wie die – ebenfalls in der q, p-Ebene verlaufenden – Phasenraumtrajektorien, denn die Punkte $\boldsymbol{r}(t_0+nT)$ liegen für alle auf derselben Bahn $\boldsymbol{r}(t)$ befindlichen Anfangswerte $\boldsymbol{r}(t_0)$ ebenfalls auf dieser Bahn. Die zum Fixpunkt $\boldsymbol{R}_0$ gehörigen Mannigfaltigkeiten S_0 (stabil) und I_0 (instabil) fallen zusammen.

Mithilfe des Theorems für implizite Funktionen kann gezeigt werden, *dass auch die Abbildung P_ε einen hyperbolischen Fixpunkt $\boldsymbol{R}_\varepsilon(t_0)$ besitzt. Dieser liegt in der Nähe von $\boldsymbol{R}_0$ und geht für $\varepsilon\to0$ in $\boldsymbol{R}_0$ über.* (Die Existenz des Fixpunkts $\boldsymbol{R}_\varepsilon(t_0)$ bedeutet, dass das gestörte System eine mit T periodische Trajektorie besitzt. Die Lage von $\boldsymbol{R}_\varepsilon(t_0)$ hängt wegen der Zeitabhängigkeit der Störung im Allgemeinen von der für den Poincaré-Schnitt gewählten Zeit t_0 ab.)

Beweis: Im Folgenden wird nur der Beweis für den Fall einer eindimensionalen Abbildung $q\to q'=f_0(q)+\varepsilon f_1(q)$ erbracht, der Beweis für die eigentlich zur Diskussion stehende Abbildung q, $p\to q'$, p' verläuft analog.

Die Bedingung für das Auftreten eines Fixpunkts ist $q'=q$ oder

$$F(q, \varepsilon) := f_0(q) + \varepsilon f_1(q) - q = 0\,.$$

Die Voraussetzung, dass die ungestörte Abbildung $q'=f_0(q)$ einen isolierten Fixpunkt besitzt, der bei bei q_0 liegen möge, bedeutet

$$F(q_0, 0) = 0$$

und

$$f_0'(q_0) \neq 1 \qquad \text{bzw.} \qquad F_q = \frac{\partial F}{\partial q}(q_0, 0) \neq 0\,,$$

denn das Theorem für implizite Funktionen besagt: Besitzt $F(q, \varepsilon)$ stetige Ableitungen F_q und F_ε und gilt $F(q_0, \varepsilon_0)=0$ mit $F_q(q_0, \varepsilon_0)\neq0$, so gibt es in einer Umgebung des Punktes (q_0, ε_0) eine stetige Funktion $q=q(\varepsilon)$ mit $q(\varepsilon_0)=q_0$, welche die Gleichung

$$F(q(\varepsilon), \varepsilon) \equiv 0$$

erfüllt. Da unsere spezielle Funktion $F(q, \varepsilon)$ die für das Theorem geforderten Voraussetzungen erfüllt, besitzt die Abbildung $q'=f_0(q)+\varepsilon f_1(q)$ einen Fixpunkt. □

Über die Existenz eines Fixpunkts $\boldsymbol{R}_\varepsilon(t_0)$ hinausgehend wird in der Störungstheorie invarianter Mannigfaltigkeiten bewiesen, *dass zu dem Fixpunkt* $\boldsymbol{R}_\varepsilon(t_0)$ *eine stabile und eine instabile invariante Mannigfaltigkeit* $S_\varepsilon(\theta_0)$ *bzw.* $I_\varepsilon(\theta_0)$ *existieren, von denen jedes Teilstück endlicher Länge mit* $\varepsilon \to 0$ *gleichmäßig gegen ein entsprechendes Teilstück der Separatrix* S_0 *konvergiert.*[5] Wie wir sehen werden, fallen $S_\varepsilon(\theta_0)$ und $I_\varepsilon(\theta_0)$ im Allgemeinen jedoch nicht, wie beim ungestörten System, zusammen.

Wir bezeichnen jetzt in Abänderung der bisherigen Notation diejenige Trajektorie des ungestörten Systems, die zur Zeit t_0 durch den (beliebig gewählten) Punkt $\boldsymbol{r}_0 \neq \boldsymbol{R}_0$ der Separatrix hindurchläuft, mit $\boldsymbol{r}_0(t-t_0)$. (Da die rechte Seite von Gleichung (9.28) nicht von t abhängt, sind deren Lösungen invariant gegenüber Zeitverschiebungen, so dass $\boldsymbol{r}_0$ nur von $t-t_0$ abhängt. Beim Übergang zum gestörten System geht diese Zeitverschiebungsinvarianz allerdings verloren.) Sie erfüllt

$$\boldsymbol{r}_0(0) = \boldsymbol{r}_0\,, \qquad \lim_{t\to\pm\infty} \boldsymbol{r}_0(t-t_0) = \boldsymbol{R}_0\,. \tag{9.29}$$

Jetzt ziehen wir in der Poincaréschen Schnittebene senkrecht zur Separatrix S_0 durch den Punkt $\boldsymbol{r}_0$ eine Gerade $g(t_0)$ (Abb. 9.9). Aufgrund des zuletzt zitierten Satzes muss diese für hinreichend kleine ε sowohl von $S_\varepsilon(\theta_0)$ als auch von $I_\varepsilon(\theta_0)$ geschnitten werden. Bezeichnen wir diese Schnittpunkte mit $\boldsymbol{r}_\varepsilon^S$ bzw. $\boldsymbol{r}_\varepsilon^I$ und die durch sie zur Zeit t_0 hindurchlaufenden Trajektorien des gestörten Systems mit $\boldsymbol{r}_\varepsilon^S(t,t_0)$ bzw. $\boldsymbol{r}_\varepsilon^I(t,t_0)$, so gelten in Analogie zu (9.29) die Beziehungen

$$\begin{aligned} \boldsymbol{r}_\varepsilon^S(t_0,t_0) &= \boldsymbol{r}_\varepsilon^S\,, \qquad & \lim_{n\to+\infty} \boldsymbol{r}_\varepsilon^S(t_0+nT,t_0) &= \boldsymbol{R}_\varepsilon(t_0)\,,\\ \boldsymbol{r}_\varepsilon^I(t_0,t_0) &= \boldsymbol{r}_\varepsilon^I\,, \qquad & \lim_{n\to-\infty} \boldsymbol{r}_\varepsilon^I(t_0+nT,t_0) &= \boldsymbol{R}_\varepsilon(t_0)\,. \end{aligned} \tag{9.30}$$

Da die zwischen $\boldsymbol{R}_\varepsilon(t_0)$ und $\boldsymbol{r}_\varepsilon^S$ bzw. $\boldsymbol{r}_\varepsilon^I$ gelegenen Teilstücke der invarianten Mannigfaltigkeiten $S_\varepsilon(\theta_0)$ bzw. $I_\varepsilon(\theta_0)$ für $\varepsilon\to 0$ gleichmäßig gegen die Separatrix S_0 konvergieren (mit der Folge $\lim_{\varepsilon\to 0} \boldsymbol{r}_\varepsilon^{S,I}(t,t_0) = \boldsymbol{r}_0(t-t_0)$), können die Trajektorien $\boldsymbol{r}_\varepsilon^{S,I}(t,t_0)$ in Potenzreihen

$$\boldsymbol{r}_\varepsilon^{S,I}(t,t_0) = \boldsymbol{r}_0(t-t_0) + \varepsilon\,\boldsymbol{r}_1^{S,I}(t,t_0) + \cdots \tag{9.31}$$

entwickelt werden. Einsetzen dieser Reihen in die Bewegungsgleichung (9.26) und Koeffizientenvergleich der verschiedenen ε-Potenzen in der hierdurch erhaltenen Gleichung

$$\begin{aligned} \dot{\boldsymbol{r}}_0 + \varepsilon\,\dot{\boldsymbol{r}}_1^{S,I} + \cdots &= \boldsymbol{v}_0(\boldsymbol{r}_0 + \varepsilon\boldsymbol{r}_1^{S,I} + \cdots) + \varepsilon\,\boldsymbol{v}_1(\boldsymbol{r}_0 + \varepsilon\boldsymbol{r}_1^{S,I} + \cdots, t) + \cdots \\ &= \boldsymbol{v}_0(\boldsymbol{r}_0) + \varepsilon\Big[\boldsymbol{r}_1^{S,I}\cdot\nabla\boldsymbol{v}_0(\boldsymbol{r}_0) + \boldsymbol{v}_1(\boldsymbol{r}_0,t)\Big] + \cdots \end{aligned}$$

führt schließlich zu der Differentialgleichung $\dot{\boldsymbol{r}}_0 = \boldsymbol{v}_0(\boldsymbol{r}_0)$, die nach (9.28) erfüllt ist, und

$$\dot{\boldsymbol{r}}_1^{S,I} = \boldsymbol{r}_1^{S,I}\cdot\nabla\boldsymbol{v}_0(\boldsymbol{r}_0) + \boldsymbol{v}_1(\boldsymbol{r}_0,t)\,. \tag{9.32}$$

5 Siehe z. B. J. Guckenheimer, P. Holmes, *Nonlinear Oscillations, Dynamical Systems, and Bifurcation of Vector Fields*, Springer-Verlag, New York, Berlin, Heidelberg, 1983, Abschn. 4.5 und dort angegebene Literaturhinweise.

Melnikov-Funktion. Wir untersuchen jetzt, wie sich der Abstand der beiden Vektoren $\boldsymbol{r}_\varepsilon^S(t_0, t_0)$ und $\boldsymbol{r}_\varepsilon^I(t_0, t_0)$ als Funktion von t_0 verhält. Um die Art eines eventuellen Nulldurchgangs besser beurteilen zu können, betrachten wir den mit Vorzeichen versehenen Abstand und multiplizieren dazu den Vektor $\boldsymbol{r}_\varepsilon^S(t_0, t_0) - \boldsymbol{r}_\varepsilon^I(t_0, t_0)$ mit dem zu ihm parallelen Vektor $\boldsymbol{e}_\theta \times \boldsymbol{v}_0$ ($\boldsymbol{e}_\theta$ = Einheitsvektor in Richtung der θ-Achse senkrecht zur q, p-Ebene). Die auf diese Weise erhaltene Größe

$$\left[\boldsymbol{e}_\theta \times \boldsymbol{v}_0(\boldsymbol{r}_0(0))\right] \cdot \left[\boldsymbol{r}_\varepsilon^S(t_0, t_0) - \boldsymbol{r}_\varepsilon^I(t_0, t_0)\right] \overset{(9.31)}{=} \boldsymbol{e}_\theta \cdot \left[\boldsymbol{v}_0(\boldsymbol{r}_0(0)) \times \left(\boldsymbol{r}_1^S(t_0, t_0) - \boldsymbol{r}_1^I(t_0, t_0)\right)\right] \tag{9.33}$$

gibt bis auf den skalaren Faktor $v_0(\boldsymbol{r}_0(0))$ den mit Vorzeichen versehenen Abstand $d_\varepsilon(t_0)$ der invarianten Mannigfaltigkeiten $S_\varepsilon(\theta_0)$ und $I_\varepsilon(\theta_0)$ auf der Geraden g_0 an. Wie wir gleich sehen werden, lässt sich die Existenz homokliner Punkte auf die Frage zurückführen, ob die Funktion $d_\varepsilon(t_0)$ zu irgendeinem Zeitpunkt t_0^* eine *einfache* Nullstelle besitzt. (Bei der Veränderung von t_0 halten wir den Punkt $\boldsymbol{r}_0$ und damit die Gerade g_0 fest.) Da es nach Voraussetzung nur einen Gleichgewichtspunkt $\boldsymbol{R}_0$ geben soll, $\boldsymbol{v}_0$ also außer in diesem nirgends verschwindet, ist das genau dann der Fall, wenn die Größe (9.33) eine *einfache* Nullstelle besitzt. Setzen wir jetzt in dieser die Entwicklungen (9.31) ein, so führt die Vernachlässigung von Termen höherer Ordnung für kleine ε höchstens zu einer kleinen Verschiebung des Zeitpunkts für den Nulldurchgang, ändert jedoch nichts an dessen Existenz. (Gilt $A(t_0) = A_0(t_0) + \varepsilon A_1(t_0)$, $B(t_0) = B_0(t_0) + \varepsilon B_1(t_0)$ und hat $A_0(t_0) - B_0(t_0)$ zur Zeit t_0^* eine einfache Nullstelle, so gilt z. B. $A_0(t_0) - B_0(t_0) \gtrless 0$ für $t_0 \gtrless t_0^*$. Hieraus folgt für hinreichend kleine ε, dass $A(t_0) - B(t_0) \gtrless 0$ für $t_0 \gtrless \tilde{t}_0^*$ gilt, und daraus folgt die Existenz einer Nullstelle von $A(t_0) - B(t_0)$.) $d_\varepsilon(t_0)$ besitzt also genau dann eine einfache Nullstelle, wenn das für die **Melnikov-Funktion**

$$M(t_0) = \boldsymbol{e}_\theta \cdot \left[\boldsymbol{v}_0(\boldsymbol{r}_0(0)) \times \left(\boldsymbol{r}_1^S(t_0, t_0) - \boldsymbol{r}_1^I(t_0, t_0)\right)\right] \tag{9.34}$$

zutrifft.

Bevor wir uns mit der Interpretation der Existenz einer solchen Nullstelle befassen, wollen wir noch eine Formel ableiten, welche die Bestimmung der Melnikov-Funktion schon bei alleiniger Kenntnis der Lösung $\boldsymbol{r}_0(t - t_0)$ ermöglicht. Hierzu differenzieren wir die – für $t = t_0$ in (9.34) enthaltenen – Größen

$$M^{S,I}(t, t_0) = \boldsymbol{e}_\theta \cdot \left[\boldsymbol{v}_0(\boldsymbol{r}_0(t - t_0)) \times \boldsymbol{r}_1^{S,I}(t, t_0)\right] \tag{9.35}$$

nach t, setzen (9.32) ein und erhalten mit

$$\frac{d}{dt} \boldsymbol{v}_0(\boldsymbol{r}_0(t - t_0)) = \dot{\boldsymbol{r}}_0(t - t_0) \cdot \nabla \boldsymbol{v}_0 \overset{(9.28)}{=} \boldsymbol{v}_0 \cdot \nabla \boldsymbol{v}_0$$

die Beziehungen

$$\dot{M}^{S,I} = \boldsymbol{e}_\theta \cdot \left[(\boldsymbol{v}_0 \cdot \nabla \boldsymbol{v}_0) \times \boldsymbol{r}_1^{S,I} + \boldsymbol{v}_0 \times (\boldsymbol{r}_1^{S,I} \cdot \nabla \boldsymbol{v}_0) + \boldsymbol{v}_0 \times \boldsymbol{v}_1(\boldsymbol{r}_0, t)\right].$$

Nun gilt

$$\boldsymbol{e}_\theta \cdot \left[(\boldsymbol{v}_0 \cdot \nabla \boldsymbol{v}_0) \times \boldsymbol{r}_1^{S,I} + \boldsymbol{v}_0 \times (\boldsymbol{r}_1^{S,I} \cdot \nabla \boldsymbol{v}_0)\right] = \boldsymbol{e}_\theta \cdot \left[\boldsymbol{v}_0 \times \boldsymbol{r}_1^{S,I}\right] \operatorname{div} \boldsymbol{v}_0\,,$$

was man am einfachsten sieht, indem man $\boldsymbol{v}_0$ und $\boldsymbol{r}_1^{S,I}$ in Komponenten zerlegt. Da $\boldsymbol{v}_0$ jedoch (9.27) erfüllt, erhalten wir einfacher

$$\dot{M}^{S,I} = \boldsymbol{e}_\theta \cdot \left[\boldsymbol{v}_0 \times \boldsymbol{v}_1(\boldsymbol{r}_0, t)\right].$$

Hieraus folgt durch Integration über t von t_0 bis ∞

$$\begin{aligned}-M^S(t_0, t_0) &= M^S(\infty, t_0) - M^S(t_0, t_0)\\ &= \int_{t_0}^{\infty} \boldsymbol{e}_\theta \cdot \left[\boldsymbol{v}_0(\boldsymbol{r}_0(t-t_0)) \times \boldsymbol{v}_1(\boldsymbol{r}_0(t-t_0), t)\right] dt\end{aligned}$$

und durch Integration von $-\infty$ bis t_0

$$\begin{aligned}M^I(t_0, t_0) &= M^I(t_0, t_0) - M^I(-\infty, t_0)\\ &= \int_{-\infty}^{t_0} \boldsymbol{e}_\theta \cdot \left[\boldsymbol{v}_0(\boldsymbol{r}_0(t-t_0)) \times \boldsymbol{v}_1(\boldsymbol{r}_0(t-t_0), t)\right] dt\,,\end{aligned}$$

weil die Größen $M^S(\infty, t_0)$ und $M^I(-\infty, t_0)$ aufgrund ihrer Definition (9.35) sowie wegen (9.29) und $\boldsymbol{v}_0(\boldsymbol{R}_0)=0$ verschwinden. (In diese Ergebnisse geht ganz wesentlich das in (9.30) angegebene asymptotische Verhalten ein: Dieses sorgt für die Regularität von $\boldsymbol{r}_1^S(t, t_0)$, jedoch nicht von $\boldsymbol{r}_1^I(t, t_0)$ für $t \to \infty$ bzw. die von $\boldsymbol{r}_1^I(t, t_0)$, jedoch nicht von $\boldsymbol{r}^S(t, t_0)$ für $t \to -\infty$.) Mit $M(t_0)=M^S(t_0, t_0)-M^I(t_0, t_0)$ erhalten wir schließlich für die Melnikov-Funktion (9.34)

$$M(t_0) = -\int_{-\infty}^{+\infty} \boldsymbol{e}_\theta \cdot \left[\boldsymbol{v}_0(\boldsymbol{r}_0(t-t_0)) \times \boldsymbol{v}_1(\boldsymbol{r}_0(t-t_0), t)\right] dt\,. \tag{9.36}$$

Die Funktion $\boldsymbol{v}_1(\boldsymbol{r}, t)$ ist hierin als bekannt anzusehen, daher genügt zur Bestimmung von $M(t_0)$ die alleinige Kenntnis von $\boldsymbol{r}_0(t-t_0)$.

Wenden wir uns jetzt der Frage zu, was es bedeutet, wenn $M(t_0)$ bzw. $d_\varepsilon(t_0)$ als Funktion von t_0 bei $t_0=t_0^*$ eine einfache Nullstelle besitzt. Der Punkt der entsprechenden Poincaréschen Schnittebene $\theta_0=\theta_0^*$, in dem die invarianten Mannigfaltigkeiten $S_\varepsilon(\theta_0^*)$ und $I_\varepsilon(\theta_0^*)$ dann aufeinanderstoßen, werde mit $\boldsymbol{r}_\varepsilon^*$ bezeichnet. Da jede durch einen Punkt von $S_\varepsilon(\theta_0^*)$ bzw. $I_\varepsilon(\theta_0^*)$ hindurchlaufende Trajektorie des gestörten Systems für jedes $t=t_0 \gtrless t_0^*$ zu einem Punkt der entsprechenden Mannigfaltigkeit $S_\varepsilon(\theta_0)$ bzw. $I_\varepsilon(\theta_0)$ führt, müssen auch diese aufeinanderstoßen: Der Punkt $\boldsymbol{r}_\varepsilon=\boldsymbol{r}_\varepsilon^{S,I}(t_0, t_0^*)$, zu dem die durch $\boldsymbol{r}_\varepsilon^*$ laufende Trajektorie führt, muss nämlich sowohl zu $S_\varepsilon(\theta_0)$ als auch zu $I_\varepsilon(\theta_0)$ gehören (Abb. 9.10).

Jetzt bleibt nur noch zu klären, ob es sich dabei um einen Berührungspunkt oder um einen echten Schnittpunkt handelt. Wegen

$$\left|\boldsymbol{r}_\varepsilon^{S,I}(t_0^*, t_0^*)-\boldsymbol{r}_\varepsilon^{S,I}(t_0, t_0^*)\right| \approx \left|\frac{\partial \boldsymbol{r}_\varepsilon^{S,I}(t, t_0^*)}{\partial t}\bigg|_{t=t_0^*} \Delta t\right| = \left|(\boldsymbol{v}_0^*+\varepsilon \boldsymbol{v}_1^*)\,\Delta t\right| \approx \left|\boldsymbol{v}_0^*\,\Delta t\right|$$

mit $\Delta t=(t_0^*-t_0)$ und wegen $|\boldsymbol{v}_0^*|=\mathcal{O}(\varepsilon^0)$ gilt auch für den senkrechten Abstand $a_\perp$ des Schnittpunkts $\boldsymbol{r}_\varepsilon$ von der Ebene, die für variables t_0 von den Geraden $g(t_0)$ auf-

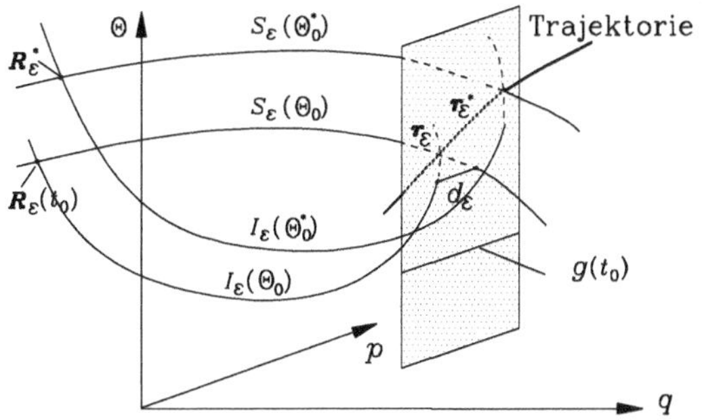

Abb. 9.10: Die invarianten Mannigfaltigkeiten $S_\varepsilon(t_0^*)$ und $I_\varepsilon(t_0^*)$ müssen sich im Punkt $\boldsymbol{r}_\varepsilon^*$ transversal schneiden. Die gepunktete Ebene wird von den Geraden $g(t_0)$ aufgespannt. d_ε ist der Abstand der Durchstoßpunkte von $S_\varepsilon(\theta_0)$ und $I_\varepsilon(\theta_0)$ durch diese Ebene.

gespannt wird, $a_\perp = |(\boldsymbol{r}_\varepsilon^* - \boldsymbol{r}_\varepsilon)_\perp| \sim \Delta t$. Andererseits folgt aus der Einfachheit der Nullstelle von $M(t_0)$ bzw. $d_\varepsilon(t_0)$, dass der Abstand $d_\varepsilon(t_0^* - \Delta t)$, unter dem die beiden invarianten Mannigfaltigkeiten $S_\varepsilon(t_0^* - \Delta t)$ und $I_\varepsilon(t_0^* - \Delta t)$ die Gerade $g(t_0^* - \Delta t)$ durchstoßen, ebenfalls linear mit Δt gegen null geht, $d_\varepsilon(t_0^* - \Delta t) = -d'_\varepsilon(t_0^*)\Delta t$ mit $d'_\varepsilon(t_0^*) = \mathcal{O}(1)$. Drückt man nun den Abstand $d_\varepsilon(t_0^* - \Delta t)$ durch $a_\perp$ aus, so gilt $d_\varepsilon \sim \Delta t \sim a_\perp$, und das ist nur möglich, wenn es sich bei $\boldsymbol{r}_\varepsilon^*$ bzw. $\boldsymbol{r}_\varepsilon$ um einen transversalen Schnittpunkt handelt. Bei einer Berührung von S_ε und I_ε ergäbe sich dagegen $d_\varepsilon \sim a_\perp^{1/2}$ (Aufgabe 9.2).

Als Ergebnis können wir somit festhalten: *Hat $M(t_0)$ mindestens eine einfache Nullstelle, so schneiden sich die invarianten Mannigfaltigkeiten $S_\varepsilon(\theta_0)$ und $I_\varepsilon(\theta_0)$ in einem homoklinen Punkt.*

Beweis der Existenz homokliner Punkte. Zum Beweis der Existenz homokliner Punkte genügt es jetzt, wenn wir ein konkretes System angeben können, das zu der oben untersuchten Klasse von Systemen gehört und dessen Melnikov-Funktion $M(t_0)$ einfache Nullstellen besitzt.

Betrachten wir das durch die **Duffing-Gleichung**

$$\ddot{x} - x + x^3 = \varepsilon \cos \omega t \tag{9.37}$$

beschriebene Beispiel eines periodisch getriebenen, anharmonischen Oszillators. Die (9.37) äquivalenten Hamilton-Gleichungen lauten

$$\dot{x} = p\,, \qquad \dot{p} = x - x^3 + \varepsilon \cos \omega t \tag{9.38}$$

und haben die Hamilton-Funktion

$$H = H_0 + \varepsilon H_1$$

mit

$$H_0 = \frac{p^2}{2} - \frac{x^2}{2} + \frac{x^4}{4}\,, \qquad H_1 = -x \cos \omega t\,. \tag{9.39}$$

Das ungestörte Problem besitzt den auf der Energiefläche $H_0 = 0$ gelegenen Gleichgewichtspunkt $x \equiv 0$, $\dot{x} \equiv p \equiv 0$. Zur gleichen Energie erhalten wir aus (9.39) auch noch

$$\dot{x} = p = \pm x \sqrt{1 - x^2/2}\,.$$

Eine Lösung dieser Gleichung ist die einer homoklinen Kurve entsprechende Bahn

$$x_0(t-t_0) = \frac{\sqrt{2}}{\cosh(t-t_0)}\,, \qquad p_0(t-t_0) = -\frac{\sqrt{2}\,\sinh(t-t_0)}{\cosh^2(t-t_0)}\,,$$

die für $t \to \pm\infty$ gegen den Gleichgewichtspunkt strebt. (Es gibt noch eine zweite Lösung, in der x_0 und p_0 jeweils das umgekehrte Vorzeichen haben.) Offensichtlich gehört unser System zu der Klasse, für die der Satz über die Melnikov-Funktion abgeleitet wurde. Nach (9.25) ist

$$\boldsymbol{v}_0(\boldsymbol{r}_0(t-t_0)) = \dot{x}_0\,\boldsymbol{e}_x + \dot{p}_0\,\boldsymbol{e}_p = \frac{\partial H_0}{\partial p_0}\,\boldsymbol{e}_x - \frac{\partial H_0}{\partial x_0}\,\boldsymbol{e}_p \overset{(9.39a)}{=} p_0\,\boldsymbol{e}_x + (x_0 - x_0{}^3)\,\boldsymbol{e}_p\,,$$

$$\boldsymbol{v}_1(r_0(t-t_0), t) = \left[\frac{\partial H_1}{\partial p}\,\boldsymbol{e}_x - \frac{\partial H_1}{\partial x}\,\boldsymbol{e}_p\right]_{x_0, p_0, t} \overset{(9.39b)}{=} \cos\omega t\,\boldsymbol{e}_p$$

und infolgedessen

$$\boldsymbol{v}_0(\boldsymbol{r}_0(t-t_0)) \times \boldsymbol{v}_1(\boldsymbol{r}_0(t-t_0), t) = p_0 \cos\omega t\,(\boldsymbol{e}_x \times \boldsymbol{e}_p) = -\frac{\sqrt{2}\,\sinh(t-t_0)\cos\omega t}{\cosh^2(t-t_0)}\,\boldsymbol{e}_\theta\,.$$

Setzen wir dies in (9.36) ein, so erhalten wir mit der Substitution $t-t_0=\tau$ für unser Beispiel

$$\begin{aligned} M(t_0) &= \sqrt{2}\cos\omega t_0 \int_{-\infty}^{+\infty} \frac{\sinh\tau\,\cos\omega\tau}{\cosh^2\tau}\,d\tau - \sqrt{2}\sin\omega t_0 \int_{-\infty}^{+\infty} \frac{\sinh\tau\,\sin\omega\tau}{\cosh^2\tau}\,d\tau \\ &\overset{\text{s.u.}}{=} -\sqrt{2}\sin\omega t_0 \int_{-\infty}^{+\infty} \frac{\sinh\tau\,\sin\omega\tau}{\cosh^2\tau}\,d\tau\,. \end{aligned}$$

Das erste Integral verschwand wegen der Antisymmetrie des Integranden, und die Auswertung des verbliebenen Integrals mithilfe des Residuensatzes führt zu

$$M(t_0) = -\frac{\sqrt{2}\pi\omega}{\cosh(\pi\omega/2)}\sin\omega t_0\,. \tag{9.40}$$

Da der Faktor neben $\sin\omega t_0$ ungleich null ist, besitzt $M(t_0)$ einfache Nullstellen bei $t_0 = n\pi/\omega$, $(n=0, \pm 1, \pm 2, \ldots)$. Damit ist die Existenz homokliner Punkte bewiesen.

9.6 Bäcker-Transformation, Bernoulli-Verschiebung und Chaos

Als Prototyp der Dynamik eines stark chaotischen Systems betrachten wir die diskrete „Dynamik“, die durch sukzessive Anwendung der Abbildung

$$\begin{aligned} q' &= 2q\,, & p' &= p/2 & &\text{für} \quad 0 \le q < \tfrac{1}{2}\,, \\ q' &= 2q-1\,, & p' &= (p+1)/2 & &\text{für} \quad \tfrac{1}{2} \le q \le 1 \end{aligned} \tag{9.41}$$

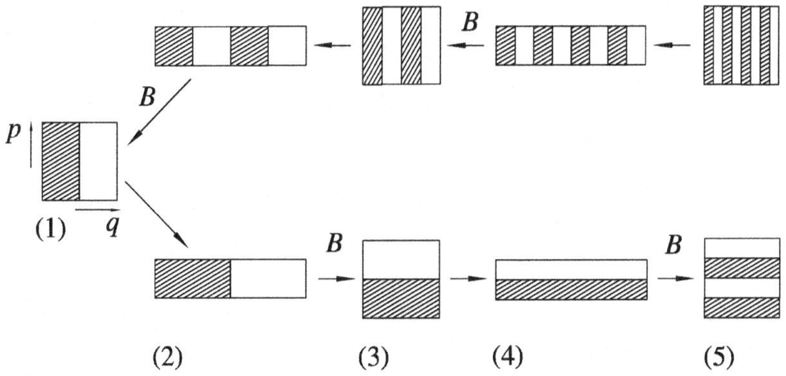

Abb. 9.11: Bäcker-Transformation. Ihre einmalige Anwendung führt zu dem Übergang von (1) nach (3), wobei der Anschaulichkeit halber ein Zwischenschritt (2) eingefügt ist: Das Einheitsquadrat, (1), wird in q-Richtung um den Faktor 2 gestreckt und in p-Richtung um den Faktor $1/2$ gestaucht, (2). Dann wird die rechte Hälfte des entstandenen Rechtecks abgetrennt und über die linke Hälfte geschoben, (3), so dass sie mit dieser zusammen wieder die Fläche des ursprünglichen Quadrats füllt. Erneute Anwendung der Bäcker-Transformation führt über den Zwischenschritt (4) zu (5). Die obere Reihe zeigt Vorstufen des Quadrats (1), aus denen dieses (von rechts nach links) durch Bäcker-Transformationen hervorgeht. Die schrittweise Veränderung des Quadrats kann als dynamischer Prozess aufgefasst werden.

des Einheitsquadrats $0 \le q \le 1$, $0 \le p \le 1$ auf sich selbst induziert wird. Ihre geometrische Deutung ist in Abb. 9.11 gezeigt und lässt erkennen, dass sie in etwa dem Kneten und Falten eines Brotteigs entspricht, was ihr den Namen **Bäcker-Transformation** eingetragen hat. Wegen $\Delta q' \Delta p' = \Delta q \, \Delta p$ ist sie flächentreu und induziert daher die Dynamik eines konservativen Systems (siehe Abschn. 9.3). Außerdem ist sie, wie die Dynamik Hamiltonscher Systeme, reversibel, wenn man bei der Vertauschung $q \leftrightarrow q'$, $p \leftrightarrow p'$, die als Zeitumkehr aufgefasst werden kann, auch q und p vertauscht, $q \leftrightarrow p$, was der Richtungsumkehr der Impulse bei der Hamiltonschen Dynamik entspricht: Aus $q' = 2q$ wird so $q = 2q'$, und durch die Vertauschung $q \leftrightarrow p$ wird daraus $p' = p/2$ usw., d. h. die Gleichungen (9.41) werden in sich selbst überführt. Führt man die Bäcker-Transformation n-mal hintereinander aus, so entstehen aus der schraffierten linken Hälfte des Quadrats 2^{n-1} schmale horizontale Streifen. Wie bei der Dynamik in dem homoklinen Gewirr von Abb. 9.6 haben wir also starke Dilatation in einer und starke Kontraktion in einer dazu komplementären Richtung.

Für das Weitere ist es nützlich, wenn wir zur Beschreibung der Punkte (q, p) des Einheitsquadrats die (eindeutigen) **Binär-Entwicklungen**

$$q = \sum_{n=-\infty}^{0} \frac{s_n}{2^{|n|+1}}, \qquad p = \sum_{n=1}^{\infty} \frac{s_n}{2^n} \tag{9.42}$$

benutzen, in der die Koeffizienten s_n entweder 0 oder 1 sind. (Man kann sich leicht klar machen, dass auf diese Weise jeder Punkt $0 \le q \le 1$, $0 \le p \le 1$ dargestellt werden kann.)

Durch die Bäcker-Transformation entsteht daraus für den Bereich $0 \leq q < 1/2$, in dem $s_0 = 0$ sein muss, weil sonst $q > 1/2$ gelten würde,

$$\frac{s'_0}{2} + \frac{s'_{-1}}{2^2} + \cdots = q' = 2q = \frac{s_{-1}}{2} + \frac{s_{-2}}{2^2} + \cdots ,$$

$$\frac{s'_1}{2} + \frac{s'_2}{2^2} + \cdots = p' = \frac{p}{2} = \frac{s_1}{2^2} + \frac{s_2}{2^3} + \cdots .$$

Aus der Eindeutigkeit der Binärdarstellung folgt, dass die Koeffizienten gleicher Potenzen von $1/2$ auf der linken und rechten Seite übereinstimmen müssen, d. h. $\ldots, s'_2 = s_1$, $s'_1 = 0 = s_0$, $s'_0 = s_{-1}$, $s'_{-1} = s_{-2}$, ... Für den Bereich $1/2 \leq q \leq 1$, in dem $s_0 = 1$ sein muss, liefert die Bäcker-Transformation

$$\frac{s'_0}{2} + \frac{s'_{-1}}{2^2} + \cdots = q' = 2q - 1 = \underbrace{-1 + s_0}_{0} + \frac{s_{-1}}{2} + \frac{s_{-2}}{2^2} + \cdots ,$$

$$\frac{s'_1}{2} + \frac{s'_2}{2^2} + \cdots = p' = \frac{p+1}{2} = \frac{1}{2} + \frac{s_1}{2^2} + \frac{s_2}{2^3} + \cdots$$

oder $\ldots, s'_2 = s_1$, $s'_1 = 1 = s_0$, $s'_0 = s_{-1}$, $s'_{-1} = s_{-2}$, ... In beiden Fällen gilt also

$$s'_i = s_{i-1} \qquad \text{für alle } i \, . \tag{9.43}$$

Nun schreiben wir die einen Punkt repräsentierenden Koeffizienten s_n in eine zweifach unendliche Folge

$$s = \{\ldots, s_{-2}, s_{-1}, s_0 \bullet s_1, s_2, \ldots\} , \tag{9.44}$$

wobei die Koeffizienten von q links und die von p rechts von einem Trennpunkt $\bullet$ angeordnet werden. Die Gesamtheit der Punkte des Einheitsquadrats lässt sich auf diese Weise eindeutig der Gesamtheit Σ aller derartigen Punktfolgen zuordnen, und die Wirkung der Bäcker-Transformation $(q', p') = B(q, p)$ lässt sich eindeutig der Wirkung der durch

$$\sigma\{\ldots, s_{-2}, s_{-1}, s_0 \bullet s_1, s_2, \ldots\} = \{\ldots, s_{-2}, s_{-1} \bullet s_0, s_1, s_2, \ldots\}$$

oder kürzer

$$(\sigma s)_i = s_{i-1}$$

beschriebenen **Bernoulli-Verschiebung**[6] σ auf s zuordnen, bei der alle Koeffizienten s_i um einen Platz nach rechts verschoben werden.

Auch der Begriff des Abstands

$$d = \left[(\bar{q} - q)^2 + (\bar{p} - p)^2\right]^{1/2} = \left[\left(\sum_{n=-\infty}^{0} \frac{\bar{s}_n - s_n}{2^{|n|+1}}\right)^2 + \left(\sum_{n=1}^{\infty} \frac{\bar{s}_n - s_n}{2^n}\right)^2\right]^{1/2} \tag{9.45}$$

---

6 Etwas anders dargestellt und allgemeiner ist die Bernoulli-Verschiebung durch

$$x' = Dx \mod 1 \qquad \text{mit} \qquad x \in [0, 1] \qquad \text{und} \qquad D \in \mathbb{R}$$

definiert. Bei der Bäcker-Transformation erfahren q und p' eine Bernoulli-Verschiebung mit $D = 2$.

zweier Punkte (q, p) und $(\overline{q}, \overline{p})$ des Einheitsquadrats lässt sich auf die Elemente von Σ übertragen, indem man d als „Abstand" zweier Elemente s und $\overline{s}$ definiert und damit in der Menge Σ eine Metrik einführt. Stimmen s und $\overline{s}$ in einem symmetrisch zum Trennpunkt gelegenen Zentralblock der Länge $2N$ überein, $\overline{s}_n = s_n$ für $-N+1 \leq n \leq N$, so ist ihr Abstand

$$d = \left[\left(\sum_{-\infty}^{-N} \frac{\overline{s}_n - s_n}{2^{|n|+1}} \right)^2 + \left(\sum_{N+1}^{\infty} \frac{\overline{s}_n - s_n}{2^n} \right)^2 \right]^{1/2} \leq \left[2 \left(\sum_{N+1}^{\infty} \frac{1}{2^n} \right)^2 \right]^{1/2} = \frac{1}{2^{N-1/2}},$$

d. h. der Abstand wird um so kleiner, je größer N ist, und es gilt

$$d < \varepsilon \quad \text{für} \quad N > \frac{1}{2} + \frac{\ln 1/\varepsilon}{\ln 2}.$$

Es ist nun einfacher, statt der Bäcker-Transformation B die durch die Bernoulli-Verschiebung σ und deren Iterierte σ^n auf Σ induzierte Dynamik zu untersuchen. Die erhaltenen Ergebnisse können dann wegen der eindeutigen Zuordnung zwischen σ und B unmittelbar auf die Bäcker-Transformation übertragen werden.

Für die Bernoulli-Verschiebung beweisen wir nun das folgende Theorem.

Theorem. *Die durch σ induzierte Dynamik besitzt 1. eine abzählbar unendliche Folge periodischer Orbits*[7] *aller möglichen Perioden, 2. eine nicht abzählbar unendliche Menge nicht-periodischer Orbits und 3. einen Orbit, der allen Elementen von Σ beliebig nahe kommt.*

Beweis:
1. Alle $s \in \Sigma$, die periodisch aus sich wiederholenden Sequenzen von Nullen und Einsen aufgebaut sind, haben unter Einwirkung von σ periodische Orbits zur Folge, und umgekehrt. Daher gibt es so viele periodische Orbits wie Folgen s mit periodischen Sequenzen. Die Folgen können abgezählt werden, indem man sie nach der Länge ihrer Periode und der Größe der der letzteren entsprechenden Binärzahl anordnet.

Im Folgenden wird das für die Periodenlängen 1 bis 3 demonstriert, wobei gleich die durch σ bewirkte dynamische Entwicklung über eine Periode mit angegeben ist. Dabei sind die Perioden

---

7 Unter **Orbit** oder **Bahn** verstehen wir eine Folge $s, \sigma s, \sigma^2 s, \sigma^3 s, \ldots$ von Koeffizientenfolgen (9.44), der eine Folge von Punkten q, p im Einheitsquadrat entspricht. Ein periodischer Orbit liegt vor, wenn z. B. $s, \sigma s, \sigma^2 s, \sigma^3 s, \sigma^4 s, \ \ldots = s, s', s, s', s, s', \ \ldots$ gilt.

durch Überstreichen gekennzeichnet.

Periodenlänge 1:

1. $\{\dots,\overline{0}\bullet\overline{0},\dots\}\stackrel{\sigma}{\to}\{\dots,\overline{0}\bullet\overline{0},\dots\}\,,$

2. $\{\dots,\overline{1}\bullet\overline{1},\dots\}\stackrel{\sigma}{\to}\{\dots,\overline{1}\bullet\overline{1},\dots\}\,.$

Periodenlänge 2:

3. $\{\dots,\overline{0,1}\bullet\overline{0,1},\dots\}\stackrel{\sigma}{\to}\{\dots,\overline{0,1},\overline{0\bullet 1},\overline{0,1},\dots\}$
$\stackrel{\sigma}{\to}\{\dots,\overline{0,1}\bullet\overline{0,1},\dots\}\,,$

4. $\{\dots,\overline{1,0}\bullet\overline{1,0},\dots\}\stackrel{\sigma}{\to}\{\dots,\overline{1,0},\overline{1\bullet 0},\overline{1,0},\dots\}$
$\stackrel{\sigma}{\to}\{\dots,\overline{1,0}\bullet\overline{1,0},\dots\}\,.$

Periodenlänge 3:

5. $\{\dots,\overline{0,0,1}\bullet\overline{0,0,1},\dots\}\stackrel{\sigma}{\to}\{\dots,\overline{0,0,1},\overline{0,0\bullet 1},\overline{0,0,1},\dots\}$
$\stackrel{\sigma}{\to}\{\dots,\overline{0,0,1},\overline{0\bullet 0,1},\overline{0,0,1},\dots\}\stackrel{\sigma}{\to}\{\dots,\overline{0,0,1}\bullet\overline{0,0,1},\dots\}\,,$

....

10. $\{\dots,\overline{1,1,0}\bullet\overline{1,1,0},\dots\}\stackrel{\sigma}{\to}\{\dots,\overline{1,1,0},\overline{1,1\bullet 0},\overline{1,1,0},\dots\}$
$\stackrel{\sigma}{\to}\{\dots,\overline{1,1,0},\overline{1\bullet 1,0},\overline{1,1,0},\dots\}\stackrel{\sigma}{\to}\{\dots,\overline{1,1,0}\bullet\overline{1,1,0},\dots\}\,.$

Periodenlänge 4: ....

2. Alle Elemente s, die nicht aus sich periodisch wiederholenden Sequenzen aufgebaut sind, durchlaufen unter der iterierten Einwirkung von σ offensichtlich nicht-periodische Orbits. Sie bilden eine nicht abzählbare Menge von der Mächtigkeit der irrationalen Zahlenpaare $0<q<1$, $0<p<1$, da die Binärentwicklung jeder irrationalen Zahl zu einer beidseitig unendlichen Zahlenfolge s ohne periodische Wiederholung von Teilsequenzen führt.

3. Eine Zahlenfolge, deren Orbit jedem Element von Σ beliebig nahe kommt, wird im Folgenden konstruktiv angegeben. Dazu ordnen wir alle endlichen Sequenzen $\{s_n,\dots,s_{n+\nu}\}$ zum einen nach ihrer Länge, zum anderen bei gegebener Länge nach der Größe der durch sie dargestellten Binärzahl:

Länge 1:	$\{0\},\{1\}$
Länge 2:	$\{0,0\},\{0,1\},\{1,0\},\{1,1\}$
Länge 3:	$\{0,0,0\},\{0,0,1\},\{0,1,0\},\{0,1,1\},\{1,0,0\},\{1,0,1\},\{1,1,0\},\{1,1,1\}$
....	....

Jetzt bilden wir ein Element s^* aus Σ, indem wir diese Sequenzen in der angegebenen Reihenfolge abwechselnd rechts und links von der Mitte anordnen:

$$s^*=\{\dots,\{0,0,1\},\{1,1\},\{0,1\},\{1\}\bullet\{0\},\{0,0\},\{1,0\},\{0,0,0\},\dots\}\,.$$

s^* ist so konstruiert, dass darin jede beliebige Sequenz endlicher Länge von Elementen s_n auftritt, und zwar nicht nur einmal, sondern sogar unenddich oft, da jede Sequenz der Länge m mindestens in einer der Sequenzen mit Länge $m+1$ vorkommt, desgleichen mit Länge $m+2$, $m+3$ usw. Daher befindet sich in s^* auch unendlich oft der zentrale Block beliebiger, aber endlicher Länge N jedes beliebigen Elements s aus Σ, wenn auch nicht an zentraler Stelle. Durch die Bernoulli-Verschiebung wird er jedoch in Richtung Mitte geschoben, und nach einer endlichen Zahl $\tilde{N}(N)$ von Verschiebungen bildet er das Zentrum von $\sigma^{\tilde{N}}s^*$. Dabei kann N so groß gewählt werden, dass der Abstand zwischen $\sigma^{\tilde{N}}s^*$ und s jeden vorgegebenen Wert ε unterschreitet. Hiermit ist gezeigt, dass der Orbit $s^*,\sigma s^*,\sigma^2 s^*,\sigma^3 s^*,\dots$ jedem Element s von Σ beliebig nahe kommt.

□

Die in 3. angegebene Eigenschaft wird als **topologische Transitivität** bezeichnet.[8] Genauer gilt die folgende Definition.

Definition. *Λ sei eine abgeschlossene invariante Menge der Abbildung $P : M \to M$, d. h. für alle ganzen n gelte $P^n(\Lambda)=\Lambda$. Die Dynamik P^n wird dann als* ***topologisch transitiv*** *auf Λ bezeichnet, wenn für je zwei beliebige offene Teilmengen $U, V \subset \Lambda$ eine ganze Zahl n existiert derart, dass $P^n(U) \cap V \neq 0$ gilt.*

Betrachten wir nun zwei Elemente s und $\bar{s}$ von Σ, die in einem zentralen Block der Länge $2N$ übereinstimmen, jedoch in allen übrigen Elementen differieren:

$$s = \{\ldots, s_{-N}, s_{-N+1}, \ldots, s_{-1}, s_0 \bullet s_1, \ldots, s_N, s_{N+1}, \ldots\},$$

$$\bar{s} = \{\ldots, \bar{s}_{-N}, s_{-N+1}, \ldots, s_{-1}, s_0 \bullet s_1, \ldots, s_N, \bar{s}_{N+1}, \ldots\}$$

mit

$$s_k \neq \bar{s}_k \quad \text{für} \quad k = -N, \pm(N+1), \pm(N+2), \ldots$$

Wenn N nur groß genug gewählt wird, liegen s und $\bar{s}$ beliebig nahe beisammen. Nach $2N$ Iterationen von σ befinden sich auf einander entsprechenden Plätzen der zentralen Blöcke von s und $\bar{s}$ jedoch lauter paarweise verschiedene Elemente, d. h. der Abstand von $\sigma^{2N}s$ und $\sigma^{2N}\bar{s}$ ist so groß wie möglich, weil der Beitrag des zentralen Blocks, der ihn im Wesentlichen festlegt, maximal wird. Übersetzt man dieses Ergebnis auf das Verhalten von Punkten q, p des Einheitsquadrat unter Bäckertransformationen, so bedeutet dies: Unabhängig davon, wie nahe der Startpunkt des einen Orbits bei dem des anderen liegt, entfernen sich die beiden Orbits nach einer endlichen Zahl von Iterationen so weit wie nur möglich voneinander. Das bezeichnet man als **sensitive Abhängigkeit** der Orbits von den Anfangsbedingungen. Präziser gilt die folgende Definition.

Definition. *P sei die Abbildung einer Menge $M \to M$ und $\Lambda \subset M$ eine abgeschlossene invariante Teilmenge dieser Abbildung, d. h. für alle ganzen n gelte $P^n(\Lambda)=\Lambda$. Man sagt dann, P besitzt in Λ eine* ***sensitive Abhängigkeit von den Anfangsbedingungen****, wenn es ein $\varepsilon>0$ gibt derart, dass zu jedem $p \in \Lambda$ und jeder Umgebung U von p ein $p' \in U$ und ein $n \geq 0$ existieren, für die der Abstand $|P^n(p) - P^n(p')| > \varepsilon$ wird.*[9]

Wie schon gesagt, gelten alle für die Dynamik der Bernoulli-Verschiebung festgestellten Eigenschaften auch für die Bäcker-Transformation. Auch die Bäcker-Transformation besitzt also eine abzählbar unendliche Menge periodischer Orbits, d. h. es gibt Punkte, die nach endlich vielen Iterationen immer wieder auf sich selbst abgebildet werden. Andererseits gibt es beliebig nahe bei diesen andere Punkte, die sich im Laufe der dynamischen Entwicklung weit von ihnen entfernen und jedem Punkt

---

8 Neben der Eigenschaft „topologisch transitiv" gibt es bei dynamischen Systemen auch noch die Eigenschaft „mischend". In konservativen Systemen, mit denen wir es hier zu tun haben, sind diese Eigenschaften identisch.

9 Die Einschränkung der Definition auf die Teilmenge Λ werden wir im nächsten Teilabschnitt bei der Untersuchung der Hufeisen-Abbildung verstehen.

des Einheitsquadrats beliebig nahe kommen. Für alle Punkte aus diesem besteht also eine sensitive Abhängigkeit von den Anfangsbedingungen. Da sich bei einer dynamischen Entwicklung in der Praxis die Anfangsbedingungen nie völlig exakt bestimmen lassen und daher alle Anfangsbedingungen einer ganzen Umgebung als gleichwertig und gleich wahrscheinlich angesehen werden müssen, erhält man je nach den zufällig getroffenen Anfangswerten in willkürlicher und unvorhersehbarer Weise ganz verschiedene zukünftige Entwicklungen. Dabei können die angenommenen Zustände um so stärker voneinander differieren, je größer die Zahl n dynamischer Zwischenschritte gewesen ist. Diese zeitlich zunehmende praktische Unvorhersagbarkeit zukünftiger Zustände tritt ein, obwohl die Dynamik bei exakter Rechnung streng deterministisch wäre. Ein derartiges Trajektorienverhalten wollen wir als Prototyp für chaotisches Verhalten auffassen und dementsprechend als Grundlage für unsere Definition von Chaos wählen.

Definition von Chaos. *Die Dynamik P^n einer Abbildung $P : M \to M$ mit einer kompakten invarianten Teilmenge $\Lambda \subset M$ wird auf dieser als chaotisch bezeichnet, wenn sie auf ihr eine* ***sensitive Abhängigkeit von den Anfangsbedingungen*** *besitzt und* ***topologisch transitiv*** *ist.*

Diese Definition lässt sich natürlich auch unmittelbar auf die kontinuierliche Dynamik von Systemen übertragen, die z. B. durch (9.28) beschrieben werden. Definiert man für kontinuierliche Werte von t einen Zeitverschiebungsoperator P^t durch $x(t)=P^t x(0)$, so ist in unserer Definition nur P^n durch P^t zu ersetzen, wobei für t alle Werte $-\infty \leq t \leq +\infty$ zugelassen werden müssen.

9.7 Hufeisen-Abbildung

Im Jahre 1963 wurde von S. Smale eine Abbildung eingeführt, deren Dynamik wir einerseits im homoklinen Gewirr homokliner Kurven auffinden werden, die andererseits jedoch wie die Bäcker-Transformation in Korrespondenz zur Dynamik der Bernoulli-Verschiebung steht. Wir betrachten im Folgenden eine etwas vereinfachte Version der ursprünglichen **Hufeisen-Abbildung** von Smale.

Die Hufeisen-Abbildung besteht wie die Bäcker-Transformation aus einer Abbildung H von Punkten P des Einheitsquadrats Q auf Punkte P' desselben, wobei diesmal jedoch nicht alle Punkte abgebildet werden. Wir begnügen uns hier mit der Beschreibung ihrer geometrischen Eigenschaften, die in Abb. 9.12 dargestellt sind und erläutert werden.

Durch H entstehen aus Q die beiden in Q gelegenen vertikalen Streifen V_0 und V_1 der Breite b, durch die Iteration H^2 die vier in $Q \cap H\, Q$ bzw. V_0 und V_1 gelegenen vertikalen Streifen V_{00}, V_{01}, V_{10}, V_{11} der Breite b^2 usw. Durch H^n entstehen 2^n vertikale Streifen $V_{s_1 \ldots s_n}$ mit $s_i \in \{0, 1\}$ der Breite b^n, die in der Schnittmenge $Q \cap H\, Q \cap H^2 Q \cap \cdots \cap H^{n-1} Q$ liegen. Die Indizes s_i sind so gewählt, dass aus ihnen für $i = 1, \ldots, n$ abgelesen werden kann, wo der Streifen $V_{s_1 \ldots s_n}$ vor i Iterationen gelegen

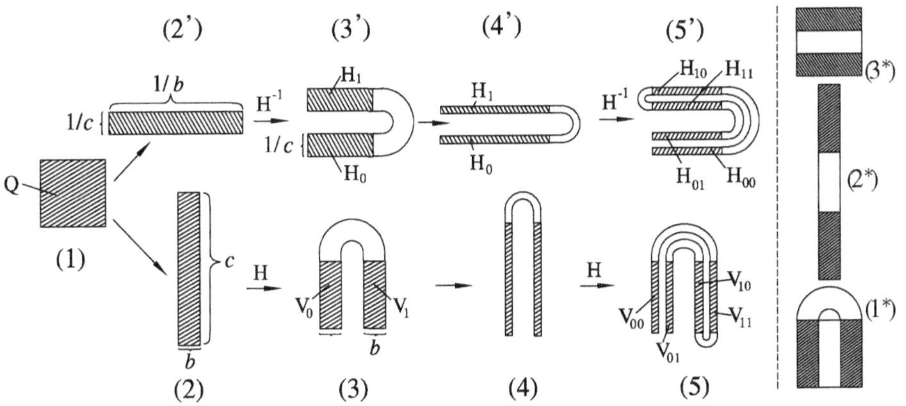

Abb. 9.12: Hufeisen-Abbildung H (links unten) und Inverse H^{-1} (rechts oben und rechts außen): Durch H wird das in (1) gezeigte Einheitsquadrat Q in einem Zwischenschritt (2) horizontal um einen Faktor $b<1/2$ gestaucht und vertikal um einen Faktor $c>2$ gestreckt. Anschließend wird das so entstandene Rechteck flächenerhaltend derart hufeisenförmig verbogen und über Q geschoben, dass seine beiden Schenkel V_0 und V_1 wieder über Q liegen und mit ihm die in (3) gezeigten schraffierten Randgebiete gemeinsam haben. Nur die in den Schnittmengen V_0 und V_1 enthaltenen Punkte sind Bildpunkte der Abbildung. Durch Iteration von H entstehen über den Zwischenschritt (4) aus V_0 das in V_0 liegende Bild V_{00} sowie das in V_1 liegende Bild V_{10}, aus V_1 das in V_0 liegende Bild V_{01} sowie das in V_1 liegende Bild V_{11}. Um H^{-1} auf das Einheitsquadrat anwenden zu können, müsste über dieses ein Hufeisen wie das in (3) dargestellte eingezeichnet werden (rechts außen (1*)). In einem Zwischenschritt (rechts außen (2*)) müsste dann das Hufeisen gerade gebogen und das so entstandene Rechteck schließlich gestaucht werden (rechts außen (3*)). Zum gleichen Ergebnis gelangt man, wenn das Quadrat Q in einem Zwischenschritt (links oben (2')) vertikal um den Faktor $1/c$ gestaucht, horizontal um den Faktor $1/b$ gestreckt und anschließend zu einem Hufeisen gebogen wird, dessen schraffierte Schnittmengen H_0 und H_1 mit Q die Bildpunkte der Abbildung H^{-1} liefern, (3'). Zu beachten ist, dass in der unteren Reihe bei der Umkehrung von H und in der oberen Reihe bei der Umkehrung von H^{-1} ganze Flächenstücke verloren gehen. Für die invariante Menge der Hufeisenabbildung, für die wir uns später ausschließlich interessieren werden, ist das jedoch ohne Relevanz.

hat, es gilt

$$\begin{aligned} V_{s_1} &= \{P \in Q \mid P \in V_{s_1}\}, \\ V_{s_1 s_2} &= \{P \in Q \mid P \in V_{s_1},\, H^{-1}P \in V_{s_2}\}, \\ &\dots \\ V_{s_1 s_2 \dots s_n} &= \{P \in Q \mid H^{-(i-1)}P \in V_{s_i},\, i = 1, \dots, n\}. \end{aligned} \tag{9.46}$$

Durch H^{-1} entstehen aus Q die beiden in Q gelegenen horizontalen Streifen H_0 und H_1 der Höhe $1/c$, und offensichtlich gilt auch

$$H_{s_i} = H^{-1} V_{s_i}\,. \tag{9.47}$$

Durch H^{-2} entstehen aus Q die vier in $Q \cap H^{-1}Q$ gelegenen horizontalen Streifen H_{00}, H_{01}, H_{10} und H_{11} der Höhe $(1/c)^2$, und durch H^{-n} entstehen 2^n horizon-

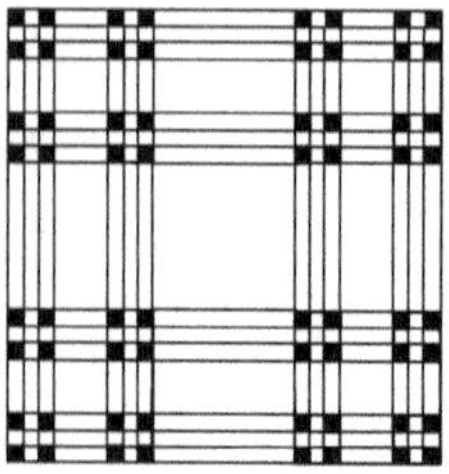

Abb. 9.13: Zur invarianten Menge Λ der Hufeisen-Dynamik. Die 64 kleinen schwarzen Rechtecke bilden die Schnittmenge $\Lambda_3 := \bigcap_{n=-3}^{3} H^n Q$. Wegen $\Lambda \subset \Lambda_3$ liegen in dieser alle Punkte von Λ.

tale, in $Q \cap H^{-1} Q \cap \ldots \cap H^{-n+1} Q$ gelegene Streifen $H_{s_0 s_{-1} \ldots s_{-n+1}}$ mit $s_{-i} \in \{0, 1\}$ der Höhe $(1/c)^n$, wobei gilt

$$\begin{aligned} H_{s_0} &= \{P \in Q \mid P \in H_{s_0}\}, \\ H_{s_0 s_{-1}} &= \{P \in Q \mid P \in H_{s_0}, H^1 P \in H_{s_{-1}}\}, \\ &\ldots \\ H_{s_0 s_{-1} \ldots s_{-n}} &= \{P \in Q \mid H^i P \in H_{s_{-i}}, i = 0, 1, \ldots, n\}. \end{aligned} \tag{9.48}$$

Für $n \to \infty$ gehen die horizontalen und vertikalen Streifen wegen $b < 1$ und $(1/c) < 1$ mit $\lim_{n\to\infty} b^n = \lim_{n\to\infty} (1/c)^n = 0$ in unendlich viele horizontale und vertikale Linien über. Die unendlich vielen Schnittpunkte dieser Linien sind identisch mit der Schnittmenge

$$\Lambda = \bigcap_{n=-\infty}^{+\infty} H^n Q = \lim_{n\to\infty} H^{-n} Q \cap H^n Q$$

und bilden eine invariante Menge unter unendlich vielen Wiederholungen der Einwirkung von H und H^{-1} auf Q, kurz: eine invariante Menge der Dynamik H. Wo die Menge Λ in Q zu finden ist, lässt sich in etwa aus Abb. 9.13 entnehmen: Diese zeigt die Schnittmenge $\bigcap_{n=-3}^{3} H^n Q$, von der Λ eine Teilmenge bildet. Aus der ursprünglichen Definition der Menge Λ folgt, dass für jeden ihrer Punkte P mit geeignet gewählten s_i

$$\begin{aligned} P \in \Lambda &= \lim_{n\to\infty} V_{s_1 \ldots s_n} \cap H_{s_0 \ldots s_{-n}} \\ &\overset{(9.46)}{\underset{(9.48)}{=}} \{P \in Q \mid H^{-i+1} P \in V_{s_i}, i = 1, 2, \ldots; H^{-i} P \in H_{s_i}, i = 0, -1, -2, \ldots\} \end{aligned}$$

gilt. Lassen wir H^{-1} auf die Bedingung $H^{-i+1} P \in V_{s_i}$ einwirken, so folgt mit (9.47) $H^{-i} P \in H^{-1} V_{s_i} = H_{s_i}$, d. h. wir können die beiden Bedingungen zusammenfassen und

$$P \in \Lambda = \{P \in Q \mid H^{-i} P \in H_{s_i}, i = 0, \pm 1, \pm 2, \ldots\} \tag{9.49}$$

schreiben.

Jedem Punkt $P \in \Lambda$ kann nun in eindeutiger Weise die Koeffizientenfolge (9.44) einer Binärentwicklung zugeordnet werden, wobei sich hier eine andere Zuordnung als nützlich erweist als die, welche wir mit (9.42) und (9.44) bei der Bäckertransformation getroffen haben. Ist P der Schnittpunkt der horizontalen Linie $\lim_{n\to\infty} H_{s_0 s_{-1} \ldots s_{-n}}$ mit der vertikalen Linie $\lim_{n\to\infty} V_{s_1 s_2 \ldots s_n}$, so weist man ihm das Element

$$s = \{\ldots, s_{-2}, s_{-1}, s_0 \bullet s_1, s_2, \ldots\} = \phi(P)$$

zu, in dem vom Trennungspunkt • ausgehend nach links bzw. rechts die Zahlenfolge angeordnet ist, welche die horizontale bzw. vertikale Linie kennzeichnet. Diese Zuordnung ist sogar eindeutig, da jeder Sequenz $s_0, s_{-1}, \ldots$ genau eine horizontale und jeder Sequenz $s_1, s_2, \ldots$ genau eine vertikale Linie zugeordnet ist. Außerdem entspricht nicht nur jedem Punkt $P \in \Lambda$ ein Element $s \in \Sigma$, sondern umgekehrt auch jedem Element $s \in \Sigma$ ein Punkt $P \in \Lambda$, da bei der Konstruktion von Λ aus V_0, V_1, V_{00}, V_{01}, V_{10}, V_{11}, ... und H_0, H_1, H_{00}, H_{01}, H_{10}, H_{11}, ... jeder Index s_i in $H_{s_0 s_{-1} \ldots}$ und $V_{s_1 s_2 \ldots}$ sowohl den Wert 0 als auch den Wert 1 annehmen kann, unabhängig davon, welche Werte die anderen Indizes haben.

Nun untersuchen wir, wie sich die Wirkung von H auf $P \in \Lambda$ überträgt auf die P zugeordnete Folge $s = \phi(P)$. Nach (9.49) gilt $H^{-i} P \in H_{s_i}$ für $i = 0, \pm 1, \pm 2, \ldots$, d. h.

$$s_i = \begin{cases} 0 & \text{für } H^{-i} P \in H_0 \,, \\ 1 & \text{für } H^{-i} P \in H_1 \,. \end{cases}$$

Diese Zusammenhänge gelten auch für $P \to P' = H P$ und $s_i \to s'_i$. Unter Benutzung der Beziehung $H^{-i} P' = H^{-i} H P = H^{-i+1} P = H^{-(i-1)} P$ bedeutet dies

$$s'_i = \begin{cases} 0 & \text{für } H^{-(i-1)} P \in H_0 \,, \\ 1 & \text{für } H^{-(i-1)} P \in H_1 \,. \end{cases}$$

Der Vergleich der für s_i und s'_i abgeleiteten Zusammenhänge liefert wie in (9.43) $s'_i = s_{i-1}$ für alle i bzw.

$$s' = \phi(P') = \phi(H P) = \sigma s \,.$$

Die Wirkung von H auf P induziert also die Bernoulli-Verschiebung σ in der dem Punkt P zugeordneten Folge s.

Nun wissen wir bereits, dass die Dynamik σ^n auf Σ chaotisch ist, wenn wir die Metrik (9.45) zugrunde legen. Dasselbe gilt offensichtlich auch für jede andere Metrik, welche die Eigenschaft besitzt, dass der Abstand zweier Elemente s und $\bar{s}$ von Σ um so kleiner wird, je größer deren zentraler Block übereinstimmender Elemente s_n ist, also beispielsweise für die Metrik

$$d(s, \bar{s}) = \sum_{n=-\infty}^{+\infty} \frac{\delta_n}{2^{|n|}} \qquad \text{mit} \quad \delta_n = \begin{cases} 0 & \text{für } s_n = \bar{s}_n \,, \\ 1 & \text{für } s_n \neq \bar{s}_n \,. \end{cases}$$

Je näher sich aber zwei Elemente in diesem Sinne sind, um so kleiner ist auch der Abstand der zugehörigen Punkte $P \in \Lambda$. (Man kann sich das an Abb. 9.13 klar machen. So liegen beispielsweise alle Punkte $P \in \Lambda$, deren zugehörige Elemente $s \in \Sigma$ den zentralen Block 1 • 1 gemeinsam haben, in dem sechzehn schwarze Rechtecke enthaltenden kleinen Quadrat rechts oben.) Daher folgt aus der Chaotizität der Dynamik σ^n auf Σ, dass auch die Dynamik H^n auf Λ chaotisch ist.

Die Hufeisen-Abbildung ist auf dem Einheitsquadrat definiert, und alle von ihr abgebildeten Flächenelemente werden durch sie im gleichen Maße vertikal gestreckt bzw. horizontal gestaucht. Es ist offensichtlich, dass es für die Chaotizität ihrer Dynamik weder auf die Gleichmäßigkeit von Streckung und Stauchung noch auf die quadratische Form des Definitionsbereiches ankommt. Jede topologisch äquivalente Abbildung, die aus ihr durch eine stetige Verzerrung hervorgeht und bei der aus der unendlichen Folge horizontaler und vertikaler gerader Linien zwei unendliche Folgen sich schneidender gekrümmter Linien werden, wird vielmehr genauso chaotisch sein. Wesentlich ist dabei nur, dass die eineindeutige Zuordnung zur Bernoulli-Verschiebung bestehen bleibt.

9.8 Hufeisenartige Abbildung im homoklinen Gewirr

Von dem am Ende von Abschn. 9.4.3 aufgestellten Programm ist jetzt nur noch der Punkt offen, zu zeigen, dass in dem homoklinen Gewirr eines hyperbolischen Fixpunkts eine Abbildung vom Typ der Hufeisen-Abbildung auftritt. Der strenge Beweis hierfür enthält viele aufwendige und umfangreiche Teilschritte, während einfache geometrische Überlegungen dies äußerst plausibel machen. Wir begnügen uns daher im Wesentlichen mit einer geometrischen Plausibilitätsbetrachtung, für den ausführlichen Beweis wird auf die Literatur verwiesen.[10] Dessen prinzipielle Vorgehensweise soll allerdings noch kurz angedeutet werden. Sie besteht zunächst in einer Präzisierung und Quantifizierung der am Ende des letzten Abschnitts getroffenen Ausführungen darüber, welche Modifikationen der Hufeisen-Abbildung zulässig sind, ohne deren Korrespondenz mit der Bernoulli-Verschiebung zu zerstören. Dann wird in einem homoklinen Gewirr die Nachbarschaft des hyperbolischen Fixpunkts untersucht, wobei die durch die Trajektoriendynamik vermittelte Poincaré-Abbildung in geeigneter Weise approximiert wird. Von dieser genäherten Abbildung wird gezeigt, dass sie in die Klasse verallgemeinerter Hufeisen-Abbildungen mit der chaotischen Dynamik einer Bernoulli-Verschiebung fällt. Schließlich wird bewiesen, dass die exakte Abbildung dieselben Eigenschaften wie die genäherte Abbildung besitzt.

Für unsere geometrische Plausibilitätsbetrachtung kehren wir zur Situation der Abb. 9.6 zurück und verfolgen die Bilder $P^n G$ des in Abb. 9.14 (a) gezeigten Gebiets G (= schraffiertes Gebiet + geschwärztes Randgebiet) in der Nähe des hyperbolischen Fixpunkts F. Dieses wird von unten durch die instabile Mannigfaltigkeit I begrenzt; seine obere Grenze ist eine – willkürlich gewählte – Kurve, die über einem Bogen der stabilen Mannigfaltigkeit S in deren stark oszillierendem Bereich liegt und diesen in einem (Markierungs-)Punkt (schmalste Stelle des geschwärzten Randgebiets) berührt. Bei dem hier betrachteten Beispiel kommt das Bild von G nach vier Iterationen der Abbildung P wieder in die Nähe von G zurück. Verfolgt man die einzelnen Schritte, so lässt sich erkennen, dass G in einer Richtung gestreckt und in einer dazu komplementären Richtung gestaucht wird (am deutlichsten bei den Schritten $G \to PG$ und $P^3G \to P^4G$) sowie hufeisenförmig verbogen wird (am deutlichsten beim Schritt $PG \to P^2G$), wobei Teile der (schwarzen) Schenkel des durch die Abbildung entstandenen „Hufeisens" wieder wie bei der Hufeisen-Abbildung im Ausgangsgebiet G liegen. Es ist offensichtlich, dass $\tilde{H}$ alle typischen Eigenschaften der Hufeisen-Abbildung aufweist.

---

10 Siehe z. B. S. Wiggins, *Introduction to Applied Nonlinear Dynamical Systems and Chaos*, Springer-Verlag, New York, Berlin, Heidelberg, 1990.

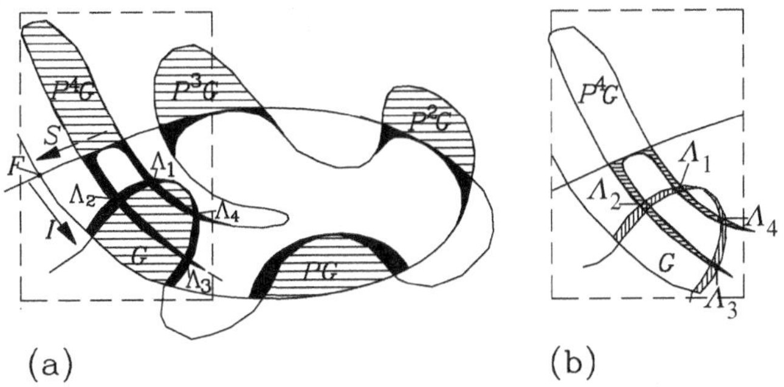

Abb. 9.14: Hufeisenartige Abbildung im homoklinen Gewirr eines hyperbolischen Fixpunkts F: (a) Bilder $P^n G$ des Gebiets G (= schraffiertes Gebiet + geschwärztes Randgebiet) für n=0, 1, 2, 3 und 4. Durch die Abbildung $\tilde{H}=P^4$ werden Teile des Gebiets G wieder auf G abgebildet. Diese werden erneut von der Abbildung $\tilde{H}$ erfasst, wobei die mit Λ_1 bis Λ_4 bezeichneten Schnittmengen erneut auf G abgebildet werden, usw. (b) Der vertikal gestreifte Teil des Gebiets G oberhalb der homoklinen Kurve (in Abb. (a) geschwärzt) wird durch $\tilde{H}$ in den horizontal gestreiften Teil des Gebiets P^4G abgebildet. Die invariante Menge Λ der unendlich oft iterierten Abbildung $\tilde{H}$ liegt in der vereinigten Schnittmenge $\Lambda_1 \cup \Lambda_2 \cup \Lambda_3 \cup \Lambda_4$ horizontal und vertikal schraffierter Streifen. Die Folge $\tilde{H}$, $\tilde{H}^2$, $\tilde{H}^3$, ... von Abbildungen induziert auf ihr die chaotische Dynamik der Bernoulli-Verschiebung.

In dem strengen Beweis wird gezeigt, dass es immer dann, wenn sich die stabile und die instabile Mannigfaltigkeit des hyperbolischen Fixpunkts in einem homoklinen Punkt schneiden, eine ganze Zahl $n \geq 1$ gibt derart, dass $\tilde{H}=P^n$ in der Nachbarschaft des Fixpunkts die Eigenschaften der Hufeisen-Abbildung besitzt.

9.9 Liapunov-Exponenten

Wir fanden als wesentliches Kriterium einer chaotischen Dynamik die sensitive Abhängigkeit des Trajektorienverlaufs von den Anfangsbedingungen. Diese impliziert, dass es benachbarte Trajektorien gibt, die sich über eine gewisse Zeitspanne hinweg immer weiter voneinander entfernen, und zwar unabhängig davon, wie nahe sie ursprünglich beieinander lagen. Dieses Phänomen gibt uns die Möglichkeit, als quantitatives Maß für die sensitive Abhängigkeit von den Anfangsbedingungen die Geschwindigkeit dieses Auseinanderstrebens einzuführen. Wir tun das für *autonome*, d. h. nicht explizit zeitabhängige Systeme gewöhnlicher Differentialgleichungen erster Ordnung

$$\frac{d\boldsymbol{r}}{dt} = \boldsymbol{v}(\boldsymbol{r}), \qquad \boldsymbol{r} = \{x_1, \ldots, x_n\} \tag{9.50}$$

und erfassen damit auch sämtliche Hamiltonschen Systeme (die ja immer in konservative bzw. autonome Form gebracht werden können). Bezeichnen wir die zur Zeit t_0 durch den Anfangspunkt $\boldsymbol{r}_0$ bzw. $\boldsymbol{r}_0+\Delta\boldsymbol{r}_0$ hindurchführende Trajektorie des Systems

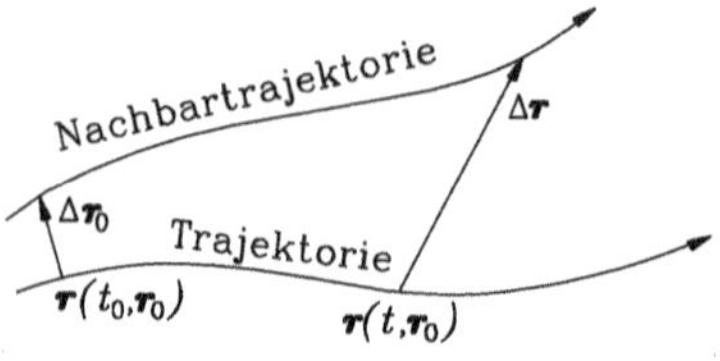

Abb. 9.15: Zwei divergierende Trajektorien im Phasenraum.

(9.50) mit $\boldsymbol{r}(t, \boldsymbol{r}_0)$ bzw. $\boldsymbol{r}(t, \boldsymbol{r}_0+\Delta\boldsymbol{r}_0)$, so ist

$$\Delta\boldsymbol{r}(t, \boldsymbol{r}_0, \Delta\boldsymbol{r}_0) := \boldsymbol{r}(t, \boldsymbol{r}_0+\Delta\boldsymbol{r}_0) - \boldsymbol{r}(t, \boldsymbol{r}_0) \qquad \text{mit} \qquad \Delta\boldsymbol{r}(t_0, \boldsymbol{r}_0, \Delta\boldsymbol{r}_0) = \Delta\boldsymbol{r}_0$$

der Verbindungsvektor der zur Zeit t erreichten Punkte der durch $\boldsymbol{r}_0$ und $\boldsymbol{r}_0+\Delta\boldsymbol{r}_0$ hindurchlaufenden Trajektorien (Abb. 9.15). In der Theorie gewöhnlicher Differentialgleichungen wird gezeigt, dass die Lösung $\boldsymbol{r}(t, r_0)$ (unter sehr milden Einschränkungen) stetig von der Anfangslage abhängt, d. h. für alle endlichen Zeiten t ist

$$\lim_{|\Delta\boldsymbol{r}_0|\to 0} \Delta\boldsymbol{r}(t, \boldsymbol{r}_0, \Delta\boldsymbol{r}_0) = 0\,.$$

Lässt man mit $|\Delta\boldsymbol{r}_0|\to 0$ jedoch gleichzeitig $t\to\infty$ gehen, so kann sich für $\Delta\boldsymbol{r}$ auch ein endlicher Wert ergeben, selbst dann, wenn $\boldsymbol{r}(t, \boldsymbol{r}_0)$ durch Einschränkungen oder Erhaltungssätze auf ein endliches Teilgebiet des Raums der Vektoren $\boldsymbol{r}$ eingeschränkt ist. Das ist bei chaotischen Trajektorien der Fall, für die daher

$$\lim_{t\to\infty} \lim_{|\Delta\boldsymbol{r}_0|\to 0} \frac{|\Delta\boldsymbol{r}(t, \boldsymbol{r}_0, \Delta\boldsymbol{r}_0)|}{|\Delta\boldsymbol{r}_0|} = \infty \tag{9.51}$$

gilt, $\Delta\boldsymbol{r}|_{t\to\infty}$ geht bei diesen also langsamer gegen null als $\Delta\boldsymbol{r}_0$. Tatsächlich streben chaotische Trajektorien im zeitlichen Mittel (Mittelung über endliche Zeitintervalle) exponentiell auseinander, d. h. in etwa gilt über eine begrenzte Zeitspanne hinweg

$$|\Delta\boldsymbol{r}(t, \boldsymbol{r}_0, \Delta\boldsymbol{r}_0)| \sim \mathrm{e}^{\lambda t}\, |\Delta\boldsymbol{r}_0|\,, \tag{9.52}$$

wobei $\lambda>0$ ein Maß für die Stärke des Auseinanderstrebens darstellt. Aus diesem (mittleren) Zusammenhang folgt

$$\lambda \sim \frac{1}{t} \ln \frac{|\Delta\boldsymbol{r}(t, \boldsymbol{r}_0, \Delta\boldsymbol{r}_0|}{|\Delta\boldsymbol{r}_0|}\,.$$

Durch diese qualitativen Betrachtungen motiviert definieren wir als Maß für das mittlere Divergieren von Trajektorien die als **Liapunov-Exponent** bezeichnete Größe

$$\boxed{\lambda_L(\boldsymbol{r}_0, \boldsymbol{e}) = \lim_{t\to\infty} \lim_{|\Delta\boldsymbol{r}_0|\to 0} \left(\frac{1}{t} \ln \frac{|\Delta\boldsymbol{r}(t, \boldsymbol{r}_0, \Delta\boldsymbol{r}_0)|}{|\Delta\boldsymbol{r}_0|}\right) \qquad \text{mit} \qquad \boldsymbol{e}=\frac{\Delta\boldsymbol{r}_0}{|\Delta\boldsymbol{r}_0|}} \tag{9.53}$$

und bestimmen deren Wert für alle möglichen Richtungen $\boldsymbol{e}$. Dabei werden auch Nachbartrajektorien erfasst, deren Startpunkt $\boldsymbol{r}_0+\Delta\boldsymbol{r}_0$ auf der durch $\boldsymbol{r}_0$ hindurchführenden

Trajektorie liegt. In der Literatur wird gezeigt, dass λ_L existiert und beschränkt ist.[11] (Wir werden in einigen speziellen Fällen weiter unten den Existenzbeweis durch konkrete Berechnung von λ_L erbringen.) Außerdem wird Folgendes gezeigt.

Satz. *Es gibt eine Basis von N – nicht notwendig orthogonalen – Richtungsvektoren* $\boldsymbol{e}_i$ *(N = Dimensionszahl des Phasenraums), für die* λ_L *die Werte*

$$\lambda_L(\boldsymbol{r}_0, \boldsymbol{e}_i) = \lambda_i(\boldsymbol{r}_0)\,, \qquad i = 1, \ldots, N \tag{9.54}$$

annimmt, wobei einige der λ_i *oder auch alle zusammenfallen können; die Abhängigkeit der Funktion* $\lambda_L(\boldsymbol{r}_0, \boldsymbol{e})$ *von anderen Richtungen*

$$\boldsymbol{e} = c_1\boldsymbol{e}_1 + \cdots + c_N\boldsymbol{e}_N\,, \qquad \sum_1^N c_i^2 = 1\,,$$

die zwischen den Basisrichtungen liegen, ist hochgradig unstetig: Sind die $\boldsymbol{e}_i$ *so durchnummeriert, dass*

$$\lambda_1 \geq \lambda_2 \geq \ldots \geq \lambda_N$$

gilt, so ist $\lambda_L(\boldsymbol{r}_0, \boldsymbol{e}) = \lambda_j(\boldsymbol{r}_0)$, *wenn j die kleinste Zahl ist, deren zugehöriger Koeffizient* c_j *nicht verschwindet.*

Mit anderen Worten: *Der größte Liapunov-Exponent dominiert das Verhalten in allen Richtungen* $\boldsymbol{e}$*, in denen er „angeregt" ist.* Würde man im Raum der $\boldsymbol{e}_i$ eine Richtung $\boldsymbol{e}$ auswürfeln, so würde typischerweise immer auch der größte Liapunov-Exponent mit angeregt, denn die Wahrscheinlichkeit dafür, dass $\boldsymbol{e}$ genau senkrecht zu $\boldsymbol{e}_1$ stünde, ist vom Maße null. Dies bedeutet jedoch, dass das Verhalten des Systems typischerweise vom größten Liapunov-Exponenten dominiert wird. Wie diese unstetige Richtungsabhängigkeit zustande kommt, werden wir weiter unten bei einem Spezialfall sehen. Sensitive Abhängigkeit des Trajektorienverlaufs von den Anfangsbedingungen besteht dann und nur dann, wenn der größte Liapunov-Exponent positiv ist. Das ist auch eine notwendige Bedingung für Chaotizität, da hierfür sensitive Abhängigkeit von den Anfangsbedingungen erforderlich ist.

Als erstes berechnen wir jetzt die Liapunov-Exponenten der Phasenraumpunkte eines integrablen dynamischen Systems. Dazu benutzen wir die Darstellung (8.72) der Trajektorien in Winkel- und Wirkungsvariablen und fassen $r_i = \sqrt{2J_i}$ und θ_i mit $i = 1, \ldots, f$ als Polarkoordinaten in wechselweise aufeinander senkrecht stehenden Ebenen auf. Der Abstand zweier zu benachbarten Anfangsbedingungen gehöriger Trajektorien zur Zeit t ist dann näherungsweise

$$\begin{aligned} |\Delta\boldsymbol{r}(t, \boldsymbol{r}_0, \Delta\boldsymbol{r}_0)| &= \sqrt{\textstyle\sum_{i=1}^f [(\Delta r_i)^2 + (r_i\Delta\theta_i)^2]} \\ &= \sqrt{\textstyle\sum_{i=1}^f [(\Delta\sqrt{2J_i})^2 + 2J_i(\Delta\omega_i\, t + \Delta\theta_{i0})^2]}\,, \end{aligned}$$

11 Für den Beweis der behaupteten Tatsachen siehe z. B. J.-P. Eckmann, D. Ruelle, *Ergodic Theory of Chaos and Strange Attractors*, Rev. Mod. Phys. **57**, 617 (1985).

und aus der Definitionsgleichung (9.53) des Liapunov-Exponenten ergibt sich

$$\lambda_L = \lim_{t\to\infty} \lim_{\substack{\Delta J_i\to 0\\ \Delta\omega_i\to 0\\ \Delta\theta_{i0}\to 0}} \frac{1}{t} \ln \frac{\sqrt{\sum_{i=1}^f [(\Delta\sqrt{2J_i})^2 + 2J_i(\Delta\omega_i\, t + \Delta\theta_{i0})^2]}}{\sqrt{\sum_{i=1}^f [(\Delta\sqrt{2J_i})^2 + 2J_i(\Delta\omega_i\, t_0 + \Delta\theta_{i0})^2]}} = \lim_{t\to\infty} \frac{1}{t} \ln \frac{t}{t_0} = 0\,.$$

Das gilt für alle beliebigen Anfangspunkte und alle Richtungen $\boldsymbol{e}$, d. h. in einem integrablen System verschwinden alle Liapunov-Exponenten sämtlicher Punkte, die durch die Lösungen (8.72) erfasst werden. Da wir in integrablen Systemen auch noch mit dem Auftreten von Separatrizes rechnen müssen und die zugehörigen Trajektorien nicht in den Lösungen (8.72) enthalten sind, müssen wir die Liapunov-Exponenten von Punkten auf Separatrizes noch gesondert berechnen. Das tun wir jedoch nicht allgemein, sondern nur exemplarisch für den Fall des durch die Hamilton-Funktion

$$H = \frac{p^2}{2} - \frac{x^2}{2} \tag{9.55}$$

beschriebenen, integrablen Systems. Die allgemeine Lösung der zugehörigen Hamiltonschen Bewegungsgleichungen

$$\dot{x} = p\,, \quad \dot{p} = x \qquad \text{bzw.} \qquad \ddot{x} = x \tag{9.56}$$

lautet

$$x(t) = \frac{x_0 + p_0}{2}\,\mathrm{e}^t + \frac{x_0 - p_0}{2}\,\mathrm{e}^{-t}\,, \qquad p(t) = \frac{x_0 + p_0}{2}\,\mathrm{e}^t - \frac{x_0 - p_0}{2}\,\mathrm{e}^{-t}\,. \tag{9.57}$$

Darunter befinden sich für $x_0{=}p_0$ bzw. $x_0{=}-p_0$ die speziellen Lösungen

$$x = x_0\,\mathrm{e}^t\,, \qquad p = x_0\,\mathrm{e}^t \qquad \Rightarrow \qquad p = x$$

und

$$x = x_0\,\mathrm{e}^{-t}\,, \qquad p = -x_0\,\mathrm{e}^{-t} \qquad \Rightarrow \qquad p = -x\,,$$

welche die Bewegung auf den aus (9.55) für $H{=}0$ erhaltenen Separatrixzweigen $p{=}\pm x$ beschreiben. Auf dem ersten, $p{=}x$, erhält man mit $|\Delta\boldsymbol{r}|{=}[(\Delta x)^2{+}(\Delta p)^2]^{1/2}$ aus (9.53) als Liapunov-Exponenten

$$\lambda_1 = \lim_{t\to\infty} \lim_{\substack{\Delta x_0\to 0\\ \Delta p_0\to 0}} \frac{1}{t} \ln \frac{\sqrt{(\Delta x(t))^2 + (\Delta p(t))^2}}{\sqrt{(\Delta x_0)^2 + (\Delta p_0)^2}} = \lim_{t\to\infty} \lim_{\Delta x_0\to 0} \frac{1}{t} \ln \frac{\sqrt{2(\Delta x_0)^2}\,\mathrm{e}^t}{\sqrt{2(\Delta x_0)^2}} = 1\,,$$

auf dem zweiten

$$\lambda_2 = \lim_{t\to\infty} \lim_{\Delta x_0\to 0} \frac{1}{t} \ln \frac{\sqrt{2(\Delta x_0)^2}\,\mathrm{e}^{-t}}{\sqrt{2(\Delta x_0)^2}} = -1\,.$$

Auf Separatrizes kann also auch in integrablen Systemen der größte Liapunov-Exponent positiv werden – genauer handelt es sich um den dilatierenden Separatrixzweig –, was bedeutet, dass sich ursprünglich nahe beisammen gelegene Trajektorienpunkte exponentiell voneinander entfernen. (Dass eine derartige Dynamik eines Trajektoriensystems nicht in die Kategorie „chaotisch"' fällt ist einer der Gründe dafür, warum in die Definition von Chaos neben der sensitiven Abhängigkeit von den Anfangsbedingungen als zweites Kriterium das der topologischen Transitivität aufgenommen wurde.)

Wir ziehen die Berechnung des Liapunov-Exponenten $\lambda_L(\boldsymbol{r}_0, \boldsymbol{e})$ für den im Schnittpunkt der beiden Separatrixzweige gelegenen hyperbolischen Fixpunkt $x{=}p{=}0$ des eben betrachteten Systems dazu heran, um uns dessen oben besprochene, merkwürdige Abhängigkeit von der Richtung $\boldsymbol{e}$ des Abstandsvektors $\Delta\boldsymbol{r}_0$ klar zu machen. Dazu benutzen wir den Abstand einer durch (9.57) beschriebenen Phasenraumtrajektorie mit benachbarten Anfangswerten x_0, p_0 von der den Fixpunkt beschreibenden Lösung $x(t){\equiv}0$, $p(t){\equiv}0$ und erhalten aus (9.53) mit $|\Delta\boldsymbol{r}|{=}(x^2{+}p^2)^{1/2}$

$$\lambda_0 = \lim_{t\to\infty} \lim_{\substack{x_0\to 0\\ p_0\to 0}} \frac{1}{t} \ln \frac{\sqrt{\frac{1}{2}(x_0+p_0)^2\,\mathrm{e}^{2t} + \frac{1}{2}(x_0-p_0)^2\,\mathrm{e}^{-2t}}}{\sqrt{x_0^2+p_0^2}} .$$

Wählen wir die Anfangswerte x_0 und p_0 auf dem Kreis $x_0{=}r_0\sin\varphi$, $p_0{=}r_0\cos\varphi$ der x, p-Ebene, dann kürzt sich der Radius r_0 aus λ_0 heraus, die Bedingungen $x_0{\to}0$ und $p_0{\to}0$ können entfallen, und mit $\cos\varphi{+}\sin\varphi{=}\sqrt{2}\,\sin(\pi/4{+}\varphi)$ sowie $\cos\varphi{-}\sin\varphi{=}\sqrt{2}\,\cos(\pi/4{+}\varphi)$ erhalten wir das Ergebnis

$$\lambda_0 = \lim_{t\to\infty} \frac{1}{t} \ln\sqrt{\mathrm{e}^{2t}\sin^2(\pi/4{+}\varphi) + \mathrm{e}^{-2t}\cos^2(\pi/4{+}\varphi)}\ ,$$

an dem die Richtungsabhängigkeit explizit zu erkennen ist. Außer für $\varphi{=}-\pi/4$ und $\varphi{=}3\pi/4$, was der Geraden $p_0{=}{-}x_0$ entspricht, kann der e^{-2t} enthaltende Term vernachlässigt werden, und mit $\ln[\mathrm{e}^t\sin(\pi/4{+}\varphi)]{=}t{+}\ln[\sin(\pi/4)]$ ergibt sich $\lambda_0{=}1$. Für die soeben ausgenommenen Richtungen ergibt sich analog $\lambda_0{=}{-}1$. Dies bedeutet, dass der größere Liapunov-Exponent in allen Richtungen außer in Richtung der Geraden $p_0{=}{-}x_0$ dominiert; für diese ergibt sich der kleinere Wert $\lambda_0{=}{-}1$, den wir auch für die Punkte des Separatrixzweiges $p{=}{-}x$ erhalten hatten. Dem Wert $\lambda_0{=}1$ weisen wir aus Stetigkeitsgründen als Basisrichtung $\boldsymbol{e}_1$ die Richtung der dazu senkrechten Geraden $p_0{=}x_0$ bzw. des Separatrixzweiges $p{=}x$ zu, für den sich ebenfalls $\lambda{=}1$ ergeben hatte.

In allen Punkten eines regulären autonomen Systems (d. h. $|\boldsymbol{v}(\boldsymbol{r})|{<}\infty$) mit Ausnahme hyperbolischer Gleichgewichtspunkte ist mindestens ein Liapunov-Exponent gleich null.

Beweis: Um diese Behauptung zu beweisen, berechnen wir denjenigen Exponenten λ, für den $\Delta\boldsymbol{r}_0$ von $\boldsymbol{r}_0$ zu einem Nachbarpunkt $\boldsymbol{r}_0{+}\Delta\boldsymbol{r}_0$ auf der durch $\boldsymbol{r}_0$ führenden Trajektorie weist. Wenn deren geometrischer Verlauf in der Form $\boldsymbol{r}{=}\boldsymbol{r}(s)$ (s = Bogenlänge) gegeben ist, erhält man aus (9.50) für $s(t)$ die Gleichung $d\boldsymbol{r}/dt{=}(d\boldsymbol{r}/ds)\,\dot{s}(t){=}\boldsymbol{v}$ oder

$$\dot{s}(t) = \boldsymbol{v}\big(\boldsymbol{r}(s)\big)\cdot d\boldsymbol{r}/ds = v\big(\boldsymbol{r}(s)\big) . \tag{9.58}$$

Weil die Lösung $s(t, s_0)$ dieser Gleichung, welche zur Zeit t_0 durch $s_0{=}s(t_0, s_0)$ führt, zur Zeit $t_0{+}\Delta t$ durch den Punkt $s(t_0{+}\Delta t, s_0){\approx}s(t_0, s_0){+}\Delta s_0$ mit $\Delta s_0{=}\dot{s}(t_0)\Delta t$ hindurchführt und weil aus (9.58) Zeitverschiebungsinvarianz folgt, gilt

$$s(t, s_0+\Delta s_0) = s(t+\Delta t, s_0) = s(t, s_0) + \dot{s}(t)\Delta t = s(t, s_0) + \boldsymbol{v}\big(\boldsymbol{r}(s)\big)\Delta t .$$

Damit ergibt sich aus (9.53)

$$\lambda = \lim_{t\to\infty} \lim_{\Delta s_0 \to 0} \left(\frac{1}{t} \ln \frac{s(t, s_0 + \Delta s_0) - s(t, s_0)}{\Delta s_0} \right) \stackrel{\text{s.u.}}{=} \lim_{t\to\infty} \left(\frac{1}{t} \ln \frac{v\big(\boldsymbol{r}(s(t))\big)}{v\big(\boldsymbol{r}(s(t_0))\big)} \right),$$

wobei im letzten Schritt $\Delta s_0 = \dot{s}(t_0)\Delta t = v(\boldsymbol{r}(s(t_0)))\Delta t$ eingesetzt worden ist. λ verschwindet für alle Punkte $\boldsymbol{r}_0$ mit $v(\boldsymbol{r}(s_0)) \neq 0$, sofern $\boldsymbol{v}(\boldsymbol{r})$ wie vorausgesetzt überall regulär ist. □

Es sieht so aus, als würde die unstetige Richtungsabhängigkeit der Liapunov-Exponenten in komplizierteren Systemen ein unüberwindbares Hindernis für deren vollständige numerische Berechnung darstellen; wenn man dafür nämlich die Definition (9.53) heranzieht, müsste man immer den Wert λ_1 des größten Koeffizienten erwarten, da es so gut wie ausgeschlossen ist, exakt eine Richtung senkrecht zu $\boldsymbol{e}_1$ zu treffen. Berechnet man jedoch die zeitliche Veränderung eines infinitesimalen zweidimensionalen Flächenelements im Phasenraum, so gilt, wenn dieses die Richtung $\boldsymbol{e}_1$ enthält und dl_1 ein infinitesimales Längenelement in dieser Richtung bedeutet,

$$df(t) = dl_1(t)\, dl_2(t) \sim e^{\lambda_1 t}\, dl_1(t_0)\, e^{\lambda_2 t}\, dl_2(t_0) = e^{(\lambda_1+\lambda_2)t}\, df_0\,,$$

wobei dl_2 das Längenelement in einer zu $\boldsymbol{e}_1$ senkrechten Richtung bedeutet. In dieser wird λ_1 nicht angeregt, typischerweise jedoch λ_2. Berechnet man also nacheinander die zeitliche Veränderung eines Abstandes und einer Fläche, so erhält man erst λ_1, dann $\lambda_1+\lambda_2$ und daraus λ_2. Analog erhält man für die Veränderung eines dreidimensionalen Phasenraumelements typischerweise

$$d\tau_3(t) \sim e^{(\lambda_1+\lambda_2+\lambda_1)t}\, d\tau_3(t_0)$$

usw. Man kann also sämtliche Liapunov-Exponenten der Größe nach berechnen, indem man die Verzerrung immer höherdimensionaler Phasenraumelemente bestimmt.

Ist N die Dimension des kompletten Phasenraums, so erhält man

$$d\tau_N(t) \sim e^{\left(\sum_{i=1}^N \lambda_i\right) t}\, d\tau_{N0}\,.$$

Da das Phasenraumvolumen Hamiltonscher Systeme zeitinvariant ist, $d\tau_N(t) = d\tau_{N0}$, folgt für diese

$$\sum_{i=1}^N \lambda_i = 0\,. \tag{9.59}$$

In ihnen ist die Phasenraumströmung $\boldsymbol{v}$ wegen

$$\operatorname{div} \boldsymbol{v} = \sum_{i=1}^N \left(\frac{\partial \dot{q}_i}{\partial q_i} + \frac{\partial \dot{p}_i}{\partial p_i} \right) = \sum_{i=1}^N \left(\frac{\partial}{\partial q_i} \frac{\partial H}{\partial p_i} - \frac{\partial}{\partial p_i} \frac{\partial H}{\partial q_i} \right) = 0 \tag{9.60}$$

inkompressibel, und umgekehrt ist in allen inkompressiblen Strömungen das Phasenraumvolumen zeitlich invariant. (9.59) gilt daher generell in Systemen mit inkompressibler Phasenraumströmung. Wie wir gesehen haben, beschreiben die demselben Punkt

r_0 zugeordneten Liapunov-Exponenten λ_i das Maß des Divergierens der Trajektorien in verschiedenen Richtungen des Phasenraums. Wenn die Trajektorien nun in einigen Richtungen auseinander gezogen werden ($\lambda_L > 0$), muss das nach (9.59) durch eine Kontraktion entsprechender Stärke in anderen Richtungen ($\lambda_L < 0$) kompensiert werden.

Kombinieren wir das Ergebnis (9.59) mit der Tatsache, dass in einem regulären konservativen Hamilton-System mindestens ein Liapunov-Exponent verschwindet, so erkennen wir, dass *ein konservatives Hamilton-System mindestens drei Liapunov-Exponenten besitzen muss, damit chaotische Trajektorien auftreten können.* (Bei zweien folgt nämlich z. B. aus $\lambda_1 = 0$ und (9.59) sofort auch $\lambda_2 = 0$). Dieses Ergebnis steht im Einklang mit dem in Abschn. 9.4.3 erläuterten Befund, dass *jedes konservative Hamiltonsche System mit einem Freiheitsgrad* (Variablen $\{q, p\}$ und daher zwei Liapunov-Exponenten) *von Haus aus integrabel ist.*

9.10 Chaos und Nicht-Integrabilität

In integrablen Systemen laufen die Trajektorien auf ineinander geschachtelten Torusflächen um und werden bei Einführung von Winkel- und Wirkungsvariablen durch die Gleichungen (8.72) beschrieben, für die sämtliche Liapunov-Exponenten verschwinden. Dies bedeutet, dass in integrablen Systemen keine chaotischen Trajektorien auftreten können, oder kürzer: *Aus Chaotizität folgt Nicht-Integrabilität.*

Der umgekehrte Schluss ist nicht ohne weiteres möglich. Betrachten wir dazu ein schwach nicht-integrables System. Wir hatten dafür den in Abb. 9.8 dargestellten Trajektorienverlauf erwartet, bei dem Chaos durch das Auftreten homokliner oder heterokliner Punkte zustande kommt. Diese müssen jedoch nicht zwangsläufig entstehen, vielmehr könnte sich auch ein Trajektorienbild entwickeln, bei dem wie in Abb. 9.3 auf immer kleiner werdenden Skalen ineinander geschachtelte Inselstrukturen ohne homo- oder heterokline Punkte auftreten. Ein derartiges System wäre nicht mehr in dem von uns definierten Sinne integrabel, ohne jedoch chaotisch zu sein. Andererseits ist es jedoch sehr unwahrscheinlich, dass sich das Auftreten homo- und heterokliner Punkte im ganzen Phasenraum vermeiden lässt. Daher lässt sich sagen: *Nicht-Integrabilität impliziert Chaos typischerweise, jedoch nicht zwingend.*

9.11 Zunehmendes Chaos am Beispiel der Schaukel

Unsere bisherigen Ergebnisse über das Auftreten chaotischer Trajektorien bzw. das Überleben von Integralflächen (KAM-Tori) bezogen sich auf beinahe integrable Systeme. Was aber geschieht, wenn die nicht-integrable Störung eines integrablen Systems nicht mehr klein ist? Es leuchtet ein, dass dieses Regime Untersuchungen, die auf analytischen Rechnungen basieren, nur schwer zugänglich ist. Die meisten Erkenntnisse hat man hier durch das Studium allgemeiner zweidimensionaler Abbildungen gewonnen, ohne Rücksicht darauf zu nehmen, ob sich diese als Poincaré-Abbildungen physikalischer Systeme deuten lassen. Interessanterweise ließen sich dennoch viele der dabei entdeckten Phänomene in der Natur wiederfinden. Eine andere Erkundungsmöglichkeit besteht darin, die Trajektorien realistischer Systeme bei möglichst hoher Rechengenauigkeit über möglichst lange Zeiten mit dem Computer zu verfolgen und sich durch die dabei gewonnenen quantitativen Ergebnisse zu qualitativen Schlußfolgerungen inspirieren zu lassen. Der Frage, inwieweit das sinnvoll und möglich ist, wird in Abschn. 9.12 nachgegangen.

In diesem Abschnitt wollen wir das Ergebnis derartiger Rechnungen für ein besonders einfaches System diskutieren: ein Pendel mit periodisch veränderlicher Pendellänge $l(t)$, die Schaukel. Die Kunst des Schaukelns besteht ja darin, dass man die Lage des Körperschwerpunkts relativ zur Sitzfläche, also den Abstand des Massenschwerpunkts vom Aufhängepunkt der Schaukel, in periodischer Weise so verändert, dass dabei Energie in die Schaukelbewegung $\varphi(t)$ übergeht. Das Frequenzverhältnis der gekoppelten Bewegungen $l(t)$ und $\varphi(t)$ ist hierbei von entscheidender Bedeutung, und wer das Schaukeln beherrscht, wählt intuitiv den richtigen Wert.

Machen wir uns zuerst klar, dass unser Beispiel entgegen dem ersten Augenschein keine Spielerei darstellt, sondern im Gegenteil für das allgemeine Problem nicht-integrabler Bewegungen repräsentativ ist. Wie wir in Abschn. 8.6 (am Ende der Beweisskizze zum Satz von Liouville) gesehen haben, lassen sich die Bewegungsgleichungen jedes auf ein endliches Phasenraumvolumen beschränkten integrablen Systems so transformieren, dass sich dieses als ein System entkoppelter Oszillatoren interpretieren lässt. Das gilt auch für den integrablen Anteil jedes nicht-integrablen Systems, und einen solchen kann man natürlich immer finden, selbst wenn das manchmal etwas gekünstelt erscheinen mag. Beschreibt man dann das nicht-integrable System in den Separationskoordinaten seines integrablen Anteils, so erhält man als Bewegungsgleichungen die eines Systems gekoppelter Oszillatoren (Aufgabe 9.3) – die Nicht-Integrabilität des Systems äußert sich einfach darin, dass die Entkopplung der verschiedenen Freiheitsgrade nicht mehr gelingt. Den einfachsten Fall einer derartigen Kopplung liefert ein System mit zwei gekoppelten Freiheitsgraden, wie es z. B. durch das in Abschn. 5.6.2 beschriebene Doppelpendel realisiert wird. Man kann ihn noch etwas vereinfachen, indem man die Kopplung einseitig macht, also nur ein Pendel auf das andere wirken lässt und dessen Rückwirkung vernachlässigt. Damit sind wir auch schon bei der Schaukel angelangt, die also einen etwas vereinfachten Prototyp für das universelle Problem der Kopplung nichtlinearer Oszillatoren darstellt.

Ist

$$l(t) = l_0\,(1 + \varepsilon \cos \omega t) \tag{9.61}$$

die „Pendellänge“ der Schaukel, so lautet deren Hamilton-Funktion

$$H = \frac{p^2}{2ml^2(t)} + \frac{m}{2}\dot{l}^2(t) - mgl(t)\cos\varphi\,. \tag{9.62}$$

(Man erhält diese aus (7.12b) mit $l \rightarrow l(t)$ und unter Hinzufügung der mit der Radialbewegung verbundenen kinetischen Energie $(m/2)\,\dot{l}^2(t)$; p ist der Drehimpuls.) Führen wir jetzt die neue Variable

$$P = \frac{p}{\omega\, ml_0^2} \tag{9.63}$$

ein und definieren

$$\tau = \omega t\,, \qquad \alpha = \frac{\sqrt{g/l_0}}{\omega} \tag{9.64}$$

(α ist das Verhältnis der Eigenfrequenz $\sqrt{g/l_0}$ der Schaukel für kleine Schwingungen um die Gleichgewichtslage und der aufgezwungenen Frequenz ω), so erhalten wir als Hamiltonsche Bewegungsgleichungen

$$\dot{\varphi}(\tau) = \frac{P}{(1+\varepsilon\cos\tau)^2}\,, \qquad \dot{P}(\tau) = -\alpha^2(1+\varepsilon\cos\tau)\sin\varphi \tag{9.65}$$

und daraus nach Elimination von P

$$\ddot{\varphi} = \frac{2\varepsilon\sin\tau}{1+\varepsilon\cos\tau}\,\dot{\varphi} - \frac{\alpha^2}{1+\varepsilon\cos\tau}\sin\varphi\,.$$

Das Frequenzverhältnis α und die ein Maß für die Nicht-Integrabilität des Problems darstellende Kopplungskonstante ε sind die charakteristischen Parameter des Problems. Bei schwacher Störung erhält man durch Linearisierung in ε die einfachere Bewegungsgleichung

$$\ddot{\varphi} - 2\varepsilon(\sin\tau)\,\dot{\varphi} + \alpha^2(1-\varepsilon\cos\tau)\sin\varphi = 0\,. \tag{9.66}$$

Wie in Abschn. 9.3 erweitern wir jetzt den Phasenraum, indem wir $\theta{=}\tau$ als Winkelvariable einführen und $\theta{=}0$ als Poincaré-Schnitt benutzen, und wie bei (9.28) oder der Duffing-Gleichung (9.37) sind die Trajektorien des ungestörten Problems ($\varepsilon{=}0$) zugleich auch die invarianten Mannigfaltigkeiten der zugehörigen Poincaré-Abbildung. Abb. 9.16 zeigt zu ausgewählten Anfangspunkten jeweils numerisch ermittelte sukzessive Bildpunkte. Im integrablen Grenzfall $\varepsilon{=}0$ (Fall (a)), gibt es einen elliptischen Fixpunkt F_0 (hängende Gleichgewichtslage), der von den Schnittlinien geschachtelter KAM-Tori umgeben wird, die Librationen bzw. Rotationen repräsentieren und durch eine Separatrix getrennt sind. Die bei kleinem ε (Fall (b)) in der Nähe der Separatrix auftauchende Punktwolke ist die Spur einer chaotischen Trajektorie, d. h. wie bei der Duffing-Gleichung führt die Störung zu homoklinen Punkten in der Nähe der Separatrix. Der (elliptische) Gleichgewichtspunkt $\varphi{=}0$, $P{=}0$ überlebt die Störung und ist von einer ziemlich dichten Menge überlebender KAM-Kurven umgeben. Intuitiv erwartet man, dass mit zunehmender Störung zum einen immer mehr chaotische Bereiche auftreten, und dass diese zum anderen auch immer größer werden. Wenden wir uns zunächst dem ersten Gesichtspunkt zu.

Einen Mechanismus, der zu einer Zunahme chaotischer Bereiche führt, haben wir bereits kennen gelernt: Die beim Aufbrechen von KAM-Tori rationaler Windungszahl entstehenden hyperbolischen Fixpunkte (primäre, sekundäre usw.) können bereits durch invariante Kurven mit homoklinen Punkten der Art von Abb. 9.6 oder mit heteroklinen Punkten verbunden sein und Chaos induzieren. Solche, die miteinander über reguläre Separatrizes zusammenhängen, weisen mit zunehmender Störung natürlich ebenfalls die Neigung zum Bilden homo- oder heterokliner Punktfolgen und dem damit einhergehenden Chaos auf. Die Nachbarschaft aller auf diese Weise entstandenen hyperbolischen Fixpunkte ist also potenziell chaotisch.

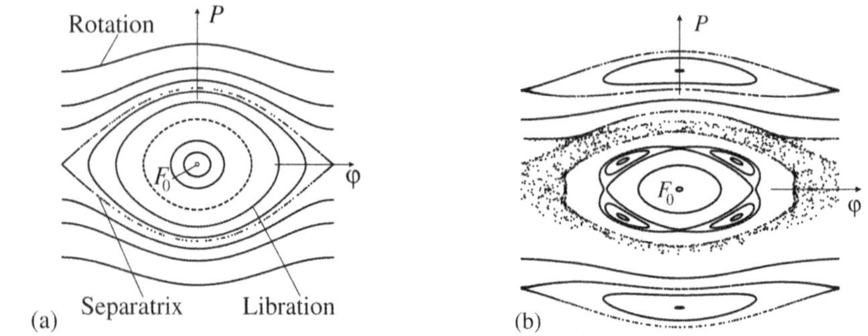

Abb. 9.16: Poincaré-Abbildung für die Schaukelbewegung. Die Durchstoßpunkte der aus (9.65) berechneten Trajektorien durch die φ, P-Ebene sind nach jeweils einer Treiberperiode 2π (Periode der das Schaukeln antreibenden Länge $l(\tau)=l_0(1+\varepsilon\cos\tau)$) markiert. (a) Integrabler Grenzfall $\varepsilon=0$ mit $\alpha=0.5$. Für die Trajektorien zu zwölf verschiedenen Anfangspunkten wurden jeweils 1000 Durchstoßpunkte berechnet. (b) Kleine Störung $\varepsilon=0{,}074$ mit $\alpha=0{,}289$. Für die Trajektorien zu fünfzehn verschiedenen Anfangspunkten wurden jeweils 2000 Durchstoßpunkte berechnet.

Wir diskutieren im Folgenden noch einen zweiten wichtigen Mechanismus, bei dem zusätzliche hyperbolische Fixpunkte entstehen. Betrachten wir dazu zunächst die Stabilität der hängenden Gleichgewichtslage $\varphi=0$, $P=0$. Bei schwacher Störung erhält man durch Linearisierung der Bewegungsgleichung (9.66) in φ die lineare Stabilitätsgleichung

$$\ddot{\varphi} - 2\varepsilon(\sin\tau)\,\dot{\varphi} + \alpha^2(1-\varepsilon\cos\tau)\,\varphi = 0\,. \qquad (9.67)$$

Diese wird durch die Transformation $\varphi=y\exp(-\varepsilon\cos\tau)$ unter Vernachlässigung in ε quadratischer Terme in die **Mathieusche Differentialgleichung**

$$\ddot{y} + \alpha^2(1-\tilde{\varepsilon}\cos\tau)\,y = 0 \qquad \text{mit} \qquad \tilde{\varepsilon} = \varepsilon\left(1-\frac{1}{\alpha^2}\right) \qquad (9.68)$$

überführt. Deren Lösungen bleiben für $|\alpha|<1/2$ und hinreichend kleine Werte von $\tilde{\varepsilon}$ begrenzt und zeigen daher stabiles Verhalten bzw. wegen der Benutzung der linearisierten Bewegungsgleichung linear stabiles Verhalten an. (Die Schaukel bleibt bei einer kleinen Störung in der Nähe der Gleichgewichtslage.) Für $\alpha=\pm 1/2$, also dann, wenn die aufgeprägte Frequenz doppelt so groß wird wie die Eigenfrequenz der Schaukel bei kleinen Schwingungen, erfolgt beim Übergang von $\tilde{\varepsilon}=0$ zu $\tilde{\varepsilon}>0$ ein Wechsel von stabil zu instabil, d. h. die Schaukel verlässt ihre Gleichgewichtslage und fängt an zu schwingen.[12] Für den die hängende Gleichgewichtslage repräsentierenden Fixpunkt ist dies damit verknüpft, dass sein Charakter von elliptisch in hyperbolisch umschlägt. Gleichzeitig treten in seiner unmittelbaren Nachbarschaft zwei neue elliptische Fixpunkte F_1 und F_2 auf, die das Durchstoßen einer Trajektorie mit der doppelten Periodendauer des

---

12 Siehe z. B. U. Storch und H. Wiebe, *Lehrbuch der Mathematik*, Bd. 2, *Lineare Algebra*, 2. Aufl., Spektrum Akad. Verlag 1999, in 20.B.4 und 20.E.12.
Dass bei der doppelten Frequenz etwas besonderes passiert, lässt schon die einfache Störungsrechnung mit dem Ansatz $y=y_0+\varepsilon y_1$ erkennen (Aufgabe 9.6).

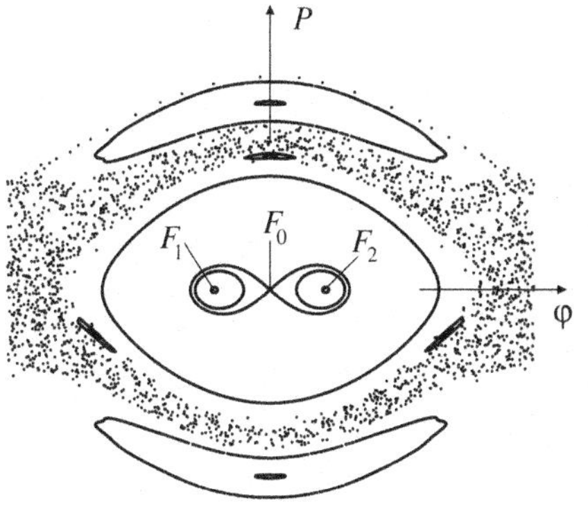

Abb. 9.17: Periodenverdopplung ($1/\alpha=2$) bei $\varepsilon=0{,}0375$. (Gezeigt sind von elf Trajektorien jeweils 2000 Durchstoßpunkte.) Während die hängende Gleichgewichtslage in Abb. 9.16 (a) und (b) stabil ist (elliptischer Fixpunkt F_0), ist sie hier instabil (hyperbolischer Fixpunkt F_0). F_1 und F_2 sind die Durchstoßpunkte ein und derselben Trajektorie, es erfolgt ein periodischer Übergang $F_1 \to F_2 \to F_1 \to F_2 \to \ldots$, der stabiles Schaukeln darstellt und mit der doppelten Periodendauer der treibenden Schaukelbewegung $l(\tau)$ erfolgt.

Treibers durch den Poincaré-Schnitt markieren und sich mit zunehmender Störung ε von ihm entfernen (Abb. 9.17).

Diesen Vorgang, bei dem durch eine Änderung der Systemparameter aus einer periodischen Trajektorie (hier repräsentiert durch einen Fixpunkt der Periodizität 1) eine zweite periodische Trajektorie der doppelten Periodizität hervorgeht, bezeichnet man als **Periodenverdopplung**. Tatsächlich bildet er kein Privileg der hängenden Gleichgewichtslage, vielmehr ist er bei zunehmender Störung noch an vielen weiteren Stellen des Poincaré-Schnitts anzutreffen. Zu diesen gehören insbesondere auch die beiden elliptischen Fixpunkte, deren Entstehung wir eben diskutiert haben. Ein (beliebiger) Punkt aus der Nachbarschaft eines der beiden macht aus Stetigkeitsgründen einerseits dessen großräumige Pendelbewegung zwischen linker und rechter Hälfte des Poincaré-Schnitts mit, andererseits wird er diesen auch allmählich umwandern. Die letzte Bewegung findet unter dem Einfluss des großräumigen Hin- und Herpendelns statt und wird mit dessen Frequenz „getrieben“. Solange ε klein ist und die beiden Fixpunkte nahe beisammenliegen, dauert die Umwanderung sehr lange. Mit zunehmender Störung ε vergrößert sich jedoch die Frequenz der Umwanderung, bis sie halb so hoch wie die Pendelfrequenz wird. Die Umlaufbewegung wird dann aufgrund einer mit (9.67) vergleichbaren Stabilitätsgleichung instabil, die beiden Fixpunkte werden hyperbolisch, und in ihrer Nachbarschaft tauchen je zwei elliptische Fixpunkte der Periodizität 4 auf. Mit weiter zunehmender Störung erleiden diese ein ähnliches Schicksal, d. h. der Prozess der Periodenverdopplung geht immer weiter. Die genauere Untersuchung zeigt, dass schon bei einem endlichen Wert von ε der Grenzfall unendlich vieler Periodenverdopplungen erreicht wird.

Wir haben oben festgestellt, dass die Chaotizität des Systems nicht nur durch die mit der Zahl hyperbolischer Fixpunkte anwachsende Menge chaotischer Bereiche zunimmt, sondern auch dadurch, dass diese Bereiche immer größer werden. Deren Abmessungen werden in dem Fall zweier Freiheitsgrade, auf den unsere Betrachtungen im Wesentlichen beschränkt sind, durch angrenzende KAM-Tori eingeschränkt, und daher kann es zu einer markanten Bereichsvergrößerung nur dadurch kommen, dass mehr und mehr KAM-Tori zerstört werden. In numerischen Rechnungen findet man häufig folgendes Resultat: Rücken zwei (durch Separatrizes begrenzte) Ketten sekundärer KAM-Kurven, so genannte **Insel-Ketten**, so nahe aufeinander zu, dass ihr Abstand mit ihrem Durchmesser vergleichbar wird, so werden eventuell dazwischenliegende primäre KAM-Kurven zerstört. Die in der Nachbarschaft der Separatrizes verlaufenden chaotischen Trajektorien können dann den ganzen Bereich zwischen den Insel-Ketten durchwandern. Dieses **Überlappungs-Kriterium** ist allerdings recht qualitativ und nicht in allen Fällen zutreffend. Über den Mechanismus der dabei stattfindenden Zerstörung von KAM-Flächen wurde Folgendes herausgefunden: Eine KAM-Fläche kündigt ihr Aufbrechen dadurch an, dass sich unter den elliptischen Fixpunkten in ihrer Nähe diejenigen, deren (rationale) Windungszahlen ihrer eigenen (irrationalen) am nächsten kommen, der Grenze des Stabilitätswechsels von elliptisch zu hyperbolisch nähern. Simultan mit deren Stabilitätswechsel wird die KAM-Fläche zerstört.

9.12 Numerische Berechnungen chaotischer Orbits

Häufig werden Computer zur empirischen Untersuchung chaotischer Systeme eingesetzt. Numerische Rechnungen bildeten auch eine wichtige Stütze bei unserer Untersuchung der Schaukelbewegung (Abb. 9.16 (b) und Abb. 9.17). Hier erhebt sich die Frage: Welchen Sinn machen numerische Rechnungen mit ihren Rundungs- und Abschneidefehlern angesichts der sensitiven Abhängigkeit chaotischer Trajektorien von den Anfangsbedingungen? Jeder Zwischenschritt der Rechnung bedeutet eine Anfangsbedingung für den nächsten Schritt, und daher ist klar, dass sich die Fehler schnell zu einem riesigen Gesamtfehler aufsummieren. Werden die Punkte einer Trajektorie mit einer Genauigkeit von N Bits (also mit N-stelligen Binärzahlen) berechnet, dann geht die in den Anfangswerten enthaltene Information bei einer nicht-chaotischen Trajektorie nach etwa $n=\mathcal{O}(2^N)$ Rechenschritten verloren – rechnet man mit der Hälfte der Schritte in der Zeit vorwärts und anschließend mit der zweiten Hälfte rückwärts, dann hat der zuletzt erreichte Punkt nichts mehr mit dem Ausgangspunkt zu tun. Bei einer chaotischen Trajektorie kommt es zu diesem Informationsverlust wegen des exponentiellen Divergierens benachbarter Trajektorien schon nach $n=\mathcal{O}(\ln 2^N)=\mathcal{O}(N)$ Schritten.

Ein Blick auf Abb. 9.17 zeigt, dass es neben Orbits mit regelmäßigen Strukturen, die nicht-chaotischen Trajektorien zuzuordnen sind, auch Bereiche mit ganz unregelmäßigen Punktwolken gibt, die augenscheinlich von chaotischen Trajektorien stammen. (Im Grunde müsste untersucht werden, ob diese noch Strukturen enthalten oder ein für Chaos typisches Zufallsverhalten aufweisen.) Kann man einer Poincaré-Abbildung nun mehr entnehmen, als die augenscheinliche Aufteilung in chaotische und nicht-chaotische Bereiche, und was hat eine numerisch erhaltene Punktwolke mit den Punkten zu tun, die eine exakte Trajektorie als Spuren auf dem Poincaré-Schnitt hinterlassen würde?

Diese Fragen stellen ein außerordentlich schwieriges Problem dar. Bei den Versuchen zu ihrer Beantwortung sind viele neue Fragen aufgetaucht, von denen trotz aufwendiger und umfangreicher Untersuchungen mehr offen geblieben sind, als beantwortet werden konnten. Selbst eine einführende Behandlung der Problematik würde den Rahmen dieses Buches weit überschreiten. Deshalb sollen hier nur die wichtigsten

Gesichtspunkte angeschnitten werden.[13]

Am umfangreichsten ist der diesbezügliche Kenntnisstand über eindimensionale diskrete Abbildungen der Form

$$x_{n+1} = f(x_n) \qquad \text{mit} \qquad x_0 \in [0,1]\,, \quad \max f(x) < \infty\,. \tag{9.69}$$

Ein (exakter) Orbit durch den Anfangspunkt x_0 besteht in der Punktfolge

$$x_0, x_1, x_2, \ldots = x_0, f(x_0), f^{(2)}(x_0), \ldots \qquad \text{mit} \qquad f^{(2)}(x) = f\big(f(x)\big), \ldots\,.$$

Die numerische Rechnung beginnt meist schon mit einem ungenauen Anfangswert $y_0 \approx x_0$ und macht im Allgemeinen bei jeder Iteration einen Fehler, dessen Maximalwert α bei geeignetem Verfahren von n unabhängig ist und möglichst klein gehalten wird. Numerisch erhält man einen **Pseudoorbit** $y_0, y_1, y_2, \ldots$, für den unter den angegebenen Annahmen

$$|y_{n+1} - f(y_n)| < \alpha \qquad \text{für alle} \qquad n \le N \tag{9.70}$$

gilt. Man sagt, dass dieser von einem exakten Orbit durch den Anfangspunkt x_0 (wie von einem Detektiv) **beschattet** oder **β-beschattet** wird, wenn für eine vorgegebene Zahl N von Iterationen

$$|y_n - x_n| < \beta \qquad \text{für alle} \qquad n \le N$$

gilt. Je kleiner β, umso besser wird der exakte Orbit durch den numerischen approximiert. Für bestimmte Systeme – genauer *hyperbolische Systeme*, unter die auch die Hufeisen-Abbildung fällt – konnte die Gültigkeit des so genannten **Beschattungs-Lemmas** oder **Bowen-Asonov-Lemmas** bewiesen werden.

Beschattungs-Lemma. *Bei vorgegebener Approximationsgenauigkeit β und gegebener Zahl N von Iterationsschritten existiert zu jedem numerischen Pseudoorbit hinreichender Rechengenauigkeit α ein exakter Orbit, der ihn β-beschattet.*

Mit anderen Worten: Jeder numerische Pseudoorbit verläuft bei geeignetem numerischen Verfahren und hinreichender Rechengenauigkeit in der Nähe eines exakten Orbits. (Wie klein der numerische Fehler α gehalten werden muss, lässt das Lemma offen.) Auf den mühsamen Beweis des Lemmas muss hier verzichtet werden. Stattdessen soll seine Richtigkeit anhand eines einfachen Beispiels überprüft werden.

Beispiel 9.1:

Wir betrachten die Bernoulli-Verschiebung

$$x_{n+1} = Dx_n \mod 1 \qquad \text{mit} \qquad x_0 \in [0,1]$$

(siehe Fußnote 6 dieses Kapitels) und nehmen an, dass bei jedem numerischen Iterationsschritt systematisch ein um α zu großer Wert berechnet wird,

$$y_{n+1} = Dy_n + \alpha \mod 1\,.$$

13 Ein Buch, das sich sehr ausführlich mit diesem Thema beschäftigt, ist: J. L. Mc Cauley, *Chaos, dynamics and fractals*, Cambridge University Press, 1993.

Durch vollständige Induktion findet man als Lösung dieser Iteration leicht

$$y_n + \frac{\alpha}{D-1} = D^n \left(y_0 + \frac{\alpha}{D-1} \right) .$$

Dies bedeutet, dass

$$x_n = y_n + \frac{\alpha}{D-1}$$

eine exakte Lösung der ursprünglichen Iteration ist, d. h. wir haben

$$|y_n - x_n| = \left| \frac{\alpha}{D-1} \right| .$$

Wird nun die Genauigkeitsschranke $\beta = |\alpha/(D-1)|$ vorgegeben, dann muss der numerische Fehler $\alpha \le |(D-1)\beta|$ sein, damit die vorgegebene Approximationsgenauigkeit erreicht wird; diese ist in dem betrachteten Beispiel dann für beliebig viele Iterationsschritte gegeben.

Kann man damit zufrieden sein? Wenn man lange genug numerisch rechnet und auf dem Poincaré-Schnitt hinreichend viele Punkte erzeugt, haben diese bei einer chaotischen Trajektorie eine gewisse statistische Verteilung. Es fragt sich, ob diese Verteilung für das betrachtete System repräsentativ ist. Aus dem Beschattungs-Lemma lassen sich diesbezüglich leider keine Schlussfolgerungen ziehen. Eine ganz praktische Klärungsmöglichkeit besteht darin, dass man Orbits zu verschiedenen Anfangsbedingungen berechnet und die erhaltenen Punktverteilungen vergleicht. Hier erhebt sich sofort die Frage, ob die zu verschiedenen Anfangsbedingungen gehörigen Punktverteilungen exakter Orbits statistisch gleichwertig sind oder nicht. Im Allgemeinen sind sie es nicht. Dennoch gibt es für gewisse Systeme generische statistische Verteilungen, zu denen die meisten Anfangswerte (z. B. alle irrationalen) führen, und untypische, zu denen nur eine kleine Klasse von Anfangswerten führt. (In manchen Fällen wird man sich auch für diese interessieren.)

Hier entsteht für die Numerik ein gravierendes Problem. Nach A. Turing sind die meisten Zahlen **nicht-berechenbar**. Eine Zahl heißt **berechenbar**, wenn es einen endlichen Algorithmus gibt, mit dessen Hilfe sie aus einem bekannten Anfangswert oder „Keim" berechnet werden kann. Es gibt zwar endliche Algorithmen wie die Kettenbruchentwicklung, die eine Eins-zu-Eins-Korrespondenz mit den irrationalen Zahlen aufweisen; allerdings kann die Existenz von Zahlen bewiesen werden, deren Keime nicht bekannt bzw. nicht berechenbar sind. Turing konnte zeigen, dass die berechenbaren Zahlen abzählbar sind. Die nicht-berechenbaren sind infolgedessen nicht abzählbar und vereinen daher auf sich fast das ganze Maß der Zahlengeraden.

Selbst wenn man also den Computer eine Vielzahl verschiedener Anfangswerte „zufällig" auswählen lässt, bleibt man damit in der Ausnahmemenge der berechenbaren Zahlen, und die Frage ist, ob man auf diese Weise typische Trajektorien erhält. Das wird in entscheidender Weise von dem untersuchten Problem abhängen, und es wird Probleme geben, bei denen die numerischen Pseudotrajektorien nur untypische exakte Trajektorien approximieren.

Das Beschattungs-Lemma wurde nur für hyperbolische Systeme bewiesen. Viele physikalisch wichtige Systeme gehören nicht zu diesem Typ. In ihnen kann es Klassen

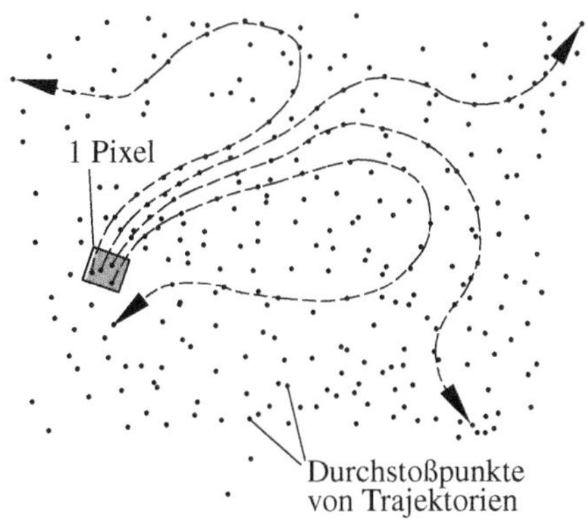

Abb. 9.18: Poincaré-Schnitt für ein chaotisches System. Die gestrichelten Linien führen von den im gleichen Ausgangspixel liegenden Startpunkten vier verschiedener Trajektorien zu den nach der Zeit $\Delta t_0 \pm \ldots$ erreichten Durchstoßpunkten der Trajektorien. (Diese werden den Poincaré-Schnitt im Allgemeinen nicht gleichzeitig durchstoßen; mit $\Delta t_0 \pm \ldots$ ist die am nächsten an Δt_0 liegende Zeit des Durchstoßens gemeint.) Die nach kürzerer Zeit $\Delta t \pm \ldots \ll \Delta t_0 \pm \ldots$ erreichten Durchstoßpunkte liegen deutlich näher beisammen.

exakter Trajektorien geben, die numerisch approximiert werden können, und solche, bei denen das nicht möglich ist. Hier ist es dann von besonderer Wichtigkeit, festzustellen, welche der beiden Möglichkeiten zutrifft. Die Unmöglichkeit der Approximation kann eventuell durch eine Untersuchung der Liapunov-Exponenten des Systems festgestellt werden. In diesem Fall kann natürlich erst recht nicht erwartet werden, dass die numerische Rechnung eine relevante statistische Verteilung von Orbitpunkten liefert.

Bei der Numerik bleibt gar keine andere Wahl, als sich mit den geschilderten prinzipiellen Einschränkungen abzufinden, man kann nur versuchen, das beste aus ihnen zu machen. Erfolgversprechend erscheinen Methoden, bei denen statt des eigentlichen Systems mit einem Kontinuum von Anfangswerten ein vergröbertes System mit einer endlichen Anzahl von Anfangswerten untersucht wird. Dabei stellt sich das Problem, die Vergröberung so vorzunehmen, dass möglichst viele charakteristische Systemeigenschaften erhalten bleiben.

Jeder digitale Computer kann nur mit Zahlen endlicher Nachkommastellenzahl rechnen. Dies bedeutet, dass es im Phasenraum ein kleinstes Volumenelement gibt, innerhalb dessen numerisch nicht mehr zwischen den Anfangspunkten verschiedener Trajektorien unterschieden werden kann. Diese kleinste Einheit des zur Darstellung der Trajektorien nutzbaren digitalen Rasters wird als **Pixel** bezeichnet.

Aufgrund der sensitiven Abhängigkeit des Verlaufs chaotischer Trajektorien von den Anfangsbedingungen werden die im gleichen Pixel startenden Trajektorien nach einiger Zeit – sagen wir Δt_0 – zu sehr verschiedenen Punkten des Phasenraums gelangen (Abb. 9.18). Dabei werden die Positionsunterschiede mit zunehmendem Δt_0 sehr schnell immer größer und umgekehrt mit abnehmenden Δt_0 immer kleiner. Die numerische Rechnung, die alle im gleichen Pixel startenden Trajektorien gleich behandelt, wird nach der Zeit Δt_0 zu einem Punkt führen, der aufgrund des Beschattungslemmas in der Nähe eines dieser Punkte liegt. Sie trifft damit eine willkürliche und von den Besonderheiten des benutzten Computers abhängige zufällige Auswahl.

Eine Erhöhung der Rechengenauigkeit führt zu einer Verkleinerung der Pixel, insbesondere des Ausgangspixels. Die in dem kleineren Ausgangspixel startenden Trajektorien werden nach der Zeit Δt_0 nicht so weit auseinandergedriftet sein, die numerische Rechnung liefert also eine etwas bessere Vorhersage. Wegen der Exponentialität des Auseinanderdriftens wird jedoch wenig später die gleiche Ungenauigkeit auftreten wie bei dem größeren Ausgangspixel.

In chaotischen Systemen erhält man also nur für relativ kurze Zeiten Δt_0 verlässliche numerische Ergebnisse. Bei hinreichend großen Δt_0 bekommt man ein Ergebnis, das aus vielen sehr unterschiedlichen, für den Computer jedoch gleichwertigen Endpunkten eine zufällige Auswahl trifft. Durch Erhöhung der Rechengenauigkeit wird nur das Zeitintervall etwas vergrößert, über das hinweg man mit verlässlichen Ergebnissen rechnen kann. Wegen des exponentiellen Wachstums der Trajektorienabstände erhält man jedoch selbst bei dramatischer Erhöhung der Rechengenauigkeit nur einen mageren Zeitgewinn. Da die in einem Computer speicher- und verwertbare Information prinzipiell begrenzt ist – sie kann nie größer sein als der endliche Informationsgehalt des uns zugänglichen Universums – kann eine gewisse minimale Pixelgröße prinzipiell nicht unterschritten werden. Der oben geschilderte Zufallscharakter längerfristiger numerischer Vorhersagen für chaotische Systeme ist also prinzipieller Natur.

Ein interessantes Beispiel liefert die chaotische Dynamik unseres Planetensystems. „Kurzfristig", d. h. über den Zeitraum etlicher Jahrtausende hinweg, sind numerisch äußerst zuverlässige Aussagen über die Planetenpositionen möglich. Über Zeiträume der Größenordnung von Milliarden Jahren hinweg ist jedoch unbekannt und nicht vorhersagbar, ob das Planetensystem stabil ist oder ob Planeten zusammenstoßen, in die Sonne stürzen oder dem Sonnensystem entfliehen werden.

Ein anderes, häufig angeführtes Beispiel für die Sensitivität chaotischer Systeme ist das folgende: Der Flügelschlag eines Schmetterlings könne dafür verantwortlich sein, dass wenige Tage später und tausende von Kilometern entfernt ein Orkan ausbricht. Dieses Beispiel trifft im Prinzip den Kern der Sache und hat daher einen hohen Wert als Erinnerungsstütze. Fachlich gesehen ist es jedoch wohl unzutreffend. Gleichungen mit chaotischem Verhalten der Lösungen, die gewisse Aspekte des Wettergeschehens beschreiben, wurden für großräumige Wetterstrukturen abgeleitet und erfassen nicht die kleinen Skalen, auf denen der Schmetterling agiert. Die von dessen Flügelschlag hervorgerufene Luftbewegung wird zum einen schnell gedämpft und zum anderen in dem stets vorhandenen „Untergrundrauschen" kleinster Luftströmungen untergehen. Man kann jedoch davon ausgehen, dass das großräumige Wettergeschehen chaotisch ist. Das ist der Grund dafür, warum längerfristige Wettervorhersagen so schwierig und umso unzuverlässiger sind, je weiter sie in die Zukunft reichen. Eine Verbesserung ihrer Grundlagen durch ein engeres Netz von Wetterstationen, bessere Wettermodelle und leistungsfähigere Computer wird aus den genannte Gründen die zeitliche Reichweite der Vorhersagen nur unwesentlich vergrößern können.

Aufgaben

9.1 Zeigen Sie, dass die in Abschnitt 4.2.3 abgeleiteten Lagrangeschen Lösungen des Drei-Körper-Problems im Phasenraum durch geschlossene Trajektorien repräsentiert werden.

9.2 Eine in einer Ebene verlaufende Kurve bestehe aus zwei Zweigen, die in einem Punkt P zusammentreffen, und durchstoße eine zu ihrer Ebene senkrecht verlaufende zweite Ebene in zwei Punkten. Der Abstand des Punktes P von dieser

Ebene sei a. Zeigen Sie, dass für den Abstand d der beiden Durchstoßpunkte $d \sim a$ gilt, wenn es sich bei den Zweigen um sich schneidende Geraden handelt, und dass $d \sim \sqrt{a}$ ist, wenn zwei Zweige einer Parabel berührend aufeinander stoßen.

9.3 Wie lauten die Hamiltonschen Bewegungsgleichungen eines nicht-integrablen Systems in den Separationskoordinaten seines integrablen Anteils?

9.4 Wie lautet die Übertragung der Definitionsgleichung (9.45) für den Liapunov-Exponenten auf Abbildungen P und deren Iterierte P^n?

9.5 Bei einer eindimensionalen Abbildung $x_{n+1} = f(x_n)$ wird der Liapunov-Exponent des Punktes x_0 in Analogie zu (9.52) durch

$$\varepsilon\, \mathrm{e}^{N\lambda(x_0)} = |f^N(x_0+\varepsilon) - f^N(x_0)|$$

für $\varepsilon \to 0$ und $N \to \infty$ definiert, wobei $f^2(x) = f\big(f(x)\big)$ usw. gilt. Beweisen Sie die Beziehung

$$\lambda(x_0) = \lim_{N\to\infty} \frac{1}{N} \sum_{i=1}^{N-1} \ln|f'(x_i| \qquad \text{mit} \qquad x_i = f(x_{i-1}) \qquad \text{für} \qquad i \geq 1\,.$$

9.6 Untersuchen Sie die Mathieusche Differentialgleichung (9.68) mithilfe des Störungsansatzes $y = y_0 + \tilde{\varepsilon} y_1$. Was passiert bei $\alpha = \pm 1/2$?

9.7 1963 wurde von dem amerikanischen Meteorologen E. Lorenz ein vereinfachtes Modell zur Behandlung der thermischen Konvektion von Luft im Schwerefeld vorgeschlagen. Die Konvektion wird dadurch angetrieben, dass Luft (oder eine Flüssigkeit) im vertikalen Schwerefeld zwischen zwei horizontale Platten unterschiedlicher Höhe eingesperrt wird, die auf verschiedenen Temperaturen gehalten werden (Bénard-Problem). Die von Lorenz durch Abschneiden einer Fourier-Entwicklung erhaltenen Gleichungen lauten

$$\dot{x} = \sigma(y - x)\,, \qquad \dot{y} = -xz + rx - y\,, \qquad \dot{z} = xy - bz\,,$$

wobei σ, r und b konstante Koeffizienten sind.

(a) Wieso lässt dieses einfache System schon chaotische Lösungen zu?
(b) Bestimmen Sie die Gleichgewichtspunkte $\dot{x}=\dot{y}=\dot{z}=0$ des Systems.
(c) Untersuchen Sie die Stabilität der Gleichgewichtspunkte durch Linearisieren der Bewegungsgleichungen in deren Nachbarschaft.
(d) Lösen Sie das Gleichungssystem numerisch für verschiedene Werte der Systemparameter und suchen Sie nach chaotischen Lösungen.

Lösungen

9.1 Alle drei Massenpunkte rotieren mit derselben, konstanten Winkelgeschwindigkeit ω um einen gemeinsamen Punkt der Ebene, in der sie liegen, und halten dabei von diesem konstante Abstände. Daher gilt

$$\boldsymbol{r}_i(t+T) = \boldsymbol{r}_i(t) \qquad \text{mit} \qquad T = 2\pi/\omega$$

und

$$\boldsymbol{p}_i(t+T) = m_i \boldsymbol{v}_i(t+T) = m_i \boldsymbol{\omega} \times \boldsymbol{r}_i(t+T) = m_i \boldsymbol{\omega} \times \boldsymbol{r}_i(t) = \boldsymbol{p}_i(t)\,,$$

also

$$\{\boldsymbol{r}_i(t+T), \boldsymbol{p}_i(t+T)\} = \{\boldsymbol{r}_i(t), \boldsymbol{p}_i(t)\}\,.$$

9.2 Die in der x, y-Ebene verlaufende Parabel $y = -a + x^2$ hat als Berührungspunkt zweier Zweige den Punkt $P : \{x = 0, y = -a\}$ mit dem Abstand a von der x, z-Ebene, die Durchstoßpunkte liegen bei $x = \pm\sqrt{a}$, $y = 0$ und haben den Abstand $d = 2\sqrt{a}$.
Die Geraden $y = -a \pm x$ treffen sich im Punkt $P : \{x = 0, y = -a\}$ und durchstoßen die x, z-Ebene in den Punkten $x = \pm a$, $y = 0$, deren Abstand $d = 2a$ beträgt.

9.3 Aus (9.4) folgt mit $\boldsymbol{\omega}_0(\boldsymbol{J}) = \partial H_0(\boldsymbol{J})/\partial \boldsymbol{J}$ und $\boldsymbol{\omega}_{\boldsymbol{k}}(\boldsymbol{J}) = \partial h_{\boldsymbol{k}}(\boldsymbol{J})/\partial \boldsymbol{J}$

$$\dot{\boldsymbol{\theta}} = \frac{\partial H}{\partial \boldsymbol{J}} = \boldsymbol{\omega}_0(\boldsymbol{J}) + \varepsilon \sum_{\boldsymbol{k}\neq 0} \boldsymbol{\omega}_{\boldsymbol{k}}(\boldsymbol{J})\, \mathrm{e}^{\mathrm{i}\boldsymbol{k}\cdot\boldsymbol{\theta}}\,, \qquad \dot{\boldsymbol{J}} = -\frac{\partial H}{\partial \boldsymbol{\theta}} = -\mathrm{i}\,\varepsilon \sum_{\boldsymbol{k}} \boldsymbol{k}\, h_{\boldsymbol{k}}\, \mathrm{e}^{\mathrm{i}\boldsymbol{k}\cdot\boldsymbol{\theta}}\,.$$

9.4 Die Poincaré-Abbildung sei $\boldsymbol{r}' = P\boldsymbol{r}$:

$$\lambda_L(\boldsymbol{r}, \boldsymbol{e}) = \lim_{n\to\infty} \lim_{\varepsilon\to 0} \left(\frac{1}{n} \ln \frac{|P^n(\boldsymbol{r} + \varepsilon \boldsymbol{e}) - P^n \boldsymbol{r}|}{\varepsilon} \right)\,.$$

9.5 Aus der angegebenen Definition folgt unmittelbar

$$\lambda(x_0) = \lim_{\substack{N\to\infty \\ \varepsilon\to 0}} \frac{1}{N} \ln \left| \frac{f^N(x_0+\varepsilon) - f^N(x_0)}{\varepsilon} \right| = \lim_{N\to\infty} \frac{1}{N} \ln \left| \frac{df^N(x_0)}{dx_0} \right|\,.$$

Nach der Kettenregel gilt

$$\left.\frac{df^2(x)}{dx}\right|_{x=x_0} = \left.\frac{d}{dx} f\big(f(x)\big)\right|_{x=x_0} = f'(x_1)\, f'(x_0) \qquad \text{mit} \qquad x_1 = f(x_0)$$

etc., und damit ergibt sich

$$\lambda(x_0) = \lim_{N\to\infty} \frac{1}{N} \ln \left| \prod_{i=0}^{N-1} f'(x_i) \right| = \lim_{N\to\infty} \frac{1}{N} \sum_{i=0}^{N-1} \ln |f'(x_i)|$$

$$\text{mit} \qquad x_i = f(x_{i-1}) \qquad \text{für} \qquad i \geq 1\,.$$

9.6 Mit dem Ansatz $y = y_0 + \tilde{\varepsilon} y_1$ lautet (9.68)

$$\ddot{y}_0 + \varepsilon \ddot{y}_1 + \alpha^2 (1 - \tilde{\varepsilon} \cos\tau)\,(y_0 + \varepsilon y_1) = 0$$

$$\Rightarrow \quad \ddot{y}_0 + \alpha^2 y_0 = 0 \qquad \Rightarrow \qquad y_0 = \cos(\alpha\tau)$$

$$\Rightarrow \quad \ddot{y}_1 + \alpha^2 y_1 = y_0 \alpha^2 \cos\tau = \alpha^2 \cos\tau \cos(\alpha\tau) = \alpha^2 \{\cos[(\alpha+1)\tau] + \cos[(\alpha-1)\tau]\}/2$$

und

$$y_1 = -(\alpha^2/2)\cos[(\alpha+1)\tau]/(2\alpha+1) + (\alpha^2/2)\cos[(\alpha-1)\tau]/(2\alpha-1)\,.$$

Für $\alpha = \pm 1/2$ entsteht eine Resonanzkatastrophe.

Sachregister

Symbolverzeichnis

Naturkonstanten

Konstante	Symbol/Definition	Wert	Einheit
Avogadrosche Zahl	N_{A}	$6,02214199(47) \cdot 10^{23}$	mol^{-1}
Boltzmann-Konstante	k_{B} oder k	$1,3806503(24) \cdot 10^{-23}$	$\mathrm{J\,K}^{-1}$
Elementarladung	e	$1,602176462(63) \cdot 10^{-19}$	C
Elektronenruhemasse	m_{e}	$9,10938188(72) \cdot 10^{-31}$	kg
Gaskonstante	$R = N_{\mathrm{A}} k_{\mathrm{B}}$	$8,314472(15)$	$\mathrm{J\,mol}^{-1}\,\mathrm{K}^{-1}$
Gravitationskonstante	G	$6,673(10) \cdot 10^{-11}$	$\mathrm{m}^3\,\mathrm{kg}^{-1}\,\mathrm{s}^{-2}$
Lichtgeschwindigkeit	c	299792458	$\mathrm{m\,s}^{-1}$
Loschmidtsche Zahl	$L = N_{\mathrm{A}}$		mol^{-1}
Neutronenruhemasse	m_{n}	$1,67492716(13) \cdot 10^{-27}$	kg
Plancksches Wirkungsquantum	h	$6,62606876(52) \cdot 10^{-34}$	J s
Protonenruhemasse	m_{p}	$1,67262158(13) \cdot 10^{-27}$	kg

Astronomische Größen

Größe	Symbol	Wert	Einheit
Abstand Erde Mond (mittlerer)		$3,844 \cdot 10^{8}$	m
Abstand Erde Sonne (mittlerer)		$1,4959787 \cdot 10^{11}$	m
Erdbeschleunigung (mittlere)	g	$9,81$	$\mathrm{m\,s}^{-2}$
Erdradius (mittlerer)	$R_{♁}$	$6,378 \cdot 10^{6}$	m
Masse der Erde	$M_{♁}$	$5,98 \cdot 10^{24}$	kg
Masse des Mondes	$M_{☾}$	$7,36 \cdot 10^{22}$	kg
Masse der Sonne	$M_{\odot}$	$1,99 \cdot 10^{30}$	kg
Mondradius (mittlerer)	$R_{☾}$	$1,738 \cdot 10^{7}$	m
Sonnenradius (mittlerer)	$R_{\odot}$	$6,96 \cdot 10^{8}$	m

SI-Vorsätze

Potenz	Name	Zeichen
10^{24}	Yotta	Y
10^{21}	Zetta	Z
10^{18}	Exa	E
10^{15}	Peta	P
10^{12}	Tera	T
10^{9}	Giga	G
10^{6}	Mega	M
10^{3}	Kilo	k
10^{2}	Hekto	h
10^{1}	Deka	da

Potenz	Name	Zeichen
10^{-1}	Dezi	d
10^{-2}	Zenti	c
10^{-3}	Milli	m
10^{-6}	Mikro	μ
10^{-9}	Nano	n
10^{-12}	Piko	p
10^{-15}	Femto	f
10^{-18}	Atto	a
10^{-21}	Zepto	z
10^{-24}	Yocto	y

SI-Basiseinheiten

Basisgröße	Basiseinheit Name	Zeichen	Definition
Länge	**Meter**	**m**	Das Meter ist die Länge der Strecke, die Licht im Vakuum während der Dauer von (1/299792458) Sekunden durchläuft.
Masse	**Kilogramm**	**kg**	Das Kilogramm ist die Einheit der Masse; es ist gleich der Masse des Internationalen Kilogrammprototyps.
Zeit	**Sekunde**	**s**	Die Sekunde ist das 9192631770-fache der Periodendauer der dem Übergang zwischen den beiden Hyperfeinstrukturniveaus des Grundzustandes von Atomen des Nuklids ^{133}Cs entsprechenden Strahlung.
elektrische Stromstärke	**Ampere**	**A**	Das Ampere ist die Stärke eines konstanten elektrischen Stromes, der, durch zwei parallele, geradlinige, unendlich lange und im Vakuum im Abstand von einem Meter voneinander angeordnete Leiter von vernachlässigbar kleinem, kreisförmigem Querschnitt fließend, zwischen diesen Leitern je einem Meter Leiterlänge die Kraft $2 \cdot 10^{-7}$ Newton hervorrufen würde.
Temperatur	**Kelvin**	**K**	Das Kelvin, die Einheit der thermodynamischen Temperatur, ist der 273,16te Teil der thermodynamischen Temperatur des Tripelpunktes des Wassers.
Stoffmenge	**Mol**	**mol**	Das Mol ist die Stoffmenge eines Systems, das aus ebensoviel Einzelteilchen besteht, wie Atome in 0,012 Kilogramm des Kohlenstoffnuklids ^{12}C enthalten sind. Bei Benutzung des Mol müssen die Einzelteilchen spezifiziert sein und können Atome, Moleküle, Ionen, Elektronen sowie andere Teilchen oder Gruppen solcher Teilchen genau angegebener Zusammensetzung sein.
Lichtstärke	**Candela**	**cd**	Die Candela ist die Lichtstärke in einer bestimmten Richtung einer Strahlungsquelle, die monochromatische Strahlung der Frequenz $540 \cdot 10^{12}$ Hertz aussendet und deren Strahlstärke in dieser Richtung (1/683) Watt durch Steradiant beträgt.

Abgeleitete Einheiten

Größe	Einheitenname	Zeichen	Beziehungen und Bemerkungen
Länge	Parsec	pc	$1\,\text{pc} = 3,0857 \cdot 10^{16}\,\text{m}$
	Lichtjahr	Lj	$1\,\text{Lj} = 9,460530 \cdot 10^{15}\,\text{m} = 0,30659\,\text{pc}$
	Ångström	Å	$1\,\text{Å} = 10^{-10}\,\text{m}$
ebener Winkel	Radiant	rad	$1\,\text{rad} = 1\,\text{m/m}$
	Grad	°	$1° = (\pi/180)\,\text{rad}$
	Minute	′	$1' = 1°/60$
	Sekunde	″	$1'' = 1'/60 = 1°/3600$
Masse	Gramm	g	$1\,\text{g} = 10^{-3}\,\text{kg}$
	Tonne	t	$1\,\text{t} = 10^3\,\text{kg}$
	atomare Masseneinheit	u	$1\,\text{u} = m_0(^{12}\text{C})/12 = 1,66053873(13) \cdot 10^{-27}\,\text{kg}$
Frequenz	Hertz	Hz	$1\,\text{Hz} = \text{s}^{-1}$
Kraft	Newton	N	$1\,\text{N} = 1\,\text{kg}\,\text{m}\,\text{s}^{-2}$
	Dyn	dyn	$1\,\text{dyn} = 10^{-5}\,\text{N}$
	Pond	p	$1\,\text{p} = 9,80665 \cdot 10^{-3}\,\text{N}$
Druck	Pascal	Pa	$1\,\text{Pa} = 1\,\text{N}\,\text{m}^{-2} = 1\,\text{kg}\,\text{m}^{-1}\,\text{s}^{-2}$
	Bar	bar	$1\,\text{bar} = 10^5\,\text{Pa} = 10^5\,\text{kg}\,\text{m}^{-1}\,\text{s}^{-2}$
	physik. Atmosphäre	atm	$1\,\text{atm} = 1,01325\,\text{bar}$
Energie, Arbeit,	Joule	J	$1\,\text{J} = 1\,\text{N}\,\text{m} = 1\,\text{W}\,\text{s} = 1\,\text{kg}\,\text{m}^2\,\text{s}^{-2}$
Wärmemenge	Elektronvolt	eV	$1\,\text{eV} = 1,6021892 \cdot 10^{-19}\,\text{J}$
	Erg	erg	$1\,\text{erg} = 10^{-7}\,\text{J}$
	Kalorie	cal	$1\,\text{cal} = 4,1868\,\text{J}$
Leistung	Watt	W	$1\,\text{W} = 1\,\text{J}\,\text{s}^{-1} = 1\,\text{N}\,\text{m}\,\text{s}^{-1} = 1\,\text{kg}\,\text{m}^2\,\text{s}^{-3}$